山东青岛八大关近代建筑修缮与保护研究

朱宇华　著

學苑出版社

图书在版编目（CIP）数据

山东青岛八大关近代建筑修缮与保护研究 / 朱宇华著 . — 北京：学苑出版社，2022.10

ISBN 978-7-5077-6517-5

Ⅰ. ① 山… Ⅱ. ① 朱… Ⅲ. ① 古建筑—修缮加固—青岛—近代 ② 古建筑—保护—青岛—近代 Ⅳ. ① TU746.3 ② TU-87

中国版本图书馆 CIP 数据核字（2022）第 194943 号

出 版 人： 洪文雄
责任编辑： 魏 桦 周 鼎
出版发行： 学苑出版社
社 址： 北京市丰台区南方庄2号院1号楼
邮政编码： 100079
网 址： www.book001.com
电子信箱： xueyuanpress@163.com
联系电话： 010-67601101（营销部）、010-67603091（总编室）
经 销： 全国新华书店
印 刷 厂： 英格拉姆印刷(固安)有限公司
开本尺寸： 889 × 1194 1/16
印 张： 33
字 数： 392千字
版 次： 2022年10月第1版
印 次： 2022年10月第1次印刷
定 价： 600.00元

前言

青岛八大关是全国著名的风景旅游区。也是国家历史文化名城青岛市的一张名片。八大关近代建筑最早于20世纪初开始建设，20世纪30年代因国民政府开发位于八大关的“特别规定建筑地”而达到建设高潮，各地富商、官僚、社会名流、文化教育界人士及外国侨民、外国机构代表纷纷在八大关购地筑屋，至20世纪40年代基本形成了300余栋别墅的近代建筑群，总占地200公顷。

青岛八大关近代建筑群依山傍海，与周围自然环境融为一体，具有很高的历史、艺术和科学价值。

于2001年经国务院批准核定为第五批全国重点文物保护单位。

2011年开始青岛市文物部门对八大关区域内九处近代别墅建筑（居庸关路10号、香港西路10号、黄海路16号、黄海路18号、山海关路13号、正阳关路21号、韶关路24号、荣成路23号、荣成路36号）进行修缮，这些建筑大部分建造于1931年至1935年，距今已近90年。经过现场勘查，这几处近代建筑由于年久失修以及后期不当改造等破坏，存在多方面残损问题。主要表现在外墙面污染剥落，大理石开裂松动、色彩变暗，木梁糟朽，木地板破损，屋面漏水，瓦面破损，管线破坏，室内装修及天花板石膏线花饰线裂纹毁坏，穹顶表层起壳剥落等问题。根据质量检测报告的结果得知，九处近代建筑在结构安全方面不能完全满足使用要求，结构体系不能满足抗震要求，局部存在结构安全隐患等方面问题。2012年至2013年，业主单位组织设计单位开展修缮设计，2014年实施了保护维修工程。

本书依据2014年实施的八大关近代建筑修缮工程的档案资料编写。从前期历史研究、前期勘察、设计方案、结构加固、保护研究、工程特色等方面进行了详细归纳和总结。依据结构安全鉴定和文物勘查报告，对工程实施的具体内容进行了研究整理，将此次工程的设计成果结集出版，为后续同类工程提供借鉴资料。

前言

目录

研究篇

勘察篇

设计篇

研究篇

研究篇

第一章　综合概况

一、概况

青岛市位于山东半岛的东南部，为直接向海的海滨城市，呈靴形，市区以半岛状直接嵌入黄海的胶州湾和崂山湾。地理坐标为北纬35° 35′～37° 09′，东经119° 30′～121° 00′。

青岛地势东高西低，南北两侧隆起，中间低。其中山地约占全市总面积的15.5%，丘陵占25.1%，平原占37.8%，洼地占21.6%。

青岛八大关近代建位于青岛市南区南部，西起汇泉角，东至太平角，背靠太平山，因纵横于此区域的8条以古代重要关隘命名的道路而得名。

青岛地处北温带季风区域，属温带季风气候。市区由于海洋环境的直接调节，受来自洋面上的东南季风及海流、水团的影响，具有显著的海洋性气候特点。空气湿润，雨量充沛，温度适中，四季分明，冬暖夏凉，气候宜人。有国家5A级风景区崂山风景名胜区和国家4A级风景区青岛海滨风景区、青岛金沙滩风景区。

青岛是国家级历史文化名城。全市有全国重点文物保护单位10处，省级文物保护单位30处，市级文物保护单位88处。博物馆、纪念馆、陈列馆20余个，馆藏文物达20多万件。

八大关近代建筑最早于20世纪初开始建设，30年代初因民国政府开发位于八大关的“特别规定建筑地”而达到建设的高潮，富商、官僚、社会名流、文化教育界人士及外国侨民、外国机构代表纷纷在八大关购地筑屋，俄、日、德、法、美等国家以及中国的建筑师陆续参与设计建造，至40年代基本形成了300余栋别墅的近代建筑群，占地200公顷。八大关近代建筑融合了西方古典主义、西方乡土、浪漫主义、装饰艺术、现代主义等多种建筑风格，以及德式、西班牙式、俄式、日式等东西方建筑艺术

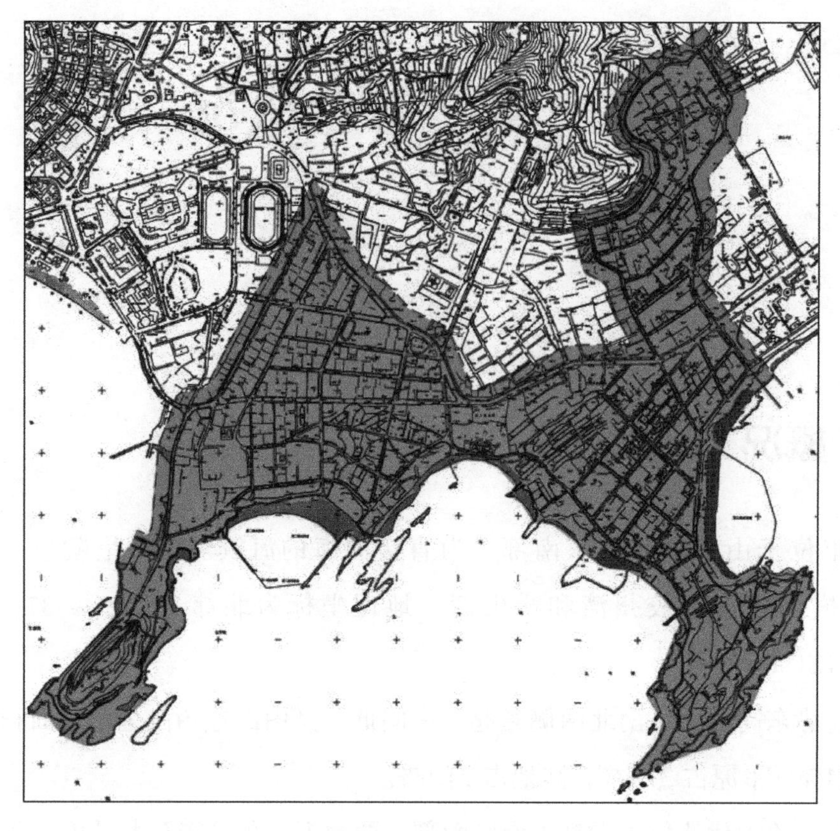

八大关近代建筑区位图

的诸多形态和建筑语言，有“万国建筑博览会”之誉。整个建筑群依山傍海，与周围自然环境融为一体。具有较高的历史、艺术和科学价值。

青岛八大关近代建筑于2001年经国务院批准核定为第五批全国重点文物保护单位，类型为近现代重要史迹及代表性建筑，公布批号为5–0492–5–019，公布地址为山东省青岛市。

二、历史沿革

（一）德占以前（1897年以前）

1891年，清政府在胶澳设防，青岛由此建置。1892年，章高元同盛宣怀、孙金彪等将领为青岛拟订“防务规划”，并上书光绪皇帝。这一时期，无明确的城市规划意识和活动，但政府倡导的修房筑路活动活跃。

（二）德占时期（1898 年—1914 年）

1897 年，德国占领青岛，1898 年 3 月德国迫使清政府签订了《胶澳租界条约》，9 月开放青岛为自由港，又称“胶澳租界”。现在八大关、太平角这片汇泉角以东区域，是当时城市的边缘，未进行成规模的开发建设。

（三）第一次日占时期（1915 年—1922 年）

1914 年 8 月日本对德宣战，11 月占领青岛，随后日侨大量拥入青岛，人口的增长促使市区扩张。这一时期，日本人与其他外国人及中国的有钱人开始在沿海建造住宅别墅，但对现在的八大关、太平角这片区域影响尚小，这一区域的建设尚处于萌芽期。

（四）北洋政府统治时期（1923 年—1928 年）

1919 年“五四运动”爆发，要求收回青岛，多种力量努力下，1922 年青岛得以收回。太平角、湛山别墅区在这一阶段开始少量的建设，最初以日本人建设的别墅为主。

（五）南京国民政府统治时期（1929 年—1936 年）

1928 年南京国民政府成立，1929 年接管青岛，改称“青岛特别市”，由中央政府直接管辖。由于其具有政治、经济、地理等各方面有利因素，青岛吸引了大量的移民和资本的输入，继德占期后，出现第二轮城市建设高潮。20 世纪 30 年代初，八大关地区被设定为“荣成路东特别规定建筑地”，进行别墅开发建设。到 20 世纪 30 年代中期，这片别墅住宅区基本形成规模，八大关区域内的道路体系具备雏形。20 世纪 30 年代末，八大关道路形成完备网络，从地图上看，八条以长城关隘命名的道路，及两条名称带“关”字的道路已经形成。与此同时，太平角、湛山地区也已形成与今天基本一致的道路结构。

（六）日本第二次占领时期（1937年—1945年）

1937年7月日本开始全面侵华，1938年占领青岛，将即墨、胶县划入青岛，统称“大青岛市”。1938年中，城市各项功能基本恢复，青岛城市人口达到45万余人，到1939年达到52.8万人，到1942年达到58.6万人。这期间，现在的八大关、太平角地区仍有零星建设。

（七）南京国民政府第二次管理时期（1946年—1949年）

1945年南京国民政府再次接管青岛，到1949年青岛解放，国内局势持续动荡，经济萧条，城市建设处于停滞期，八大关、太平角地区也基本没有新的建设。

（八）新中国时期（1949年—现在）

1949年青岛解放，八大关、太平角地区进入全新时期，这一区域的性质由以前的别墅区改变为休假疗养区。

三、青岛八大关近代建筑的保护

20世纪50年代以来，八大关近代建筑得到较好的保护。

1992年，青岛八大关作为风景度假区被列为省级重点文物保护单位，2001年，青岛八大关近代建筑被列为全国重点文物保护单位。

2011年，为切实做好八大关近代建筑保护工作，改善其现有的保护条件，加强管理力度，并长远地对该处文化遗产所处的城市环境、自然环境进行活态的、可持续的保护，特编制青岛八大关近代建筑的文物保护规划。八大关近代建筑的文物保护规划得到批准。

四、修缮建筑概况

此次勘察、修缮的居庸关路 10 号、香港西路 10 号、黄海路 16 号、黄海路 18 号、山海关路 13 号、正阳关路 21 号、韶关路 24 号、荣成路 23 号、荣成路 36 号等建筑是八大关近代建筑中九座具有一定代表性的建筑，也是作为首批进行保护修缮的建筑。

由于历史变迁，建筑几易其主，九处建筑物原工程竣工图纸和资料大部分已遗失，尚有黄海路 18 号、韶关路 24 号别墅历史报批图纸——正立面图各一张，山海关路 13 号 1946 年历史报批文件和遗失补交图纸一张，含总平面、各层平面、剖面及正立面图。

（一）居庸关路 10 号（公主楼）建筑概况

该建筑建于 1935 年，由俄国建筑师尤力甫设计，原业主为德侨萨德，地权系从孙天目手中购得。

此建筑屋顶高耸，具有北欧风格，建筑形式又像是丹麦童话故事中常有的模样，精巧可爱，因此民间传说此楼为丹麦公主来青岛时下榻的别墅，故习称此楼为“公主楼”，在八大关近代建筑中属于深受当地居民和度假、旅游者喜爱的建筑。

建筑砖木结构，地上三层（第三层为阁楼），还设有一层地下室，总建筑面积 666 平方米。

建筑墙基由大小不一的方块状花岗岩石块砌成，外墙为砖墙，外施暗绿色粉刷饰面，屋脊双面陡坡呈尖耸状，开有可远眺海滨的气窗，墨绿色粉刷墙面上的楼层窗外，由白绿色马赛克嵌饰框边。建筑造型简洁、流畅、精巧、活泼。

建筑形式由双坡斜屋顶主体与一座有收分的方形平面塔楼结合在一起，南侧入口前有方形平台，二层有露天阳台，塔楼顶部为高耸的十字脊尖坡顶，表现出北欧别墅建筑风格。室内有壁橱、质地考究的木扶梯、地板及墙裙，房间小巧，起居设施完备。室外围成院落，花岗岩砌成虎皮石院墙；入口设在东南角；西、南两侧有宽阔的草坪，衬托出主体建筑的高耸、清秀；东北角是一层的附属杂物房。

该建筑现为肾病医院，作为社区医院使用，谢绝游客参观。建筑外观保存基本完好，但建筑年久失修，存在一定质量问题。

（二）香港西路 10 号建筑概况

该建筑建于 1935 年，由俄国建筑师尤霍茨基设计，为英国规矩会（基督教圣公会）青岛支会礼拜堂。

建筑为地上单层建筑，总建筑面积 371 平方米。建筑呈中轴对称布局，入口在北侧正中，入口内为门厅，门厅东西两侧各为一个房间，门厅南侧为一大空间，其顶部为人字形大跨度木屋架，推测曾作为礼拜堂使用。

建筑砖砌外墙，施以白色的抹灰，整座建筑外墙均做竖线条凹凸装饰，局部竖线条上升冲出檐口，再配以窄长的小窗户，是比较典型的装饰艺术风格建筑。但入口采用了两根粗壮圆柱支撑的门廊，门楣为装饰艺术风格的密排凹凸横线条，上面是三角形山花，门廊后面的墙面也在山花之后形成山形高起，强调立面构图的中心。

建筑外观保存基本完好，但因年久失修，存在一定质量问题。目前建筑不当装修，破坏了室内全部木地板及配套龙骨、木墙裙、吊顶等。

（三）黄海路 16 号建筑概况

该建筑为造型简洁的小别墅。建筑主体地上一层，为矩形平面，人字双坡屋顶，正中穿插二层小抱厦，较小的人字坡屋顶与主体的屋顶十字相交。建筑为砖墙面，外施土黄色抹灰，屋顶瓦面为小红瓦。总建筑面积 252 平方米。

建筑外观保存基本完好，但楼内多组人混合居住，有些房间还堆放着杂物，不利于建筑保护。

（四）黄海路 18 号（花石楼）建筑概况

该建筑前身是建于 1906 年德国总督狩猎用的猎庄别墅。现在的黄海路 18 号建造于 1930 年，1931 年完工。由刘耀宸、王云飞、方信懋、王义朋等设计，原业主涞比池是侨居上海的著名俄国报业商，所创柴拉报系当时负有盛名。1932 年涞比池去世后，传其夫人。1936 年易手英国保险商埃菲哈里斯。

该建筑建于临海岸岬角部位，地势突兀，三面临海，气势恢宏，已成为八大关标志性建筑物。建筑面积800平方米左右。建筑为砖石结构，由圆形平面的4层塔楼与多角形平面3层楼构成，塔楼顶部为雉堞式女儿墙和金属外皮圆尖顶，整体为欧洲哥特式古城堡式建筑风格，是八大关一栋极具代表性的建筑。建筑外墙由花岗岩石砌筑，由于墙基、墙身各部分采用了不同的石料砌筑方式和图案，因此该建筑又被称为“花石楼”。

建筑外观及室内装修保存基本完好，但也存在一定质量问题。

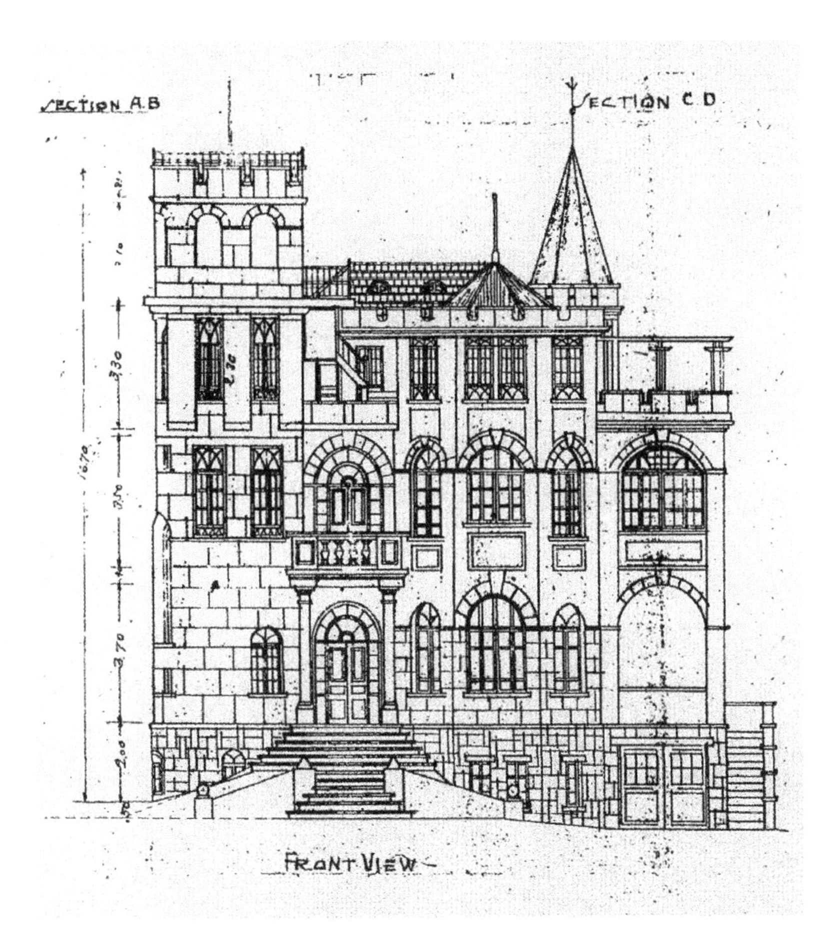

黄海路18号（花石楼）历史图纸

（五）山海关路13号建筑概况

该建筑建于1935年11月，由张景文设计，以“韩向记”名义申请营造，最初为民国时期山东省政府主席韩复榘所有。总建筑面积799平方米。

这是一幢带有蒙萨式（复折）屋顶的建筑，地下一层，地上二层，二层位于蒙萨

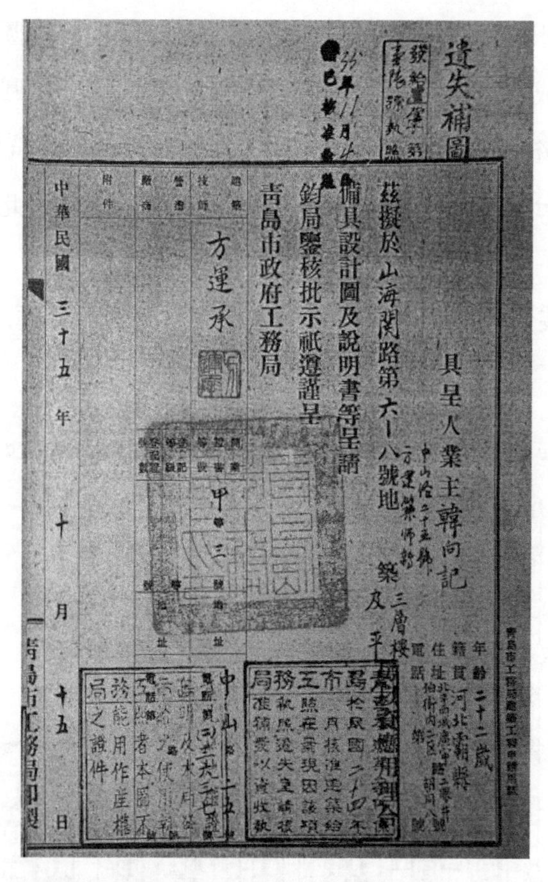

遺失補圖

具呈人業主韓向記

年齡 二十二歲
籍貫 河北霸縣

茲擬於山海関路第六一八號地築三層樓
備具設計圖及說明書等呈請
鈞局鑒核批示祗遵謹呈
青島市政府工務局

總號
技師 方運承
營造
廠商
附件

中華民國 三十五 年 十 月 十五 日

山海关路 13 号历史报批文件

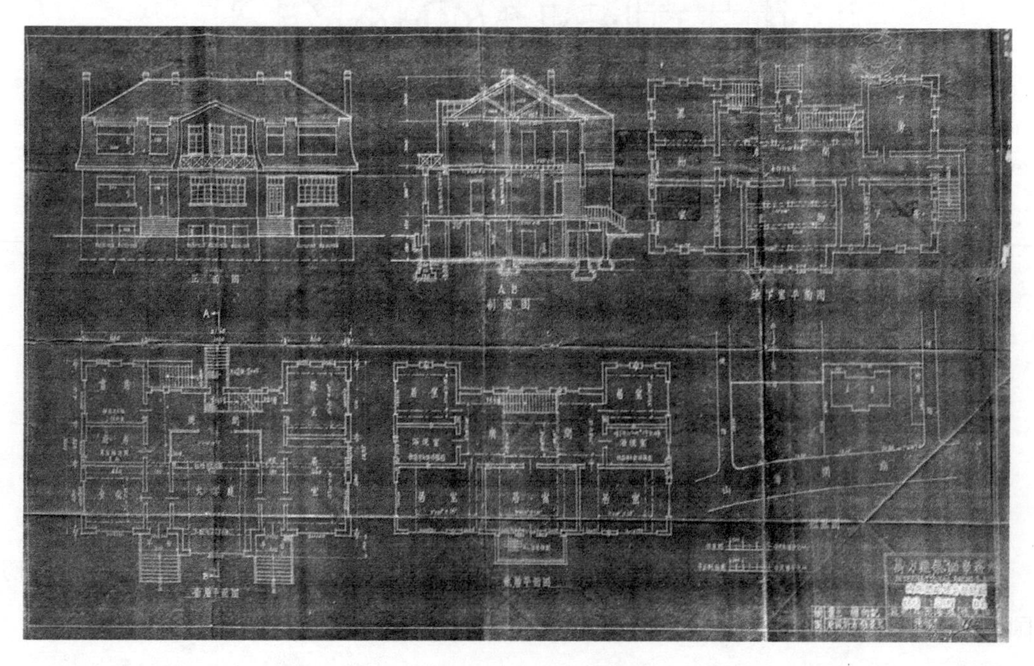

山海关路 13 号历史图纸

式屋顶中，在屋顶上开有一排老虎窗，老虎窗上部为出挑披檐，形成一定的韵律感。

建筑为砖混结构，清水红砖外墙，花岗石砌成的墙角，屋顶挂红瓦，整个建筑庄重大方。

该建筑目前为某疗养院接待贵宾的接待建筑，建筑外观保存基本完好，门窗、室内装修都已改变，建筑一侧扩建了现代风格的门厅及附属用房。

（六）正阳关路 21 号建筑概况

该建筑建于 1934 年，由俄国建筑师尤力甫设计，原为丹麦坡濮住宅，现为山东省青岛市离退休干部科疗养活动中心及两户民居。

此建筑屋顶为坡屋顶，铺有红砖瓦，具有西班牙田园风格。建筑砖木结构，地上一层，局部建地下一层，占地面积为 10.83 公顷，总建筑面积为 278.36 平方米。

建筑墙基由大小不一的方块状花岗岩石块砌成，外墙为砖墙，外施乳白色粉刷饰面，立面门窗有圆弧形拱券及雕花，建筑造型简洁、流畅、精巧、活泼。

建筑形式自由，利用坡地的自然走势，北立面为一层，南立面为地下和地上两层，且带有圆弧形的旋转楼梯可通往一层的露天阳台。建筑屋顶形式复杂多变，由东西向屋脊为主，配有四侧小坡屋顶。室内有质地考究的地板，废弃的楼梯，房间形式大小不一，流线自由流畅，工作起居设备装修完备。室外围成院落，红砖石砌筑的精致院墙；入口设在西北角；北侧建筑与院墙相距很短，南侧院子开敞，院内堆砌各种杂物及加建物；现东南侧有一层的附加用房。

该建筑现为山东省青岛市离退休干部科疗养活动中心及两户民居，谢绝游客参观。建筑外观保存基本完好，但局部建筑形式经考究与当年修建时略有出入，现地下一层民用建筑质量存在一定问题。

（七）韶关路 24 号建筑概况

该建筑建于 1949 年，由建筑师魏庆萱设计，原业主为王明纪，新中国成立之初，接待委员会收购了韶关路上的私人宅院，将韶关路 24 号分给了青岛疗养院。

建筑砖木结构，地上二层，总建筑面积 493.66 平方米。

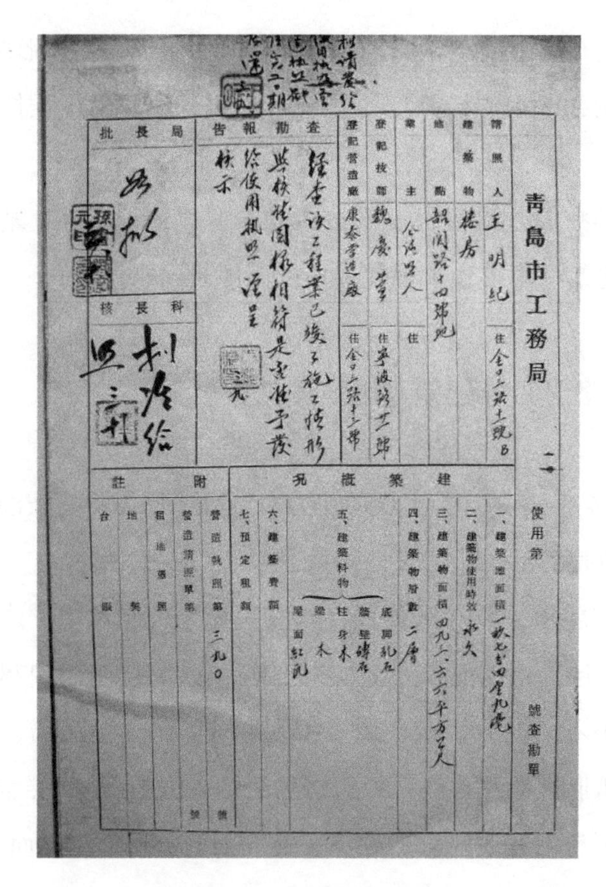
青島市工務局

使用第　　號查勘單

請照人	王明紀	住
建築物	樓房	
地點	韶關路十四號地	
業主		住
登記技師	魏慶萱	住 寧波路十一號
登記營造廠	康泰營造廠	住

查勘報告：經查該工程業已竣工施工情形與核准圖樣相符是否准予發給使用執照理合簽呈核示

局長批：如擬

科長核

建築概況

一、建築地面積 一畝七分四厘九毫
二、建築物使用時效 永久
三、建築物面積 四九八.六六平方公尺
四、建築物層數 二層
五、建築材料物 底脚 亂石 牆壁 磚石 柱身 木 樑 木 屋面 紅瓦
六、建築費額
七、預定租額

附註

營造執照第 三九〇 號
營造請照單第　　號
租地憑照
地契
台照

韶关路 24 号历史报批文件

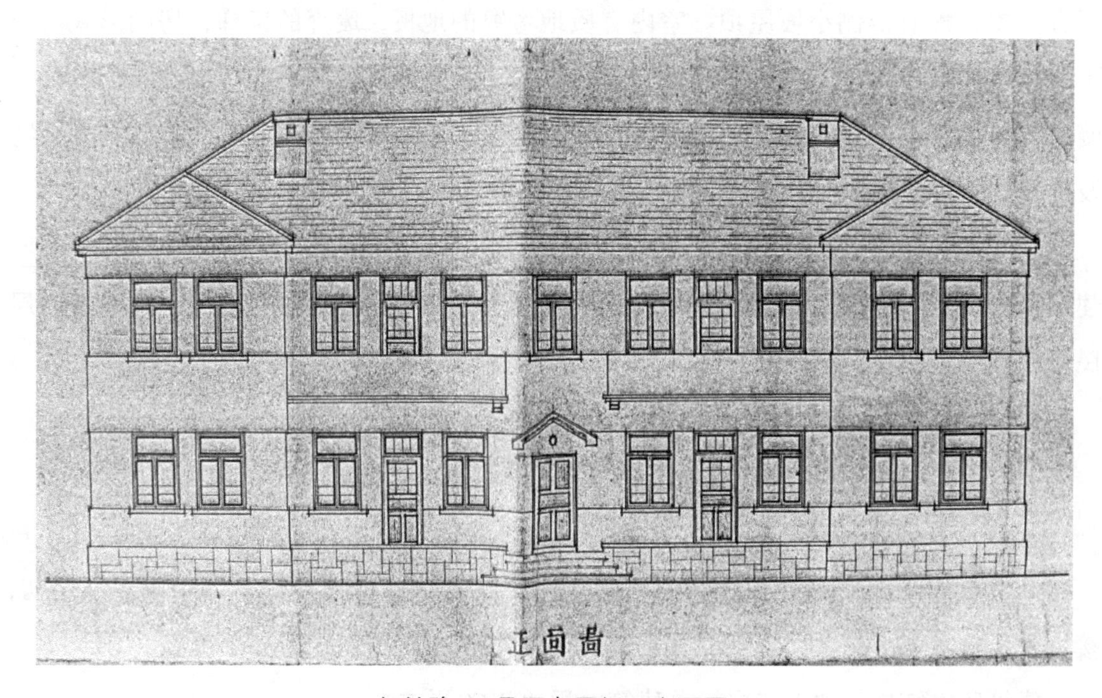

韶关路 24 号原有图纸正立面图

建筑墙基由大小不一的方块状花岗岩石块砌成，外墙为砖墙，外施淡黄色粉刷饰面。原为多坡无窗屋面，屋面两侧各耸立一个烟囱，先改为四坡屋顶，保留北侧烟囱，并在屋顶加建窗户。屋顶铺设砖红色瓦片，整齐简洁。

建筑平面接近规整长方形，正立面朝向南偏西约 30 度，建筑物主入口与相邻道路高差约 1 米。原有设计中正立面和背立面各有一个出入口，二层为室外露台，现有建筑背立面出入口由住户封堵为室内阳台，仅留有正立面一个入口作为主入口，二层露台也由住户封堵为室内阳台。

该建筑现在分配给青岛疗养院的七位职工及其家属居住使用。七户根据自家需要对原有格局进行了改扩建，有各自的入户门，二层的三家住户都加建了阁楼，充分利用了原有坡屋顶的空间，充满了生活气息。

建筑外观保存基本完好，住户加建的房屋、封闭原有露台使其与原有建筑立面相比存在一定差异，坡屋顶与原有资料图纸比对改动较大。室内空间大多住户都进行过装修，除 101 住户外室内整体状况基本良好，仅个别原有木窗风化脱漆、松动沉降，个别墙体顺缝开裂。

（八）荣成路 23 号建筑概况

该建筑建于 1931 年，欧式别墅，由俄国建筑师拉夫林且夫设计，原为俄国商人姚啡珂所有。

建筑面积 463.1 平方米，为砖木结构，地上两层及阁楼。

建筑屋角以红砖做散漫隅石状，建筑外施浅黄色装饰材料，屋面北侧及西侧耸立烟囱各一个。

建筑平面为不规则长方形。北侧建筑与围墙间距较短，南侧院子较大，有植被绿化，现建筑西北侧及东侧有加建一层用房。二层西侧露台被封堵为室内空间，阁楼东侧露台处加建一层用房。

该建筑现有七户居住。建筑外观保存基本完好，住户加建的房屋、封闭原有露台使其与原有建筑立面相比存在一定差异。室内空间大多住户都进行过装修，除二层住户外室内整体状况基本保持原有风格，个别原有木窗风化脱漆、松动沉降，墙体顺缝开裂，天花、屋顶脱落严重。

（九）荣成路 36 号概况

该建筑建于 1930 年，欧式别墅，初为民国时期任山东省主席和北平市市长的何思源所有。

建筑分为甲、乙两栋，总建筑面积 291.47 平方米。建筑外有围栏，坐落在 2.3 米高的台基上，通过一条缓坡的过道便能看到建筑的全貌。

甲栋建筑主体地上两层，大致呈矩形平面，红瓦屋顶，砖木结构，外施浅黄色抹灰。乙栋建筑地上一层，为矩形平面，人字坡屋顶，也为砖木结构，外抹灰墙面，屋顶瓦面为小红瓦。乙栋最初为存煤库房，现用于两户居住及储藏使用，加建严重。

甲栋建筑最初的门已封上，柱廊改造成墙垛，门廊也改造为房间，局部也有多处加建。楼内多户混合居住，不利于建筑保护。

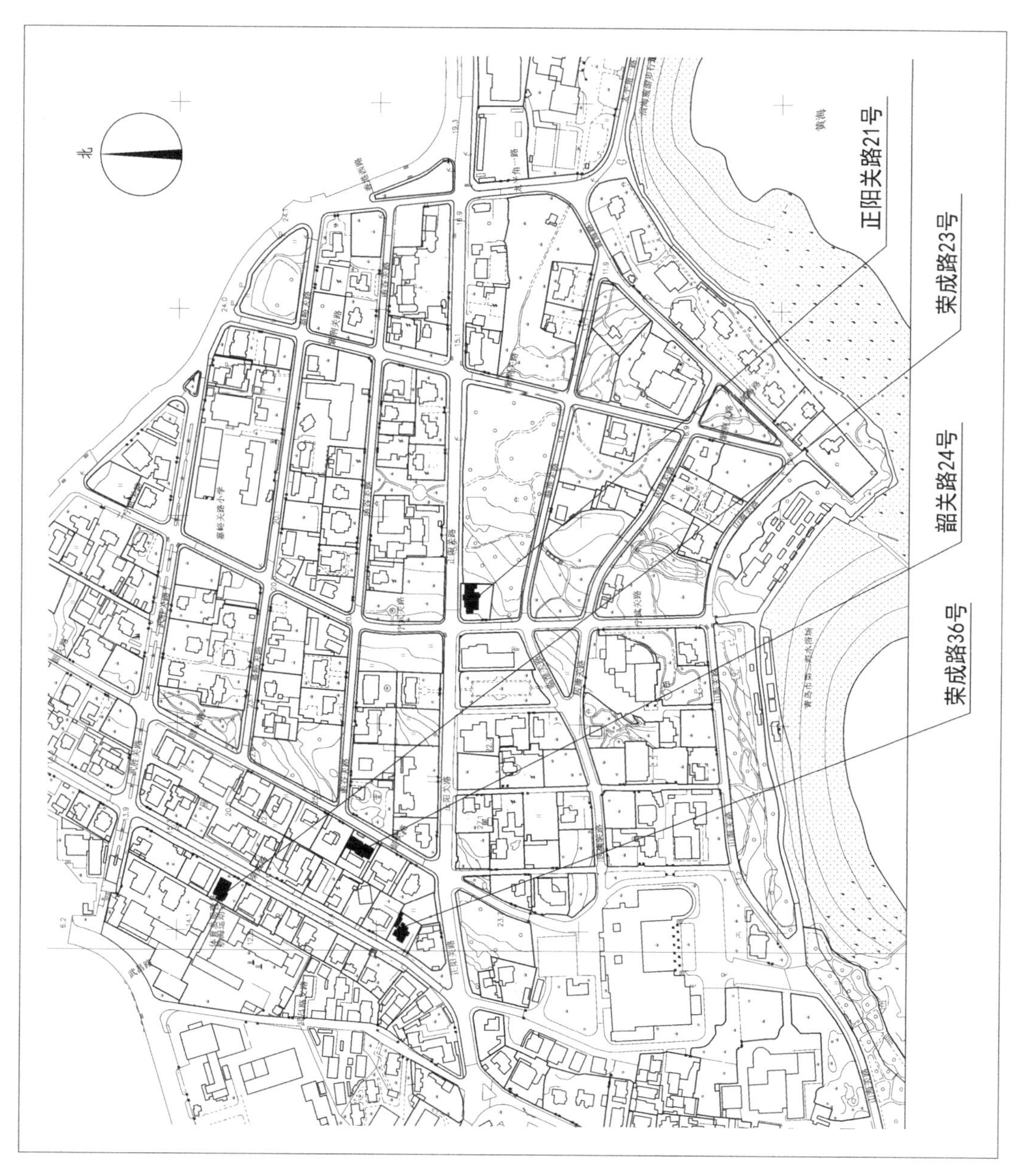
北
正阳关路21号
荣成路23号
韶关路24号
荣成路36号

修缮建筑位置图

第二章 价值评估

一、历史价值

八大关别墅曾经为一些著名人物所拥有，如晚清军机大臣吴郁生，北洋政府外交总长和中国首位国际奥委会委员王正廷，民国山东省政府主席韩复榘，民国山东省政府主席和北平市市长何思源，民国青岛市市长和山东省政府主席、浙江省政府主席沈鸿烈，北京大学原教授吴云巢，原山东大学教授周钟岐，民族实业家周志俊，俄国航海专家霍梅可，德国建筑师毕娄哈等，诞生于青岛的著名音乐家谭淑真设计的别墅至今保留。20 世纪 40 年代，蒋介石、宋子文、孔祥熙等曾下榻八大关别墅，美国第七舰队司令柯克、西太平洋舰队司令白吉尔等亦曾在此居住。新中国成立以后，八大关别墅成为接待党和国家领导人及外国元首的重要场所，毛泽东主席也光临过八大关，在此畅游大海。1957 年夏天在青岛居住期间，毛主席在第二海水浴场的红亭内主持召开了政治局会议。刘少奇、周恩来、邓小平等领导人及柬埔寨西哈努克亲王等曾下榻山海关路 9 号。山海关路 17 号因为有彭德怀、刘伯承、贺龙、罗荣桓、徐向前、叶剑英 6 位元帅的下榻而被称为“元帅楼”。

二、艺术价值

八大关是建筑融合环境的一部经典，中外建筑师共同创造了一个建筑艺术宝库，展示了一幅跨文化对话图景。参与八大关建设的外国建筑师来自俄、英、法、德、美、丹麦、希腊、西班牙、瑞士、日本等国家，带来了众多国家的建筑思想和建筑实践经验。以刘耀宸、张新斋、徐垚、刘铨法、王节尧、王屏藩、苏复轩等人为代表的中国建筑师的艺术创造更是难能可贵。他们受过西方建筑思潮的熏陶，已能娴熟地融汇各种建筑语言，完成有个性的艺术设计。八大关街区标志着中国建筑师正式走上历史舞台，标志着青岛的建筑艺术已经摆脱了单一的殖民地色彩，成为中国文化吸纳域外文明的又一个成功范例。举凡古希腊式、罗马风式、哥特式、文艺复兴式、拜占庭式、巴洛克式、洛可可式、田园风式、新艺术风格式、折中主义式、国际式等建筑风格，在八大关的建筑中皆有所见。这些建筑整体上的协调性处理得恰到好处，细部的表现精彩纷呈，那些爱奥尼、多利克、科林斯石柱远追2000年前的罗马遗风，哥特式尖顶呈现了简洁与深奥的精神感召力，诸多有着精巧构思的露台、老虎窗和拱廊、挑台等无不风韵卓然，兼具实用性和装饰性，大量运用的半木构装饰亦韵味独具，有拜占庭味道的山花和拱门，“摩登”建筑表现了全新的建筑思维，当然还有中国建筑元素和营造法式的闪现。有形与无形之间，更多则是东西方文化理念的交汇与对话。

三、科学价值

新中国成立后，八大关辟为疗养区，诸多文化名流和劳动模范在此疗养度假，就此，许多八大关老别墅成功实现了历史转型。1958年，第一次全国规划工作会议在青岛召开，八大关疗养区被当作一个范例，在梁思成先生主持编纂的中国建筑学会专题讨论会报告《青岛》中对此有专门分析。先后有数百位科学家、文学家和艺术家在此疗养，进行研究和创作，其中包括李四光、郭沫若、茅盾、曹禺、孙犁、刘海粟等科学与文化巨匠。

四、人文社会价值

八大关街区的异国风情得到影视人的喜爱，长期以来，这里成为不可多得的天然影视摄制基地。20世纪30年代，由洪深编剧、胡蝶主演的中国电影的奠基之作《劫后桃花》在汇泉路22号别墅拍摄；根据老舍作品改编的电影《二马》在今太平角一路9号别墅拍摄；居庸关路14号别墅还因为拍摄过电视剧《宋庆龄和她的姐妹们》而获得“宋家花园”之雅称；另有《家务清官》《苗苗》《13号魔窟》等电影和电视剧也是在此拍摄的。据统计，有近百部影视作品在这里摄取过自然风光和建筑内景，很多歌手的 MTV 外景也选在这里，叶倩文、林子祥的《选择》《重逢》就是在八大关拍的外景。青岛提出打造“影视之城”的目标，与此不无关系。

勘察篇

第一章　文物本体残损分析

五处近代建筑大部分建造于1931年至1935年，距今已有近90年，经受自然风化、雨水侵蚀、政权更迭时期各种不当改造等破坏，使得该建筑仍存在多方面残损问题，建筑的基本问题主要表现在外墙面污染剥落，大理石开裂松动、色彩变暗，楼地面木梁糟朽，木地板破损，屋面漏水，瓦面破损、管线破坏，室内装修及天花板石膏线花饰线裂纹毁坏，穹顶表层起壳剥落等问题。根据质量检测报告检测结果得知，结构上问题主要表现在结构体系不能满足抗震要求，局部存在结构安全隐患等方面问题。

一、台基、台阶问题

现场调查发现如下问题。

1. 台基铺装破损严重：均出现不同程度的花岗岩缺角掉角、铺砖位移、碎裂缺失等不同情况。

2. 入口台阶花岗岩条石磨损严重，局部为水泥面台阶，棱角剥落，表面严重污渍侵蚀。

二、外立面清理修复问题

建筑外墙大理石及花岗岩石饰面普遍存在以下几方面问题。

1. 大气沉积物及黑色污垢。

2. 管道等金属物氧化产物污染。

3. 不同材质的蚀化和碳酸钙流淌痕迹。

4. 局部地方表面的散屑及脱落。

5. 外墙空洞损伤和裂纹。

三、楼地面问题

经现场勘查，九处近代建筑的楼地面多为架空木地板。地下室多为民国时期拼花地砖。主要面临问题如下：

1. 香港西路 10 号室内地面全部拆除，改造废置状态。

2. 地下室和首层地面普遍后期改造，部分地面后期改造为水泥和现代地砖。

3. 楼面木地板普遍存在局部破损现象，地板下木梁多有糟朽痕迹，部分木梁亟待加固处理。

四、墙体问题

经现场勘查，五处近代建筑普遍采用砖石墙体，主要面临问题如下：

1. 地下室墙体普遍受潮严重，墙面大面积酥碱，滋生霉菌。

2. 砖石外墙大部分都存在多处纵向开裂，从室内观察可知，窗户上方墙体，楼板与外墙交接处多有渗水现象发生，破坏室内墙面。

3. 建筑物突出屋面的壁炉烟囱和墙体，历史上多已损坏，现状多为后期不当修补或改造。

五、屋顶问题

经现场勘查，五处近代建筑普遍采用木质屋架，挂红色陶瓦，局部有平屋顶，屋顶问题主要如下：

1. 大部分屋架采用木质桁架，后期多有人为增设的支撑，桁架部分木构件存在雨水糟朽。

2. 望板为木质板，历史上多被雨水朽坏，目前所见多为后期更换，局部破坏处漏水严重，直接导致室内屋顶漏雨，造成破坏。

3. 大部分屋顶防水老化严重，防水材料采用后期改造时增加的传统油毡或塑料布。

施工工艺粗糙，漏雨现象普遍。

4. 瓦面普遍采用红色陶瓦，但部分陶瓦为20世纪50年代后出现的方形机制波形瓦，而不是青岛传统的德式牛舌陶瓦。挂瓦工艺粗糙，局部瓦件破损严重。

六、安全疏散与无障碍问题

经现场勘查，地下室及各层均存在安全隐患。

七、建筑生物侵害问题

据勘察，没有发现白蚁等现象，但是局部砖瓦石材等受到真菌的侵蚀。

八、基础设施设备问题

1. 房间配电设备陈旧、老化，管线凌乱，局部电线管锈蚀，配电设备不能正常使用。

2. 房屋外立面落水管缺失或者锈蚀。

3. 房屋外立面空调架破坏了立面，并且电线交错纵横。

4. 隔墙繁复，消防设备不够充足。

第二章　现状勘察

2011年10月，受甲方委托清华建筑设计研究院文化遗产保护研究所工作组成员对居庸关路10号、香港西路10号、黄海路18号、黄海路16号、山海关路13号、正阳关路21号、韶关路24号、荣成路23号、荣成路36号进行了现场勘查，对损坏情况进行了调查记录，收集整理相关建筑资料，详情如下：

一、居庸关路10号建筑（公主楼）

建筑名称：居庸关路10号（公主楼）

建筑年代：1935年

居庸关路10号建筑（公主楼）现状

建筑现状：建筑为砖木结构，多折坡屋面，地上两层，局部三层，地下一层，采用石、砖、木、陶瓦等建筑材料建造，室内有吊顶木饰线、壁柜、壁炉，建筑面积666平方米。

保护范围：建筑及其院落均位于八大关文物保护规划所规定的重点保护范围区域内。

建设控制地带：建筑及周围环境均位于八大关文物保护规划所规定的重点保护范围区域内。

（一）建筑残损现状

1. 台基及入口台阶

（1）台基

残损现状：台基内部破损严重；出现花岗岩缺棱掉角、铺砖位移、崩裂、碎裂缺失等不同情况。内部墙皮出现不同程度侵蚀掉落，马赛克装修出现破损。

残损类型：磨损、侵蚀、污染、裂缝。

残损原因：年久失修，自然风化、雨水侵蚀，人为不当使用。

（2）台阶

残损现状：入口台阶无明显松动移位。台阶棱角出现部分崩落；表面污渍比较严重。

残损类型：磨损、污染、花岗石砌筑台阶。

残损原因：年久失修，人为不当使用。

2. 外立面

（1）南立面

残损现状：墙体整体完好，无明显歪闪、裂缝；花岗岩台基、墙体抹灰表面局部因雨水侵蚀酥碱剥落，产生污渍变暗，产生污斑。后改落水管对建筑外观有局部影响，其固定件破坏并侵蚀周围墙体，檐口木板及铁皮檐沟老化，裂缝，破损情况较严重，饰面有污渍及剥落。

残损类型：污斑、裂缝、锈蚀、孔洞。

残损原因：年久失修，自然风化、雨水侵蚀，人为不当使用。

（2）东立面

残损现状：墙体整体完好，无明显歪闪、裂缝；花岗岩、墙体有个别处污渍变暗，产生污斑。由于东北角阳台地面雨天漏雨，影响下面的房间，因此在此阳台上加建了太阳房，改变了建筑原状。后改落水管对建筑外观有局部影响，其固定件破坏并侵蚀周围墙体，檐口木板及铁皮檐沟老化，裂缝，破损情况较严重，饰面有污渍及剥落。东侧有加建铁门。

残损类型：污斑、裂缝、管线孔洞、加建、饰面缺失。

残损原因：年久失修，自然风化、雨水侵蚀，人为改造。

（3）北立面

残损现状：后改落水管对建筑外观有局部影响，其固定件破坏并侵蚀周围墙体，檐口木板及铁皮檐沟老化，裂缝，破损情况较严重，饰面有污渍及剥落。木窗框老化破损现象明显。管线搭接影响立面美观。墙体有孔洞及空调支管。后院环境杂乱。

残损类型：污斑、管线孔洞、饰面、缺失。

残损原因：年久失修，自然风化、雨水侵蚀，人为改造。

（4）西立面

残损现状：落水管锈蚀。木窗框老化破损现象明显。墙体有个别处污渍变暗，产生污斑。西北角院杂物堆放，建筑垃圾影响立面，加建一鸡棚。环境恶劣。

残损类型：污斑、裂缝、饰面、缺失。

残损原因：年久失修，自然风化、雨水侵蚀，人为改造。

3. 地下室

（1）地面、楼梯

残损现状：地下室无地板铺装，为后改水泥地面，基本完好。石砌楼梯踏步棱角破损。室内杂物堆放混乱，有污渍和积尘。

残损类型：磨损、污渍、棱角破损。

残损原因：污染侵蚀，人为不当使用。

（2）墙壁

残损现状：墙壁整体完好，局部酥碱、起鼓，有污渍和管线侵蚀现象。

残损类型：污渍、顺缝开裂。

残损原因：年久失修，污染侵蚀，人为改造。

（3）天花板

残损现状：天花板出现泛黄变暗，个别房间有渗漏、起鼓、抹灰剥落和污染侵蚀。

残损类型：泛黄变暗、腐变龟裂、剥落渗漏。

残损原因：年久失修，污染侵蚀，人为改造。

（4）门窗

残损现状：门窗出现油漆褪色、污渍污染，构件破损缺失等。

残损类型：油漆褪色剥落、构件破损、窗口封堵。

残损原因：污染侵蚀，年久失修，人为不当使用。

（5）装修

残损现状：墙壁简单粉刷，木梁刷油漆。

残损类型：构件裂缝、缺失、磨损。

残损原因：年久失修，污染侵蚀，人为不当使用。

4. 二层

（1）地面

残损现状：木地板重新装修，保存基本完好。楼梯踏步棱角破损。

残损类型：磨损、污渍、棱角破损。

残损原因：污染侵蚀，人为不当使用。

（2）墙壁

残损现状：墙壁整体完好，个别区域有渗漏雨水变黄。

残损类型：污渍、顺缝开裂、泛黄变暗。

残损原因：年久失修，污染侵蚀，人为改造。

（3）天花板

残损现状：石膏天花板出现泛黄变暗，个别房间渗漏严重。

残损类型：泛黄变暗、腐变龟裂、剥落渗漏。

残损原因：年久失修，污染侵蚀，人为改造。

（4）门窗

残损现状：门窗出现油漆褪色、污渍污染，构件破损缺失等。

残损类型：油漆褪色剥落、构件破损、窗口封堵。

残损原因：污染侵蚀，年久失修，人为不当使用。

（5）装修

残损现状：基本装修完好，较新。

残损类型：油漆褪色、构件裂缝、缺失、磨损。

残损原因：年久失修，污染侵蚀，人为不当使用。

（6）其他

残损现状：房间空置。

5. 屋顶

（1）屋面砖瓦

残损现状：屋顶挂瓦基本完好，局部瓦件有碎裂、缺失。

残损类型：损坏、缺失。

残损原因：年久失修，污染侵蚀。

（2）烟囱

残损现状：基本完好，外表有少量细裂缝，饰面掉色。

残损类型：饰面掉色、开裂。

残损原因：年久失修，污染侵蚀。

6. 砖墙结构

残损现状：防水性能下降，结构强度降低。

（二）建筑现状残损照片

露台内墙皮破损

立面墙面磨损

窗框损坏

阳台墙面破损

墙皮剥落

露台墙体破损

装饰马赛克剥落

窗户上沿墙面破损

石材墙裙外加建落水管

墙体人为破坏

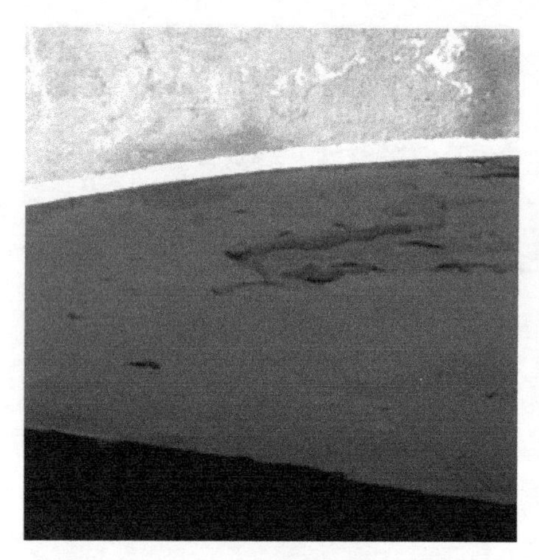

阳台墙面破损

加建落水管渗漏变黄

墙面孔洞

装饰马赛克剥落

加建铁门

檐口木结构残损

露台饰面脱落

露台杂草

石材上装饰马赛克破损

露台墙面碎裂

木窗框老化剥落

地下室木梁私搭电线

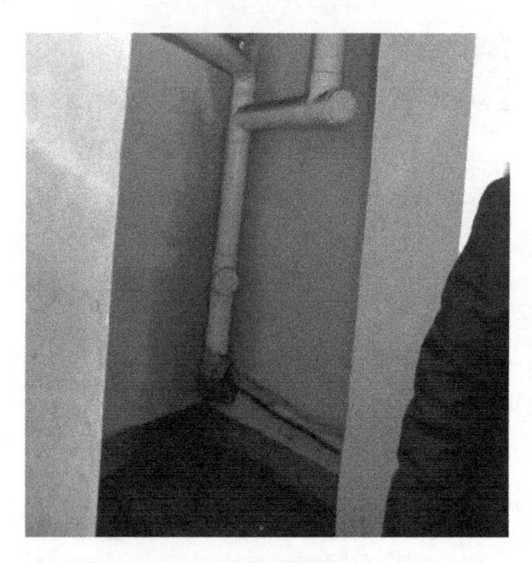
地下室墙体渗水

地下室锅炉管道

地下室锅炉

地下室墙体开裂损

二楼检验室墙体漏雨

二楼检验室墙体漏雨

二楼检验室墙体漏雨

二楼检验室墙体漏雨

墙体裂缝

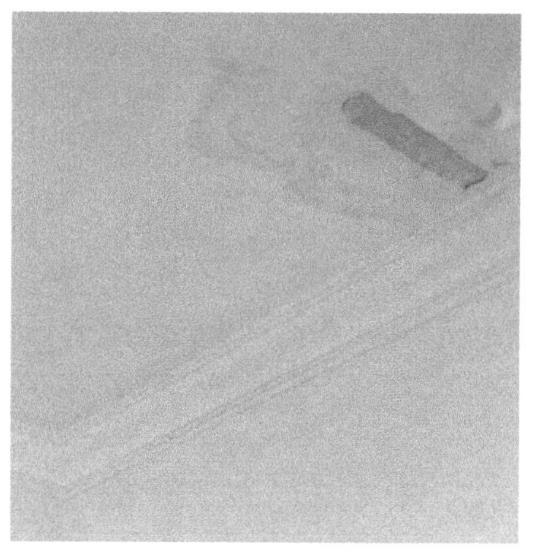

二楼天花漏雨侵蚀起鼓

二楼天花破损

二楼墙体腐蚀

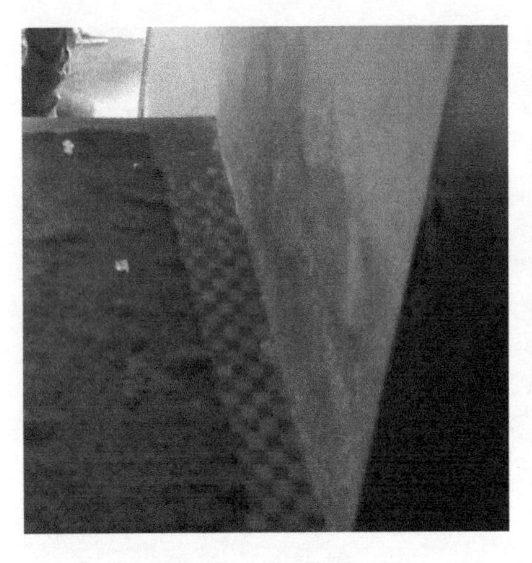

地下室墙体磨损

地下室墙体开洞

地下室楼梯转角杂物堆放

墙体磨损污染

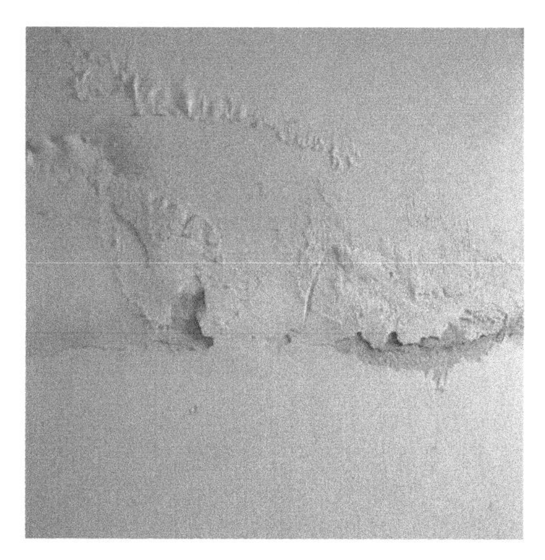

墙体墙皮脱落

地下室木梁

地下室天花破损

杂物堆放

墙面上铁钉

墙面外加管线

北侧院内

墙角外加电线

檐口木结构破损

二楼阳台出内墙面破损

屋顶屋面破损

西北角搭建鸡棚

外墙加建落水管

墙面上空调管及洞口

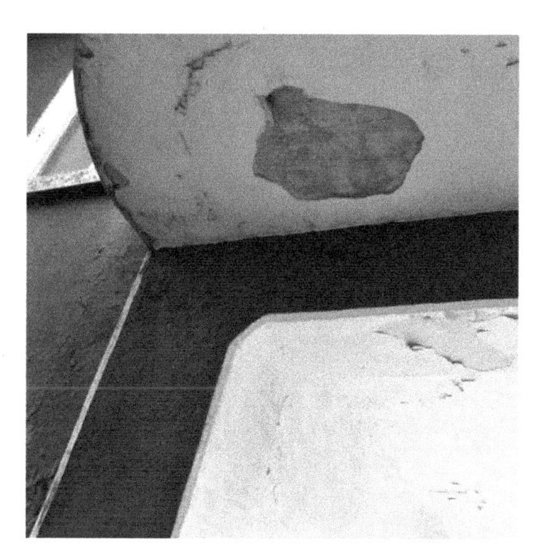

阳台下沿天花破损

露台装饰马赛克侵蚀

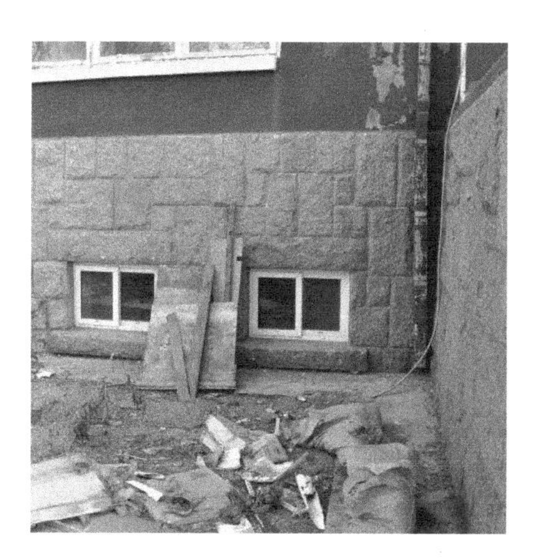

西立面外垃圾乱放

墙面破损

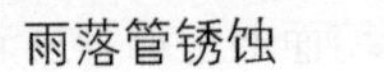

雨落管锈蚀

杂物堆放

（三）现状勘测图纸

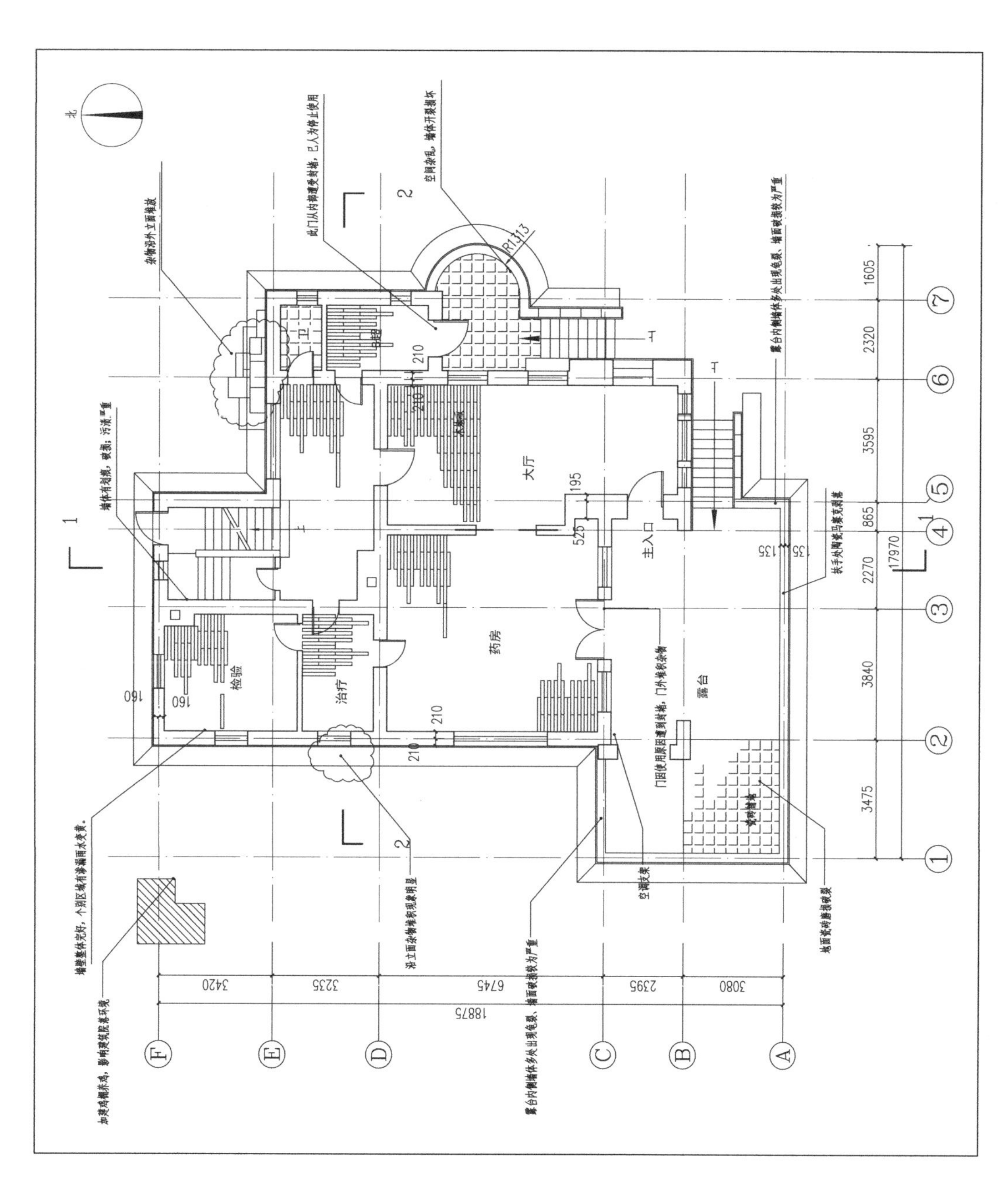

居庸关路 10 号建筑首层平面图

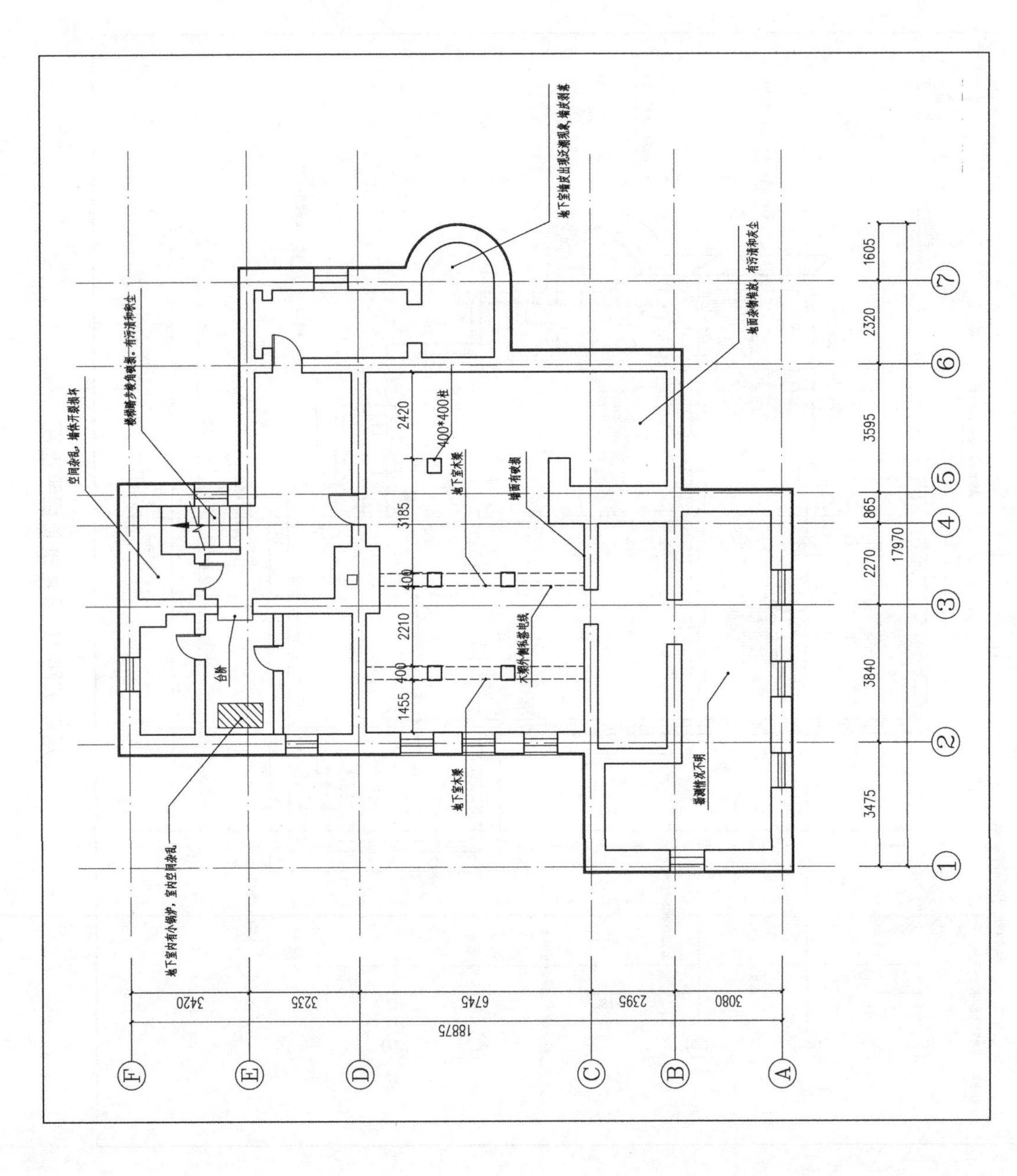

居庸关路 10 号建筑地下一层平面图

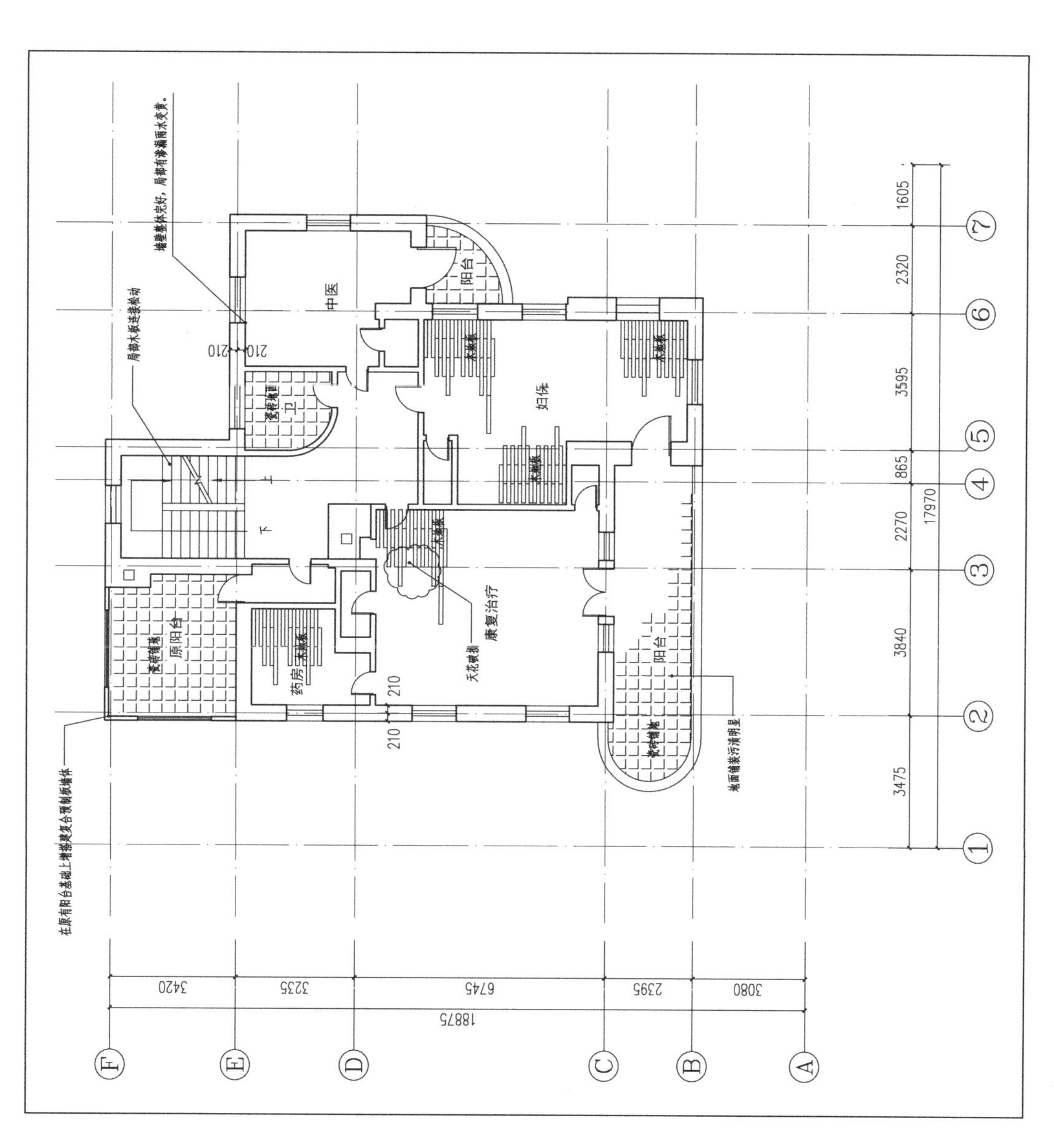

居庸关路10号建筑二层平面图

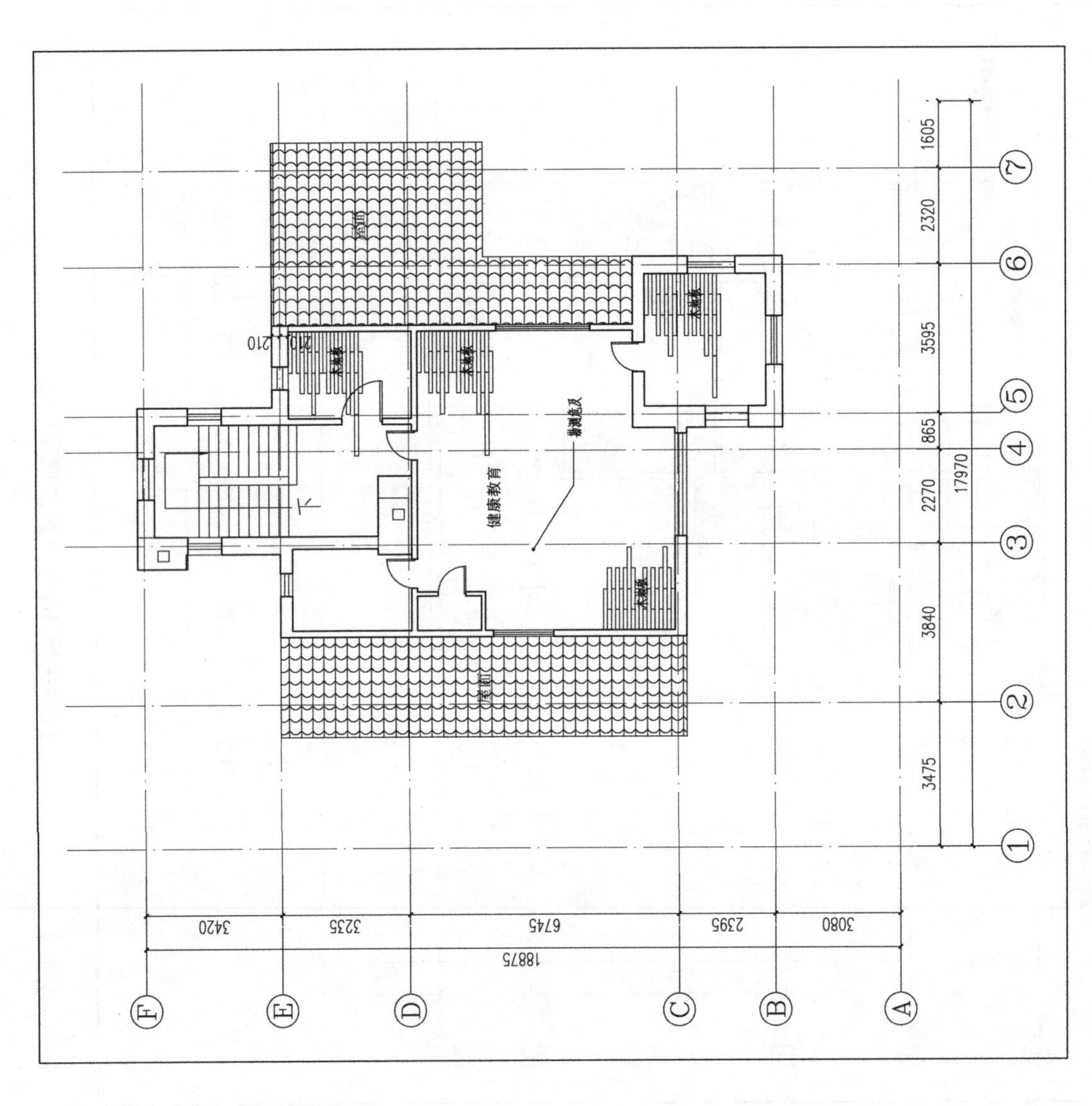

居庸关路 10 号建筑三层平面图

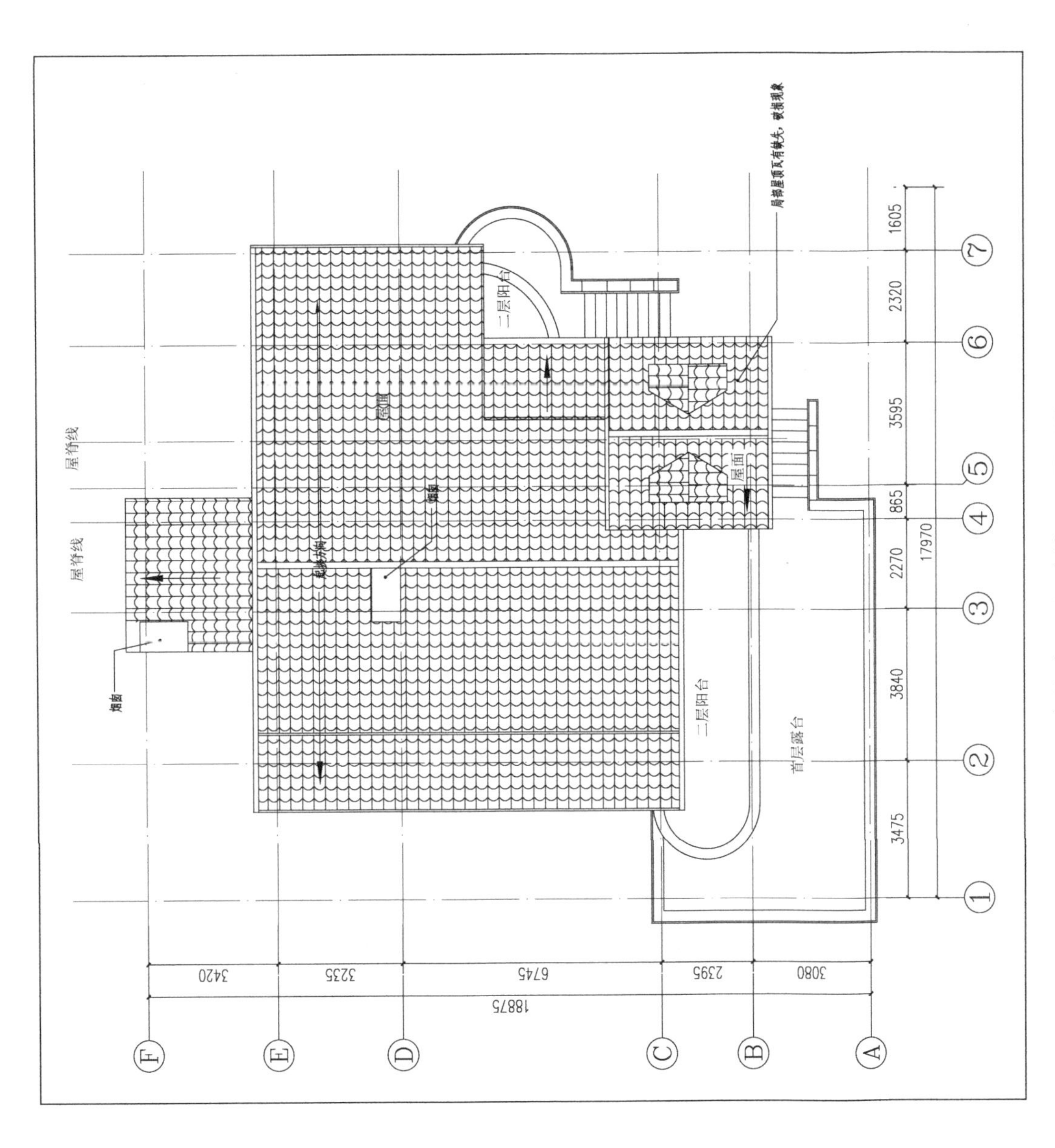

居庸关路 10 号建筑屋顶平面图

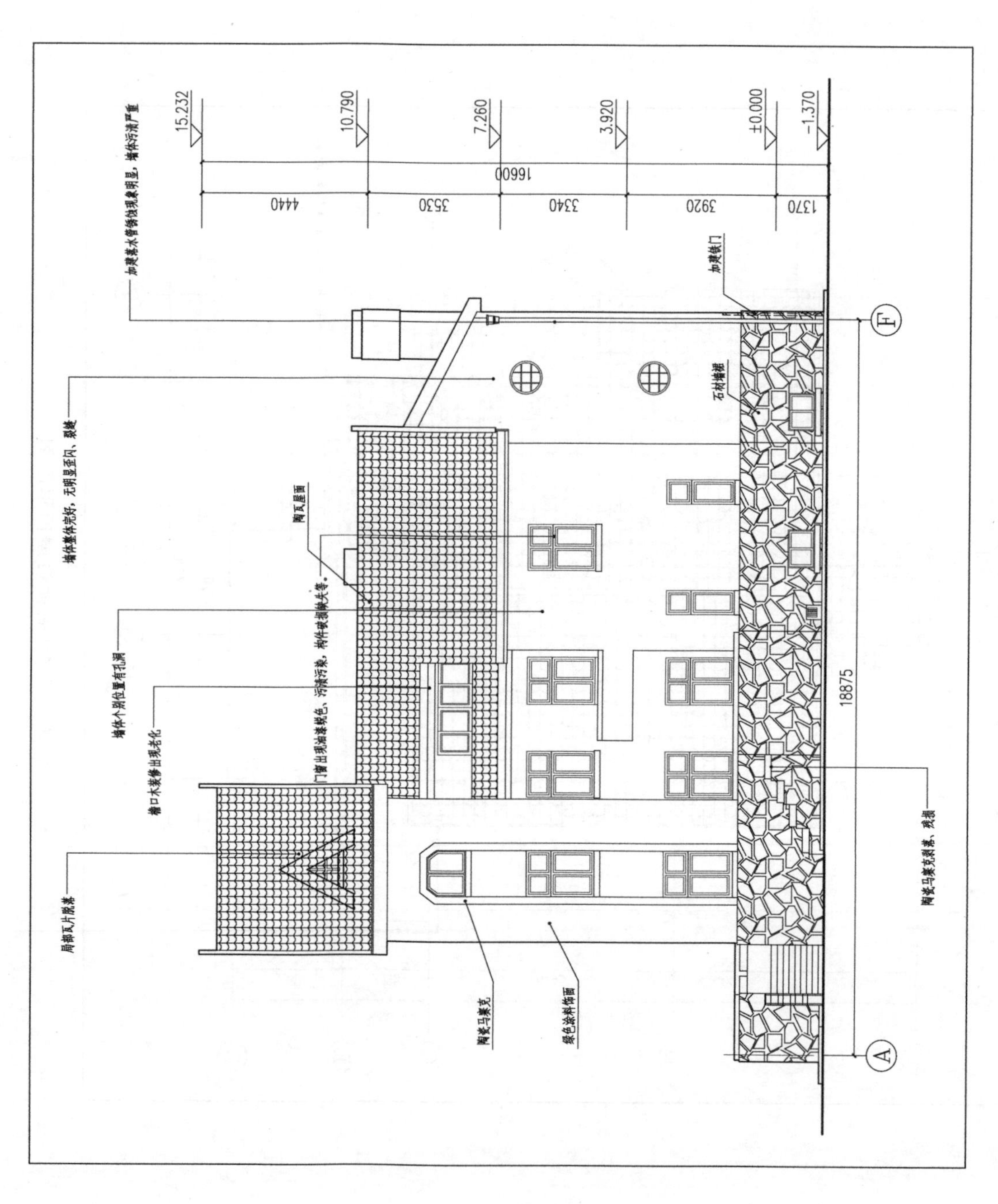

居庸关路10号建筑东立面图

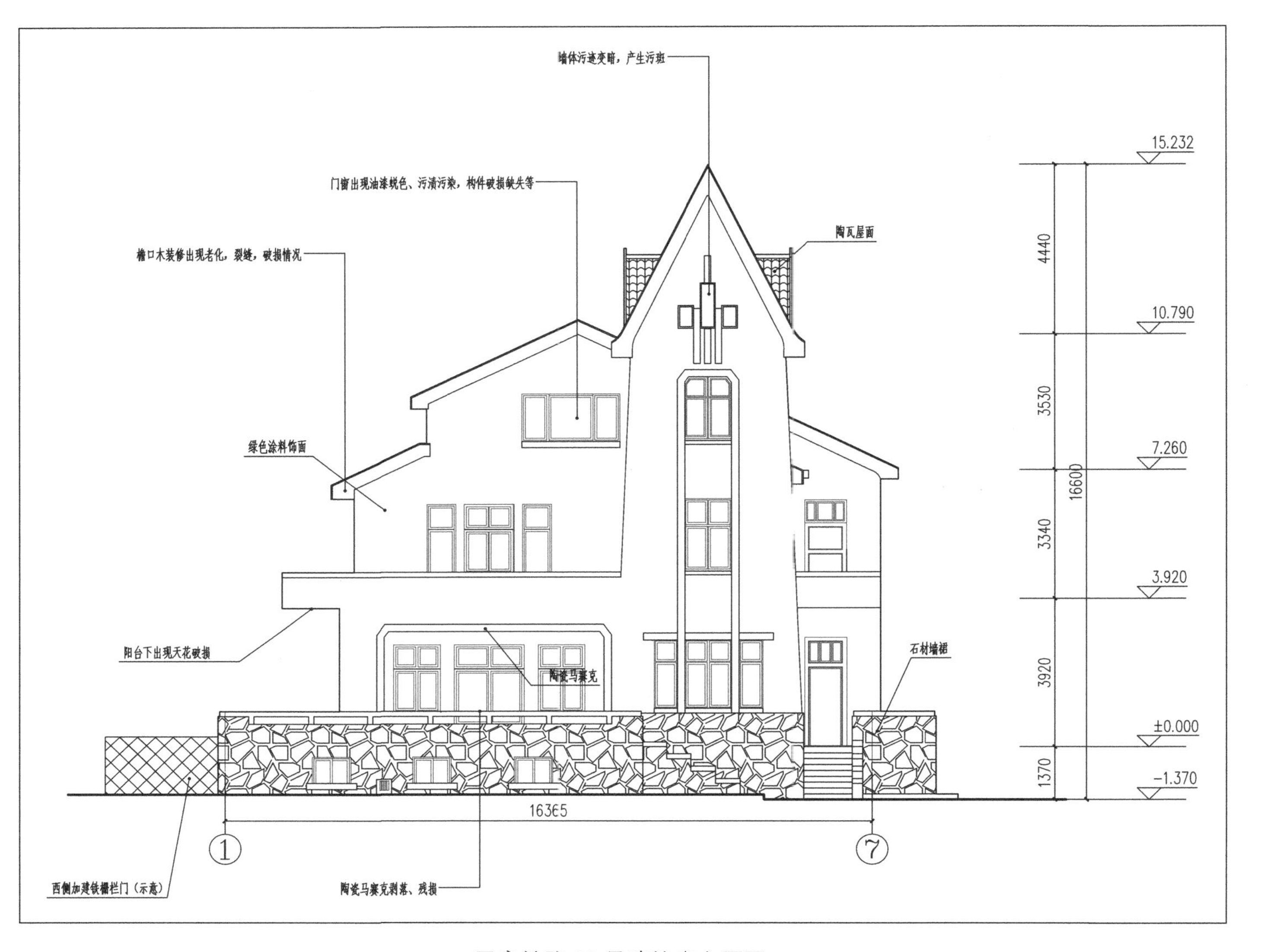

居庸关路10号建筑南立面图

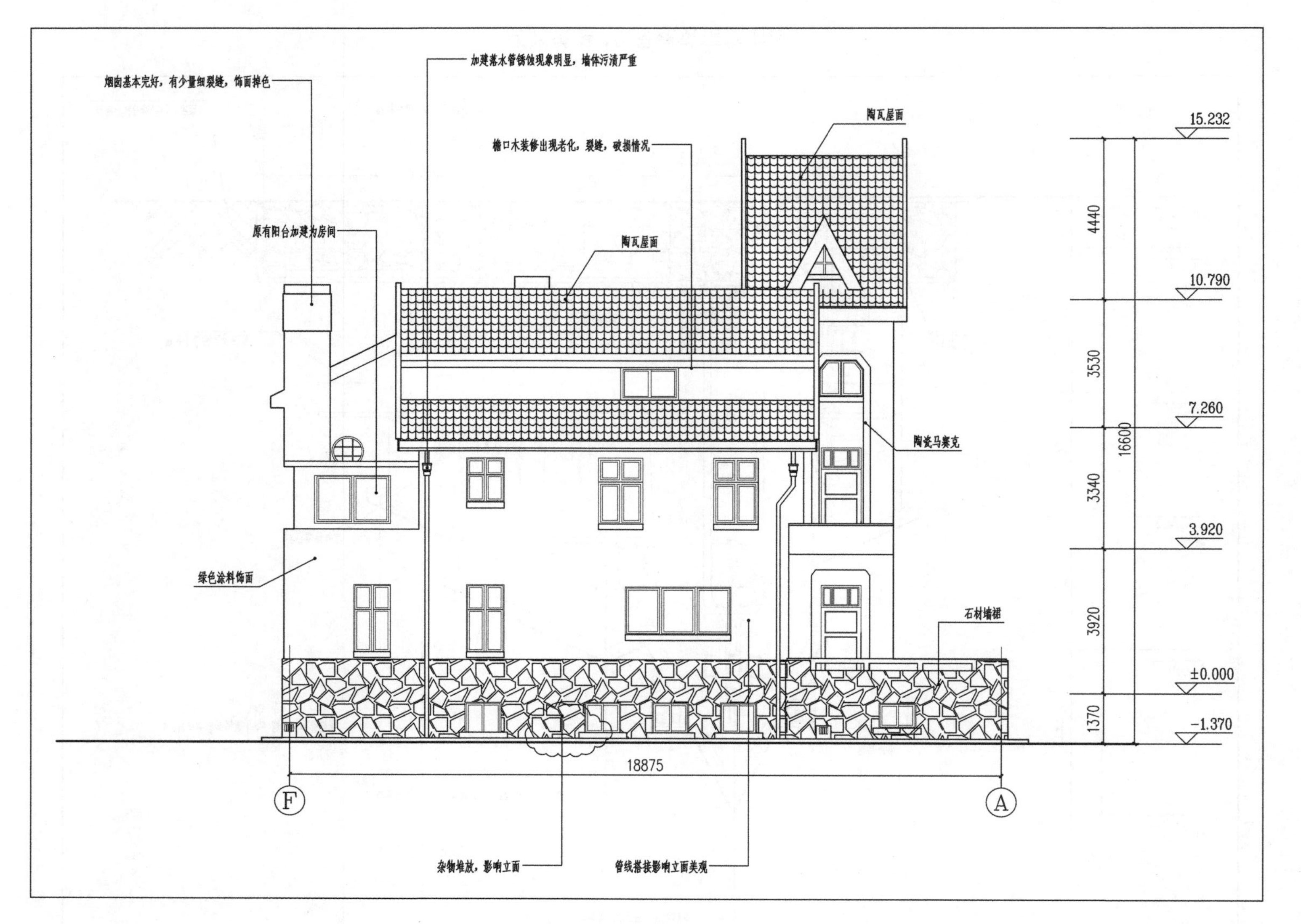

居庸关路10号建筑西立面图

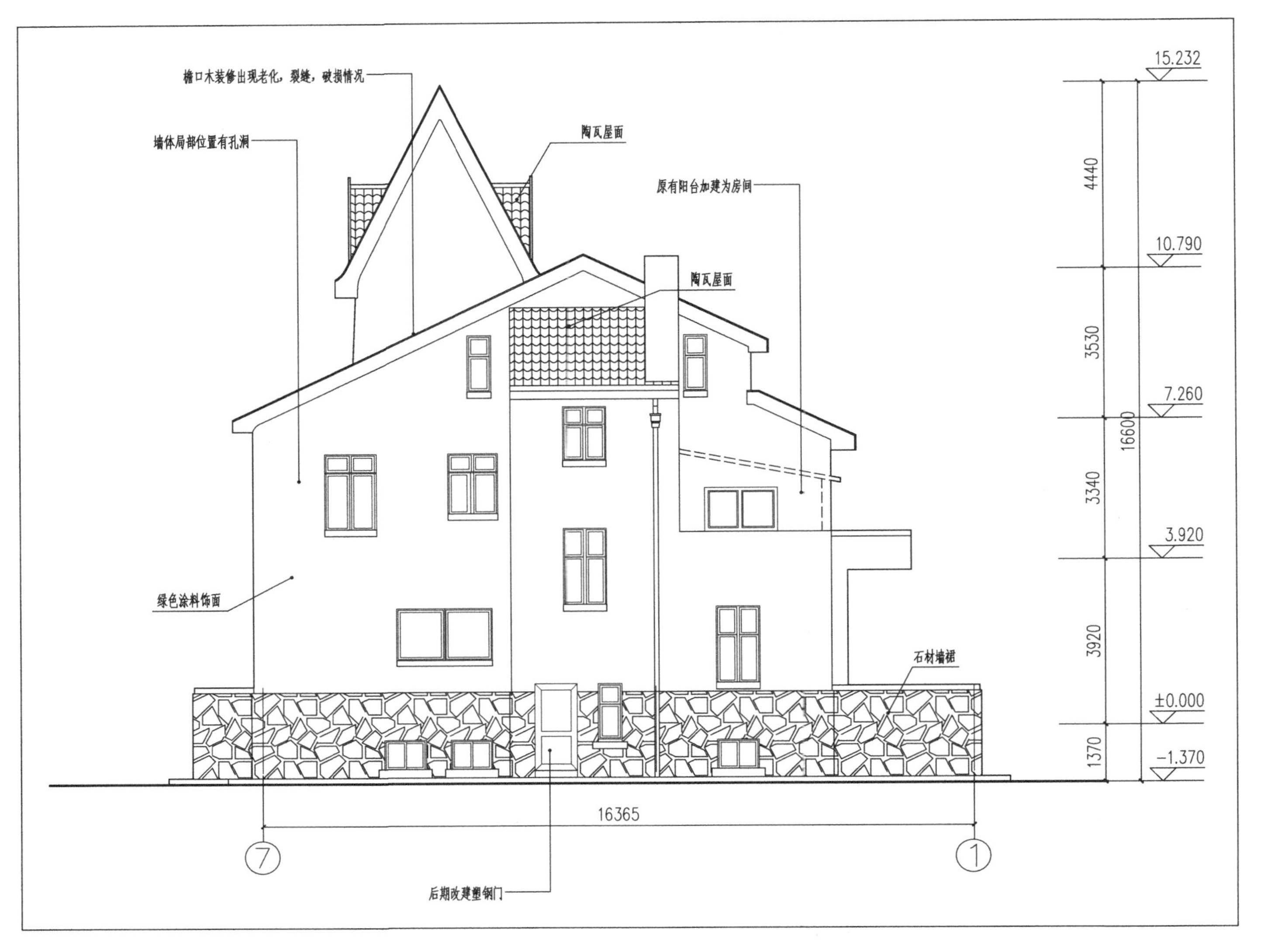

居庸关路10号建筑北立面图

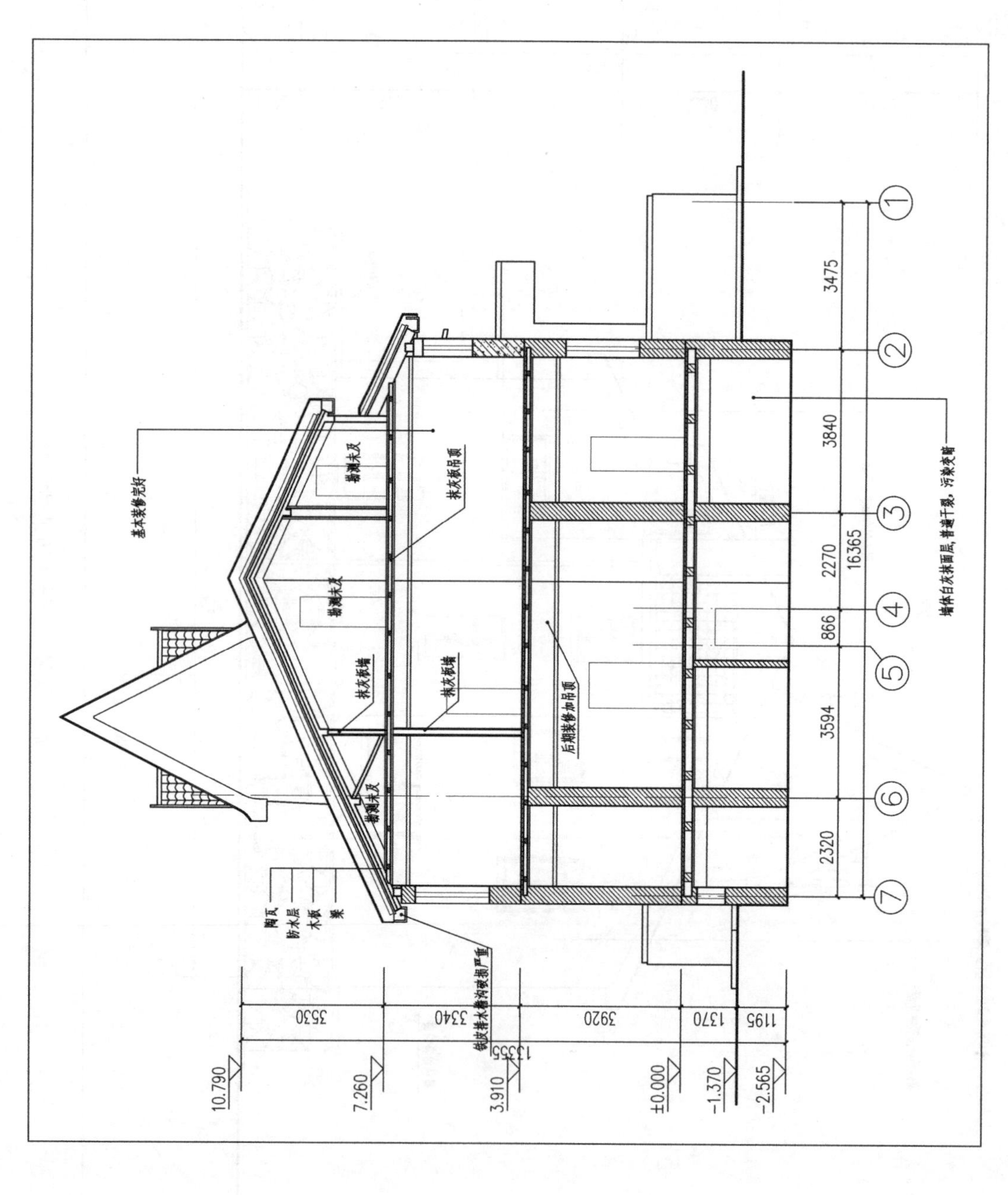

居庸关路 10 号建筑 1-1 剖面图

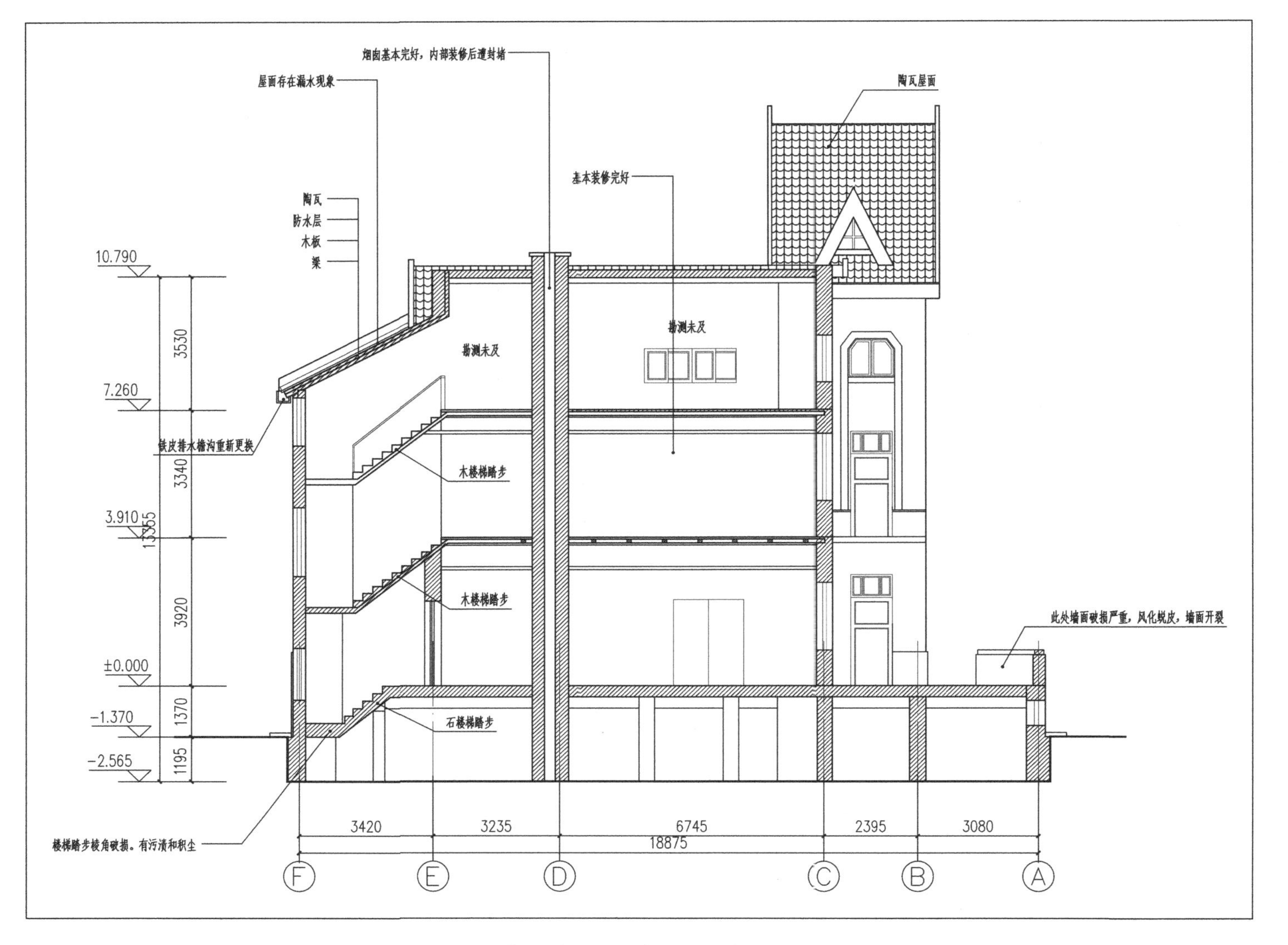

居庸关路 10 号建筑 2-2 剖面图

二、香港西路 10 号建筑

建筑名称：香港西路 10 号

建筑年代：1935 年

建筑现状：建筑为砖木结构，折坡屋面，地上一层，采用石、砖等建筑材料建造，建筑面积 371 平方米。

保护范围：建筑及其院落均位于八大关文物保护规划所规定的重点保护范围区域内。

建设控制地带：建筑及周围环境均位于八大关文物保护规划所规定的重点保护范围区域内。

香港西路 10 号建筑现状

（一）建筑残损现状

1. 台基及入口台阶

（1）台基

残损现状：台基基本无破损；基本未出现缺棱掉角、铺砖位移、碎裂缺失等情况。

残损类型：磨损。

残损原因：自然风化。

（2）台阶、入口平台

残损现状：入口台阶花岗岩及水磨石表面风化、磨损严重。棱角出现部分残缺、崩落。

残损类型：磨损、污染。

残损原因：年久失修，人为不当使用。

（3）入口立柱基础

残损现状：入口两侧立柱的基座有不同程度的开裂，存在污渍及表面层的崩裂。

残损类型：污染、裂缝。

残损原因：自然风化。

2. 外立面

（1）南立面

残损现状：墙体整体完好，无明显歪闪、裂缝；墙面粉刷层普遍有污渍，变暗。南立面大部分被建筑南侧加建的一层平房所遮挡。

残损类型：污斑、裂缝、锈蚀、孔洞。

残损原因：年久失修，自然风化、雨水侵蚀，人为不当使用。

（2）东立面

残损现状：墙体整体完好，无明显歪闪、裂缝；墙面粉刷层局部有污渍，变暗，局部有裂缝。雨漏管出口下方墙面受冲刷，粉刷层受到不同程度破坏，剥落现象严重。局部因安装灯具、安装防盗窗等在墙上开孔，破坏了墙体。

残损类型：污斑、裂缝、加建、管线孔洞、饰面缺失。

残损原因：年久失修，自然风化、雨水侵蚀，人为改造。

（3）北立面

残损现状：墙体整体完好，无明显歪闪、裂缝；墙面粉刷层局部有污渍，变暗，局部有裂缝。雨漏管出口下方墙面受冲刷，粉刷层受到不同程度破坏，剥落现象严重。局部因安装灯具、安装防盗窗等在墙上开孔，破坏了墙体。

残损类型：污斑、裂缝、饰面、缺失。

残损原因：年久失修，自然风化、雨水侵蚀，人为改造。

（4）西立面

残损现状：墙体整体完好，无明显歪闪、裂缝；墙面粉刷层局部有污渍，变暗，局部有裂缝。雨漏管出口下方墙面受冲刷，粉刷层受到不同程度破坏，剥落现象严重。局部因安装灯具、安装防盗窗等在墙上开孔，破坏了墙体。

残损类型：污斑、裂缝、饰面、缺失。

残损原因：年久失修，自然风化、雨水侵蚀，人为改造。

（5）装修

残损现状：砖墙外施白色抹灰装修，有部分污渍、局部裂缝及崩落。

残损类型：污染、裂缝。

残损原因：自然风化。

3. 一层室内

（1）地面

残损现状：地板及支撑地板的龙骨被完全拆除，基础部分严重拆毁。

残损类型：磨损、污渍、棱角破损。

残损原因：污染侵蚀，人为不当使用。

（2）墙壁

残损现状：内墙白色粉刷表面小部分完好，大部分墙皮风化、受潮酥碱、起鼓，甚至脱落。

残损类型：污渍、顺缝开裂、管线孔洞。

残损原因：年久失修，污染侵蚀。

（3）天花板

残损现状：石膏天花线脚破坏严重，破损、缺失较多。天花吊顶整体被拆除等。

残损类型：泛黄变暗、腐变龟裂、剥落。

残损原因：年久失修，污染侵蚀。

（4）门窗

残损现状：门窗普遍木框架变形、松散，油漆褪色、污渍污染，五金件锈蚀严重，部分构件破损、缺失等。

残损类型：油漆褪色剥落、构件破损、窗口封堵。

残损原因：污染侵蚀，年久失修，人为不当使用。

（5）装修

残损现状：木墙裙装修全被拆除，整体缺失。轻微柱饰破碎、裂缝等情况。

残损类型：油漆褪色、构件裂缝、缺失，磨损。

残损原因：年久失修，污染侵蚀，人为不当使用。

4. 屋顶

（1）屋面砖瓦

残损现状：砖瓦屋顶为基本完好，局部瓦件有碎裂、缺失。

残损类型：脱落，构件老化。

残损原因：年久失修，污染侵蚀，人为改造。

（2）通风塔

残损现状：构件缺失，有少量裂缝。

残损类型：构件裂缝、缺失。

残损原因：年久失修，自然风化。

（二）建筑现状残损照片

立面墙体外皮破损

立面墙体孔洞及加建壁灯

立面外侧窗户破损

立面加建管线

院落中加建小棚子

立面墙体严重腐蚀

立面加建空调机

立面窗户人为整修

立面保险箱老化

立面墙体残损

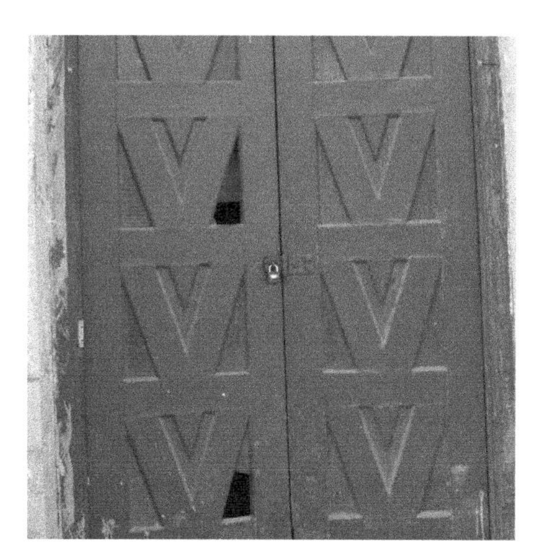

大门破损

立面加建落水管

立面墙体孔洞

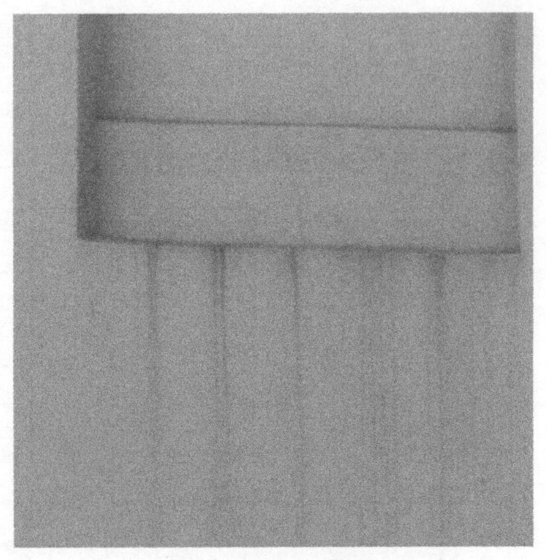

立面墙体年久腐蚀

院落中堆放落叶等垃圾

立面墙体破损

大门周围墙体表皮破损

立面外侧加建小房子

房屋外摆放杂柜

院落中乱挂杂物

立面加建落水管

立面墙体孔洞

门厅地板及支撑龙骨完全破坏

隔墙墙基红砖凌乱堆放

墙面抹灰、吊顶线脚遭破坏

厕所砖墙面完全裸露

隔墙墙基残损

梁架局部残损

管线凌乱

吊顶被拆毁

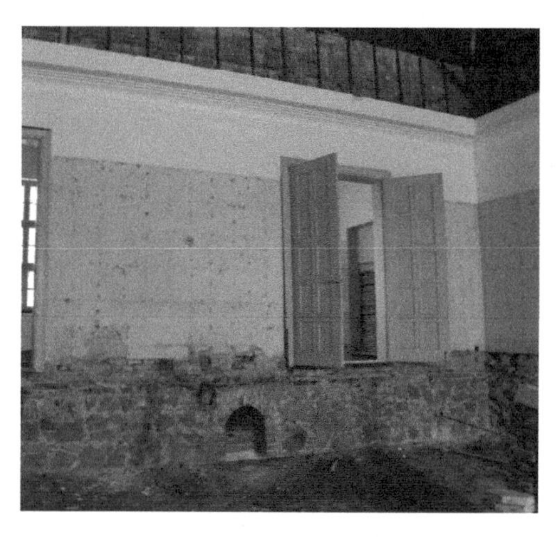

大空间木墙裙完全遭破坏

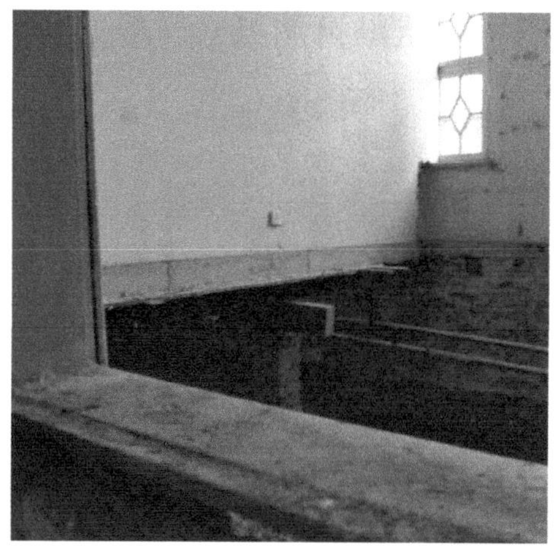

隔墙墙基遭破坏

室内门局部残损

（三）现状勘测图纸

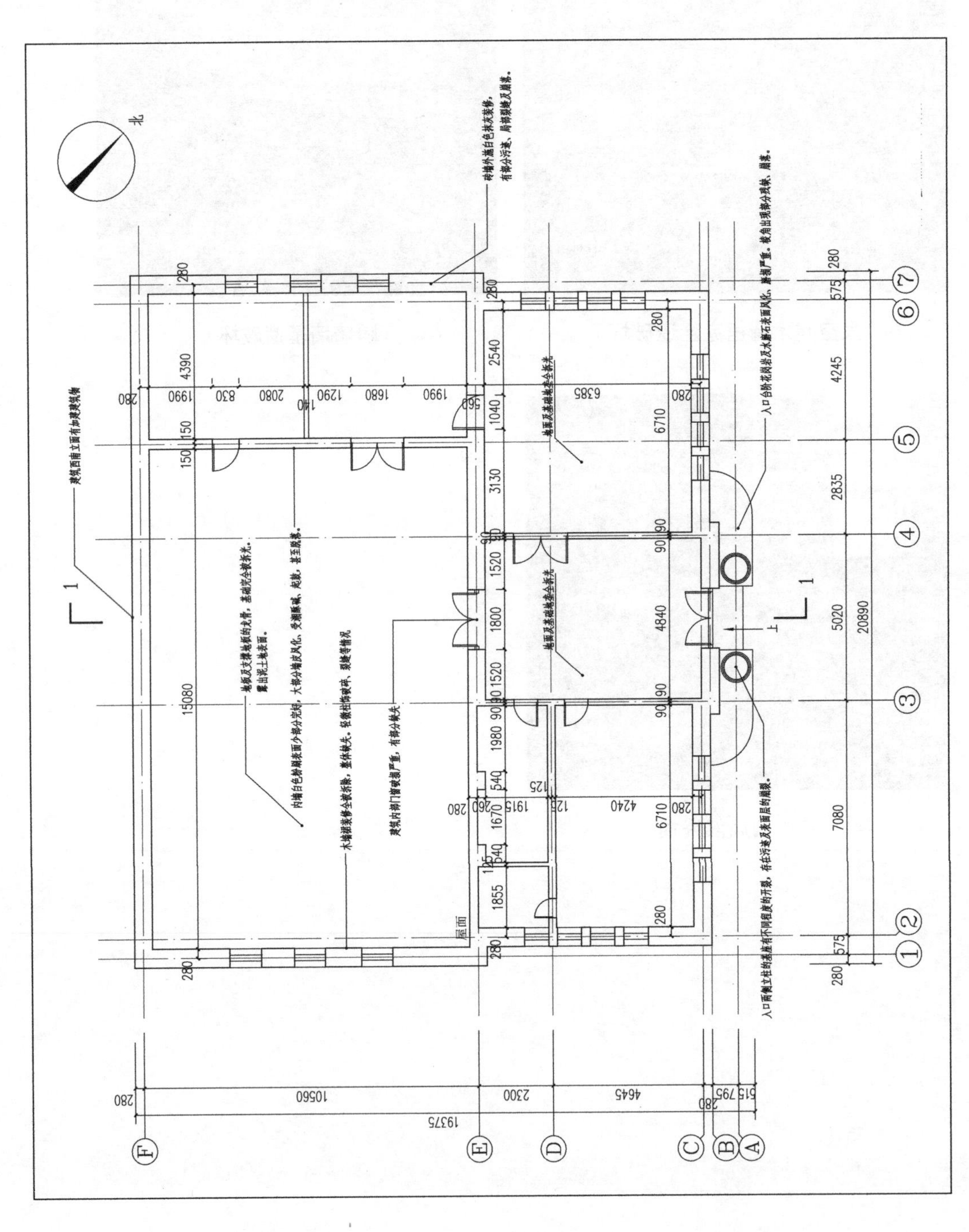

香港西路 10 号建筑首层平面图

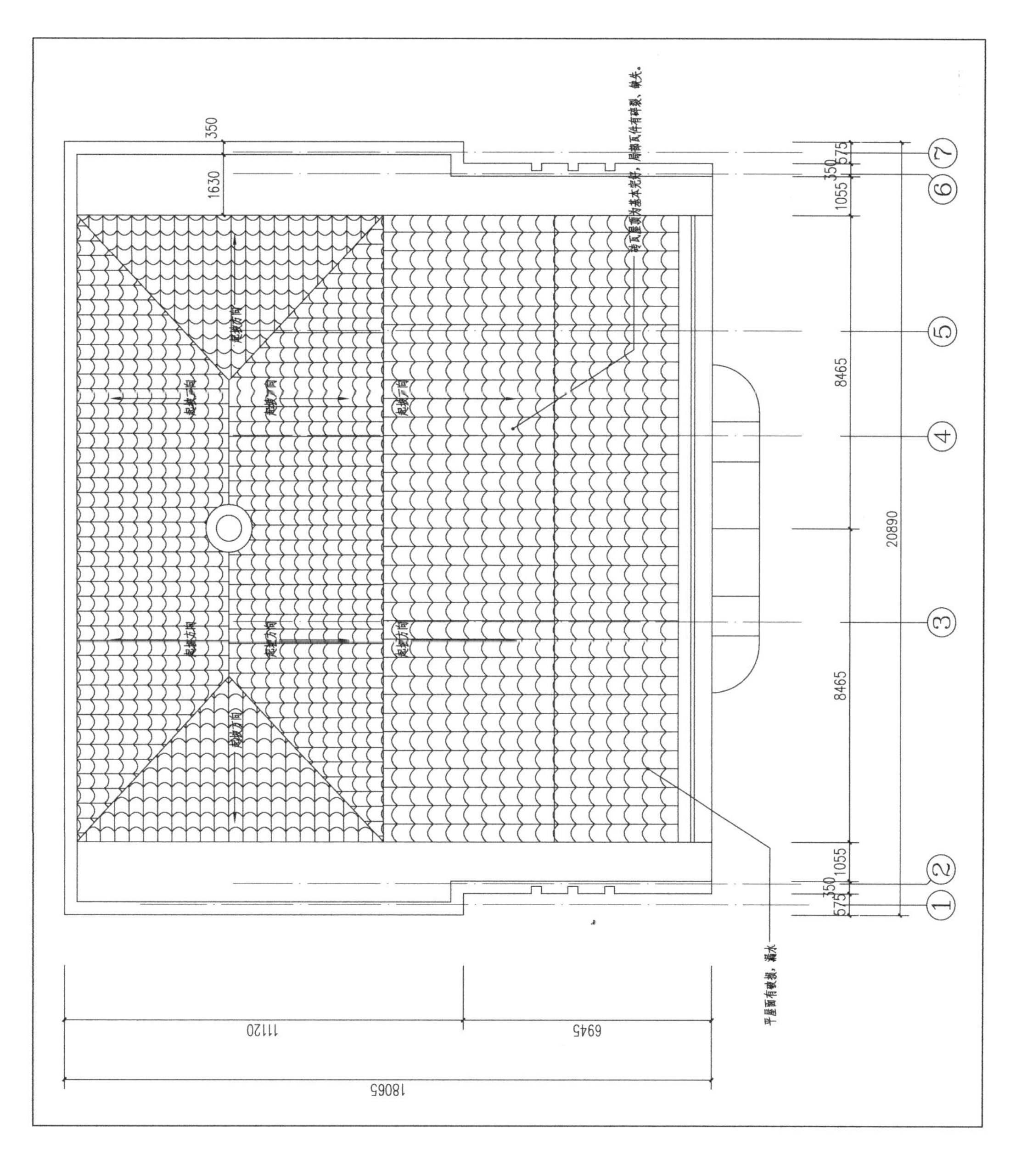

香港西路 10 号建筑屋顶平面图

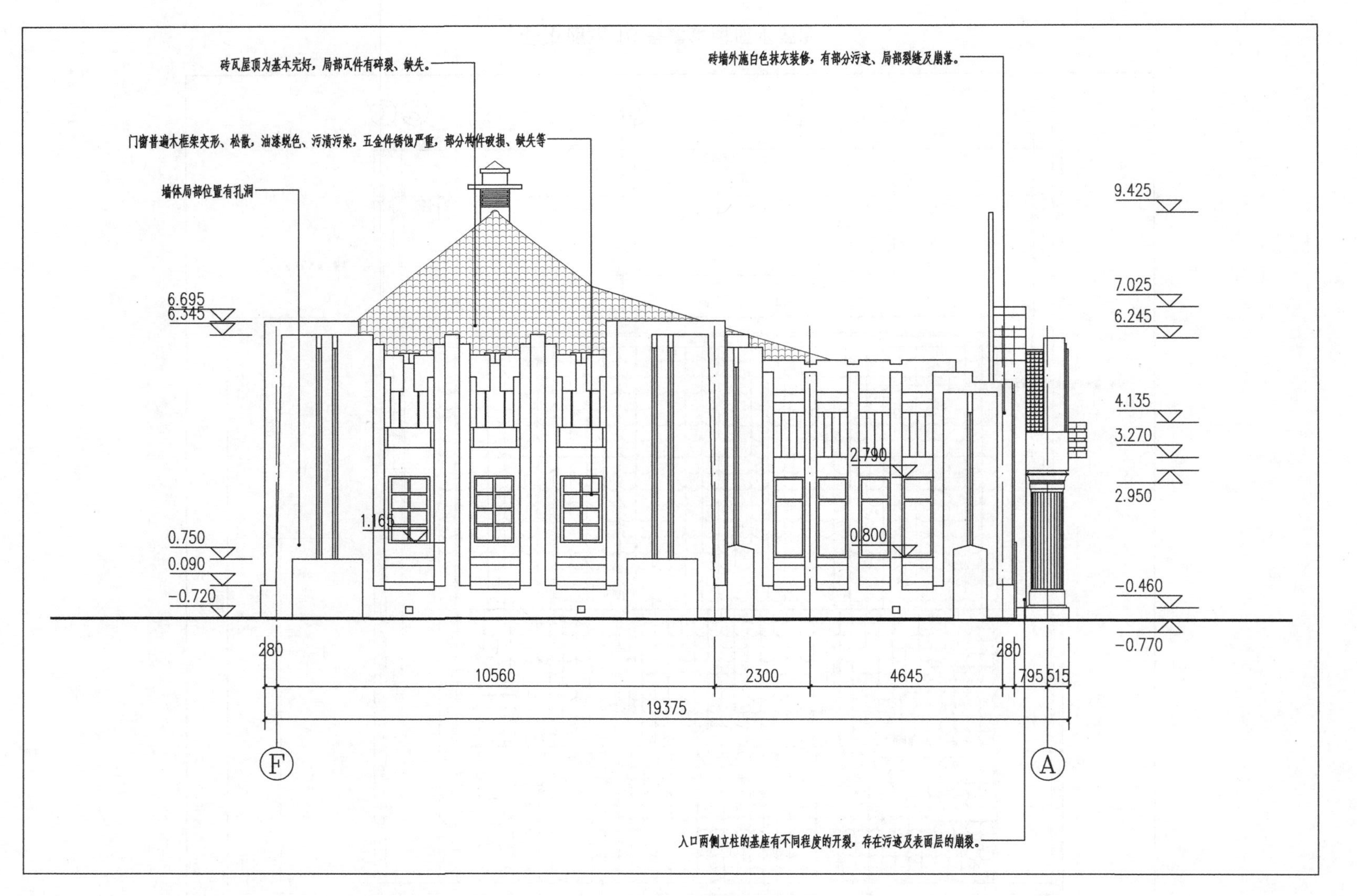

香港西路 10 号建筑东南立面图

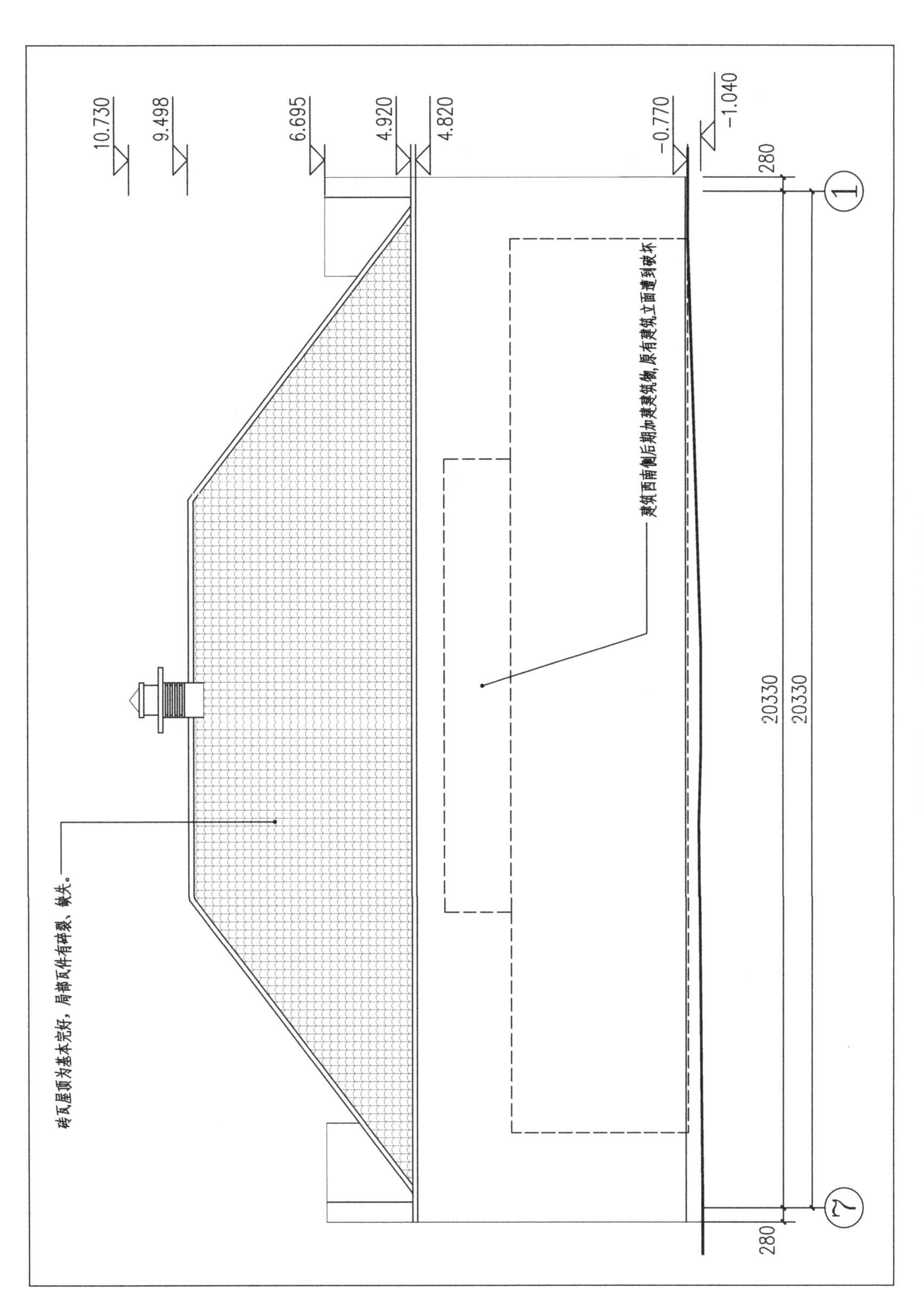

香港西路 10 号建筑西南立面图

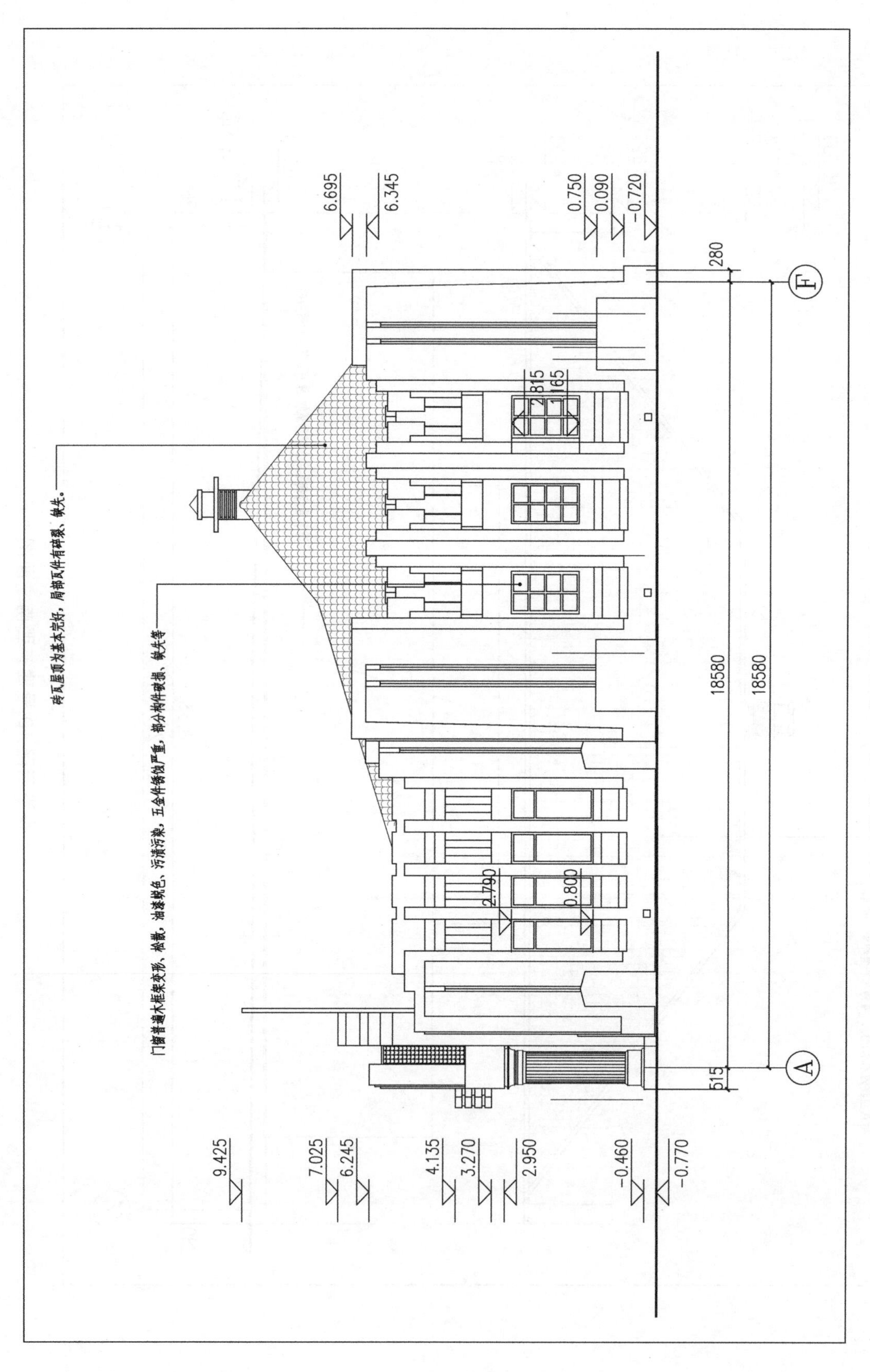

香港西路10号建筑西北立面图

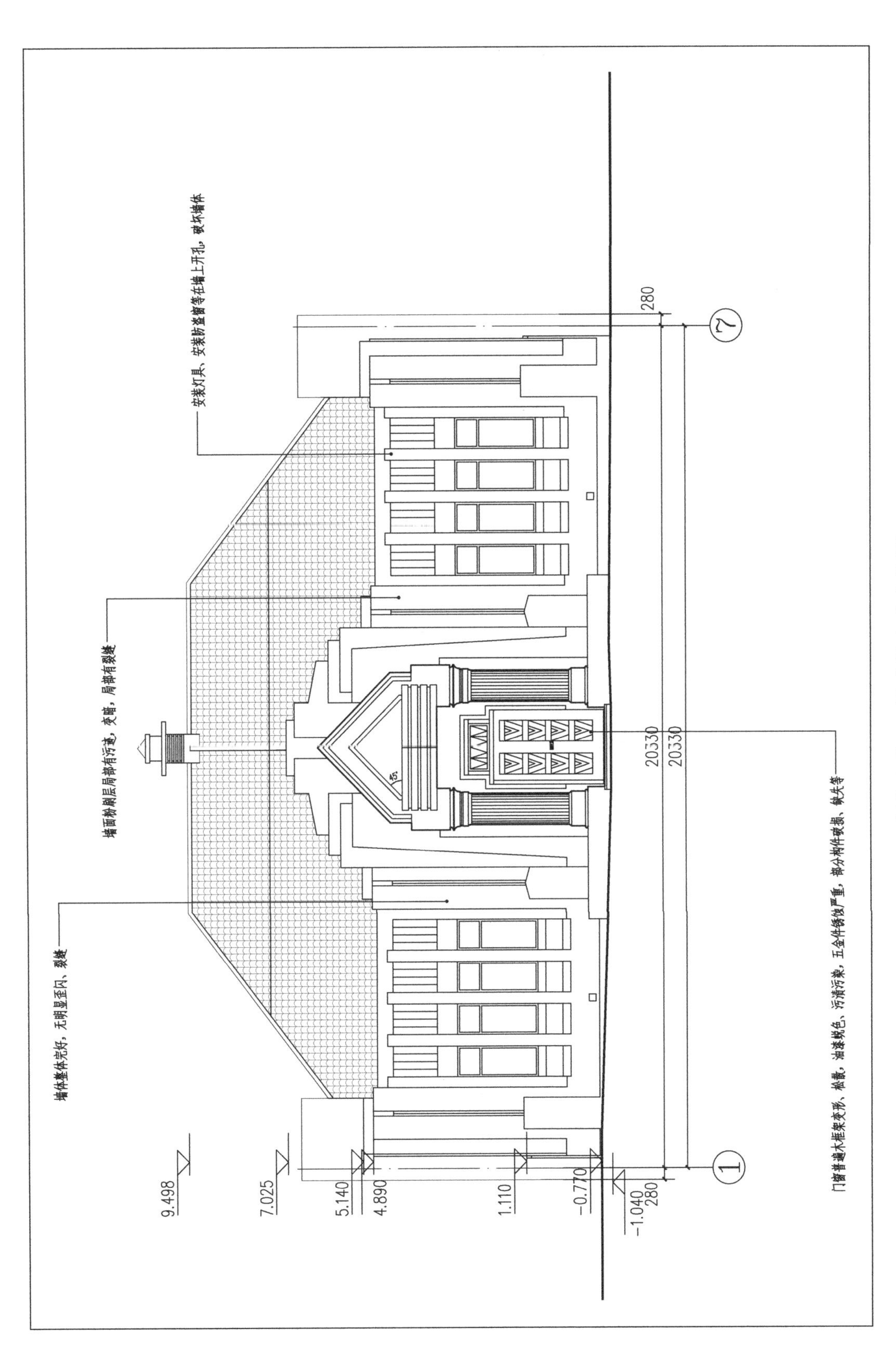
墙体整体完好，无明显歪闪、裂缝
墙面粉刷层局部有污迹，变暗，局部有裂缝
安装灯具、安装防盗窗等在墙上开孔，破坏墙体
9.498
7.025
5.140
4.890
1.110
−0.770
−1.040
280
20330
20330
280
1
7
门窗普遍木框架变形、松散，油漆蜕色、污渍污染，五金件锈蚀严重，部分构件破损、缺失等

香港西路10号建筑东北立面图

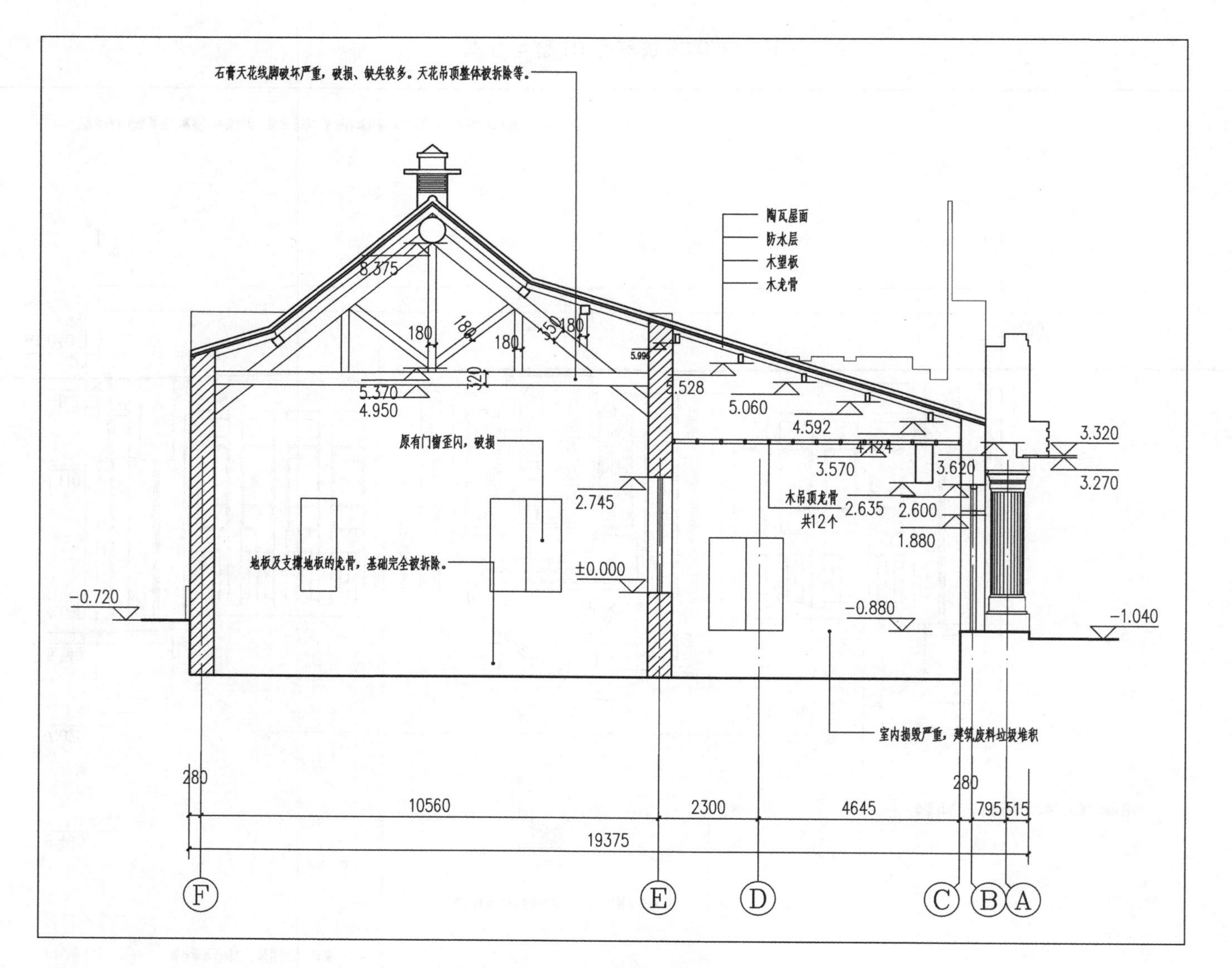

香港西路 10 号建筑 1-1 剖面图

三、黄海路 16 号建筑

建筑名称：黄海路 16 号

建筑年代：不详

建筑现状：建筑为砖木结构，地上两层，采用石、砖、木、陶瓦等建筑材料建造，室内有木地板，建筑面积 252 平方米。

保护范围：建筑及其院落均位于八大关文物保护规划所规定的重点保护范围区域内。

建设控制地带：建筑及周围环境均位于八大关文物保护规划所规定的重点保护范围区域内。

黄海路 16 号建筑现状

（一）建筑残损现状

1. 台基及入口台阶

（1）台基

残损现状：花岗岩台基破损严重，均出现不同程度的缺棱掉角、碎裂缺失等情况。

残损类型：磨损、缺棱掉角、缺失。

残损原因：年久失修，人为不当使用。

（2）台阶

残损现状：入口台阶无明显松动歪闪。台阶花岗岩条石风化磨损严重，局部后改为水泥浇筑台阶。棱角剥落；表面污渍侵蚀严重。

残损类型：磨损、污染、水泥浇筑台阶。

残损原因：年久失修，人为不当使用。

2. 外立面

（1）东南立面

残损现状：墙体整体完好，无明显歪闪、裂缝，墙面私搭电线，加建落水管；花岗石饰面普遍污渍变暗，产生污斑。入口加建厨房，杂物乱堆乱放。

残损类型：污斑、裂缝、加建。

残损原因：年久失修，自然风化、雨水侵蚀，人为不当使用。

（2）东北立面

残损现状：墙面有大量管线及孔洞，加建落水管，底部安装空调支架等。花岗石饰面普遍污渍变暗，产生污斑。

残损类型：污斑、裂缝、空调支架、管线孔洞。

残损原因：年久失修，自然风化、雨水侵蚀，人为不当使用。

（3）西北立面

残损现状：后墙面有大量管线及孔洞，加建落水管，底部安装空调支架等。花岗石饰面普遍污渍变暗，产生污斑。

残损类型：污斑、裂缝、加建、空调支架。

残损原因：年久失修，自然风化、雨水侵蚀，人为不当使用。

（4）西南立面

残损现状：底部紧贴建筑西南立面加建一层水泥房；建筑底部安装空调支架，花岗岩饰面普通污渍变暗，产生污斑。

残损类型：污斑、裂缝、加建、空调支架。

残损原因：年久失修，自然风化、雨水侵蚀，人为不当使用。

3. 一层

（1）地面

残损现状：木地板普遍灰尘污渍污染、油漆褪色、断裂、磨损严重，局部木板连接松动，地面大量杂物乱堆乱放；楼梯踏步普遍棱角破损。

残损类型：磨损、污渍、棱角破损。

残损原因：污染侵蚀，人为不当使用。

（2）墙壁

残损现状：白色涂料墙表面普遍泛黄变暗，局部房间墙面抹灰受潮酥碱脱落、裸露砖层，墙体有管线杂乱、多处管道孔洞，裂缝等。

残损类型：污渍、顺缝开裂、管线孔洞。

残损原因：年久失修，污染侵蚀，人为不当使用。

（3）天花板

残损现状：石膏天花板普遍泛黄变暗，局部石膏花饰材质腐变龟裂、剥落缺失等。顶面吊顶为后改造。屋顶过梁破损严重，顶面渗漏严重。

残损类型：泛黄变暗、腐变龟裂、剥落。

残损原因：年久失修，污染侵蚀。

（4）门窗

残损现状：门窗普遍油漆褪色、污渍污染，构件破损缺失等。

残损类型：油漆褪色剥落、构件破损、窗口封堵。

残损原因：污染侵蚀，年久失修，人为不当使用。

（5）装修

残损现状：白色粉刷，返潮，酥碱剥落。

残损类型：污渍、剥落、腐变、霉化。

残损原因：自然破坏，人为破坏。

其他

残损现状：室内多处乱搭隔断，乱拉电线严重。局部房间勘测不及。

4. 二层

（1）地面

残损现状：木地板普遍灰尘污渍污染、油漆褪色、磨损严重，局部木板连接松动，地面大量杂物乱堆乱放；楼梯踏步普遍棱角破损。

残损类型：磨损、污渍、棱角破损。

残损原因：污染侵蚀，人为不当使用。

（2）墙壁

残损现状：白色涂料墙表面普遍泛黄变暗，局部房间墙皮脱落、裸露砖层，墙体有管线杂乱、多处管道孔洞，裂缝等。

残损类型：污渍、顺缝开裂、管线孔洞。

残损原因：年久失修，污染侵蚀，人为不当使用。

（3）天花板

残损现状：石膏天花板普遍泛黄变暗，局部石膏花饰材质腐变龟裂、剥落缺失等。顶面吊顶为后期改造。屋顶过梁破损严重，顶面渗漏严重。

残损类型：泛黄变暗、腐变龟裂、剥落。

残损原因：年久失修，污染侵蚀。

（4）门窗

残损现状：门窗普遍油漆褪色、污渍污染，构件破损缺失等。

残损类型：油漆褪色剥落、构件破损、窗口封堵。

残损原因：污染侵蚀，年久失修，人为不当使用。

（5）装修

残损现状：白色粉刷，返潮，酥碱剥落。

残损类型：污渍、剥落、腐变、霉化。

残损原因：自然破坏，人为破坏。

（6）其他

残损现状：室内多处乱搭隔断，乱拉电线严重。局部房间勘测不及。

5. 屋顶

（1）屋面砖瓦

残损现状：砖瓦屋顶为基本完好，局部瓦件有碎裂、缺失。有明显修补痕迹。

残损类型：后加建屋顶。

残损原因：人为不当改造。

（2）烟囱

残损现状：有少量细裂缝。

（二）建筑现状残损照片

入口加建厨房

阳台安装电视信号接收器

墙面空调管线

加建鸡棚

私搭管线

外墙面破损

私搭雨水管

檐口破损

檐口加设电线支架

内部天花棚顶损毁

电线外露

门窗锈蚀剥落

内部天花棚顶损毁

地面侵蚀

门窗锈蚀剥落

墙面腐蚀污渍

杂物堆放

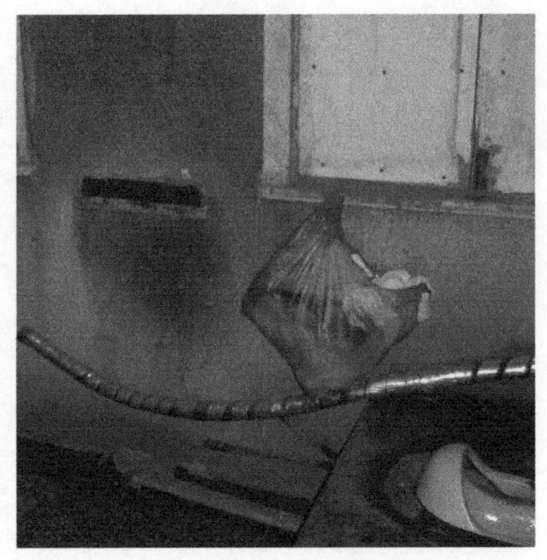

墙体变黑污染

楼梯间木结构残损

墙体磨损严重

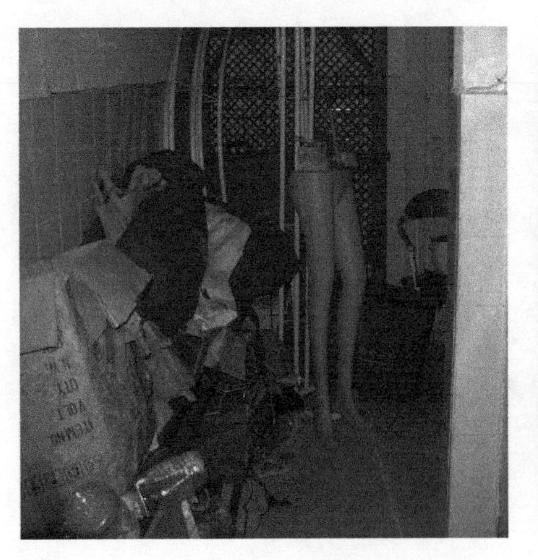

厨房杂物堆积

厨房墙面剥落起皮

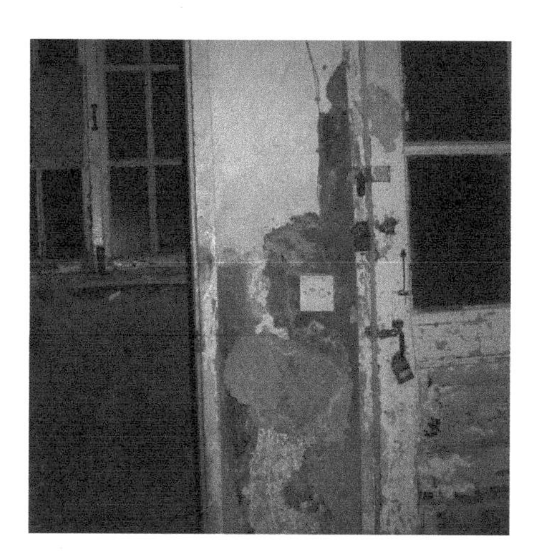

墙皮开裂，木门破损

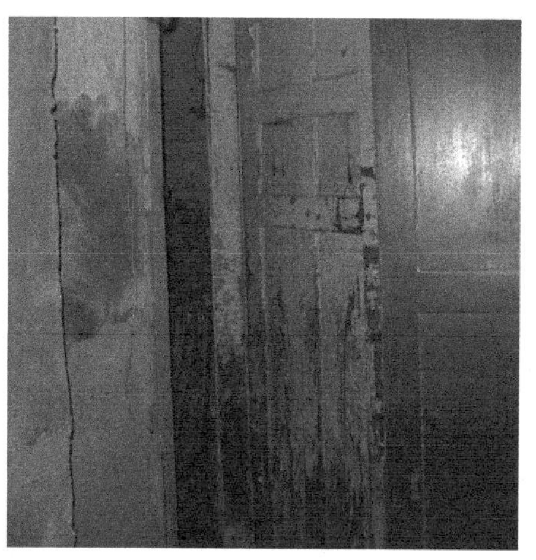

门窗锈蚀剥落

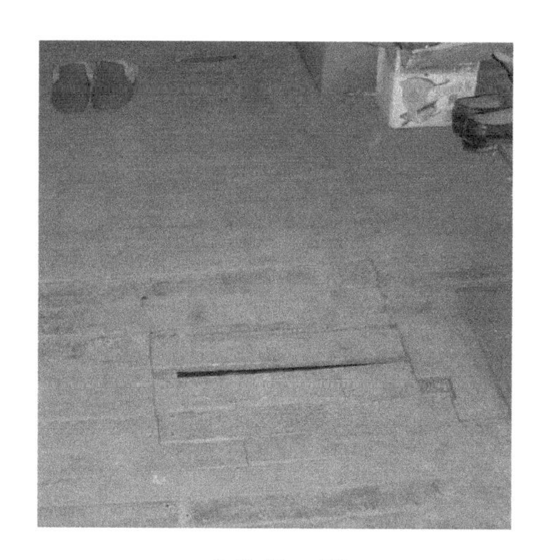

木地板开裂

（三）现状勘测图纸

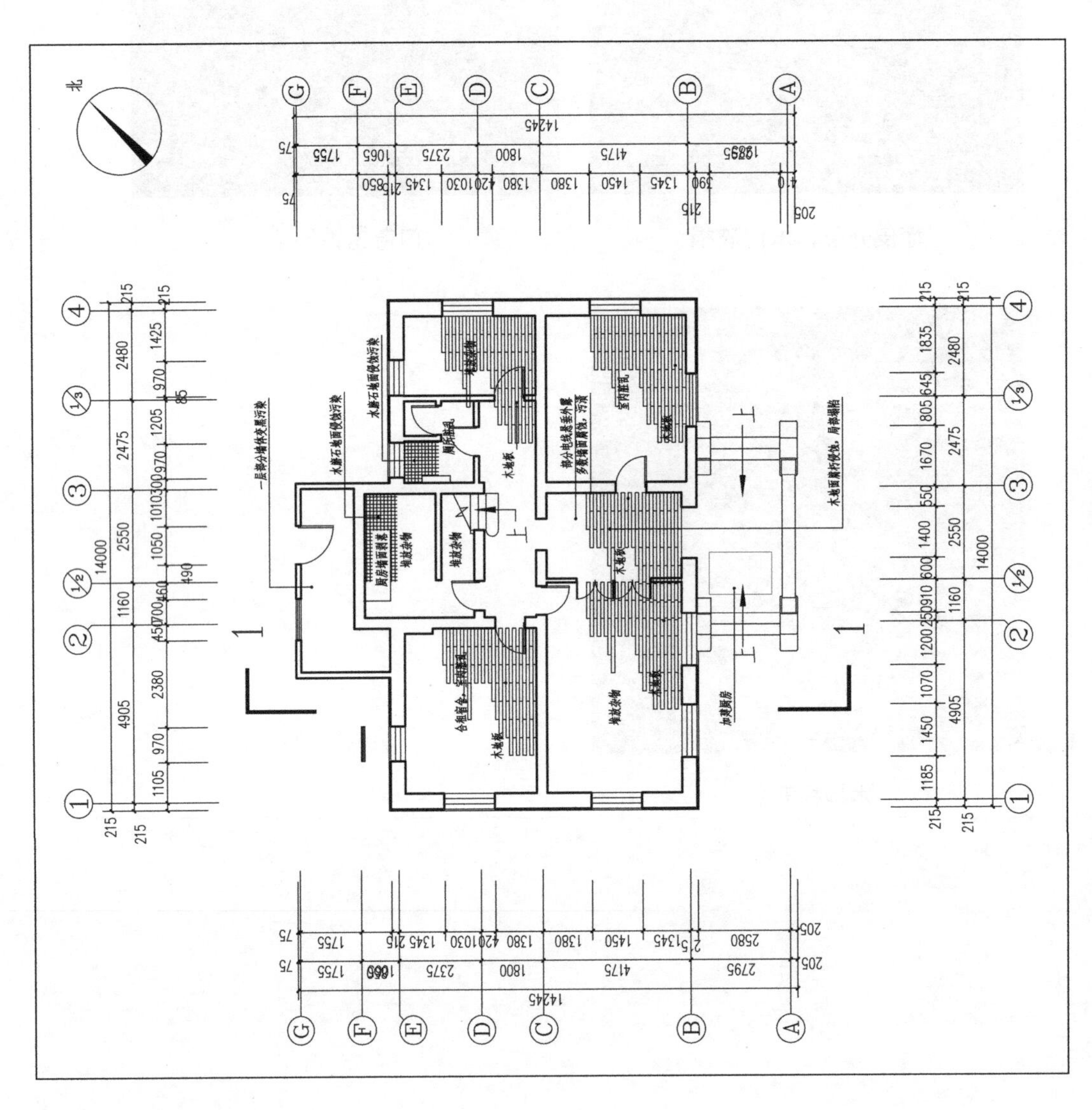

黄海路16号建筑首层平面图

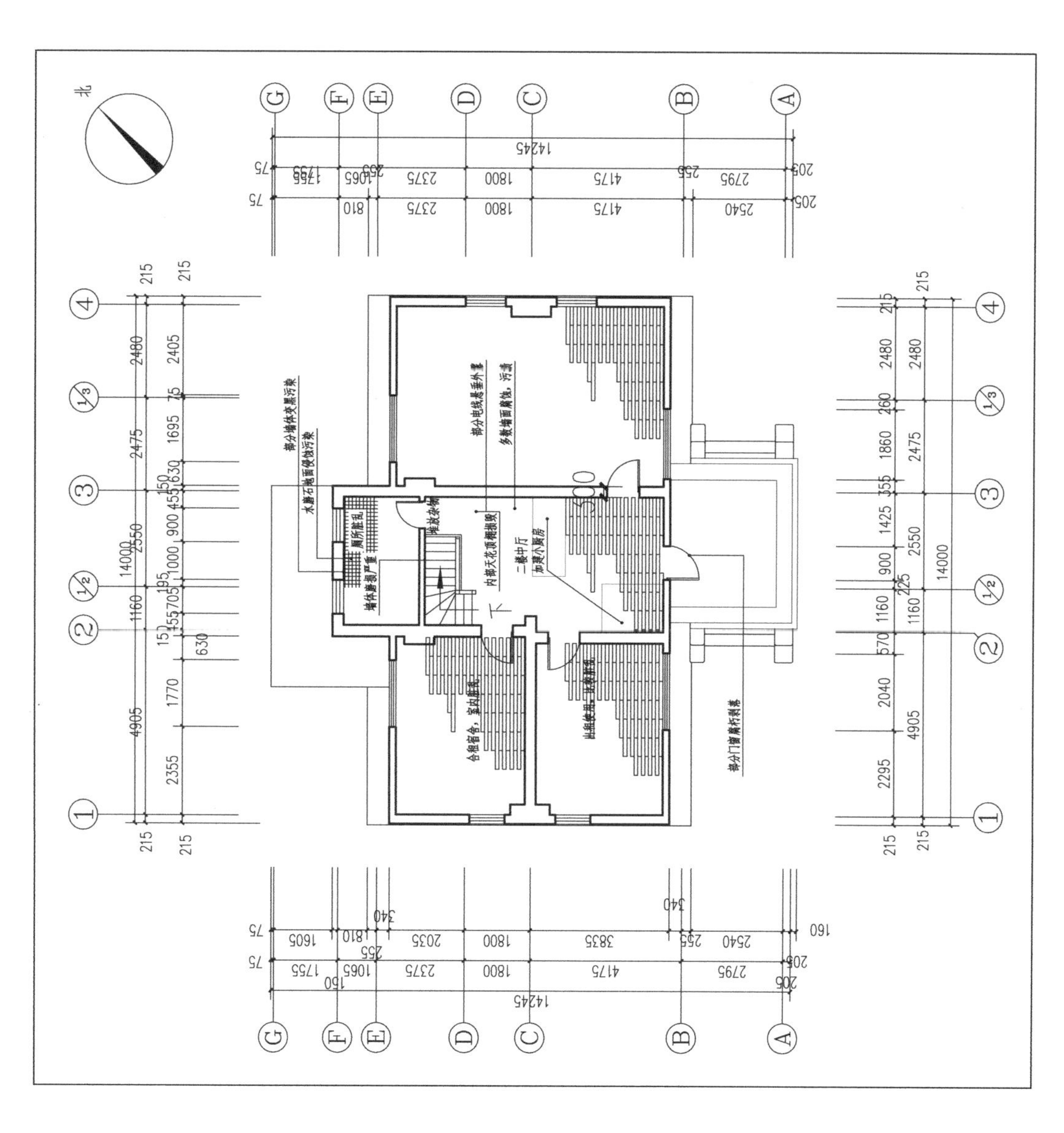

黄海路 16 号建筑二层平面图

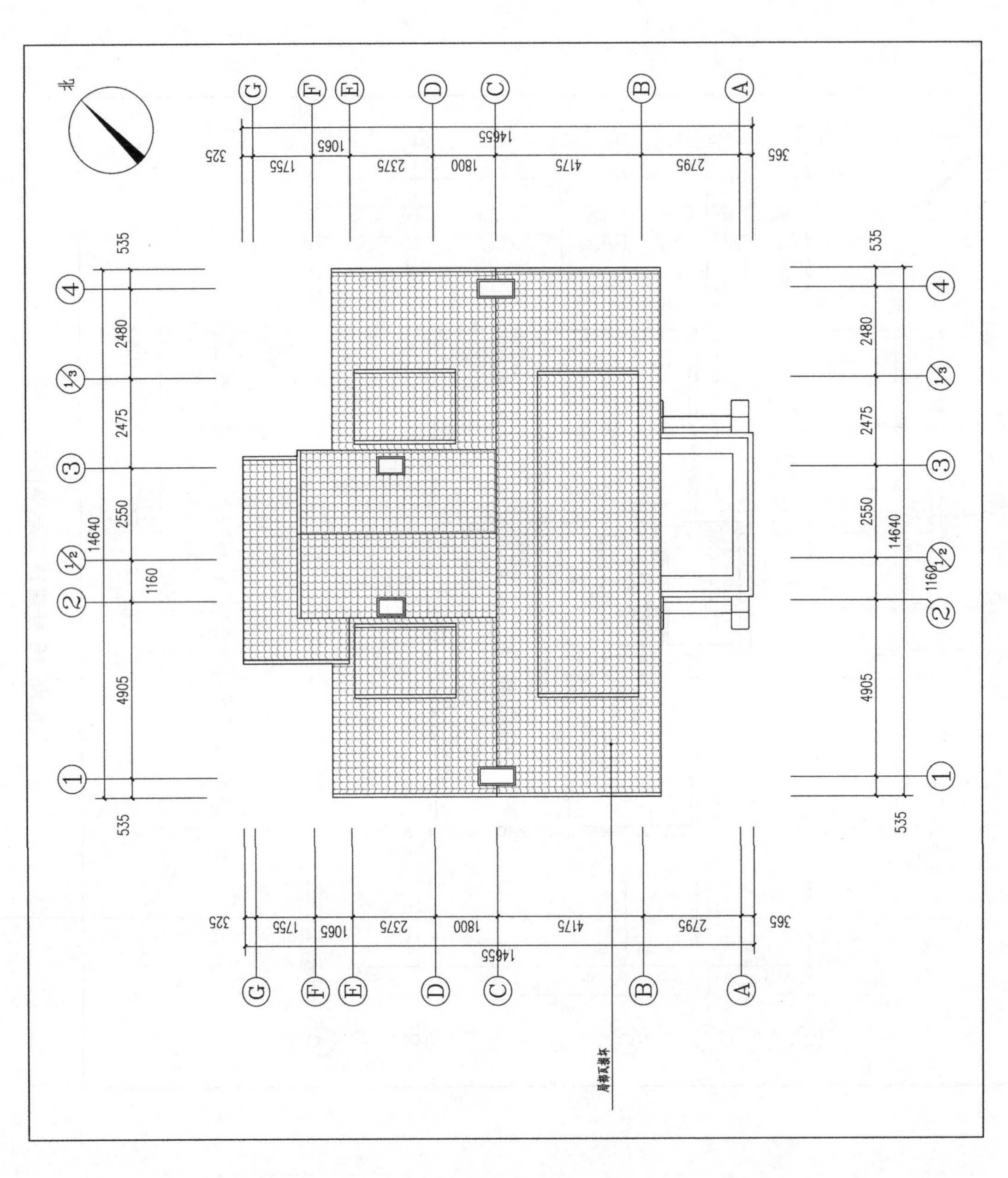

黄海路16号建筑屋顶平面图

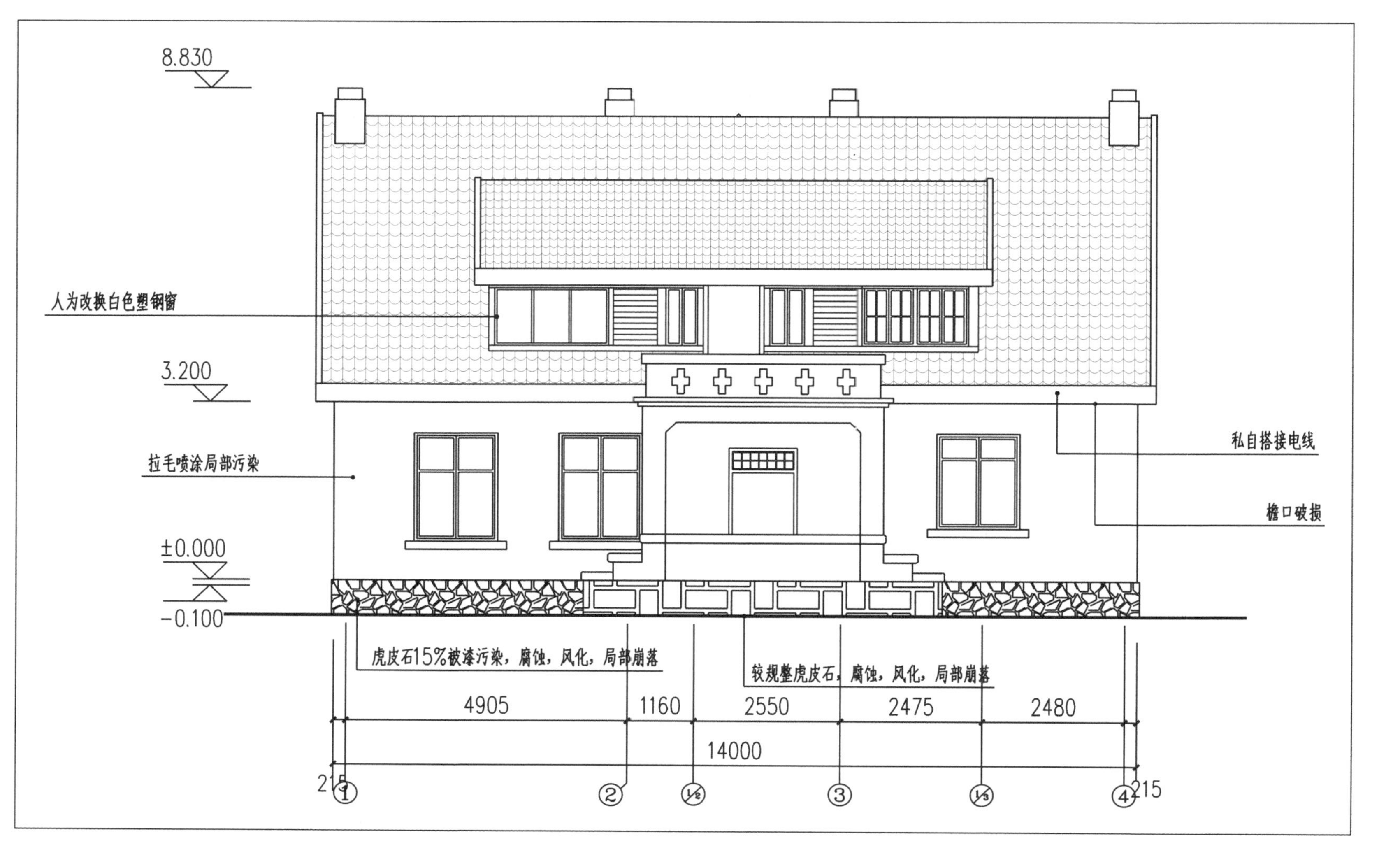

黄海路16号建筑东南立面图

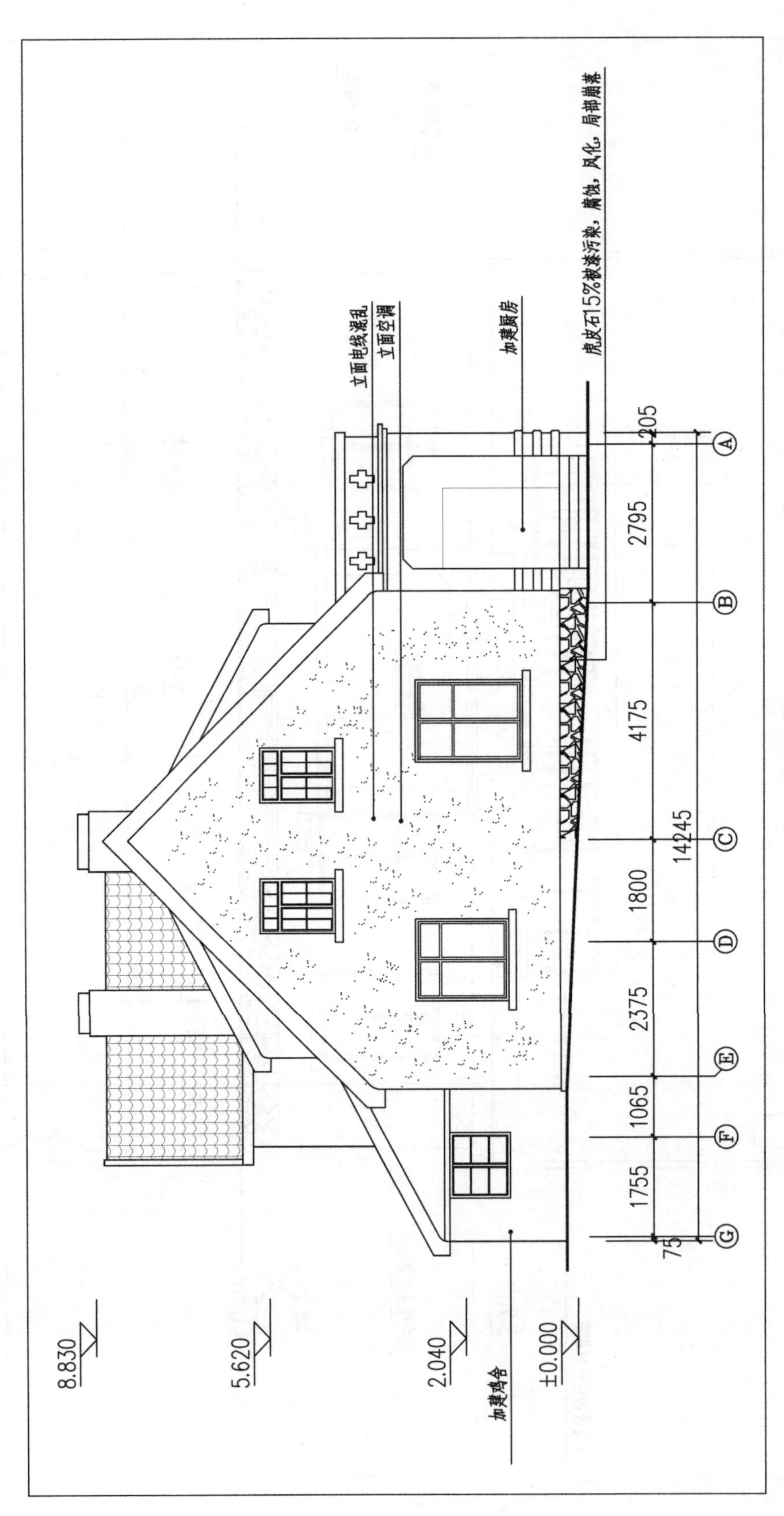

黄海路16号建筑西南立面图

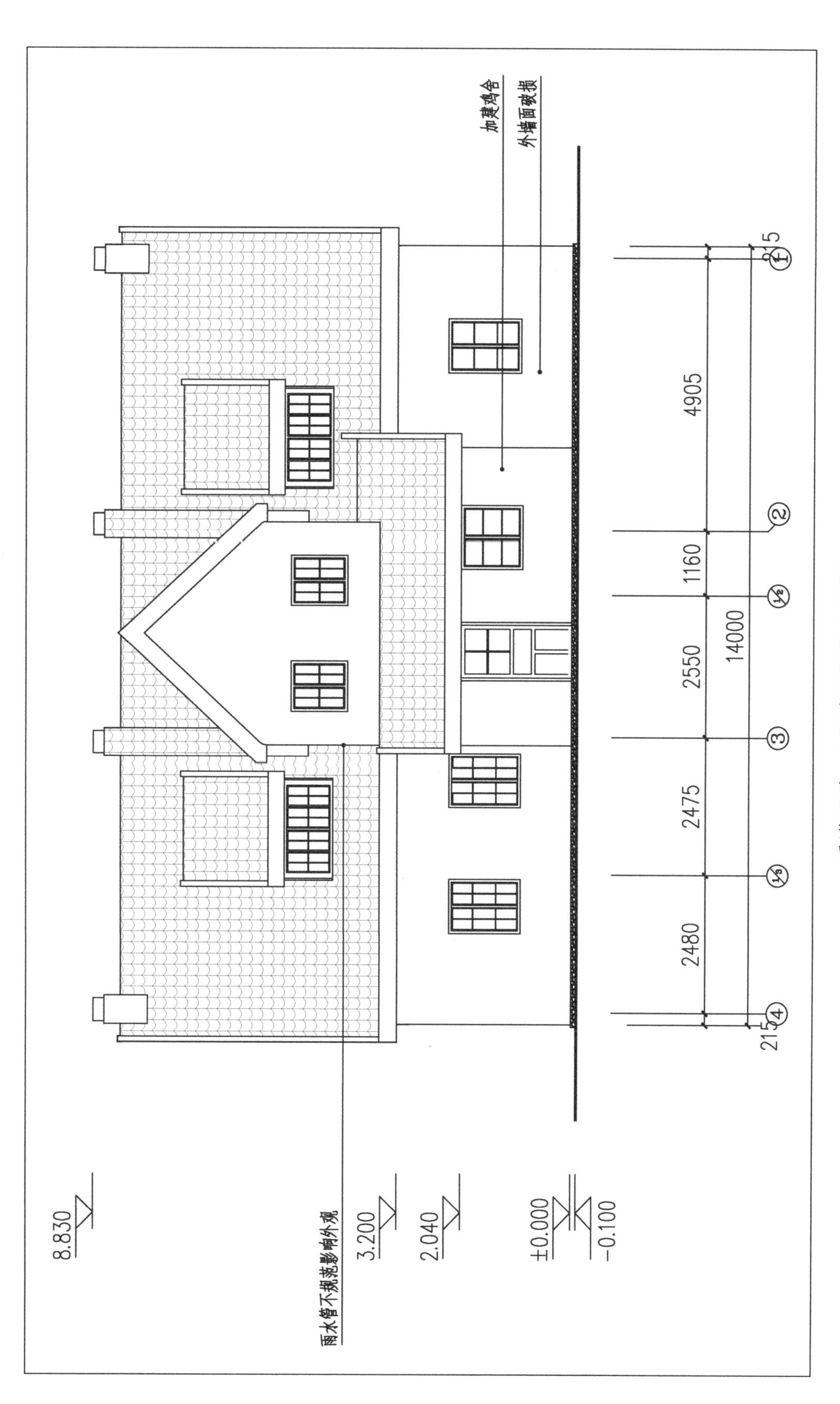

香港西路10号建筑西北立面图

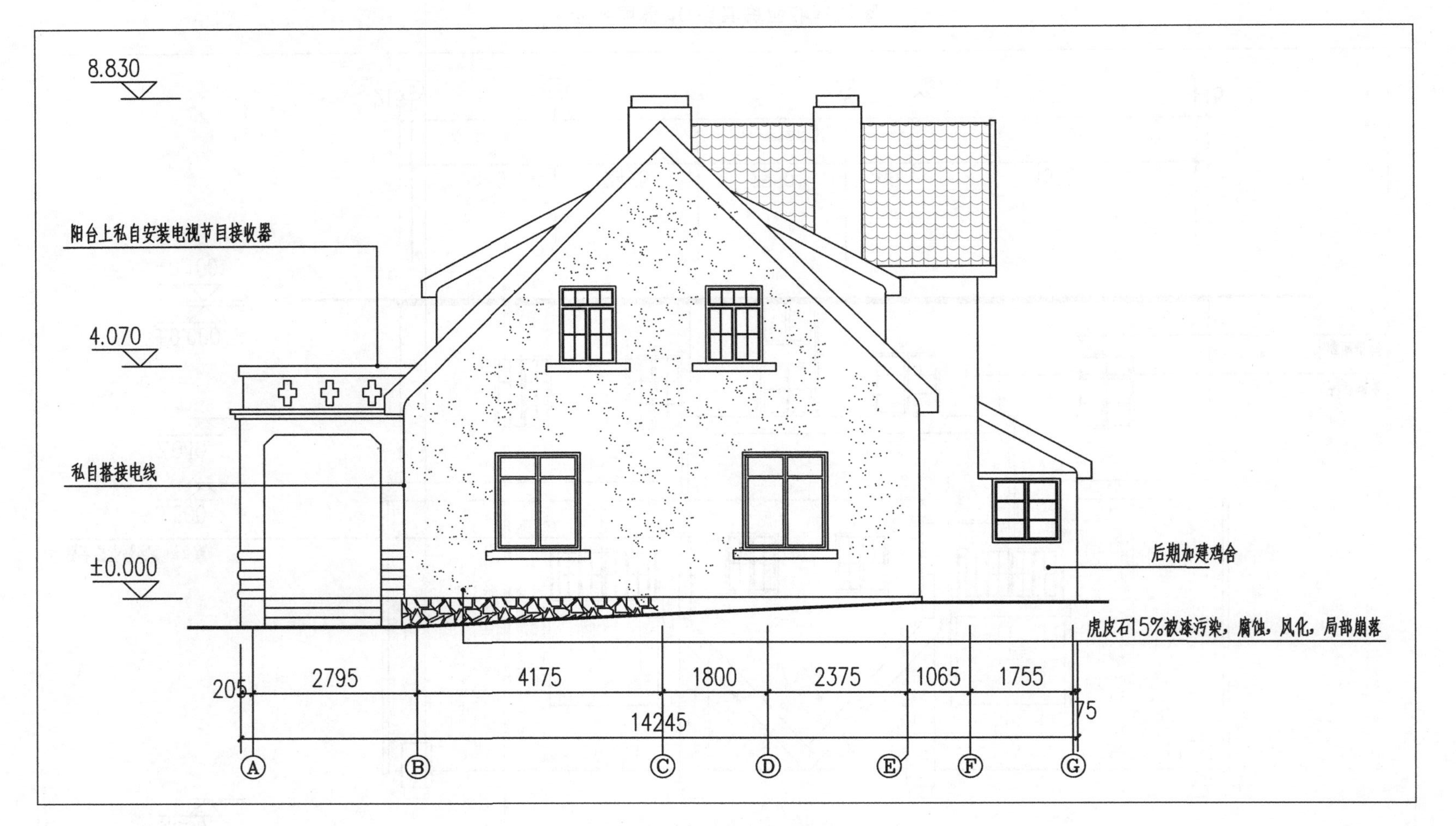

黄海路 16 号建筑东北立面图

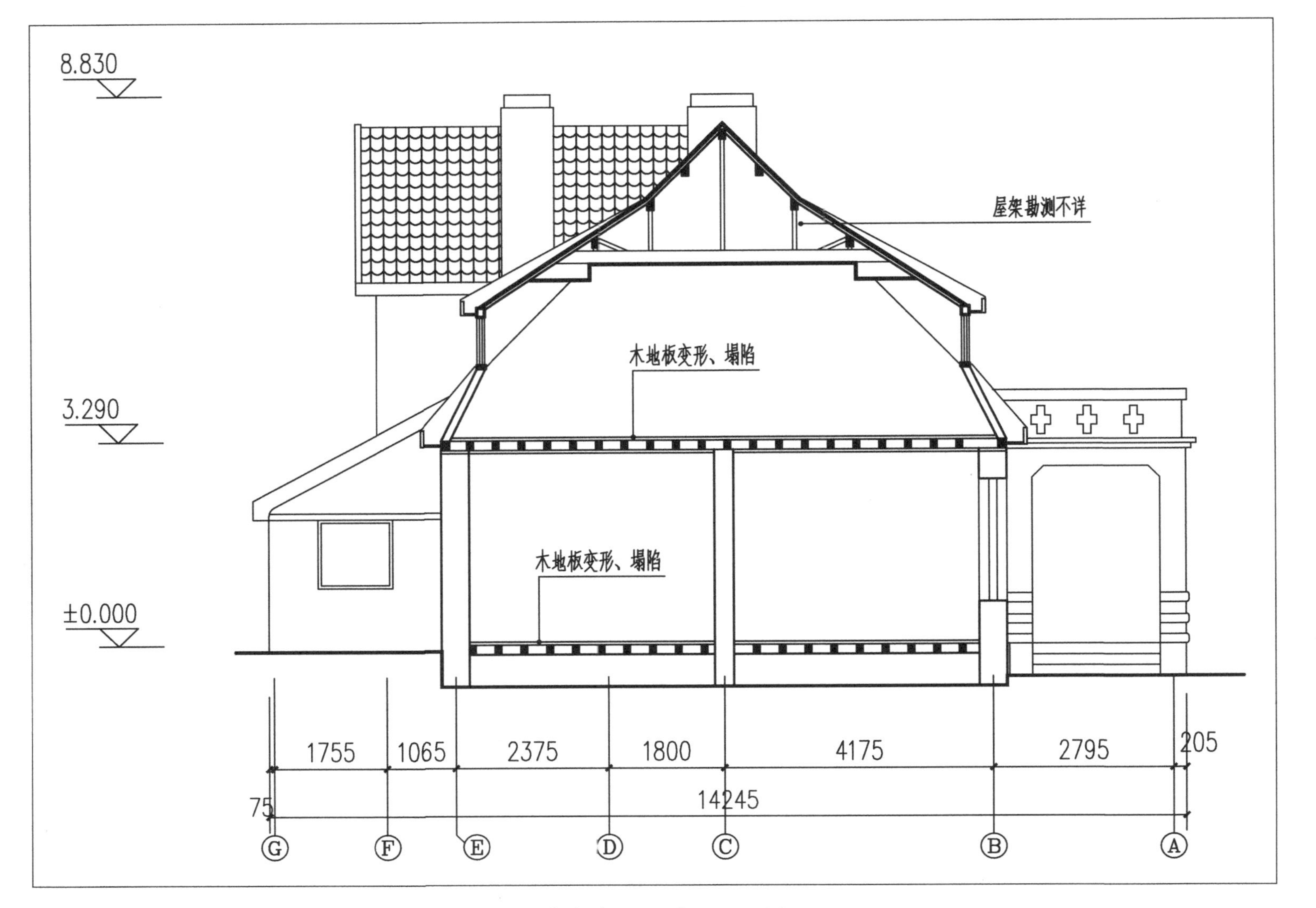

黄海路 16 号建筑 1-1 剖面图

四、黄海路 18 号建筑（花石楼）

建筑名称：黄海路 18 号（花石楼）

建筑年代：1931 年

建筑现状：建筑为砖木结构，坡屋面，地上两层，局部三层，半地下室，采用石、砖、木、陶瓦等建筑材料建造，室内有吊顶木饰线、壁柜、壁炉、木地板，建筑面积 879 平方米。

保护范围：建筑及其院落均位于八大关文物保护规划所规定的重点保护范围区域内。

建设控制地带：建筑及周围环境均位于八大关文物保护规划所规定的重点保护范围区域内。

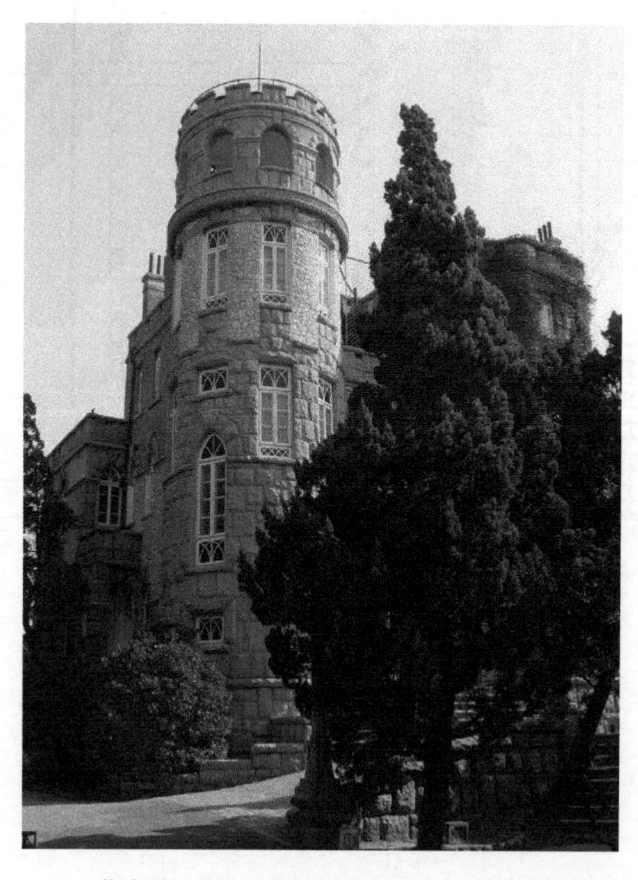

黄海路 18 号建筑（花石楼）现状（一）

黄海路 18 号建筑（花石楼）现状（二）

（一）建筑残损现状

1. 台基及入口台阶

（1）台基

残损现状：台基受到风化，局部磨损较严重。基本无破损；基本未出现花岗岩缺棱掉角、铺砖位移、碎裂缺失等不同情况。

残损类型：磨损。

残损原因：自然风化。

（2）台阶

残损现状：入口台阶无明显松动歪闪。棱角风化磨损严重，出现部分崩落。

残损类型：磨损、污染。

残损原因：年久失修，人为不当使用。

2. 外立面

（1）南立面

残损现状：墙体整体完好，无明显歪闪、裂缝；大理石、花岗石饰面普遍污渍变暗，产生污斑。入口花岗岩饰面有小孔洞、裂缝等。

残损类型：污斑、裂缝、锈蚀、孔洞。

残损原因：年久失修，自然风化、雨水侵蚀，人为不当使用。

（2）东立面

残损现状：东侧加建一层房。三楼平台随意加建雨棚，原有构件破损。加建的雨水管影响建筑的效果。花岗岩饰面有大量管线及孔洞，且花岗石有局部破损，普遍污渍变暗。地下室原有一窗洞被封堵。

残损类型：污斑、裂缝、加建、管线孔洞、饰面缺失。

残损原因：年久失修，自然风化、雨水侵蚀，人为改造。

（3）北立面

残损现状：花岗岩饰面普遍污渍变暗，产生污斑。墙体基本完好，存在局部随意加建、管线穿插现象。

残损类型：污斑、裂缝、加建、管线孔洞、饰面缺失。

残损原因：年久失修，自然风化、雨水侵蚀，人为改造。

（4）西立面

残损现状：墙体立面基本完好，无明显裂缝、倾斜；花岗岩饰面普遍污渍变暗，产生污斑。局部有残缺，小孔洞。加建了落水管。

残损类型：污斑、裂缝、饰面、缺失。

残损原因：年久失修，自然风化、雨水侵蚀，人为改造。

3. 地下室

（1）地面

残损现状：地板普遍灰尘污渍污染、油漆褪色、磨损严重，局部地板裂缝；踢脚线板普遍与墙体连接松动，变形脱节严重。楼梯踏步局部棱角破损，超负荷超使用年限使用。

残损类型：磨损、污渍、棱角破损。

残损原因：污染侵蚀，人为不当使用。

（2）墙壁

残损现状：墙体有缺损，局部连接松动歪闪、顺缝开裂等；白色涂料墙表面脱落严重，局部房间墙皮脱落，局部泛黄变暗，墙体有管线杂乱、多处管道孔洞，裂缝等。

残损类型：污渍、顺缝开裂、管线孔洞。

残损原因：年久失修，污染侵蚀，人为改造。

（3）天花板

残损现状：天花板普遍泛黄变暗，局部材质腐变龟裂、剥落缺失等。

残损类型：泛黄变暗、腐变龟裂、剥落。

残损原因：年久失修，污染侵蚀，人为改造。

（4）门窗

残损现状：门窗普遍油漆褪色、污渍污染，锈蚀严重，构件破损缺失等。

残损类型：油漆褪色剥落、构件破损、窗口封堵。

残损原因：污染侵蚀，年久失修，人为不当使用。

（5）装修

残损现状：墙面天花简单施抹灰装修，白色涂料墙表面脱落严重，局部房间墙皮脱落，局部泛黄变暗。

4. 一层

（1）地面

残损现状：地板普遍受污渍污染、油漆褪色并且磨损严重，局部地板有裂缝；踢脚线板与墙体连接普遍松动，变形脱节严重。楼梯踏步局部棱角磨损，年久失修，并常年经受游客的超负荷使用。

残损类型：磨损、污渍、棱角破损。

残损原因：污染侵蚀，人为不当使用。

（2）墙壁

残损现状：木墙裙板壁整体完好，局部板壁连接松动歪闪、顺缝开裂等；白色涂料墙表面基本完好，局部房间墙皮酥碱、剥落。

残损类型：污渍、顺缝开裂、管线孔洞。

残损原因：年久失修，污染侵蚀。

（3）天花板

残损现状：石膏天花板棚基本完好，局部石膏花饰材质受潮、腐变龟裂、剥落缺失等。

残损类型：泛黄变暗、腐变龟裂、剥落。

残损原因：年久失修，污染侵蚀。

（4）门窗

残损现状：门窗普遍油漆褪色、受污渍污染，锈蚀严重，构件破损缺失等。

残损类型：油漆褪色剥落、构件破损、窗口封堵。

残损原因：污染侵蚀，年久失修，人为不当使用。

（5）装修

残损现状：木装修普遍磨损，局部花饰棱角磨损严重、局部缺失等。局部轻微破碎、有裂缝等。

残损类型：油漆褪色、构件裂缝、缺失，磨损。

残损原因：年久失修，污染侵蚀，人为不当使用。

（6）其他

残损现状：房间供游客参观。

5. 二层

（1）地面

残损现状：地板普遍受污渍污染、油漆褪色并且磨损严重，局部地板有裂缝；踢脚线板与墙体连接普遍松动，变形脱节严重。

残损类型：磨损、污渍、棱角破损。

残损原因：污染侵蚀，人为不当使用。

（2）墙壁

残损现状：木墙裙板壁基本完好，局部板壁连接松动歪闪、顺缝开裂等；白色涂料墙表面基本完好，局部房间墙皮剥落，墙体有裂缝等。

残损类型：污渍、顺缝开裂、管线孔洞。

残损原因：年久失修，污染侵蚀，人为改造。

（3）天花板

残损现状：石膏天花板基本完好，局部石膏花饰材质受潮，腐变龟裂、剥落缺失等。

残损类型：泛黄变暗、腐变龟裂、剥落。

残损原因：年久失修，污染侵蚀，人为改造。

（4）门窗

残损现状：门窗普遍油漆褪色、受污渍污染，锈蚀严重，构件破损缺失等。

残损类型：油漆褪色剥落、构件破损、窗口封堵。

残损原因：污染侵蚀，年久失修，人为不当使用。

（5）装修

残损现状：木装修普遍磨损，局部花饰棱角磨损严重、局部缺失等。局部轻微破碎、有裂缝等。

残损类型：油漆褪色、构件裂缝、缺失，磨损。

残损原因：年久失修，污染侵蚀，人为不当使用。

（6）其他

残损现状：部分房间空置。

6. 二层

（1）地面

残损现状：地板普遍受污渍污染、油漆褪色并且磨损严重，局部地板有裂缝；踢脚线板与墙体连接普遍松动，变形脱节严重。

残损类型：磨损、污渍、棱角破损。

残损原因：污染侵蚀，人为不当使用。

（2）墙壁

残损现状：木墙裙板壁基本完好，局部板壁连接松动歪闪、顺缝开裂等；白色涂料墙表面基本完好，局部房间墙皮脱落，墙体有裂缝等。

残损类型：污渍、顺缝开裂、管线孔洞。

残损原因：年久失修，污染侵蚀，人为改造。

（3）天花板

残损现状：石膏天花板基本完好，局部石膏花饰材质受潮，腐变龟裂、剥落缺失等。

残损类型：泛黄变暗、腐变龟裂、剥落。

残损原因：年久失修，污染侵蚀，人为改造。

（4）门窗

残损现状：门窗普遍油漆褪色、受污渍污染，锈蚀严重，构件破损缺失等。

残损类型：油漆褪色剥落、构件破损、窗口封堵。

残损原因：污染侵蚀，年久失修，人为不当使用。

（5）装修

残损现状：木装修普遍磨损，局部花饰棱角磨损严重、局部缺失等。局部轻微破碎、有裂缝等。

残损类型：油漆褪色、构件裂缝、缺失，磨损。

残损原因：年久失修，污染侵蚀，人为不当使用。

（6）其他

残损现状：局部房间作为商品销售，供工作人员起居生活。

7. 四层

（1）地面

残损现状：地板普遍受污渍污染、油漆褪色并且磨损严重，局部地板有裂缝；踢脚线板与墙体连接普遍松动，变形脱节严重。

残损类型：磨损、污渍、棱角破损。

残损原因：污染侵蚀，人为不当使用。

（2）墙壁

残损现状：基本完好，局部板壁连接松动歪闪、顺缝开裂等；白色涂料墙表面基本完好。

残损类型：污渍、顺缝开裂、管线孔洞。

残损原因：年久失修，污染侵蚀，人为改造。

8. 屋顶

（1）屋面砖瓦

残损现状：砖瓦屋顶为基本完好，局部瓦件有碎裂、缺失；铁皮屋顶相对完整。

残损类型：脱落、构件老化。

残损原因：年久失修，污染侵蚀，人为改造。

（2）烟囱

残损现状：构件缺失，有少量细裂缝。

（二）建筑现状残损照片

北立面外堆放碎石

北立面墙体侵蚀

北立面墙裙外加建落水管

北立面门洞人为加建遮挡

东立面阳台上私搭杂物

东立面加建落水管及电缆

东立面加建管线破坏外观

东立面外侧窗户破损

东立面地下室窗洞人为封堵

北立面加建落水管

东立面堆放杂物

南立面二层阳台加建落水管

南立面二层阳台杂草

南立面雨落管破坏线脚

南立面阳台门木窗框老化

南立面台阶处雨落管

南立面阳台转角出破损

西立面外墙受潮变色

西立面前面孔洞

西立面墙体表面侵蚀

西立面门廊内侧破损

西立面门廊内侧天花破损

西立面雨落管影响外观

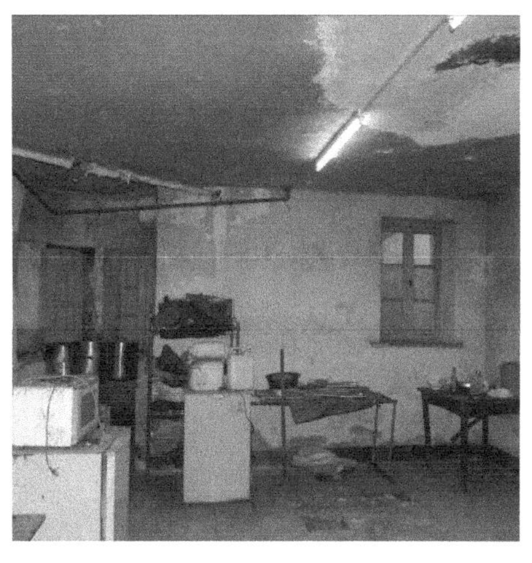

地下室墙面及天花板残损

地下室墙皮受潮剥落

墙面墙皮破损

木墙裙裂缝

首层地面踢脚破损

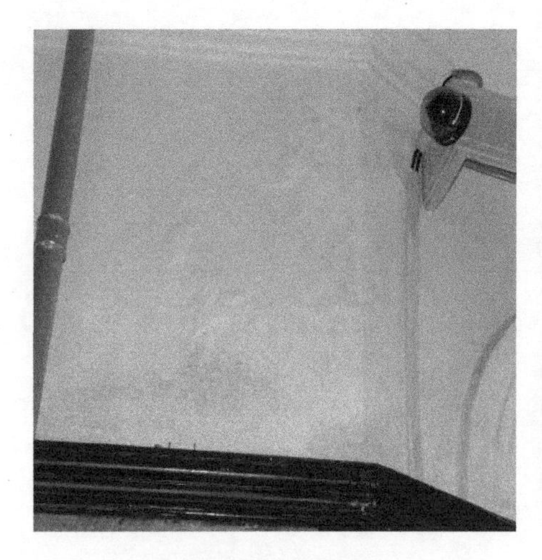

墙面起皮脱落

二层瓷砖墙裙破损

墙面粉刷受潮酥碱起鼓

三楼使用不当

地面瓷砖磨损

大理石墙面污染

（三）现状勘测图纸

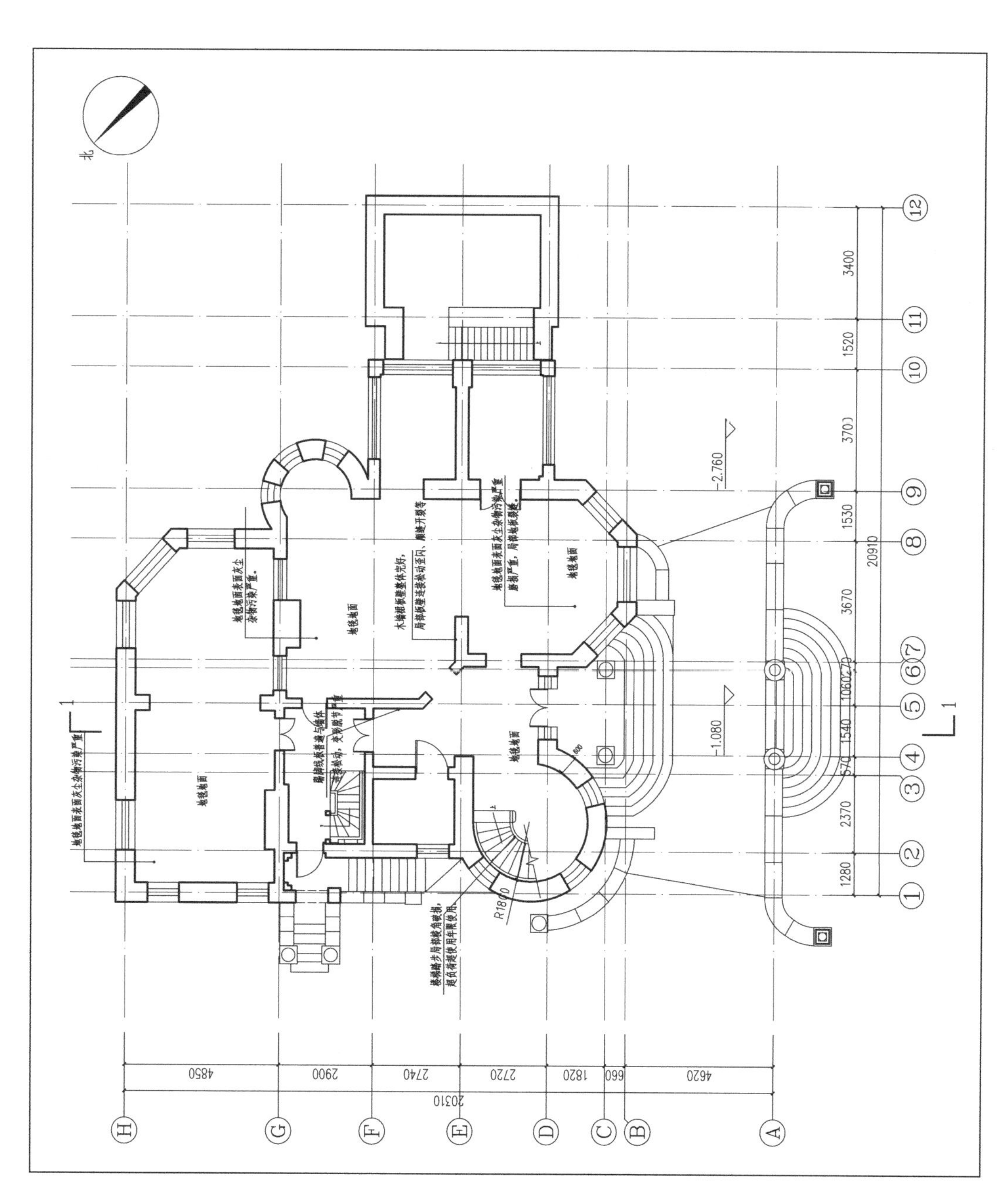

黄海路18号建筑（花石楼）首层平面图

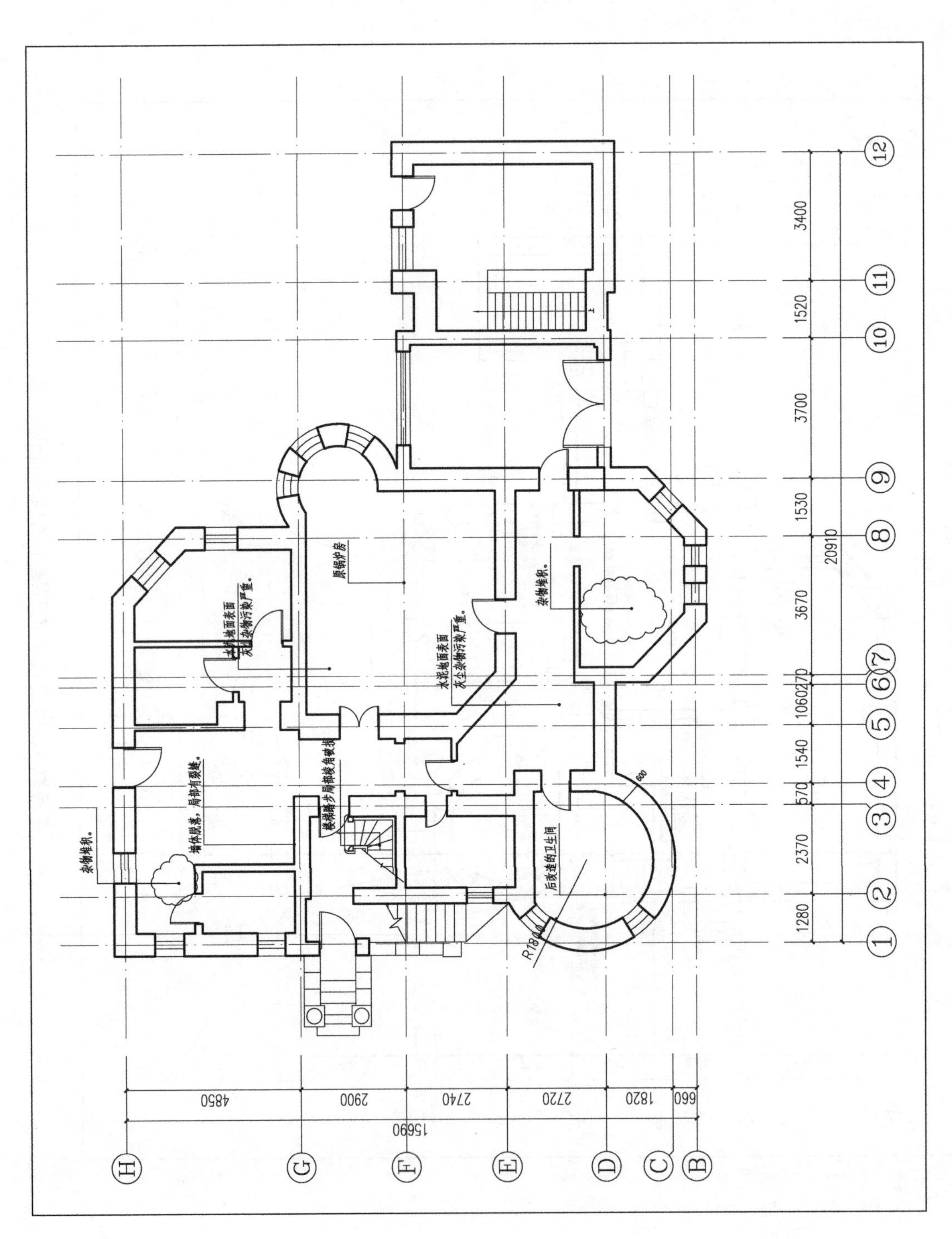

黄海路 18 号建筑（花石楼）地下一层平面图

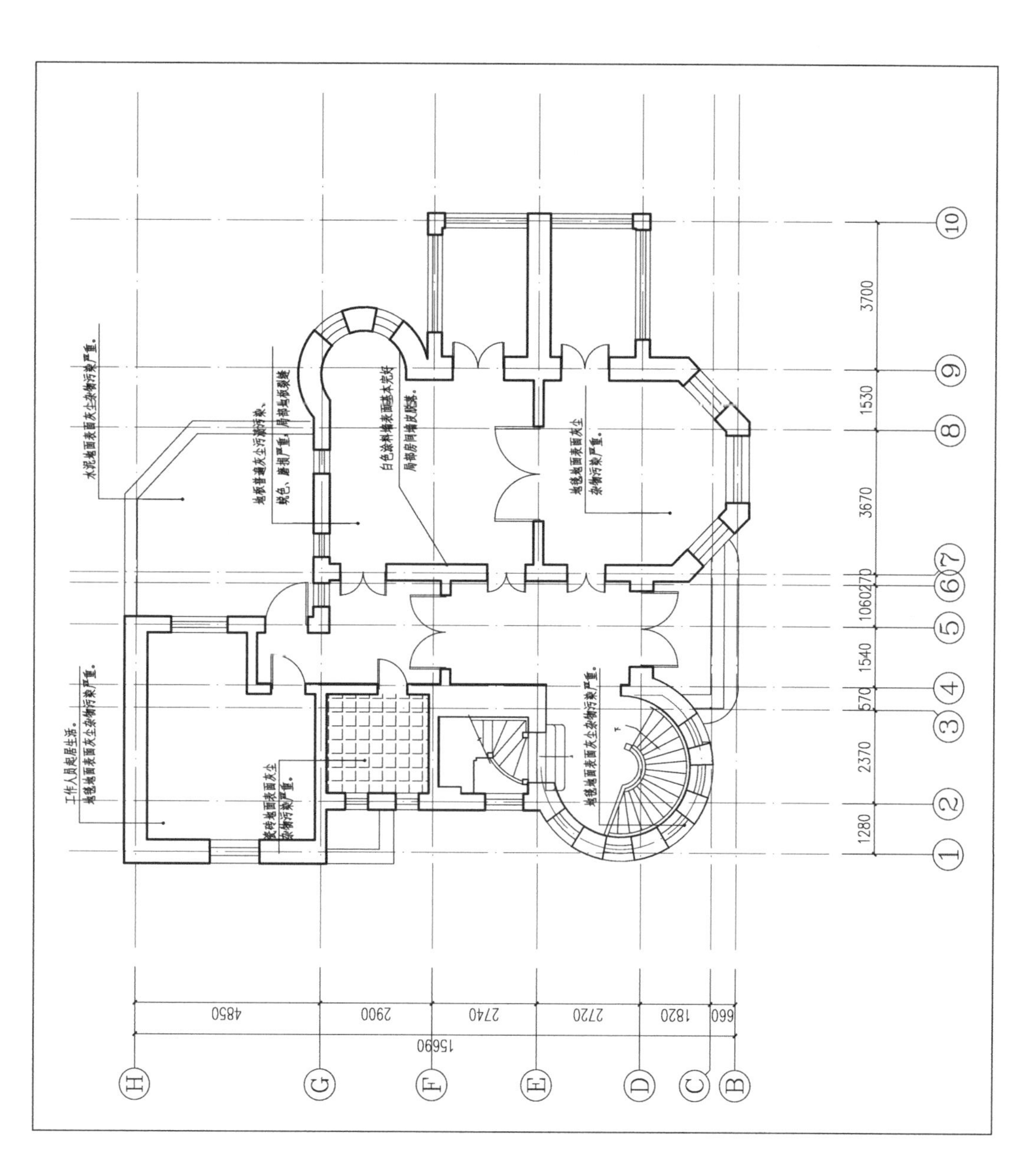

黄海路18号建筑（花石楼）二层平面图

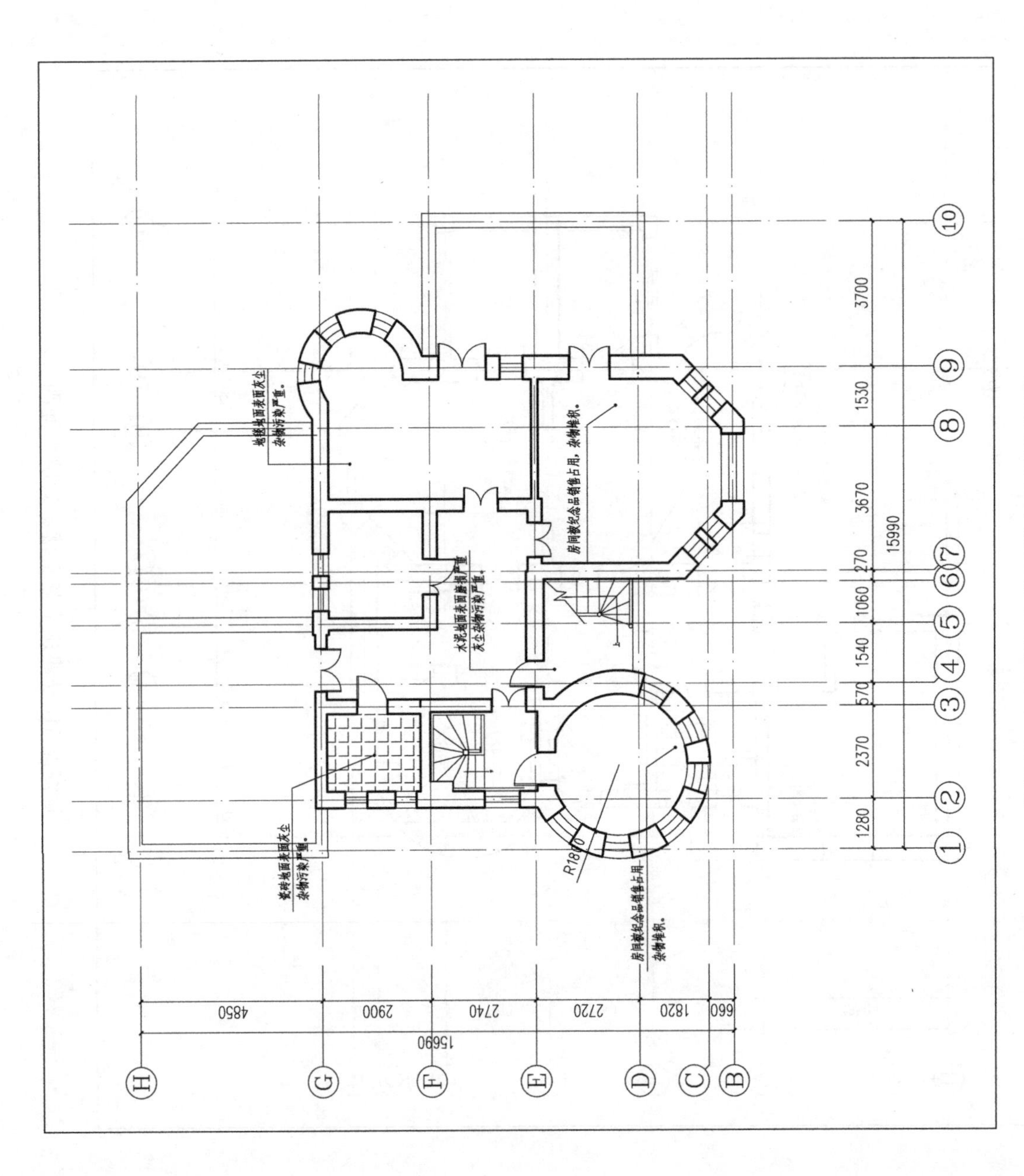

黄海路18号建筑（花石楼）三层平面图

黄海路18号建筑（花石楼）四层平面图

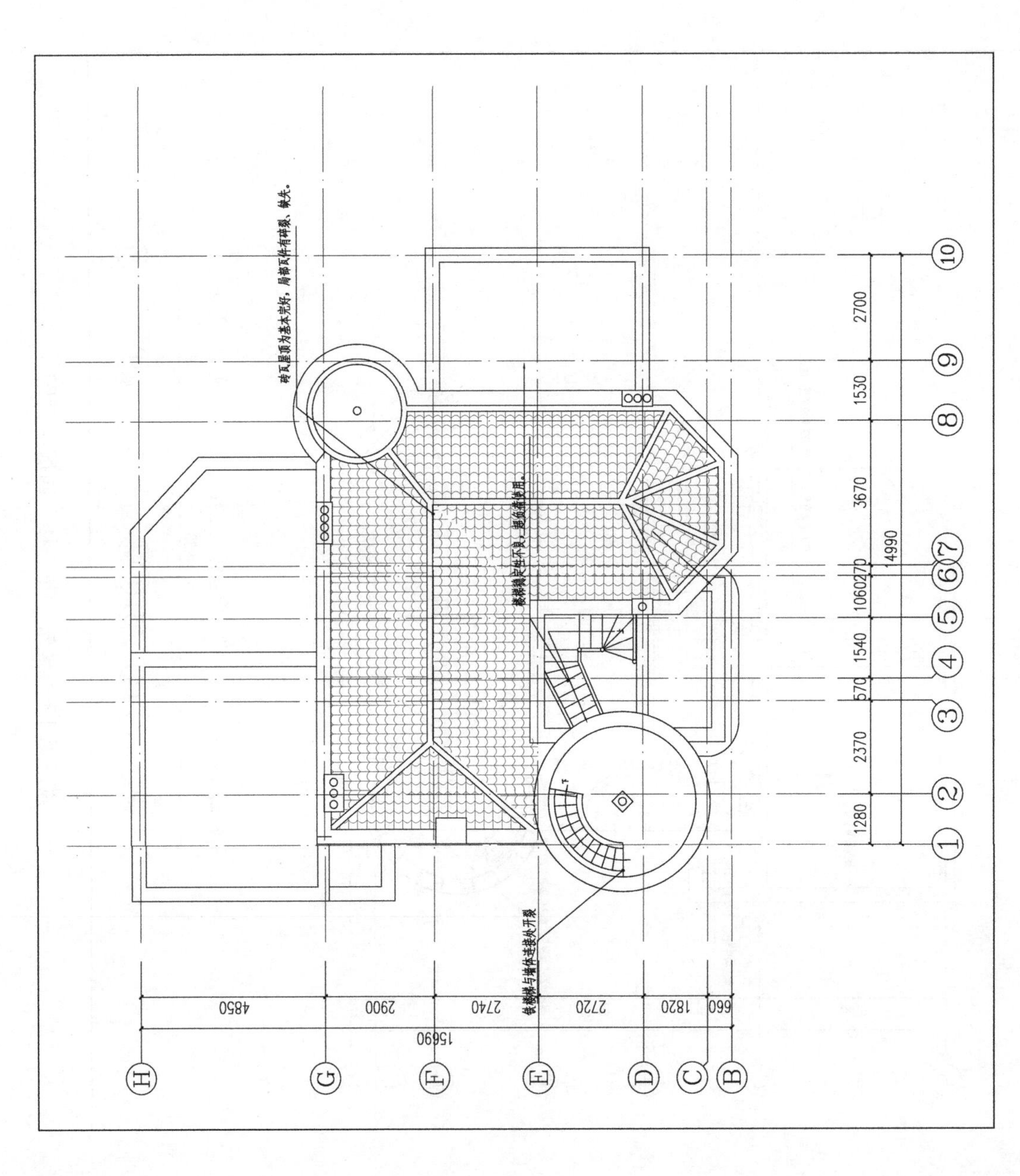

黄海路18号建筑（花石楼）屋顶平面图

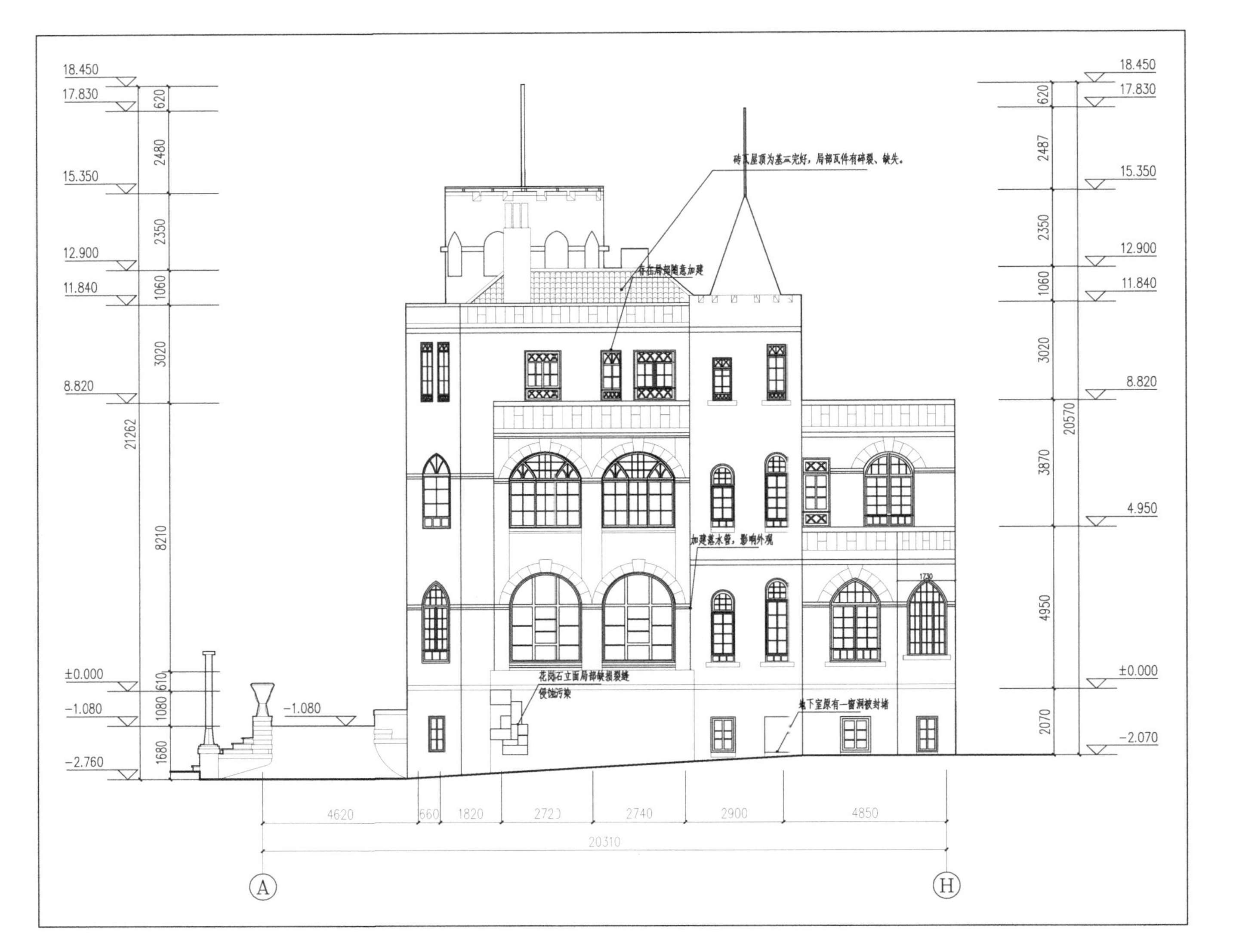

黄海路18号建筑（花石楼）东南立面图

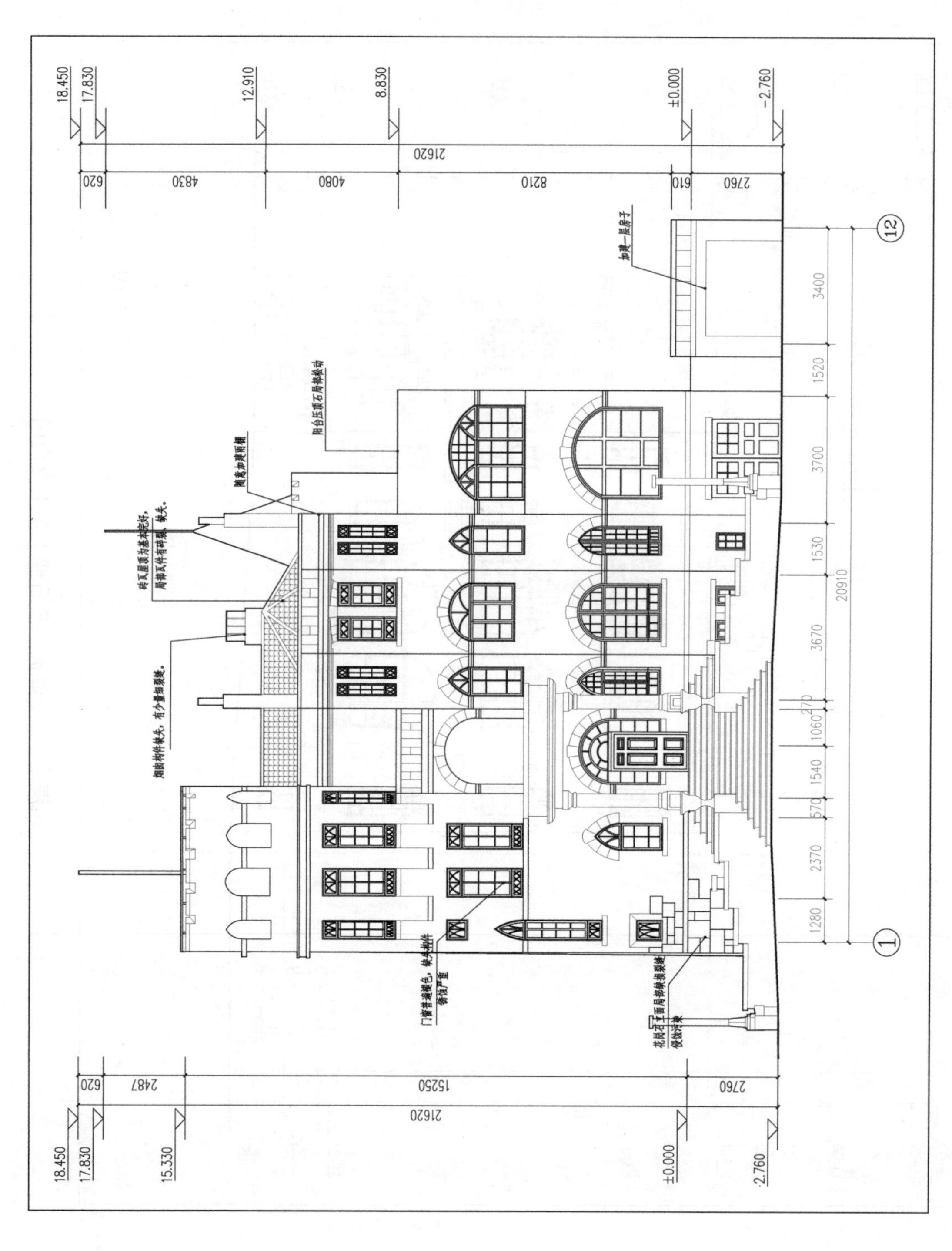

黄海路18号建筑（花石楼）西南立面图

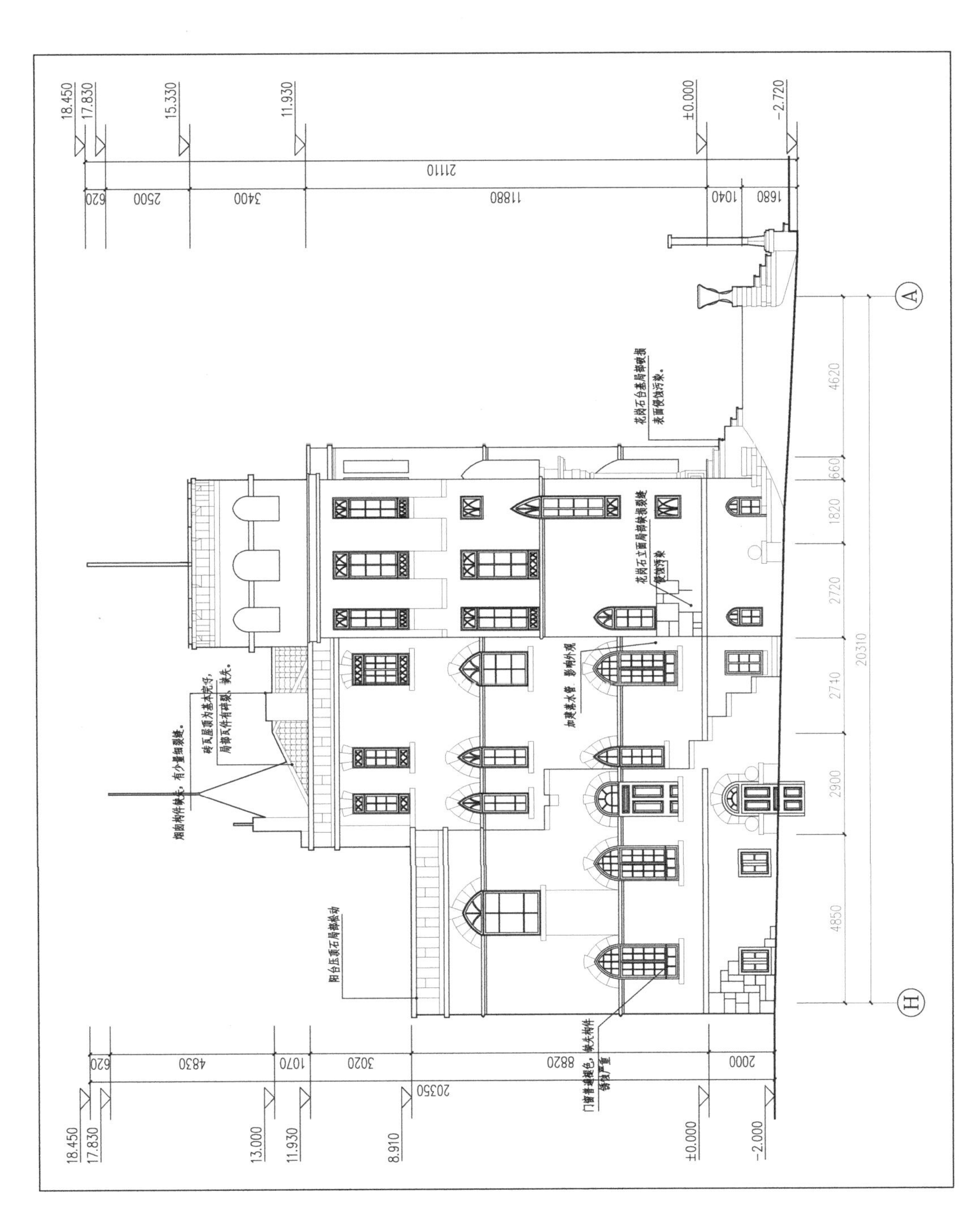

黄海路18号建筑（花石楼）西北立面图

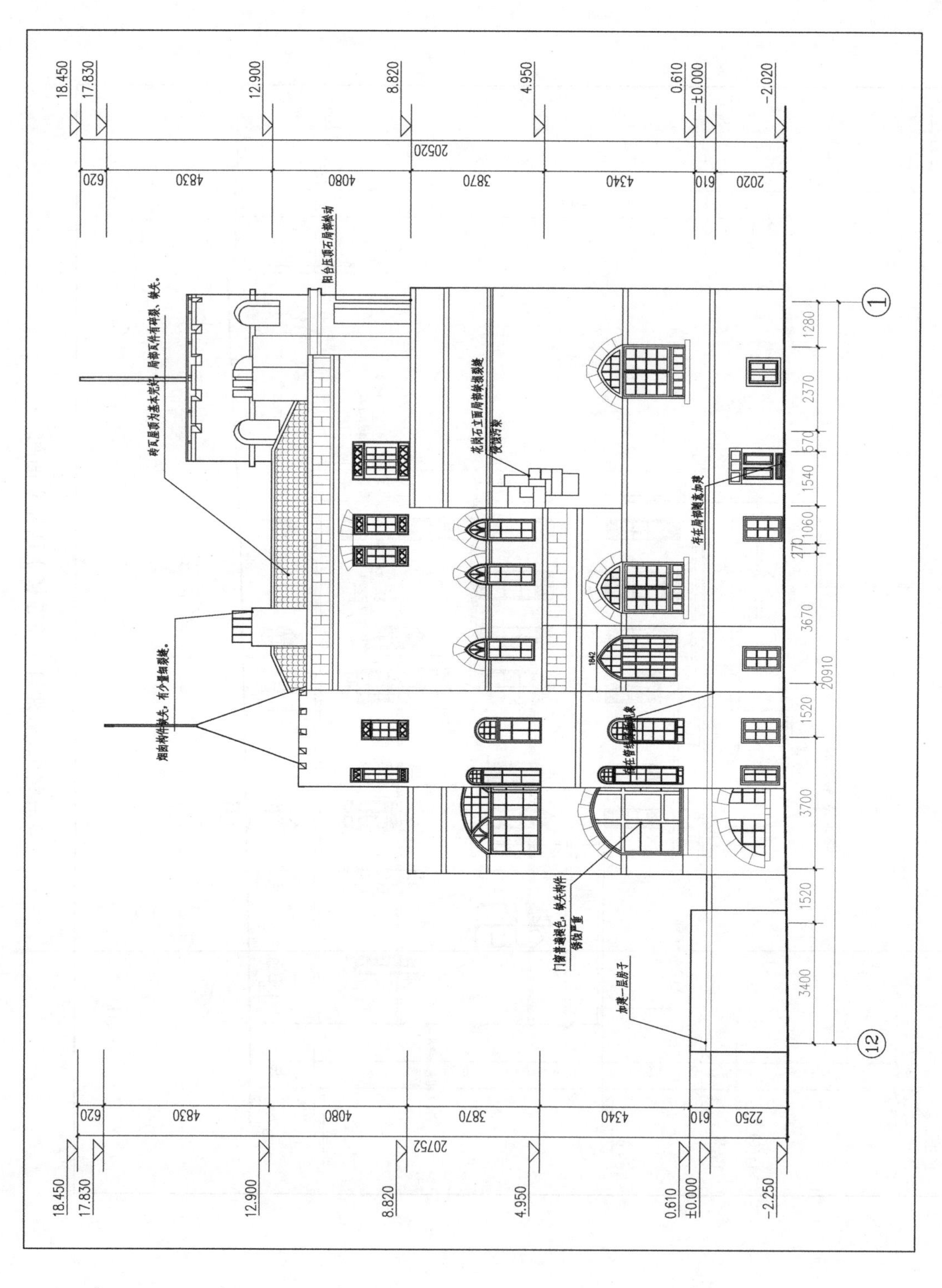

黄海路18号建筑（花石楼）东北立面图

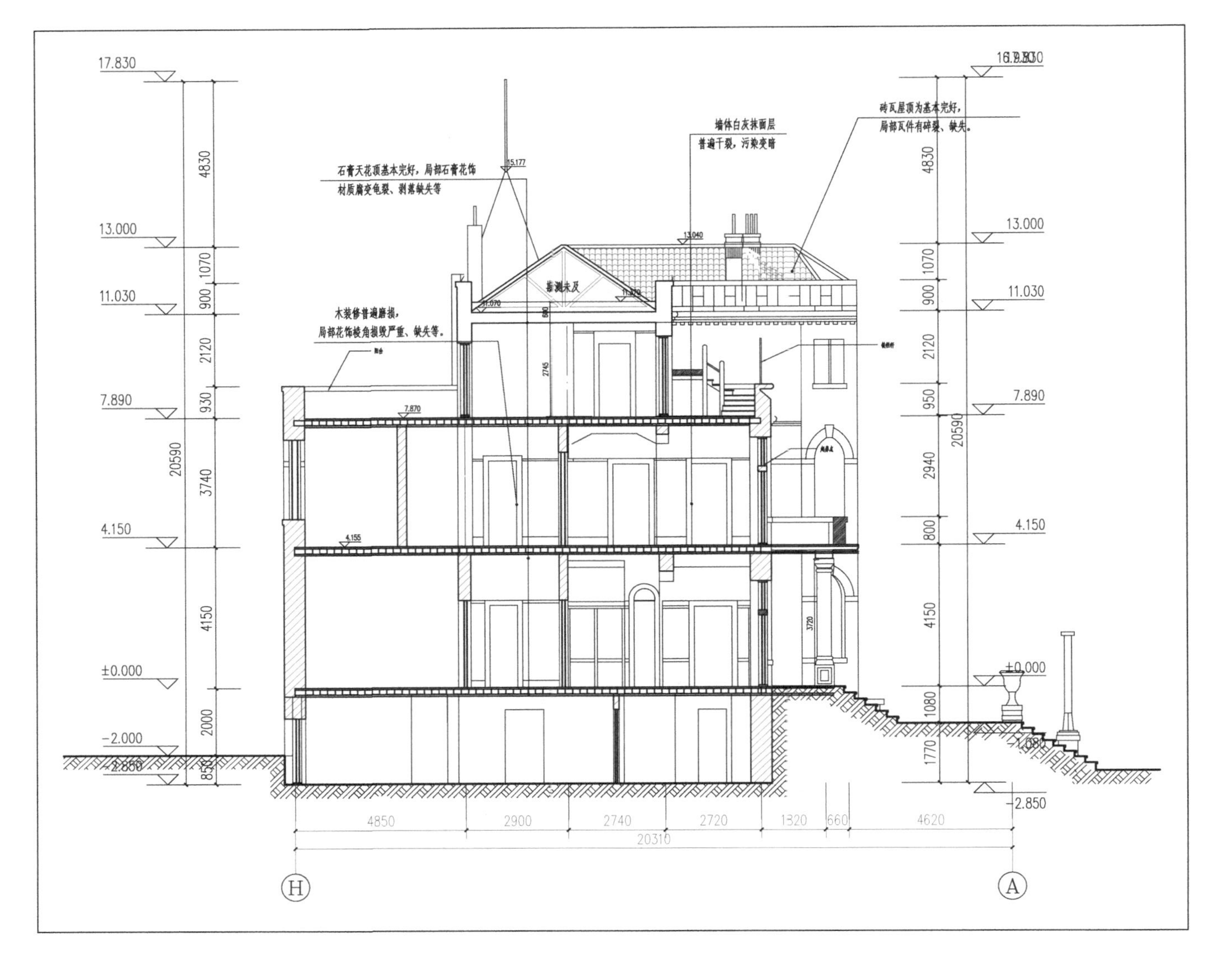

黄海路18号建筑（花石楼）1-1剖面图

五、山海关路 13 号建筑

建筑名称：山海关路 13 号

建筑年代：1935 年

建筑现状：建筑为砖木结构，坡屋面，地上两层，地下一层，采用石、砖、木、陶瓦等建筑材料建造，室内有吊顶木饰线、壁柜、壁炉、木地板，建筑面积 799 平方米。

保护范围：建筑及其院落均位于八大关文物保护规划所规定的重点保护范围区域内。

建设控制地带：建筑及周围环境均位于八大关文物保护规划所规定的重点保护范围区域内。

山海关路 13 号建筑现状

（一）建筑残损现状

1. 台基及入口台阶

（1）台基

残损现状：花岗岩台基破损严重，均出现不同程度的缺棱掉角、碎裂缺失等情况。

残损类型：磨损、缺棱掉角、下陷。

残损原因：年久失修，人为不当使用。

（2）台阶

残损现状：入口台阶无明显松动歪闪。台阶花岗岩条石磨损严重。表面污渍侵蚀严重。

残损类型：磨损、污染。

残损原因：年久失修，人为不当使用。

2. 外立面

（1）南立面

残损现状：墙体整体完好，无明显歪闪、裂缝；花岗岩饰面普遍污渍变暗，产生污斑、锈蚀。入口大门处花岗岩饰面有缺角、裂缝等。檐口及排水檐沟部位有破损。

残损类型：污斑、裂缝、锈蚀。

残损原因：年久失修，自然风化、雨水侵蚀，人为不当使用。

（2）东立面

残损现状：墙体整体完好，无明显歪闪、裂缝；大理石、花岗岩饰面普遍污渍变暗，产生污斑、锈蚀。

残损类型：污斑、裂缝、管线孔洞、饰面缺失。

残损原因：年久失修，自然风化、雨水侵蚀，人为不当使用。

（3）北立面

残损现状：花岗岩饰面有大量管线及孔洞。加建一层平房。花岗岩饰面普遍污渍变暗，产生污斑。东北角有杂物堆放。

残损类型：污斑、裂缝、加建。

残损原因：年久失修，自然风化、雨水侵蚀，人为不当使用。

（4）西立面

残损现状：底部紧贴建筑西立面加建一层水泥房；建筑底部架空、花岗岩饰面普通污渍变暗，产生污斑并有大量管线及孔洞。

残损类型：污斑、裂缝、加建。

残损原因：年久失修，自然风化、雨水侵蚀，人为不当使用。

3. 室内

残损现状：原有装修无存，全部重新装修。

残损类型：全面改动。

残损原因：人为破坏。

4. 地下室

（1）地面、楼梯

残损现状：地面普遍灰尘污渍污染、磨损严重，出现漏洞、裂缝、杂物堆放等现象。楼梯踏步普遍棱角破损。

残损类型：磨损、污渍、棱角破损。

残损原因：污染侵蚀，人为不当使用。

（2）墙壁

残损现状：白色涂料墙表面普遍泛绿变暗，局部房间墙皮脱落、裸露砖层，墙体有管线杂乱、多处管道孔洞，裂缝等。

残损类型：污渍、顺缝开裂、管线孔洞。

残损原因：年久失修，污染侵蚀，人为改造。

（3）天花板

残损现状：石膏天花板普遍泛黄变暗，局部石膏花饰材质腐变龟裂、剥落缺失等。屋顶过梁破损严重，顶面渗漏严重。

残损类型：泛黄变暗、腐变龟裂、剥落。

残损原因：年久失修，污染侵蚀，人为改造。

（4）门窗

残损现状：门窗普遍油漆褪色、污渍污染，构件破损缺失等。

残损类型：油漆褪色剥落、构件破损、窗口封堵。

残损原因：污染侵蚀，年久失修，人为不当使用。

（5）装修

残损现状：酥碱剥落，严重剥落，砌体结构大面积露出。

残损类型：油漆褪色、构件裂缝、缺失、磨损。

残损原因：年久失修，污染侵蚀，人为不当使用。

（6）其他

残损现状：多处堆放杂物。

5. 屋顶

（1）屋面砖瓦

残损现状：砖瓦屋顶为基本完好，局部瓦件有碎裂、缺失。有明显修补痕迹。

残损类型：后加建屋顶。

残损原因：人为不当改造。

（2）烟囱

残损现状：有少量细裂缝。

（二）建筑现状残损照片

南立面屋檐破损

南立面台基侵蚀

南立面和东立面屋顶瓦，加建落水管

北立面窗石变色

北立面加建

北立面檐口脱落

北立面私接电线

西立面墙面电线

改建门窗

砖瓦修补

砖石颜色脱落

墙面腐蚀、变色、脱落

天花板起壳脱落

地面孔洞

墙体剥落

楼梯间

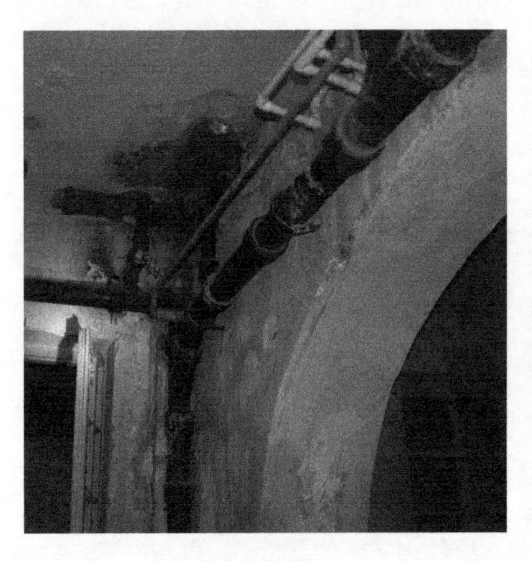

顶面管道

杂物堆放

地面

吊顶破洞

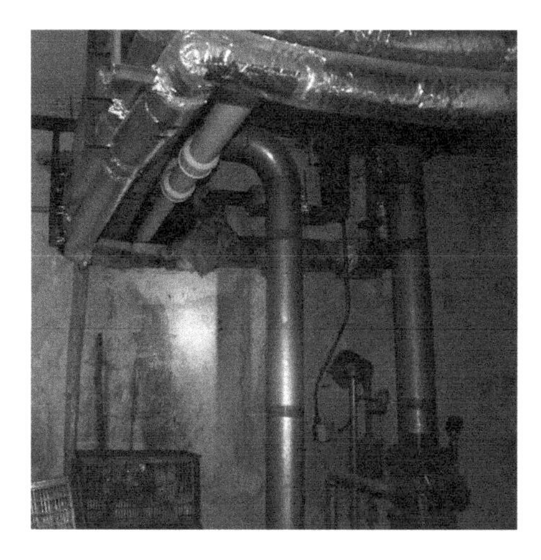

管道

墙体污渍

（三）现状勘测图纸

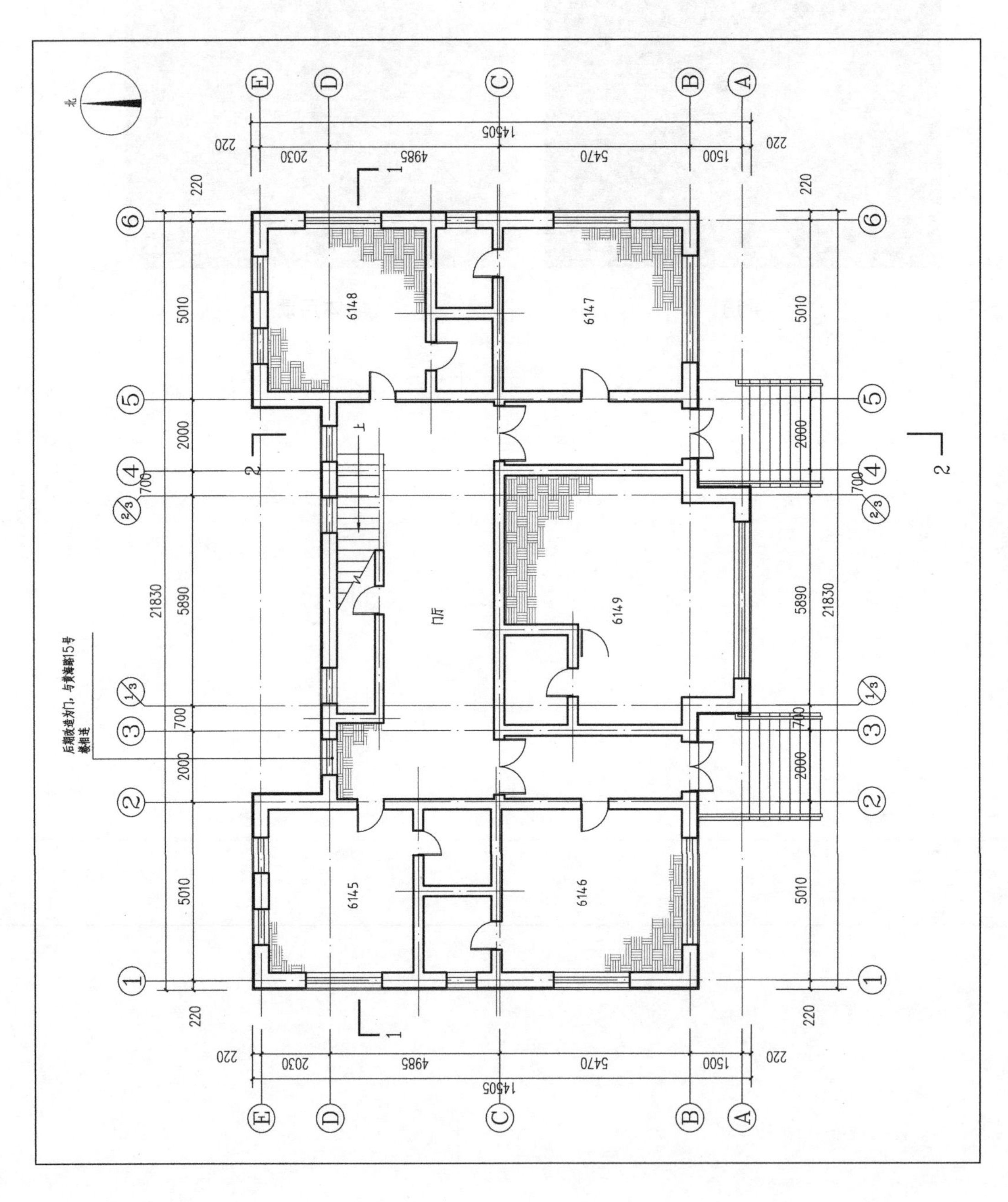

山海关路 13 号建筑首层平面图

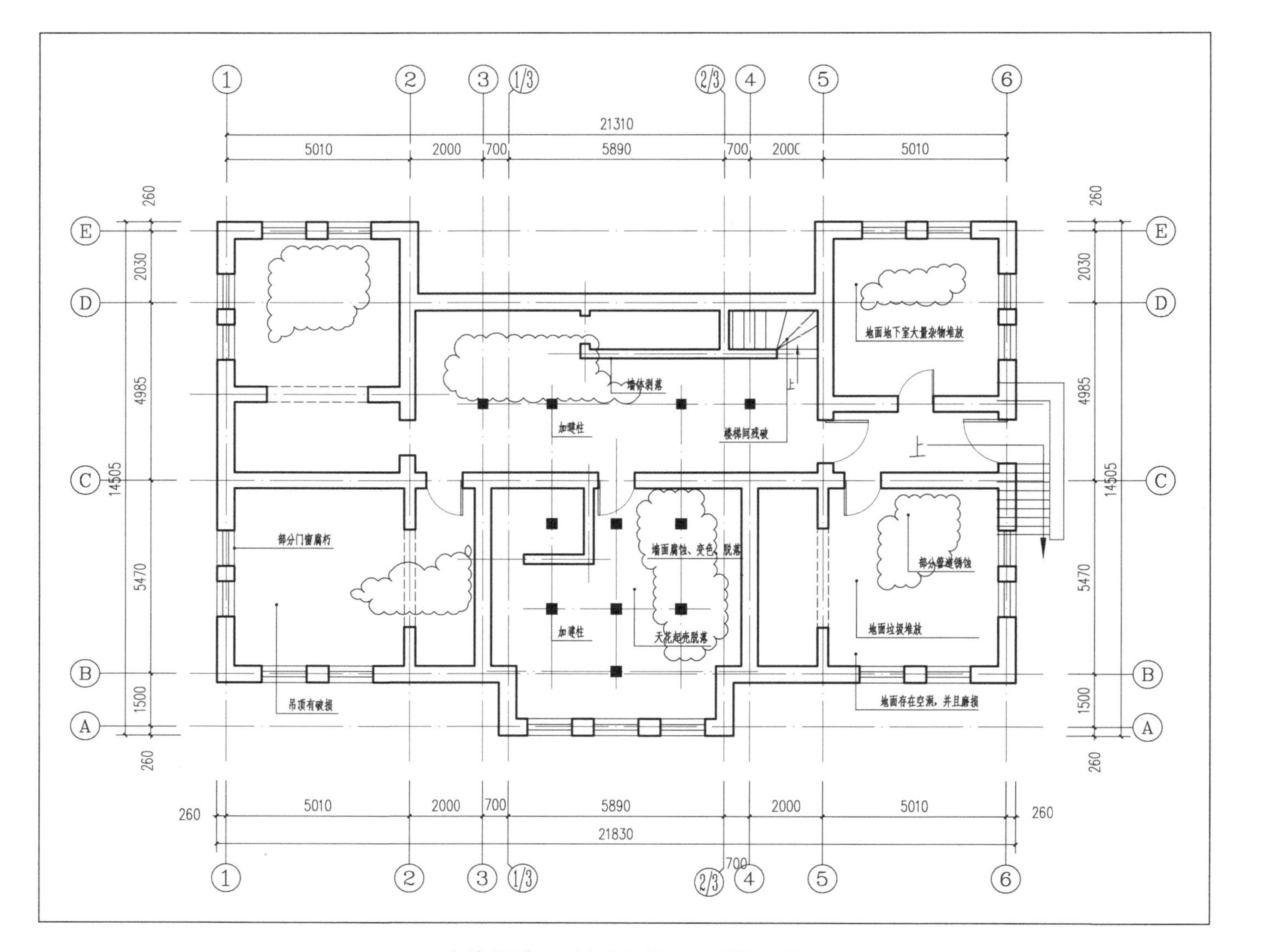

山海关路 13 号建筑地下一层平面图

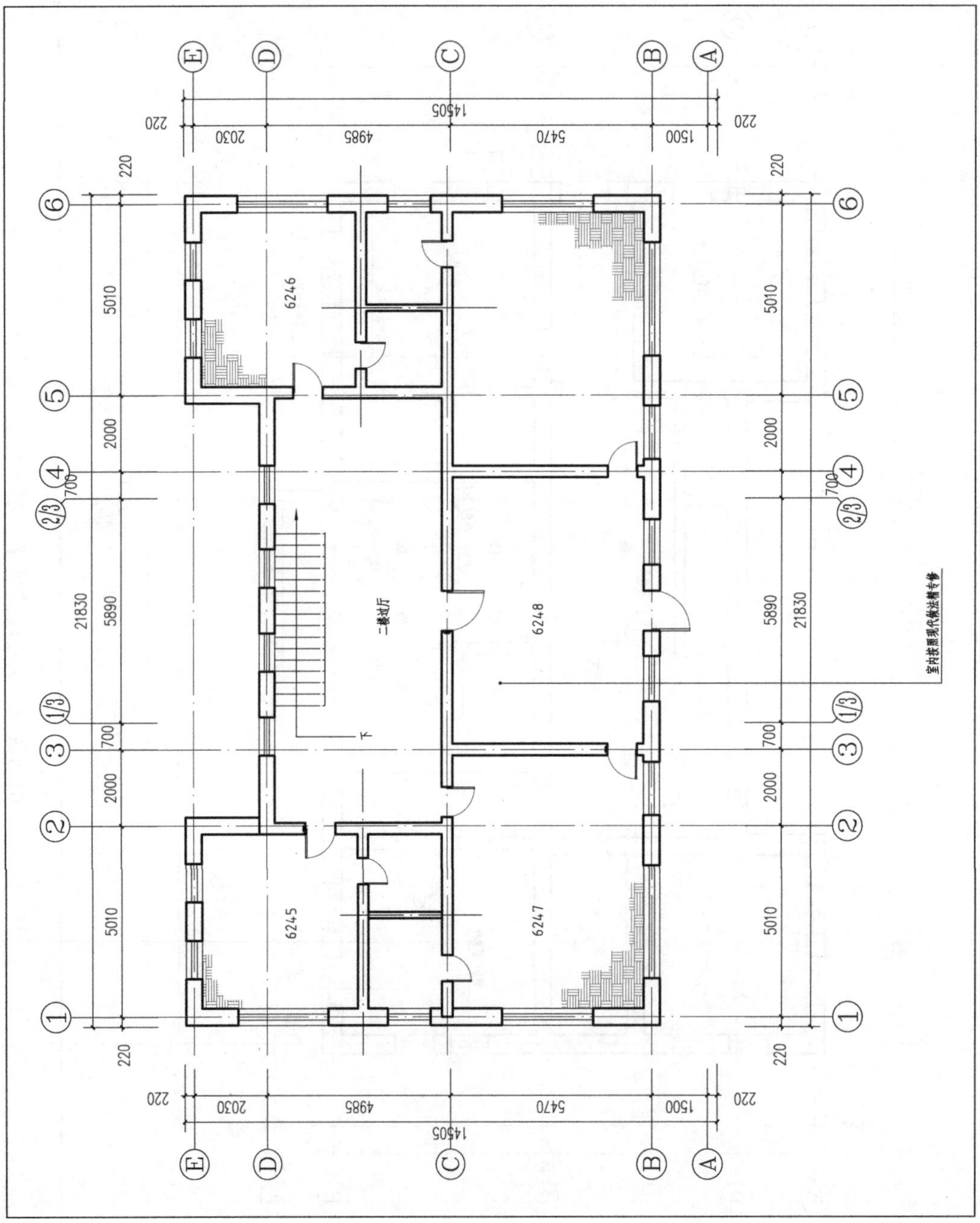

山海关路 13 号建筑二层平面图

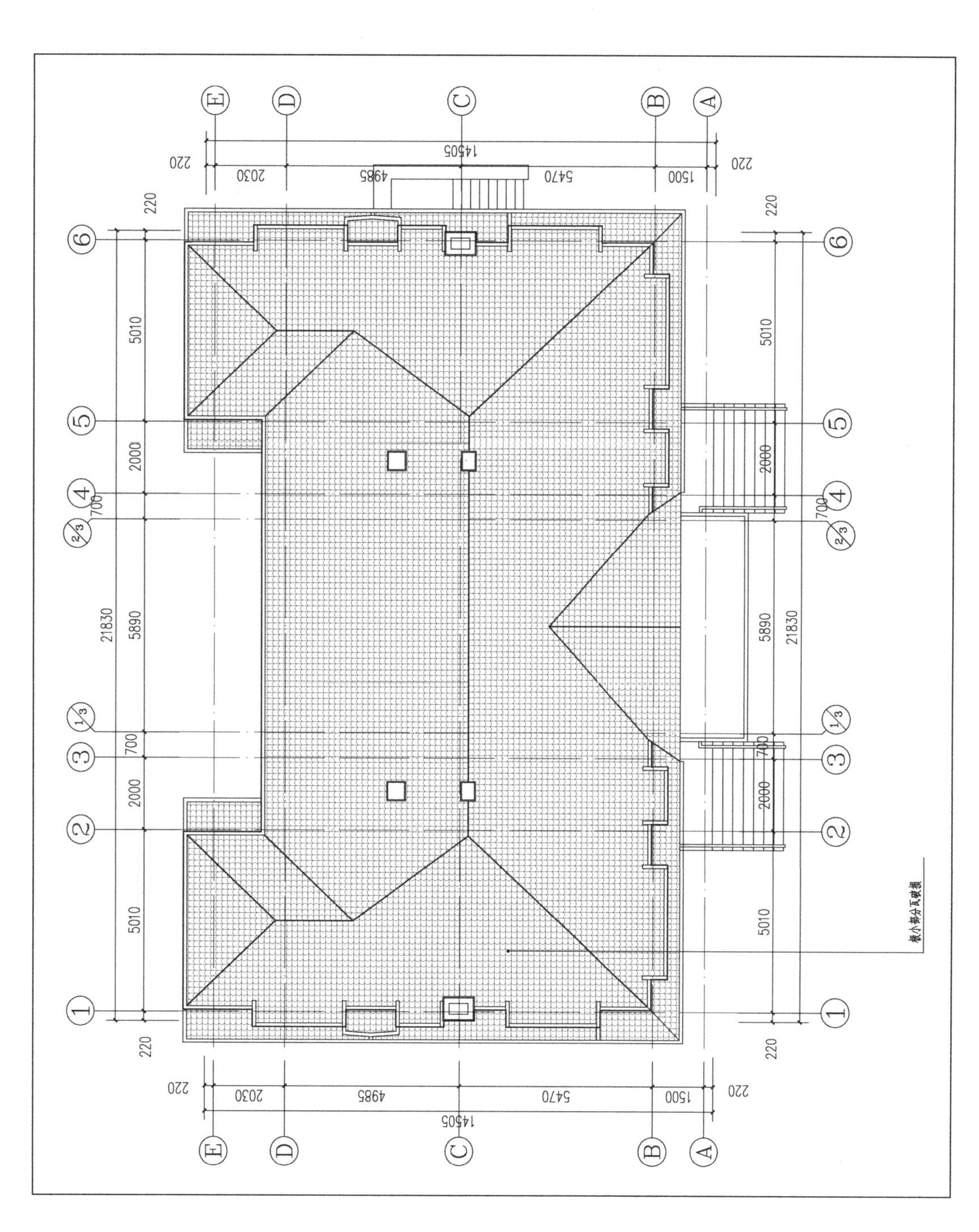

山海关路 13 号建筑屋顶平面图

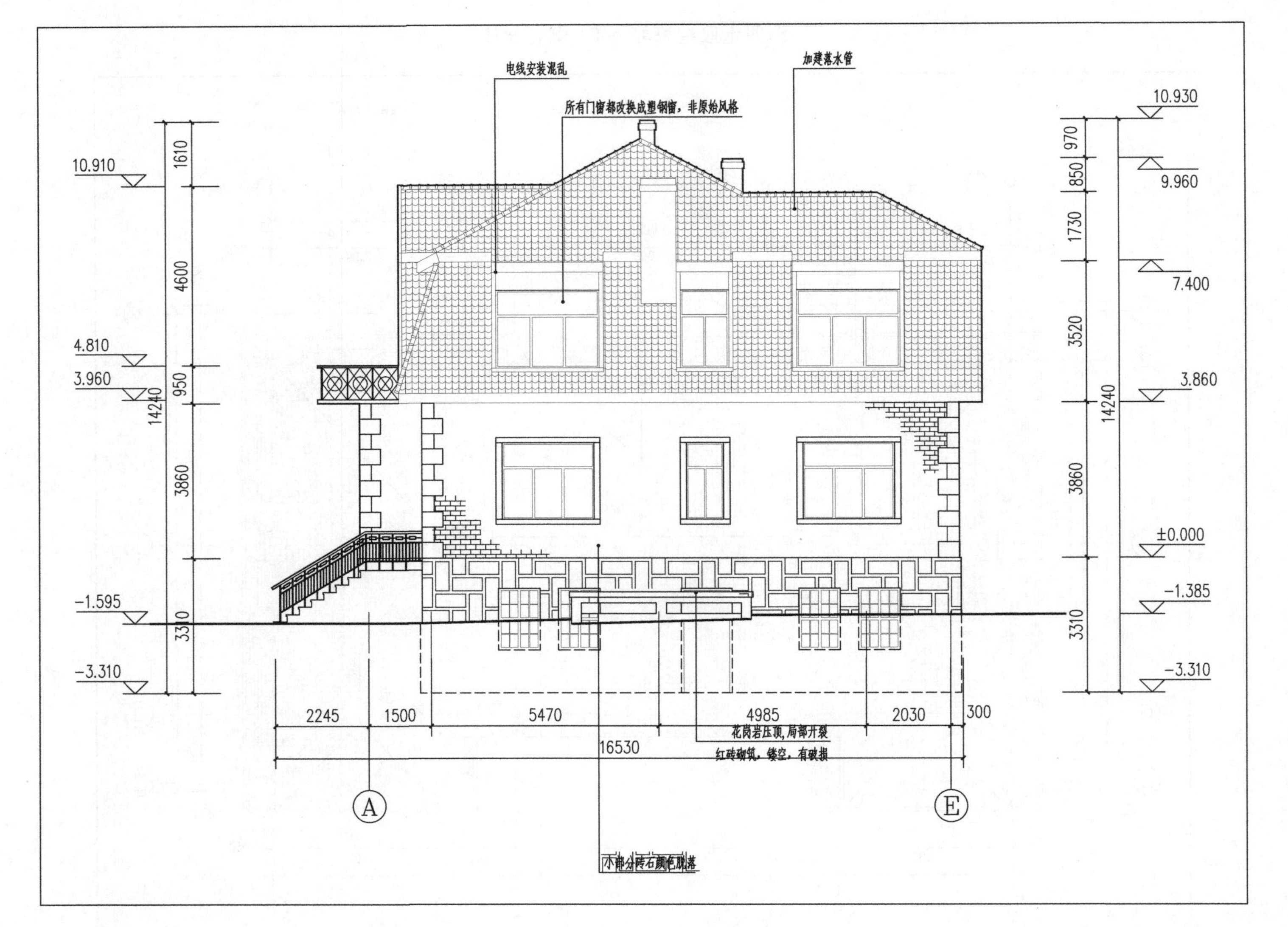

山海关路 13 号建筑东立面图

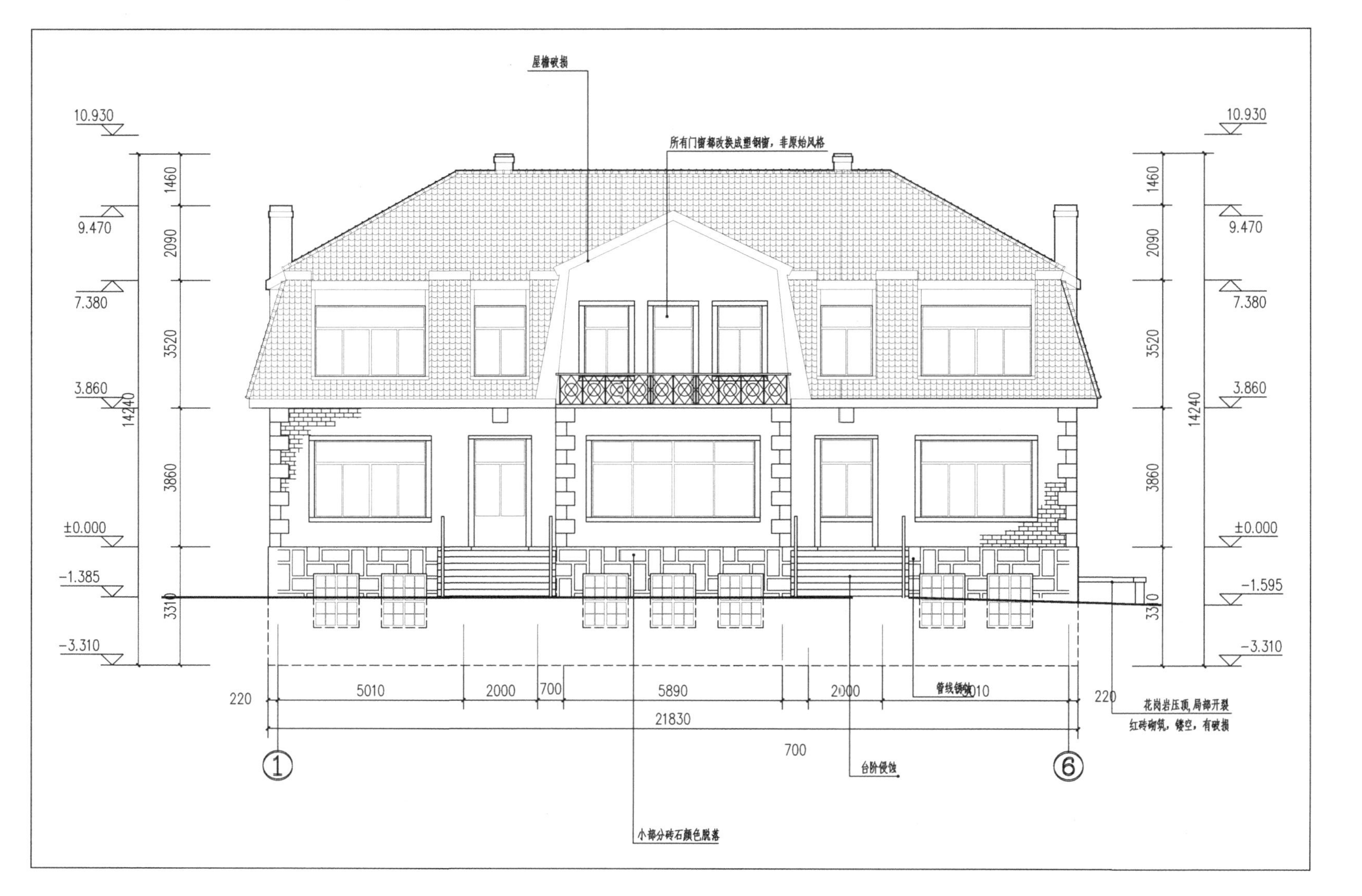

山海关路13号建筑南立面图

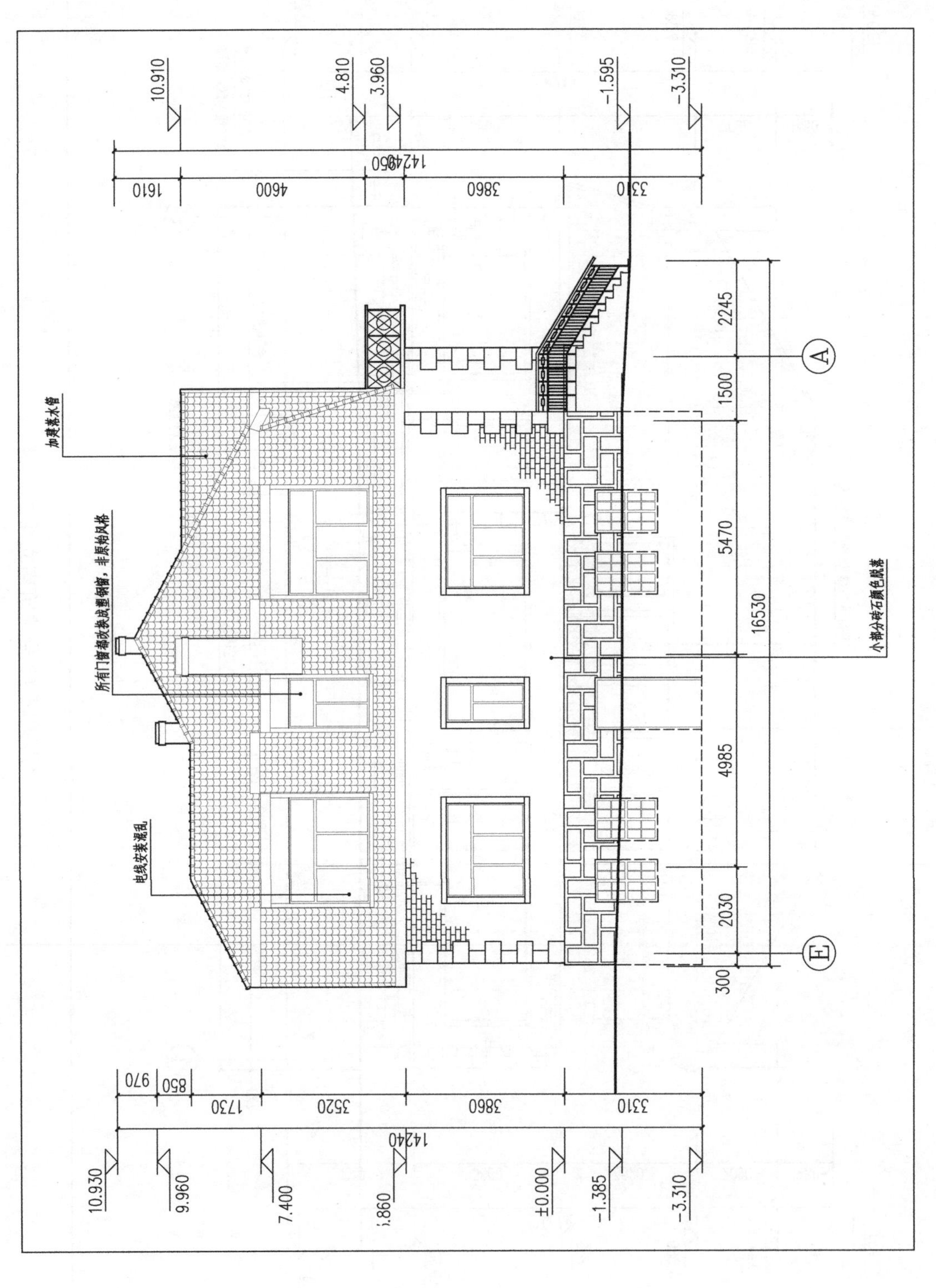

山海关路 13 号建筑西立面图

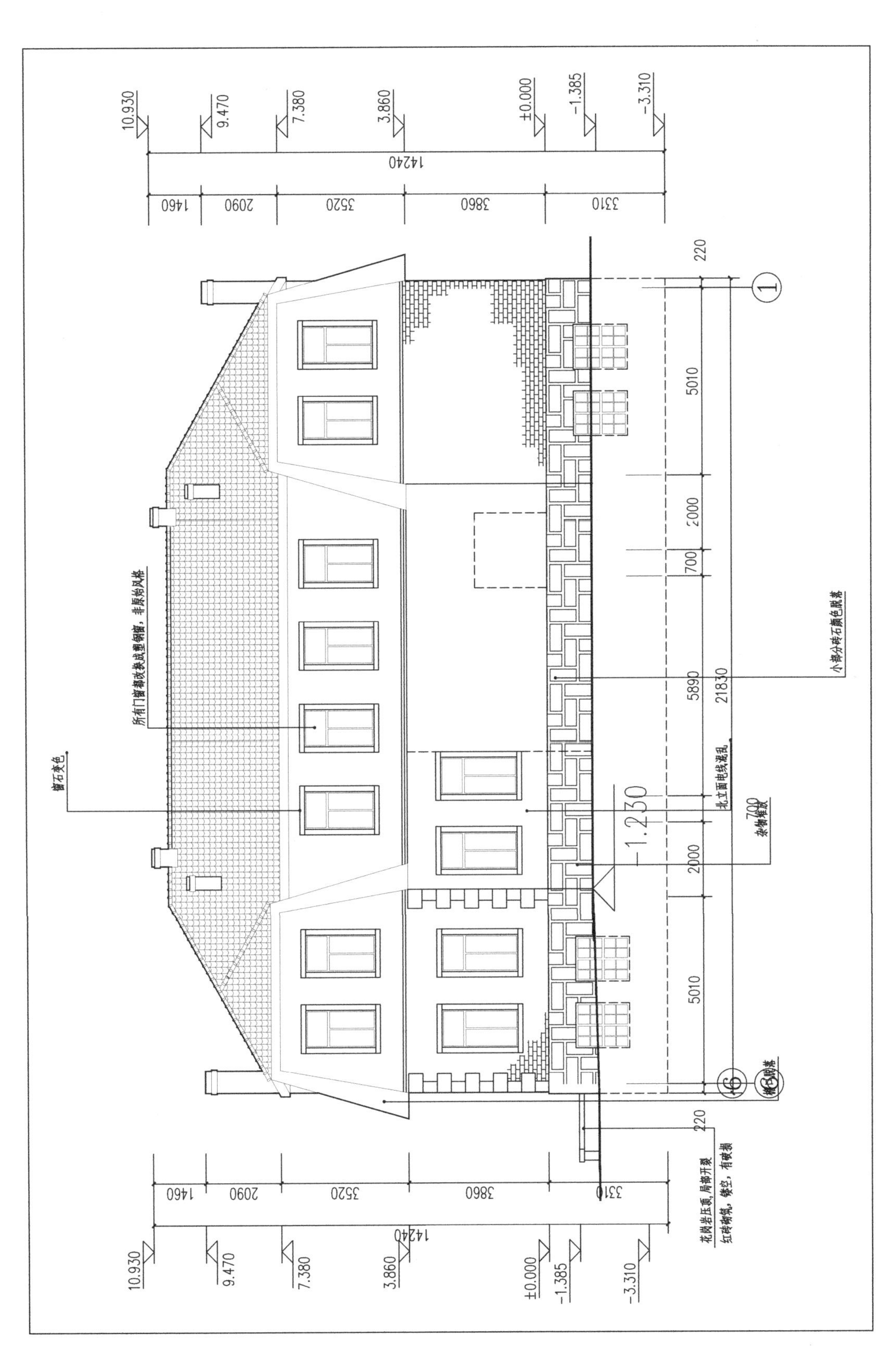

山海关路 13 号建筑北立面图

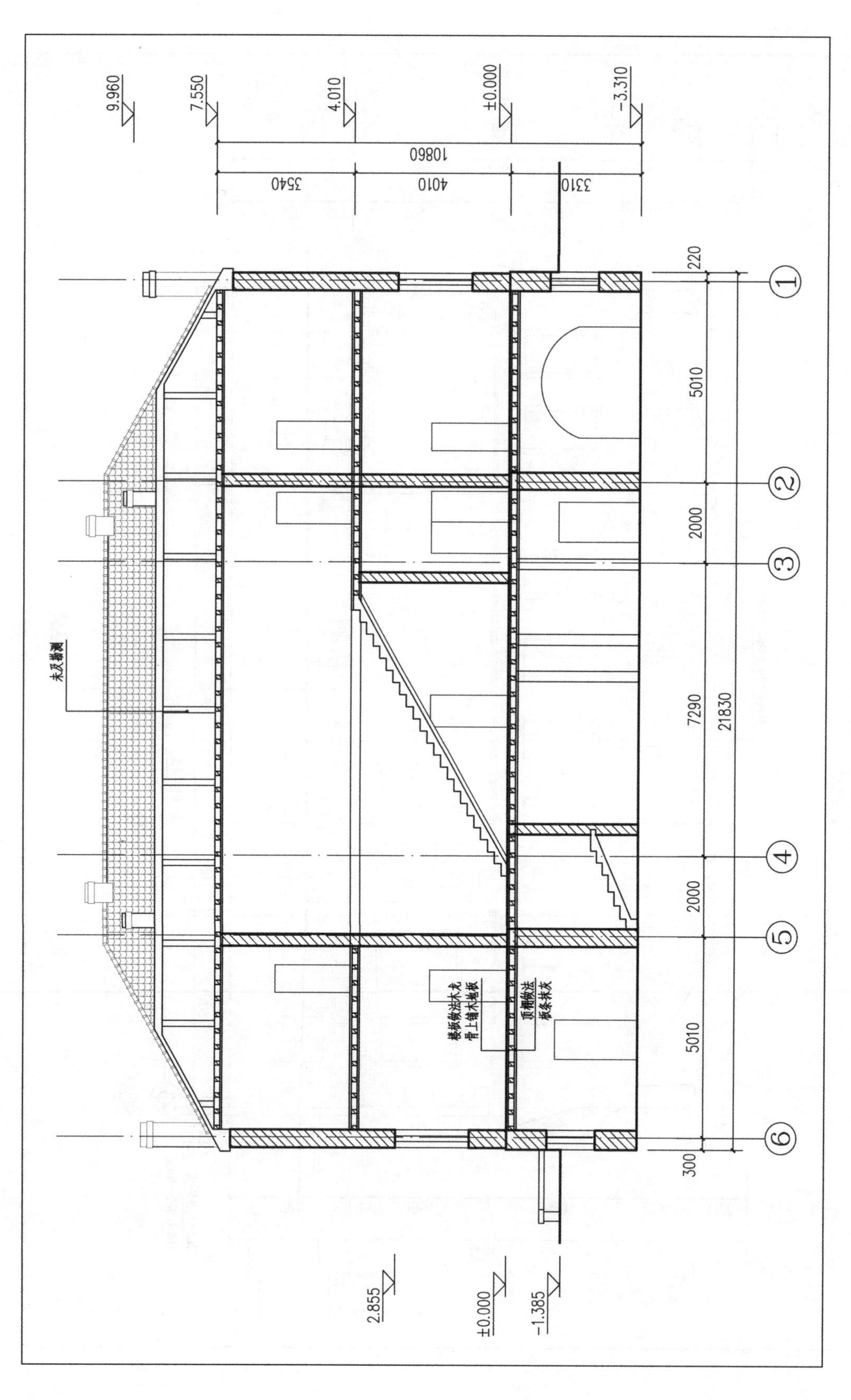

山海关路 13 号建筑 1-1 剖面图

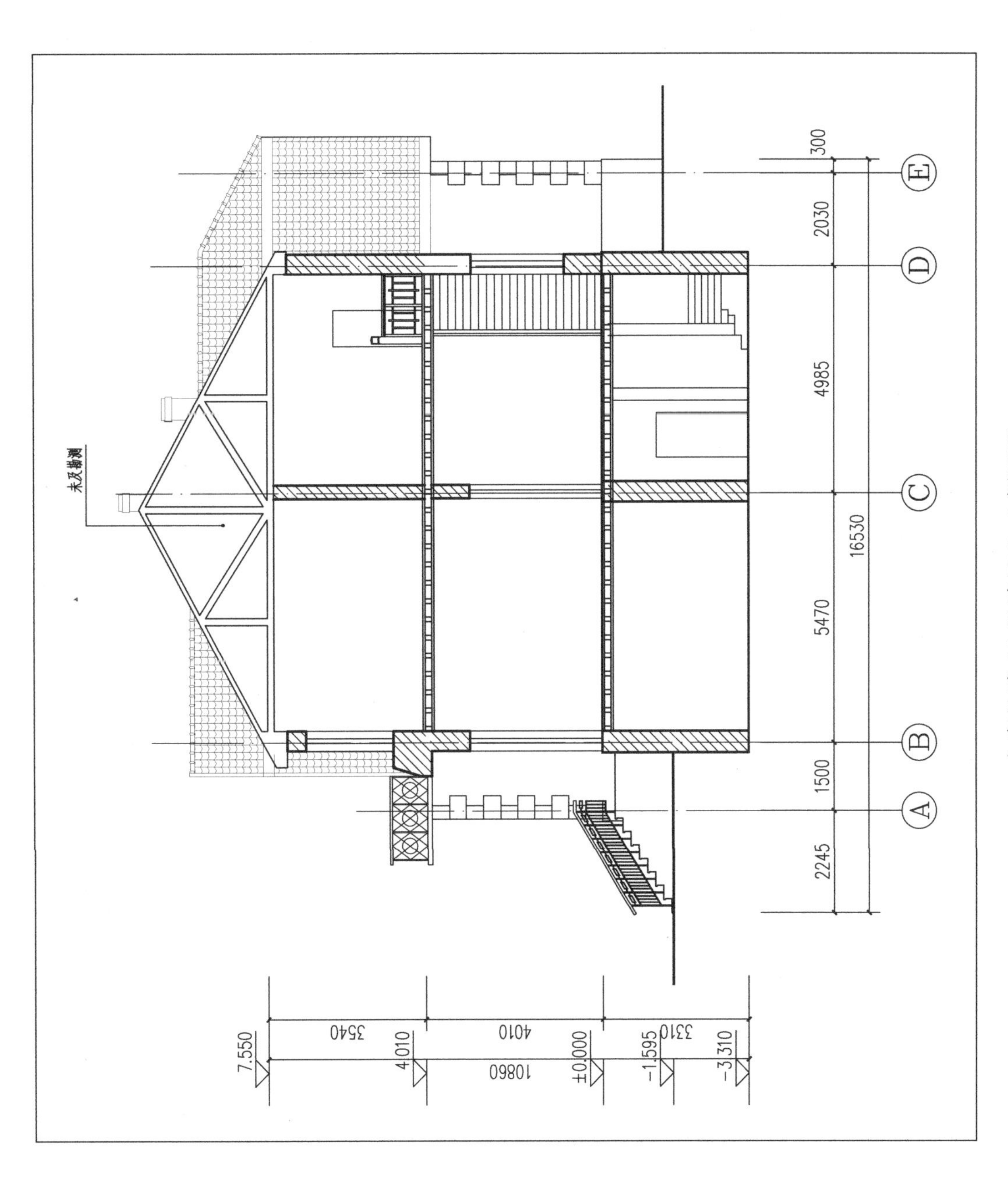

山海关路 13 号建筑 2-2 剖面图

六、正阳关路 21 号建筑

建筑名称：正阳关路 21 号

建筑年代：1934 年

建筑现状：建筑为砖木结构，折坡屋面，地上一层，地下一层，采用石、砖等建筑材料建造，建筑面积 489 平方米。

保护范围：建筑及其院落均位于八大关文物保护规划所规定的重点保护范围区域内。

建设控制地带：建筑及周围环境均位于八大关文物保护规划所规定的重点保护范围区域内。

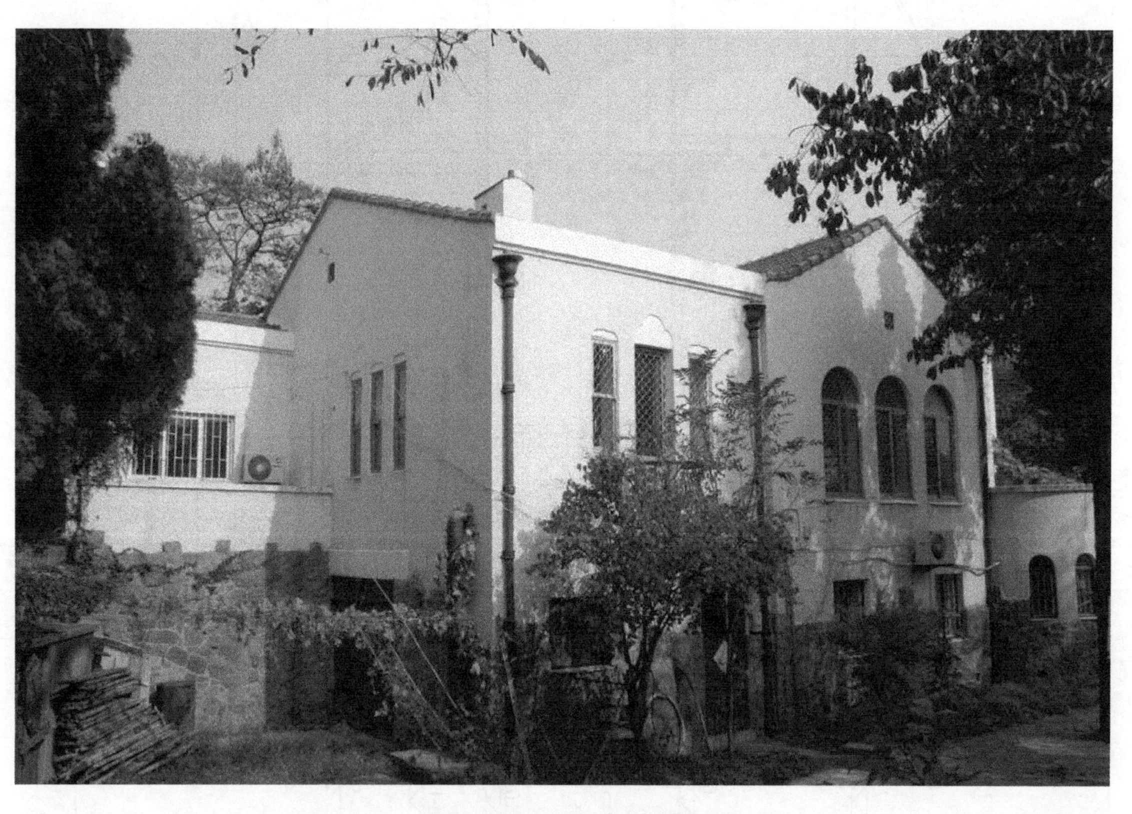

正阳关路 21 号建筑现状

（一）建筑残损现状

1. 台基及入口台阶

（1）台基

残损现状：台基基本无破损；基本未出现缺棱掉角、铺砖位移、碎裂缺失等情况。

残损类型：磨损。

残损原因：自然风化。

（2）台阶

残损现状：入口台阶无明显松动移位；台阶棱角出现部分崩落；表面污渍比较严重。

残损类型：磨损、污染。

残损原因：年久失修，人为不当使用。

2. 外立面

（1）南立面

残损现状：墙体整体完好，无明显歪闪、裂缝；台基、墙体粉刷乳白色，表面局部因雨水侵蚀酥碱剥落，产生污渍变暗，产生污斑。装饰面有小孔洞。东侧加建一层房。

残损类型：污渍、裂缝、锈蚀、孔洞、加建。

残损原因：年久失修，自然风化、雨水侵蚀，人为不当使用。

（2）东立面

残损现状：墙体整体完好，无明显歪闪、裂缝；墙面粉刷层局部有污渍，变暗，局部有裂。

残损类型：污斑、裂缝。

残损原因：年久失修，自然风化、雨水侵蚀。

（3）北立面

残损现状：墙体整体完好，无明显歪闪、裂缝；墙面粉刷层局部有污渍，变暗，局部有裂缝。表面局部因雨水侵蚀酥碱剥落，产生污渍变暗，产生污斑。

残损类型：污渍、裂缝、锈蚀。

残损原因：年久失修，自然风化、雨水侵蚀。

（4）西立面

残损现状：墙体整体完好，无明显歪闪、裂缝；墙面粉刷层局部有污渍，变暗，局部有裂缝。表面局部因雨水侵蚀酥碱剥落，产生污渍变暗，产生污斑。装饰面有小孔洞。

残损类型：污渍、裂缝、锈蚀、孔洞。

残损原因：年久失修，自然风化、雨水侵蚀，人为不当使用。

3. 地下室

（1）地面

残损现状：地板普遍灰尘污渍污染、油漆褪色、磨损严重，局部地板裂缝；踢脚线板普遍与墙体连接松动，变形脱节严重。局部地面受潮。

残损类型：磨损、污渍、棱角破损。

残损原因：污染侵蚀，人为不当使用。

（2）墙壁

残损现状：墙体有缺损，局部连接松动歪闪、顺缝开裂等；白色涂料墙表面脱落严重，房间墙皮脱落严重，泛潮，局部泛黄变暗，墙体有管线杂乱、多处管道孔洞，裂缝等。

残损类型：污渍、泛潮、顺缝开裂、管线孔洞。

残损原因：年久失修，污染侵蚀，人为改造。

（3）天花板

残损现状：天花板普遍泛黄变暗，局部材质腐变龟裂、剥落缺失、泛潮等。

残损类型：泛黄变暗、剥落、泛潮。

残损原因：年久失修，污染侵蚀，人为改造。

（4）门窗

残损现状：门窗普遍油漆褪色、污渍污染，锈蚀严重，构件破损缺失等。

残损类型：油漆褪色剥落、构件破损、窗口封堵。

残损原因：污染侵蚀，年久失修，人为不当使用。

（5）装修

残损现状：木装修普遍磨损，局部花饰棱角磨损严重、局部缺失等。局部轻微破碎、有裂缝等。

残损类型：油漆褪色，构件裂缝、缺失，磨损。

残损原因：污染侵蚀，年久失修，人为不当使用。

（6）其他

残损现状：隔音保温效果差。

残损类型：构件老化、改建加建。

残损原因：自然老化、防潮防水保温性能欠缺。

4. 一层

（1）地面

残损现状：地板基本完好，局部受污渍污染、油漆褪色、略有磨损，局部地板有裂缝。

残损类型：磨损、污渍、棱角破损。

残损原因：污染侵蚀，人为不当使用。

（2）墙壁

残损现状：基本完好，局部板壁连接松动歪闪、顺缝开裂等；白色涂料墙表面基本完好。

残损类型：污渍、顺缝开裂、管线孔洞。

残损原因：年久失修，污染侵蚀，人为改造。

（3）天花板

残损现状：天花板基本完好，局部剥落。

残损类型：泛黄变暗、剥落。

残损原因：年久失修，污染侵蚀，人为改造。

（4）门窗

残损现状：门窗粉刷油漆，基本粉刷完好，局部污渍、剥落。

残损类型：油漆褪色、剥落。

残损原因：污染侵蚀，年久失修，人为不当使用。

（5）装修

残损现状：基本装修完好，较新。

残损类型：油漆褪色，构件裂缝、缺失，磨损。

残损原因：污染侵蚀，年久失修，人为不当使用。

5. 屋顶

（1）屋面砖瓦

残损现状：屋顶挂瓦基本完好，局部瓦件有碎裂、缺失。

残损类型：损坏、缺失。

残损原因：年久失修，污染侵蚀。

（2）装修

残损现状：砖墙外施乳白色抹灰装修，有部分污渍、局部裂缝及崩落。

残损类型：污染、裂缝。

残损原因：自然风化。

（3）烟囱

残损现状：基本完好。

（二）建筑现状残损照片

空调外挂机，管线缠绕

室外安装太阳能热水器

铁门有油漆剥落现象

住户安装了晾衣绳

空调室外机悬挂，管线缠绕

缆线外露，相互缠绕

空调室外机悬挂

加建外侧小院

墙面返潮现象严重

墙面孔洞

地下一层储藏室墙壁污浊

地下一层储物间堆放杂物

地下一层厕所顶部天花板返潮严重

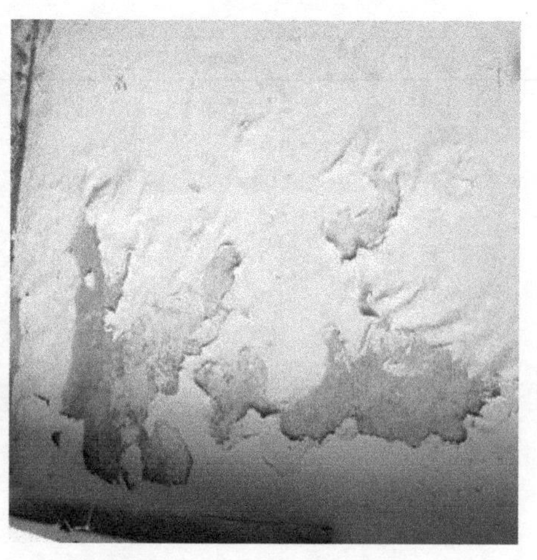

地下一层仓库屋顶剥落

地下一层楼梯间外粉刷油漆，墙面粉刷油漆，略有褪色剥落

一层门厅墙壁粉刷油漆，基本完好

一层办公室墙面铺装完好

一层洗洁间门破损，表面剥落

一层阅览室墙壁剥落

一层室外阳台瓷砖铺装，表面污渍

一层会议室门油漆粉刷，表面褪色

一层办公室墙面基本完好，略有污渍

地下一层浴室天花板泛潮，污染

地下一层浴室铁窗油漆剥落

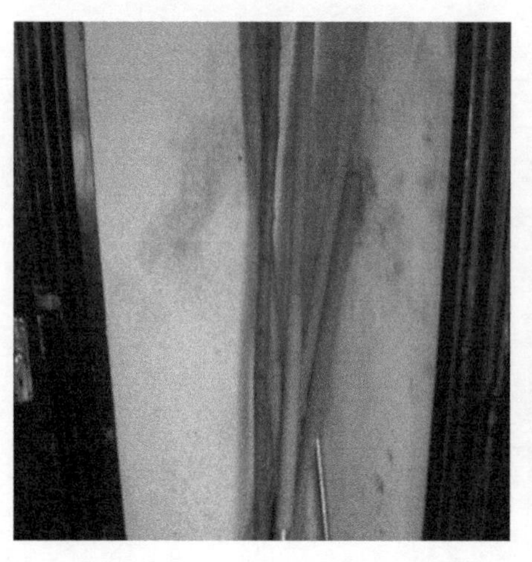
地下一层门厅墙壁污渍，发霉

地下一层门厅地板磨损褪色，墙皮剥落

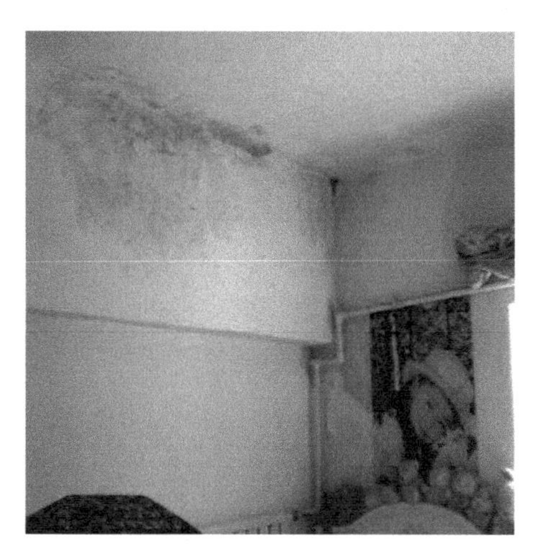

地下一层次卧室墙皮剥落，墙壁锈迹

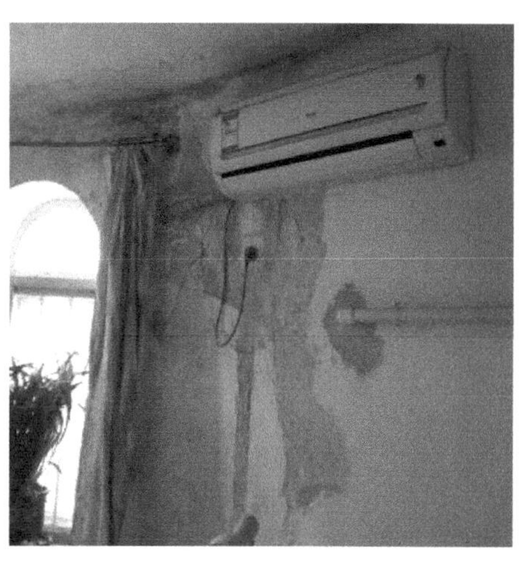

地下一层主卧室年久失修，墙皮剥落，墙面污浊

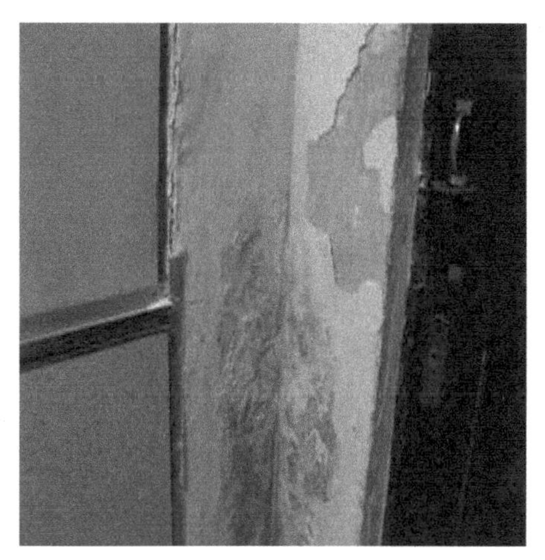

地下一层走廊墙皮剥落，锈迹

地下一层墙皮剥落严重

（三）现状勘测图纸

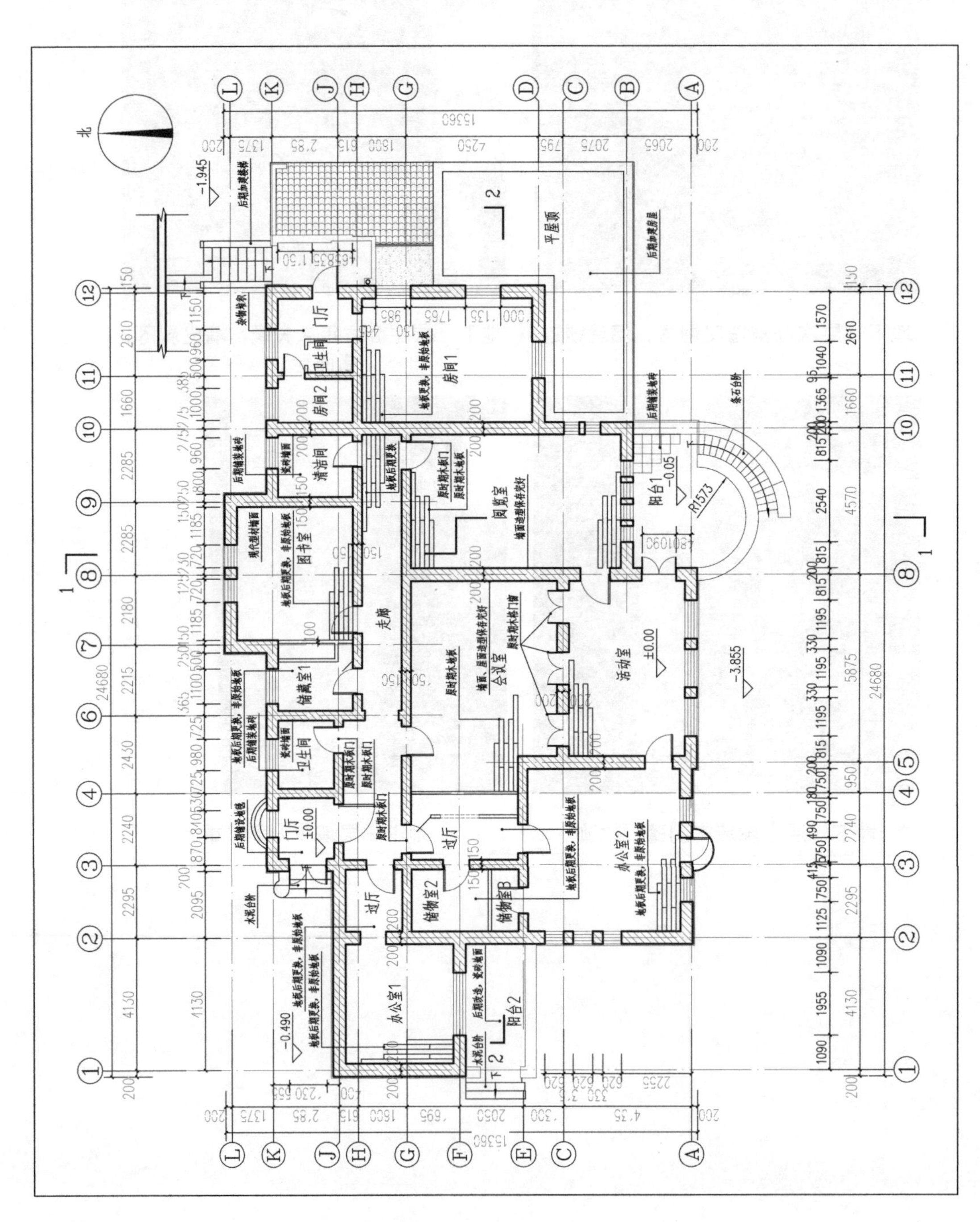

正阳关路21号建筑首层平面图

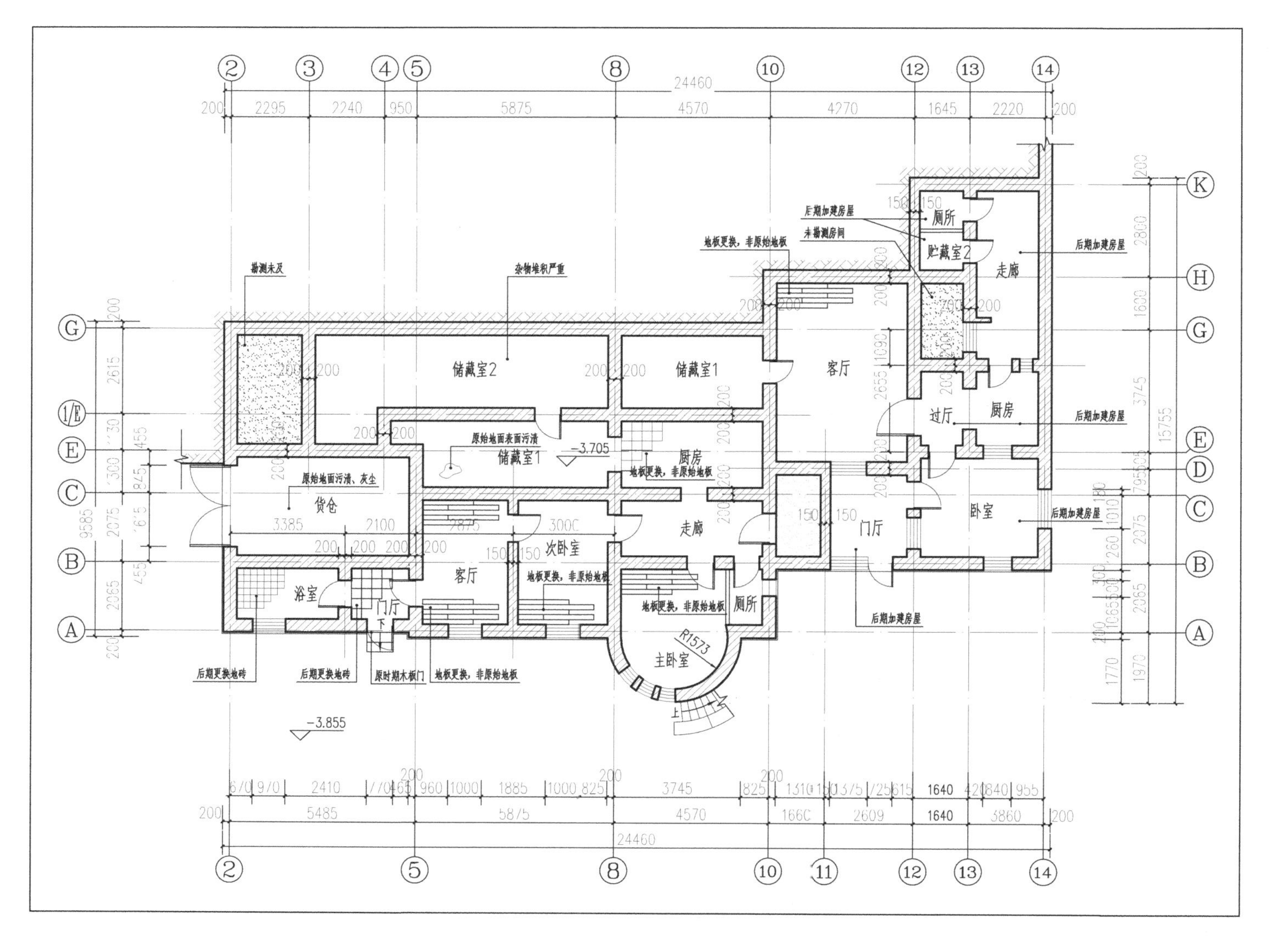

正阳关路21号建筑地下一层平面图

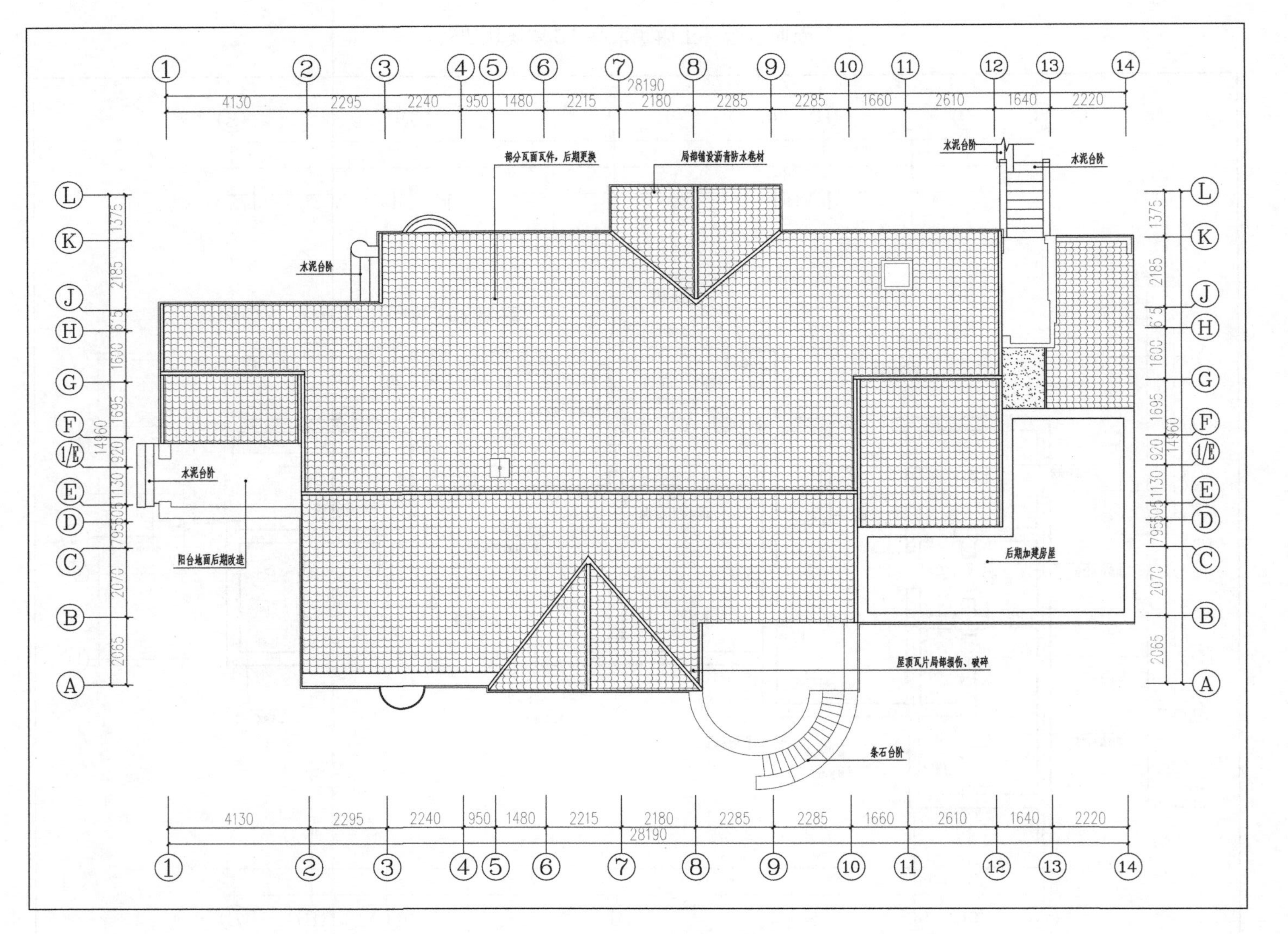

正阳关路 21 号建筑屋顶平面图

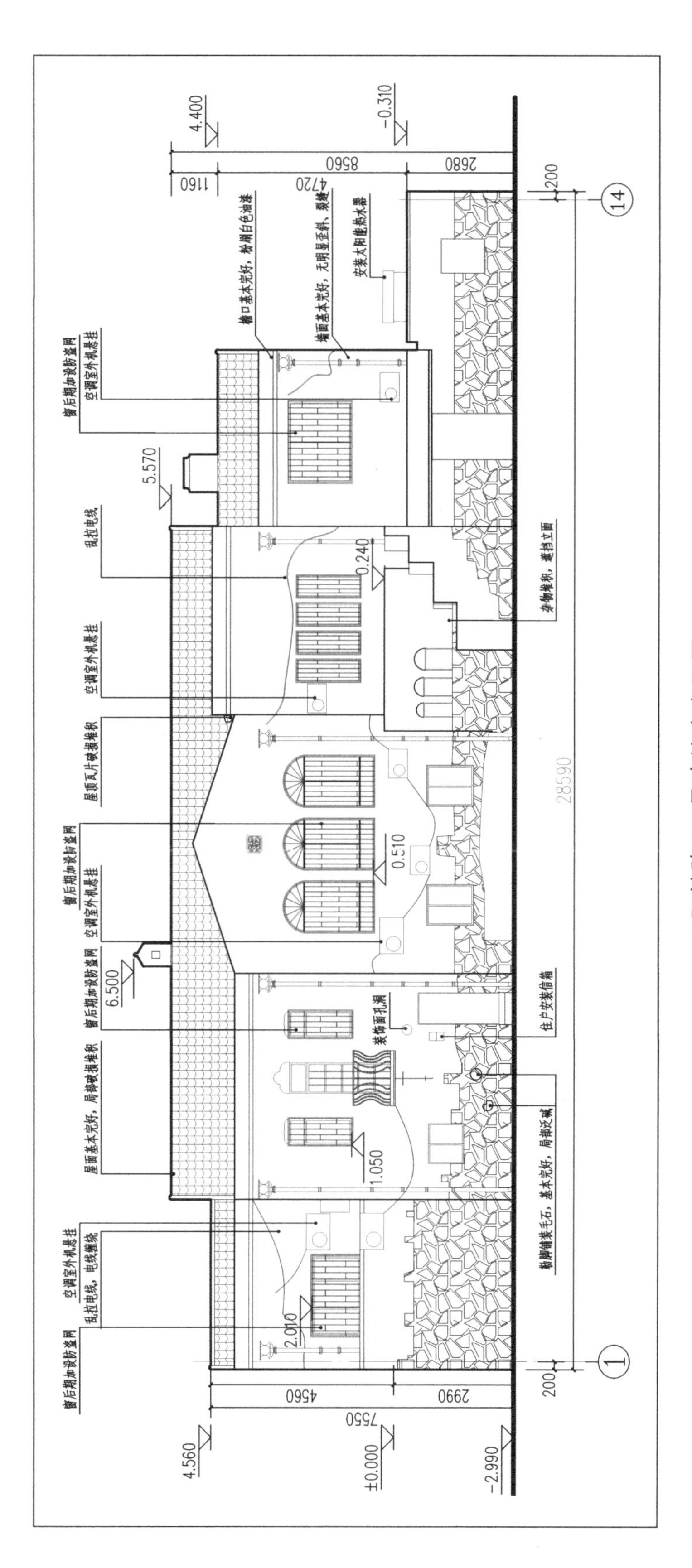

正阳关路21号建筑南立面图

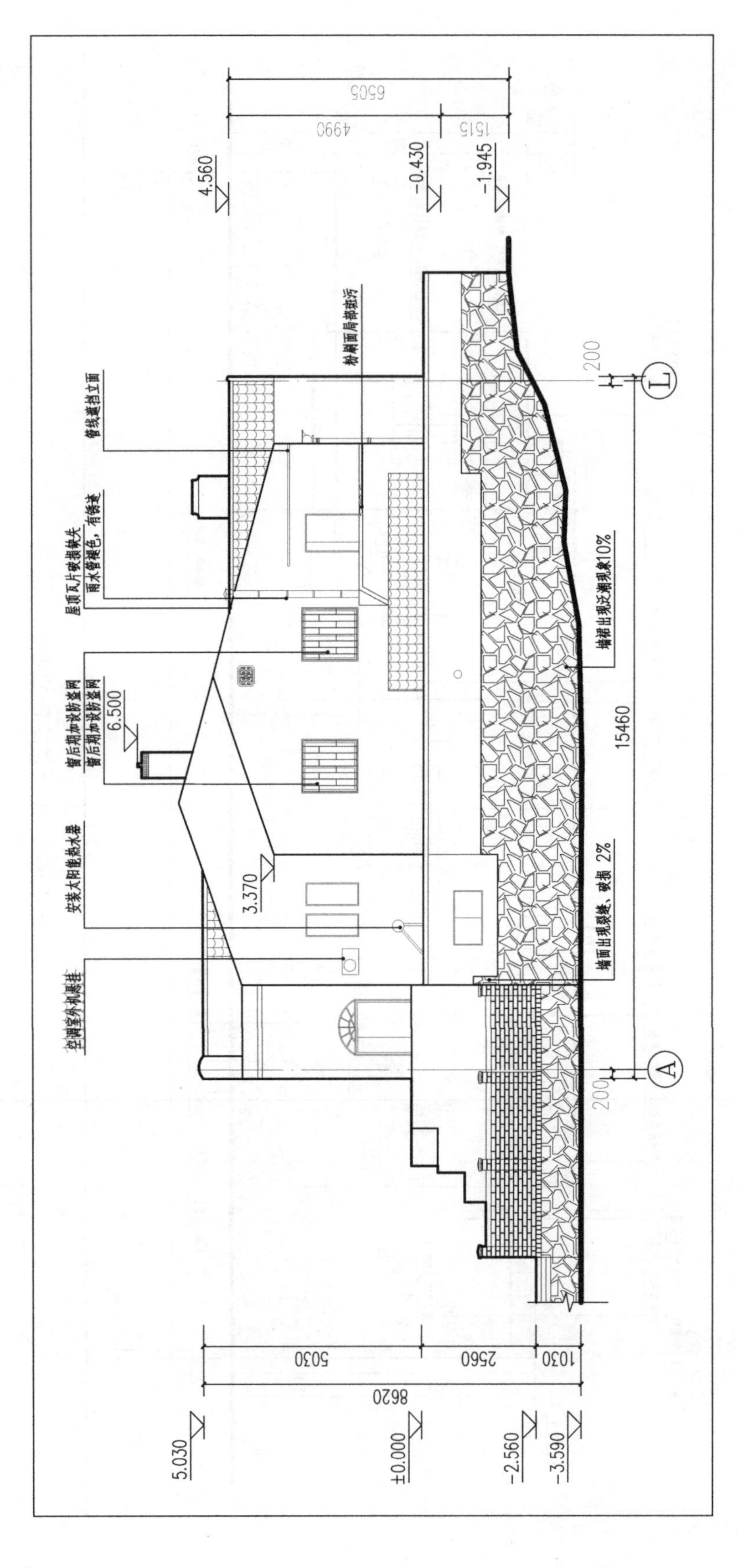

正阳关路21号建筑北立面图

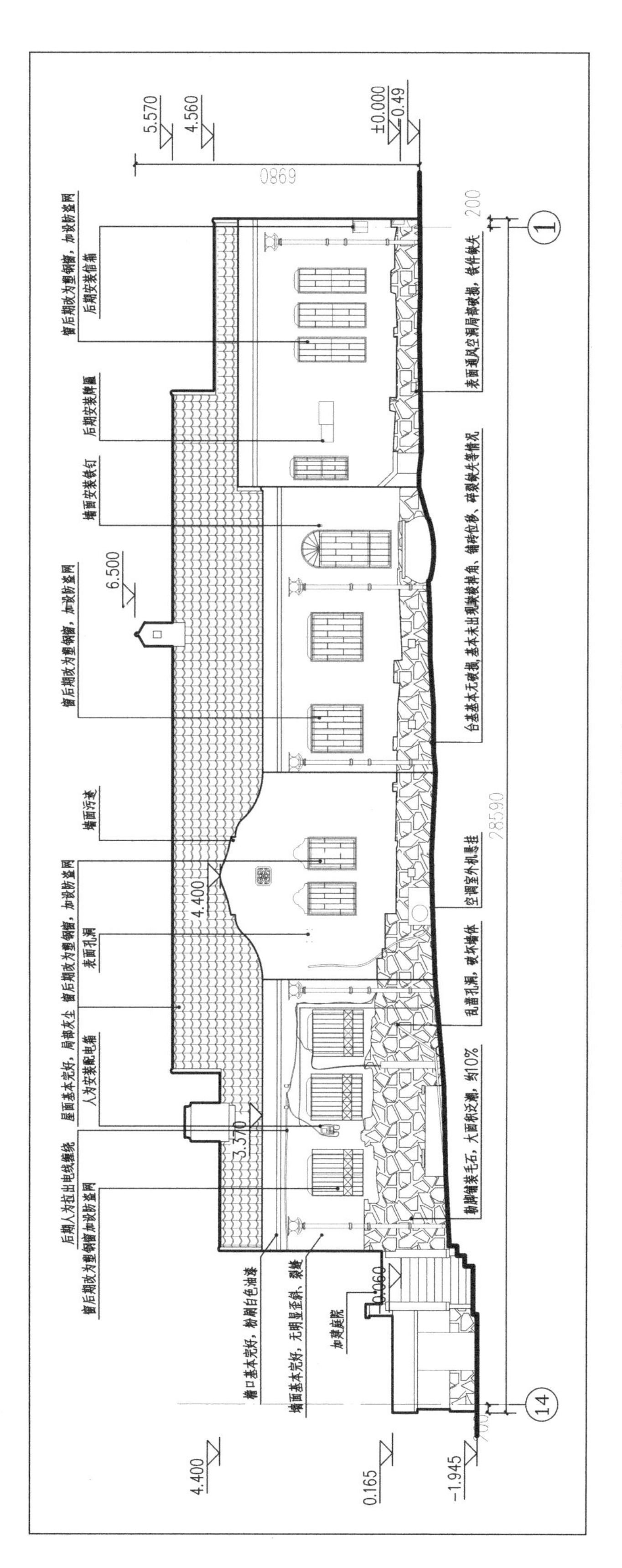

正阳关路 21 号建筑东立面图

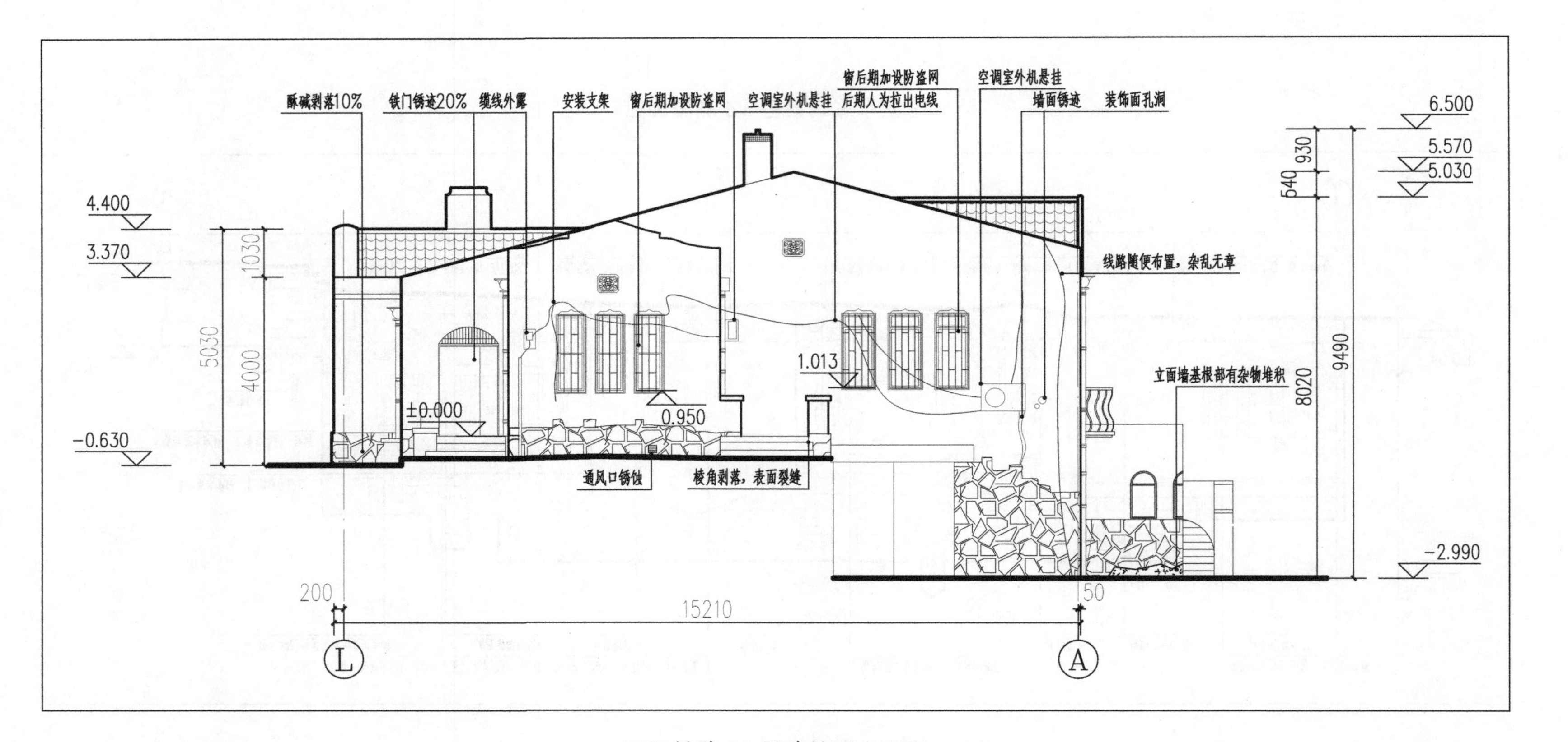

正阳关路 21 号建筑西立面图

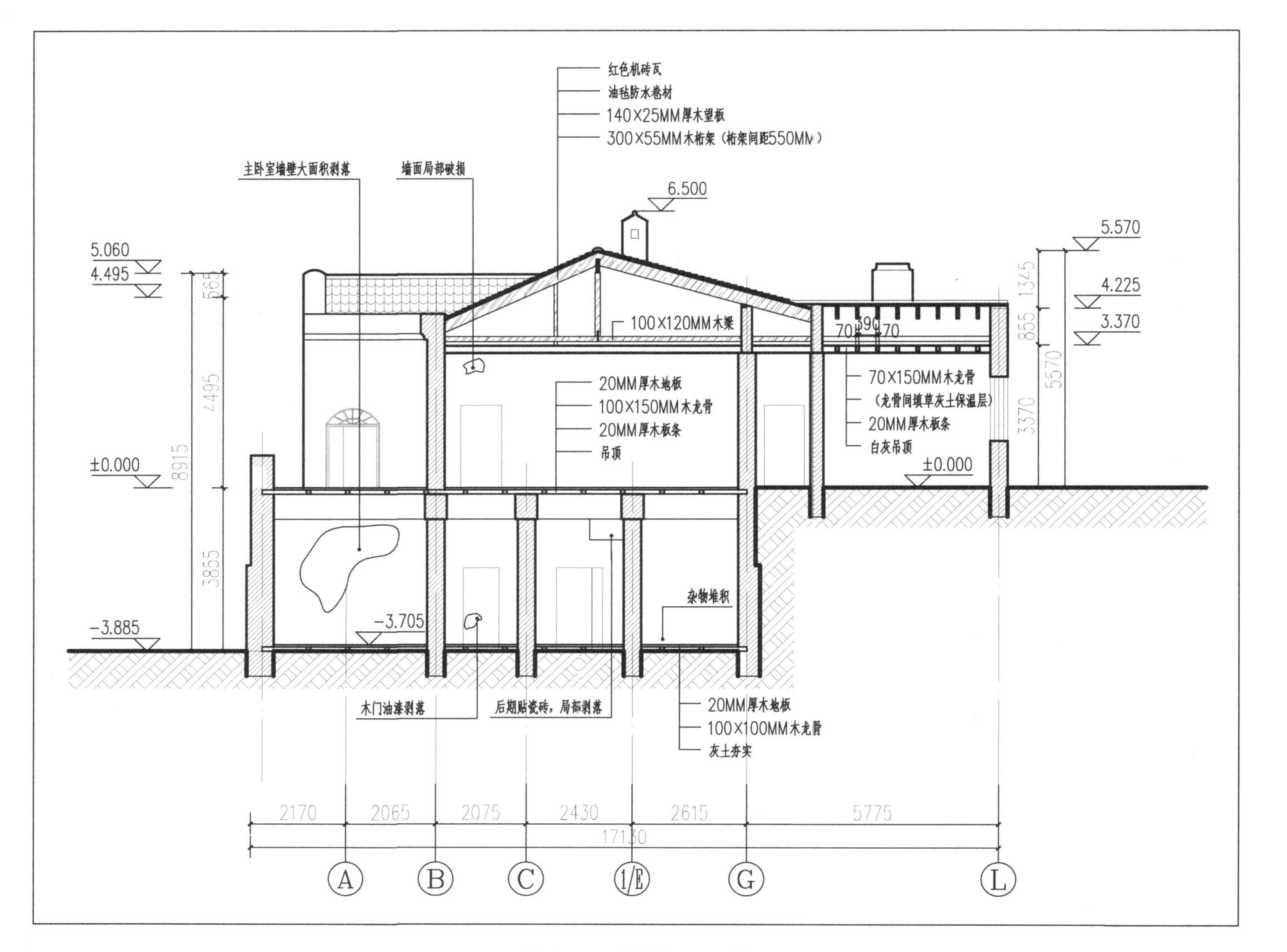

正阳关路 21 号建筑 1-1 剖面图

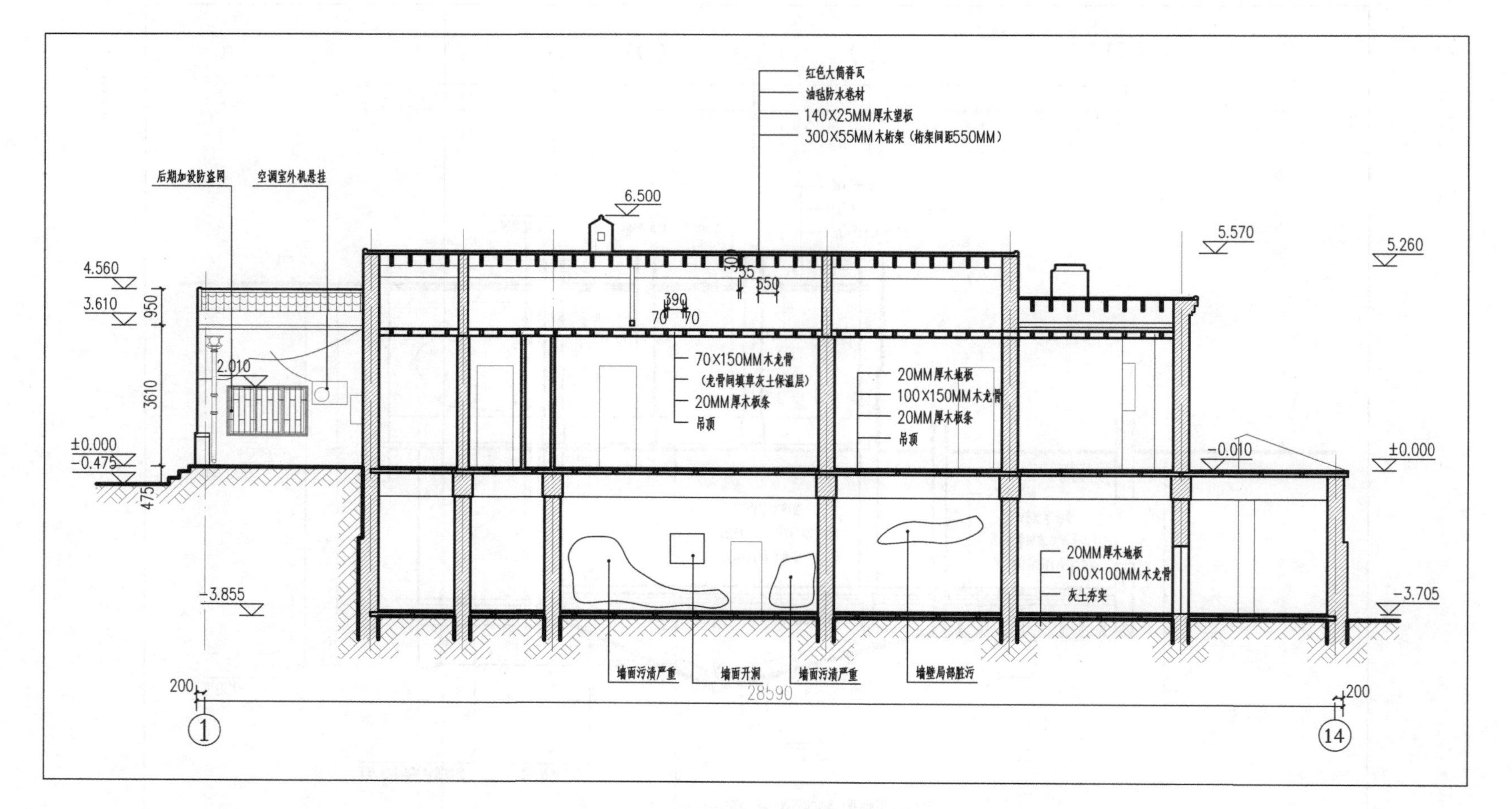

正阳关路 21 号建筑 2-2 剖面图

七、韶关路 24 号建筑

建筑名称：韶关路 24 号

建筑年代：1949 年

建筑现状：建筑为砖木结构，四坡屋面，地上两层（二层有自建阁楼），采用石、砖、木、陶瓦等建筑材料建造，室内有木质地板，建筑面积 510 平方米。

保护范围：建筑及其院落均位于八大关文物保护规划所规定的重点保护范围区域内。

建设控制地带：建筑及周围环境均位于八大关文物保护规划所规定的重点保护范围区域内。

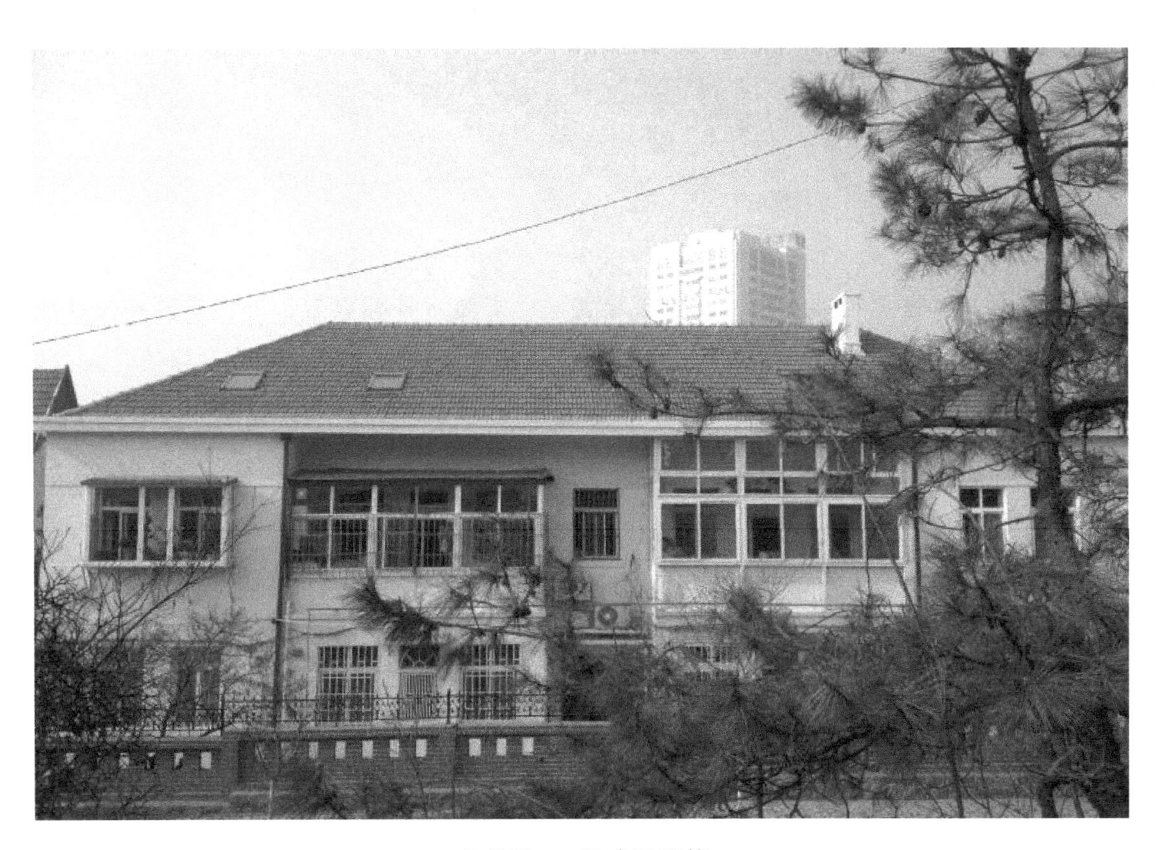

韶关路 24 号建筑现状

（一）建筑残损现状

1. 台基及入口台阶

（1）台基

残损现状：台基总体保存良好，有明显整修维护痕迹。局部存在锈迹。西立面和南立面台基原有通风孔洞或加塑钢窗，或以砖石堵死。东立面台基由于各家增加对外独立出口开门，该侧台基已经不连续，个别部位增加了水泥墩或台阶。

残损类型：缺失、改建加建。

残损原因：人为改造。

（2）台阶

残损现状：主入口台阶部分破损、沉降、凹陷。

残损类型：磨损。

残损原因：年久失修，人为不当使用。

2. 外立面

（1）南立面

残损现状：墙面加铺管线，开洞现象普遍；安装室外晾衣架；外挂空调和拉扯线路凌乱；保留的原有木窗自然沉降、窗棂风化、油漆剥落现象严重。

残损类型：管线孔洞、构件破损、油漆剥落。

残损原因：人为改造、年久失修、自然风化、雨水侵蚀。

（2）东立面

残损现状：墙面加铺管线，开洞现象普遍；住户添加金属针防盗管；部分墙皮脱落；外挂空调和拉扯线路凌乱；保留的原有木窗自然沉降、窗棂风化、油漆剥落现象严重；一层增加两户入口，原有窗改成门，二层原有露台人为封堵为室内阳台、二层窗台外伸且加建外窗突出立面；北侧加建房屋和铁栅栏；部分墙面存在锈迹。

残损类型：管线孔洞、构件破损、油漆剥落、锈蚀污渍、改建加建。

残损原因：人为改造、年久失修、自然风化、雨水侵蚀。

（3）北立面

残损现状：一层加建房屋，二层加建露台。

残损类型：管线孔洞、改建加建。

残损原因：人为改造。

（4）西立面

残损现状：墙面加铺管线，开洞现象普遍；原室外楼梯人为改造封为室内阳台，原有部分台阶突出墙面。

残损类型：管线孔洞、改建加建。

残损原因：人为改造。

3. 一层

（1）地面

残损现状：木质地板破损、起翘或凹陷，油漆剥落，个别严重部分已出现拳头大小孔洞。

残损类型：构件破损、油漆剥落。

残损原因：年久失修、自然老化。

（2）墙壁

残损现状：部分墙体顺缝开裂，墙皮酥碱起鼓，剥落。个别严重部位发霉变色。山墙透风渗水。

残损类型：构件破损、墙皮剥落、泛黄变暗、墙体霉变、管线孔洞。

残损原因：自然老化、防潮防水保温性能欠缺、人为改造。

（3）天花板

残损现状：部分吊顶墙皮开裂。

残损类型：泛黄变暗、腐变龟裂。

残损原因：自然老化、污染侵蚀、年久失修。

（4）门窗

残损现状：原有木窗自然沉降、窗棂风化、油漆剥落现象严重，无法正常开启。

残损类型：构件破损、油漆剥落、自然沉降。

残损原因：年久失修、自然风化、雨水侵蚀。

（5）装修

残损现状：部分木装修裂纹、脱漆。

残损类型：构件裂缝、缺失、磨损。

残损原因：年久失修，污染侵蚀，人为不当使用。

（6）其他

残损现状：隔音保温效果差，加建房屋。

残损类型：构件老化、改建加建。

残损原因：自然老化、防潮防水保温性能欠缺、人为改造。

4. 二层

（1）地面

残损现状：木质地板破损、起翘或凹陷，油漆剥落，个别严重部分已出现拳头大小孔洞。

残损类型：构件破损、油漆剥落。

残损原因：年久失修、自然老化。

（2）墙壁

残损现状：部分墙体顺缝开裂，墙皮酥碱起鼓，剥落。个别严重部位发霉变色。山墙透风渗水。

残损类型：构件破损、墙皮剥落、泛黄变暗、墙体霉变、管线孔洞。

残损原因：自然老化、防潮防水保温性能欠缺、人为改造。

（3）天花板

残损现状：部分吊顶墙皮开裂。

残损类型：泛黄变暗、腐变龟裂。

残损原因：自然老化、污染侵蚀、年久失修。

（4）门窗

残损现状：原有木窗自然沉降、窗棂风化、油漆剥落现象严重，无法正常开启。

残损类型：构件破损、油漆剥落、自然沉降。

残损原因：年久失修、自然风化、雨水侵蚀。

（5）装修

残损现状：部分木装修裂纹、脱漆。

残损类型：构件裂缝、缺失、磨损。

残损原因：年久失修，污染侵蚀，人为不当使用。

（6）其他

残损现状：隔音保温效果差，加建房屋。

残损类型：构件老化、改建加建。

残损原因：自然老化、防潮防水保温性能欠缺、人为改造。

5. 楼梯间

（1）地面

残损现状：部分水泥层脱落、地面斑驳，不平整。

残损类型：磨损、棱角破损。

残损原因：年久失修、人为使用不当、雨水侵蚀。

（2）墙壁

残损现状：顺缝开裂、部分墙皮脱落；管线孔洞多，线缆混杂外露。

残损类型：管线孔洞、构件破损、墙皮剥落、泛黄变暗。

残损原因：人为改造、年久失修、自然风化。

（3）天花板

残损现状：顺缝开裂、龟裂剥落、泛黄变暗。

残损类型：泛黄变暗、腐变龟裂。

残损原因：年久失修、自然风化、水汽侵蚀。

（4）门窗

残损现状：一层原有木门出现风化松动、油漆剥落、裂缝，自然沉降现象严重，无法正常全部开启。二层木质窗台裂缝、风化、油漆剥落现象严重。

残损类型：构件破损、油漆剥落、棱角破损。

残损原因：年久失修、自然风化、雨水侵蚀、自然沉降。

（5）踏步

残损现状：踏步松动、噪声过大、棱角磨损。

残损类型：构件破损、棱角破损。

残损原因：年久失修、自然风化。

（6）装修

残损现状：部分木质楼梯扶手和踢脚线处出现顺缝开裂、龟裂剥落，二层楼梯间格栅门部分油漆剥落。

残损类型：构件破损、油漆剥落、棱角破损。

残损原因：年久失修、自然风化。

6. 屋顶

（1）屋面砖瓦

残损现状：屋面现状良好，瓦片整齐，原有多坡屋顶改为四坡屋顶，屋顶加开窗户，西立面和南立面装有太阳能热水器。

残损类型：改建加建。

残损原因：人为改造。

（2）装修

残损现状：现仅存北侧一个烟囱。

残损类型：构建缺失、改建加建。

残损原因：人为改造。

（二）建筑现状残损照片

住户自建单独出入口，加建台阶

单元门入口处台阶出现破损和凹陷

墙面加铺管线，开洞现象普遍

住户添加金属针防盗管

104 户外墙部分墙皮脱落

单元门处空调外挂机和拉扯线路凌乱

原有木窗自然沉降、窗棂风化、油漆剥落现象严重

二层（201 户）窗台外伸且加建外窗突出立面

二层（201户）原有露台人为封堵为室内阳台

一层（101户）自建独立出入口，将原有室外平台封堵为室内空间

将原有室外平台封堵为室内空间

一层（104户）加建房屋

一层（104户）将原有窗改成门

墙体锈迹

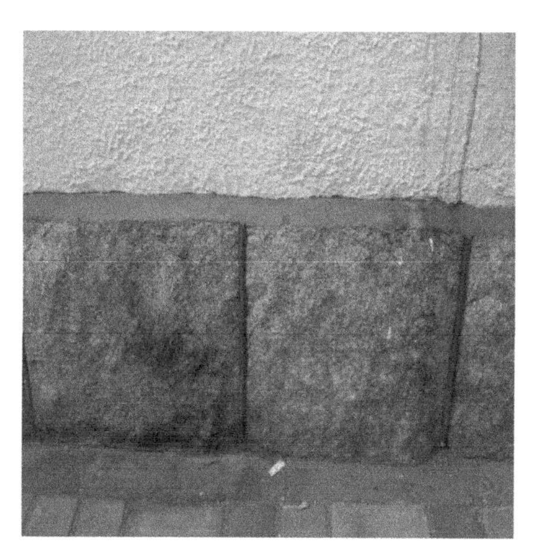

台基锈迹

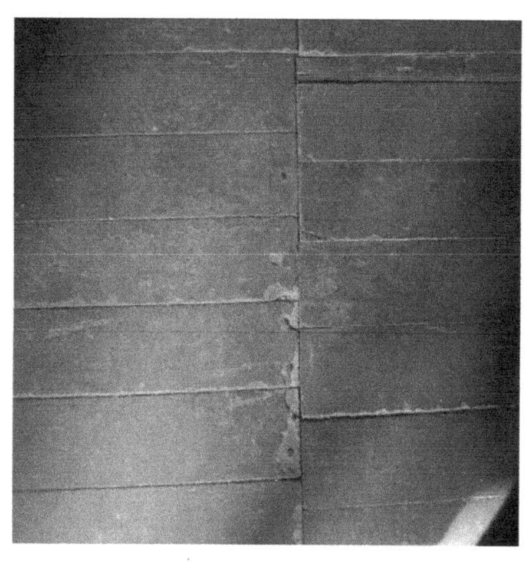

101–1 卧室 1（兼起居室）木质地板破损、起翘或凹陷，油漆剥落

101–3 过厅木质地板破损、起翘或凹陷，油漆剥落

101–3 房间（过厅）顶棚抹灰开裂

101–4 房间（主卧室）原有木窗自然沉降、窗棂风化、油漆剥落现象严重

101–4 房间（主卧室）墙体发霉变色

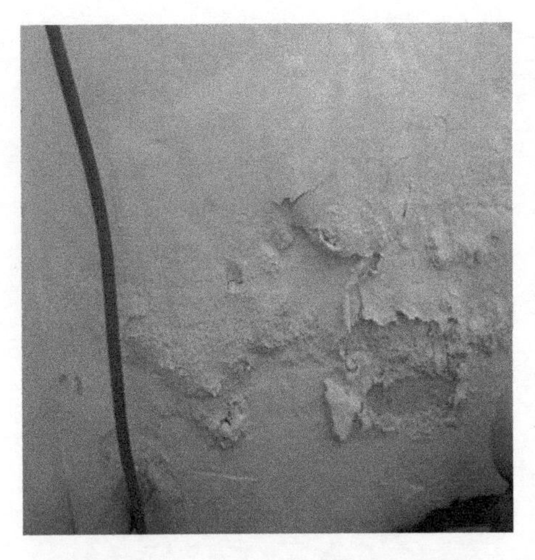

101-4 房间（主卧室）墙皮酥碱起鼓，剥落

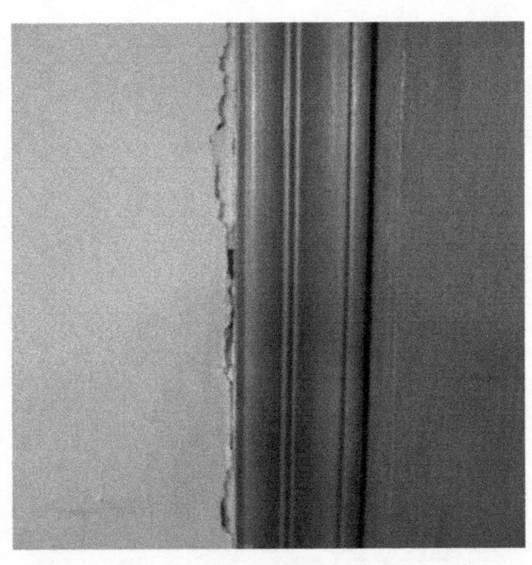

101-4 房间（主卧室）墙体与门框交接处顺缝开裂

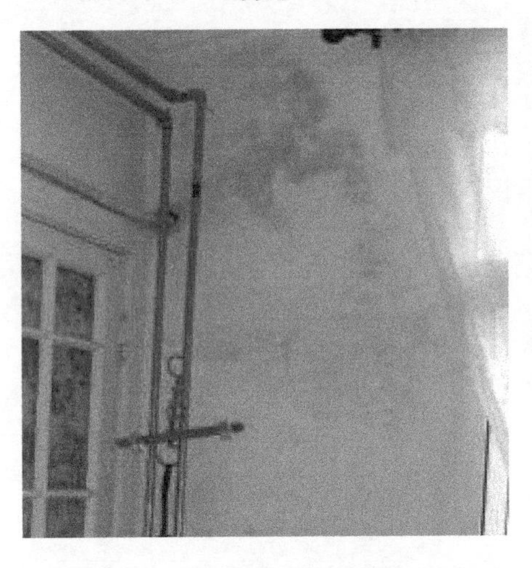

102-3 房间墙体发霉变色

104-2 房间（加建房屋）吊顶局部有裂缝

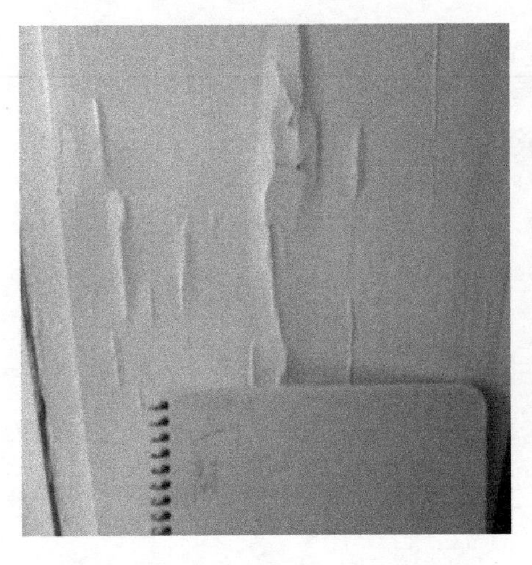

104-3 房间（厨房）门洞油漆部分剥落

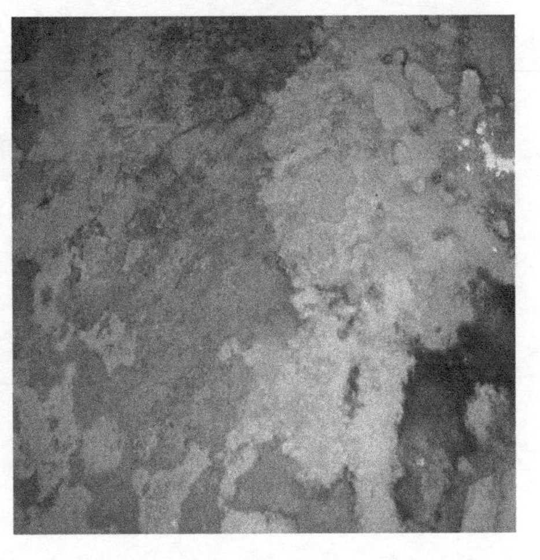

楼梯间水泥层脱落、地面斑驳，不平整

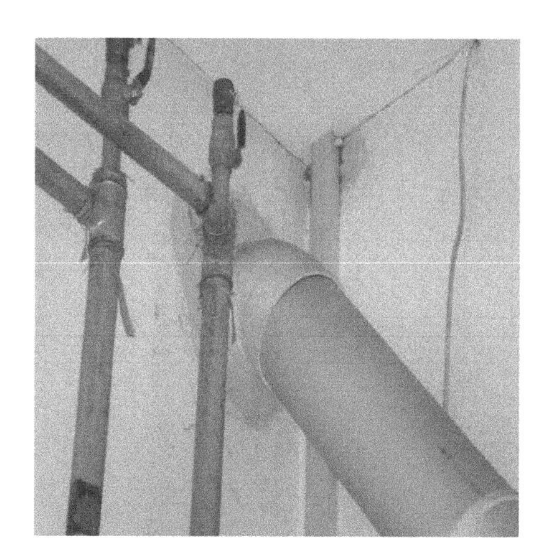

楼梯间管线孔洞多，线缆混杂外露

楼梯间一层原有木门破损，无法正常全部开启

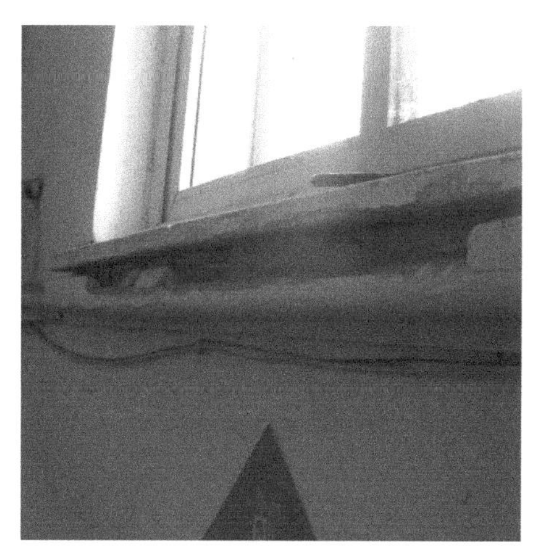

楼梯间二层木质窗台裂缝、风化、油漆剥落现象严重。

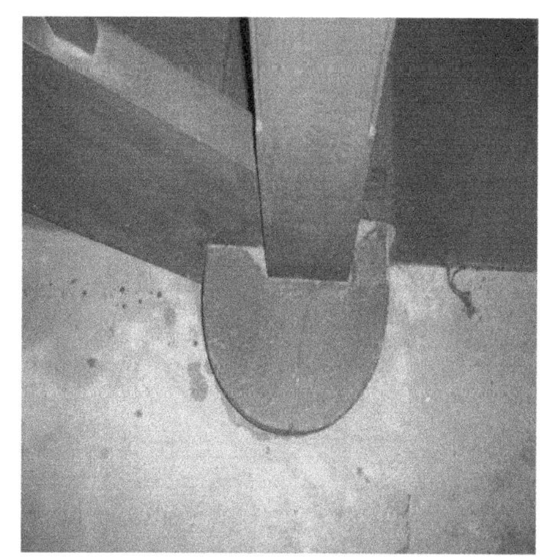

楼梯间木制楼梯扶手出现顺缝开裂、龟裂剥落

（三）现状勘测图纸

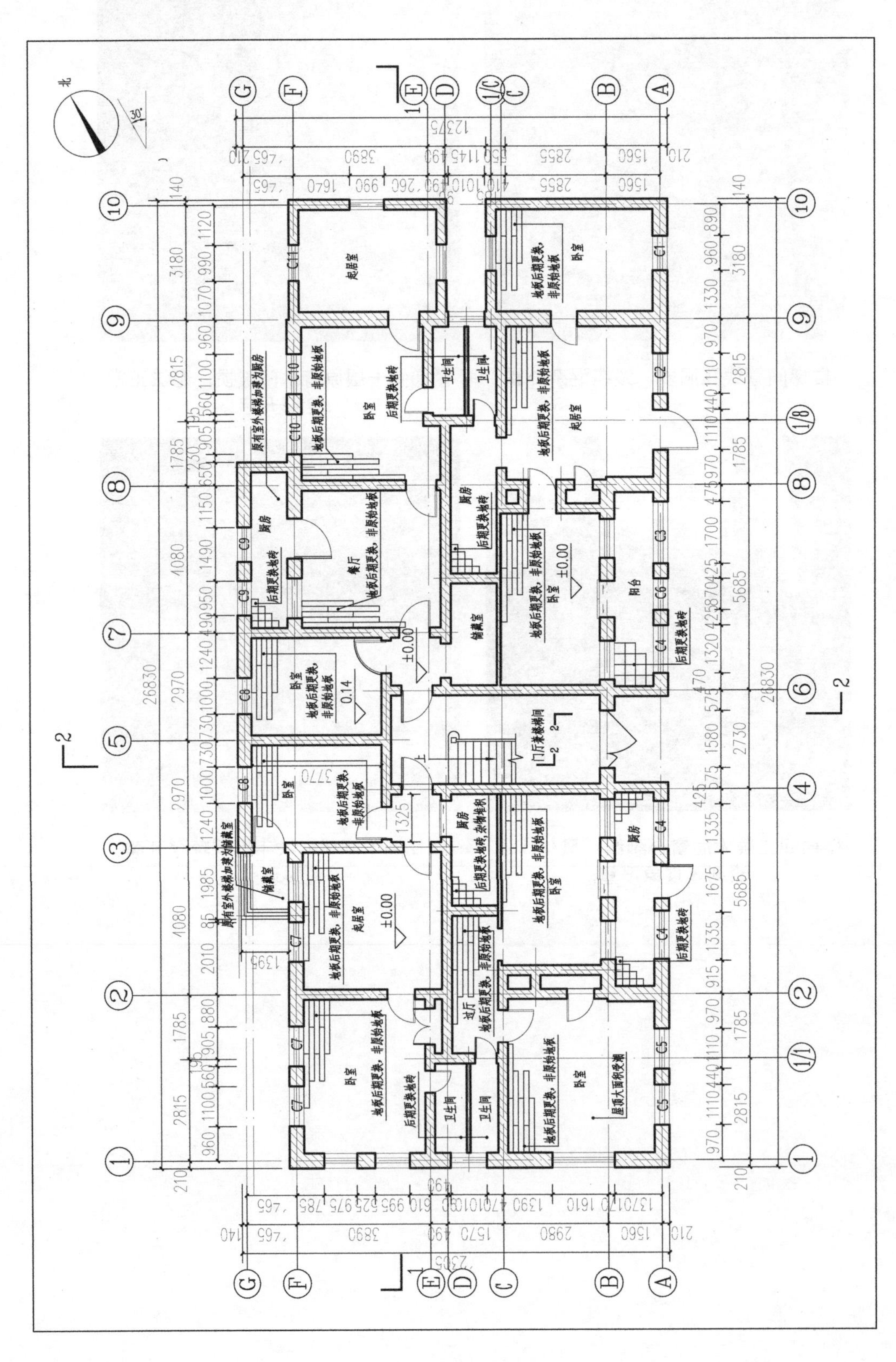

韶关路 24 号建筑首层平面图

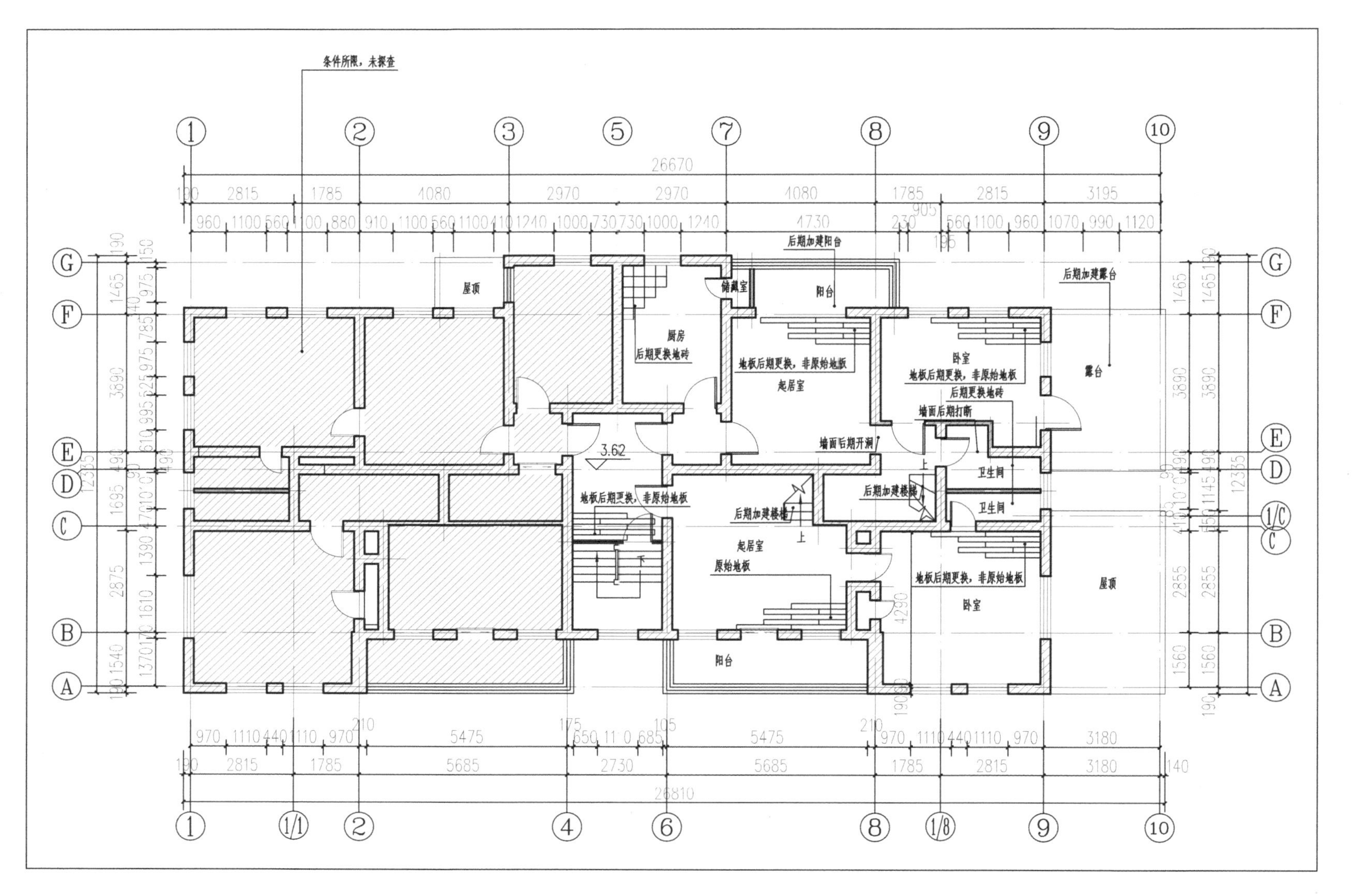

韶关路 24 号建筑二层平面图

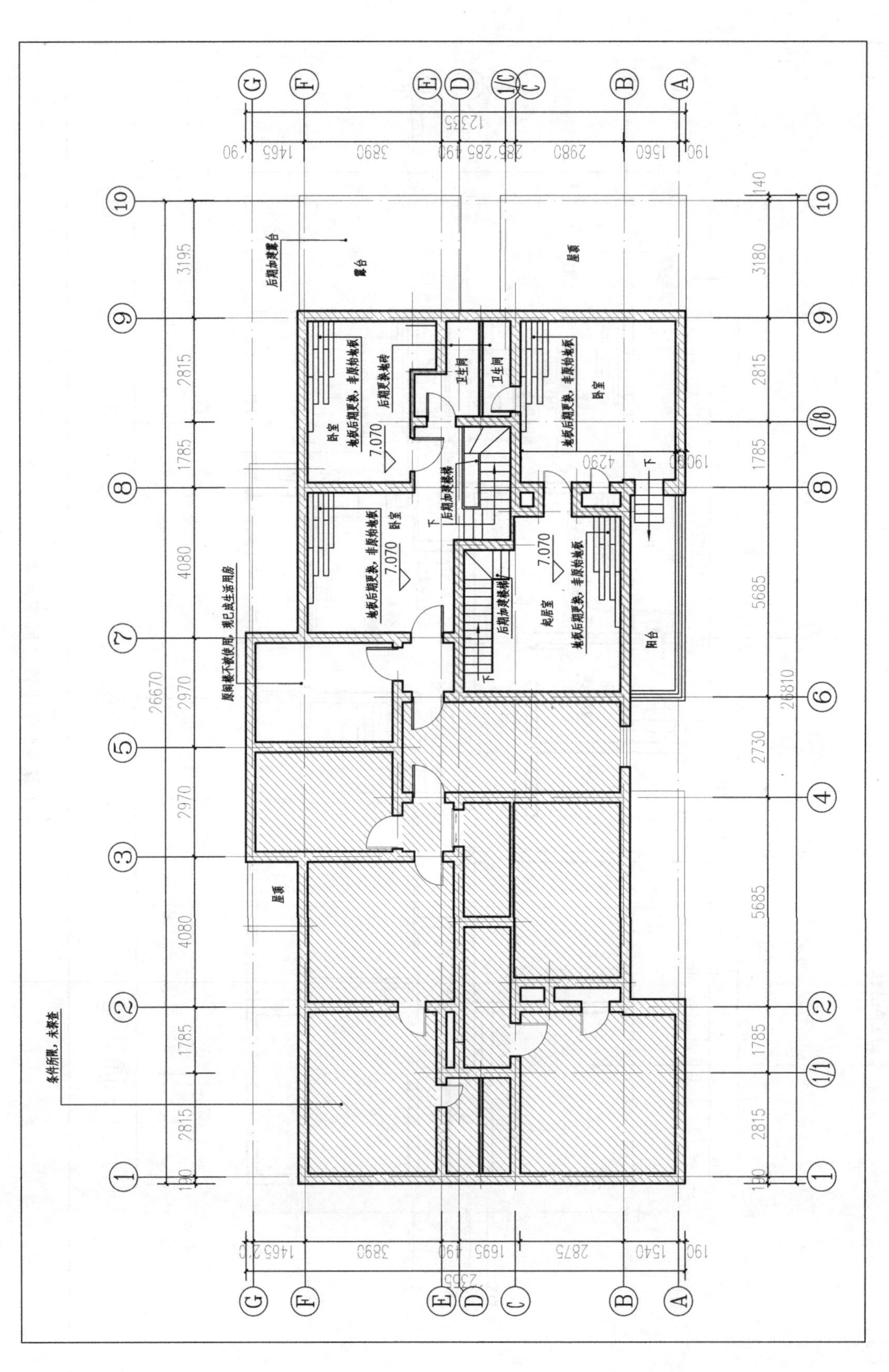

韶关路 24 号建筑阁楼平面图

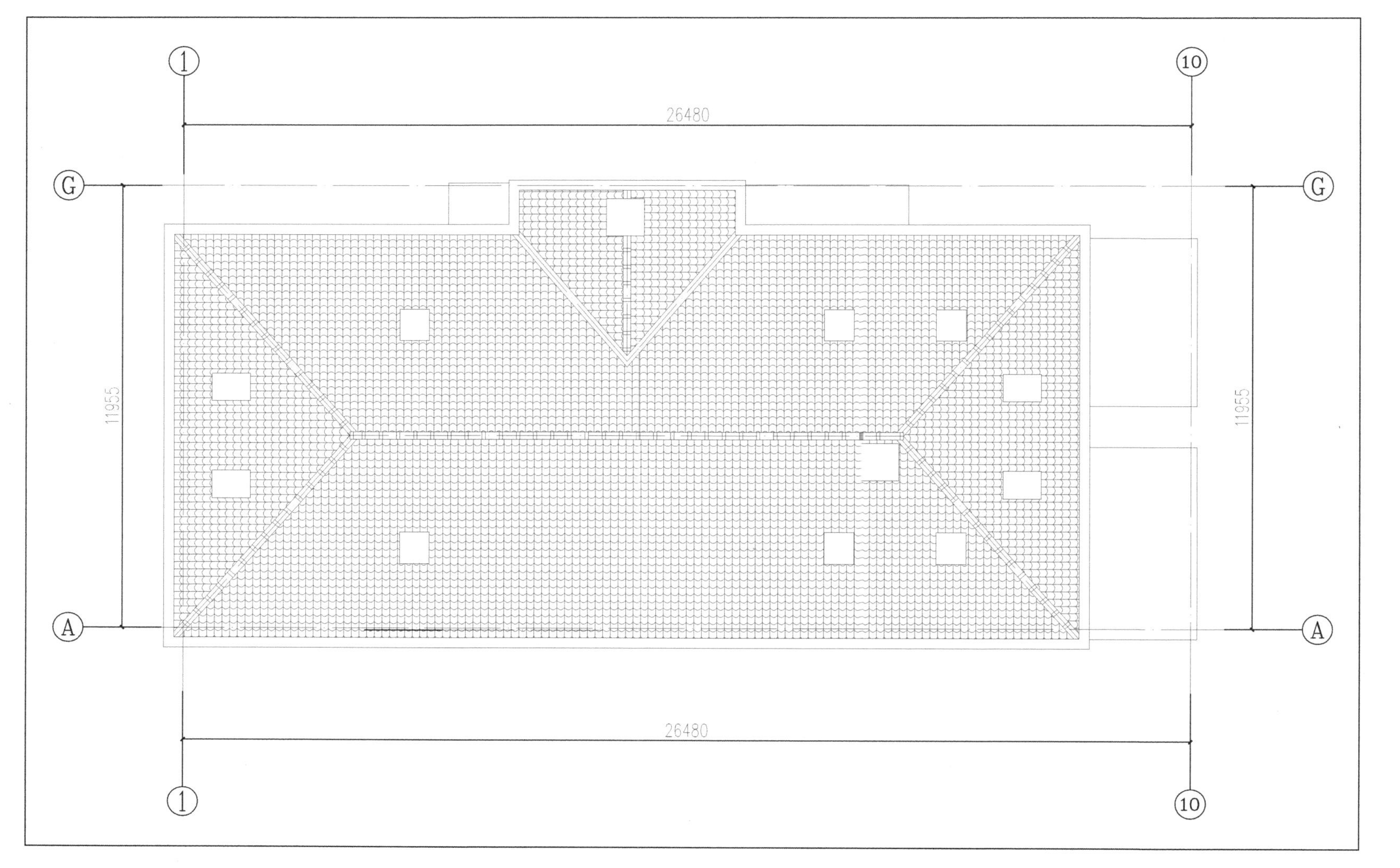

韶关路 24 号建筑屋顶平面图

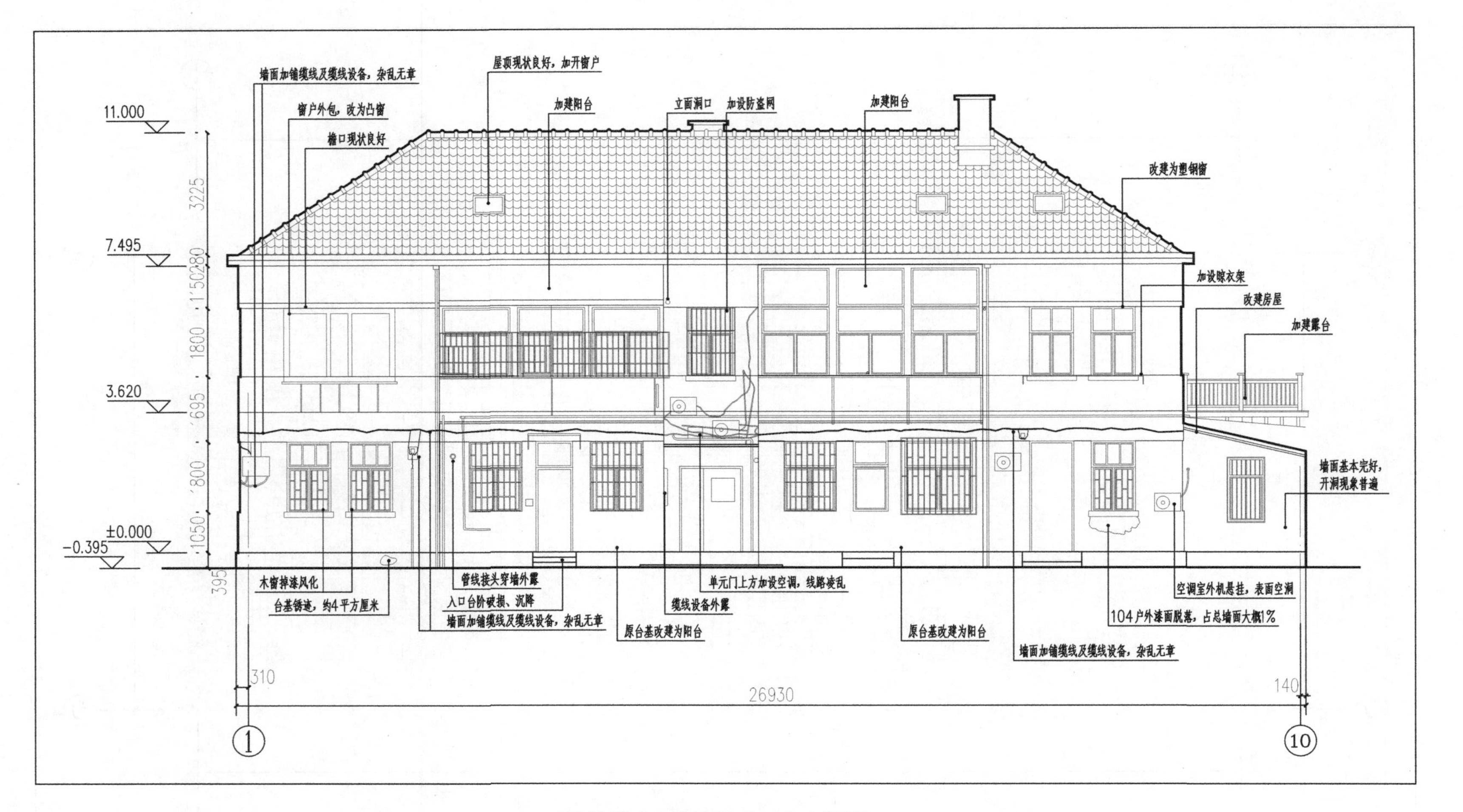

韶关路24号建筑 1-10 立面图

韶关路 24 号建筑 10-1 立面图

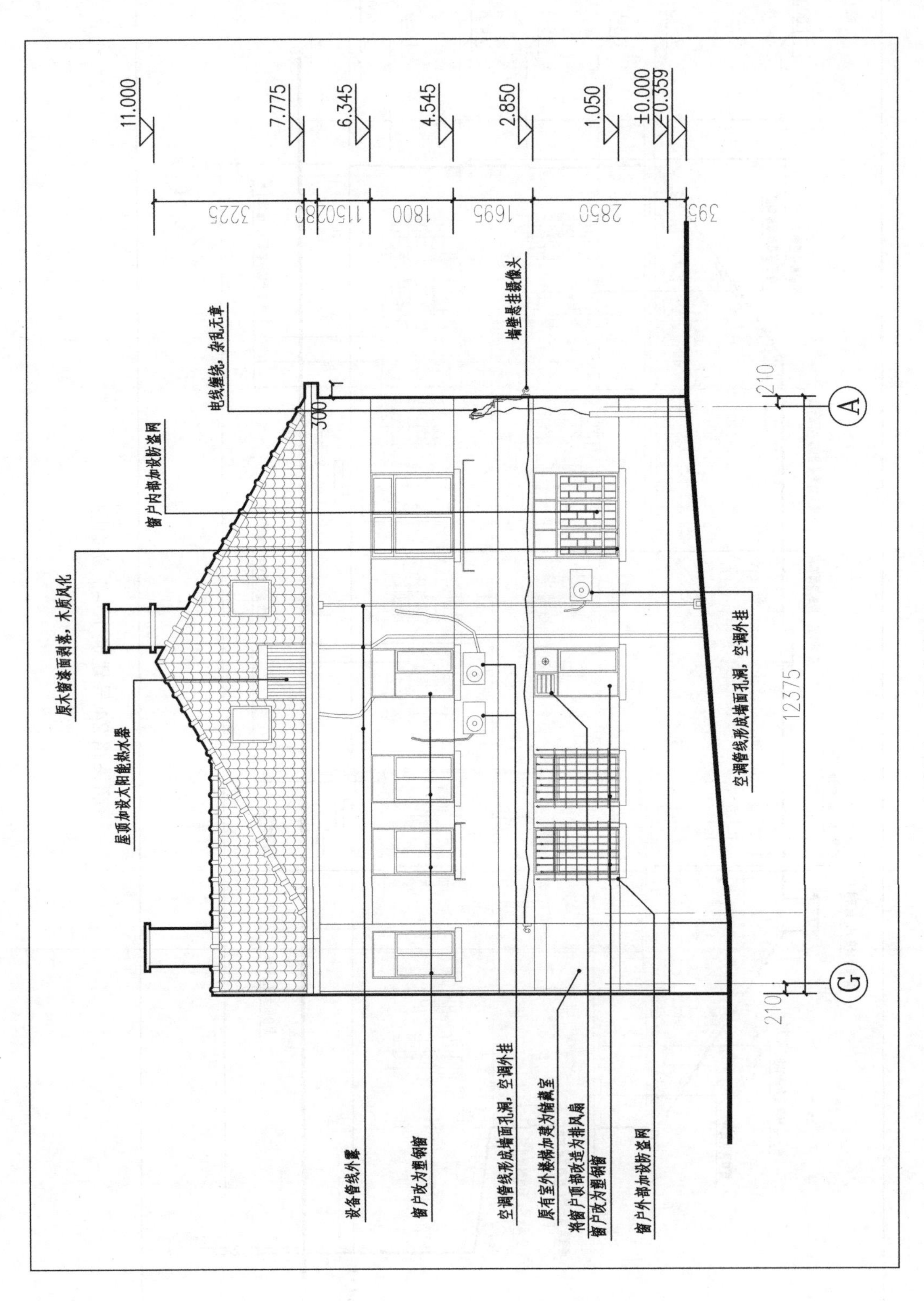

韶关路 24 号建筑 G–A 立面图

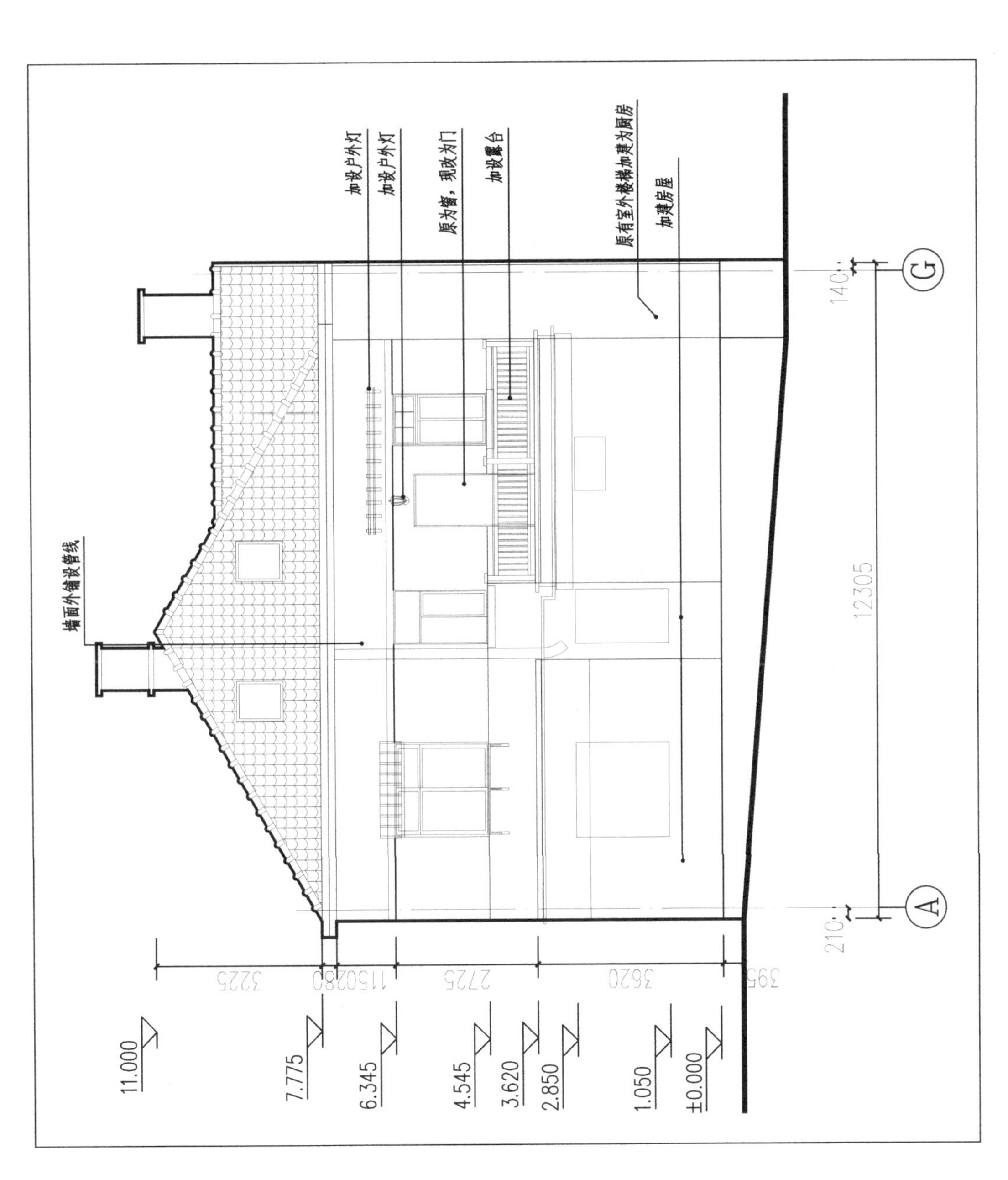

韶关路 24 号建筑 A-G 立面图

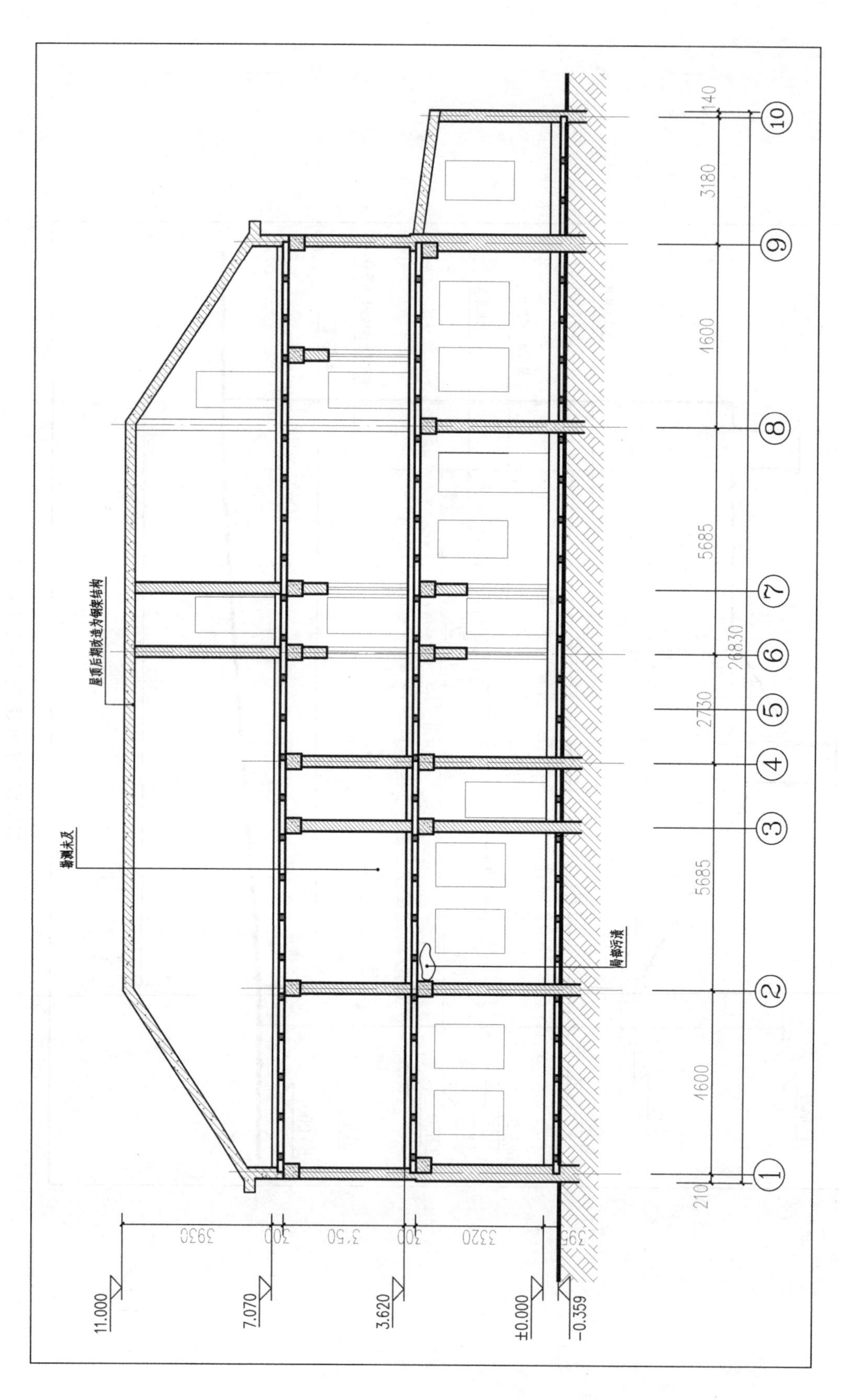

韶关路 24 号建筑 1-1 剖面图

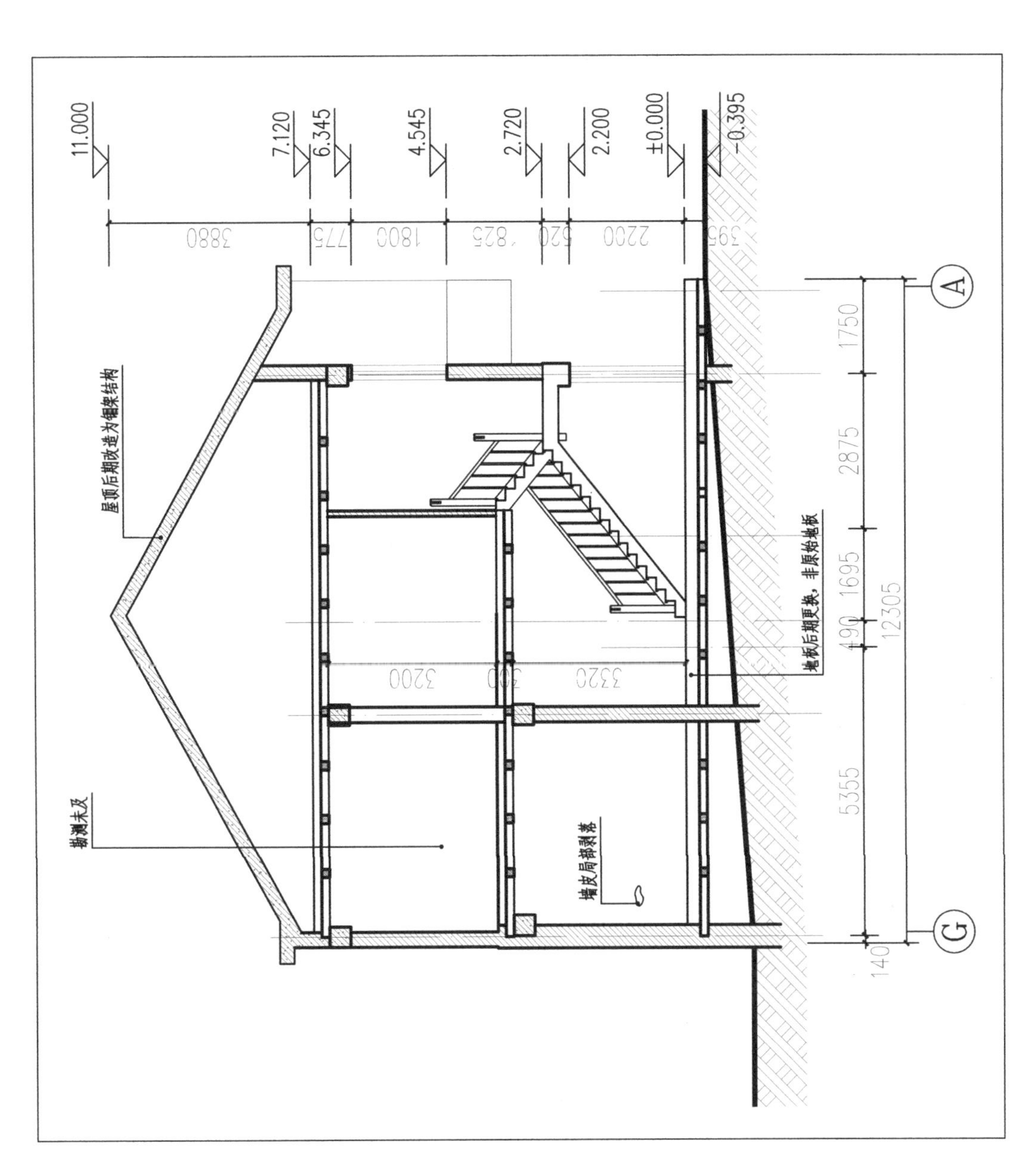

韶关路 24 号建筑 2-2 剖面图

八、荣成路 23 号建筑

建筑名称：荣成路 23 号

建筑年代：1949 年

建筑现状：建筑为砖木结构，多坡屋面，地上两层及阁楼，采用石、砖、木、陶瓦等建筑材料建造，室内有木质地板，建筑面积 722 平方米。

保护范围：建筑及其院落均位于八大关文物保护规划所规定的重点保护范围区域内。

建设控制地带：建筑及周围环境均位于八大关文物保护规划所规定的重点保护范围区域内。

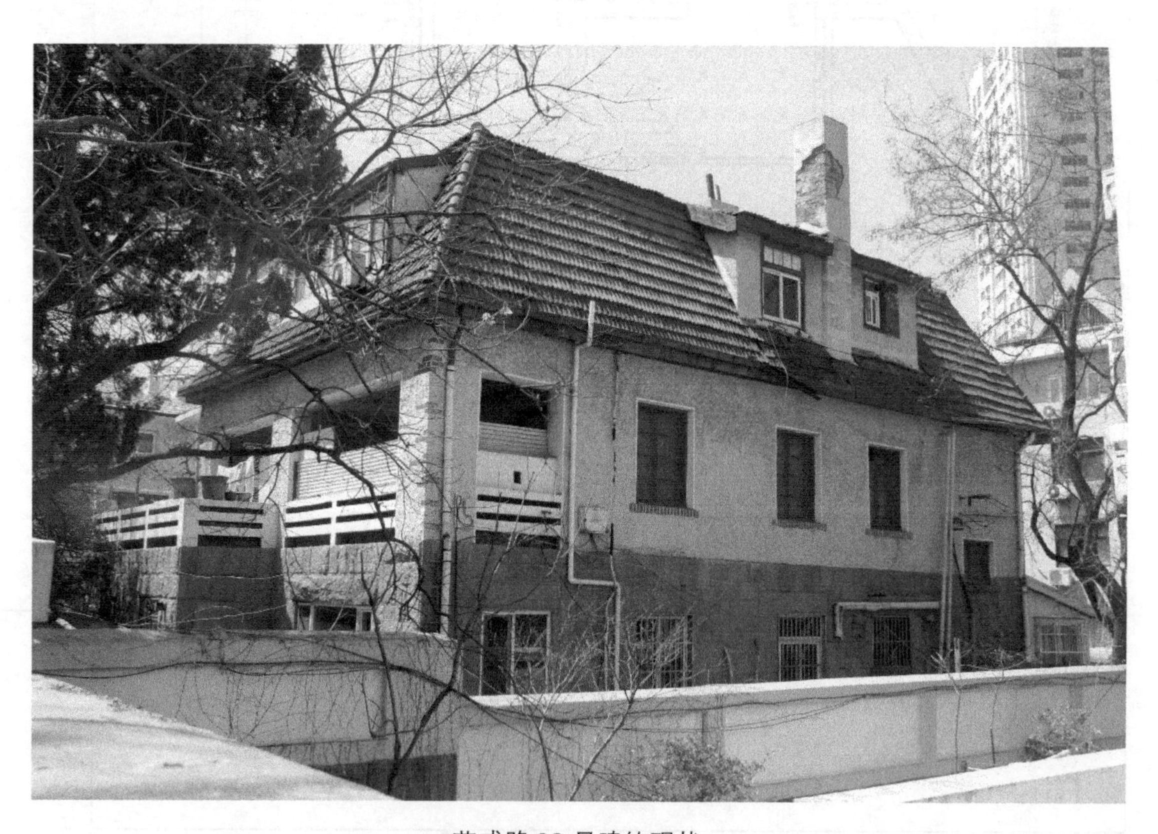

荣成路 23 号建筑现状

（一）建筑残损现状

1. 台基及入口台阶

残损现状：西侧台阶普遍存在踏面石表面磨损、污染、风化现象；台阶西侧挡风墙局部风化；条石踏步轻微污染、磨损 40%、缺失 10%。东侧台阶表面磨损 10%、污染，后期水泥抹护。

残损类型：磨损、污渍。

残损原因：自然因素、自然老化。

2. 外立面

（1）南立面

残损现状：墙体整体完好，局部轻微裂缝，西侧露台有歪闪现象，且墙面粉刷层有脱落；立面墙体上后期加建的铁件、空调室外机等设施污染墙面，产生锈斑。管线杂乱及后期设备安装产生的孔洞较多。原时期雨水管变形、锈蚀漆皮脱落 80%，且均增接 PVC 雨水管；立面窗后期改造，增设铁防护栏、防护罩等防盗设施。立面东侧加建两处一层房屋，杂乱。

残损类型：污渍、裂缝、锈蚀、人为孔洞、加建。

残损原因：年久失修，自然风化，雨水侵蚀，人为不当使用。

（2）东立面

残损现状：墙面整体完好，墙体无明显歪闪、裂缝。墙面粉刷层局部有污渍、变暗、轻微裂缝。东立面现有露台、游廊被封堵。游廊表面风化酥碱 10% ；立面墙体上后期加建的铁件、空调室外机等设施污染墙面，产生锈斑。管线杂乱及后期设备安装产生的孔洞较多。原有雨水槽弯曲变形、锈蚀漆皮脱落 60%。

残损类型：污斑、裂缝、加建。

残损原因：年久失修，自然风化，雨水侵蚀。

（3）北立面

残损现状：墙面整体完好，墙体无明显歪闪、裂缝。一层墙面文化石脱落，且用红砖添堵空隙。立面墙体上后期加建的铁件、空调室外机等设施污染墙面，产生锈斑。立面窗后期改造，增设铁防护栏、防护罩等防盗设施。管线杂乱及后期设备安装产生的孔洞较多。原时期雨水管脱落锈蚀 80%，且均增接 PVC 雨水管；原有雨水槽弯曲变形、锈蚀漆皮脱落60%；通风口破损，通风口处铁件锈蚀、损坏、缺失。地面散水、排水槽破损、局部缺失。立面烟囱抹灰墙皮脱落60%、红砖裸露，局部出现大裂缝；封檐板松动。

残损类型：污渍、裂缝、锈蚀、孔洞、损坏。

残损原因：年久失修，自然风化，雨水侵蚀。

（4）西立面

残损现状：墙面整体完好，墙体无明显歪闪、裂缝。墙面粉刷层有污渍，变暗。石材污染严重，抹灰脱落；立面墙体上后期加建的铁件、空调室外机等设施污染墙面，产生锈斑。后期在西北侧加建的一层房屋、封堵二层平台杂乱及在平台上搭建三层小屋；立面墙面设备孔洞、管线繁多、杂乱。通风口破损，通风口处铁件锈蚀、损坏、缺失。

残损类型：污渍、裂缝、锈蚀、孔洞、损坏。

残损原因：年久失修，自然风化，雨水侵蚀，人为不当使用。

3. 一层

（1）地面

残损现状：屋面局部漏雨致使木板椽轻微雨渍糟朽。屋架内部管线杂乱，不符合文保单位建筑防火规范，存在火灾安全隐患。局部木桁架因年久失修，存在轻微歪闪、木构件、顺缝开裂现象。

残损类型：磨损、污渍、棱角磨损、改造。

残损原因：污染侵蚀，人为不当使用。

（2）墙壁

残损现状：墙体有缺损，局部连接松动歪闪、顺缝开裂等；白色涂料墙表面脱落严重。房间墙皮脱落严重，泛潮，局部泛黄变暗。墙体增设管线杂乱、多处管道孔洞，裂缝等。局部改造加建墙体结构。卫生间等房间墙面贴瓷砖。

残损类型：污渍、泛潮、顺缝开裂、管线孔洞、改造。

残损原因：年久失修，污染侵蚀，人为改造。

（3）天花板

残损现状：天花板普遍泛黄变暗。局部材质腐变龟裂、剥落缺失、泛潮等。原造型损坏缺失。后期使用改造，新作部分天花板。增设构建私接管线及设备。部分房间屋顶新作现代吊顶。

残损类型：泛黄变暗、剥落、泛潮、改造。

残损原因：年久失修，污染侵蚀，人为改造，自然老化。

（4）门窗

残损现状：原有入室门油漆褪色、脱落、裂缝，污渍污染，木构件有破损。后期使用门窗更换为现代铝合金及塑钢门、窗或在原有门窗处增设现代门、窗构件。

残损类型：油漆褪色剥落、构件破损、窗口封堵、改造。

残损原因：污染侵蚀，年久失修，人为不当使用。

（5）装修

残损现状：木装修普遍磨损，局部花饰棱角磨损严重、局部缺失等。局部轻微破碎、有裂缝等。后期居民使用改变了部分原有装修风格。原有装修造型局部破损，大部分缺失。

残损类型：油漆褪色、构件裂缝、缺失、磨损、改造。

残损原因：污染侵蚀，自然老化，年久失修，人为不当使用。

（6）其他

残损现状：隔音保温效果差。

残损类型：构件老化、改建加建。

残损原因：自然老化、防潮防水保温性能欠缺。

4. 二层

（1）地面

残损现状：居室、广间原始地板磨损严重，局部地面受污渍污染、油漆褪色、略有磨损，裂缝20%。卫生间、厨房等房间地面改为水磨石地面。卫生间等房间地面层增设市政给排水管网等设备。

残损类型：磨损、污渍、棱角磨损。

残损原因：污染侵蚀，人为不当使用。

（2）墙壁

残损现状：居室、广间等房间墙壁，基本完好，局部出现裂缝。局部造型、板壁连接松动歪闪、顺缝开裂等。白色涂料墙表面基本完好。部分墙皮脱落。卫生间等部分房间墙壁涂刷防水涂料。

残损类型：污渍、顺缝开裂、管线孔洞、改造。

残损原因：年久失修，污染侵蚀，人为改造。

（3）天花板

残损现状：居室、广间等房间天花板造型结构基本完好，部分房间天花板及屋顶松动、剥落30%。楼道、卫生间、居室等铝扣板吊顶为后期改造。

残损类型：泛黄变暗、剥落、改造。

残损原因：年久失修，污染侵蚀，人为改造。

（4）门窗

残损现状：门窗后期粉刷油漆，局部污渍、剥落。大部分门都为原有木门，局部后期更换，修补。

残损类型：油漆褪色、剥落、损坏、改造。

残损原因：污染侵蚀，自然老化，年久失修，人为不当使用。

（5）装修

残损现状：后期使用对部分房间进行了改造，装修风格无存。地板、天花造型门窗结构，现状有存，栗黑色木线条保存完整，但局部有松动脱节现象。

残损类型：油漆褪色、磨损、改造。

残损原因：污染侵蚀，年久失修，人为不当使用。

5. 阁楼

（1）地面

残损现状：现有居室原始地板基本完好，局部地面受污渍污染、油漆褪色、略有磨损，裂缝。卫生间、清洗间等房间地面改为瓷砖地面。楼道走廊及部分房间地面为后期改造木地板。卫生间等房间地面层增设市政给排水管网等设备。

残损类型：油漆褪色、磨损、改造。

残损原因：污染侵蚀，糟朽、年久失修，人为不当使用。

（2）墙壁

残损现状：白色涂料墙表面基本完好，局部出现裂缝。卫生间等部分房间墙壁贴饰瓷砖。

残损类型：污渍、顺缝开裂、管线孔洞、改造。

残损原因：年久失修，污染侵蚀，人为改造。

（3）天花板

残损现状：天花板线板普遍与墙体连接松动，变形脱节严重。

残损类型：顺缝开裂。

残损原因：年久失修，污染侵蚀，人为改造。

（4）门窗

残损现状：门窗后期粉刷油漆，局部污渍、剥落。外墙窗全部后期更换的塑钢门窗。大部分门都为原有木门，局部后期更换，修补。

残损类型：油漆褪色、磨损、改造。

残损原因：年久失修，污染侵蚀，人为改造。

6. 屋顶

（1）屋面砖瓦

残损现状：屋顶挂瓦基本完好，北立面局部瓦件有碎裂、松动严重。屋面转折处均松动脱节，瓦件碎裂位移。部分挂瓦后期临时更换。

残损类型：损坏、松动。

残损原因：年久失修。

（2）屋架

残损现状：屋面局部漏雨致使木板椽轻微雨渍糟朽。屋架内部管线杂乱，不符合文保单位建筑防火规范，存在火灾安全隐患。局部木桁架因年久失修，存在轻微歪闪、木构件、顺缝开裂现象。

残损类型：糟朽、顺缝开裂、管线孔洞、改造。

残损原因：年久失修，污染侵蚀。

（二）建筑现状残损照片

将原有室外平台封堵为室内空间

空调室外机悬挂，管线外露

封檐板松动

原有窗户破损

空调室外机悬挂，管线外露线缆混杂

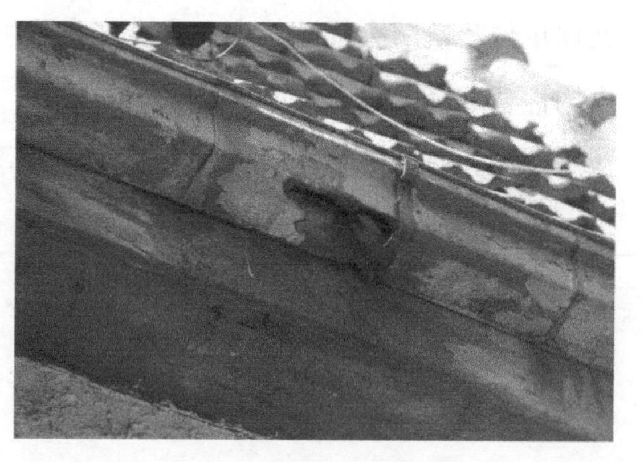

雨水槽锈蚀漆皮脱落

住户后搭建房间

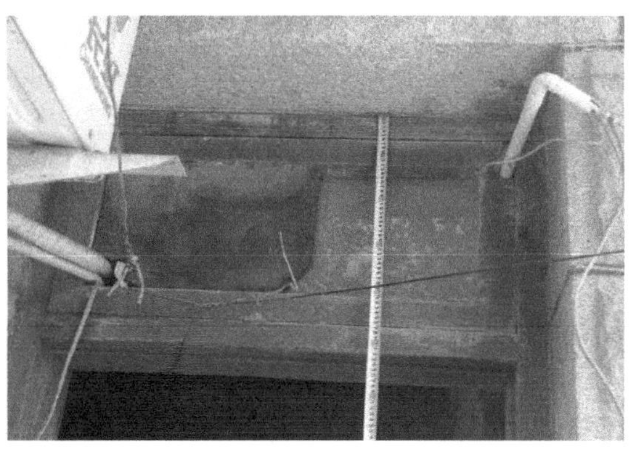

原有玻璃缺失用木板遮挡

后改造的给排水管

雨棚泛潮灰皮脱落

住户后安装的铁艺栏杆

屋顶瓦面松动、脱落

楼梯台阶缺失、污染

游廊栏杆风化酥碱

文化石缺失红砖裸露

后更换现代材料窗及护栏

后改造的给排水管

电线搭建混乱

雨水槽缺失

住户搭建一层房间

空调室外机悬挂，管线外露线缆混杂

雨水槽锈蚀漆皮脱落

墙面污染

屋顶烟囱灰皮脱落

后更换现代材料窗及护栏

封檐板糟朽、缺失

屋面瓦松动、污染、电线杂乱

屋面瓦松动

雨水槽锈蚀漆皮脱落

屋面瓦污染严重

一层入口门玻璃脱落

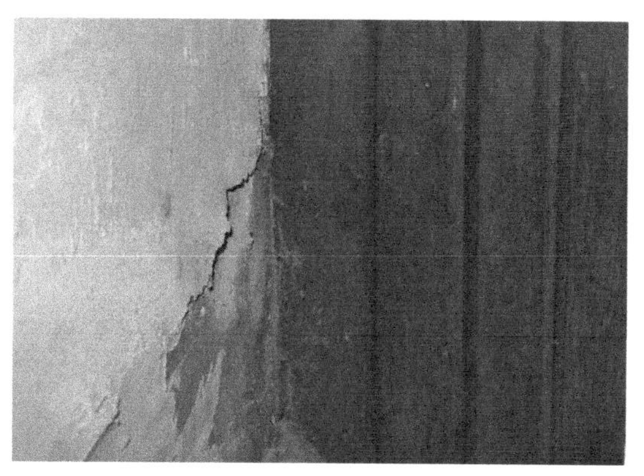

入口墙面酥碱、脱落

一层走廊木门年久不使用

二层东侧漏台顶棚脱落

一层走廊管线锈蚀

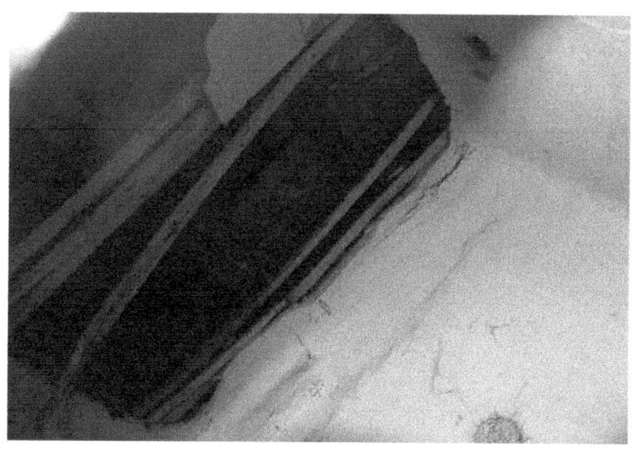

一层走廊顶棚灰皮脱落、木构件外露

一层西侧入户门磨损严重

一层西侧住户墙面泛潮、发黄

一层新加隔断分割为卧室

一层新加隔断分割为卧室

二层楼梯平台水磨石地面裂缝

二层居室天花裂缝、脱落

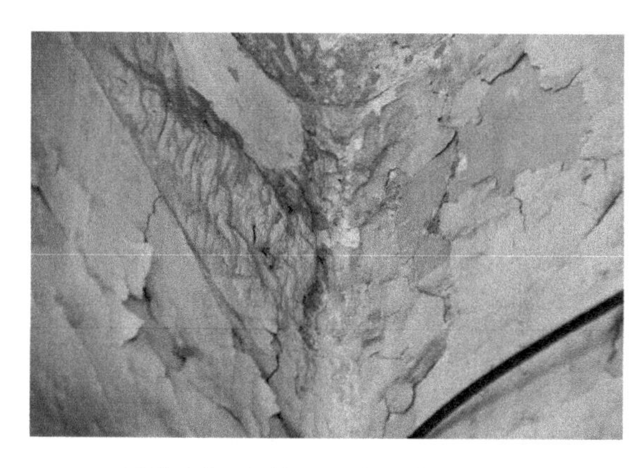

二层东侧漏台墙面泛潮、粉刷层脱落

二层东侧漏台顶棚泛潮、粉刷层脱落

二层居室地板磨损、油漆脱落

二层广间窗框老旧、乱搭管线

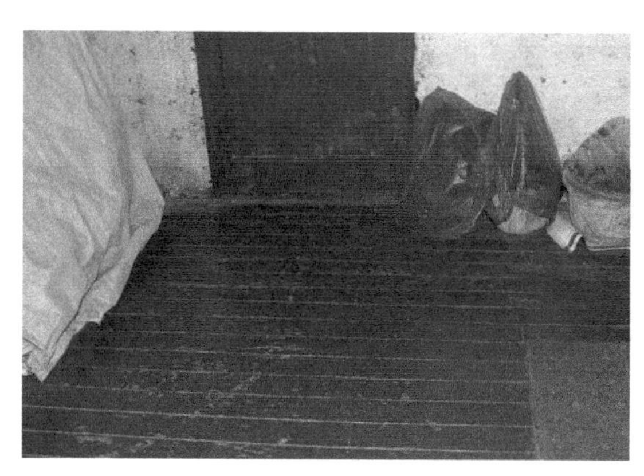

二层广间地板油漆脱落

二层卫生间墙角开裂

二层楼梯间地板油漆脱落

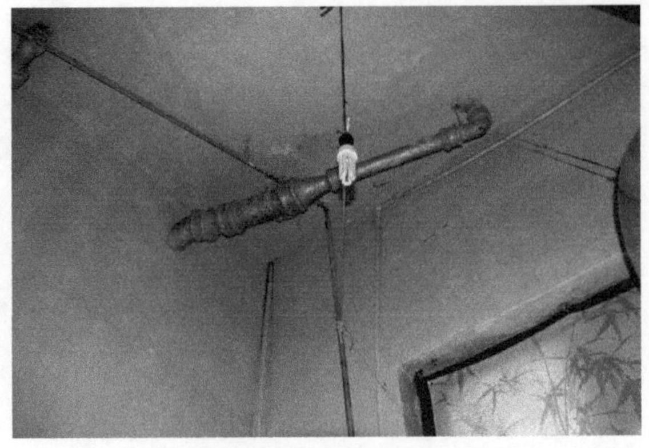

二层居室屋顶泛潮抹灰脱落钢筋外露

二层居室栗色木线条裂缝

二层居室屋顶泛潮抹灰脱落钢筋外露

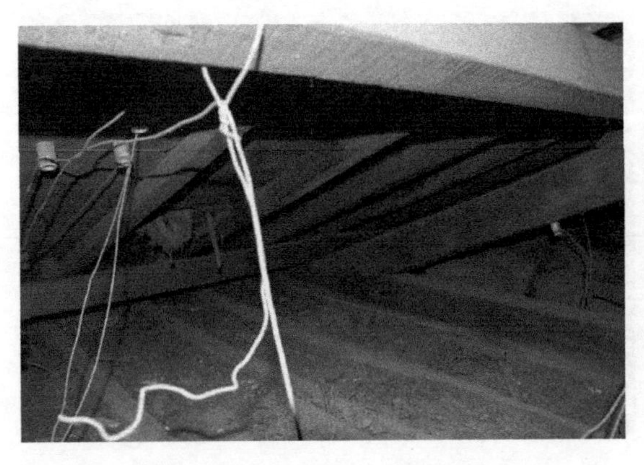

屋架内部电线杂乱、线路老化

屋架年久失修，木材糟朽

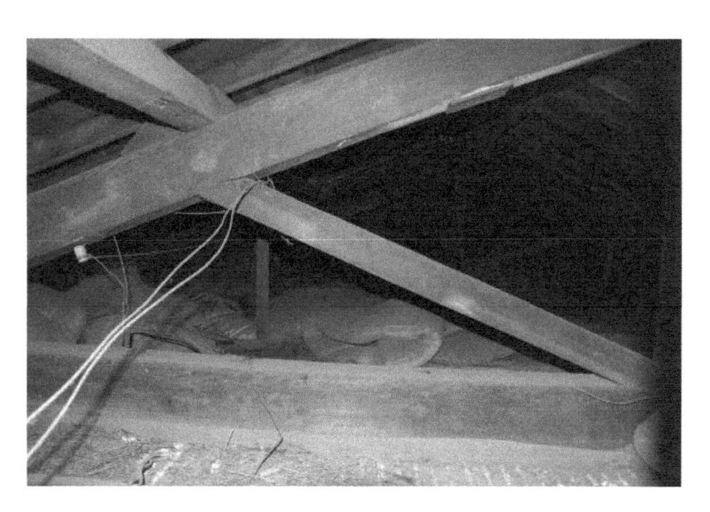

屋架内杂物堆积

（三）现状勘测图纸

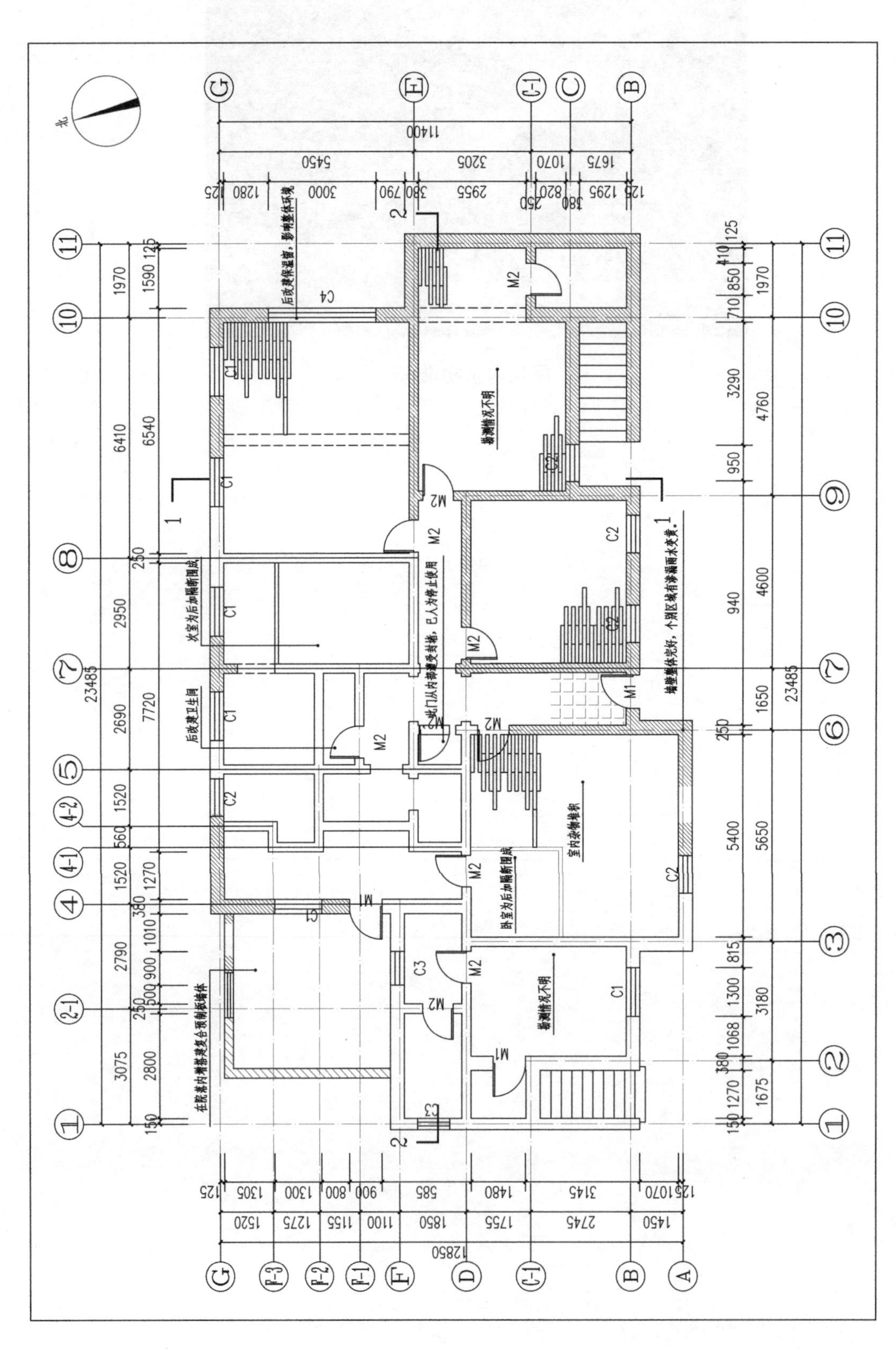

荣成路23号建筑一层平面图

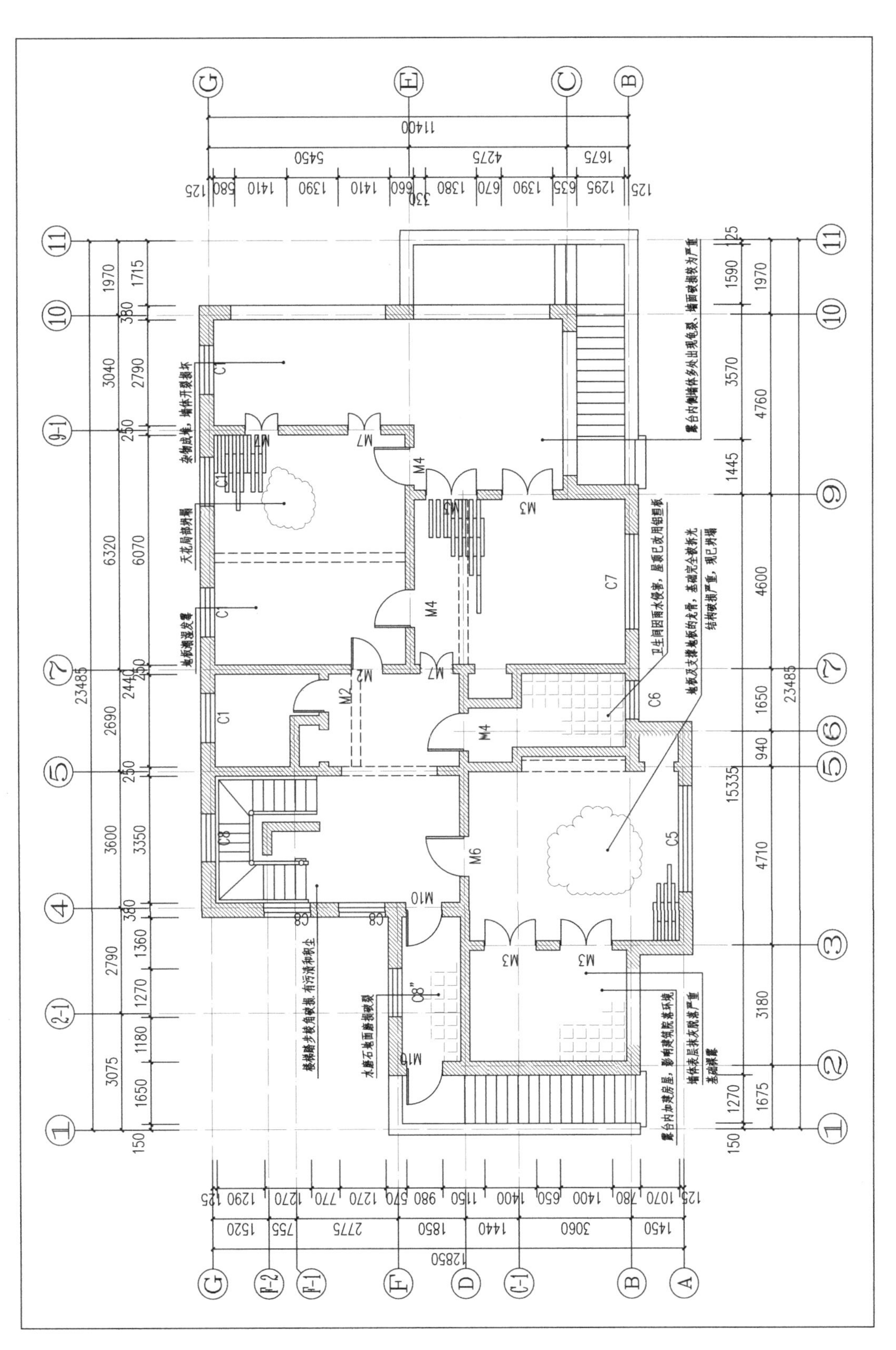

茉成路 23 号建筑二层平面图

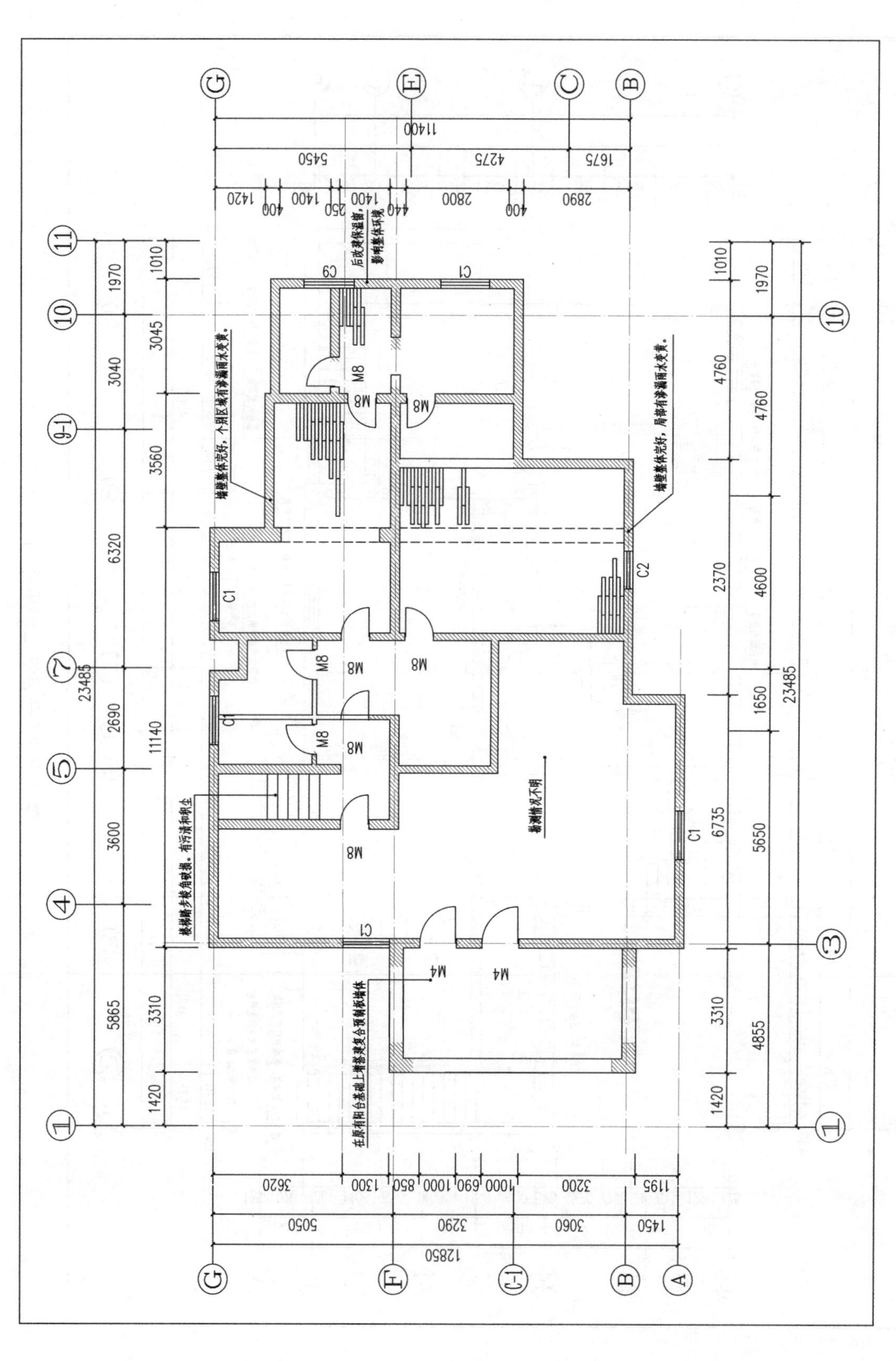

荣成路 23 号建筑三层平面图

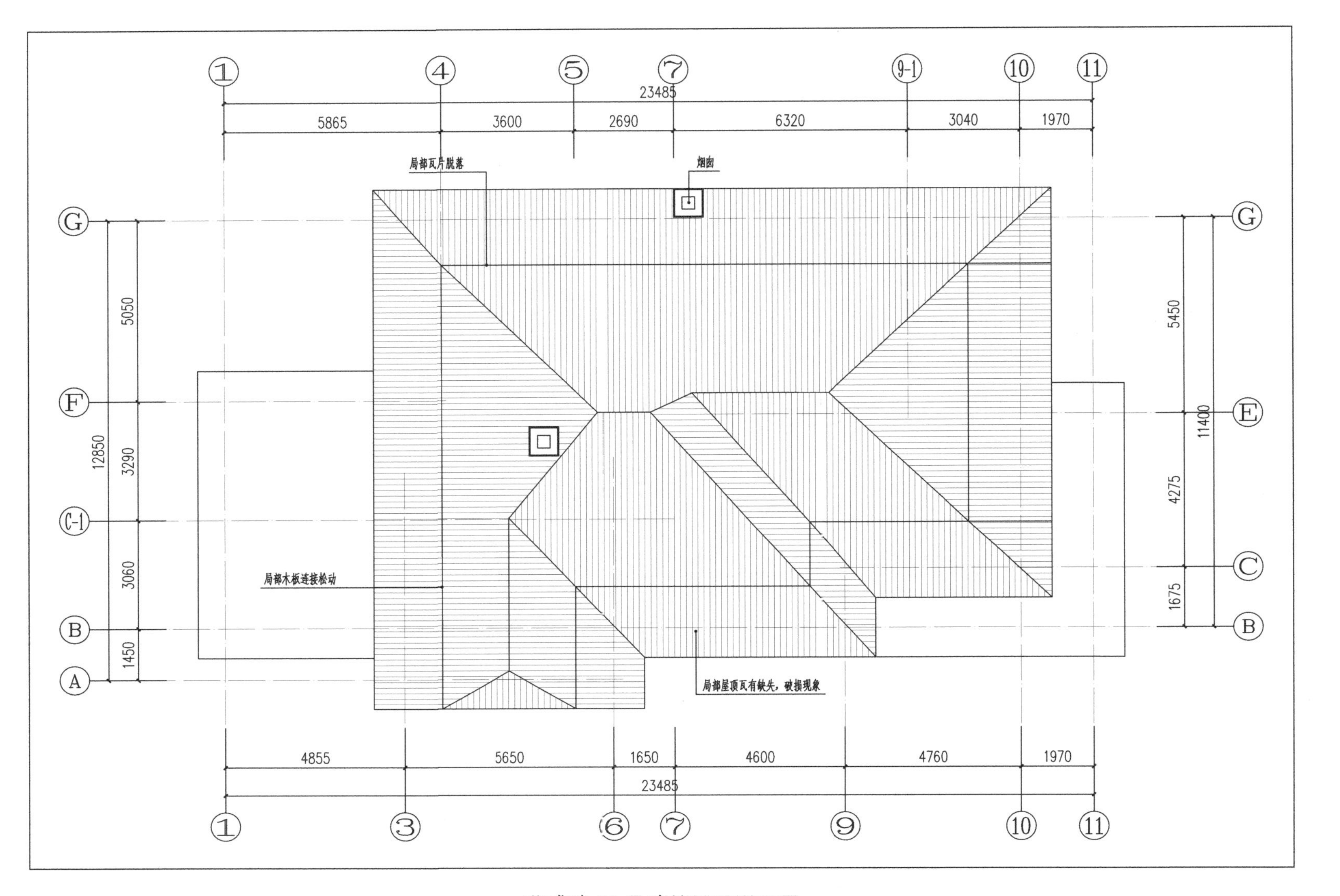

荣成路 23 号建筑屋顶平面图

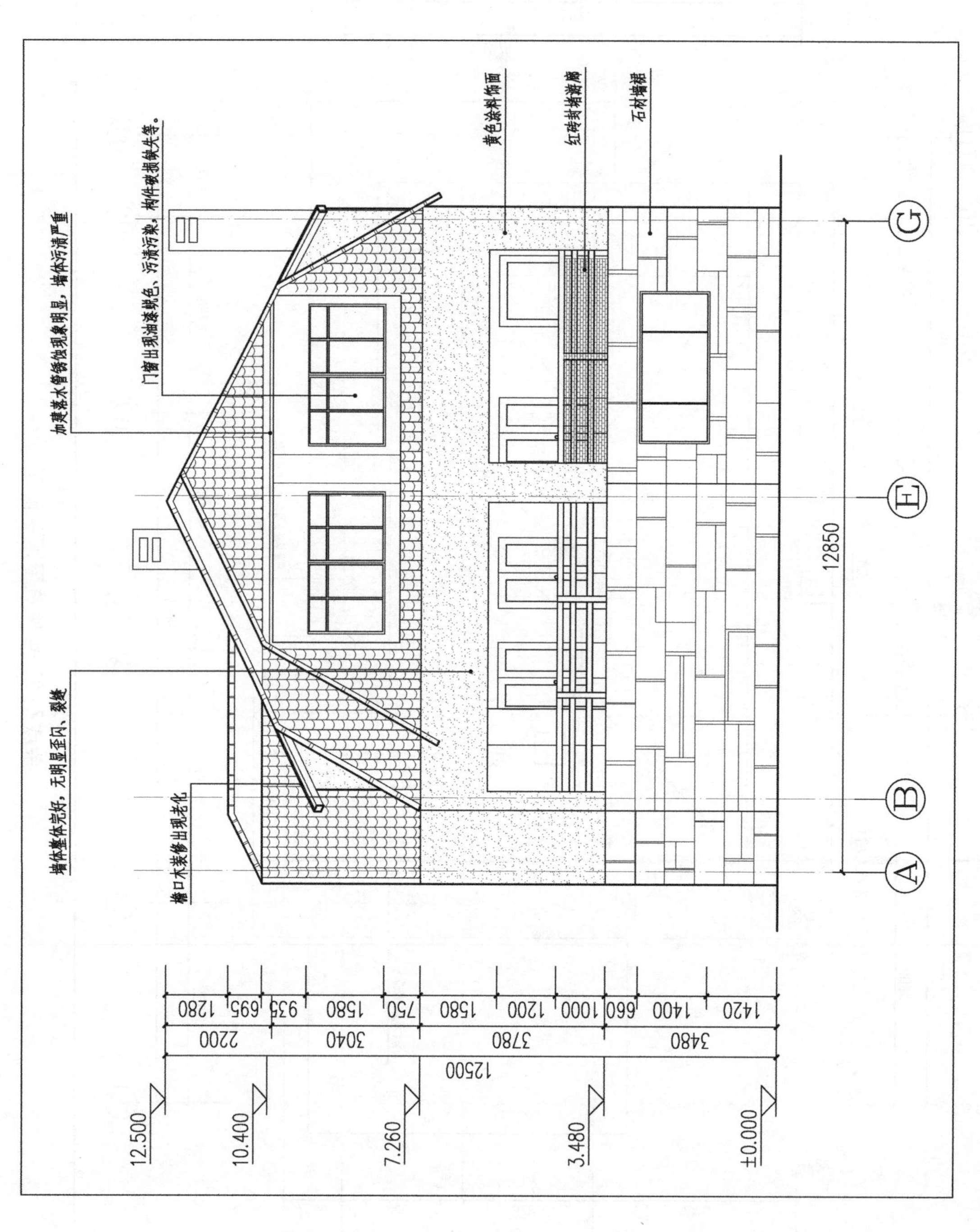

荣成路 23 号建筑东立面

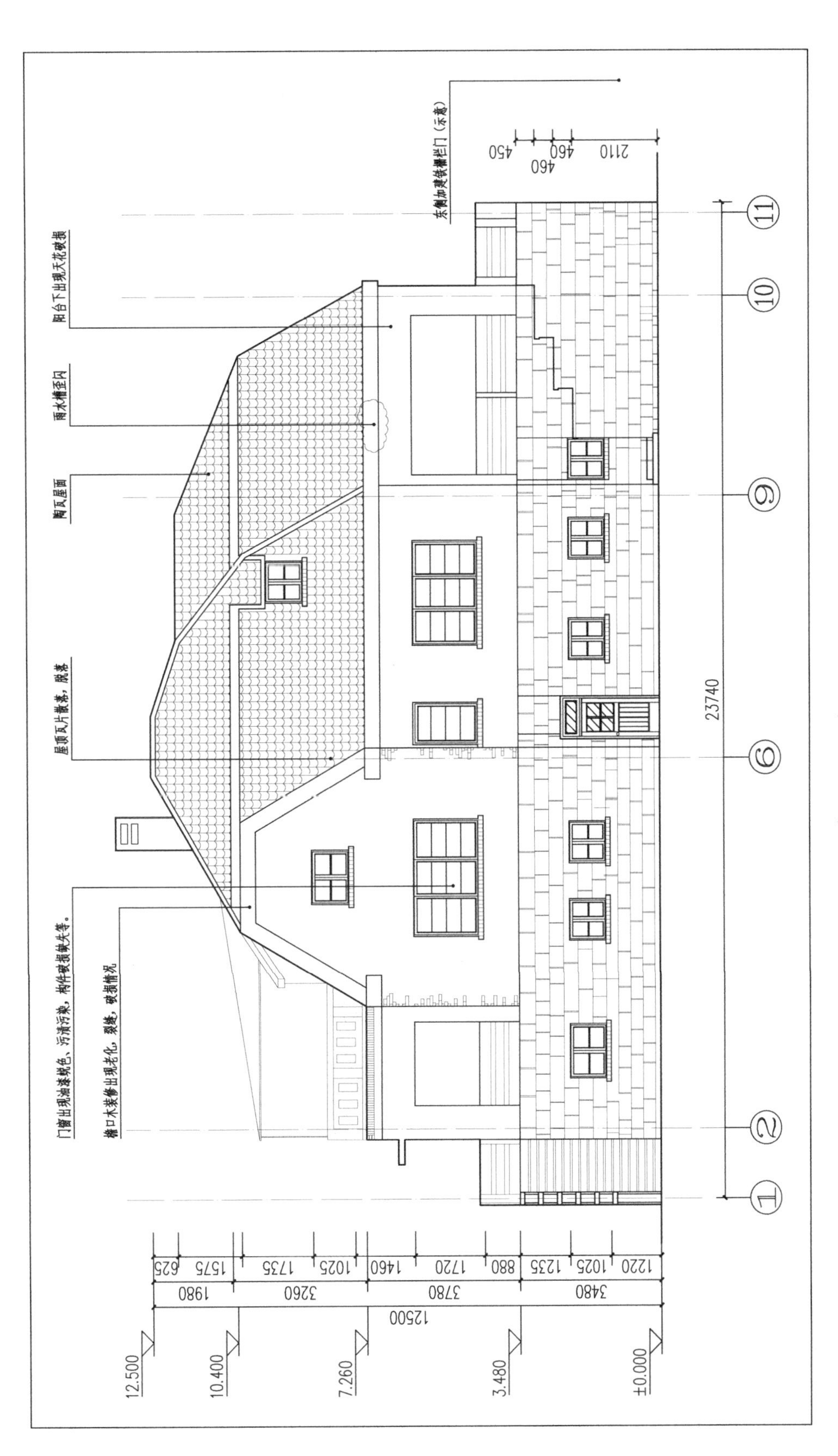

荣成路 23 号建筑南立面

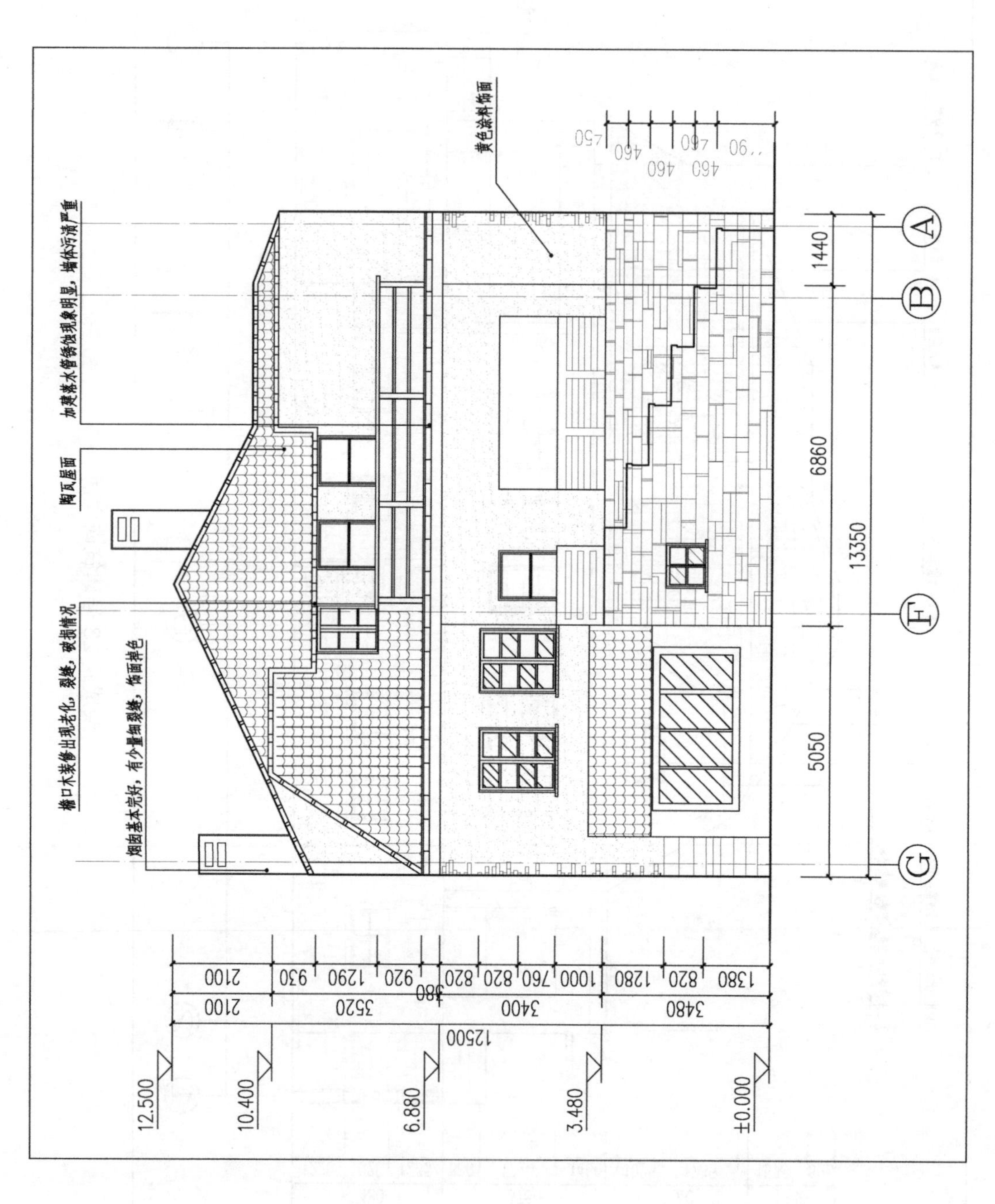

宋成路 23 号建筑西立面

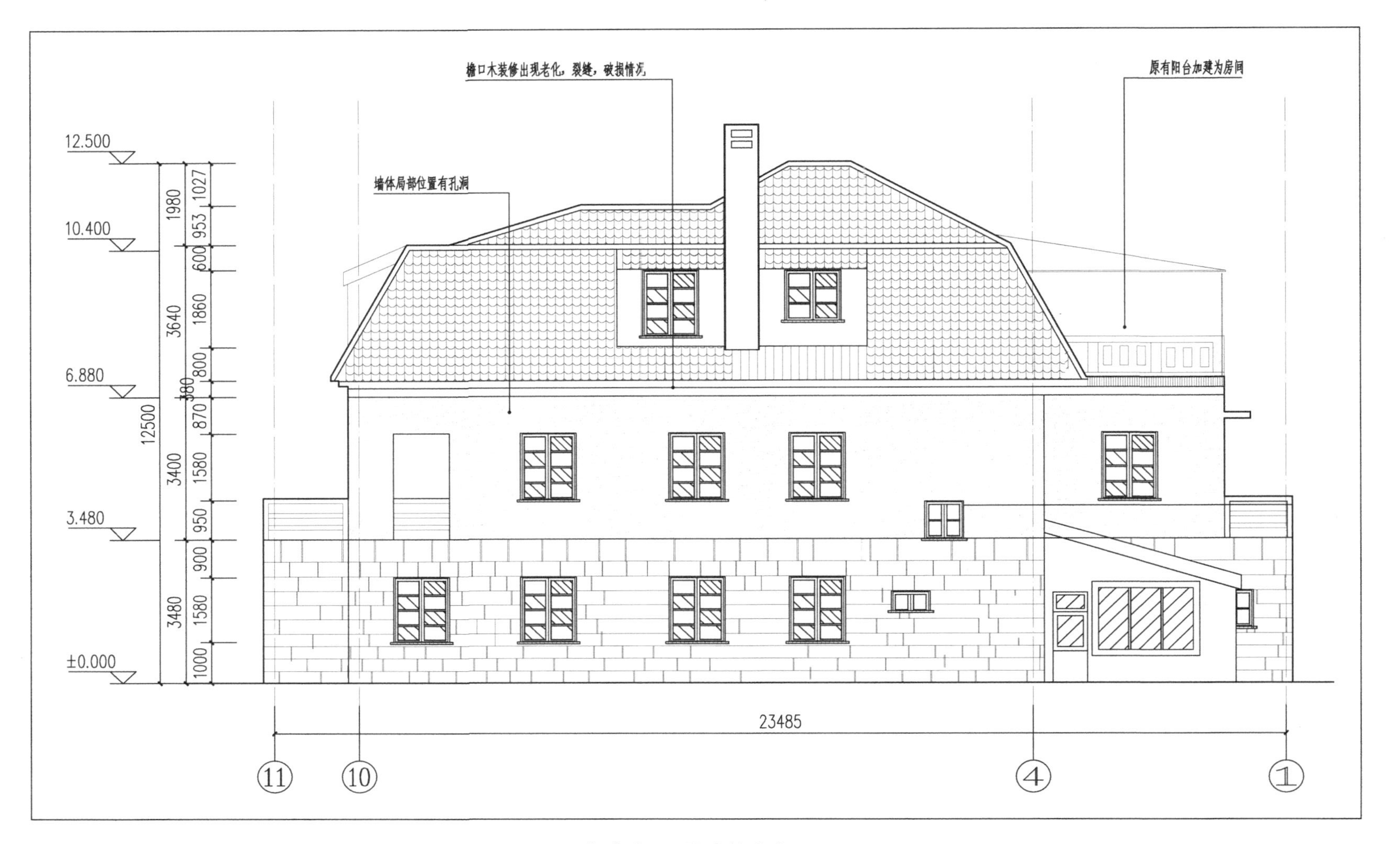

荣成路 23 号建筑北立面

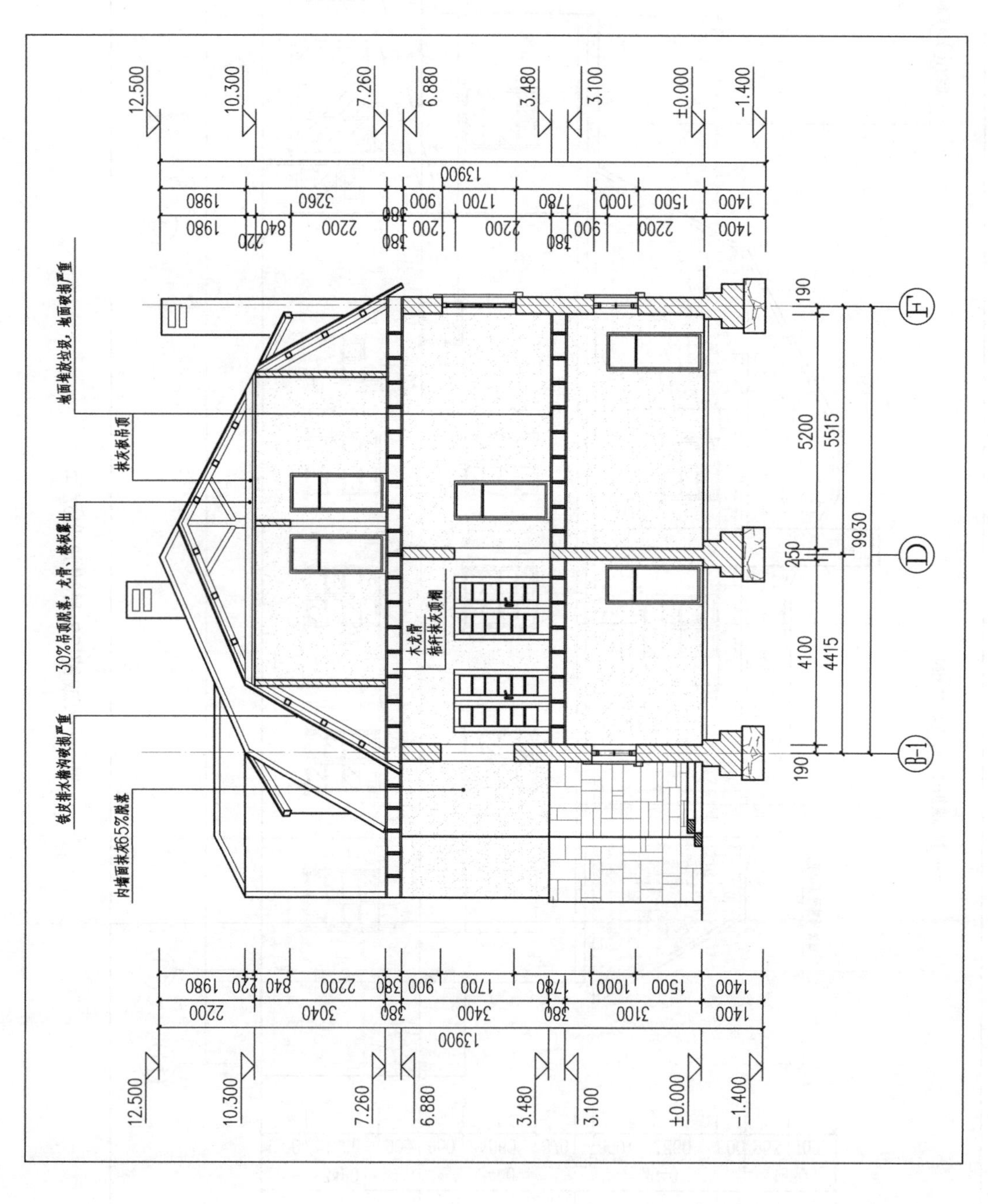

荣成路 23 号建筑 1–1 剖面图

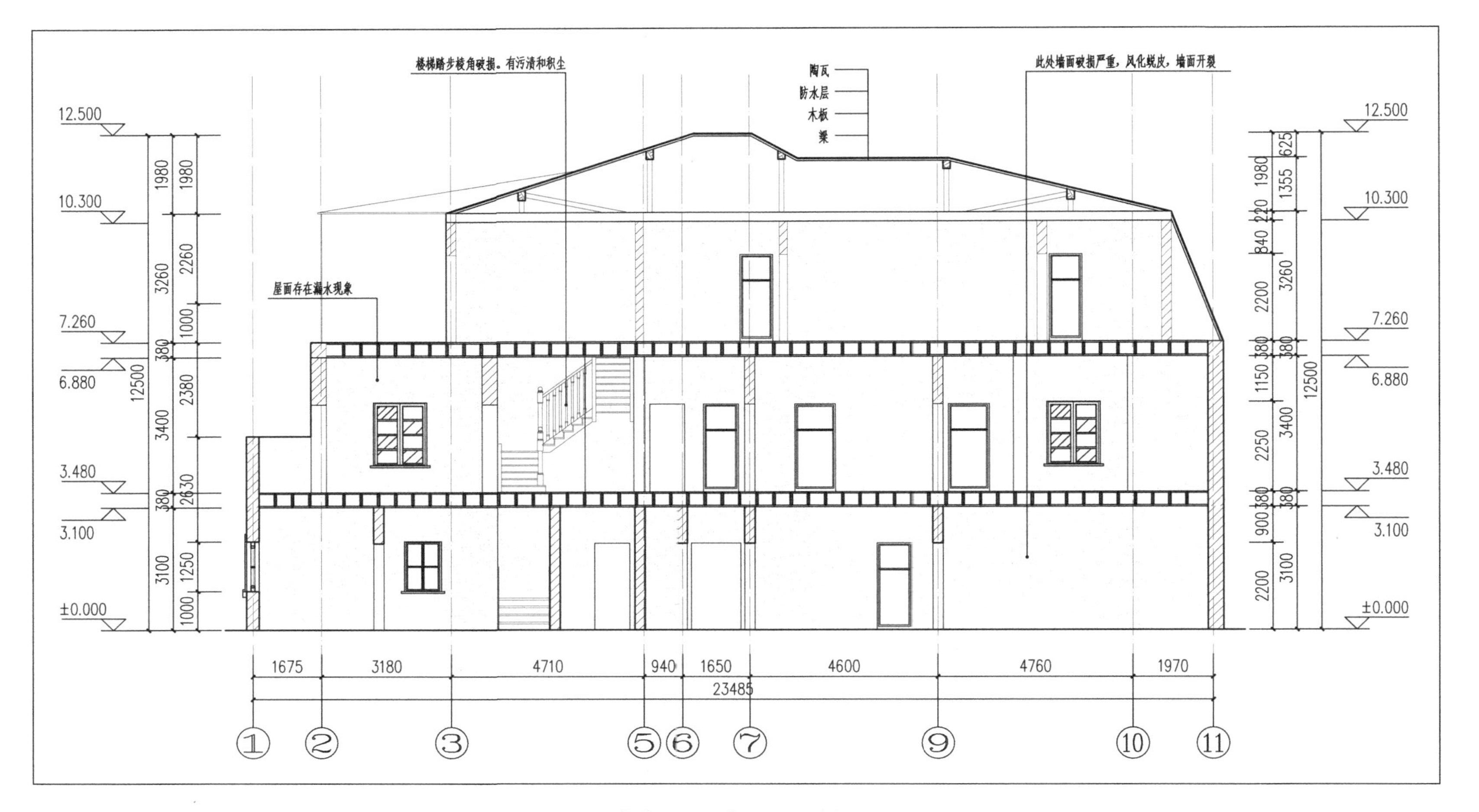

荣成路 23 号建筑 2-2 剖面图

九、荣成路 36 号建筑

建筑名称：荣成路 36 号

建筑年代：1949 年

建筑现状：建筑为砖木结构，坡屋面，甲栋地上二层，乙栋地上一层，采用石、砖、木、陶瓦等建筑材料建造，卫生间、厨房瓷砖贴面，建筑面积 291.47 平方米。

保护范围：建筑及其院落均位于八大关文物保护规划所规定的重点保护范围区域内。

建设控制地带：建筑及周围环境均位于八大关文物保护规划所规定的重点保护范围区域内。

荣成路 36 号建筑现状

（一）建筑残损现状

荣成路36号甲栋建筑

1. 台基及入口台阶

（1）台基

残损现状：局部缺损，有污渍。

残损类型：磨损、污染。

残损原因：年久失修，人为不当使用。

（2）台阶

残损现状：入口台阶无明显松动歪闪，表面污渍侵蚀严重。南立面 -B 轴入口台阶棱角风化磨损严重，出现崩落；北立面台阶棱角风化磨损严重，出现大面积崩落。

残损类型：磨损、污染。

残损原因：年久失修，人为不当使用。

2. 外立面

（1）南立面

残损现状：台阶棱角风化磨损严重，出现崩落；门窗年久老旧、褪色严重、油漆脱落、窗户封堵；管线外露、锈蚀严重，电线、铁线乱接；墙壁有污斑，外墙皮脱落；加建暖水管、空调支架。

残损类型：污斑、裂缝、锈蚀、管线孔洞、空调支架、加建。

残损原因：年久失修，自然风化、雨水侵蚀，人为改造。

（2）东立面

残损现状：加建严重；窗户老旧、油漆脱落、零件缺失；墙面私搭电线、空调支架、有孔洞，墙裙砖石褪色；烟囱有细裂缝、饰面褪色、多年不使用。

残损类型：污斑、裂缝、锈蚀、管线孔洞、空调支架、加建。

残损原因：年久失修，自然风化、雨水侵蚀，人为改造。

（3）北立面

残损现状：窗户老旧褪色、油漆脱落，窗户封堵不使用；管线破损、外露，电线乱搭；墙面褪色，有污斑、污渍。

残损类型：污斑、裂缝、锈蚀、管线孔洞。

残损原因：年久失修，自然风化、雨水侵蚀，人为不当使用。

（4）西立面

残损现状：轴外墙皮脱落，乱加建，外墙皮开裂，电线乱接，雨水管损坏已不使用，窗户年久老旧、油漆脱落，乱接铁线。

残损类型：污斑、裂缝、锈蚀、加建、管线孔洞。

残损原因：年久失修，自然风化、雨水侵蚀，人为不当使用。

3. 一层

（1）地面

残损现状：木地板普遍灰尘污渍污染、油漆褪色、磨损严重；楼梯踏步普遍棱角破损。

残损类型：磨损、污渍、棱角破损。

残损原因：污染侵蚀，人为不当使用。

（2）墙壁

残损现状：白色涂料墙表面普遍泛黄变暗，局部房间墙面抹灰受潮酥碱脱落，墙体有管线杂乱、多处管道孔洞，裂缝等。

残损类型：污渍、顺缝开裂、管线孔洞。

残损原因：年久失修，污染侵蚀，人为不当使用。

（3）天花板

残损现状：石膏天花板普遍泛黄变暗，局部石膏花饰材质开裂。

残损类型：泛黄变暗、腐变龟裂。

残损原因：年久失修，污染侵蚀。

（4）门窗

残损现状：门窗普遍老旧、油漆褪色、污渍污染，构件破损缺失等。

残损类型：油漆褪色剥落、构件破损、窗口封堵。

残损原因：污染侵蚀，年久失修，人为不当使用。

（5）装修

残损现状：白色粉刷，返潮，酥碱剥落。

残损类型：污渍、剥落、腐变、霉化。

残损原因：自然破坏，人为破坏。

（6）其他

残损现状：室内多处乱搭隔断，乱拉电线严重。

4. 二层

（1）地面

残损现状：木地板普遍灰尘污渍污染、油漆褪色、磨损严重；楼梯踏步普遍棱角破。

残损类型：磨损、污渍、棱角破损。

残损原因：污染侵蚀，人为不当使用。

（2）墙壁

残损现状：白色涂料墙表面普遍泛黄变暗，局部房间墙皮脱落，墙体有管线杂乱、多处管道孔洞，裂缝等。

残损类型：污渍、顺缝开裂、管线孔洞。

残损原因：年久失修，污染侵蚀，人为不当使用。

（3）天花板

残损现状：石膏天花板普遍泛黄变暗，局部石膏花饰材质腐变龟裂。顶面吊顶为后改造。顶面渗漏严重。

残损类型：泛黄变暗、腐变龟裂、返潮。

残损原因：年久失修，污染侵蚀。

（4）门窗

残损现状：门窗普遍油漆褪色、污渍污染，构件破损缺失等；个别封堵不使用。

残损类型：油漆褪色剥落、构件破损、窗口封堵。

残损原因：污染侵蚀，年久失修，人为不当使用。

（5）装修

残损现状：白色粉刷，返潮，酥碱剥落。

残损类型：污渍、剥落、腐变、霉化。

残损原因：自然破坏，人为破坏。

（6）其他

残损现状：室内多处乱搭隔断，乱拉电线严重。

5. 屋顶

（1）屋面砖瓦

残损现状：砖瓦屋顶基本完好，局部瓦件有碎裂；屋檐年久失修。

残损类型：后期加建屋顶。

残损原因：人为不当改造。

（2）装修

残损现状：东立面外皮局部脱落，北立面檐下外皮大面积脱落，露出内部木结构。

（3）装修

残损现状：饰面褪色，有斑迹，有细裂缝。

荣成路 36 号乙栋建筑

1. 入口台阶

残损现状：入口台阶无明显松动歪闪；表面污渍。

残损类型：磨损，污染。

残损原因：年久失修，人为不当使用。

2. 外立面

（1）南立面

残损现状：墙体没有明显歪闪、裂缝、局部外墙皮脱落，新加建部分外墙无抹灰、局部脱落；墙面私搭电线、管线，多处孔洞，乱搭建屋檐；落水管有污渍，产生污斑；墙裙饰面普遍变暗，有污渍；门窗老旧、油漆脱落、零件丢失、玻璃破碎。

残损类型：污斑、裂缝、锈蚀、加建、管线孔洞。

残损原因：年久失修，自然风化、雨水侵蚀，人为不当使用。

（2）东立面

残损现状：墙体整体完好，外墙皮脱落；加建储藏室，有杂物乱堆乱放；花岗岩饰面普遍污渍变暗，产生污斑、锈蚀。

残损类型：污斑、裂缝、管线孔洞、饰面缺失。

残损原因：年久失修，自然风化、雨水侵蚀，人为不当使用。

（3）北立面

残损现状：旁院锁门，无法入内勘测北立面。

（4）西立面

残损现状：紧贴原有建筑西立面加建水泥房；加建部分外墙无抹灰、水泥脱落，乱堆放杂物；窗户封堵已不使用。

残损类型：污斑、脱落、加建。

残损原因：年久失修，自然风化、雨水侵蚀，人为不当使用。

3. 一层

（1）地面

残损现状：水泥地面，基本完好，但有返潮现象。

残损类型：返潮。

残损原因：污染侵蚀，人为不当使用。

（2）墙壁

残损现状：白色涂料墙表面普遍泛黄变暗，墙角损坏，墙壁破损、开裂，局部墙皮脱落；墙体有管线杂乱、电线乱接。

残损类型：污渍、管线孔洞。

残损原因：年久失修，污染侵蚀，人为改造。

（3）天花板

残损现状：天花板刷白，出现泛黄变暗。

残损类型：泛黄变暗。

残损原因：年久失修，污染侵蚀，人为改造。

（4）门窗

残损现状：门窗普遍油漆褪色，受污渍污染，构件破损缺失；门老旧，门板开裂，表面油漆脱。

残损类型：油漆褪色剥落、构件破损、窗口封堵。

残损原因：污染侵蚀，年久失修，人为不当使用。

（5）装修

残损现状：墙壁简单白灰粉刷；门窗木质刷油漆；加建部分卫生间、厨房瓷砖贴面。

残损类型：构件裂缝、缺失、磨损。

残损原因：污染侵蚀，人为不当使用。

（6）其他

残损现状：多处堆放杂物、室内乱拉电线。

4. 屋顶

（1）屋面砖瓦

残损现状：砖瓦屋顶基本完好，存有污渍；局部瓦件碎裂。

残损类型：污渍、碎裂。

残损原因：年久失修，人为不当改造。

（2）装修

残损现状：锈蚀、已不使用。

（二）建筑现状残损照片

窗户老旧、乱搭电线、空调支架

乱搭电线

墙裙砖石褪色，留有污渍

外墙壁孔洞

加建部分已久

烟囱损坏已不使用

檐口外皮局部脱落掉皮

砖瓦屋顶基本完好，局部瓦件有碎裂

屋檐年久失修、窗户破旧封堵

屋檐年久失修、渗雨

1 轴窗户年久老旧、油漆脱落

1 轴乱搭建

1 轴外墙皮大面积脱落

1 轴与 F 轴外墙皮开裂

2 轴窗户年久老旧、油漆脱落，乱接铁线

2 轴乱搭铁线

2 轴管线乱接破坏墙面

B 轴与 4 轴雨水管损坏已不使用

窗户老旧、油漆脱落

外墙皮脱落、电线乱接、雨水管损坏已不使用

A 轴外墙皮脱落

B 轴入口台阶棱角风化磨损严重，出现崩落

窗户老旧、油漆褪色，零件丢失

电线乱接

乱接铁线

东北角顶棚石膏花饰开裂，落灰

3 轴与 J 轴檐下损坏

南墙面墙面泛黄，墙皮脱落

管线外露，窗户老旧

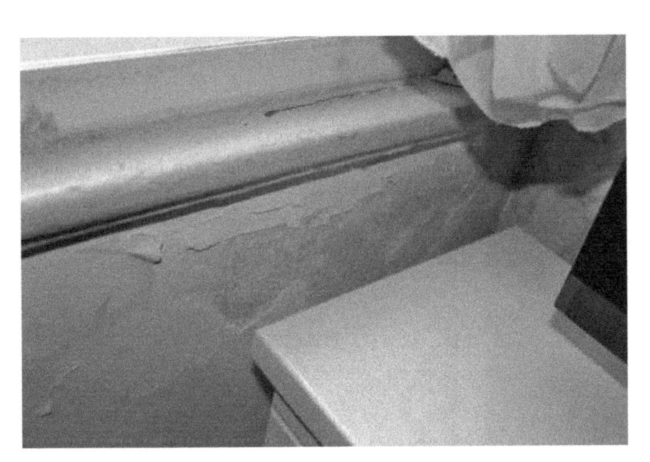

室内墙面大面积脱落

外门 5 轴门板开裂、油漆脱落

3 轴门老旧、油漆脱落

3 轴墙皮脱落

104 室 L 轴窗户老旧、油漆脱落

地板油漆脱落

二层室内南墙面泛黄，管线乱接

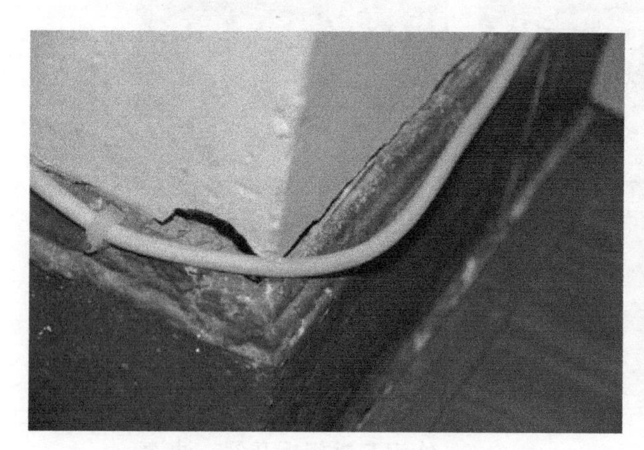

东侧墙面与地板裙年久开裂

加建 –J 轴墙壁损坏、发霉

加建 –3 轴墙管线乱接

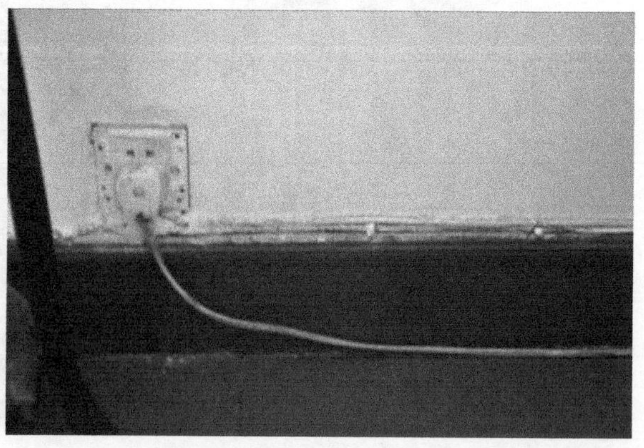

二层东侧墙电线插头年久老化

K 轴外墙皮脱落

加建外墙皮水泥脱落、乱放杂物

加建外墙无抹灰、脱落

加建外墙无抹灰、脱落

加建外墙无抹灰、脱落

加建部分屋檐破旧

外墙乱搭建、打洞，电线外露

门老旧、油漆脱落

雨水管生锈破损，外墙皮、窗户油漆脱落

外墙皮大面积脱落，有污渍

管线乱接外露

东加建外墙皮破损

管线乱接乱搭

外墙皮脱落、雨水管生锈

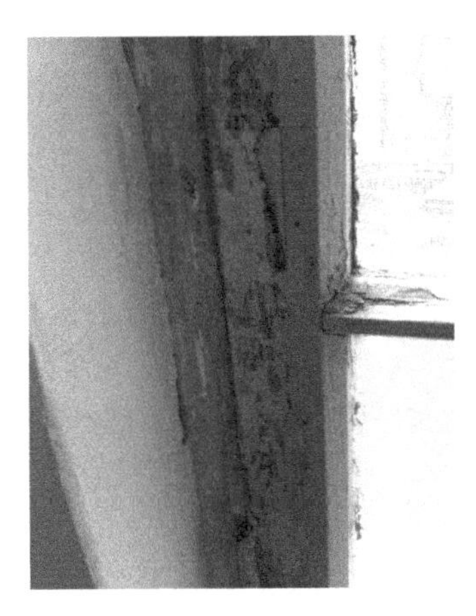

窗户老旧、油漆脱落

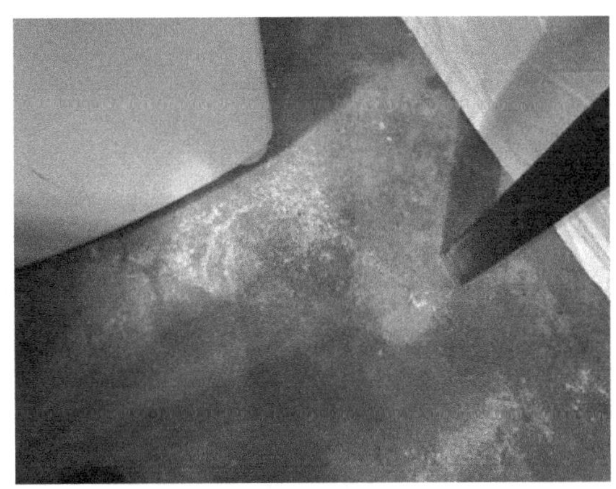

地面返潮

门板开裂严重

加建门老旧、油漆脱落

9 号轴墙壁破损，
门框油漆脱落

9 号轴墙壁开裂，门框油漆脱落

8 号轴与 M 轴墙壁泛黄

9 号轴与 M 轴墙壁泛黄

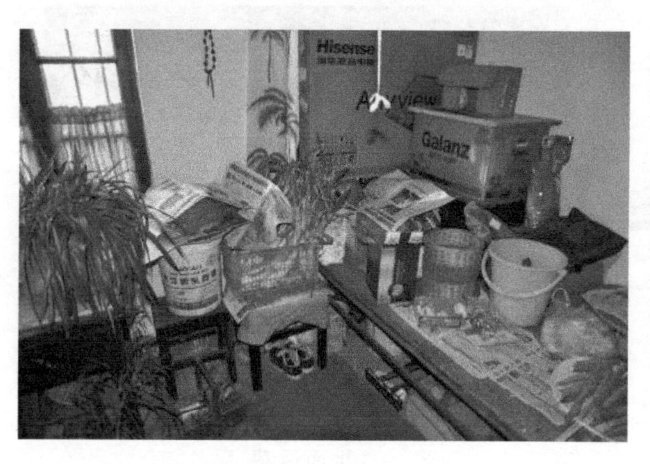

地面返潮

窗户老旧、油漆脱落、玻璃破碎

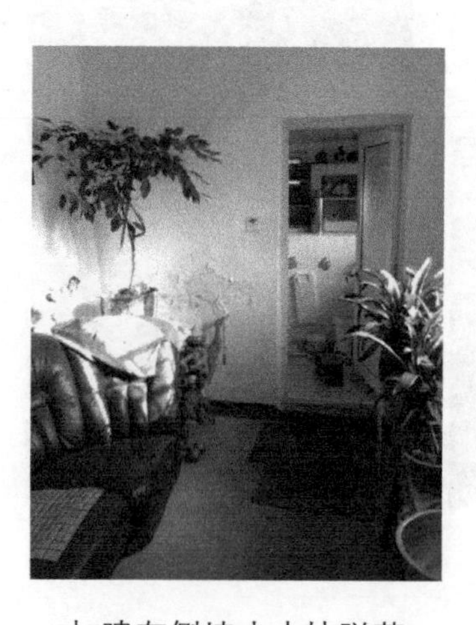
加建东侧墙皮大块脱落

（三）现状勘测图纸

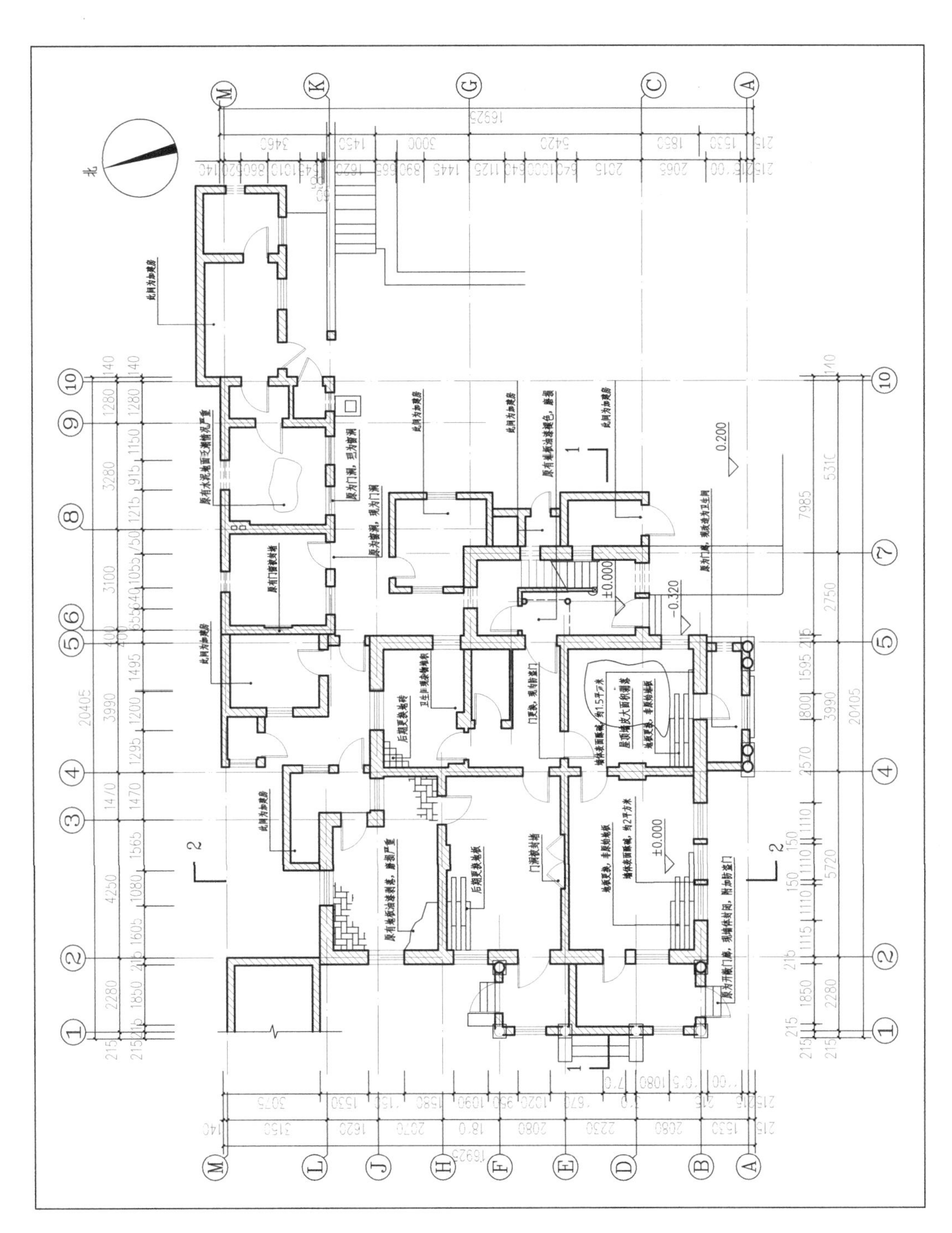

荣成路36号建筑首层平面图

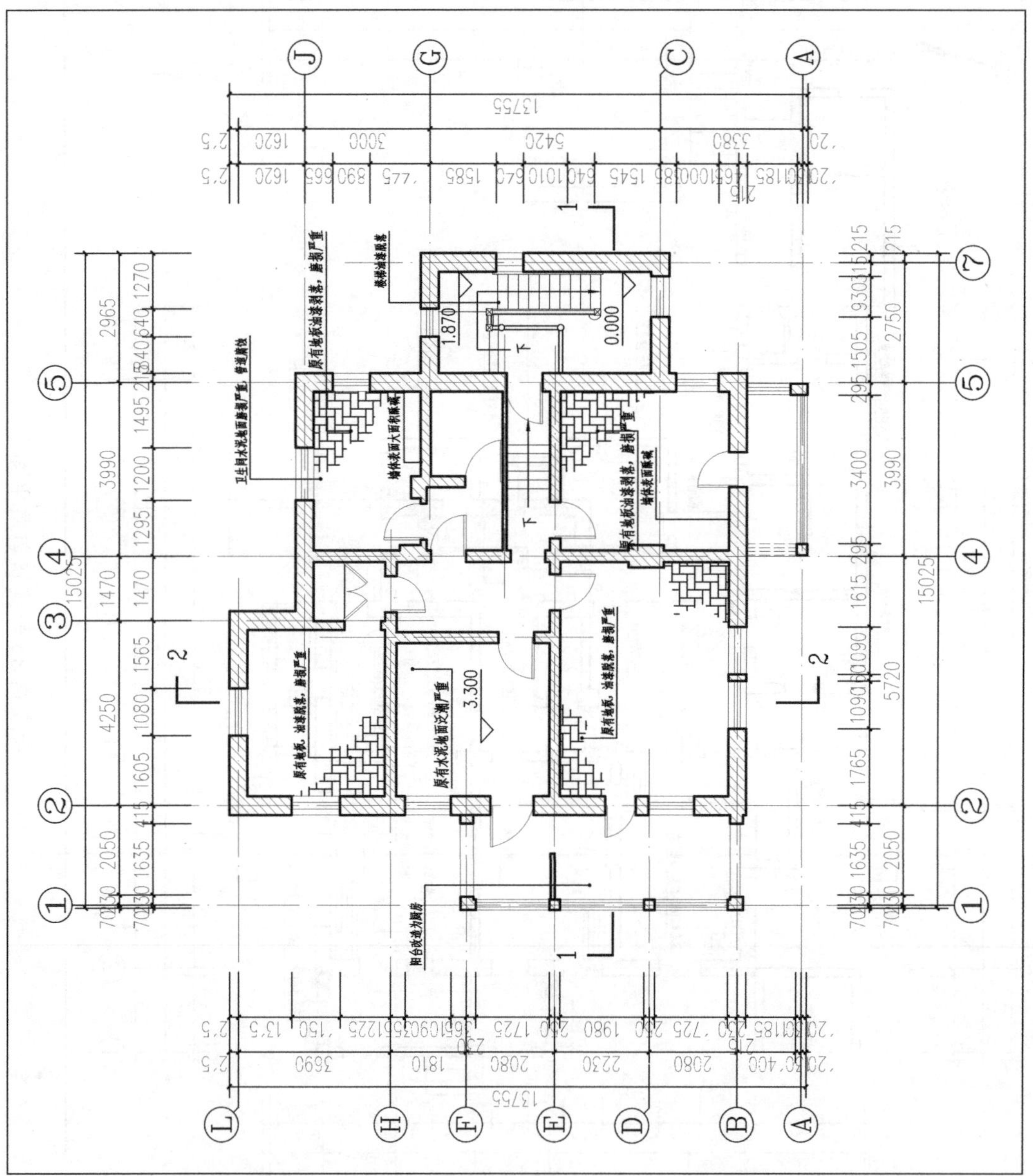

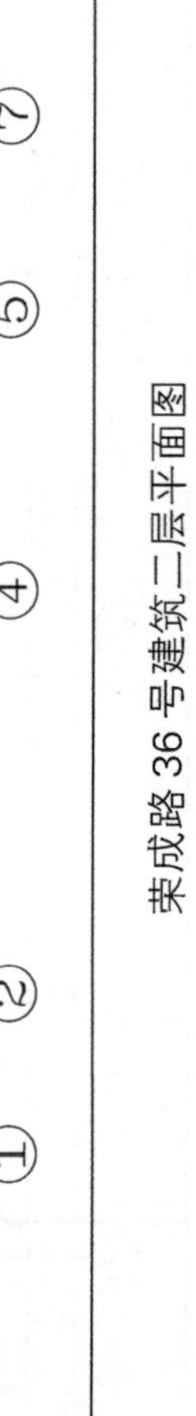

荣成路 36 号建筑二层平面图

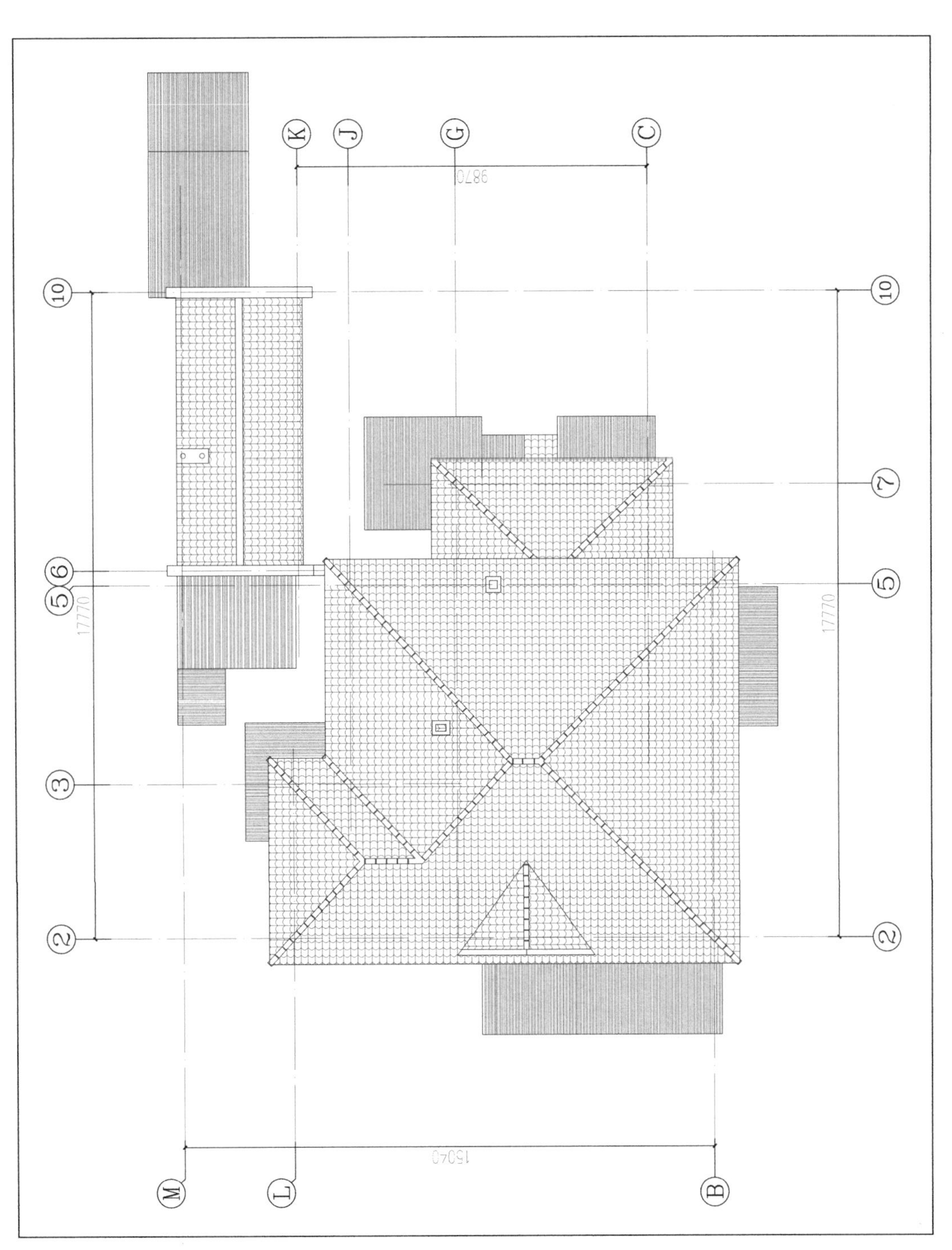

荣成路36号建筑屋顶平面图

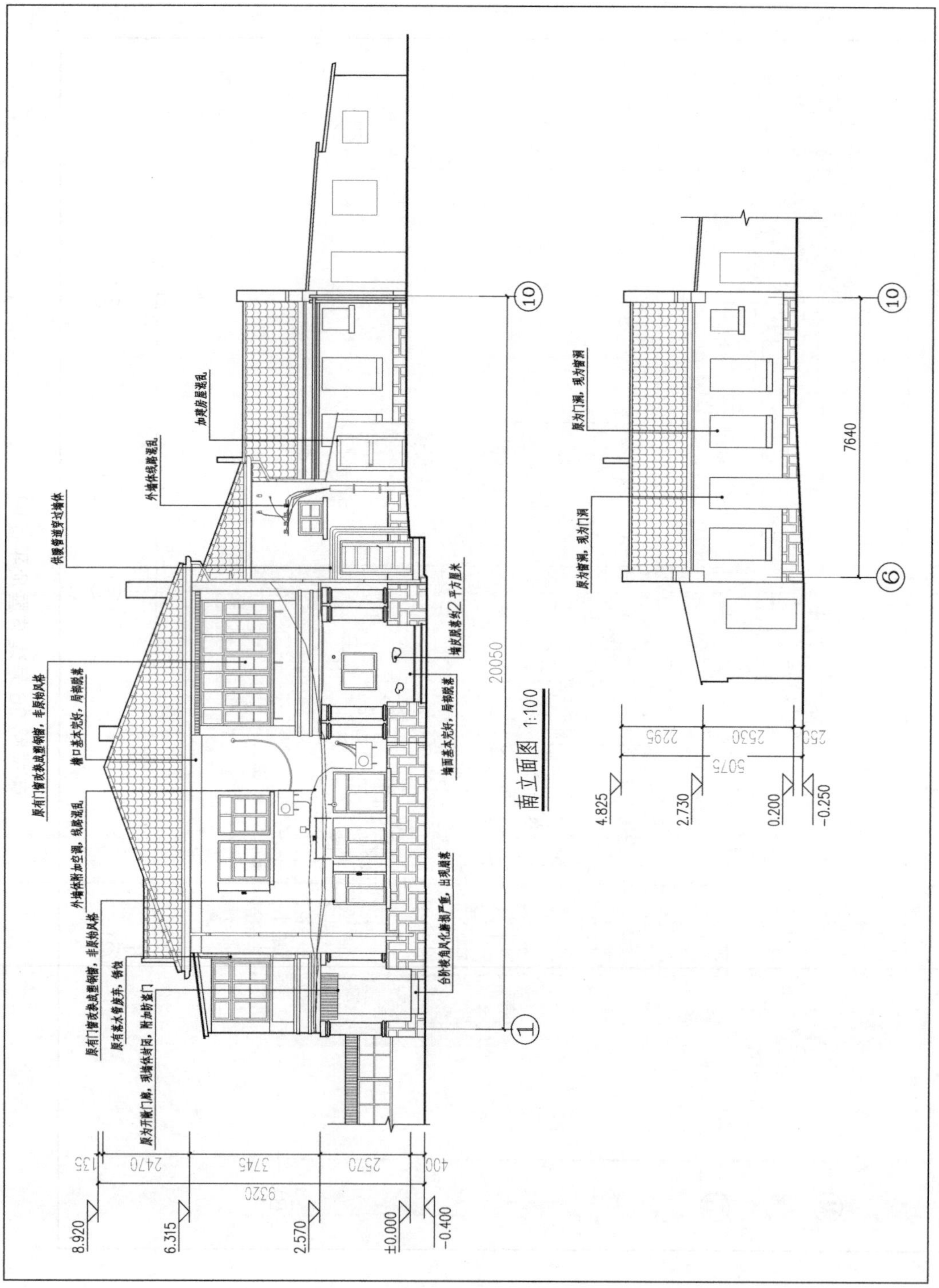

荣成路 36 号建筑南立面图

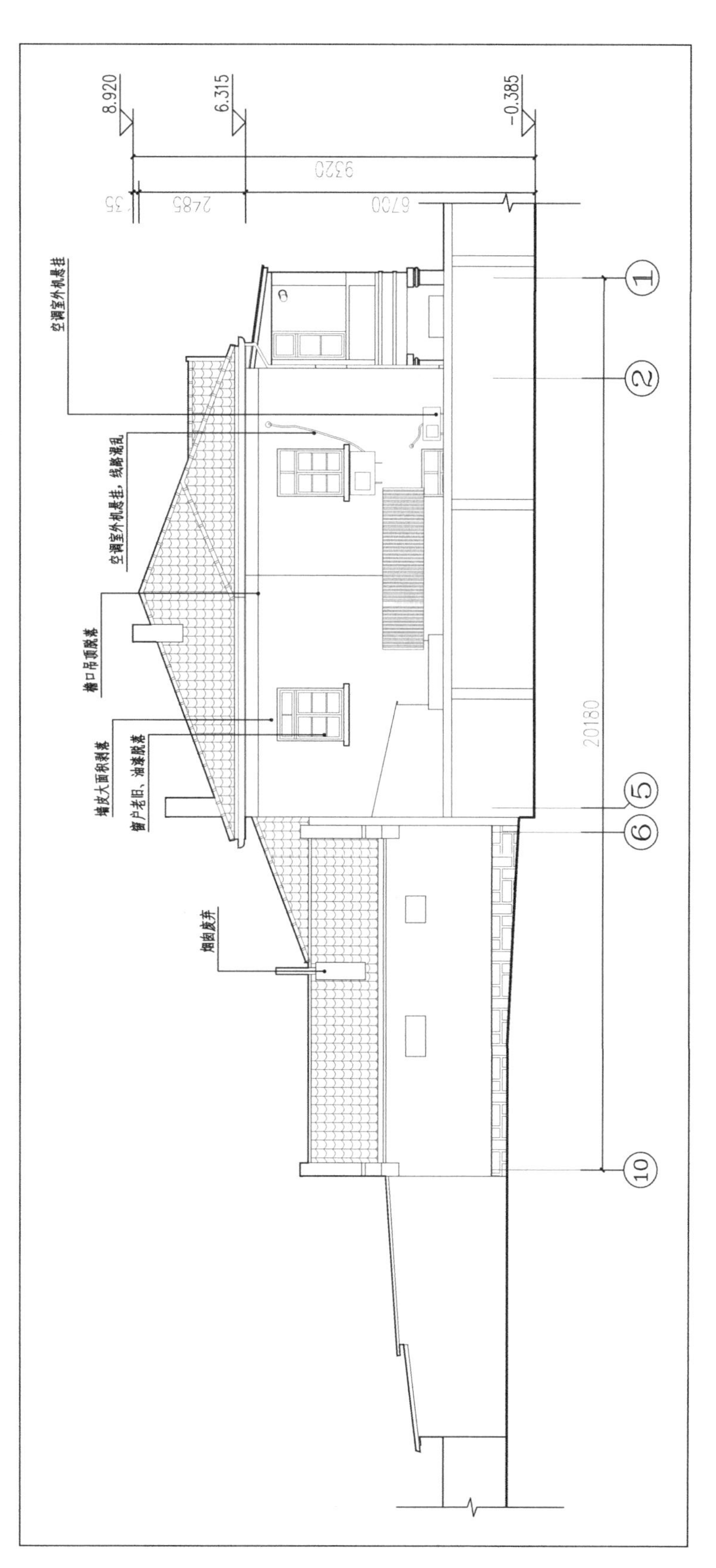

荣成路 36 号建筑北立面图

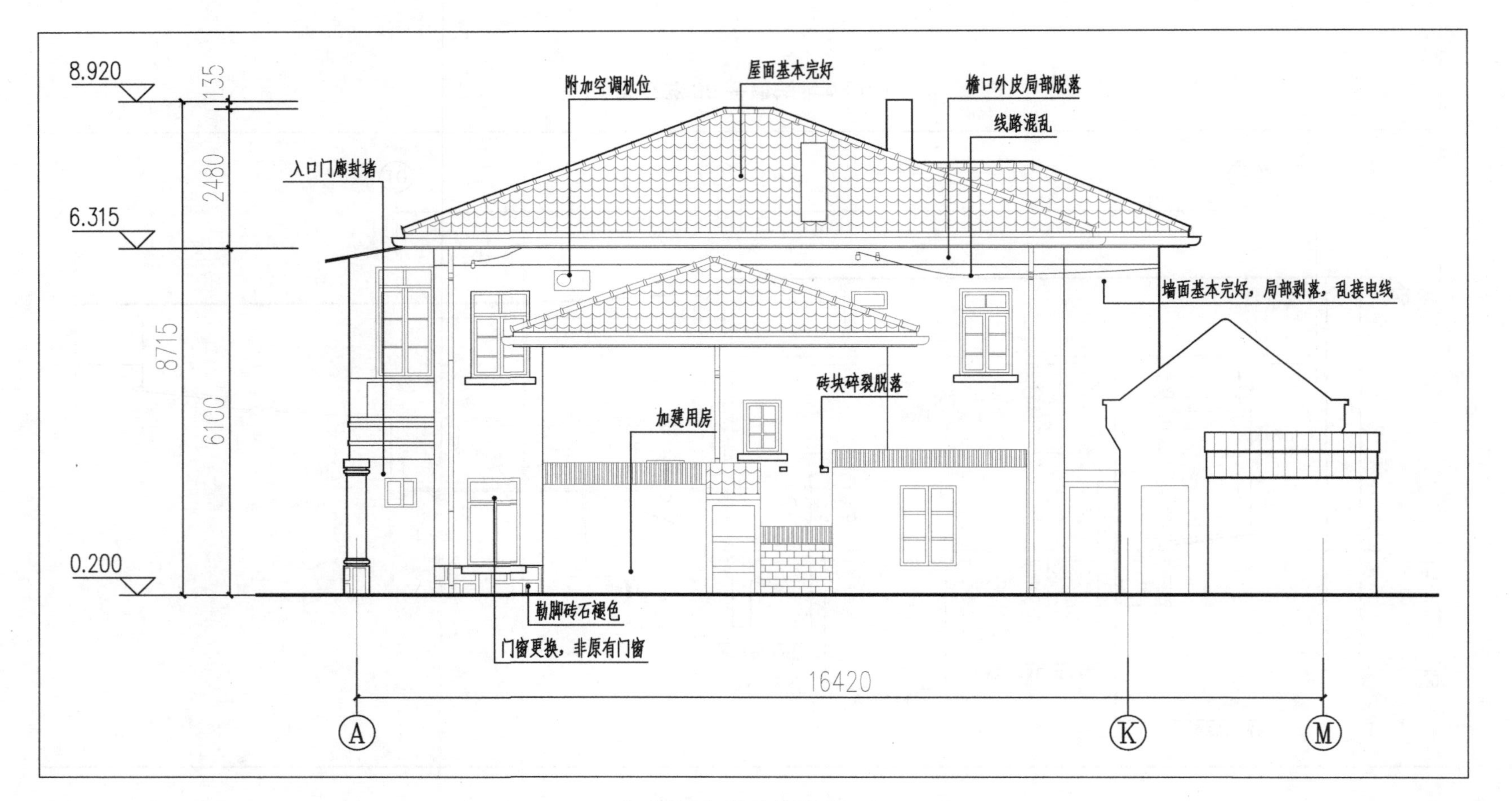

荣成路 36 号建筑东立面图

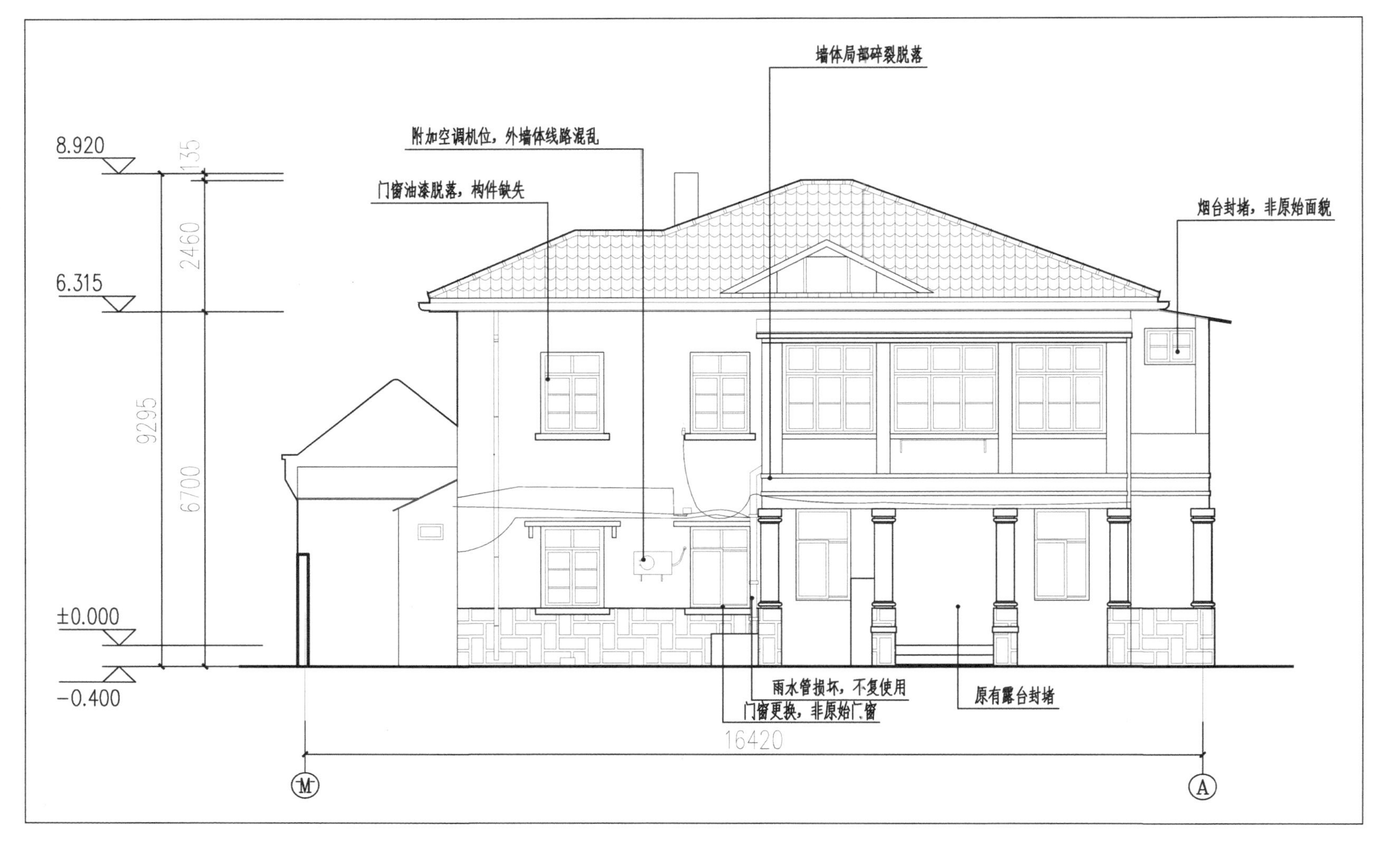

荣成路 36 号建筑西立面图

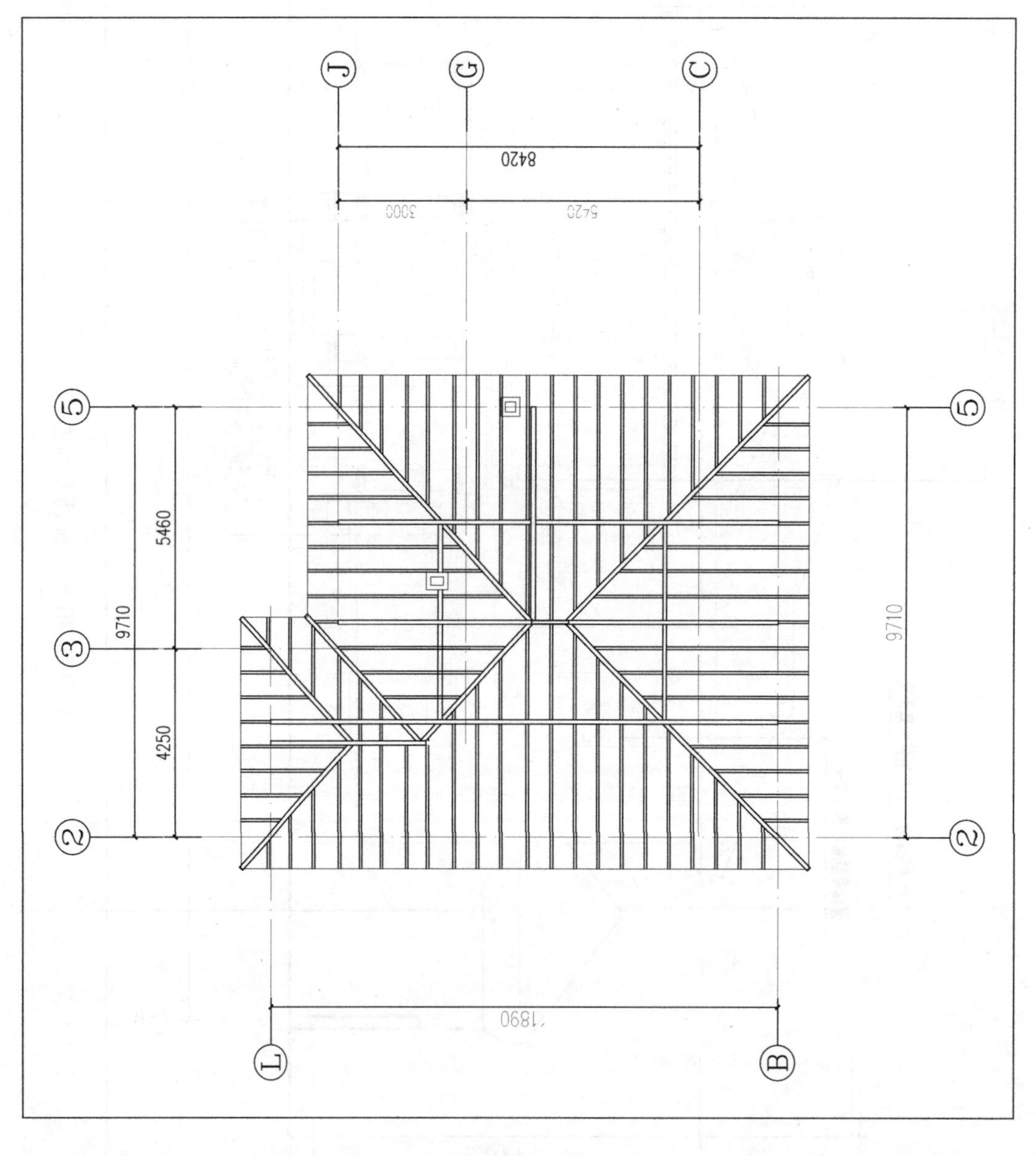

荣成路 36 号建筑屋架仰视图

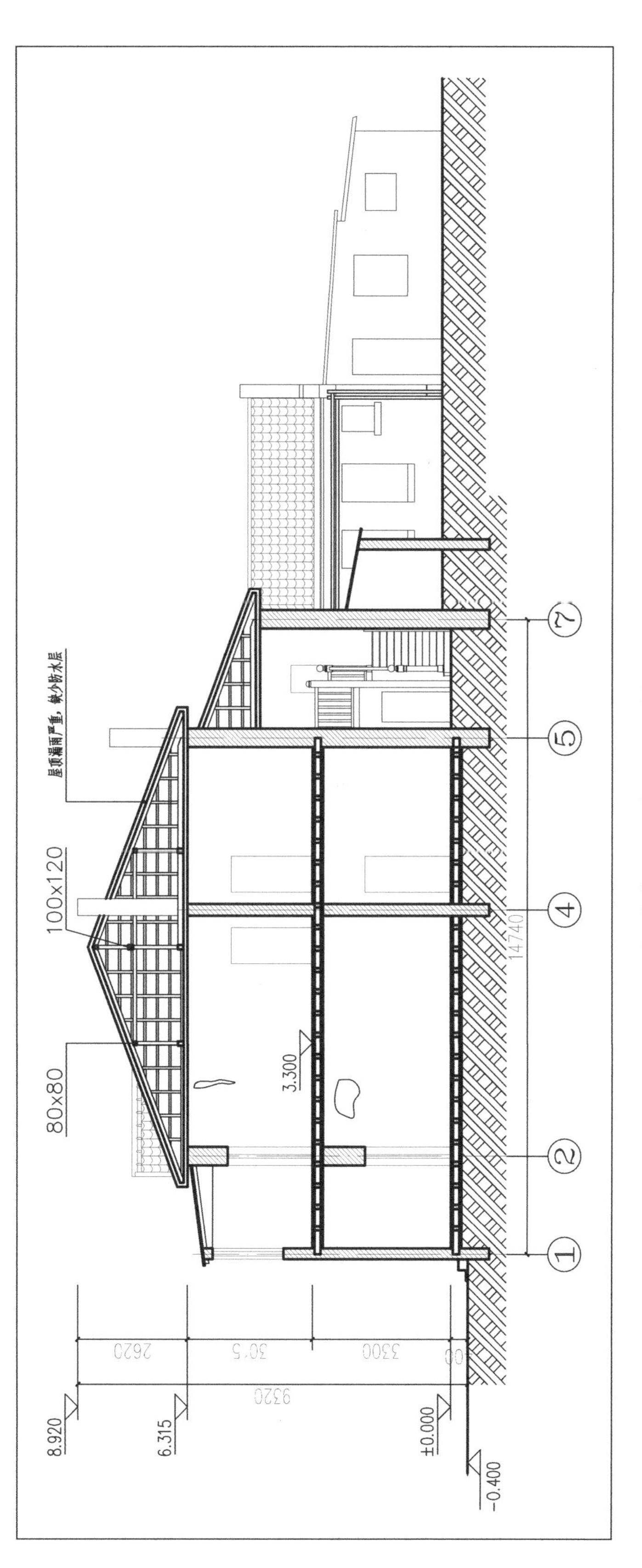

荣成路 36 号建筑 1-1 剖面图

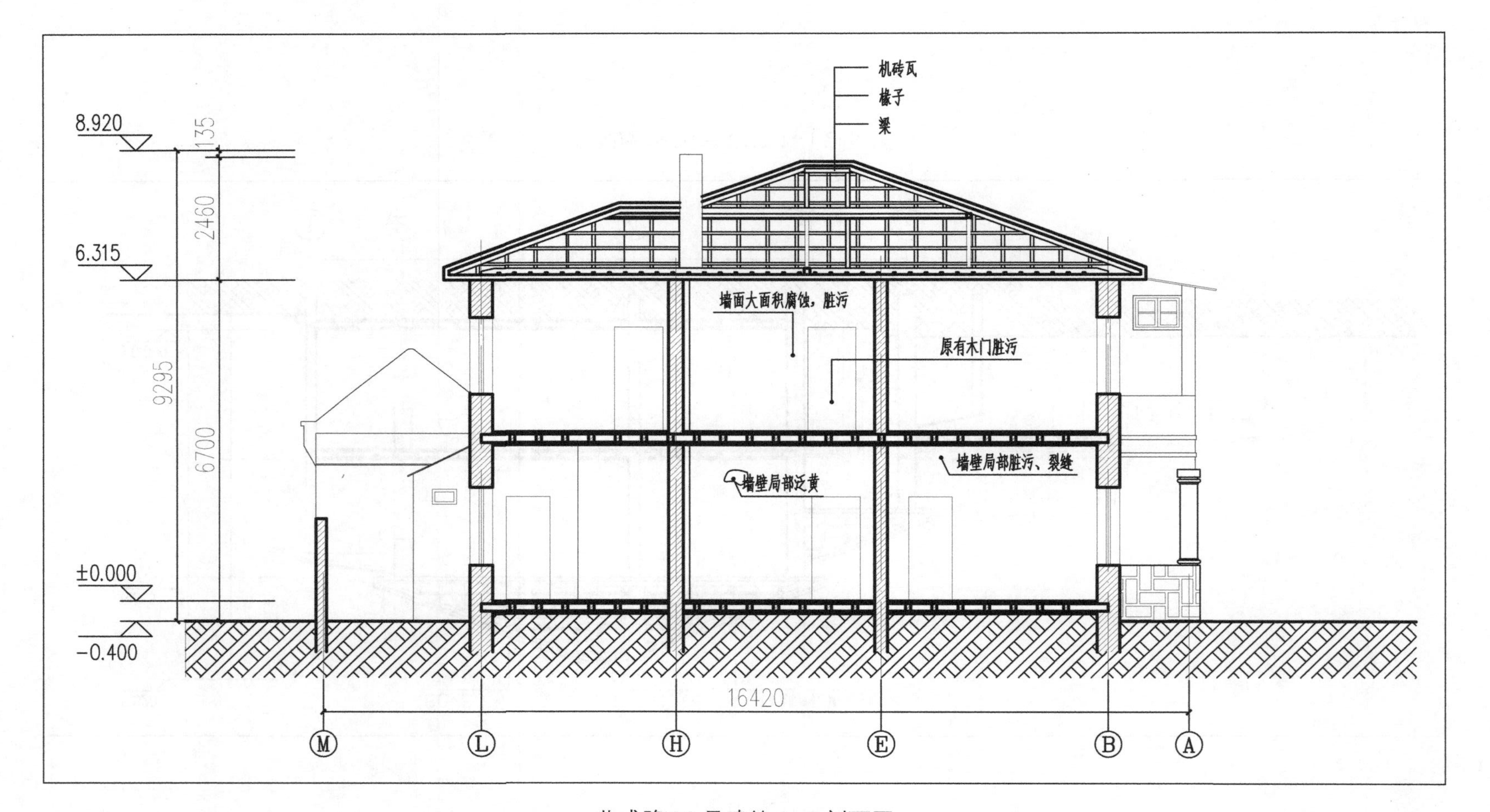

荣成路 36 号建筑 2-2 剖面图

设计篇

第一章　设计原则与范围

2009 年至 2012 年，对青岛八大关九处近代建筑（居庸关路 10 号、香港西路 10 号、黄海路 18 号、黄海路 16 号、山海关路 13 号、正阳关路 21 号、韶关路 24 号、荣成路 23 号、荣成路 36 号）现存状况进行了勘测调查，详细记录了建筑外立面、屋顶、各层房间的残损现状，通过对建筑残损现状的评估分析，制订了修缮设计方案。

一、修缮设计原则

此次修缮设计遵循下列原则：

1. 坚持“保护为主、抢救第一、合理利用、加强管理”的工作方针，并突出重点修缮的工程性质。最大程度保护文物建筑安全，尽可能多地保存各种遗产价值的载体。

2. 修缮工作应以科学检测分析和评估为基础，对受损状态和可能发生的危害因素清晰细致判断，合理制定保护措施。特别需要加强环境危险因素的治理，防止灾害的进一步影响。

3. 加固措施应以结构鉴定为基础，以真实完整地保存文物本体、保留历史信息为原则。

4. 坚持修缮过程中保护措施的可逆性原则，保证修缮后的可再处理性，尽量选择使用与原结构相同、相近或兼容的材料，尽量采用传统工艺技法，为后人的研究、识别、处理、修缮留有更准确的判定，提供最准确的变化信息。

5. 在修缮过程中要尊重历史风格，对建筑风格加以识别。加强历史研究，对具有重要价值的装饰特征和工艺特别注重保留与继承。

6. 保护历史环境的原则，维修工程对建筑及环境要素进行甄别，在对建筑实施修缮过程中，对遗产环境进行适当的整理工作。

7. 坚持“不改变文物原状”的原则，坚持采用建筑物固有的传统材料和工艺，保存和恢复其原有形制结构特点、构造材料特色和制作工艺水平。

二、修缮设计依据

1.《中华人民共和国文物保护法》

2.《中华人民共和国文物保护法实施细则》

3.《中国文物古迹保护准则》

4.《文物保护工程管理办法》

5. 有关文物建筑保护的其他法律、条例、规定及相关文件。

6.《青岛八大关近代建筑群保护规定》

7. 建筑相关设计规范。

8. 八大关五处近代建筑相关历史材料和调查资料。

9. 近代别墅建筑相关历史资料和调查资料。

三、修缮性质和工程范围

根据《文物保护工程管理办法》第五条，此次修缮工程属于对青岛八大关五处近代建筑（居庸关路 10 号、香港西路 10 号、黄海路 18 号、黄海路 16 号、山海关路 13 号）的重点修缮工程。

本次重点加固和修缮的范围是文物建筑保护范围内的五处别墅类建筑。

工程修缮的重点内容为：

1. 建筑外立面保护性修缮。

2. 恢复室内空间布局，修缮具有历史价值和历史特征的装饰。

3. 建筑结构的整体加固。

4. 建筑环境的整理。

5. 建筑设备的更新。

第二章 修缮措施

此次修缮的目的是保护好青岛八大关区域内九处代表性近代建筑（居庸关路10号、香港西路10号、黄海路18号、黄海路16号、山海关路13号、正阳关路21号、韶关路24号、荣成路23号、荣成路36号），保护近代建筑的历史真实性，保存和展示其历史、艺术和科学价值。对于出现破损的部位经过修缮尽量与原状保持一致，尽量使用原有构件，补配材料与原有材料相同，规格相同，质地相同，色泽相仿。破损部位能粘补加固的尽量粘补加固，能小修的尽量不大修，补配的装饰装修应严格按照原有风格、手法，保持历史风貌。为保持其文物价值，要求尽可能用原材料，真正做到不改变文物原状。对残损的构件尽可能加固后再利用；对非换不可的残件，应采取审慎的态度和科学的操作方法，不论在选材的尺寸、形式、质量和色泽上，都应保持与旧物一致的风貌。同时应适当具备可识别性。保持历史的原真性。

在修缮过程中要严格注意保护文物，避免损伤原有文物构件。在维修过程中，应尽可能减少对文物本体的干预，凡维修加固时所增添部分或更换的构件都应尽可能遵守可替换原则。九处建筑中居庸关路10号、香港西路10号、黄海路16号、山海关路13号等长期年久未修，屋顶存在多处渗漏，部分结构和构件已损坏，在保持原有历史风貌的基础上，按原有材料、原有工艺进行整体维修。

同时本工程在修缮过程中必须确保各项建筑物、构筑物的安全维护，精细实施各项保护措施，在保护第一、安全第一、质量第一的前提下进行维修工作，如对重要部位或物件的保护，应先进行必要的遮盖围护，或采用刚性或柔性的密封围护措施进行保护。

对历史建筑进行详尽的现状勘察，依据病害的分析，合理制定保护措施。切实保护好建筑历史风貌。遵照原有建筑风格、原有功能格局及装饰细部等方面的调查结果，依据文物保护维修原则对建筑进行完整全面的修缮设计，完整展现近代建筑良好的历史风貌。

在保护历史建筑原有风貌的基础上，依据现行房屋安全规范，改善建筑的结构，提高建筑的安全使用度，达到延长历史建筑结构使用年限的目的。同时以国家现行消防规范为主要依据，切实结合历史建筑现有的实际状况，分析问题，提出合理的修缮解决方案，有效提高历史建筑的使用安全度和消防安全度。

对周边环境实施整治，使近代建筑风貌得以延续和再现，并与周边的八大关近代建筑群整体环境相协调，共同营造海滨城市的历史人文氛围。通过整治各处建筑的历史环境，不仅延续了原有建筑的风格，更吸引人们近距离接触这几座近代别墅建筑，感受更丰富多样的城市风貌。

一、总体处理措施

针对这五处近代建筑的现状，根据确定的工程性质，对各种病害类型的处理措施进行统一综述，各建筑具体措施参见下一节修缮措施表和修缮设计图。

（一）重点加固修缮

根据现场勘查情况及质检报告结论确定重点修缮内容包括以下几个方面：

1. 按结构加固要求，对不能满足抗震荷载及渗漏的墙体和楼地面进行加固处理。

2. 维修更换损毁屋面或檐口构件，加固松动毛石基础、墙体，更换严重腐朽的木质梁架，恢复建筑原有特色装修，门窗维修油饰。按原有修复墙面破损。

3. 建筑细部“其用料、材质、规格、色彩，应按原样修复，保持建筑的原有风格，原有的壁炉、家具须保护完好”。

（二）保护与恢复

本工程对象均为全国重点文物保护单位，修缮要求以“最小干预”和“最大限度地保留历史信息”为原则，遵循文物建筑修复原则，基本做到无损、无害施工，保护原有的体貌和机理感。

1. 建筑外立面整体风格应严格保护，去除后期不当添加改造，对外墙进行整体清洗，对破损处进行维修。

2. 对室内重要装饰构件和具有重要历史特征的装修，反映历史时代特征的结构梁架应严格采取原状保护，不得采用现代材料进行替换修复。

3. 拆除不合理的搭建，去除后期加建且没有文物价值的部位，根据历史情况，恢复建筑原貌和重要历史特征。

（三）提高安全性和延长使用寿命

为了提高建筑使用安全性，延长建筑使用寿命。在设计时应对建筑有缺陷的部位，如近代建筑普遍出现的墙体渗水、屋面防潮层损坏，应采取相应的修补更换措施。对于结构抗震和安全问题，应根据鉴定报告，对原有结构体系进行加固处理。不能采用现代结构去替换原有结构体系，而只能对原有结构体系进行加固。

（四）改善设施延续利用

在修缮过程中，对基础设施的改造应该尽可能考虑现代设施设备与民国时期建筑风格的协调一致。完善机电、弱电、消防、泛光照明、空调、安保等设施。为不影响室内外的整体效果，所有的管线宜采用暗管敷设。

二、现场整体清理

对八大关五处近代建筑及环境进行整体清理。此项工作包含清理场地垃圾、清理加建房屋、现存建筑的排险加固、院落围墙的排险加固等几方面。更换受损严重的构件，对受损较轻的构件予以维修、归安。

进行清理时应做好安全防范工作，特别是在建筑穹顶及檐口易滑落部位构件，应采取临时保护措施。进行现场清理的人员要落实好安全措施（如安全帽、安全网、安全带、脚手架牢固）。另外，还需派专职安全员看管工地，保证文物安全和人身安全。

三、整体结构加固

根据鉴定报告，结合此次文物维修的目标要求，编制建筑结构加固设计方案，对各建筑物的基础、楼地面和墙体等结构体系进行加固处理。

四、残损构件修复

对各建筑受损的构件应仔细检查受损程度，详细记录其残损情况，然后由相关专业人员确定维修处理措施，由设计方确认后进行系统维修。受损严重的构件予以更换。更换的建筑构件和更换部位应明确做好工程记录，拍照备案。

对残损构件的修复，应按照建筑原有材料、原有式样和原有工艺进行复原。

五、基础设施改善

针对该建筑现有电力、给排水、消防和安防监控等基础设施设备已陈旧、老化、破坏严重，满足不了现阶段使用，或对当前使用造成不便，如漏雨、疏散、安全等问题；应遵循文物保护的要求，委托专业部门进行设计与施工，改善更新给水排水设施，重新布置电力系统。防雷设施应另行委托专业部门进行设计实施。修缮后，应加强对基础设施的日常检查和管理。

六、各建筑主要问题处理措施

（一）居庸关路 10 号主要问题处理措施

1. 现场整体清理

对居庸关路 10 号建筑及院内各处的建筑进行系统的整体清理。此项工作包含场地垃圾清理、房间内部清理、现存建筑的排险加固等几方面。

进行清理时应做好安全防范工作，特别是在建筑围廊檐口易滑落部位构件，应采取临时保护措施。进行现场清理的人员要落实好安全措施（如安全帽、安全网、安全带、脚手架牢固）。另外，还需派专职安全员看管工地，保证文物安全和人身安全。

2. 台基、台阶修复

对台基边墙及铺装进行整体清理和归安。更换破损严重的铺装方砖及花岗岩石材，按原做法进行复原。

对入口台阶磨损局部破损严重的花岗岩条石进行逐一进行清理，更换严重受损与水泥浇注的条石，更换的条石按传统做法进行复原。

3. 外墙面、外立面修复

根据结构加固要求对墙体加固后，按原墙面材质、工艺，统一新作墙体抹灰层。

墙面涂料层应为蓝绿色，颜色具体色泽应对照现有墙面叠加中的蓝绿色涂料一致。

外立面清洗应根据具体部位委托专业工程施工队伍细化施工方案，必须确保文物本体不受损坏。外立面装饰陶瓷马赛克应按原肌理和色泽复原其破损部位。采用原材料。

4. 室内外地面修复

对室内硬质地面、楼面进行清扫，对地下室存在的硬质地面做进一步重点清扫除污。

清理室内木地板地面，去除木地板上灰尘及杂物，根据木地板损毁程度采取针对性修缮措施。

5. 室内壁柜、壁炉修复

室内木壁柜、壁炉等已经遭到封堵和重新装修，在修缮加固中，尽量予以恢复保护其历史时期的物件。

对于破损缺失的予以补配，补配构件应与原构件的材质、质量、纹理一致。

6. 建筑屋面修缮加固

平屋面上的增搭建，应作清除处理，如西北侧二楼阳台上增建的部分棚屋。增添或改善外墙、楼面、屋面隔热层、防水层。修复损坏的屋面、楼面结构层，应有足够的泛水坡度，应有隔气层，修复坡屋顶上存在的瓦面破损和檐口剥落开裂。

7. 整体结构加固

根据2012年1月青岛理工大学质量监督检查中心检查报告及建筑结构加固设计要求，对楼面墙体进行加固处理。

8. 残损构件修复

对受损的各建筑构件应仔细检查受损程度，详细记录其残损情况，然后由相关专业人员确定维修方案，由设计方确认后进行系统维修。受损严重的构件予以更换。更换的建筑构件均按照历史时代原有材料、原有式样、原有工艺进行复原。

9. 安全疏散

建筑东侧封堵的副入口（弧形露台处）修复后应保证打开，北立面楼梯间处出入口去除杂物后予以修复，保证疏散。由于建筑体量较小，目前出入口能满足安全疏散要求。

10. 基础设施改善

针对该建筑现有电力、给排水、消防和安防监控等基础设施设备已陈旧、老化、破坏严重，满足不了现代功能的需要的问题。

基础设施改造应安置文物保护单位的安全防护要求，结合实际需要统一进行设计与施工，改善更新基础设施，使其满足日常使用要求。目前没有防雷设施，应另行委托专业部门实施。

修缮后，应加强对基础设施的日常检查和管理。

11. 加固图纸

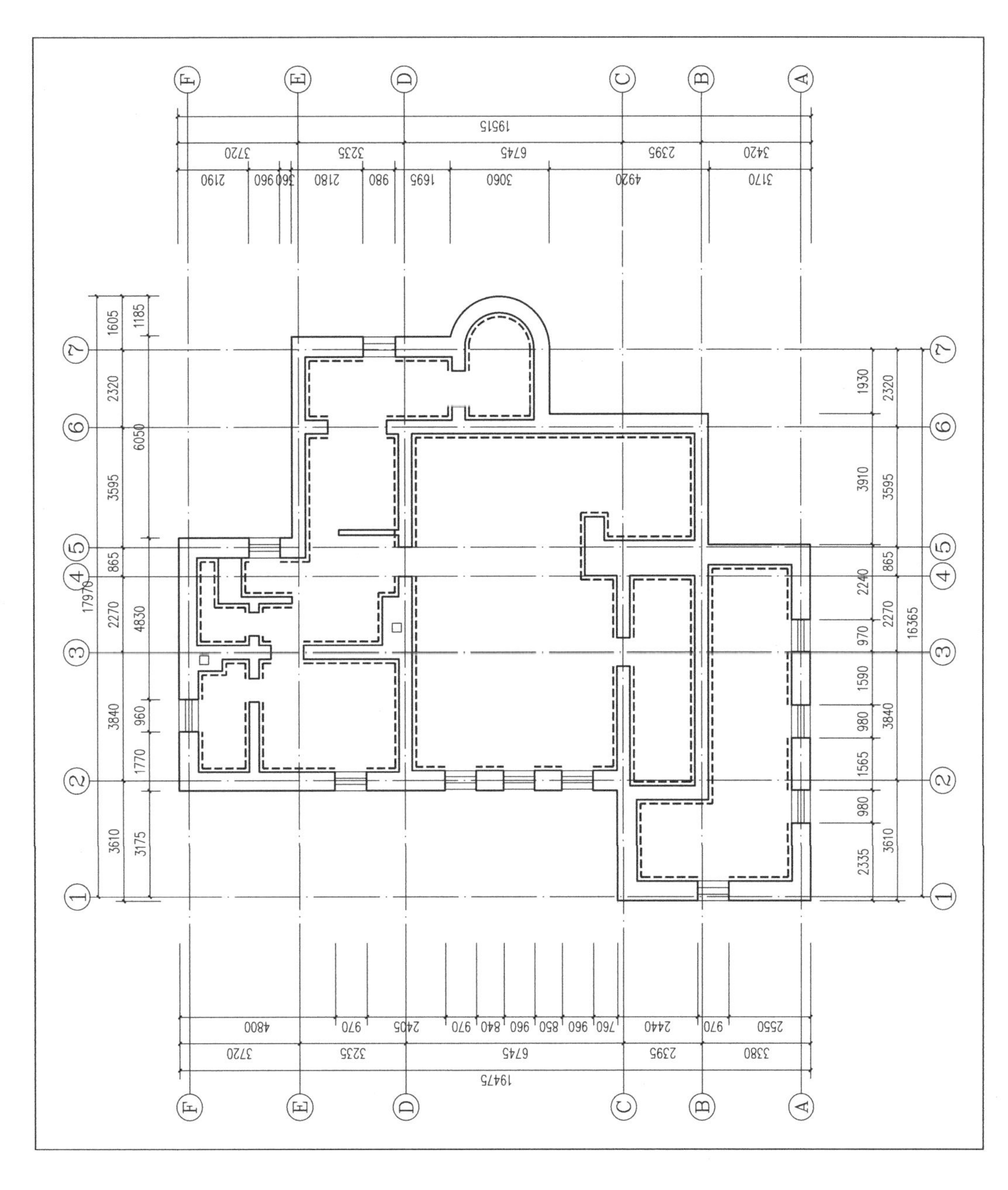

居庸关路10号地下室墙体加固平面布置图

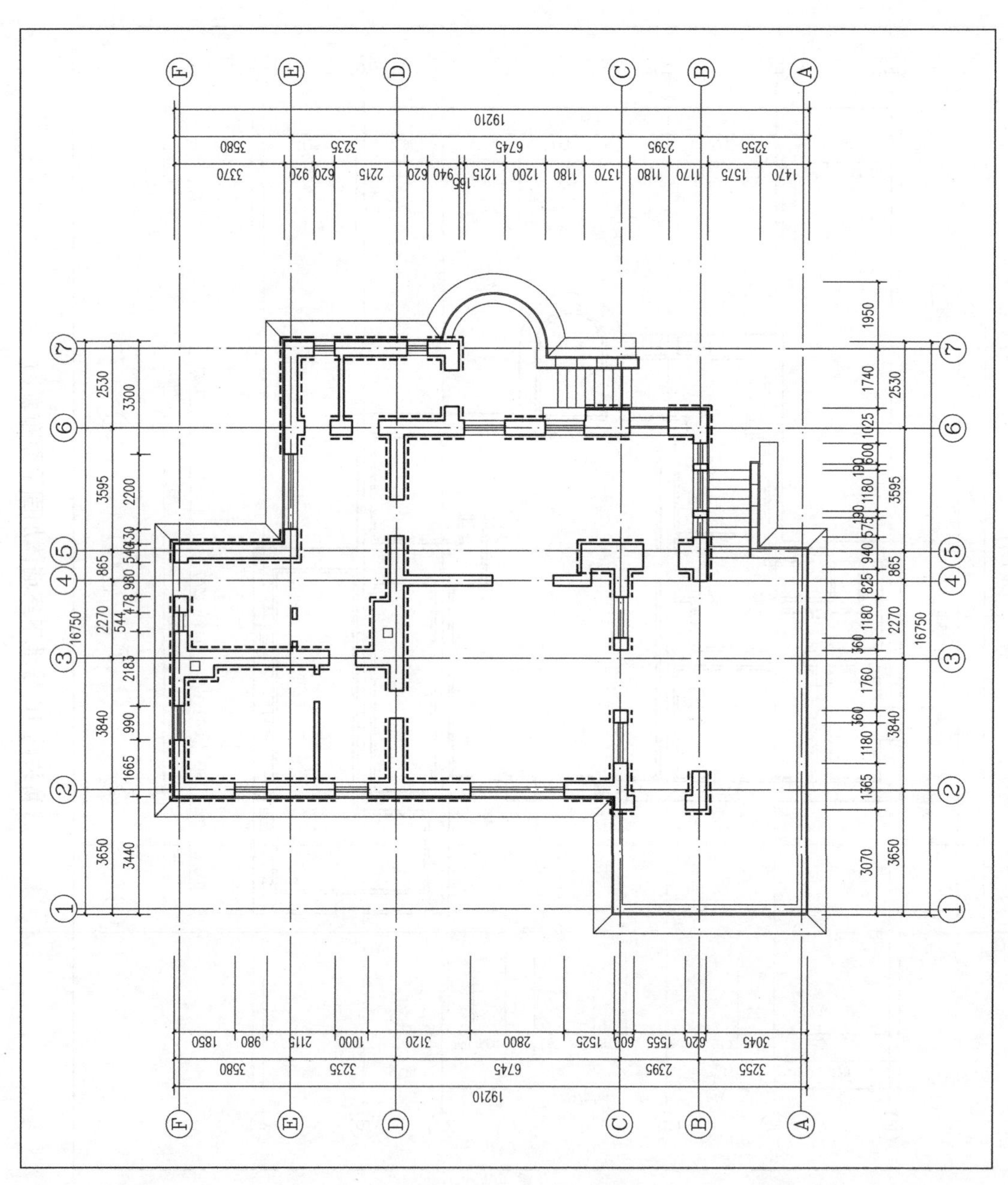

居庸关路 10 号一层墙体加固平面布置图

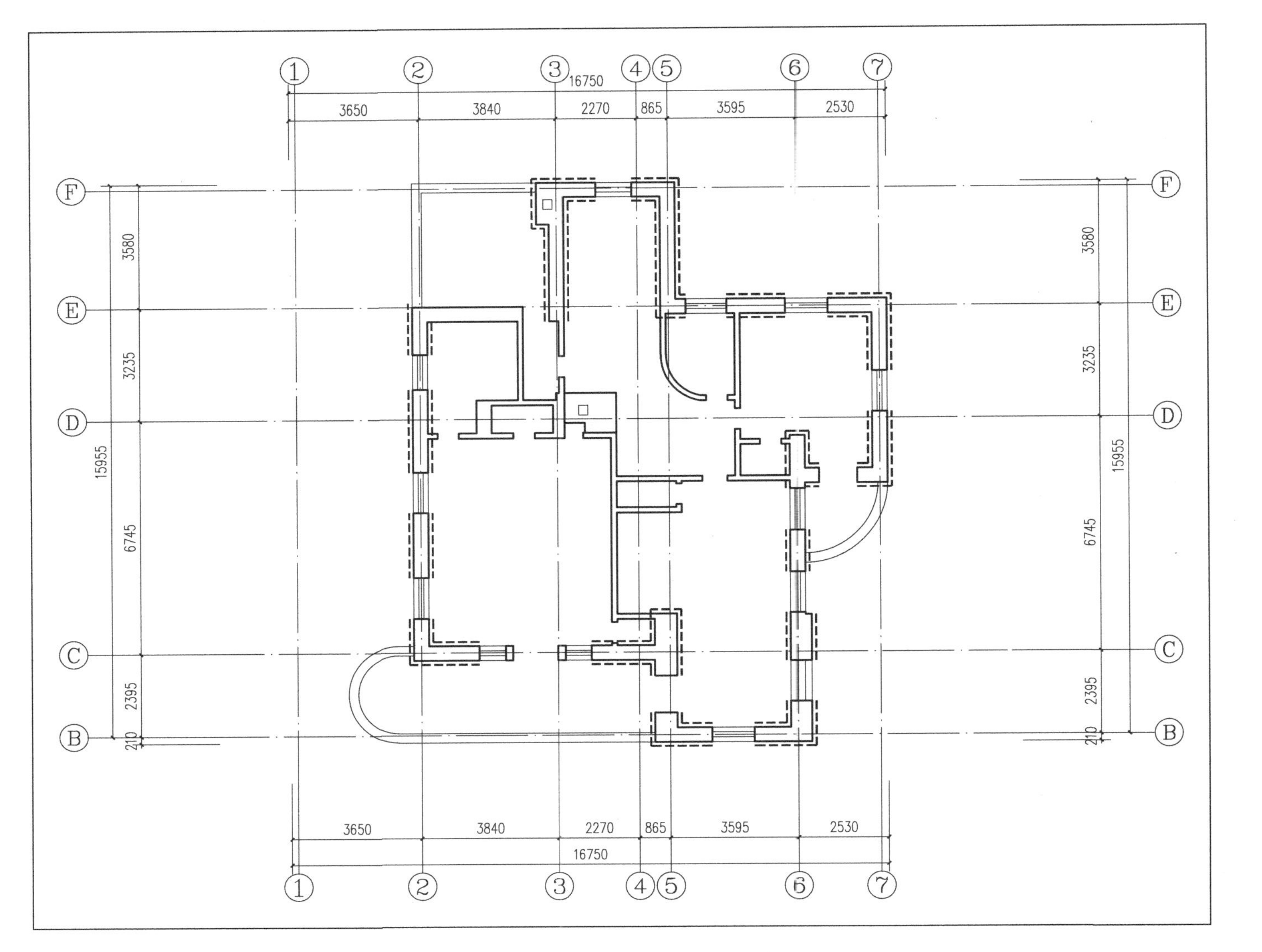

居庸关路10号二层墙体加固平面布置图

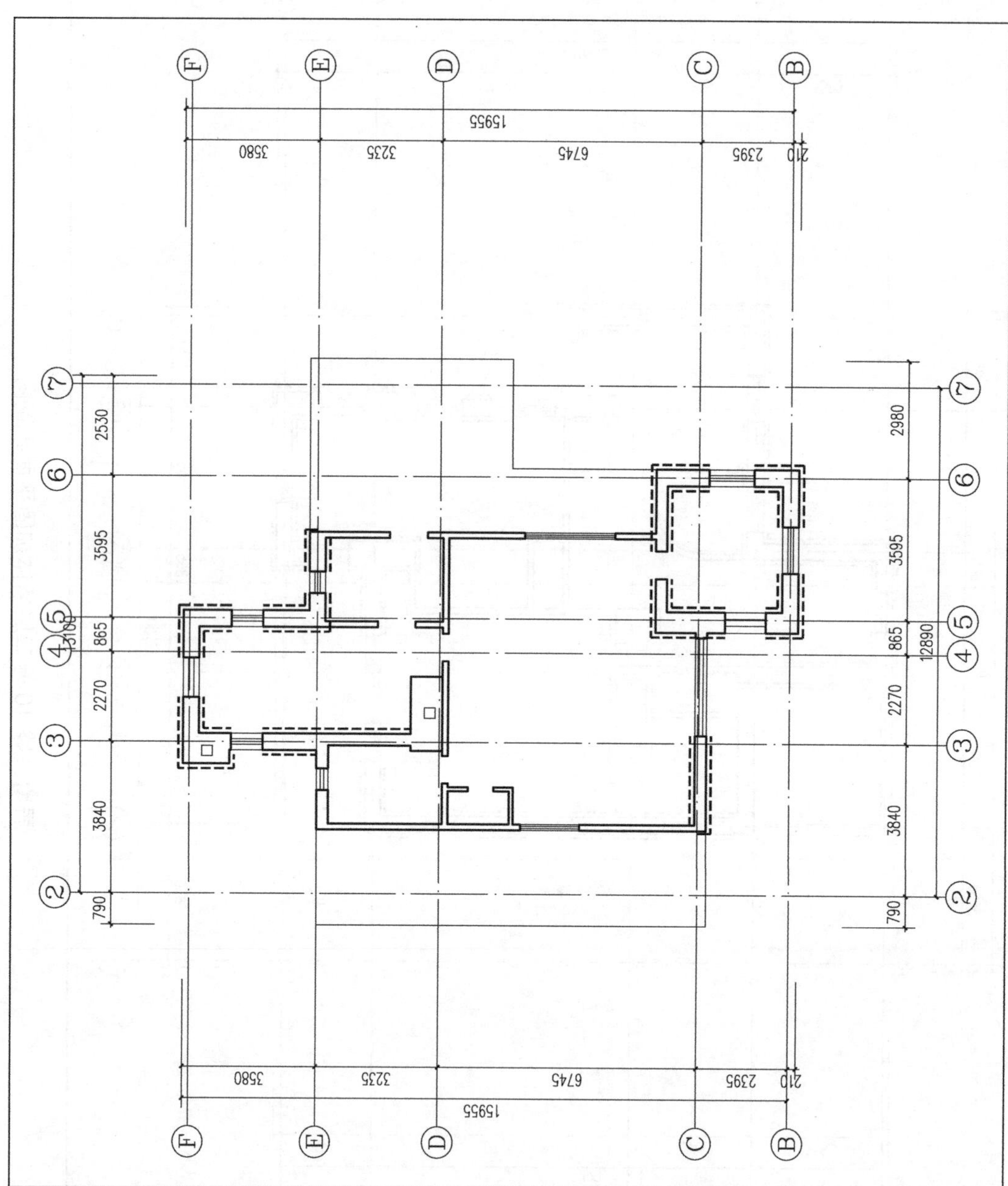

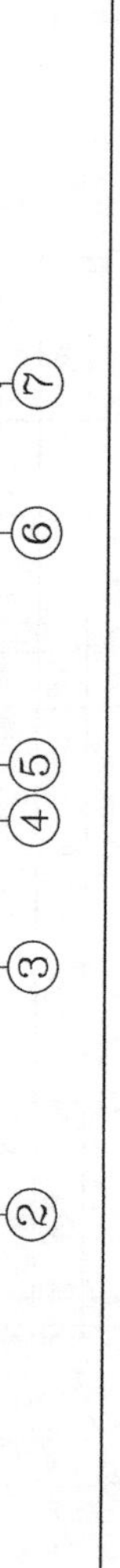
居庸关路10号三层墙体加固平面布置图

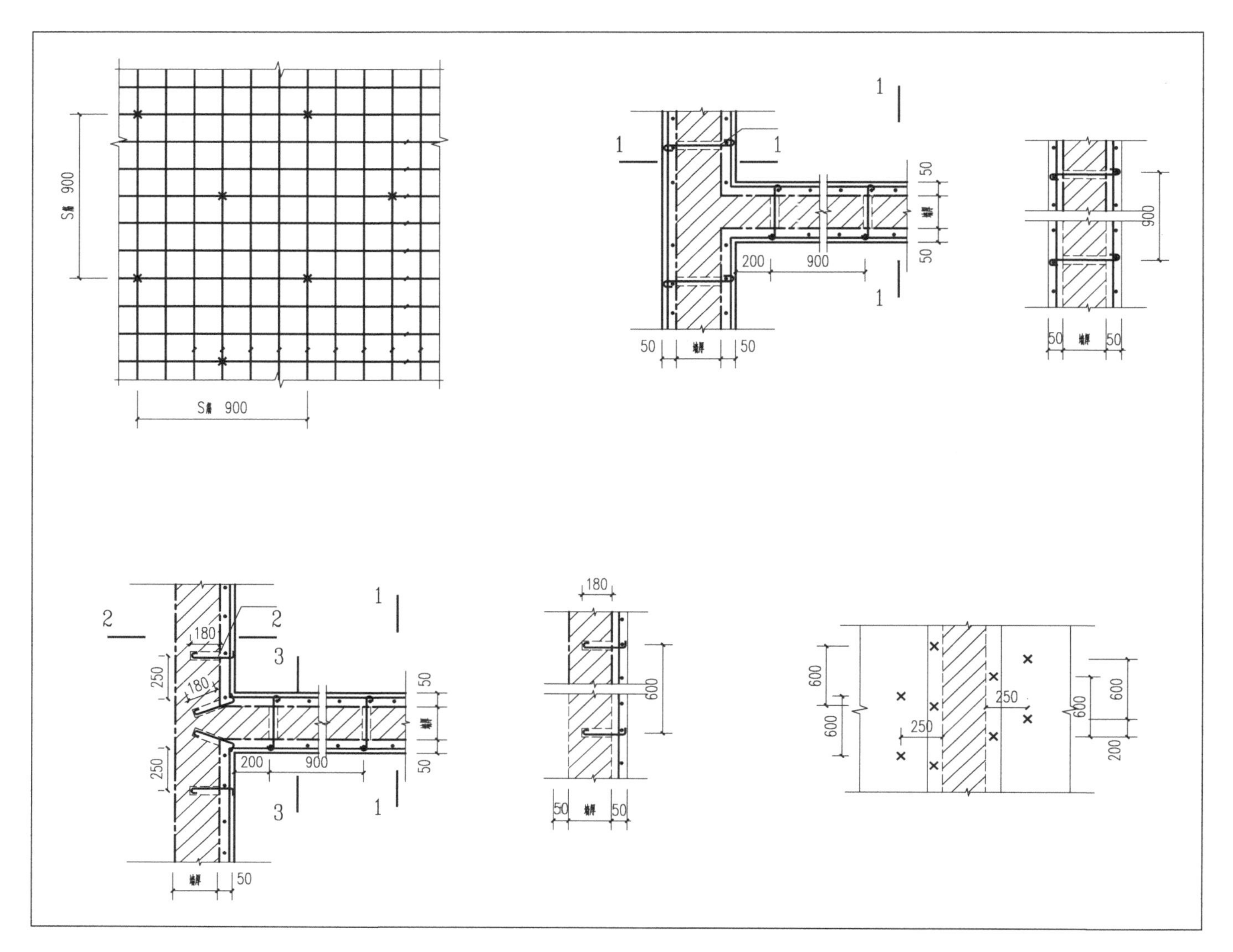

居庸关路 10 号结构详图（一）

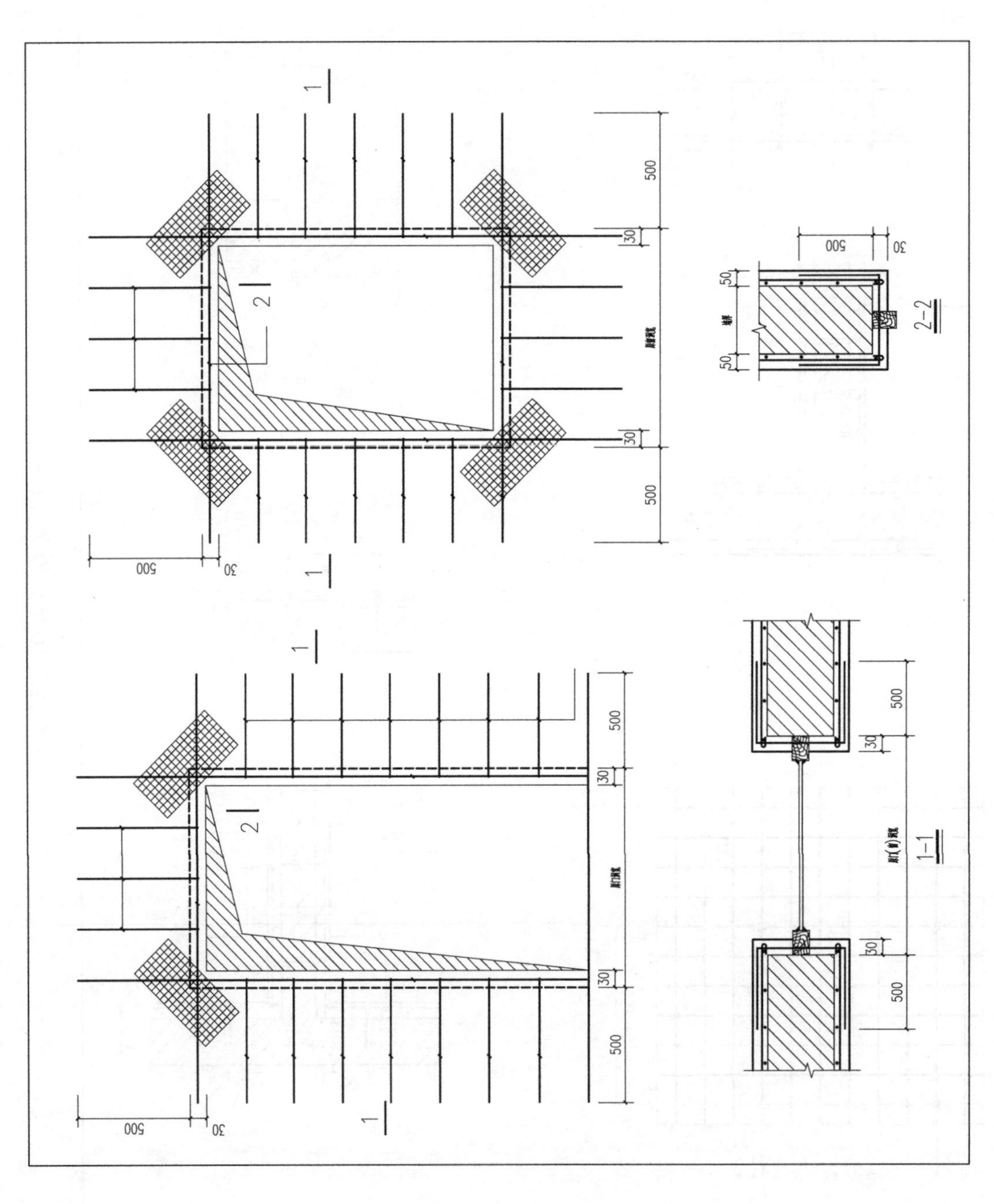

居庸关路 10 号结构详图（二）

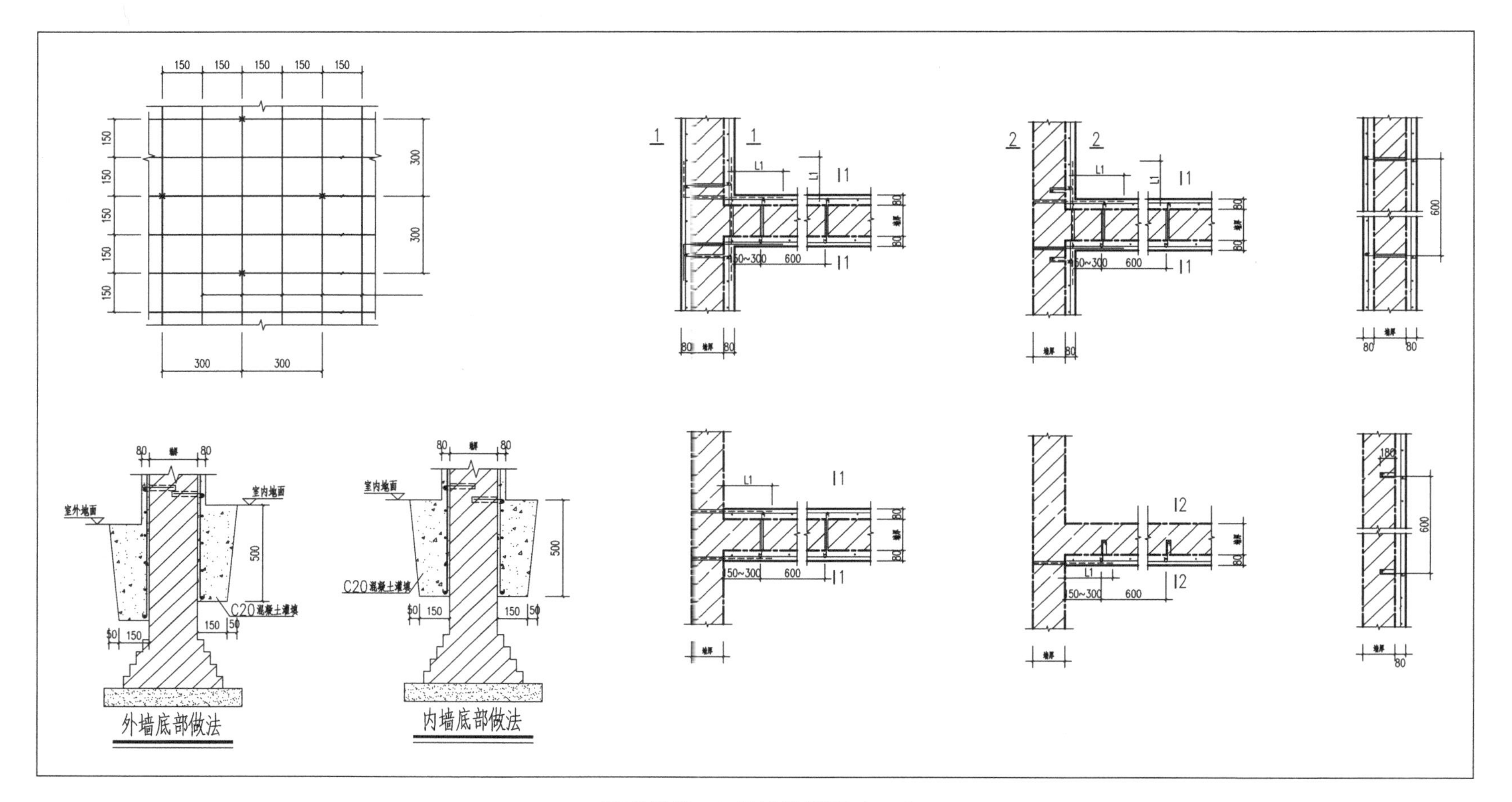

居庸关路10号结构详图（三）

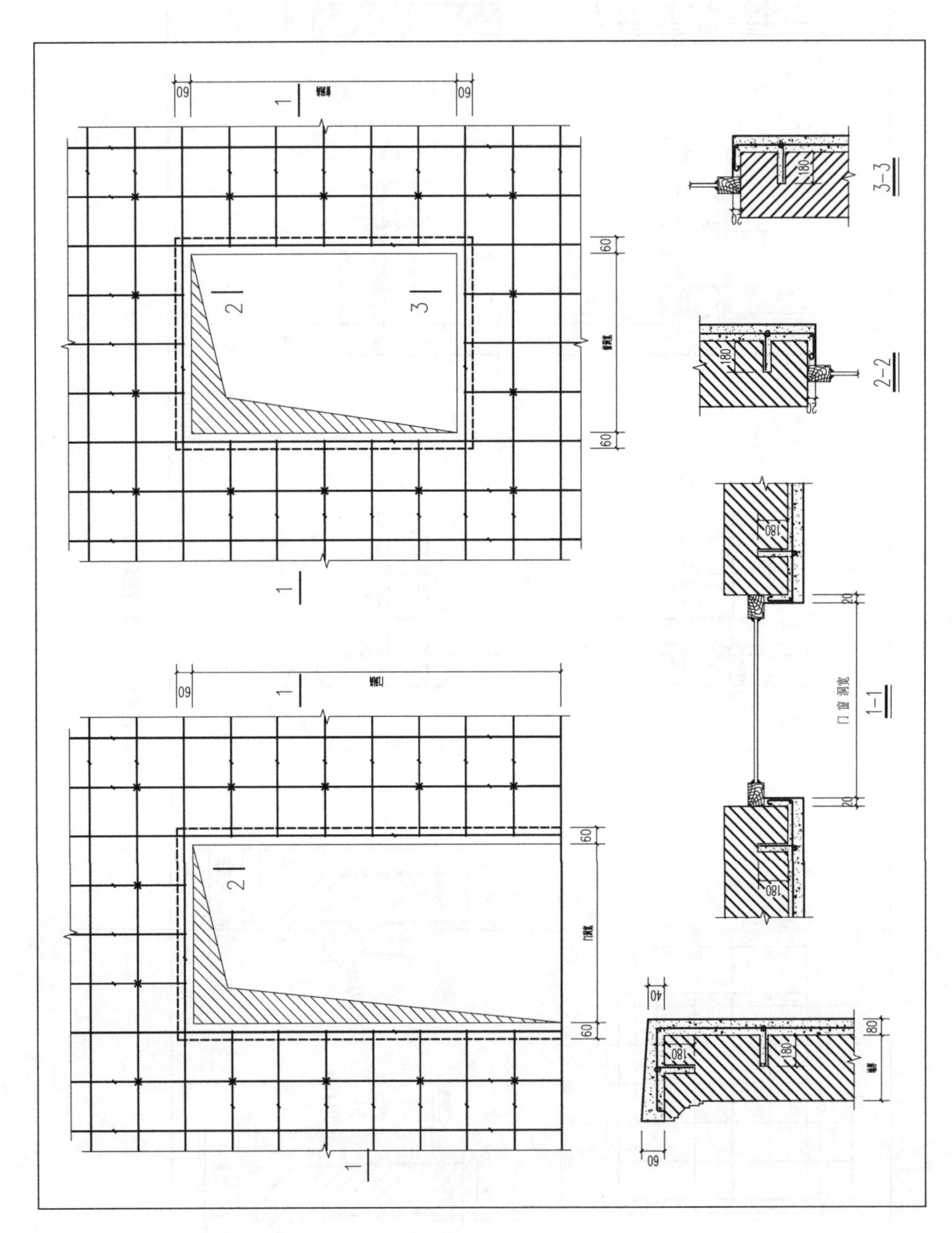

居庸关路 10 号结构详图（四）

（二）香港西路 10 号建筑主要问题处理措施

1. 现场整体清理

对香港西路 10 号及院内环境进行系统的整体清理。此项工作包含场地垃圾清理、房间内部清理、现存建筑的排险加固等几方面。

进行清理时应做好安全防范工作，特别是在建筑围廊檐口易滑落部位构件，应采取临时保护措施。进行现场清理的人员要落实好安全措施（如安全帽、安全网、安全带、脚手架牢固）。另外，还需派专职安全员看管工地，保证文物安全和人身安全。

2. 台基、台阶

对入口台阶磨损，局部破损严重的水泥地面及水磨石地面进行进行清理，更换严重受损部分，按原工艺、原做法进行复原。

3. 外墙面、外立面

根据结构加固要求对墙体加固后，按原墙面材质、工艺，统一新作墙体抹灰层。

外墙面个别部位受到长时间污染，墙面老旧或者沿立面加建窝棚，应予以清理拆除。

4. 室内外地面修复

室外地面，按原样修复破损地面面砖。

室内木地板因业主单位改造装修施工原因，全部拆毁原有地板，原貌遭受巨大损坏，室内地垄深约 0.9 米，大面积被破坏，修缮工程应按照原貌，结合现有工程，恢复地垄木梁，重新铺装木地板进行。

施工过程需确保现有文物本体部位不受损坏。遵循文物建筑修复原则，对尚保留完整的地垄和木梁进行原状加固保留。

5. 室内立面及装修修缮

对内立面残损的外露结构砖结构，进行抹灰粉刷，并更换受损严重的墙面装修，依据原有室内材质、样式和铺装方式进行复原。墙裙等其他内装修也应按原貌修复。

对于破损缺失构件予以补配，补配构件应与原构件的材质、质量、纹理一致。

6. 建筑屋面修缮加固

屋顶木梁架结构应根据结构加固方案实施加固，更换损坏或有结构安全问题的屋顶梁架构件。修复损坏的屋面结构层，去除平屋面上的增搭建，重新铺设木质望板垫层，重做防水层，改善隔热层。

7. 整体结构加固

根据2012年1月青岛理工大学质量监督检查中心检查报告及建筑结构加固设计要求，对墙体及屋架进行加固处理。

8. 残损构件修复

对受损的各建筑构件应仔细检查受损程度，详细记录其残损情况，然后由相关专业人员确定维修方案，由设计方确认后进行系统维修。受损严重的构件予以更换。更换的建筑构件均按照历史时代原有材料、原有式样、原有工艺进行复原。

9. 安全疏散与无障碍设施的建设

在不影响结构安全和建筑风貌的前提下，建筑北侧可增设坡道和无障碍等方便老人和残疾人使用的设备。目前能满足安全疏散要求。

10. 基础设施改善

针对该建筑现有电力、给排水、消防和安防监控等基础设施设备已陈旧、老化、破坏严重，满足不了现代功能需要的问题，应据功能需要与文物保护单位的安全防护要求统一进行设计与施工，改善更新基础设施，使其满足日常使用要求。破损的防雷设施，及时予以重新安装。基础设施的布置与安装建议另行委托专业部门实施。

修缮后，应加强对基础设施的日常检查和管理。

11. 加固图纸

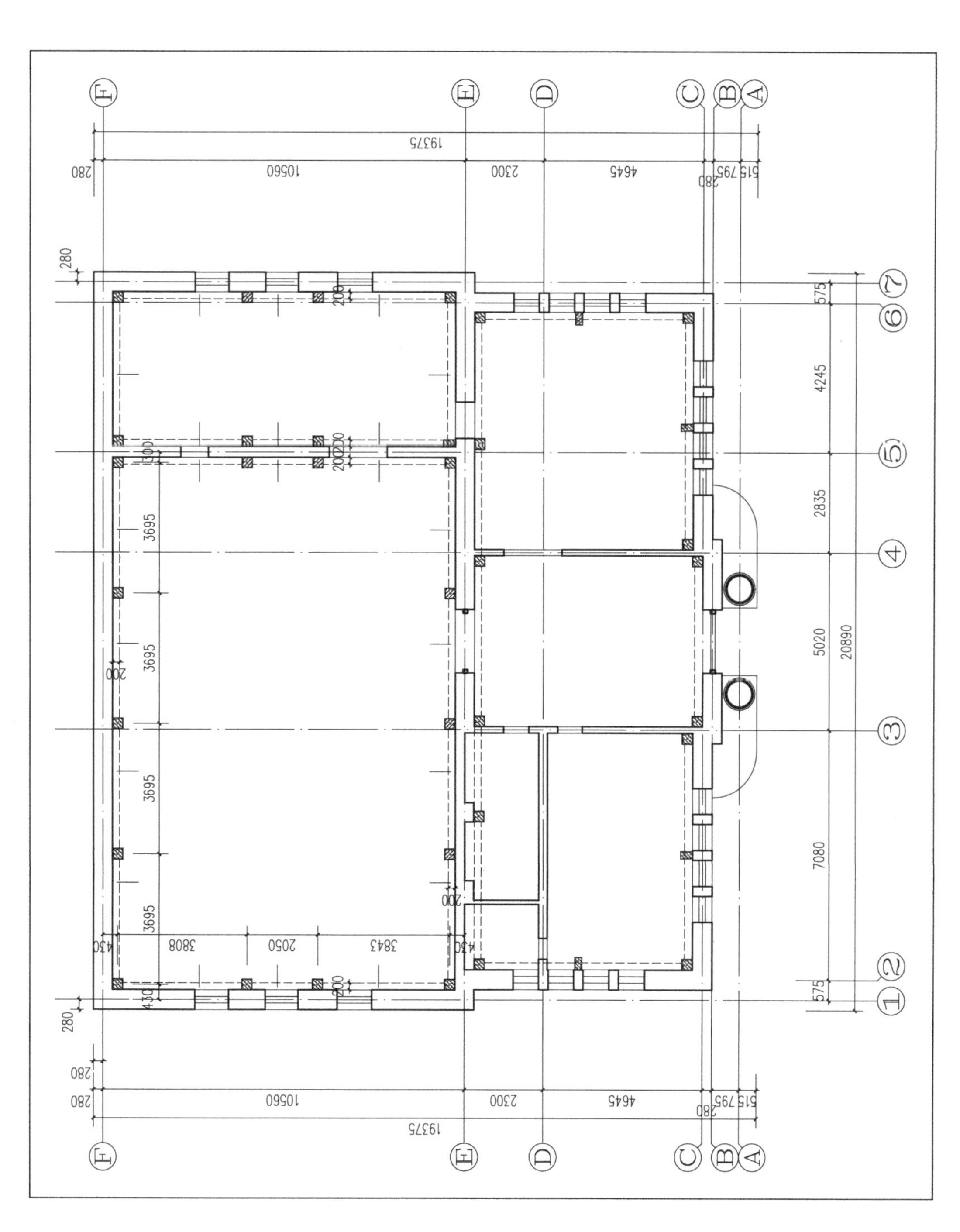

香港西路 10 号新增柱及新增梁布置图

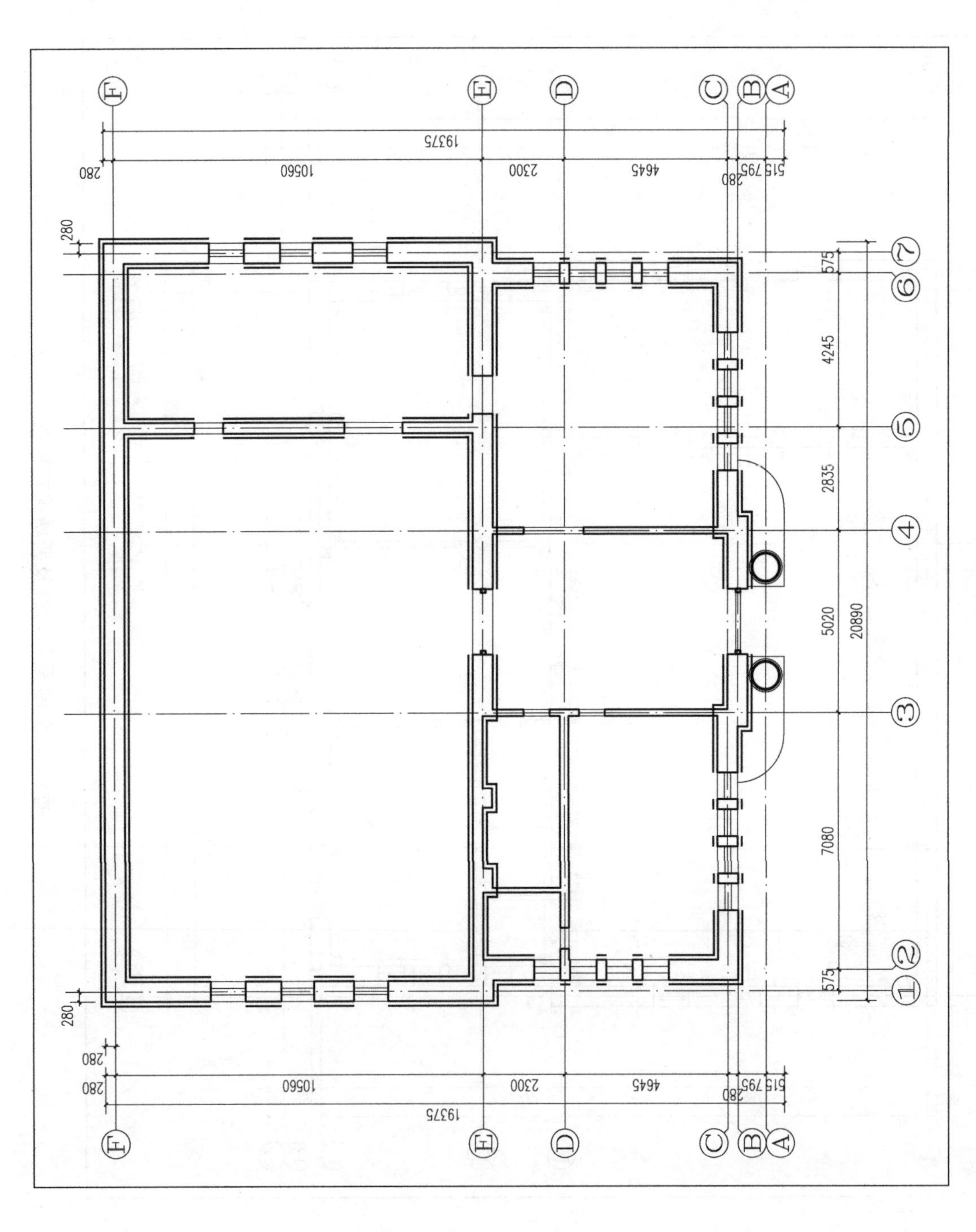

香港西路10号墙体加固平面布置图

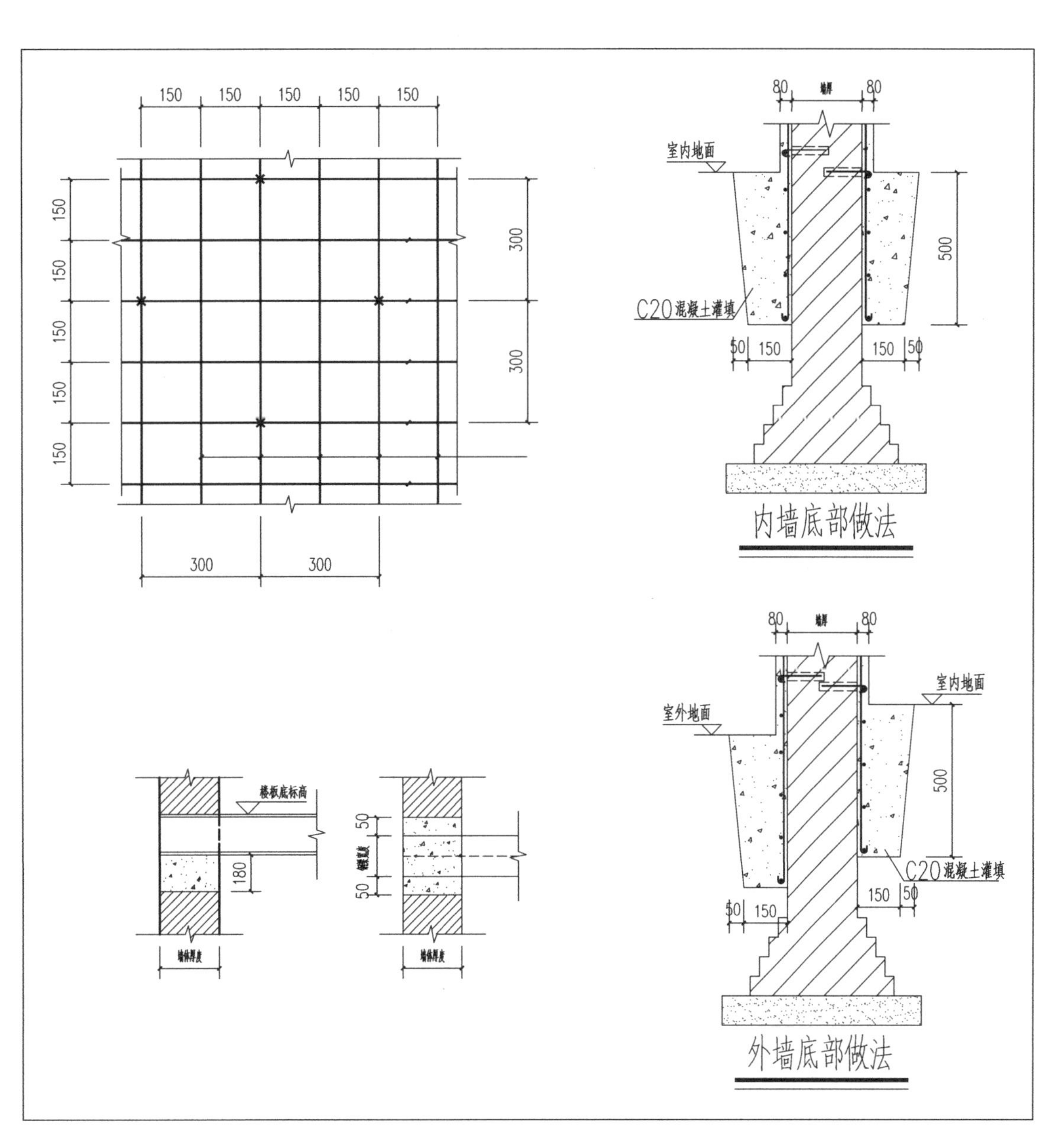

香港西路10号结构详图（一）

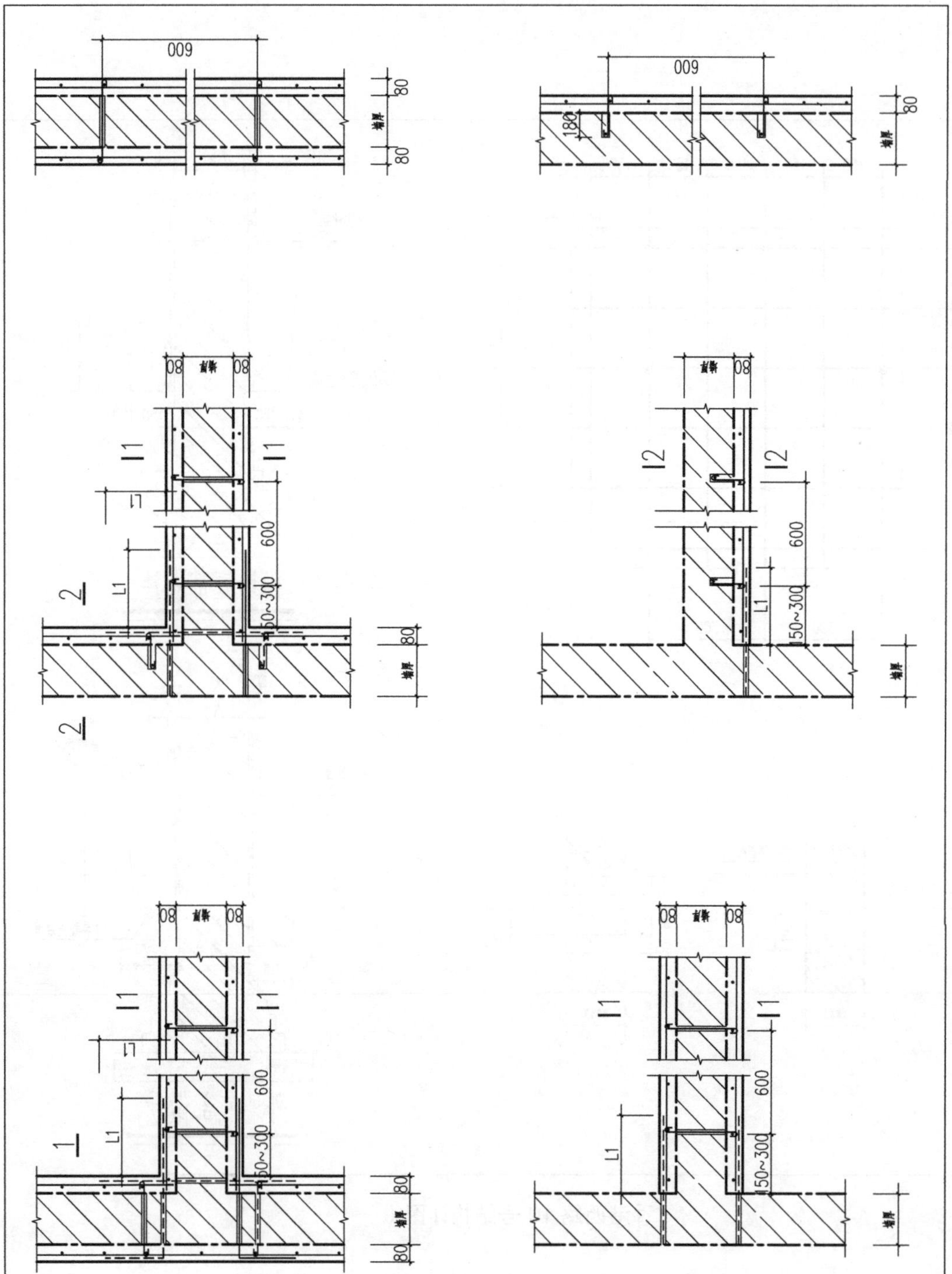

香港西路 10 号结构详图（二）

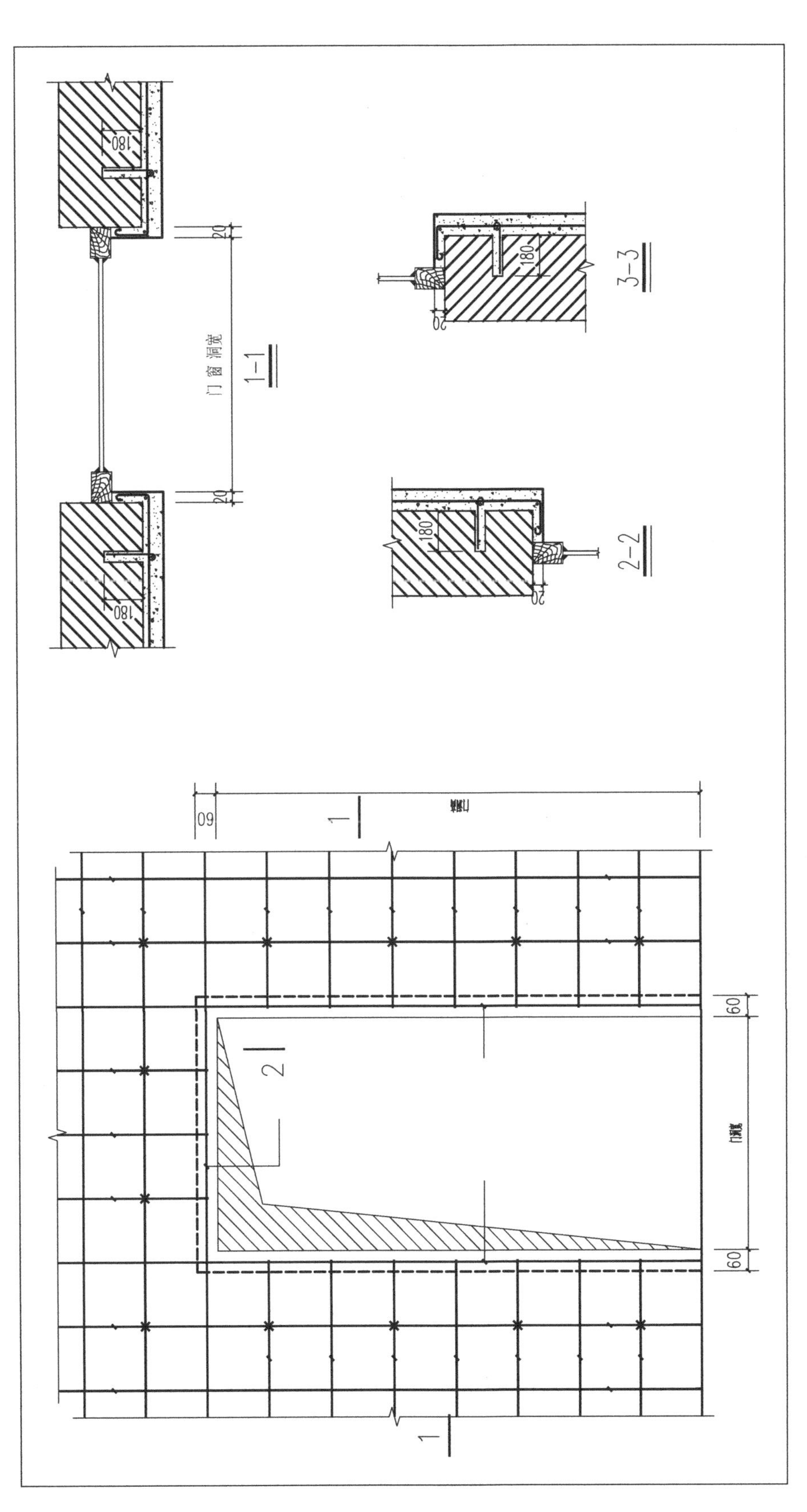

香港西路10号结构详图（三）

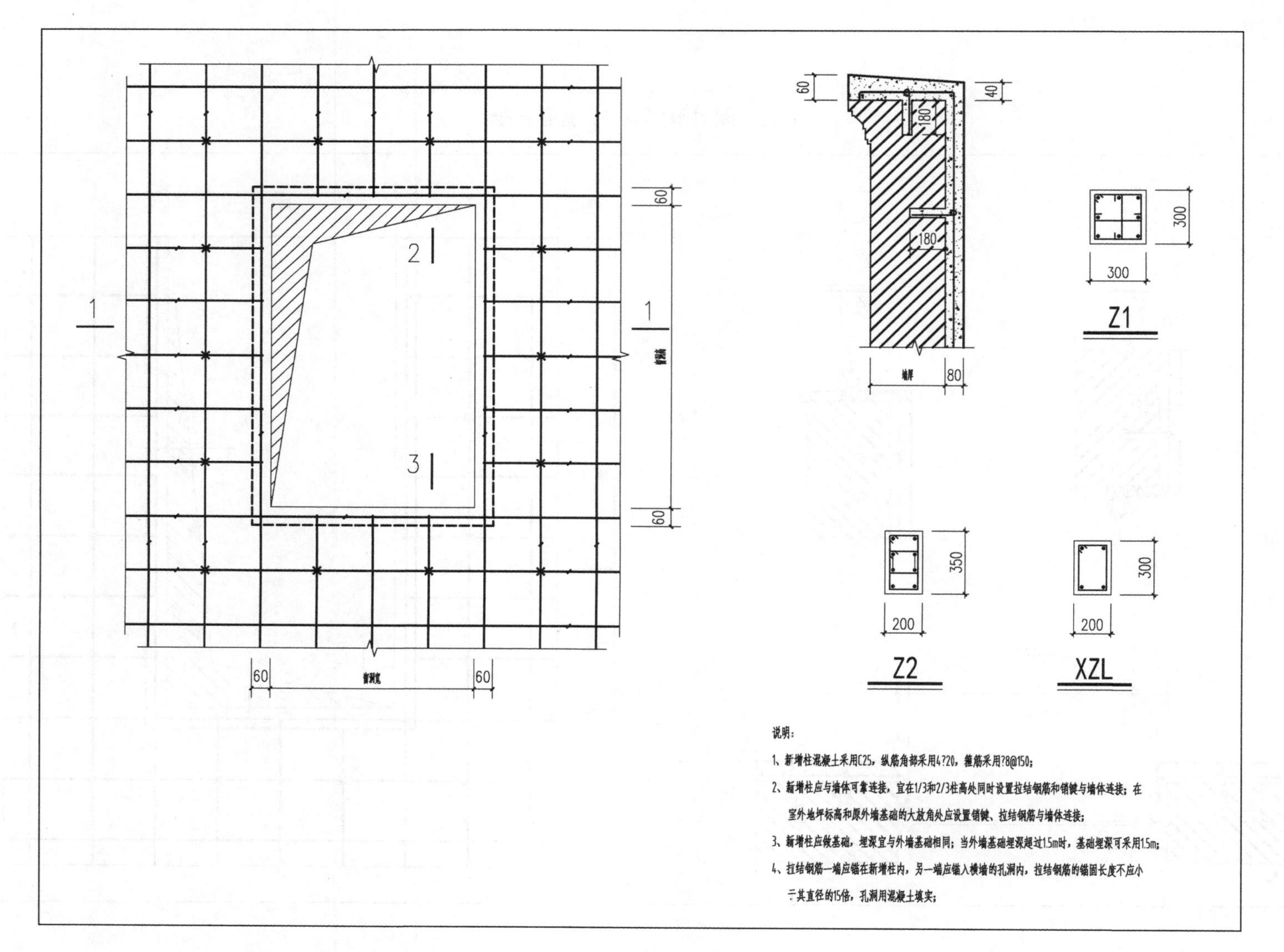

香港西路10号结构详图（四）

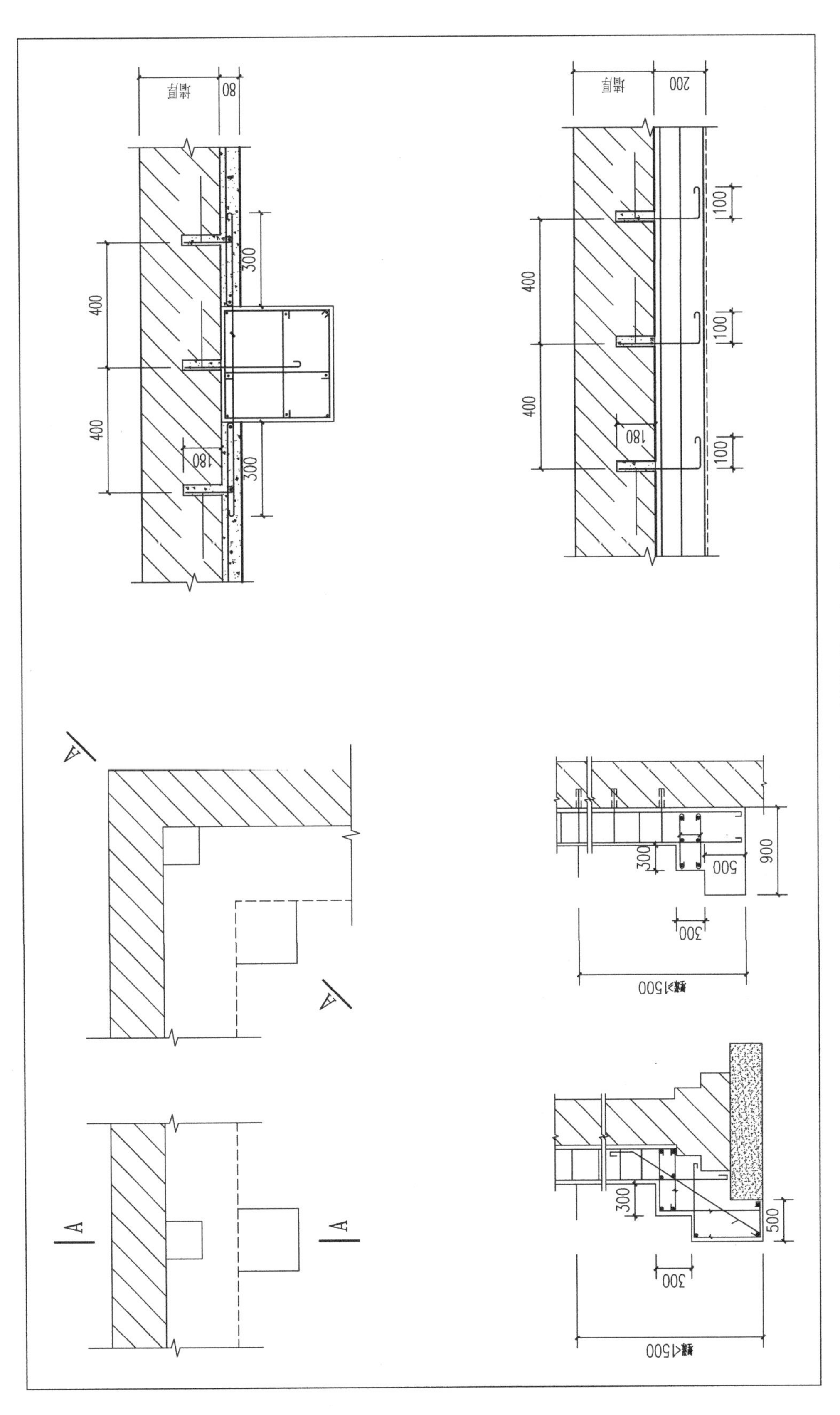

香港西路10号结构详图（五）

（三）黄海路 16 号建筑主要问题处理措施

1. 现场整体清理

对黄海路 16 号及院内各处的建筑进行系统的整体清理。此项工作包含场地垃圾清理、房间内部清理、现存建筑的排险加固等几方面。

进行清理时应做好安全防范工作，特别是在建筑围廊檐口易滑落部位构件，应采取临时保护措施。进行现场清理的人员要落实好安全措施（如安全帽、安全网、安全带、脚手架牢固）。另外，还需派专职安全员看管工地，保证文物安全和人身安全。

2. 台基、台阶

对台基边墙及铺装进行整体清理和归安。更换破损严重的台基及花岗岩石材，按原做法进行复原。

原有主入口后期加建杂物间的，本次修缮予以拆除。

对入口台阶磨损局部破损严重的花岗岩条石进行逐一进行归安清理，更换严重受损与水泥浇注的条石，更换的条石按传统做法进行复原。

3. 外墙面、外立面

建筑距今已有 80 余年历史，外墙石材墙面特色明显，本次维修应保持其原有特点，所以根据结构加固要求对墙体加固后，按原墙面材质、工艺，统一修复墙体。

墙面涂料层应为淡黄色，颜色具体色泽应与现有墙面叠加中的淡黄色涂料一致。

4. 室内外地面修复

室外地面铺装地砖统一进行平整，按原样去除后期现代水泥涂抹地面，修复完整铺地。

室内地面后期改造较多，原有木地板保留较少且残损明显，按原样修补木地板。对室内水泥硬质地面和现代地砖地面进行剔除，恢复架空木地板。对楼面进行清扫，去除木地板上后期加地板革、地毯等现代铺装。

清理室内木地板地面，清洗木地板灰尘，根据木地板损毁程度进行修复添补。

5. 室内立面及装修修缮

室内立面破损外露的砖构墙体，进行抹灰粉刷，并更换受损严重的立面装修，依据原有室内铺装材质、样式进行复原。墙裙等其他内装修按原样原貌修复。

对于破损缺失的予以补配，补配构件应与原构件的材质、质量、纹理一致。保存原有壁炉、墙裙、线脚等装修做法；根据损毁程度采取更换和修补措施。

6. 建筑屋面修缮加固

更换损坏或有结构安全问题的屋顶梁架。修复损坏的屋面结构层，平屋面上的增搭建，应作清除处理，增添或改善隔热层、防水层。根据屋面损毁情况填补瓦件，重新铺设。对阳台屋顶进行防水处理，并清理平整。

7. 整体结构加固

根据本次建筑结构加固设计和要求，对墙体进行加固处理。

8. 残损构件修复

对受损的各建筑构件应仔细检查受损程度，详细记录其残损情况，然后由相关专业人员确定维修方案，由设计方确认后进行系统维修。受损严重的构件予以更换。更换的建筑构件均按照历史时代原有材料、原有式样、原有工艺进行复原。

9. 基础设施改善

针对该建筑现有电力、给排水、消防和安防监控等基础设施设备已陈旧、老化、破坏严重，满足不了现代功能的需要的问题，应根据功能需要与文物保护单位的安全防护要求统一进行设计与施工，改善更新基础设施，使其满足日常使用要求。破损的防雷设施，及时予以重新安装。基础设施的布置与安装建议另行委托专业部门实施。

修缮后，应加强对基础设施的日常检查和管理。

10. 加固图纸

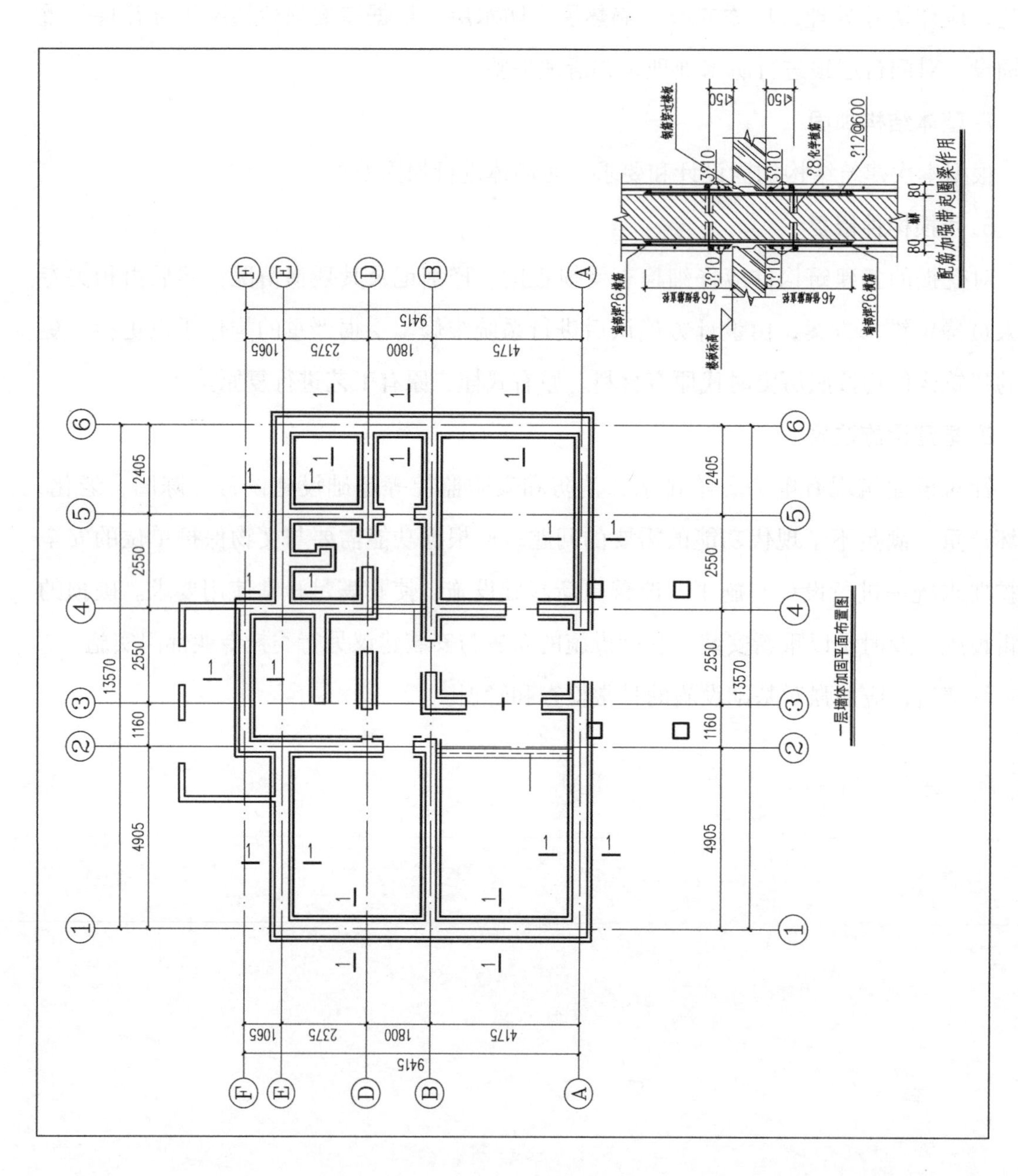

黄海路 16 号一层墙体加固平面布置图

黄海路16号二层墙体加固平面布置图

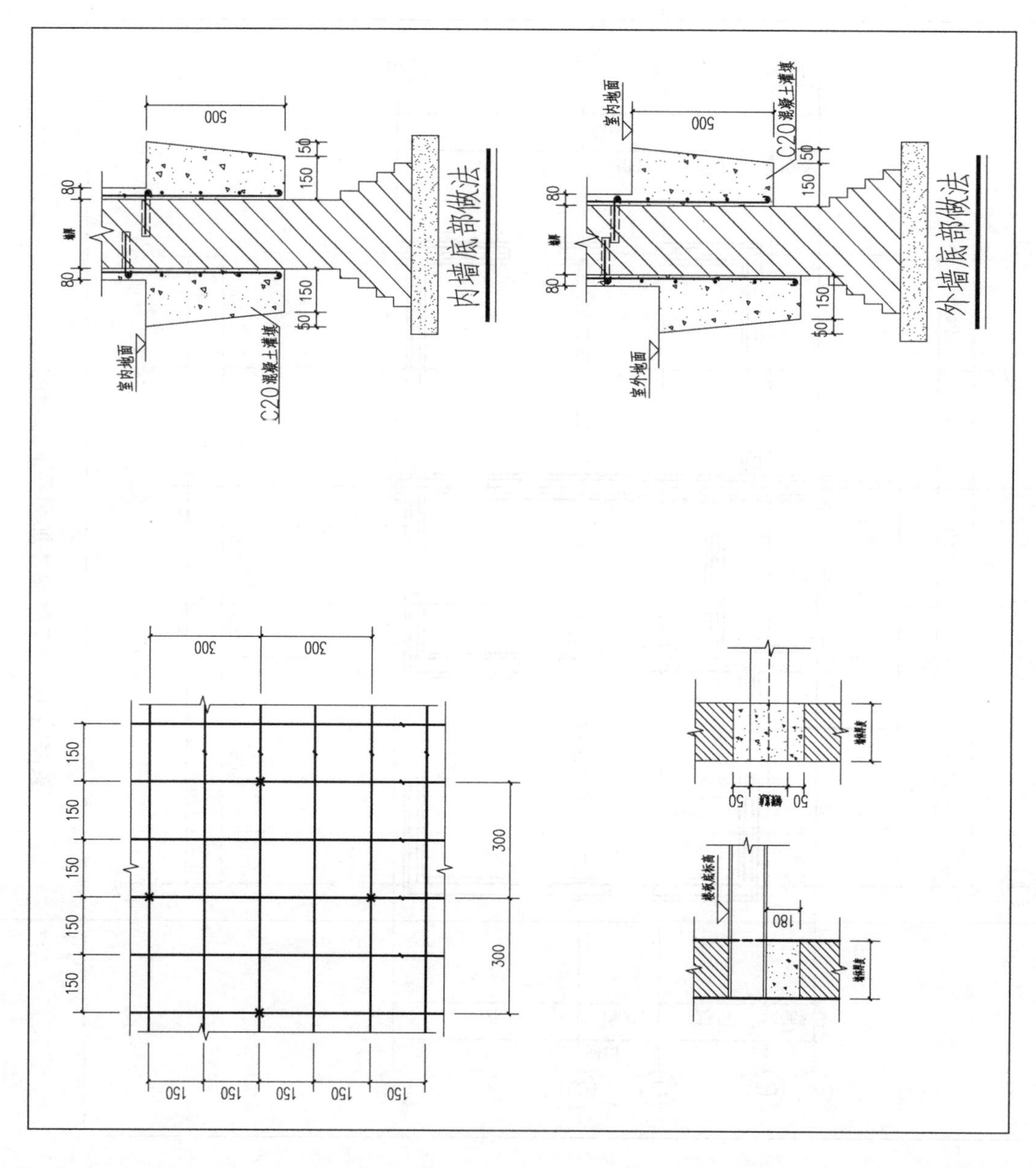

黄海路 16 号结构详图（一）

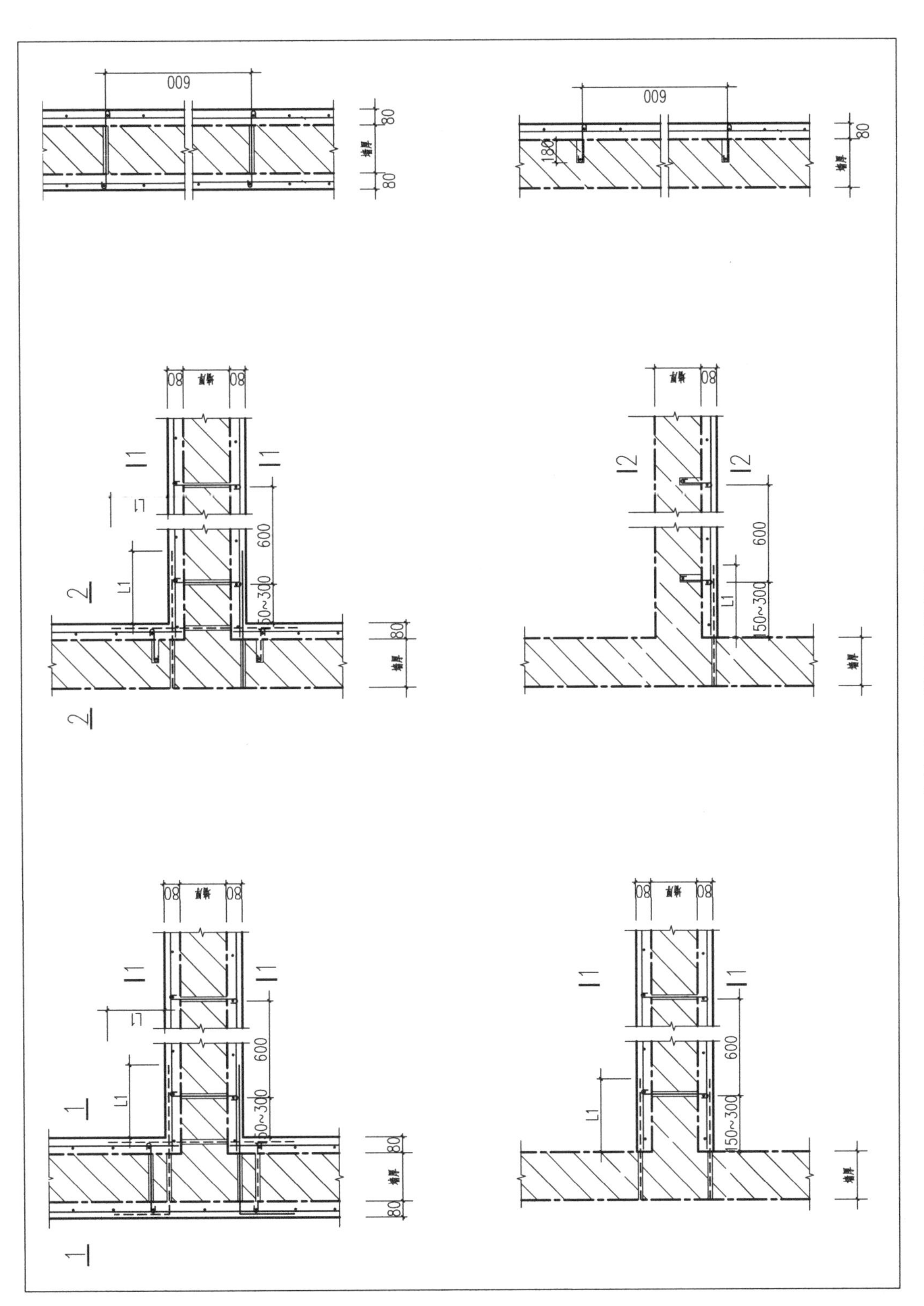

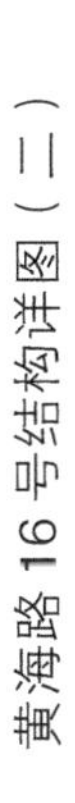
黄海路16号结构详图（二）

（四）黄海路18号建筑主要问题处理措施

1. 现场整体清理

对黄海路18号及院内各处的建筑进行系统的整体清理。此项工作包含场地垃圾清理、房间内部清理、现存建筑的排险加固等几方面。

进行清理时应做好安全防范工作，特别是在建筑围廊檐口易滑落部位构件，应采取临时保护措施。进行现场清理的人员要落实好安全措施（如安全帽、安全网、安全带、脚手架牢固）。另外，还需派专职安全员看管工地，保证文物安全和人身安全。

2. 台基、台阶

对台基边墙及铺装进行整体清理和归安。更换破损严重的有裂纹台基及花岗岩石材，按原做法进行复原。

对入口台阶磨损、局部破损严重的花岗岩条石进行逐一进行清理，更换严重受损的条石，更换的条石按传统做法进行复原。

3. 外墙面、外立面

根据结构加固要求对墙体加固后，按原墙面材质、工艺，修补墙体抹灰层。

外墙面除个别部位受到长时间污染，出现磨损和褪色现象，个别石材局部有破损现象，修缮要求“最小干预”和“最大限度地保留历史信息”为原则，遵循文物建筑修复原则，基本做到无损、无害施工，保护原有的体貌和肌理感。除影响安全且无法加固外，石构件及文物建筑门窗应以维修为主，不宜更换。

4. 室内外地面修复

室外地面铺装地砖统一进行平整，按原样修复破损地面。

室内地面木地板基本完好，按原样修补部分木地板缺角，修补褪色部分。对地下室存在的硬质地面做进一步重点清扫除污，增加防潮层处理，保护原有地砖地面。

清理室内木地板地面，去除木地板上灰尘及杂物，根据木地板损毁程度采取针对性修缮措施。

5. 室内立面及装修修缮

对内立面残损的外露砖结构，进行抹灰粉刷，并更换受损严重的室内铺装，复原依据原有室内铺装材质、样式和铺装方式。墙裙、壁柱、壁炉等其他内装修按原样原貌修复。

对于破损缺失的予以补配，补配构件应与原构件的材质、质量、纹理一致。保存原有壁炉、墙裙、线脚等装修做法；根据损毁程度采取针对性修缮措施。

6. 建筑屋面修缮加固

屋顶更换损坏或有结构安全问题的屋顶梁架。修复损坏的屋面结构层，平屋面上的增搭建，应作清除处理，增添或改善隔热层、防水层。根据屋面损毁，添配缺失瓦片。对各层阳台屋顶进行清理平整，增加防水处理，修补破损勒脚。

7. 室内楼梯

入口室内主楼梯为木结构，每日大量游客使用，超负荷运行，需根据结构检验报告，进行必要加固。并建议采取措施，控制每时段人流量，减少楼梯使用压力。

8. 整体结构加固

根据建筑结构加固设计要求，对建筑墙体、室内楼梯、出挑露台进行加固处理。

9. 残损构件修复

对受损的各建筑构件应仔细检查受损程度，详细记录其残损情况，然后由相关专业人员确定维修方案，由设计方确认后进行系统维修。受损严重的构件予以更换。更换的建筑构件均按照建筑时代的原有材料、原有式样、原有工艺进行复原。

10. 三层露台及通往顶部天台的楼梯

目前通往天台的室外钢楼梯压迫承载其的下层三层露台地面，存在安全隐患，对三层露台这处文物本体造成破坏。建议根据结构检验报告及建筑结构加固设计要求，对三层露台进行结构加固，减轻室外钢质楼梯自重。加强管理，建议控制每时段登天台人数，减轻结构荷载压力。

11. 基础设施改善

针对该建筑现有电力、给排水、消防和安防监控等基础设施设备已陈旧、老化、破坏严重，满足不了现代功能的需要的问题，应据功能需要与文物保护单位的安全防护要求统一进行设计与施工，改善更新基础设施，使其满足日常使用要求。破损的防雷设施，及时予以重新安装。基础设施的布置与安装建议另行委托专业部门实施。

修缮后，应加强对基础设施的日常检查和管理。

12. 加固图纸

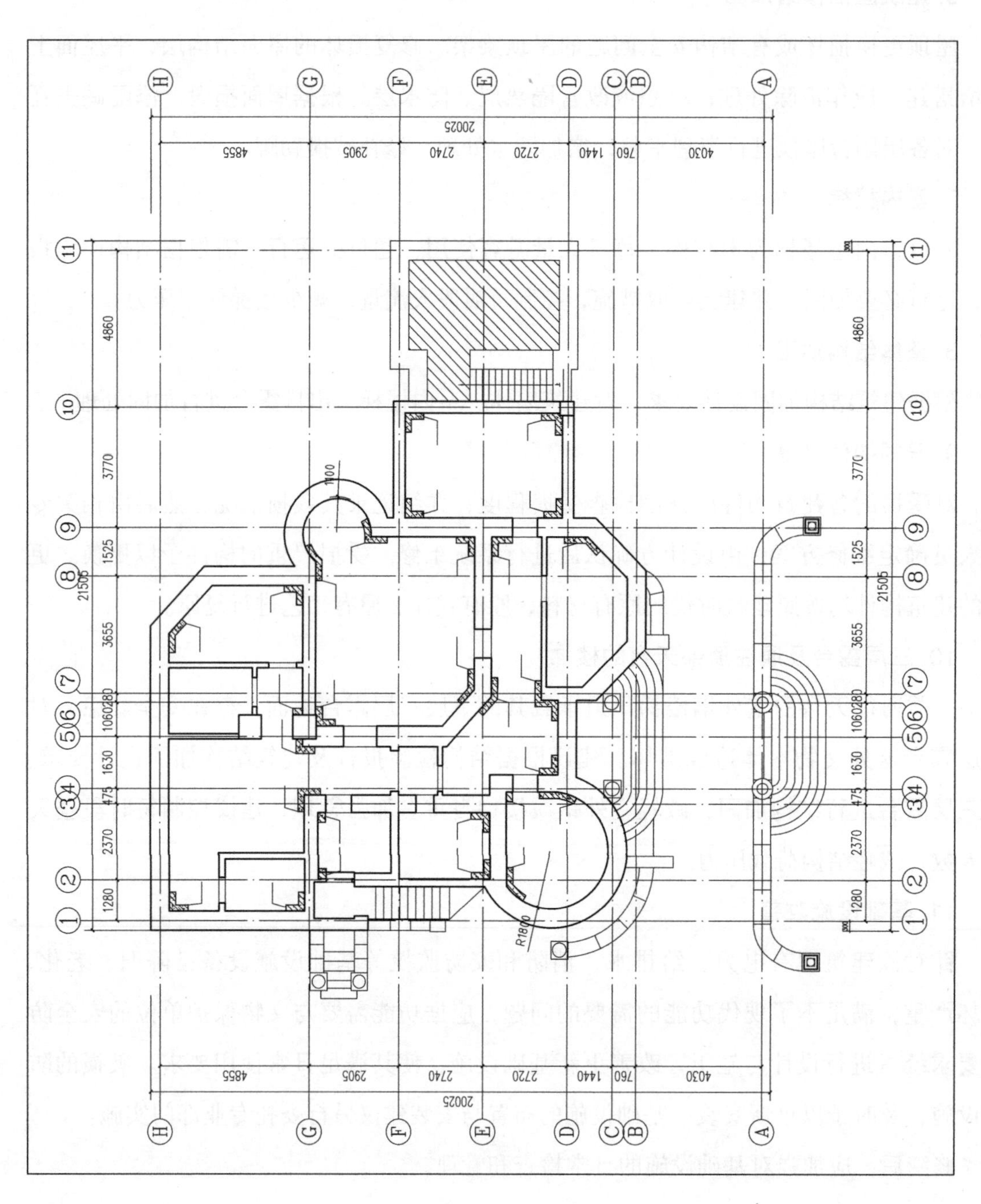

黄海路 18 号地下室外加构造柱平面布置图

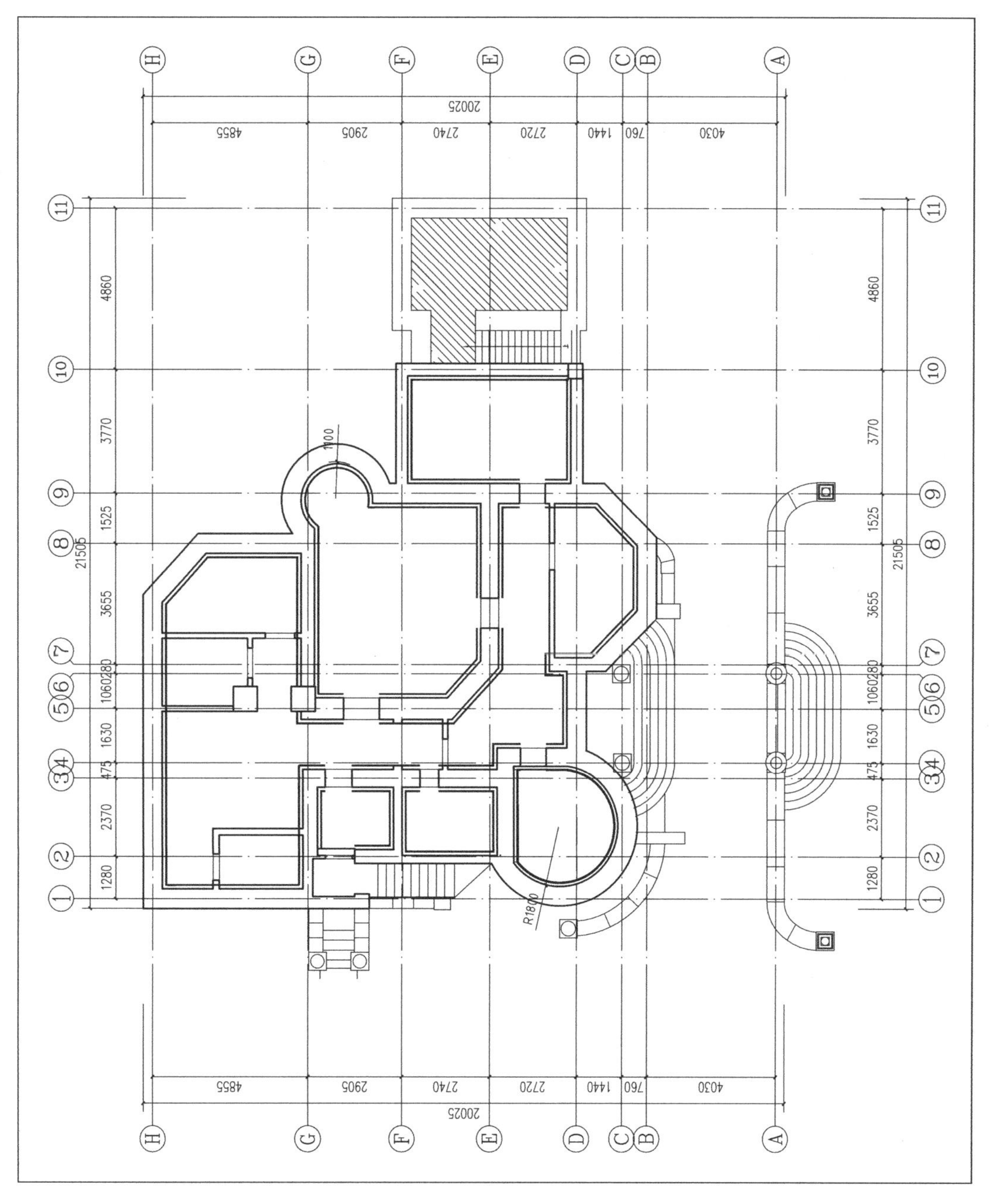

黄海路18号地下室墙体加固平面布置图

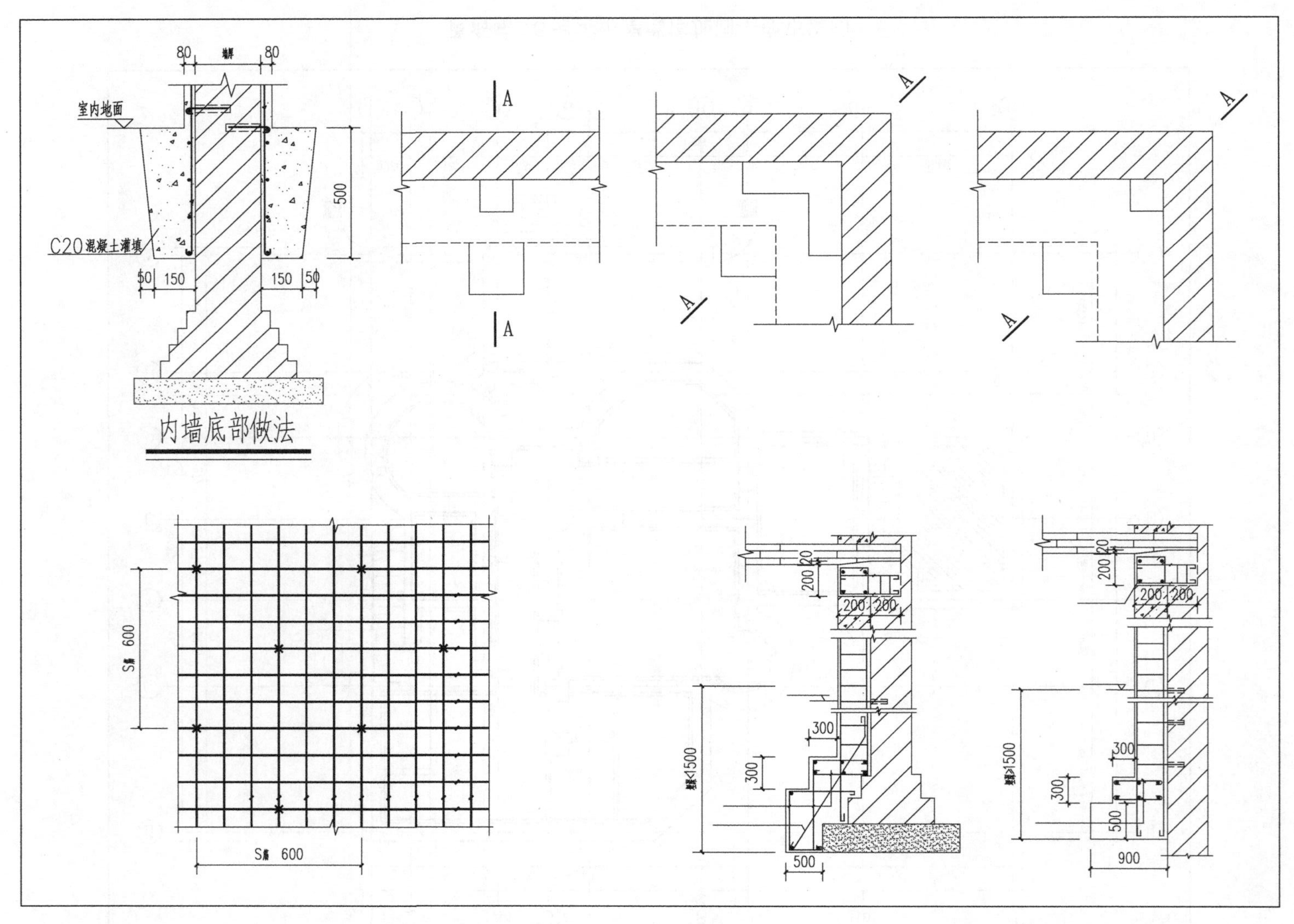

黄海路18号结构详图（一）

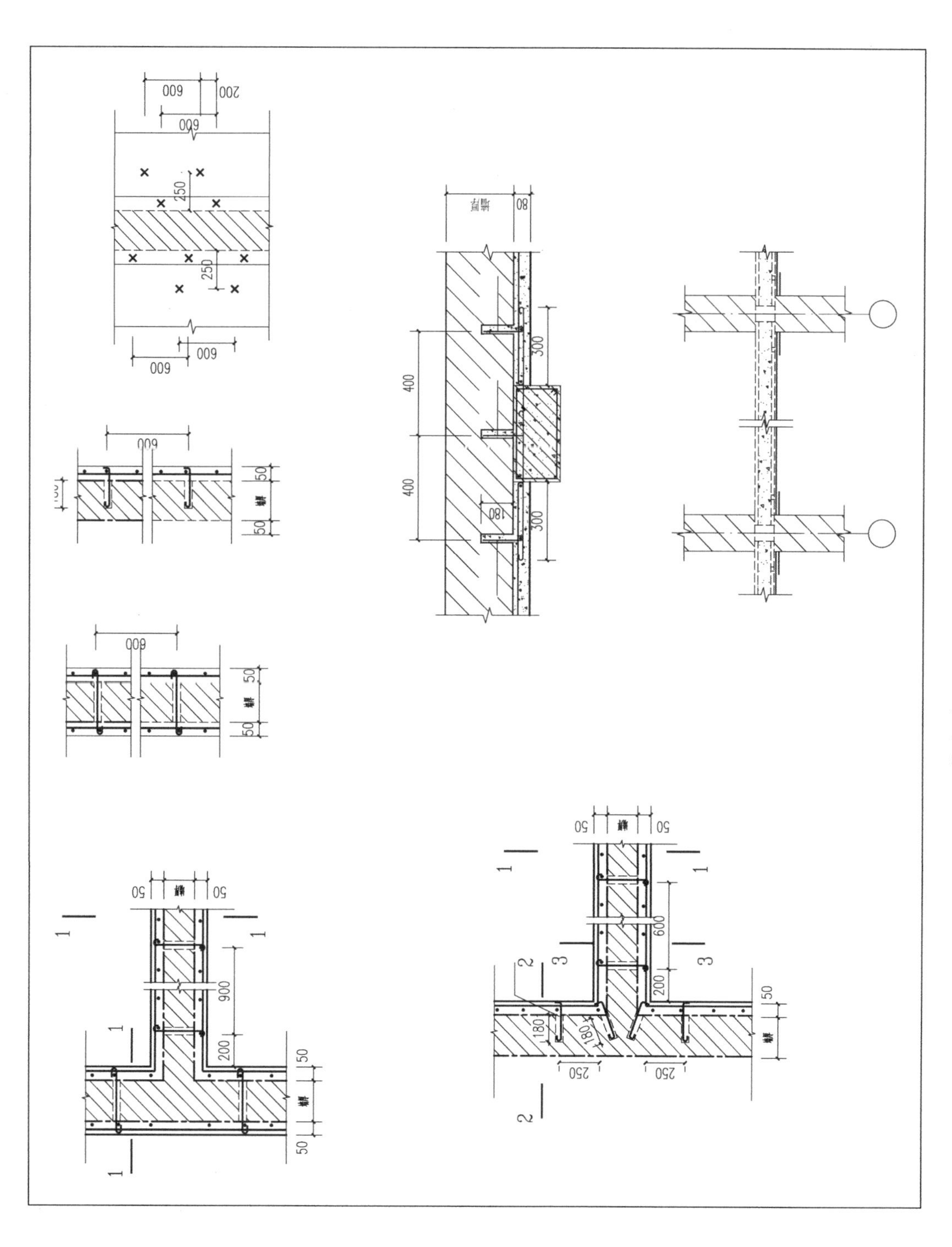

黄海路 18 号结构详图（二）

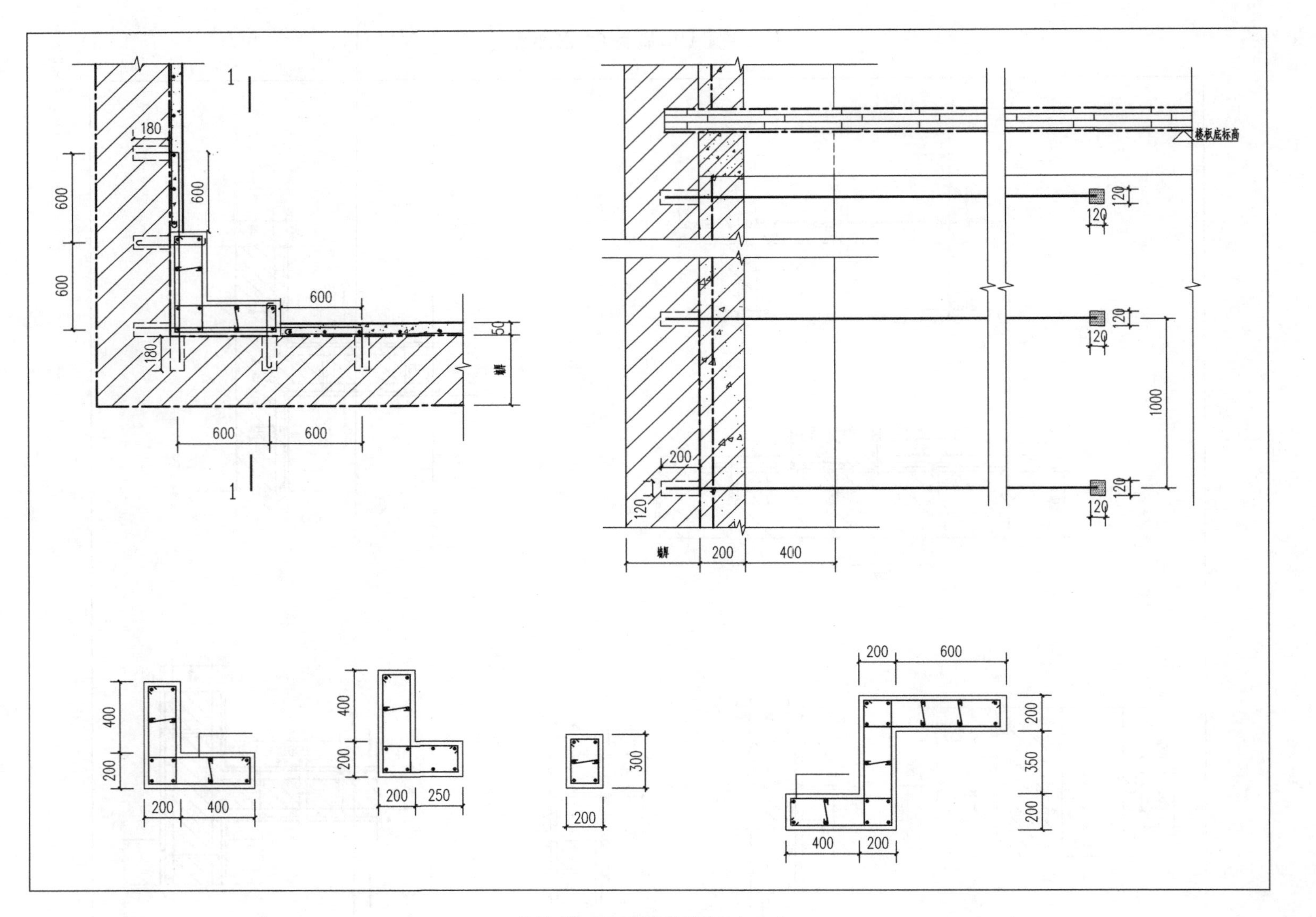

黄海路 18 号结构详图（三）

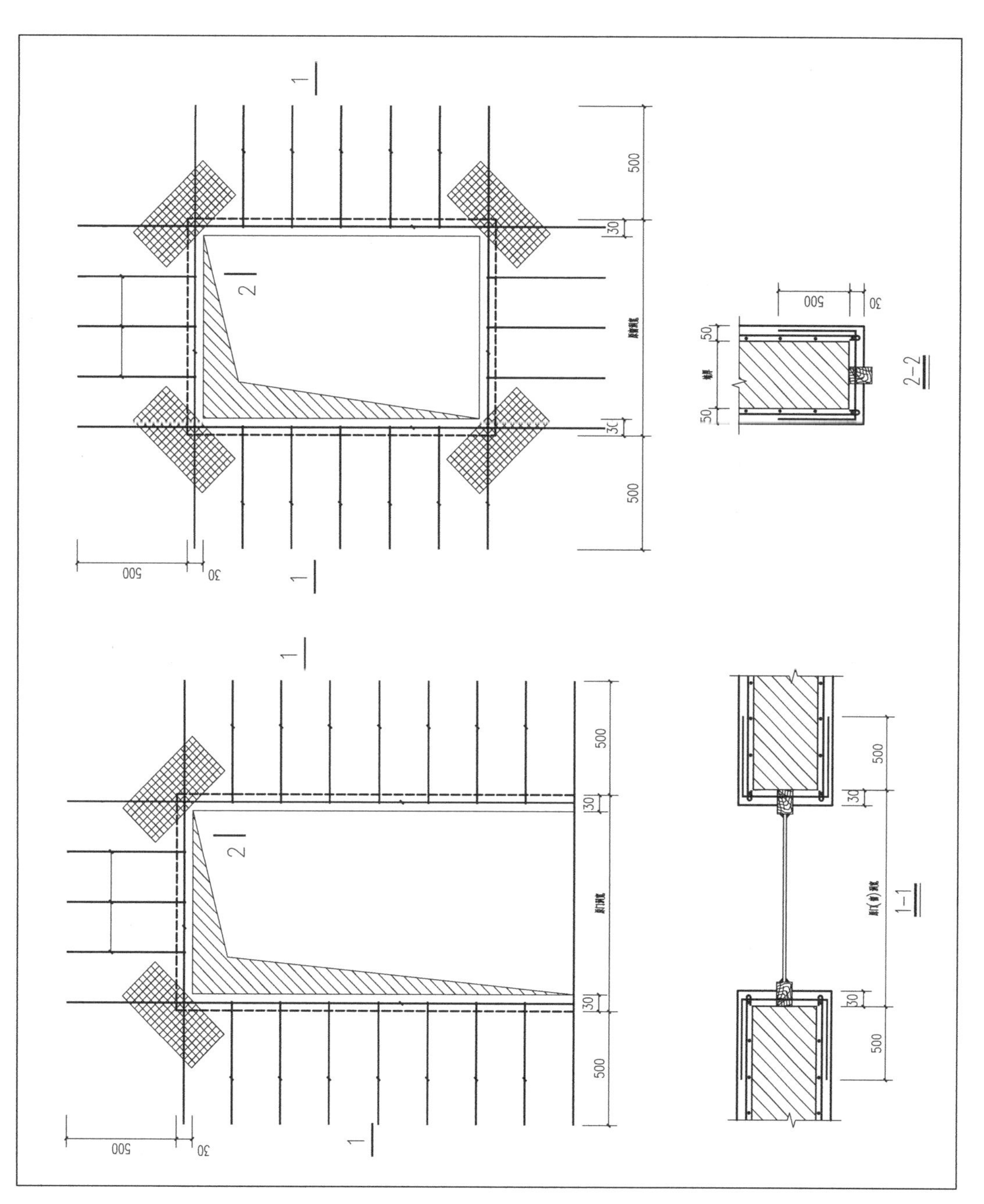

黄海路 18 号结构详图（四）

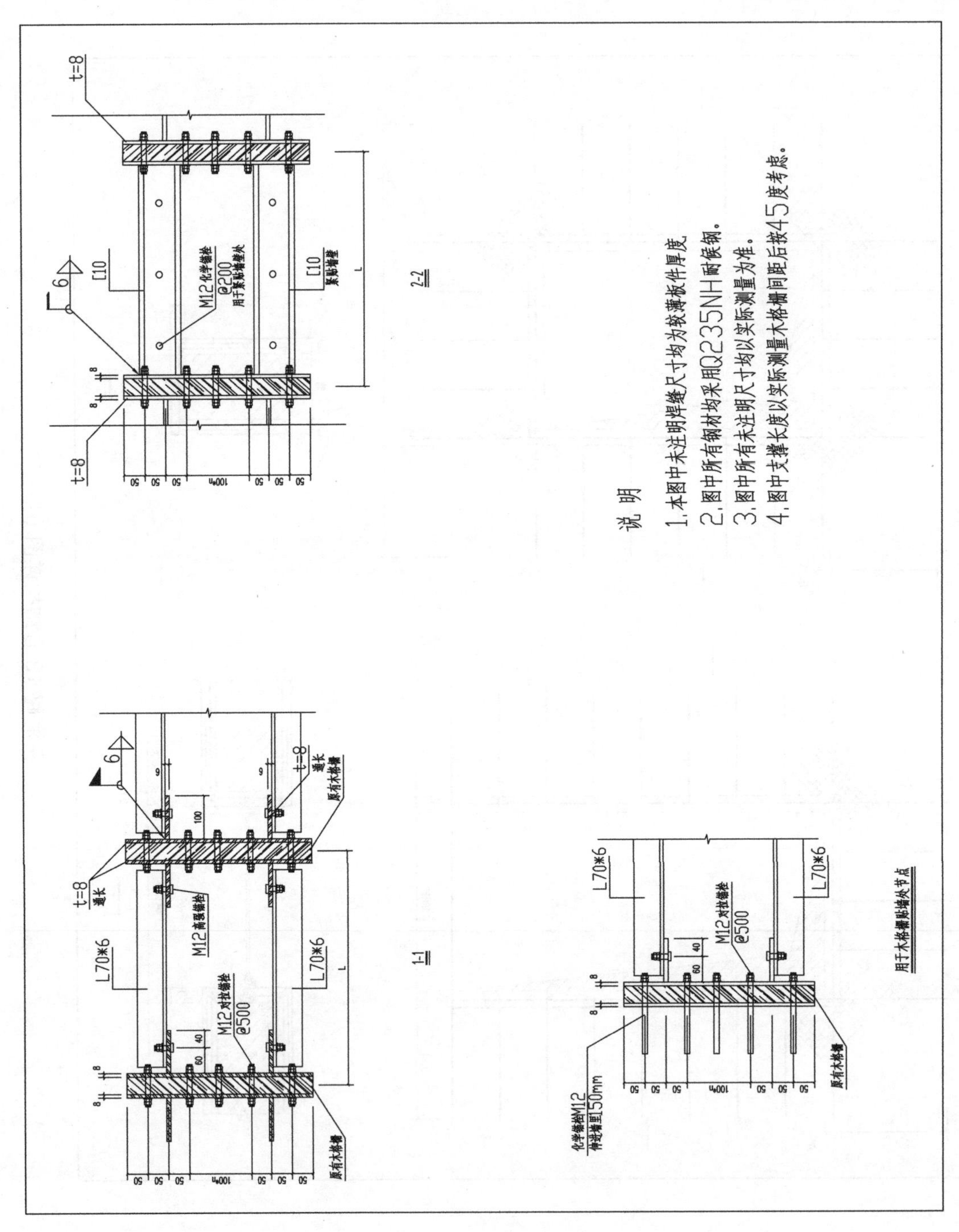

黄海路18号结构详图（五）

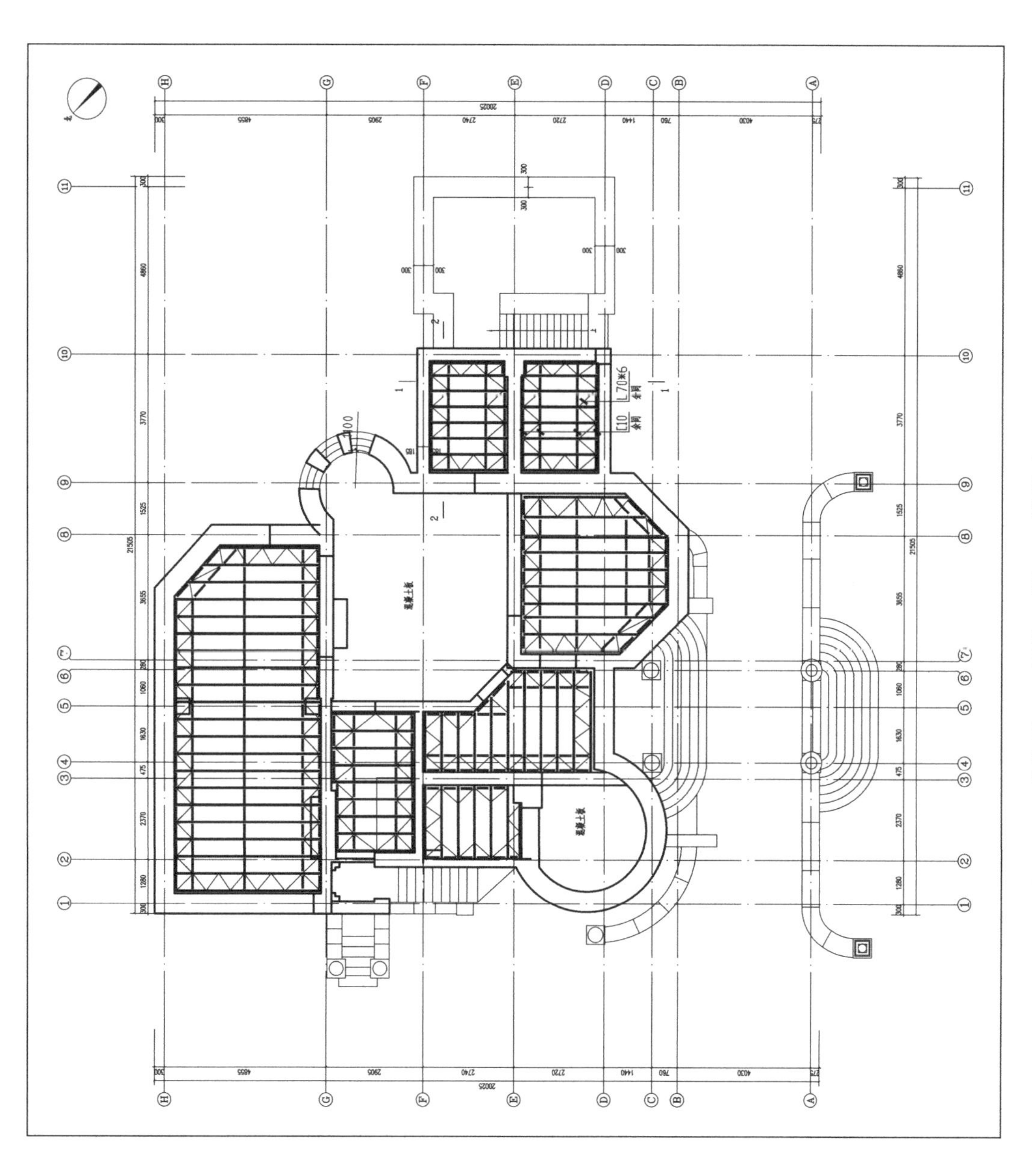

黄海路18号花石楼一层结构布置图

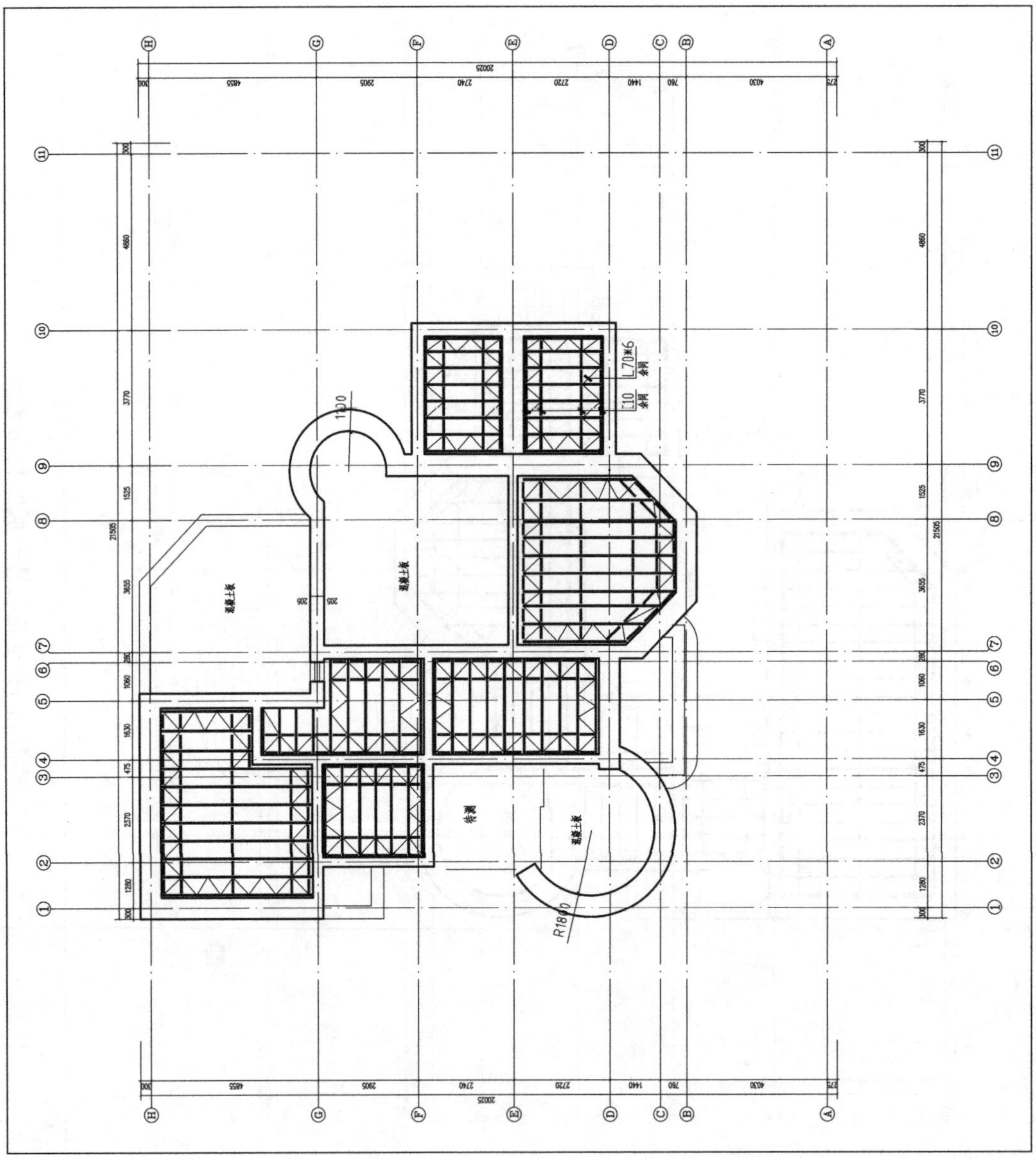

黄海路18号花石楼二层结构布置图

（五）山海关路13号建筑主要问题处理措施

1. 现场整体清理

对山海关路13号及院内各处的建筑进行系统的整体清理。此项工作包含场地垃圾清理、房间内部清理、现存建筑的排险加固等几方面。

进行清理时应做好安全防范工作，特别是在建筑围廊檐口易滑落部位构件，应采取临时保护措施。进行现场清理的人员要落实好安全措施（如安全帽、安全网、安全带、脚手架牢固）。另外，还需派专职安全员看管工地，保证文物安全和人身安全。

2. 台基、台阶

对台基边墙及铺装进行整体清理和归安。更换破损严重的有裂纹台基及花岗岩石材，按原做法进行复原。对建筑北侧与扩建部分的连廊进行保留。

对入口台阶磨损局部破损严重的花岗岩条石进行逐一进行清理，更换严重受损与水泥浇注的条石，更换的条石按传统做法进行复原。

3. 外墙面、外立面

建筑距今已有80余年历史，外观应保持其原有特点，因其近年做过外立面重新装修，所以墙面较新，基本无泛黄、污染现象。局部勒脚墙面有泛黑、破损，应按原样予以修补。

墙面砖为橙红色，颜色具体色泽应对照现有墙面叠加中的砖保持一致。修缮应保持原有的建筑体貌和肌理感。

4. 室内外地面修复

室外地面铺装地砖统一进行平整，按原样修复破损地面。

室内地面重新装修，基本无破损现象，按原样保留。对地下室存在的硬质地面做进一步重点清扫除污。

5. 门窗及室内装修修缮

建筑室内装修良好，基本无残损状况。

建筑门窗为后加铝合金门窗，应按历史图纸原工艺、原材料恢复其传统的木窗，对于缺失的门窗式样，必须与历史资料中的风格、材质保持一致。

6. 建筑屋面修缮加固

屋顶更换损坏或有结构安全问题的屋顶梁架。修复损坏的屋面结构层，平屋面上的增搭建应作清除处理，增添或改善隔热层、防水层。根据屋面损毁，缺失瓦片现象采取针对性修缮措施。对各层阳台进行清理平整。

7. 整体结构加固

根据结构检验报告及建筑结构加固设计要求，对墙体进行加固处理。

8. 残损构件修复

对受损的各建筑构件应仔细检查受损程度，详细记录其残损情况，然后由相关专业人员确定维修方案，由设计方确认后进行系统维修。受损严重的构件予以更换。更换的建筑构件均按照历史时代原有材料、原有式样、原有工艺进行复原。

9. 基础设施改善

针对该建筑现有电力、给排水、消防和安防监控等基础设施设备已陈旧、老化、破坏严重，满足不了现代功能的需要的问题；应据功能需要与文物保护单位的安全防护要求统一进行设计与施工，改善更新基础设施，使其满足日常使用要求。破损的防雷设施，及时予以重新安装。基础设施的布置与安装建议另行委托专业部门实施。

修缮后，应加强对基础设施的日常检查和管理。

10. 加固图纸

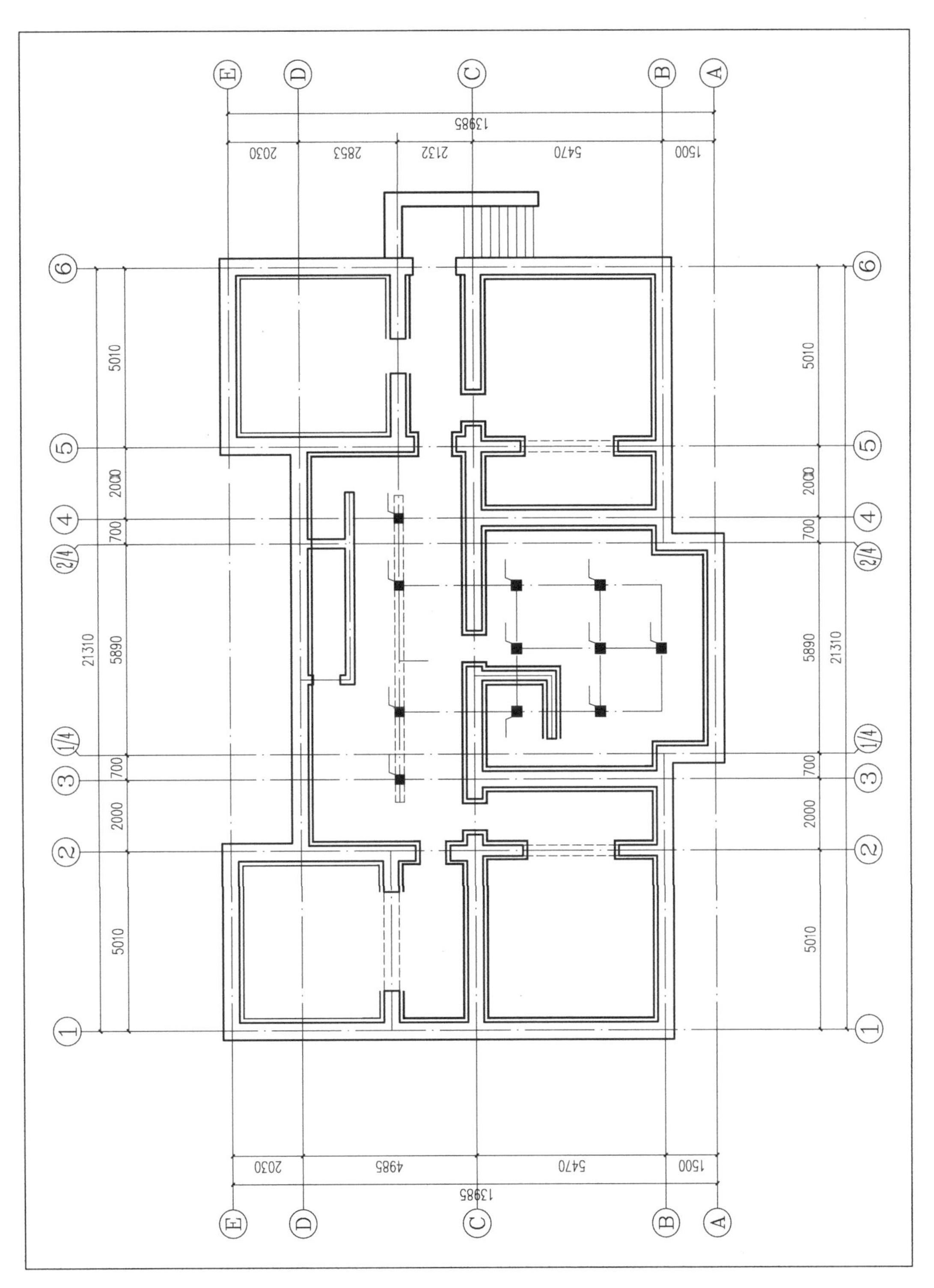

山海关路 13 号地下室墙体加固平面布置图

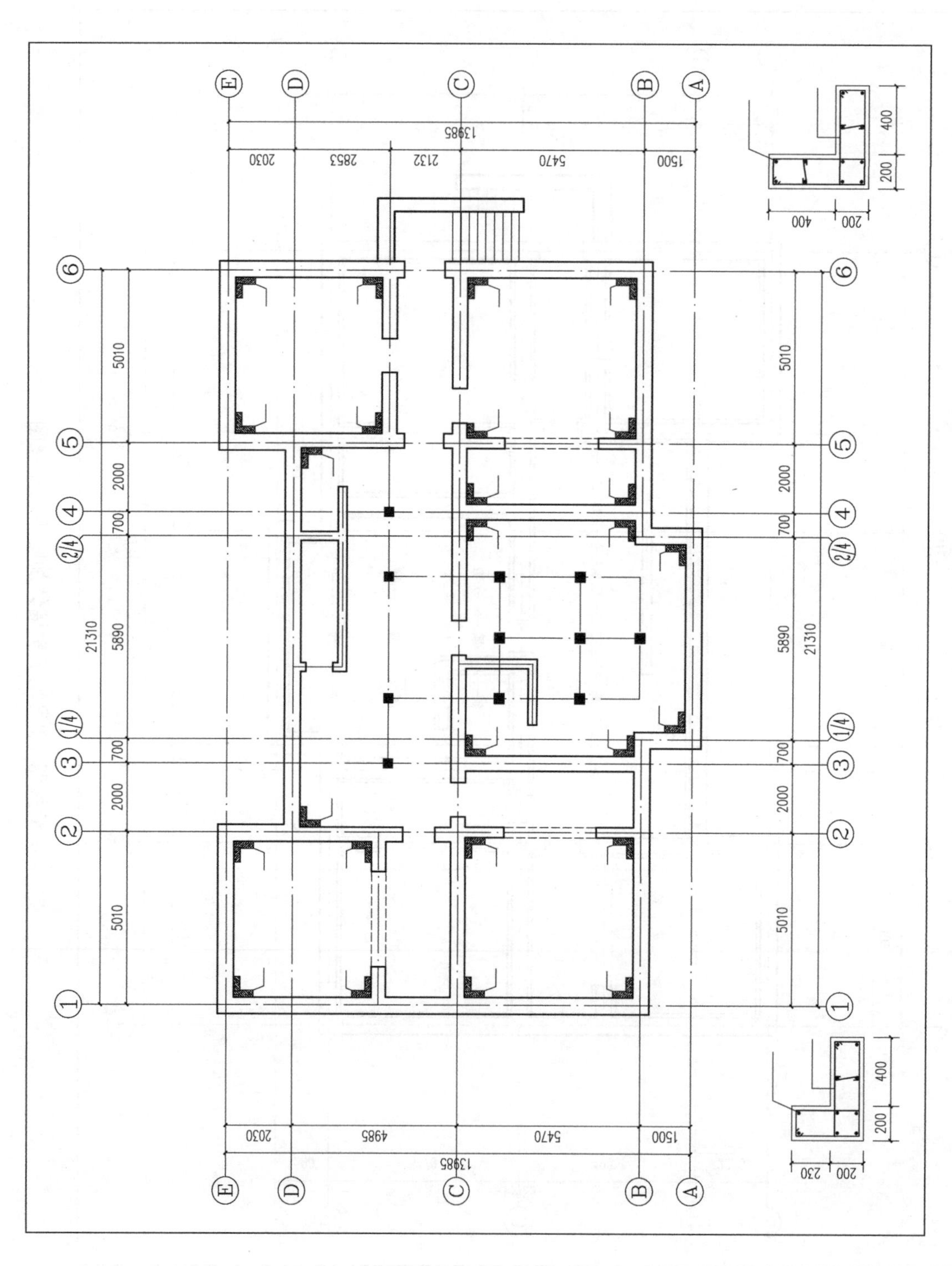

山海关路 13 号地下室外加构造柱平面布置图

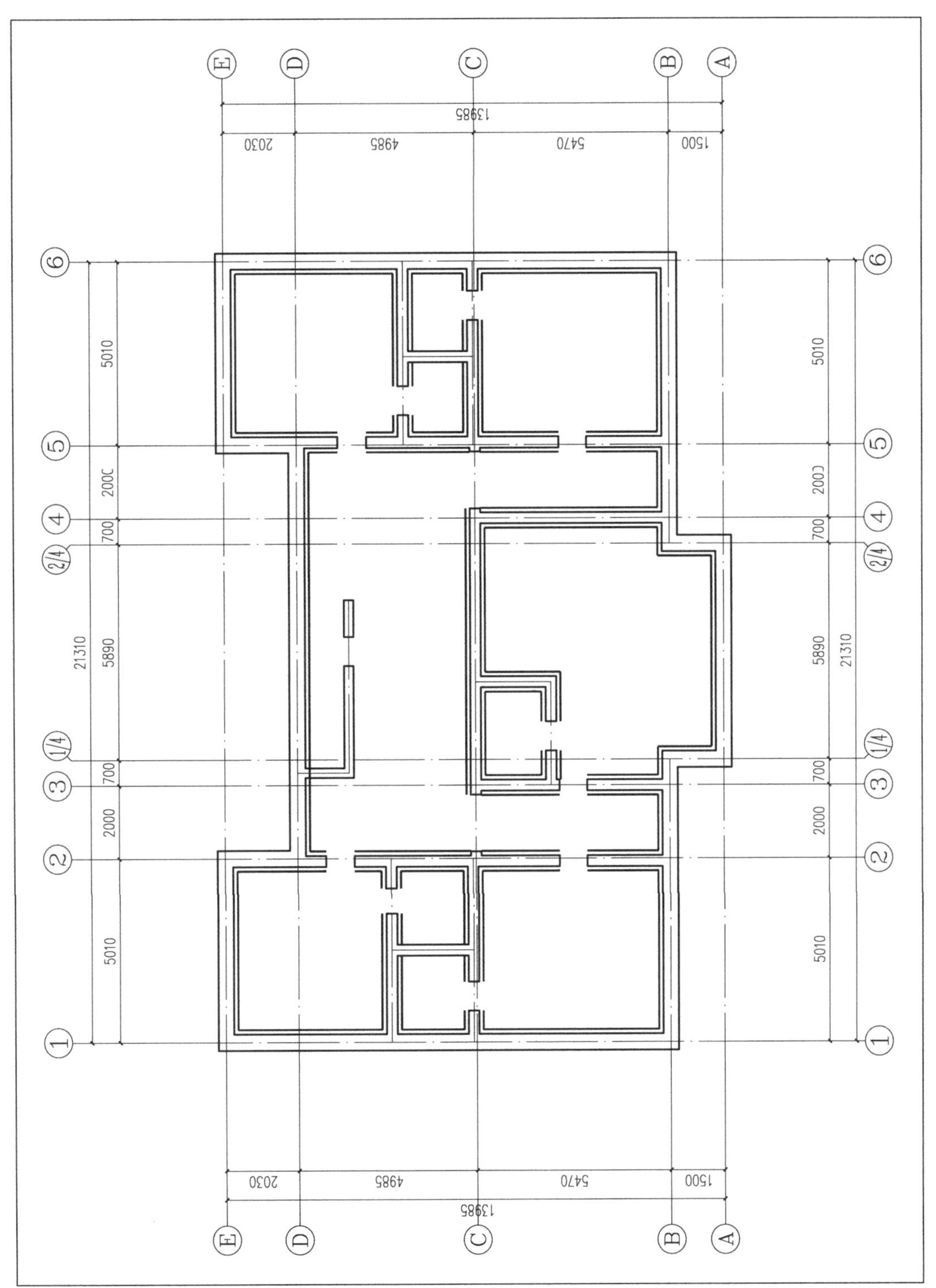

山海关路 13 号一层墙体加固平面布置图

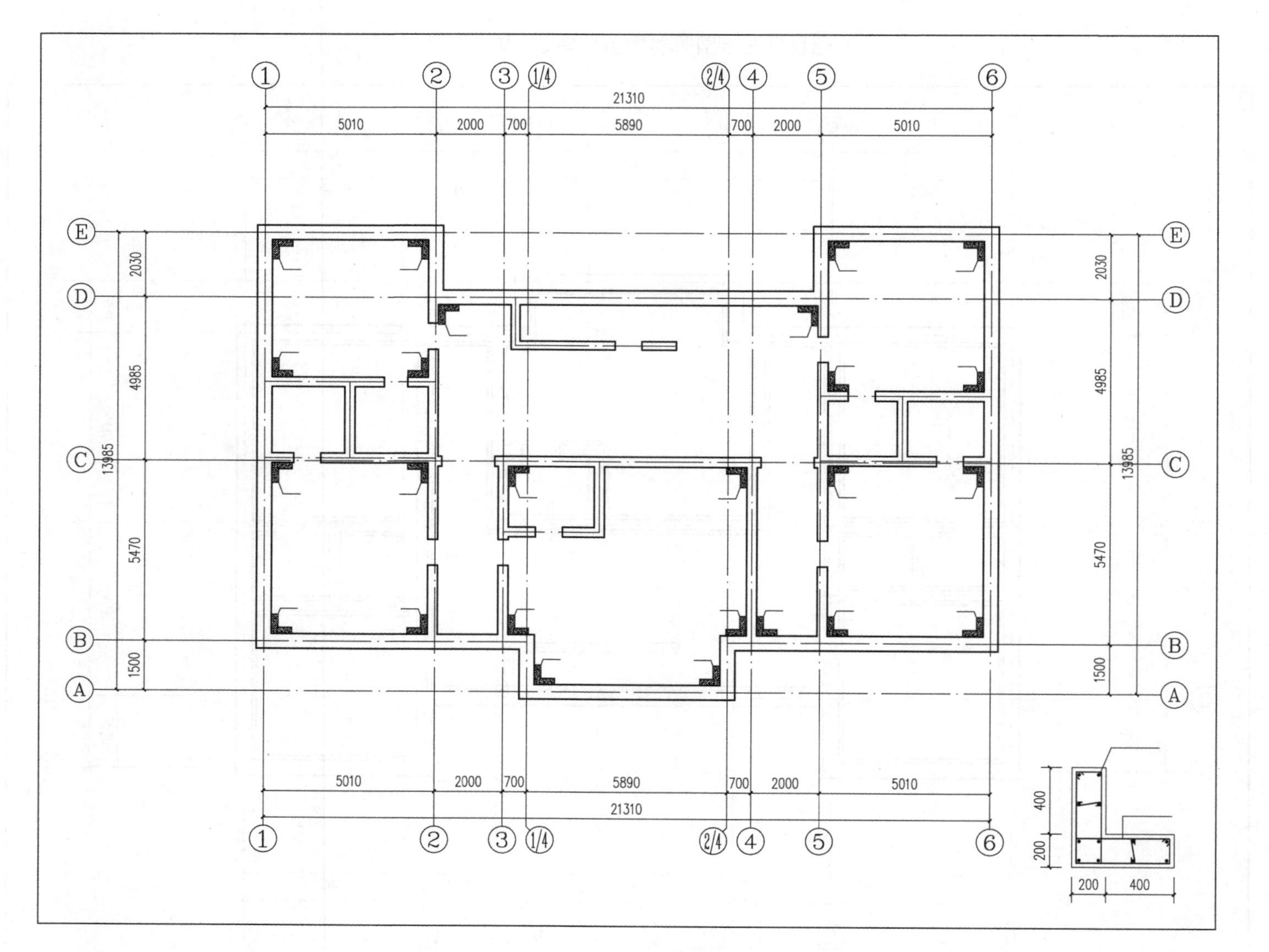

山海关路13号一层外加构造柱平面布置图

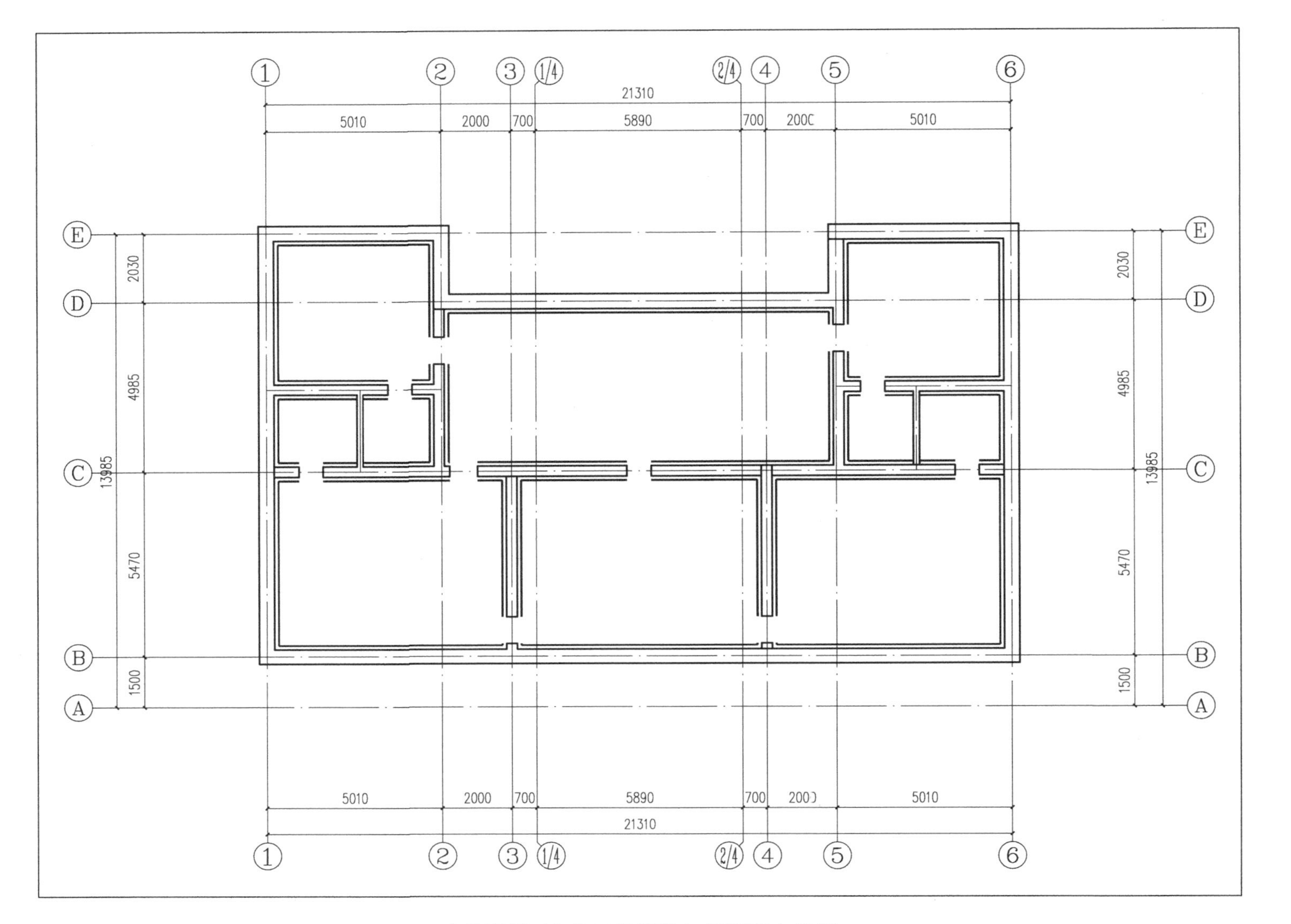

山海关路13号二层墙体加固平面布置图

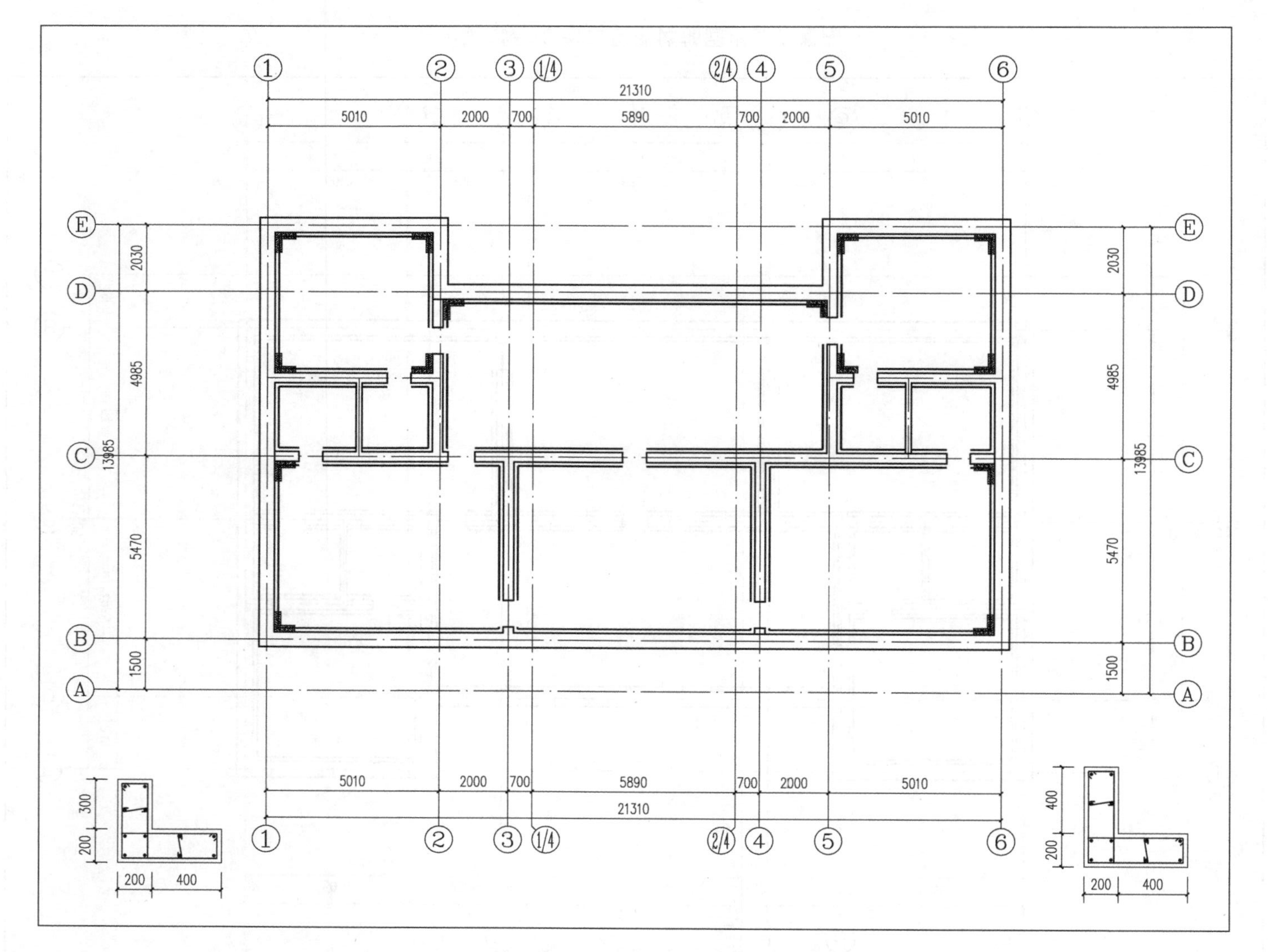

山海关路13号二层外加构造柱平面布置图

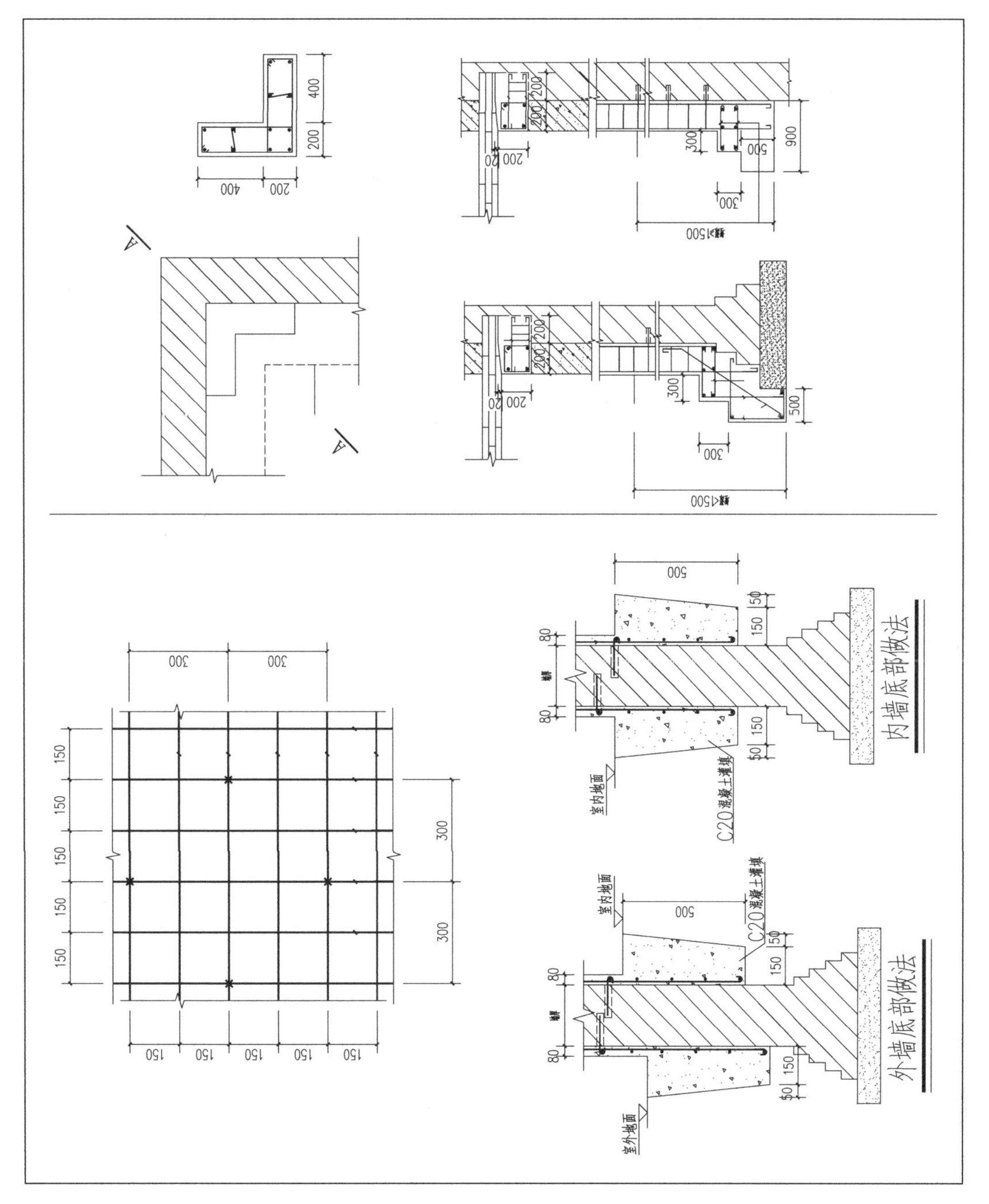

山海关路13号结构详图（一）

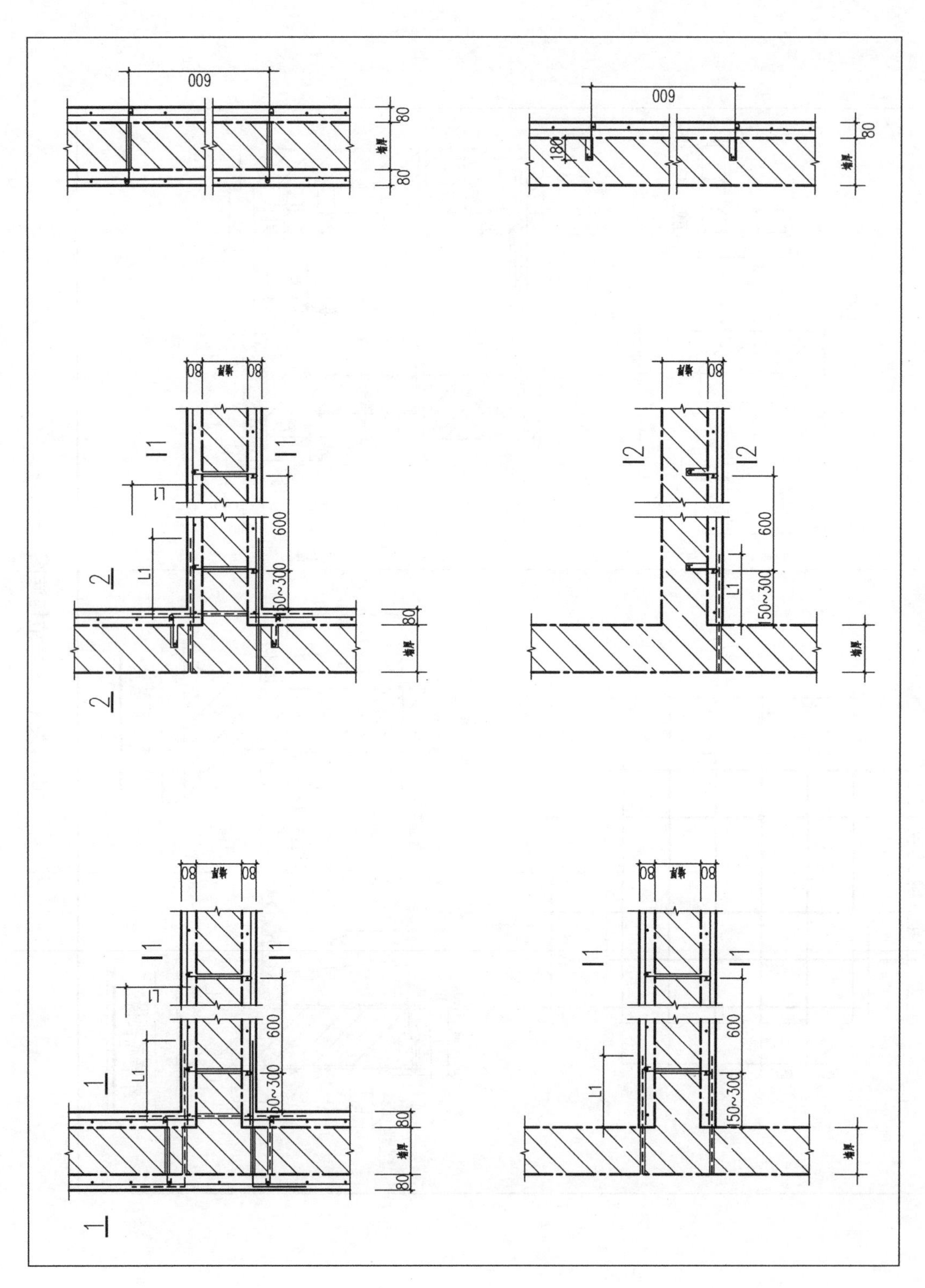

山海关路 13 号结构详图（二）

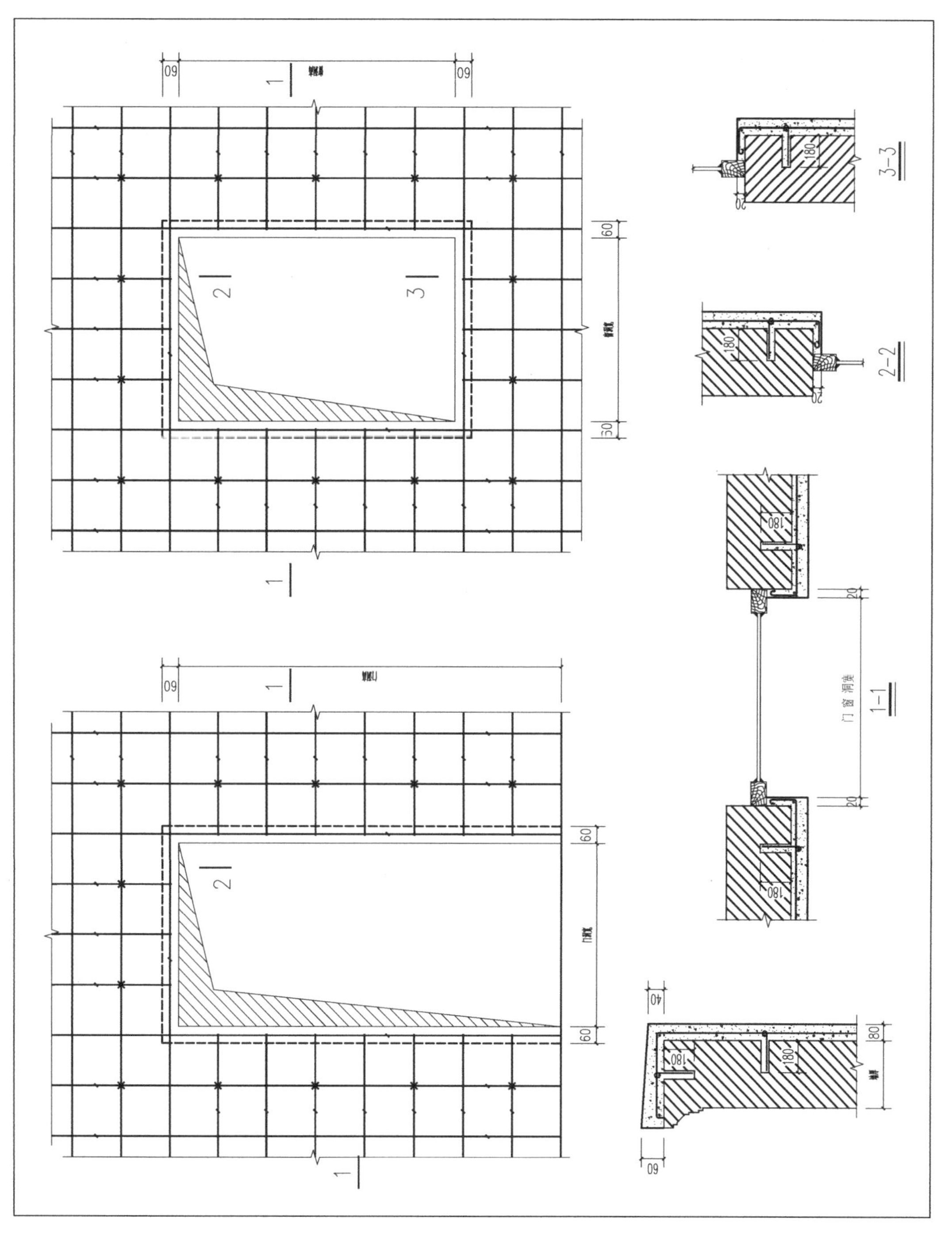

山海关路13号结构详图（三）

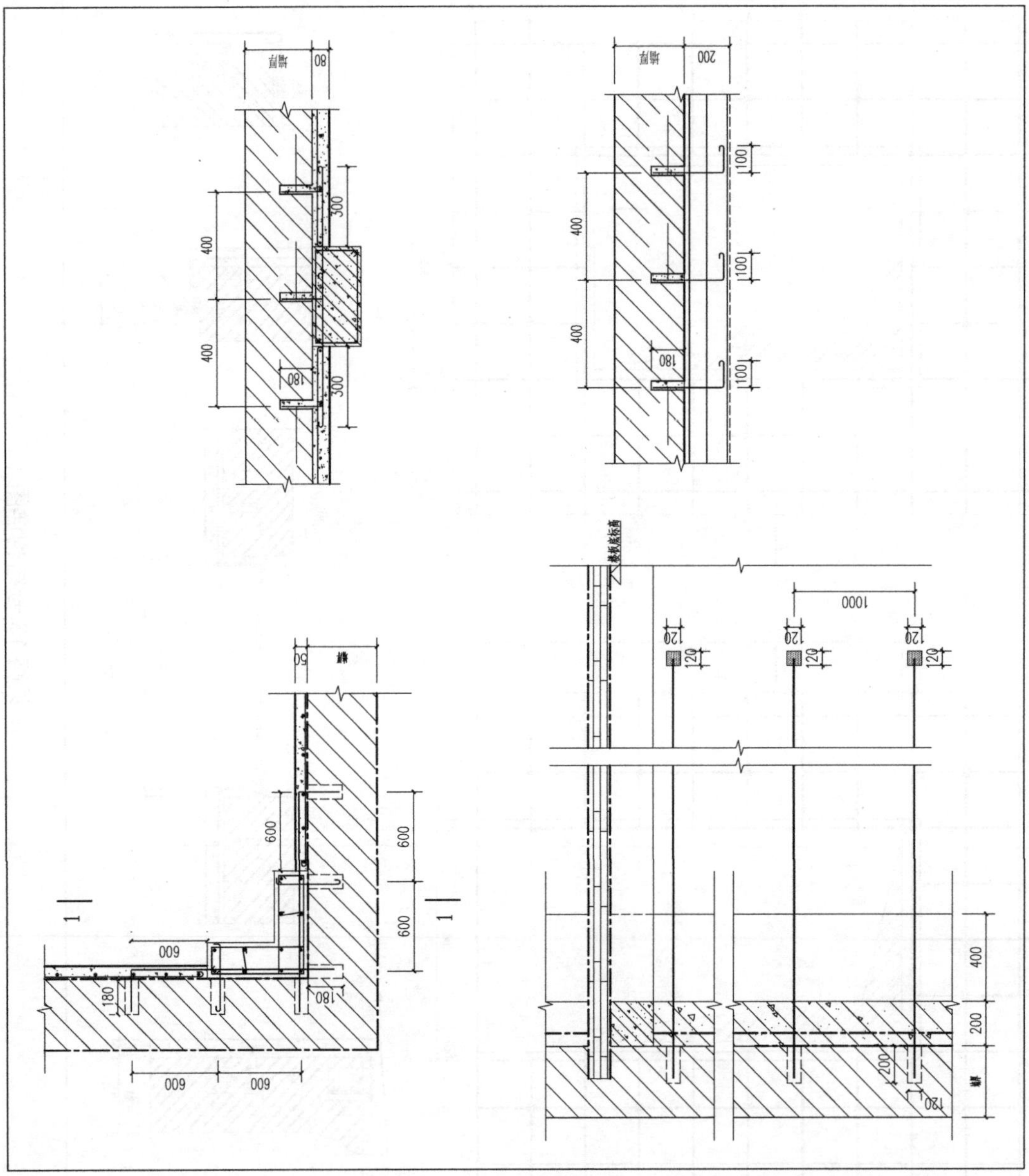

山海关路 13 号结构详图（四）

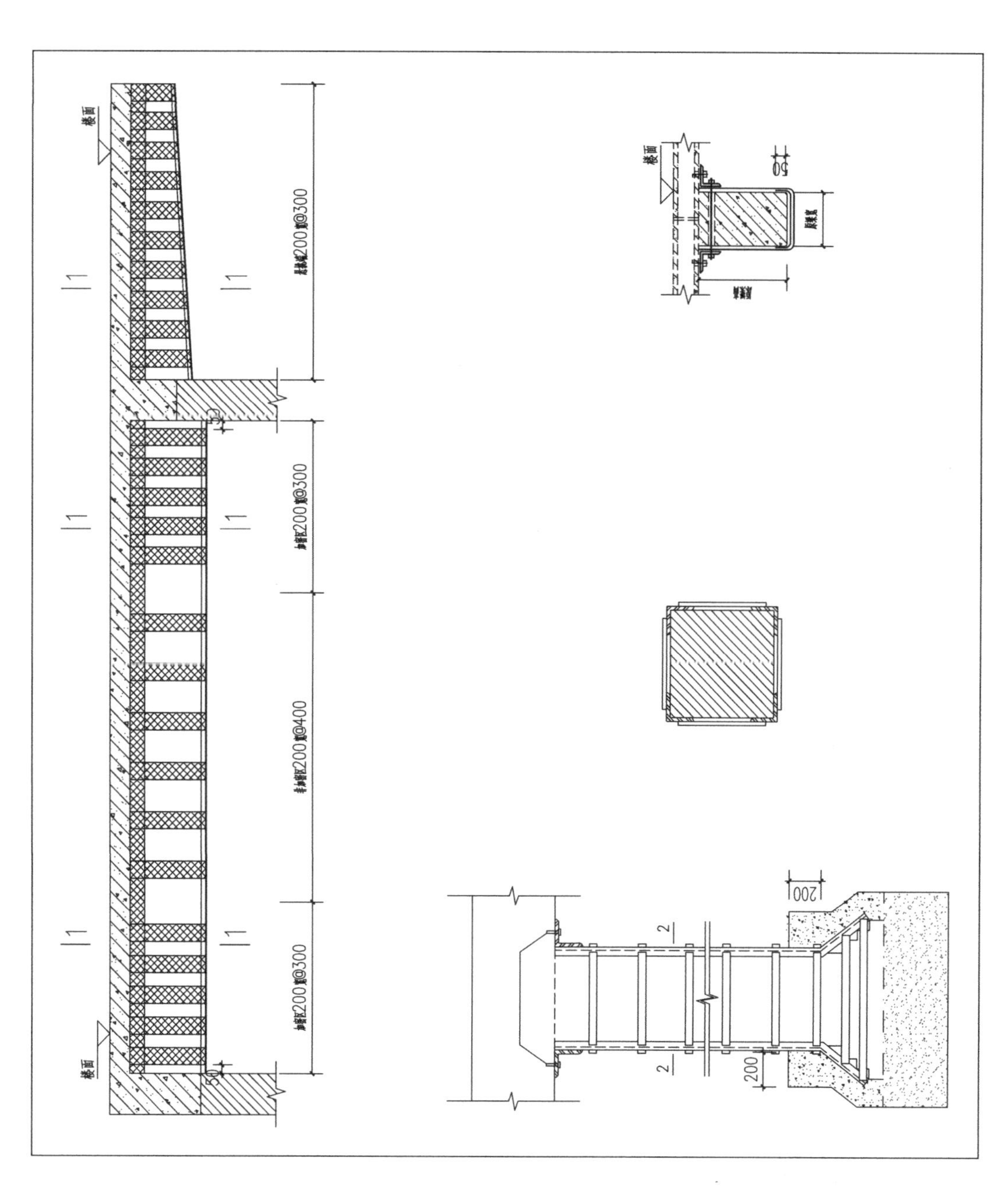

山海关路13号结构详图（五）

（六）正阳关路 21 号建筑主要问题处理措施

1. 现场整体清理

对正阳关路 21 号建筑及院内各处的建筑进行系统的整体清理。此项工作包含场地垃圾杂物清理、后期加建清理、疏通院落排水、现有院落地面的整修维护，院内植物的修剪处理、院落围墙的检修加固等几方面。

2. 台基、台阶

对南立面旋转楼梯台阶的扶墙墙面进行修补，清洗花岗岩石材台阶。

去除后改造台阶的水泥抹面，根据实际情况恢复。

3. 外墙面、外立面

根据结构加固措施对墙体加固后，恢复墙面。

对立面非原始立面所具有的构件、管线、设备等进行统一布置，拆除后加建的构件，保证建筑外观的真实性、完整性。

外立面涂料层应该满足青岛独特的气候条件，选用耐腐蚀性强的材料，立面墙面面层的形制颜色应与现有墙面一致。

4. 室内外地面

排查勘测阶段因条件所限未进行勘测的房间，检修加固原始地面木地板，重新油饰。如地上一层阅览室及会议室等房间的木地板。

恢复前应做好记录，譬如修复前应根据设计要求对原始地面的结构、做法、材料进行现场勘测，发现与设计不符的做好记录及时与设计联系，待确认后进行变更方可进行下一步修复工作。

对后期改造的其他室内地面，除卫生间、洗澡间、厨房等功能需要外，其他室内地面统一按现阅览室原木地板形制恢复。

对于现在居民使用的房间根据现状使用功能应保持现状，排查隐患。

5. 室内装修

室内墙面造型、天花造型个别房间内仍有保留（地上一层阅览室），对此部分进行检修加固。

拆除房间新作吊顶等顶面装饰构件，排查天花是否留有原时期造型，按现存房间装饰造型予以恢复，卫生间等房间除外。

在修缮加固中，发现原有装修构件（如木壁柜、壁炉构件等）予以恢复保护。

6. 门窗

根据室内外窗现有洞口的尺寸按设计要求及施工图纸，恢复建筑室内室外原有风格的单开窗、双开窗。

室内外均存在原时期木板门及木板门上的铁件花活，木板门保留检修，后期改造的门（如防盗门）及在原有门内、外加建的门统一拆除恢复原时期门窗风格。

修复完成后统一油饰面层。

7. 建筑屋面

检修屋面，更换漏雨部位瓦面重新瓦瓦，更换破损瓦件排除漏雨隐患。

检修加固屋架木构件、砌体结构，保证建筑屋面的安全。

8. 整体结构

根据 2013 年 10 月青岛理工大学质量监督检查中心检查报告及建筑结构加固设计要求，对楼面墙体进行加固处理。

9. 安全疏散

对出入口进行清理，清除不当加建和违规使用，保证室内外的通畅。

10. 基础设施

针对该建筑现有电力、给排水、消防和安防监控等基础设施设备已陈旧、老化、破坏严重，并且人为私拉私接的管线杂乱无章，胡乱布置，形成安全隐患，根据电力、电信、市政等专业的要求，保证正阳关 21 号文物建筑完整性和真实性，对建筑设备进行布置，拆除加建的构件设备，统一对立面、室内、屋架内及地下的管线及设备进行布置。保证文物建筑的完整与安全。

应根据功能需要与文物保护单位的安全防护要求统一进行设计与施工，改善更新基础设施，使其满足日常使用要求。破损的防雷设施，及时予以重新安装。基础设施的布置与安装建议另行委托专业部门实施。

修缮后，应加强对基础设施的日常检查和管理。

10. 加固图纸

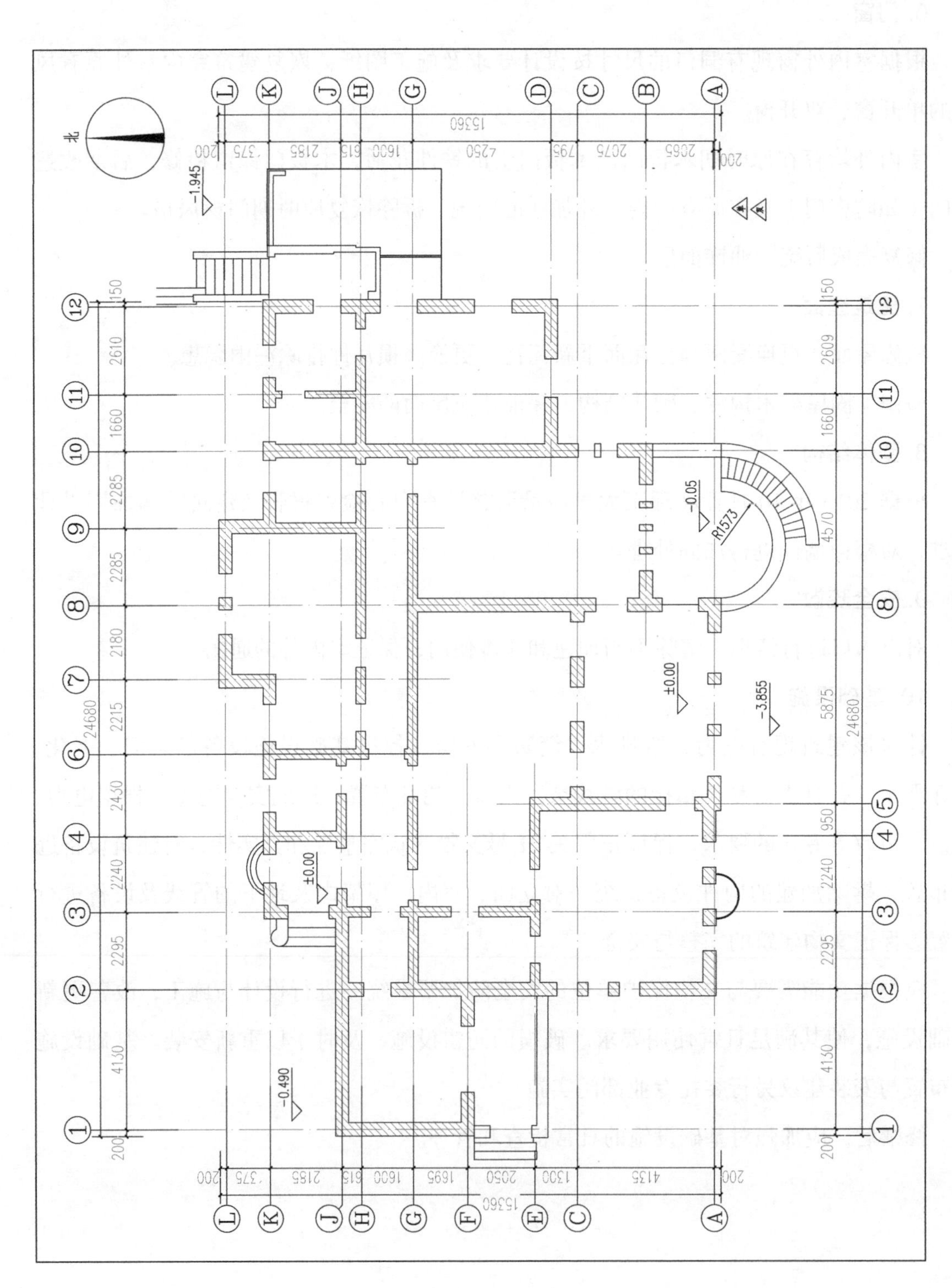

正阳关路 21 号首层平面图

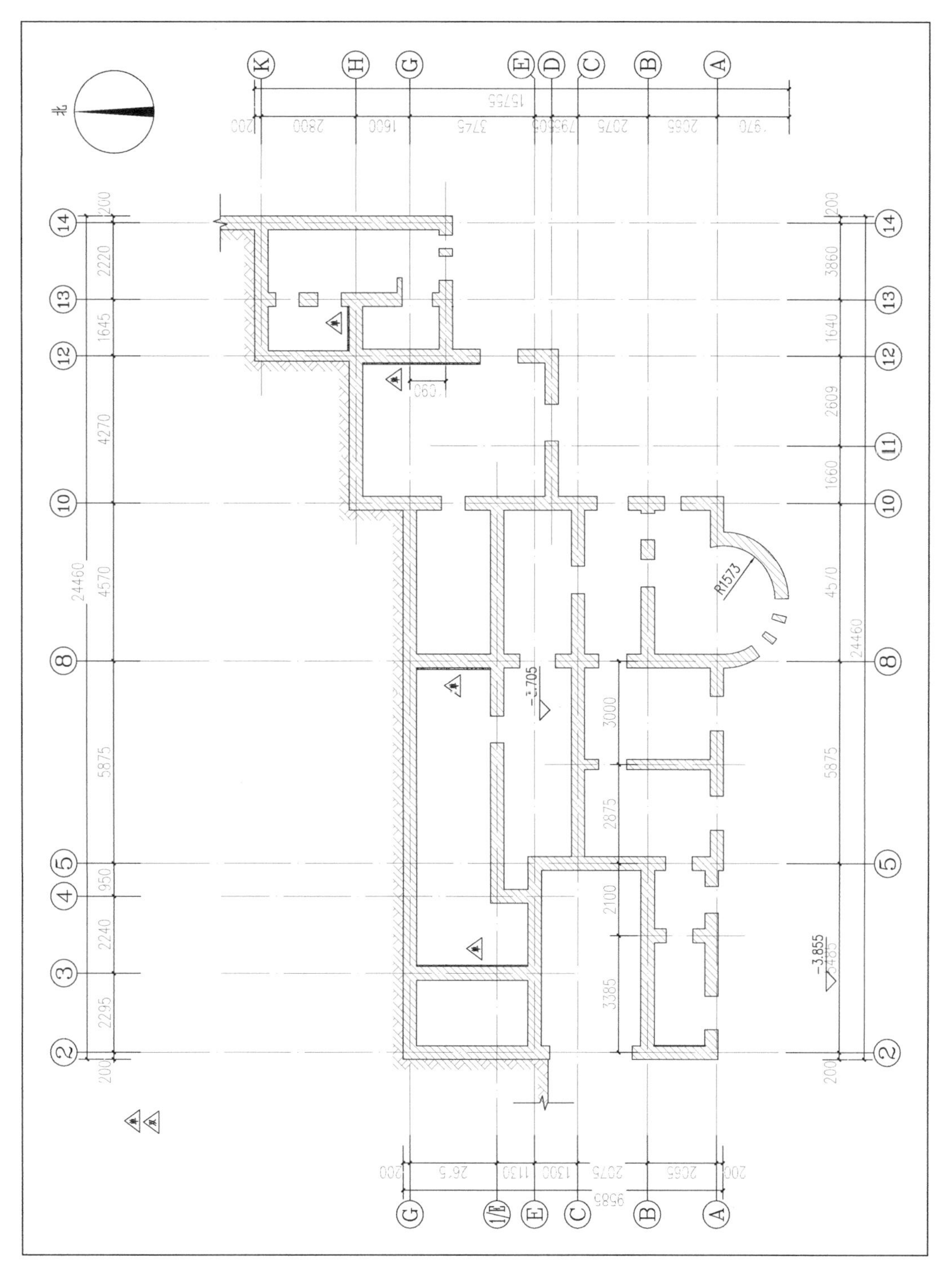

正阳关路21号地下一层平面图

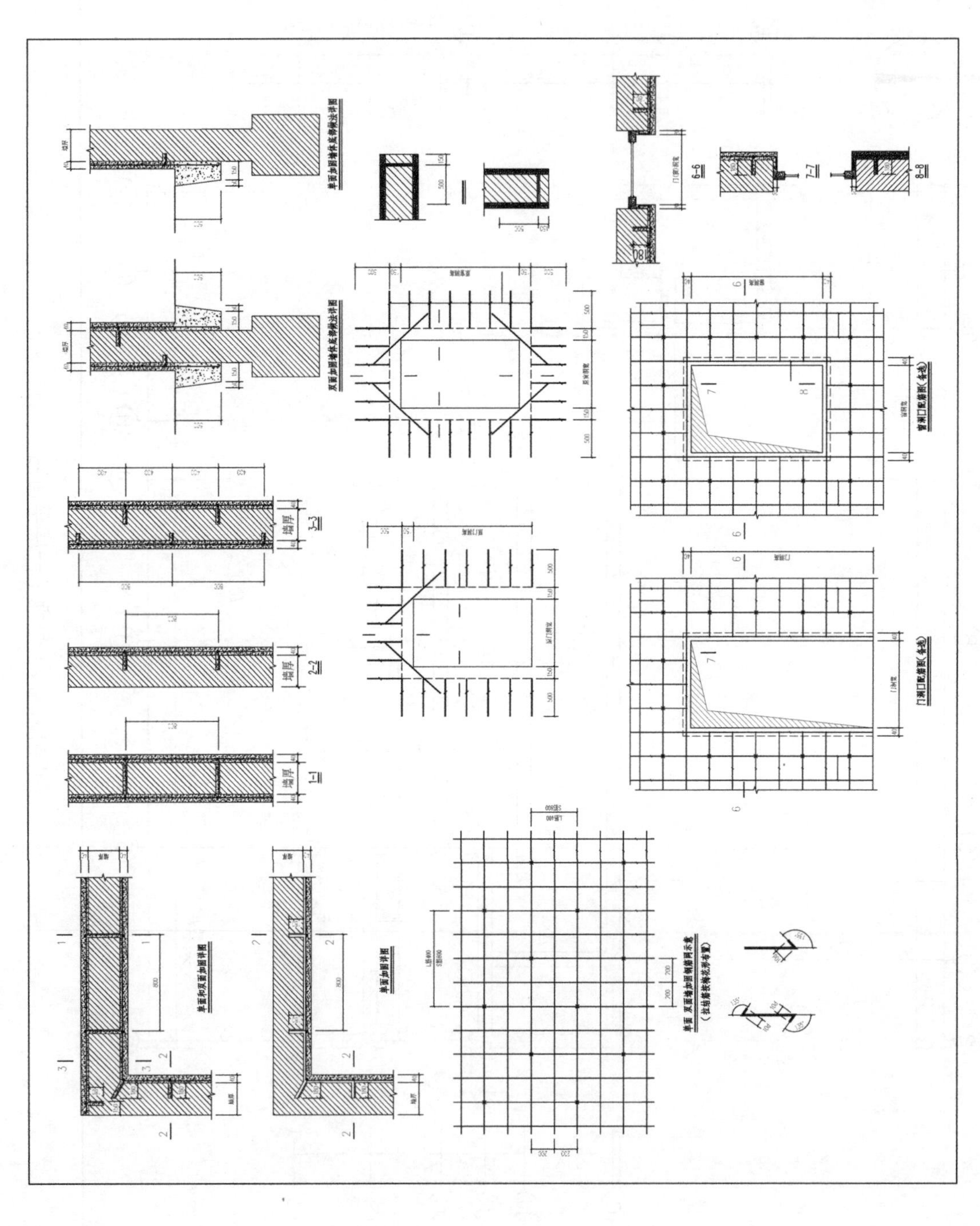

正阳关路 21 号墙体加固节点

（七）韶关路24号建筑主要问题处理措施

1. 现场整体清理

检修砖墁地和水泥硬化地面，修补破损部位。

拆除加建在北侧主体建筑物上及院落中的房屋、铁质栅栏等，清除院落角落杂物。

铁质大门进行除锈和油饰，检修院落砖墙。

2. 台基、台阶

对建筑正面原始的出入口台阶、门窗等进行恢复，封堵正立面北侧新开的门洞，恢复为窗洞；背立面入口拆除加建的厨房等，恢复建筑入口。

清除杂物检修地面和门窗、楼梯，恢复入口门厅原有面貌。

3. 外墙面、外立面

立面重新布置管线，清除加建构件，修补孔洞和受损面层，重新粉刷。

拆除立面塑钢窗和防盗门及一些防盗设施，按照现存窗体形式，恢复立面原始木门窗。

拆除加建部分，恢复立面门窗、墙面、台基勒脚等立面原有形制。

4. 室内地面

检修建筑室内保留的原始木地板，修补破损部位，重新油饰。

修复室内保留的水泥地面。

5. 室内装修

修复室内酥碱、发霉、泛潮的墙面及顶棚。

根据建筑室内空间给排水、暖通管等布置的实际情况，对各专业管线进行调整和布置。

6. 门窗

恢复建筑原有木质门窗。

对原始木窗表面漆皮翘起、脱落的情况进行检修。

拆除后期加建的阳台、铁护栏等构件修复门窗洞口及墙面。

7. 建筑屋面

参照正立面原始图片和现有屋面形制对建筑屋顶进行改造，加建正面坡屋面两侧的屋顶，按照现有屋面瓦的形制和做法，对恢复的加建屋面进行瓦瓦。

参照屋面北侧烟囱的位置和形制恢复屋面南侧烟囱。

检修檐口及屋顶排水设施。

8. 安全疏散

恢复建筑原始门洞，清除楼梯间及出入口堆放的杂物及加建。

9. 基础设施的改善

根据建筑室内室外管线、设备等的布局结构的现状，对建筑室内室外的管线进行整理，保证设备管线的使用能满足保证文物建筑安全的要求以及满足恢复建筑面貌的要求。

10. 加固图纸

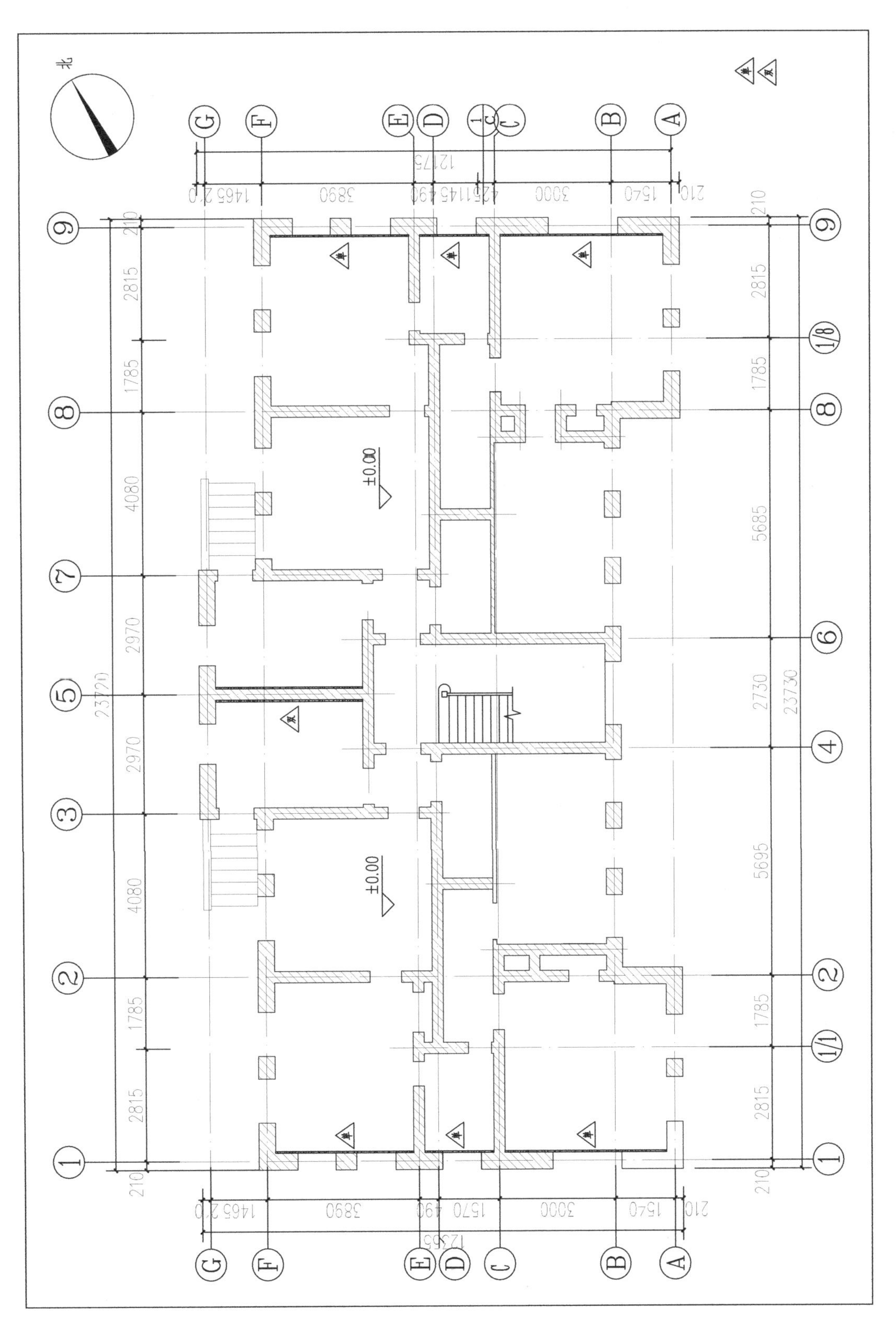

韶关路 24 号一层平面图

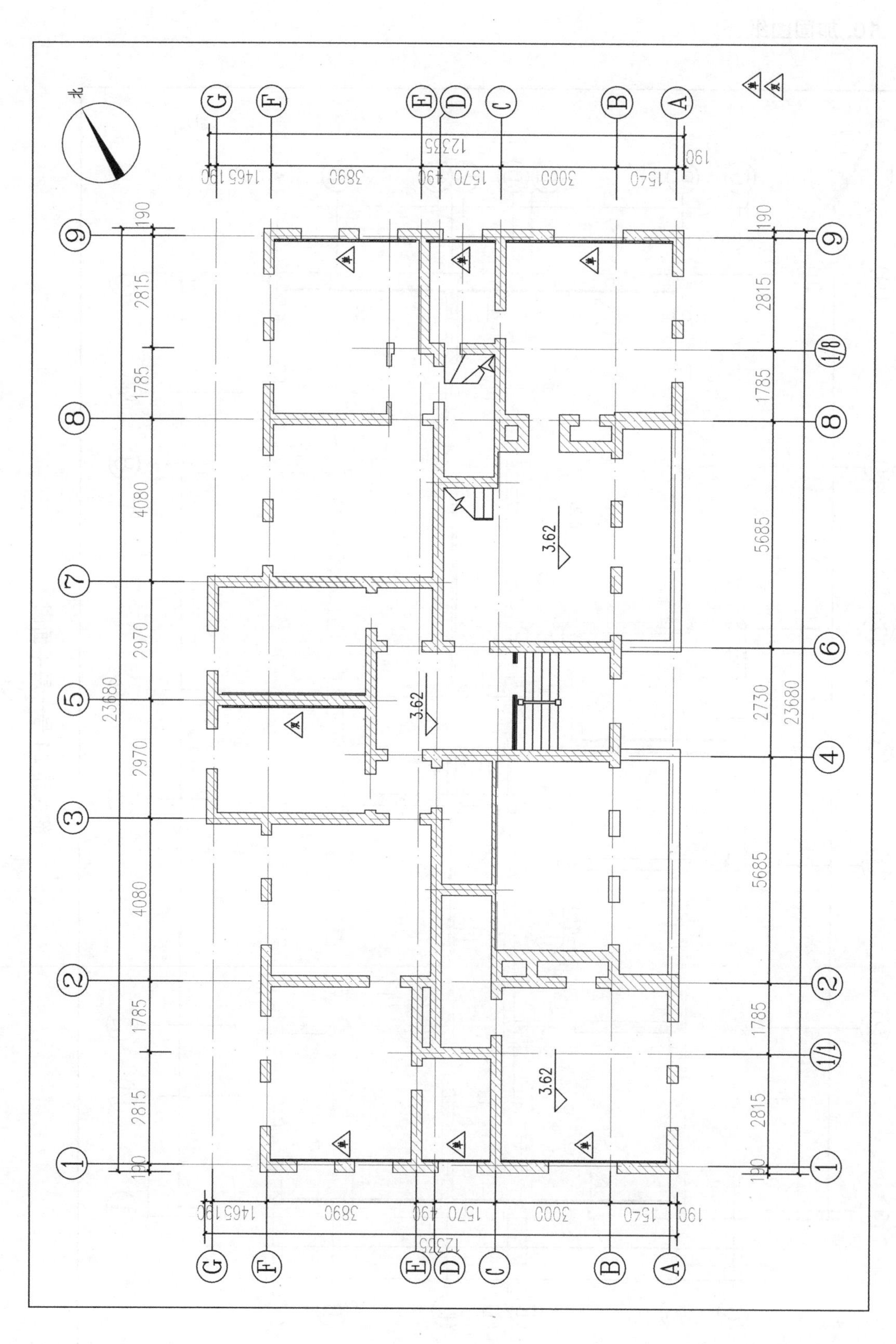

韶关路 24 号二层平面图

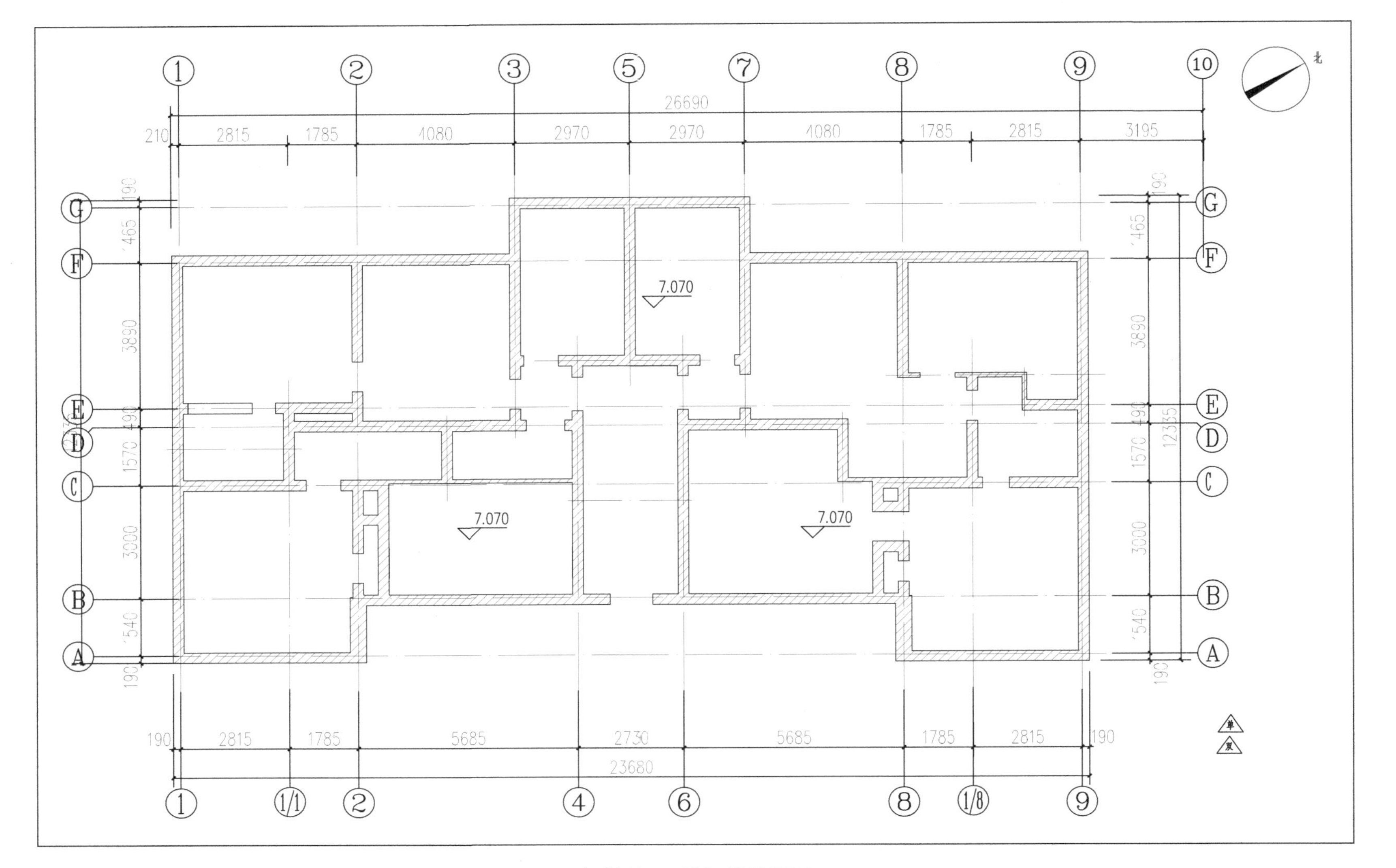

韶关路 24 号阁楼平面图

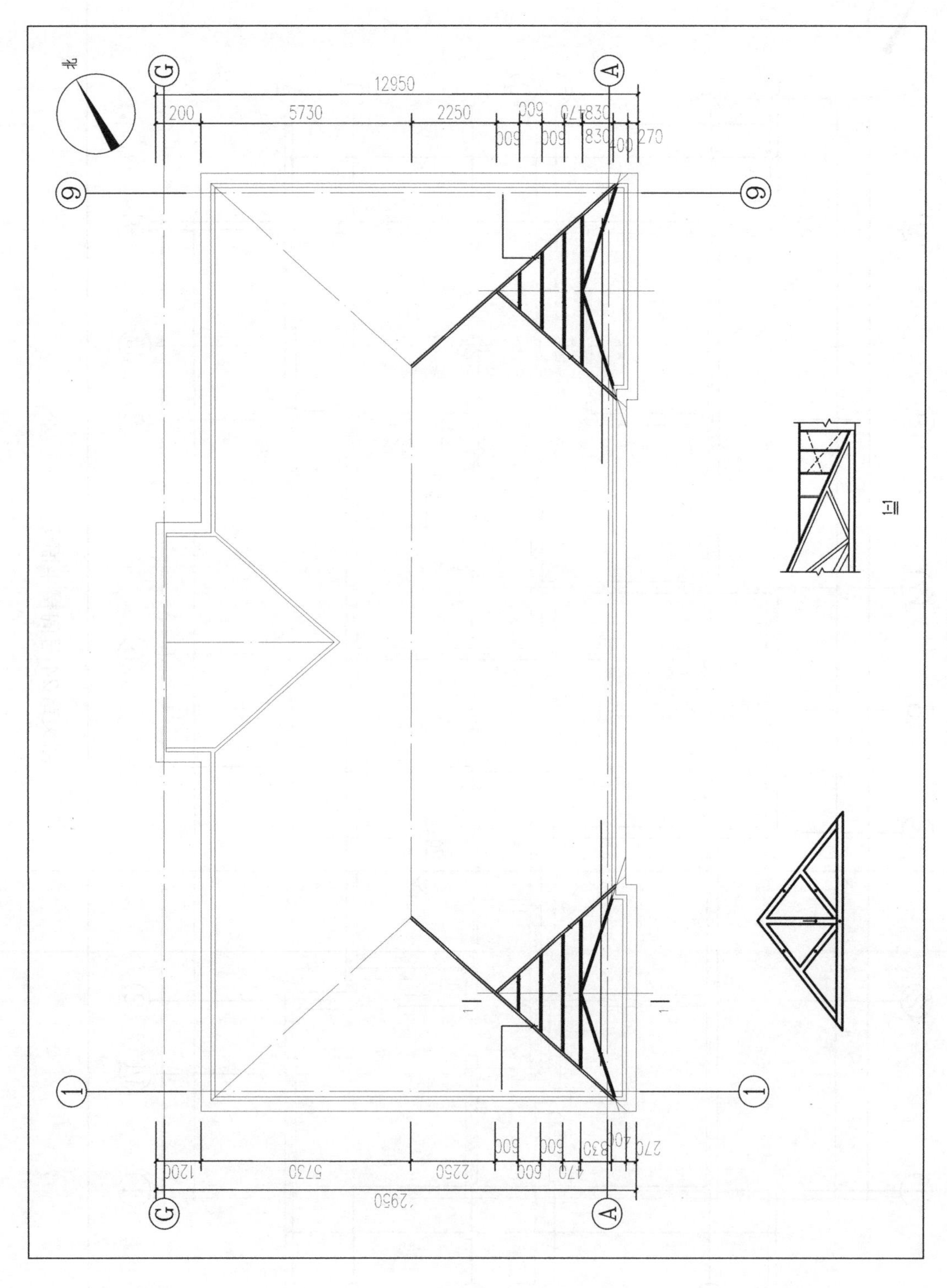

韶关路 24 号屋顶平面图

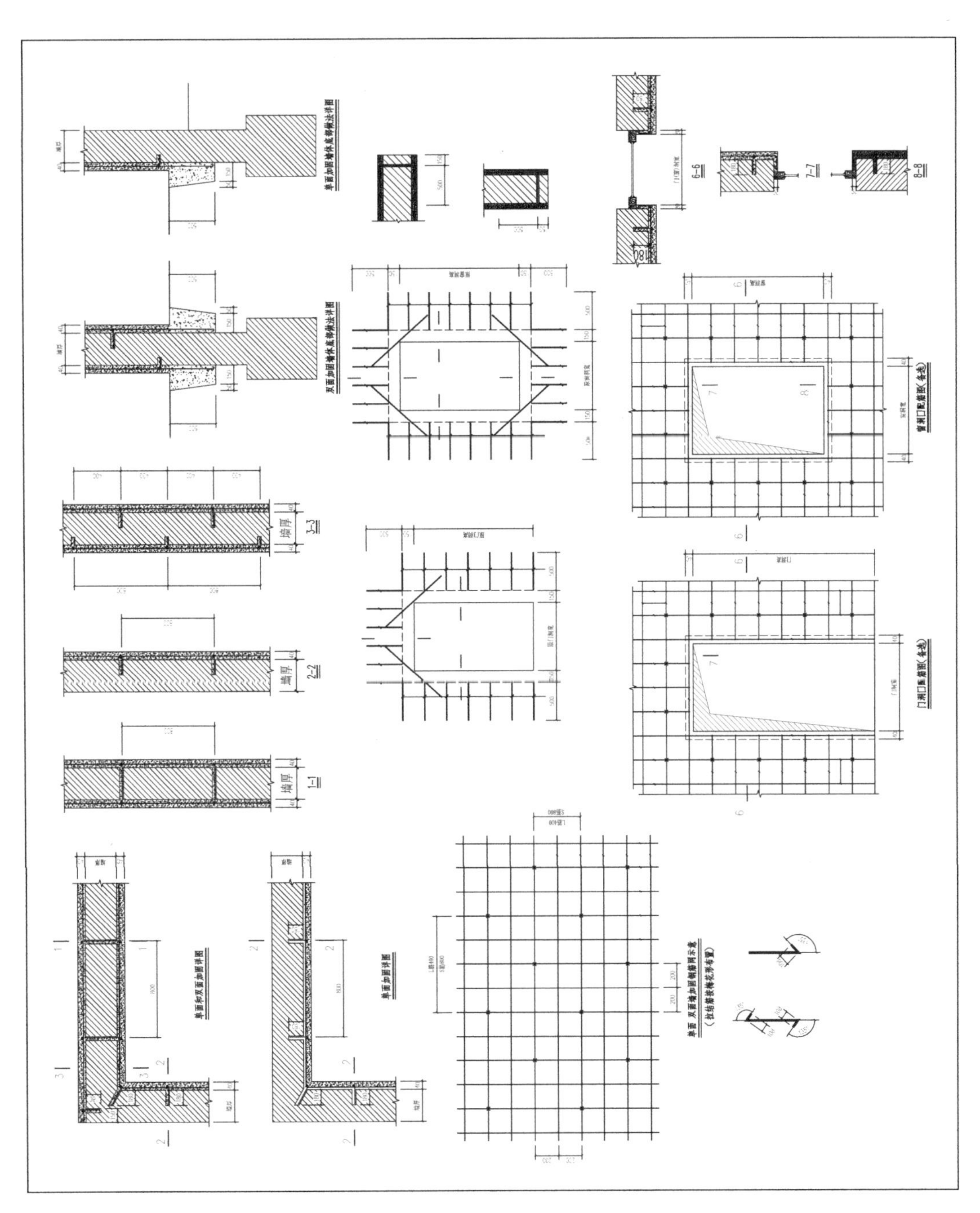

韶关路24号墙体加固节点

（八）荣成路23号建筑主要问题处理措施

1. 现场整体清理

对荣成路23号建筑及院内的建筑进行系统的清理修整。拆除后期搭建房屋、清理院落杂物、植被、疏通院落内排水。

2. 台基、台阶

对南立面西侧的楼梯扶墙及踏面进行修补，清洗石材台阶。

去除后期改造台阶的水泥抹面，根据实际情况恢复。

3. 外墙面、外立面

对非原始立面所具有的构件、管线、设备进行统一布置，拆除后期加建的构件，保证建筑外观的真实性、完整性。

建筑外立面均存在损坏、污染、后期不当维护、局部设备安装孔洞等问题。

外立面涂料层应该满足青岛独特的气候条件，选用耐腐蚀性强的材料，立面墙面面层的形制颜色应与现有墙面一致。

4. 室内外地面

检修加固原始地面木地板，重新油饰；恢复前应做好记录，譬如修复前应根据设计要求对原始地面的结构、做法、材料进行现场勘测，发现与设计不符的做好记录及时与设计联系，待确认后进行变更方可进行下一步修复工作。

对于现在居民使用的房间根据现状使用功能应保持现状，排查隐患。

5. 室内装饰装修

室内墙面造型、天花造型个别房间内仍有保留，对此部分进行检修加固。

拆除房间新作吊顶等顶面装饰构件，排查天花是否留有原时期造型，按现存房间装饰造型予以恢复，卫生间等房间除外。

在修缮加固中，发现原有装修构件（如木门槛等）予以现状加固保护。

6. 门窗

对于现在居民使用的室内门窗应保持现状。

恢复建筑室外原有风格的单开窗、双开窗，且所有防护设备安置于室内。

对室内外原时期木板门及木板门上的铁活进行检修加固。

修复完成后统一油饰面层。

7. 建筑屋面

检修屋面，更换漏雨部位瓦面重新挂瓦，更换破损瓦件排除漏雨隐患。

检修加固屋架木构件、砌体结构，保证建筑屋面的安全。

8. 整体结构

根据检查报告及建筑结构加固设计要求，对楼面墙体进行加固处理。

9. 安全疏散

对出入口进行清理，清除不当加建和违规使用，保证室内外的通畅。

10. 基础设施改善

针对该建筑现有电力、给排水、消防和安防监控等基础设施设备已陈旧、老化、破坏严重，并且人为私拉、私接的管线杂乱无章，胡乱布置，形成安全隐患，根据电力、电信、市政等专业的要求，保证文物建筑完整性和真实性，对建筑设备进行布置，拆除加建的构件设备，统一对立面、室内、屋架内及地下的管线及设备进行布置。保证文物建筑的完整与安全。

11. 加固图纸

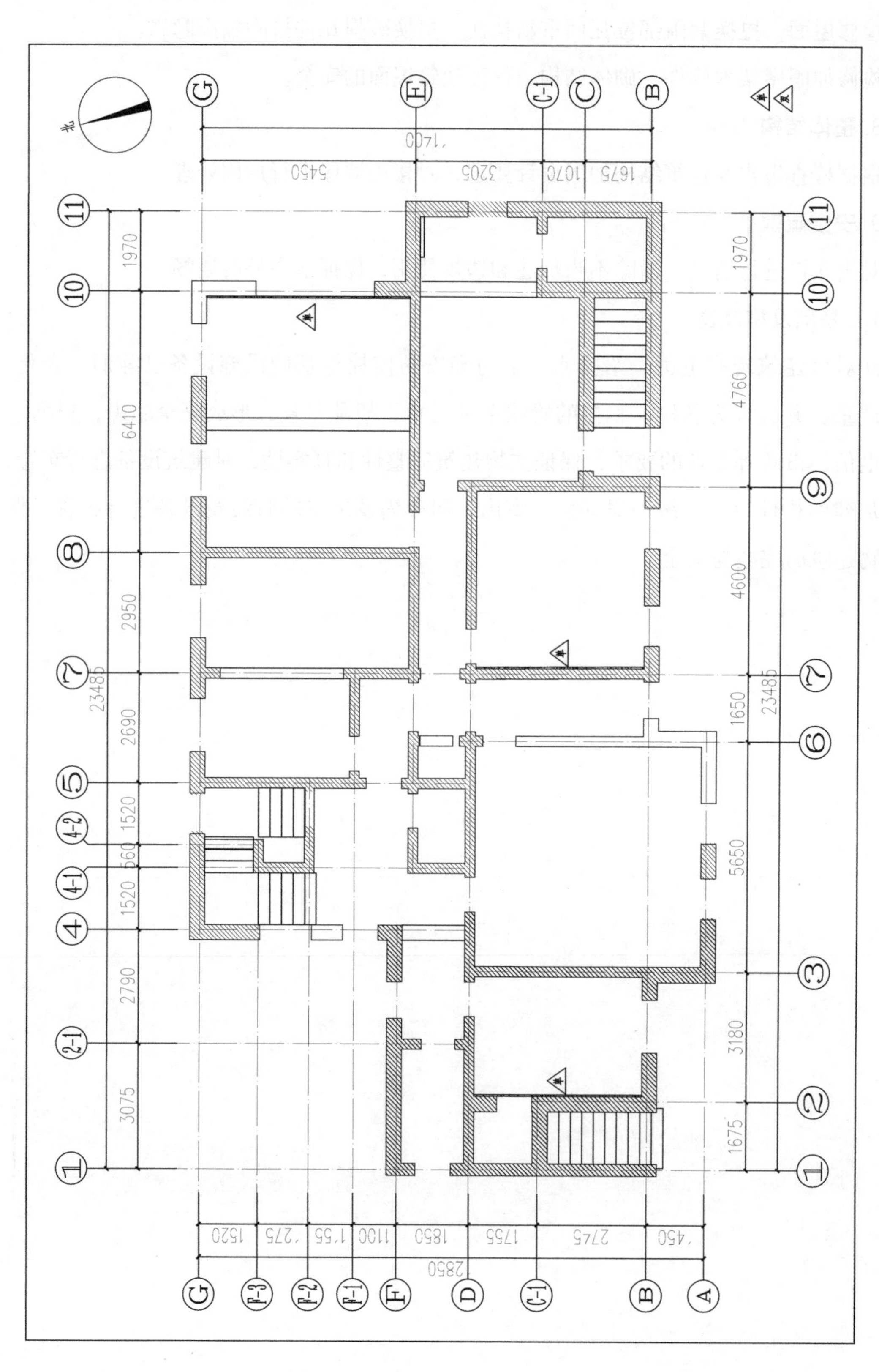

荣成路 23 号一层平面图

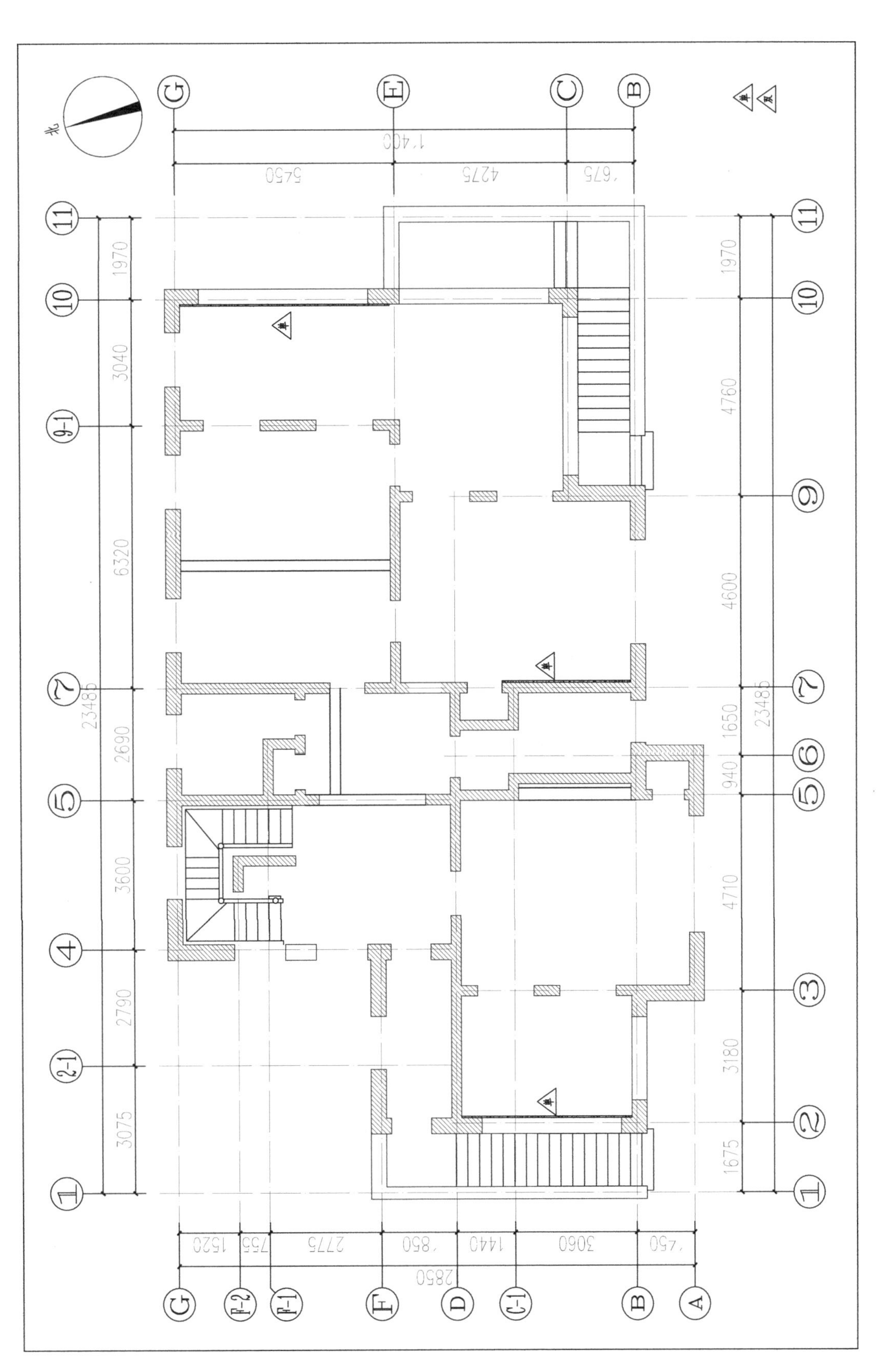

荣成路23号二层平面图

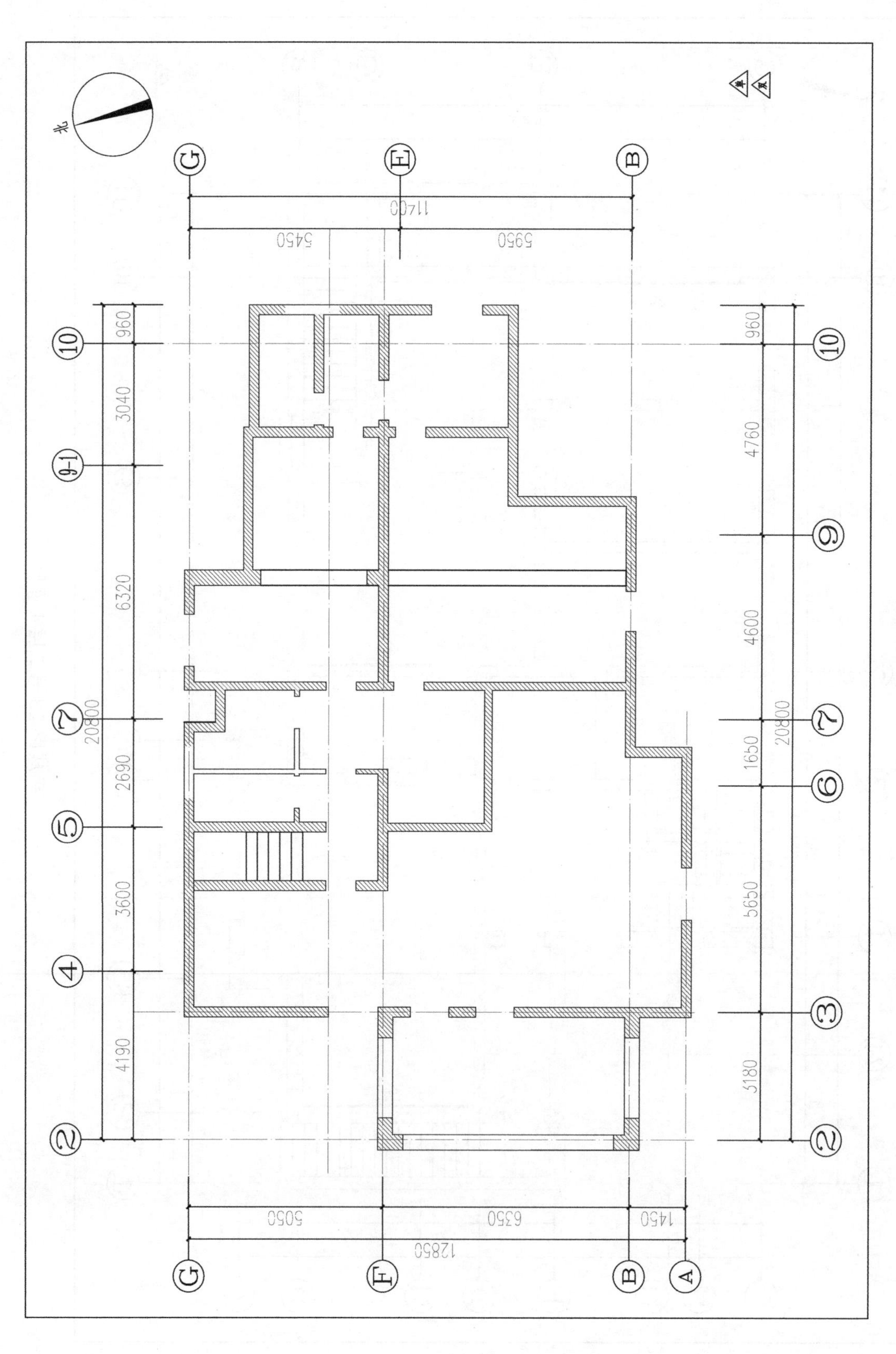
北
G
F
B
A
11400
5450
5950
12850
5050
6350
1450
960
3040
6320
2690
3600
4190
20800
4760
4600
1650
5650
3180

8 加固 04 三层平面图

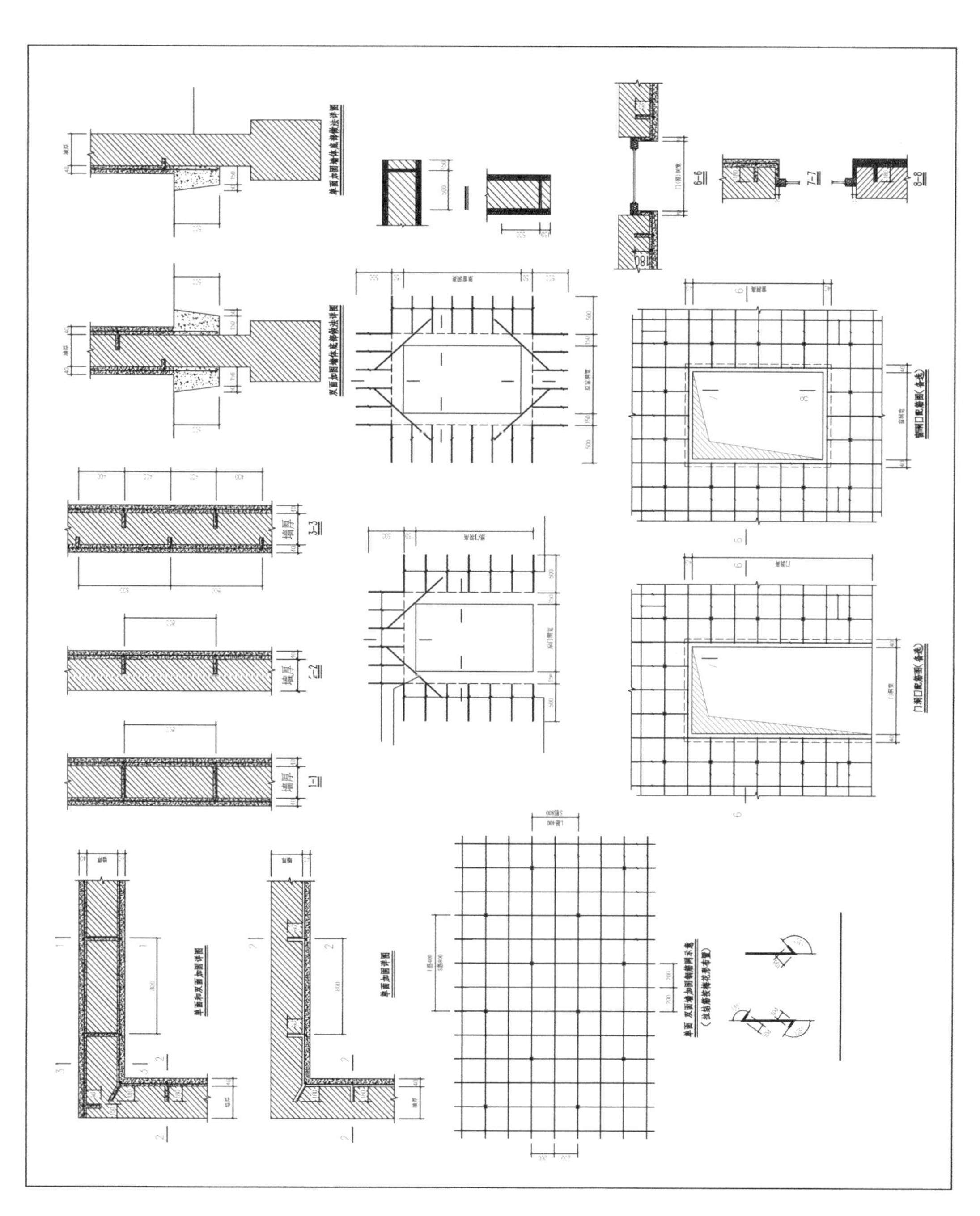

8 加固 05 墙体加固节点

（九）荣成路 36 号建筑主要问题处理措施

1. 现场整体清理

按照院落现有地面形式检修院落地面，清除杂物和加建房屋。

整修积水地面及坑洼不平的地面。

2. 台基、台阶

应根据乙栋建筑室内室外高程及台基形式恢复乙栋建筑入口台阶。

建筑入口台阶清洗检修。

建筑入口楼梯加固检修，楼梯间清除杂物，清理污渍。

3. 外墙面、外立面

建筑外墙面修复破损面层按照建筑现有色彩重新进行粉刷装饰。

更换或黏结勒脚石材，清理台基跟脚，修补破损失效的勾缝灰。

拆除南立面的门廊加建墙体，恢复建筑南立面门廊。

清除立面加建的设备及管线，重新布置。

排水管构件检修重新油饰，更换锈蚀严重的部分，着重对排水管端口的处理。

4. 室内地面

检修室内原始木地板、水泥地面。

对新作木地板、瓷砖地面进行检修。

5. 室内装饰装修

拆除室内加建墙体，对室内墙面、天花造型等保留的原有造型进行检修。

铲除、泛潮、酥碱的墙面面层，重新进行抹灰，裂缝处铲除面层后根据墙体情况进行加固处理，保证墙体的安全性。

对室内房间墙面、天花板等重新进行粉刷。

6. 门窗

拆除室内外被改造的门窗，根据设计要求及建筑现存原始门窗形式恢复门窗原始面貌。

对建筑门窗破损的构件进行整修、加固。

统一对建筑门窗进行油饰。

7. 建筑屋面

排查屋面瓦件及搭接，进行加固补充抹灰勾缝。

按建筑瓦件规格形制更换破损的瓦件。

恢复阳台顶等部位的非原始瓦件，按照建筑屋面做法进行恢复。

排查建筑梁架结构，加固梁架。

8. 整体结构加固

根据2013年10月青岛理工大学质量监督检查中心检查报告及建筑结构加固设计要求，对楼面墙体进行加固处理。

9. 安全疏散

建筑应配备明显的消防标识标记及灭火设备。

建筑体量较小、人口密度较小，出入口通畅基本满足疏散要求。

10. 基础设施改善

对室内室外私接杂乱、布局结构不合理的建筑管线等按照青岛市相关规定进行重新布置和组织安排，尽量避免明显的暴露，恢复荣成路36号建筑立面原始风格。

11. 加固图纸

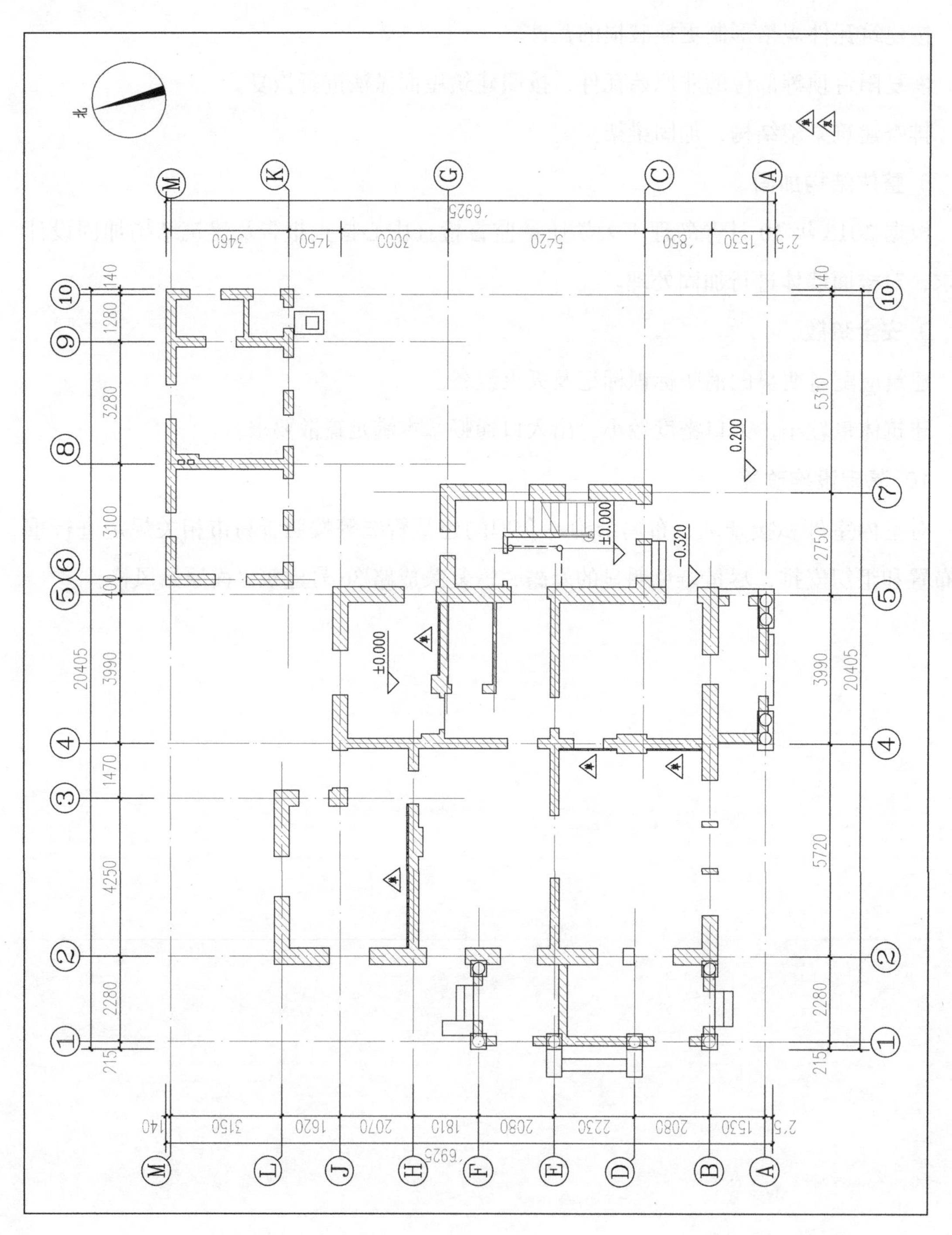

荣成路36号首层平面图

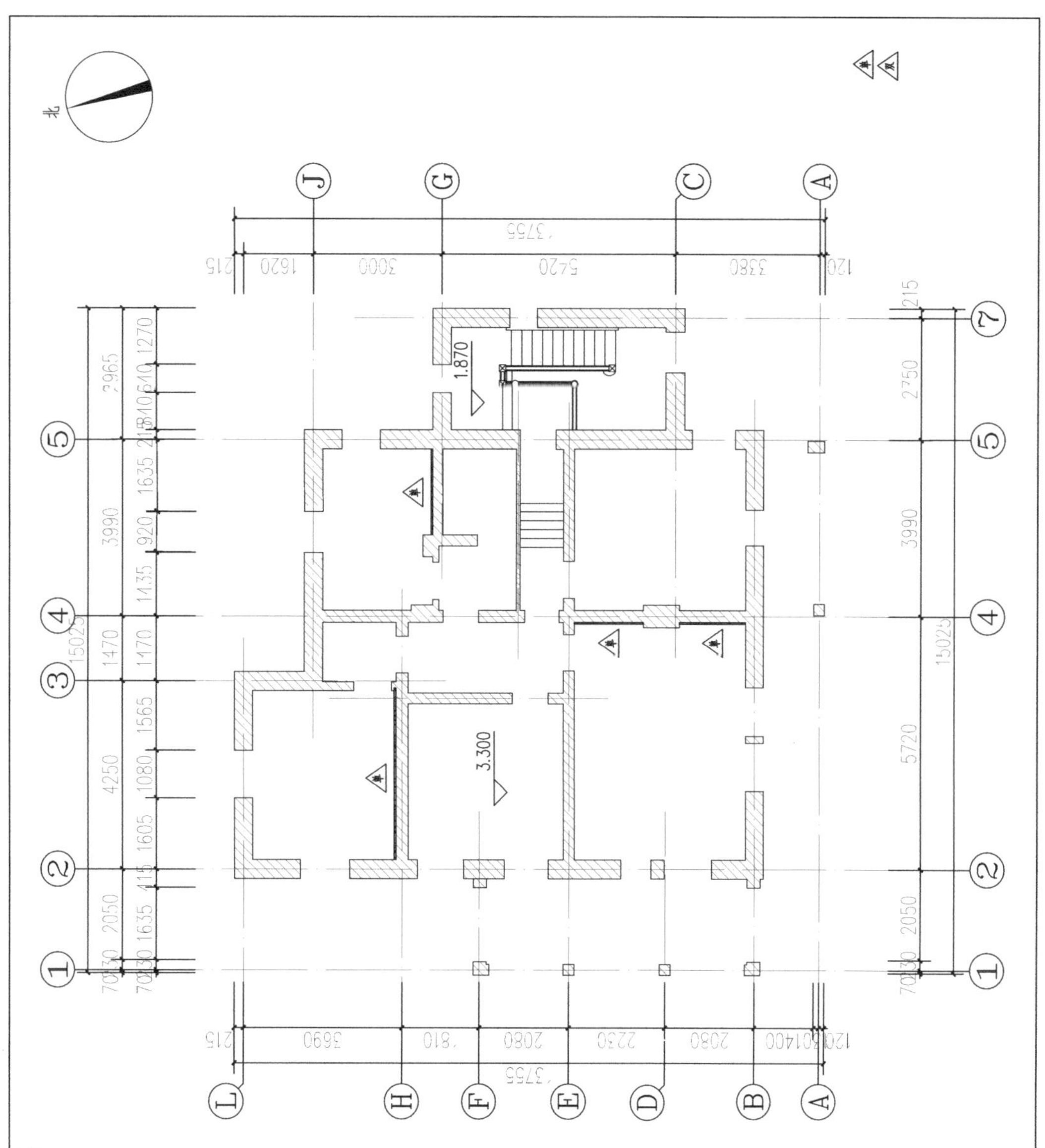

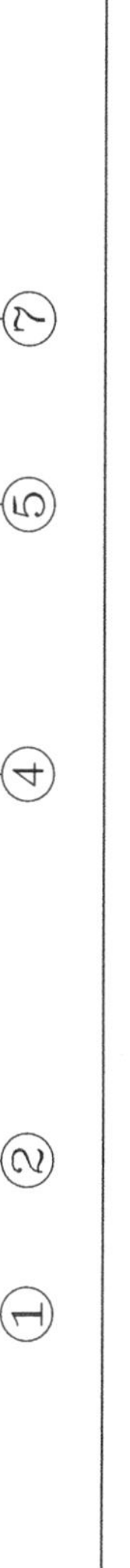

荣成路 36 号二层平面图

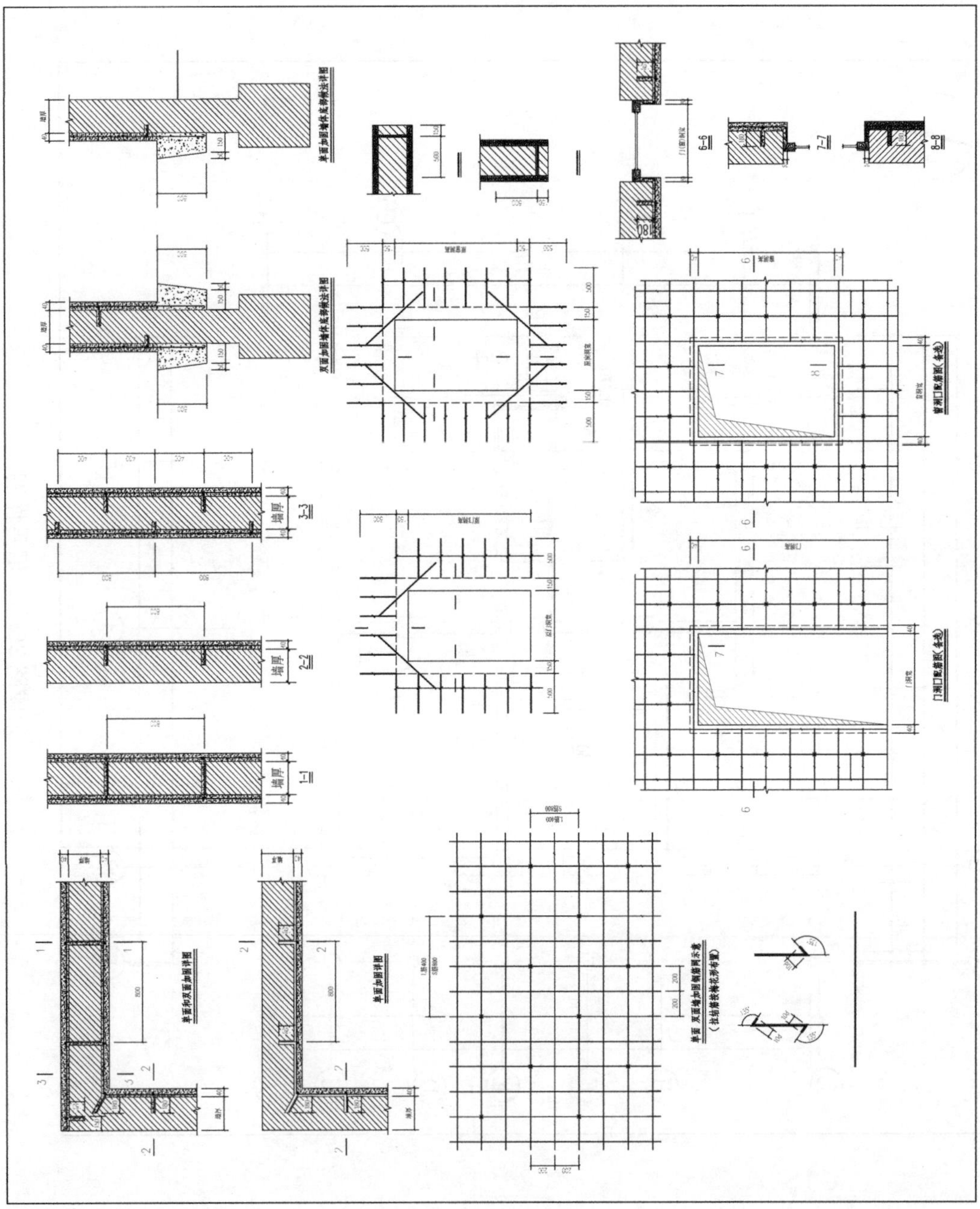

荣成路 36 号墙体加固节点

七、基础设施处理措施

（一）消防系统

本工程对象院落内应设有室外消火栓给水系统，室内应配备建筑灭火器。

室外消火栓系统，室外消防水源采用城市给排水管网。室外采用生活用水与消防用水合用管道系统。室外消防采用低压制给水系统，由青岛市城市自来水直接供水，发生火灾时，由城市消防车从现场室外灭火。

建筑灭火器系统，按A类火灾轻危险级设计，采用手提式干粉灭火器，配备主要房间。

（二）监控系统

建筑围廊、室内房间等重要场所设监视摄像机，在园区消防控制室内实现对现场监控。

负荷级别：应急照明、消防控制室用电、用电为一级负荷。

除原有暗线敷设管路的继续沿用外，原则上不得重新设计凿墙挖地等暗敷管线。

（三）防雷系统

首先对本建筑落雷和雷电路径、本建筑易遭雷击的部位进行详细的勘察，按《建筑物防雷设计规范》GB50057-94进行建筑防雷设计。

聘请具有防雷工程专业设计和施工资质的单位进行本建筑防雷的设计和施工。

第三章 修缮方案

一、居庸关路10号建筑（公主楼）

（一）建筑院落

残损状况：西北侧加建鸡棚。

残损类型：不当搭建。

修缮方法：拆除建筑两侧院落的搭建用房，清理地面杂物，重新铺装与建筑协调的地面面砖形式。

（二）台基及入口台阶

1. 台基

残损状况：台基内部破损严重；出现花岗岩缺棱掉角、铺砖位移、崩裂、碎裂缺失等不同情况；内部墙皮出现不同程度侵蚀掉落；马赛克装修出现破损。

残损类型：磨损、侵蚀、污染、裂缝。

修缮方法：加固台基，更换碎裂花岗石石条和铺砖，清理并归安。

2. 入口台阶

残损状况：入口台阶无明显松动移位。台阶棱角出现部分崩落；表面污渍比较严重。

残损类型：磨损、污染、花岗石砌筑台阶。

修缮方法：逐一清除台阶花岗岩条石污染侵害，更换磨损严重的条石，清理并归安。

（三）地面

1. 水泥、瓷砖地面

残损状况：围廊水泥地面普遍污染严重，局部地面出现裂缝；瓷砖地面表面灰尘杂物污染严重。

残损类型：污染、裂缝。

修缮方法：剔除围廊水泥面层，统一使用干硬性水泥砂浆抹面，其重量配合比为1:2 ~ 1:3（水泥：粗砂），砂子应为均匀粗砂，擀压密实、平整、光滑。地面的打毛，需用无尘打磨机来完成，并用吸尘器彻底清洁。瓷砖地面为后期改造产物，不属于保护对象，根据以后使用要求另作修整，要求应体现民国风格，与整个别墅风格相近。

备注：水泥砂浆抹面的整体效果应近似三合土地面。

2. 木地板

残损状况：木地板基本完整，无明显沉降迹象；房间长期闲置，室内堆积大量生活杂物，木地板普遍灰尘杂物污染、褪色磨损严重。

残损类型：褪色、杂物堆放。

修缮方法：室内木地板的修缮设计技术要求，木地板基层损坏，有地垄的木地板，如面层完好或损坏不是很严重的应尽量不拆或少拆面层，可以在地垄内加固搁栅和沿椽木。修缮前必须把房间内的荷载卸去，并在地垄墙上铺好防潮层，如沿椽木腐烂应更换。木地板面层损坏，面层小条地板局部松动或磨损，可采用挖补法修缮。新地板板材宽度、纹理等应与原有地板一致，厚度一般上要比原有地板厚1毫米 ~ 1.5毫米，把新地板磨平至原有地板平。针对木地板腐烂的情况，应拆除面层地板。有几何图案应事先做好记录。检查搁栅，如有损坏必须修复后再铺面层。铺设完成后就可以打磨、刨平，把相邻的板缝高差刨平即可。

备注：尽量使用原地板材料进行维修。

（四）外立面

1. 加建处理

残损状况：加建落水管影响建筑外观并侵蚀周围墙体，墙体有孔洞及空调支管。

残损类型：空调支架、管线孔洞、饰面缺失。

修缮方法：去除空调支架、管线、管道等后添加物。对于管线管道毁损、破损严重及缺失的花岗岩石饰面，按其相邻的花岗岩石饰面进行补配，新增的饰面应在规格、彩色、纹理相一致。

2. 污渍处理

残损状况：墙体整体完好，无明显歪闪、裂缝。花岗岩、墙体有个别处污渍变暗，产生污斑。

残损类型：污斑。

修缮方法：墙面污染、泛黄、白华泛碱的清洗，外立面清洗过程中对石材必须进行全面的保护，不得有任何形式的损坏，因此设计了窗洞拉结的方式进行脚手架搭设。窗洞拉结采用钢管在窗的内外两侧设置横向钢管箍住窗口，纵向设两根钢管斜拉与脚手架连接。与外墙接触的钢管在端部采用木质套管，避免与外墙直接接触破坏外墙石材。对于无黏性沉积物，使用15%的碳化铵浓缩液在其上作用时间6小时左右即可，待沉积物呈现分裂状后用刷子刷洗表面清除溶剂残余物，并用清水冲洗干净即可，注意点：由于15%浓缩液有较浓的挥发性，因此须用铝纸或塑料膜盖住浓缩液器皿，同一黏稠液可使用三次。对于普通污染、普通泛黄、白华泛碱的表面污染主要采用物理法（高压水喷洗机）和生物法（生物降解法）清洗为主。较清洁及中度污染面用高压水清洗机清洗。污染严重部位用高压水清洗机加粒子喷射清洗。外墙清洗措施在对外墙面石材采用高压水清洗过程中，考虑到环保，采用特殊配比的喷射粒子，遇水即溶，做到无粉尘污染，并在脚手架上加设了隔离防护，除采用绿网全封闭以外，还设置挤塑隔音板，既可降低噪声也可以避免清洗外墙的高压水枪向路面飞溅，对建筑周边设明排水沟，及时排放墙面清洗用水。

3. 锈蚀斑处理

残损状况：墙面落水管及周边有锈蚀现象。

残损类型：锈蚀斑。

修缮方法：锈蚀斑清洗采用局部泥敷剂敷贴于锈斑处，敷贴时间为2小时～8小时，视污染程度决定，再用清水冲洗即可。

4. 裂缝、空洞处理

残损状况：墙面出现裂缝、孔洞。

残损类型：裂缝、小孔洞。

修缮方法：石材断裂修复，用云石锯片将断裂缝加宽至5毫米，加深至15毫米（增加胶合面积来提高牢度）。裂缝上端打一个5毫米钻孔，作为化学锚固的灌注孔。用ASA石材专用黏结树脂，通过灌注孔利用液体自重对裂缝进行深层灌注，对全部裂缝面进行化学锚固，胶合断裂缝，恢复石材原有的抗力系数，也使原有的裂隙不再有新的变化。用修复体对断裂缝隙进行全部填充，并进行塑型仿真修复。

（五）梁架

残损状况：内部木梁架残损情况不详。

修缮方法：根据木梁架结构残损程度采取相应的加固措施，具体加固措施详见图纸。

（六）墙体

残损状况：经勘察，未见明显的墙体裂缝，墙体白灰抹面层普遍干裂，污染变暗。

残损类型：污染、变暗。

修缮方法：根据结构加固要求对墙体加固后，按原墙面材质、工艺，统一新作墙体抹灰层。材料的配合比应试配，面层抹灰应试样，达到设计效果后再全面施工。有特殊效果的饰面，材料的粒径、质感、色泽应与原墙面基本一致，接缝紧密，表面层的工艺及纹样应与原墙面一致。

备注：墙面涂料层应为蓝绿色，颜色具体色泽应对照现有墙面叠加中的蓝绿涂料一致。

（七）门窗

残损状况：木格玻璃窗基本完好，局部门窗扇位移、歪闪磨损严重。木饰油漆普遍干裂褪色，部分门窗铁连接件、玻璃、把手缺失等。

残损类型：油漆褪色剥落、构件破损、窗口封堵。

修缮方法：对移位受损的所有门窗进行归位和维修，对榫卯松脱、框边变形、扭闪的隔扇门窗，采取整扇拆卸，重新归安；边梃和抹头劈裂糟朽时应钉补牢固，严重者应予更换；糟朽、蛀蚀严重的门窗按原式样、材质重新复原，作防腐、防虫处理后归安。木门窗及五金件的修缮以按原样的修复原则进行修缮，施工单位必须事先对历史建筑的木门窗进行统计及调查，取得现场的相关历史图纸的实样，进行厂方的深化设计图、仿制的木门窗实样。设计要求实样木门窗材质应与保留木门窗材质一致，木材基层应先刷底子油漆，再刷新油漆：木门窗必须进行门窗开启的核正，使窗框与框梃关闭严密，开启灵活，方可安装五金零件；所安装的五金零件位置应正确，使用应灵活，松紧适宜，安装螺钉不应有松动现象：应检查原有执手、撑杆、合页等五金件，尽量去锈，并尽量恢复原有五金件。

（八）装修装饰

1. 内壁、天花吊顶及木墙裙

残损状况：现新装修的内部基本完好，局部二层有漏雨侵蚀造成的污染泛黄。

残损类型：雨水侵蚀。

修缮方法：维持原有装修，在不进一步破坏建筑的条件下保持其使用功能（肾病医院），对漏雨造成的内墙面破坏进行屋面的防水处理和重新粉刷。

2. 室内家具、壁炉等装饰

残损状况：现存壁炉遭新装修封堵，情况不详。

修缮方法：按民国早期风格补配家具及壁柜缺失构件。复原壁炉，清理修补原壁炉构件。

（九）屋面

1. 阁楼平顶屋面

残损状况：经现场勘察，阁楼室内局部吊顶受潮发霉，应为楼顶渗雨所致。

残损类型：受潮、渗雨。

修缮方法：阁楼屋面增设防水层后，去除吊顶抹灰层，重新作吊顶面层。

2. 陶瓦坡顶屋面

残损状况：陶瓦屋面基本完好，无剥落褪色，局部坡顶有瓦面破损现象。

修缮方法：屋面较好、漏雨部位明确的，由植物存在的原因引起的，雨水得以沿植物根须下渗，应去除植物。屋面较好、漏雨部位明确的，由局部低洼或堵塞引起的，因而形成局部积水，应疏通排水线路。屋顶瓦面残损面积占所在平面屋面面积约 10% 以内的，采取局部挖补的修缮方式，按原有做法抽换局部瓦面，并做好接槎。屋顶瓦面残损面积占所在平面屋面面积约 10% ~ 50%，漏雨轻微并屋架残损轻微的，采取局部挑顶的修缮方式，更换半坡的屋面，修缮做法与原有屋面做法一致。按原有做法抽换局部瓦面，并做好接槎。屋顶瓦面残损面积占所在平面屋面面积约 50% 以上的，或漏雨严重并且屋架残损严重的，采取屋面挑顶的修缮方式，更换全部的瓦面，修缮做法与原有屋面做法一致。拆卸瓦件前，应详细记录拆卸的构件的规格、位置、有无防水处理；安装时严格按拆卸记录予以修复及复原，安装时应注意与基座的连接应安全、牢固、可靠。配件要根据构件部位的材质、规格及尺寸进行选择，既要保证质量又要尽量考虑构件统一。

3. 雨水管

残损状况：铁质排水管件基本完好，局部管件，生锈松动；并侵蚀周围墙体。前檐北侧排水槽锈蚀漏雨严重。

残损类型：锈蚀。

修缮方法：更换锈蚀严重的排水管件，加固管件连接。统一刷防锈蚀及防水油漆两至三道。

（十）修缮设计图纸

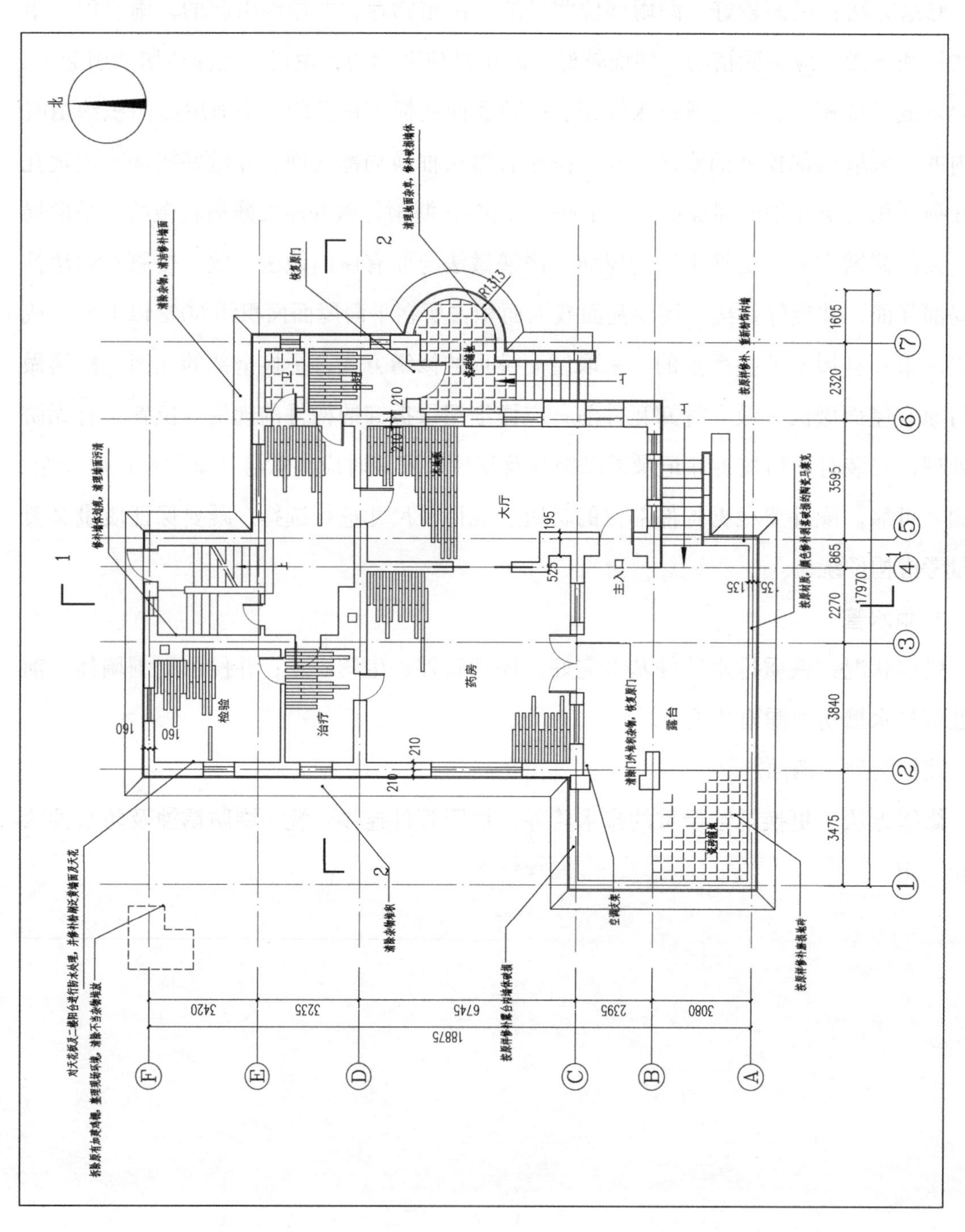

居庸关路10号建筑首层平面图

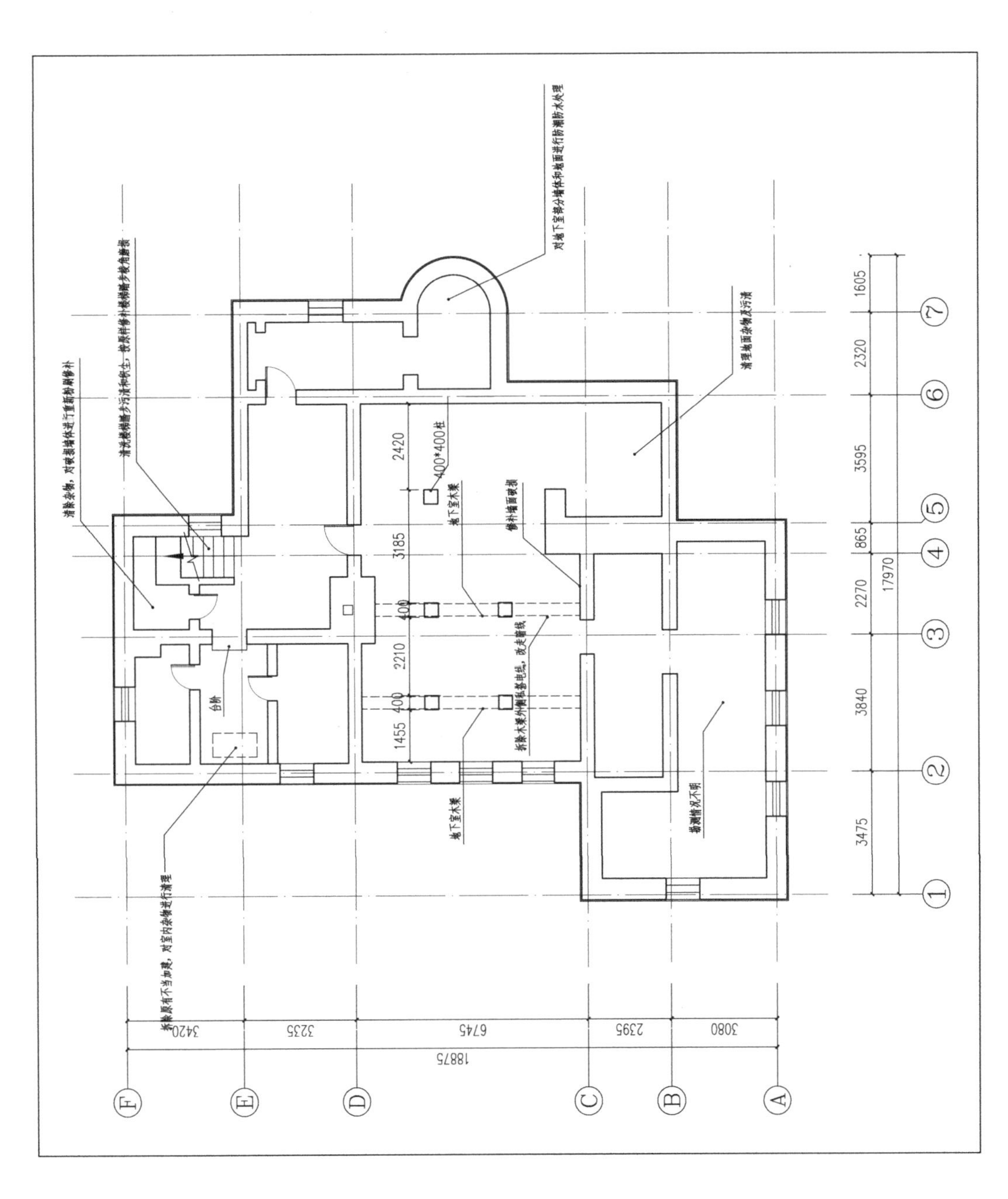

居庸关路10号建筑地下一层平面图

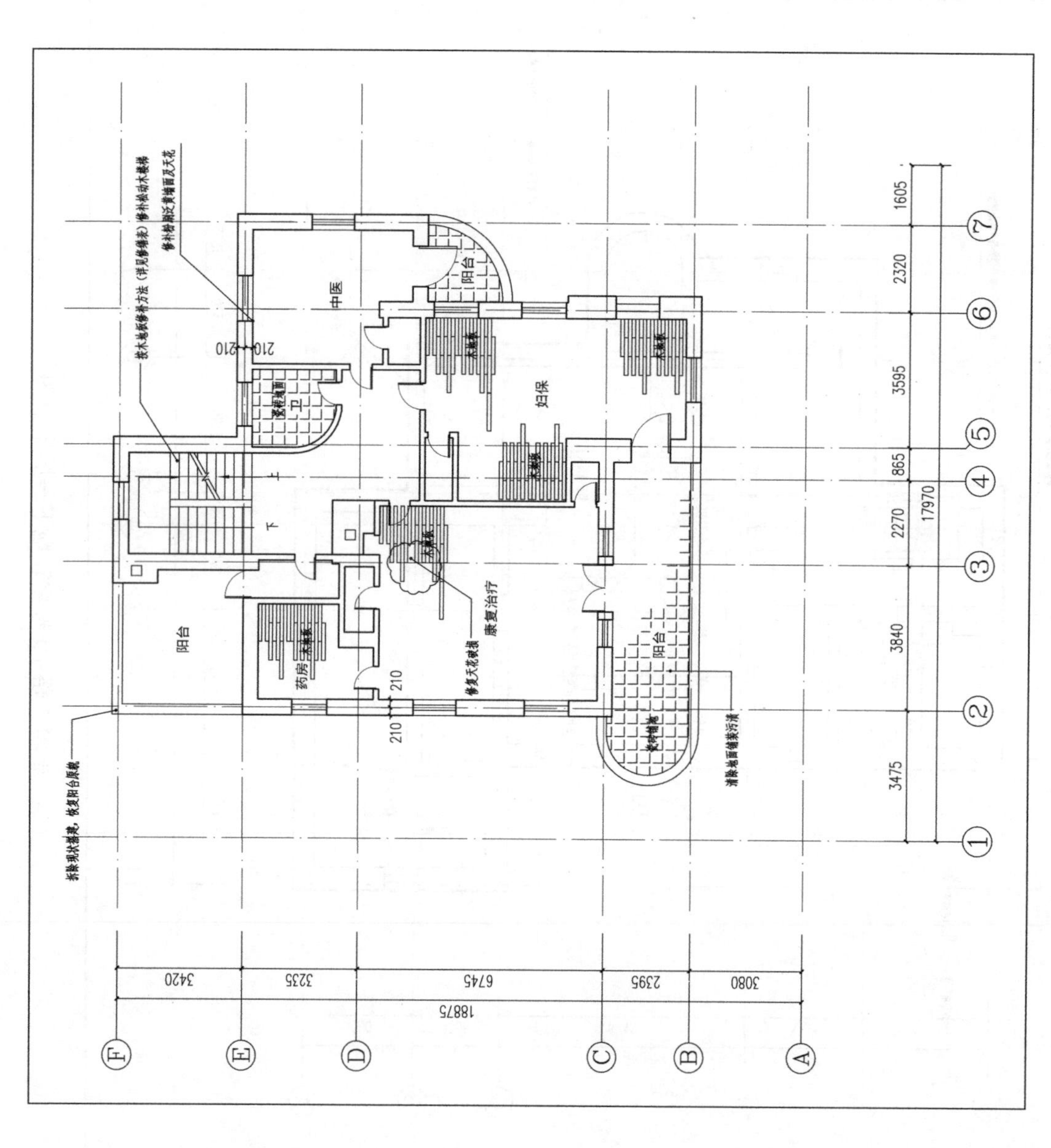

居庸关路10号建筑二层平面图

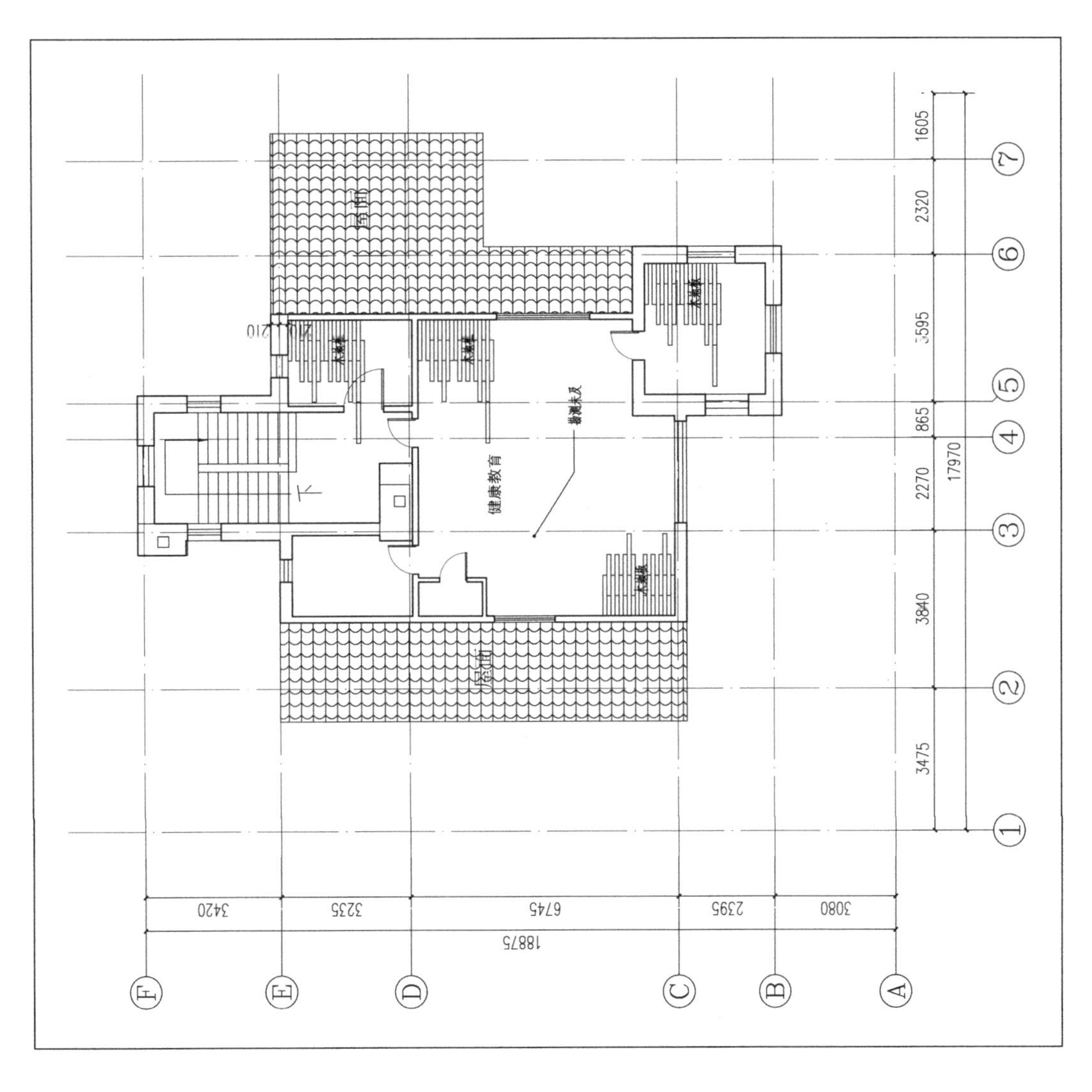

居庸关路10号建筑三层平面图

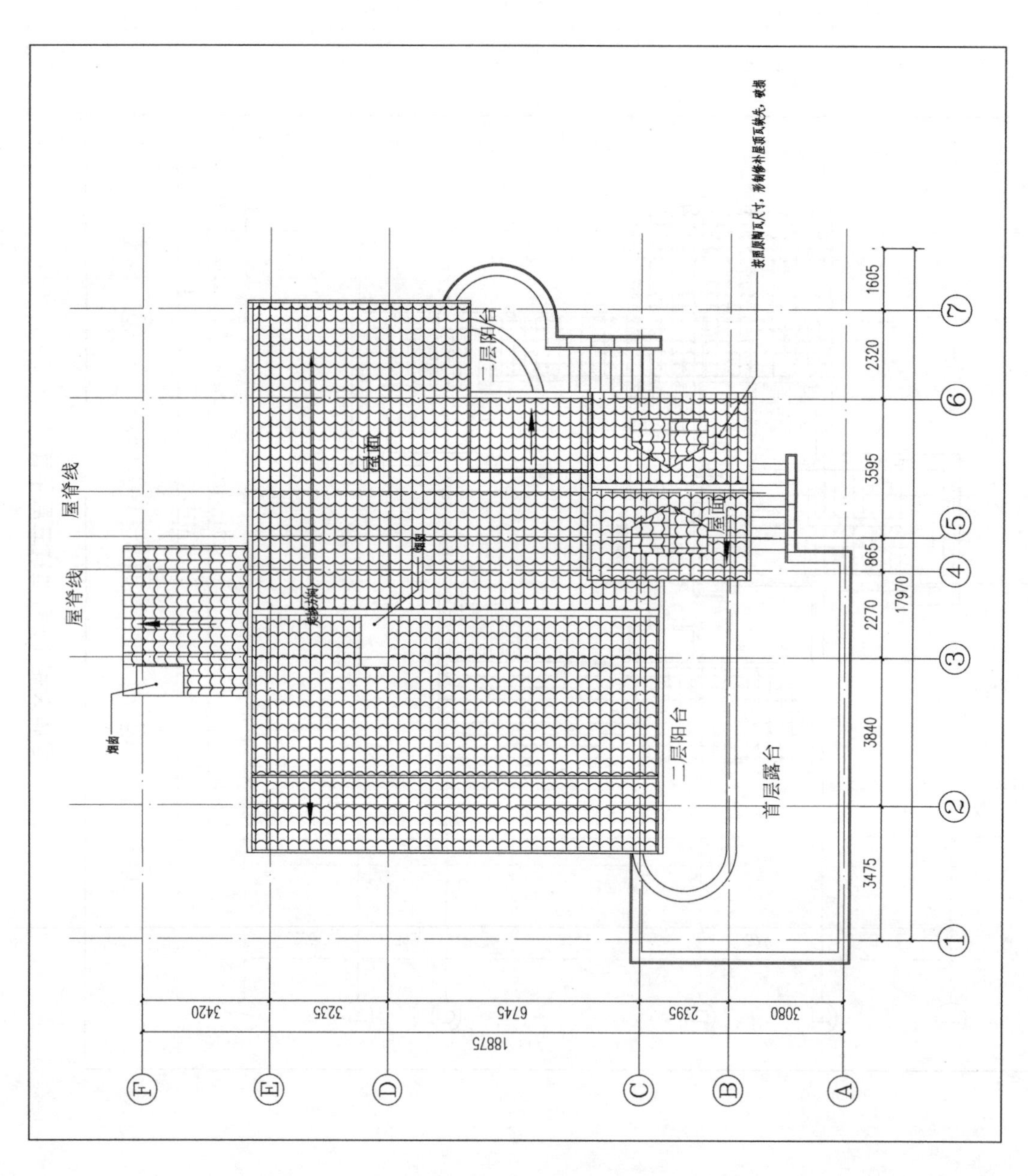

居庸关路10号建筑屋顶平面图

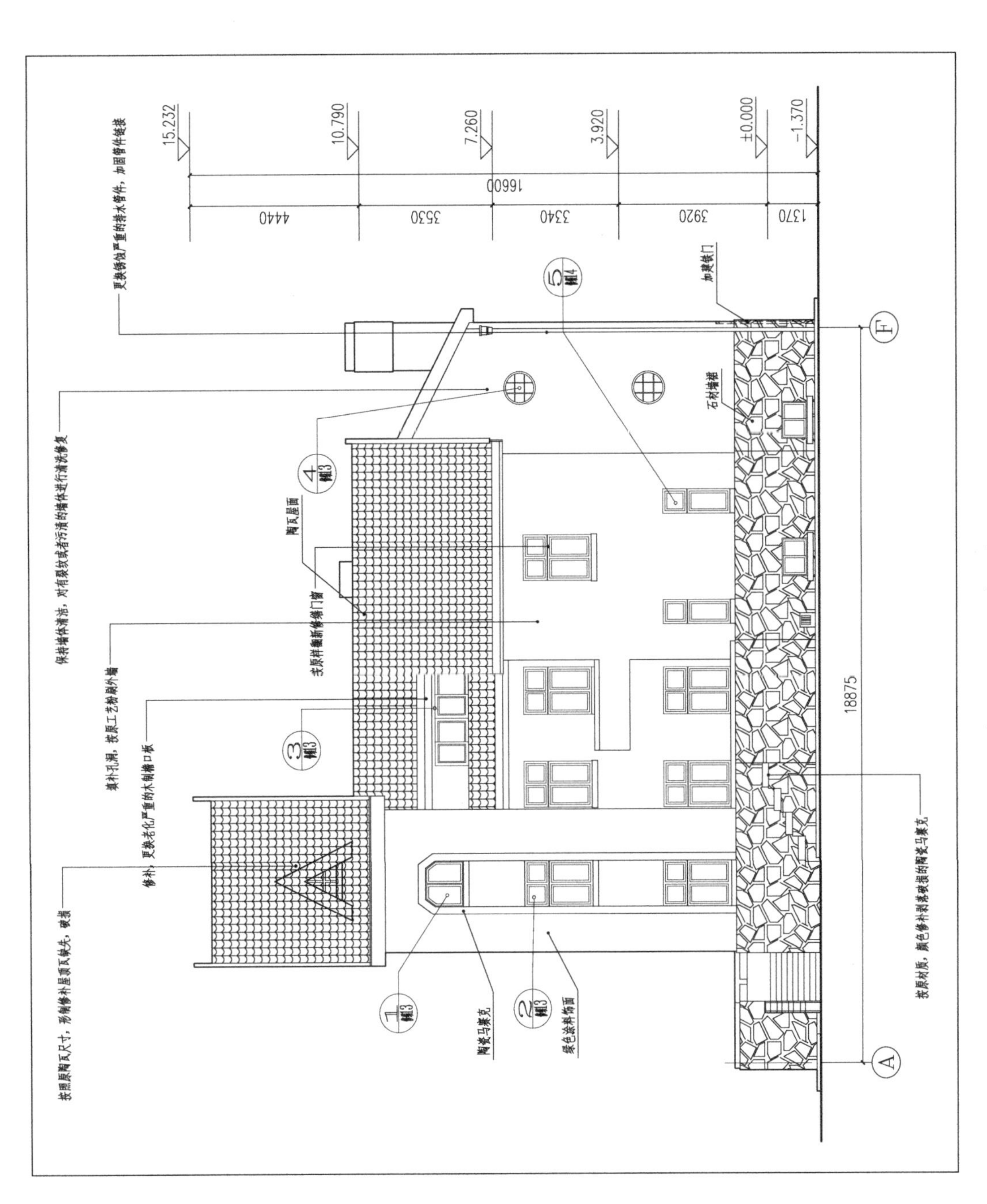

居庸关路10号建筑东立面图

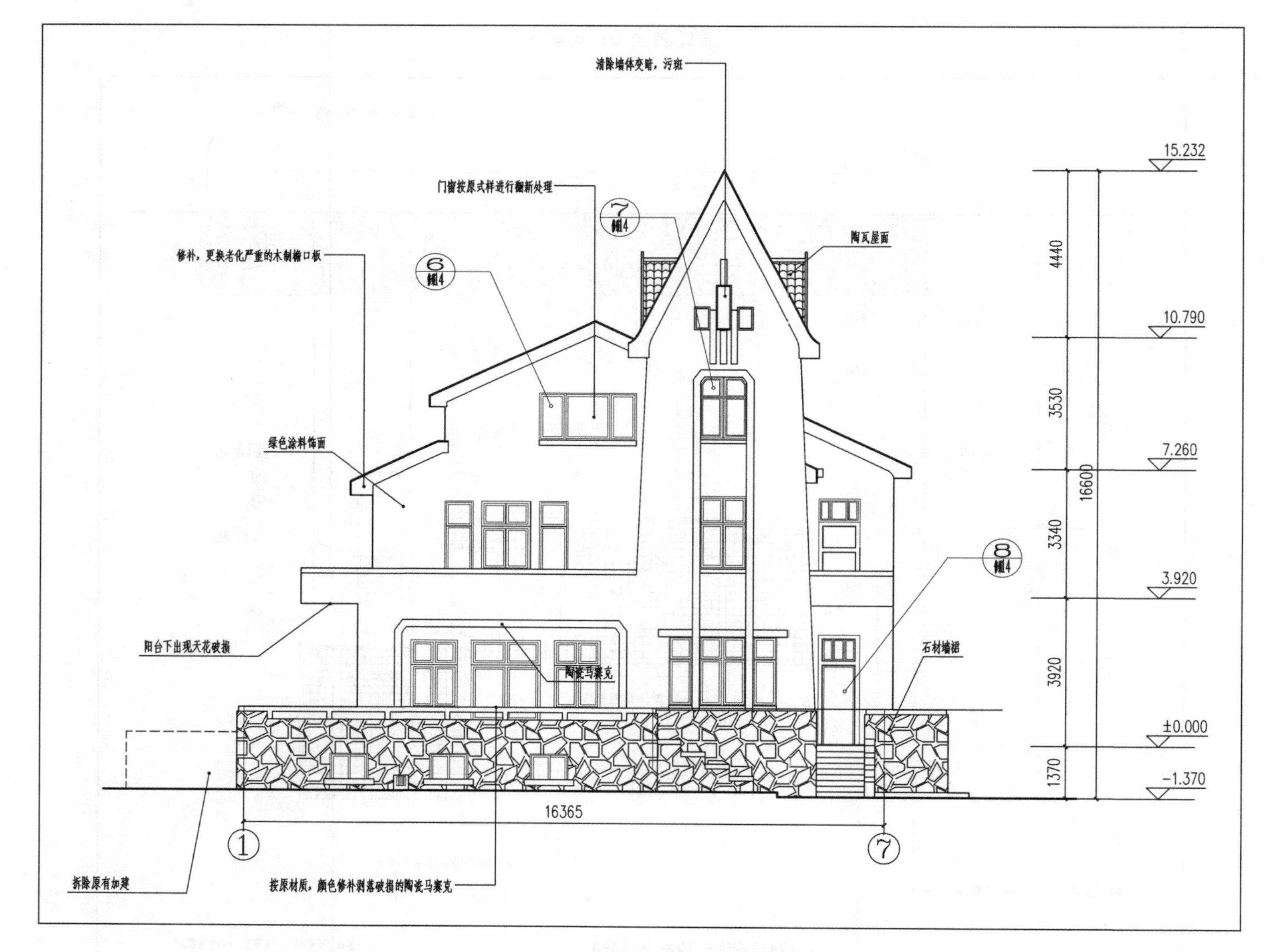

居庸关路10号建筑南立面图

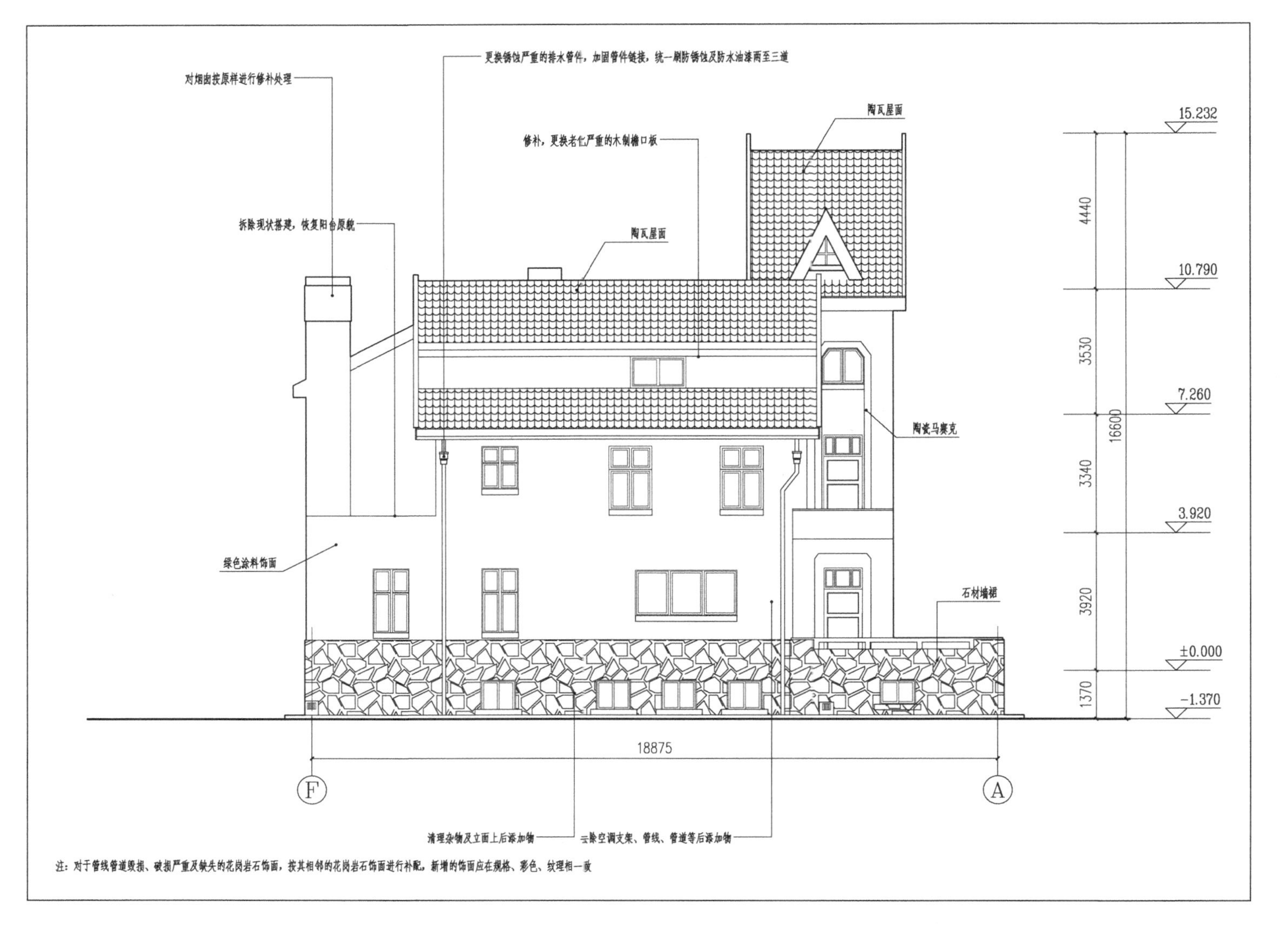

居庸关路10号建筑西立面图

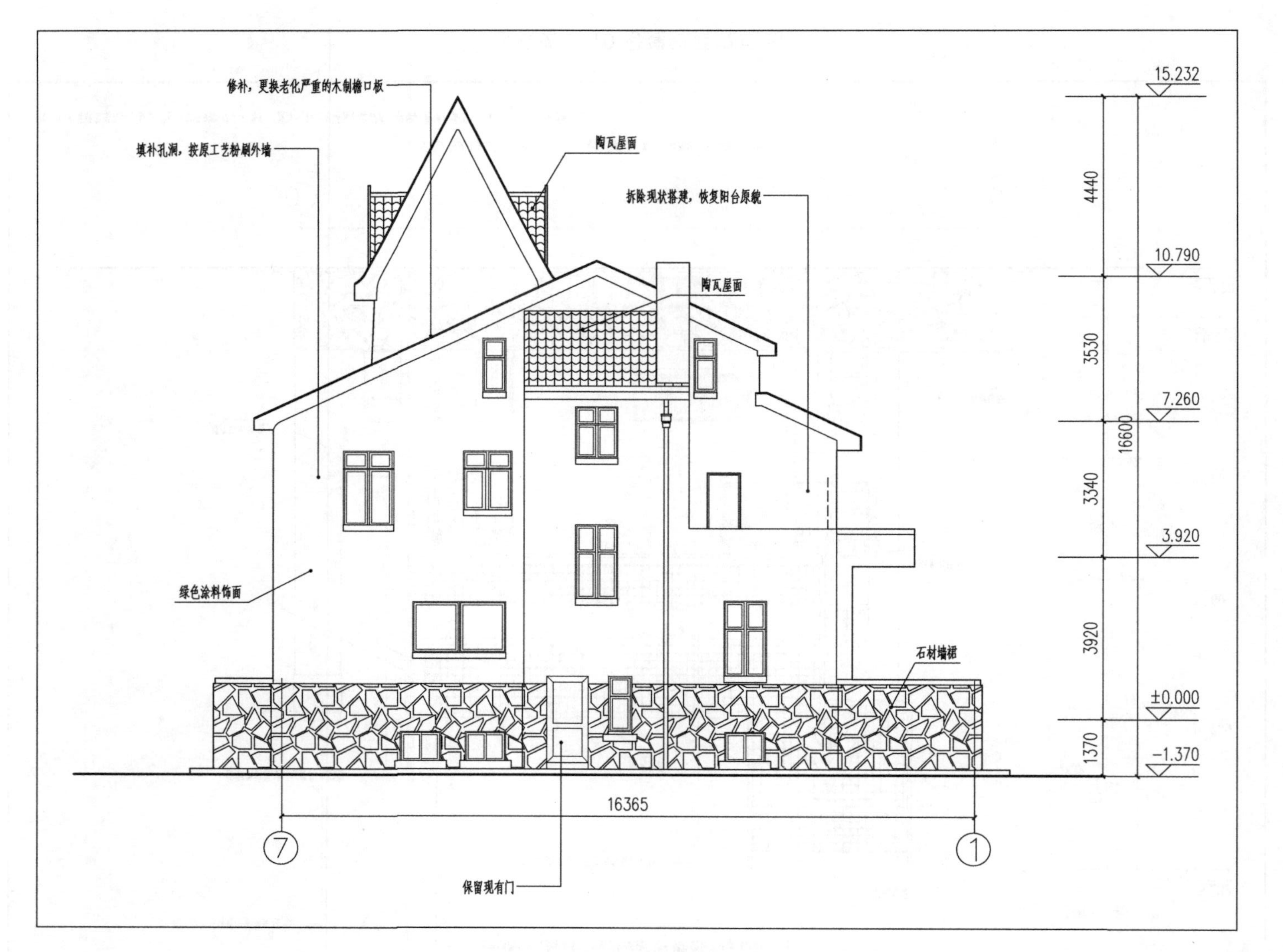

居庸关路 10 号建筑北立面图

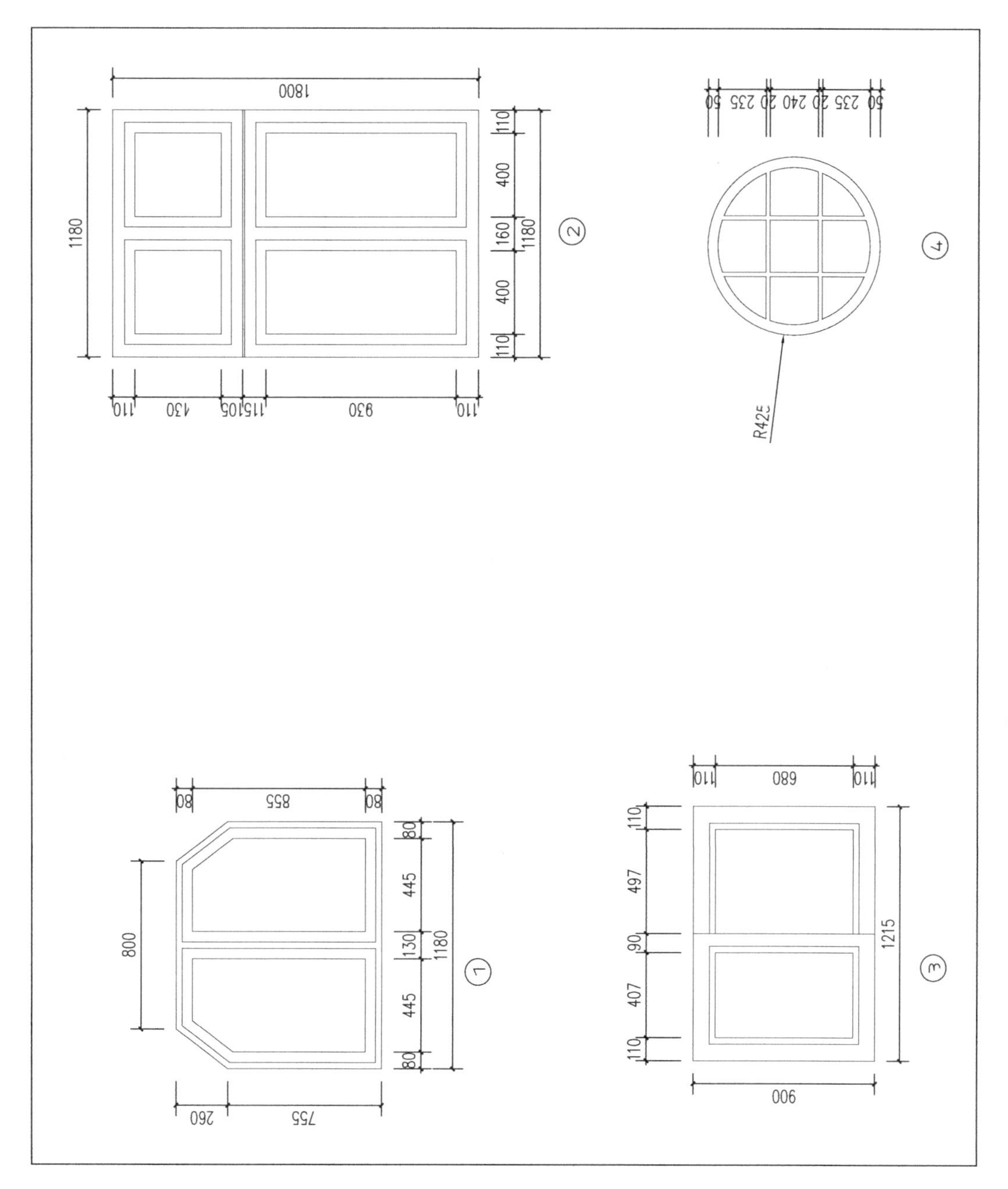

居庸关路10号建筑详图（一）

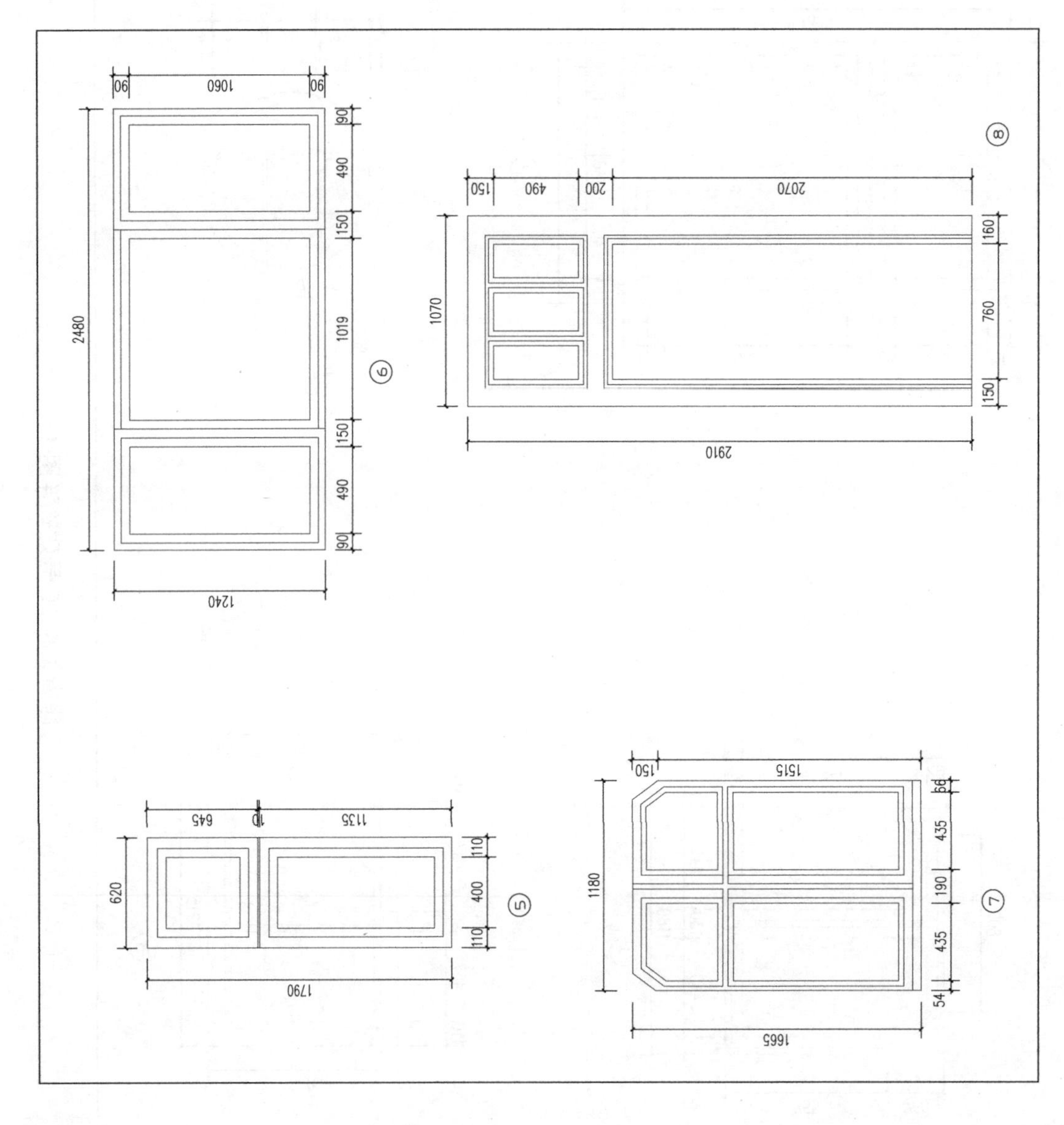

居庸关路 10 号建筑详图（二）

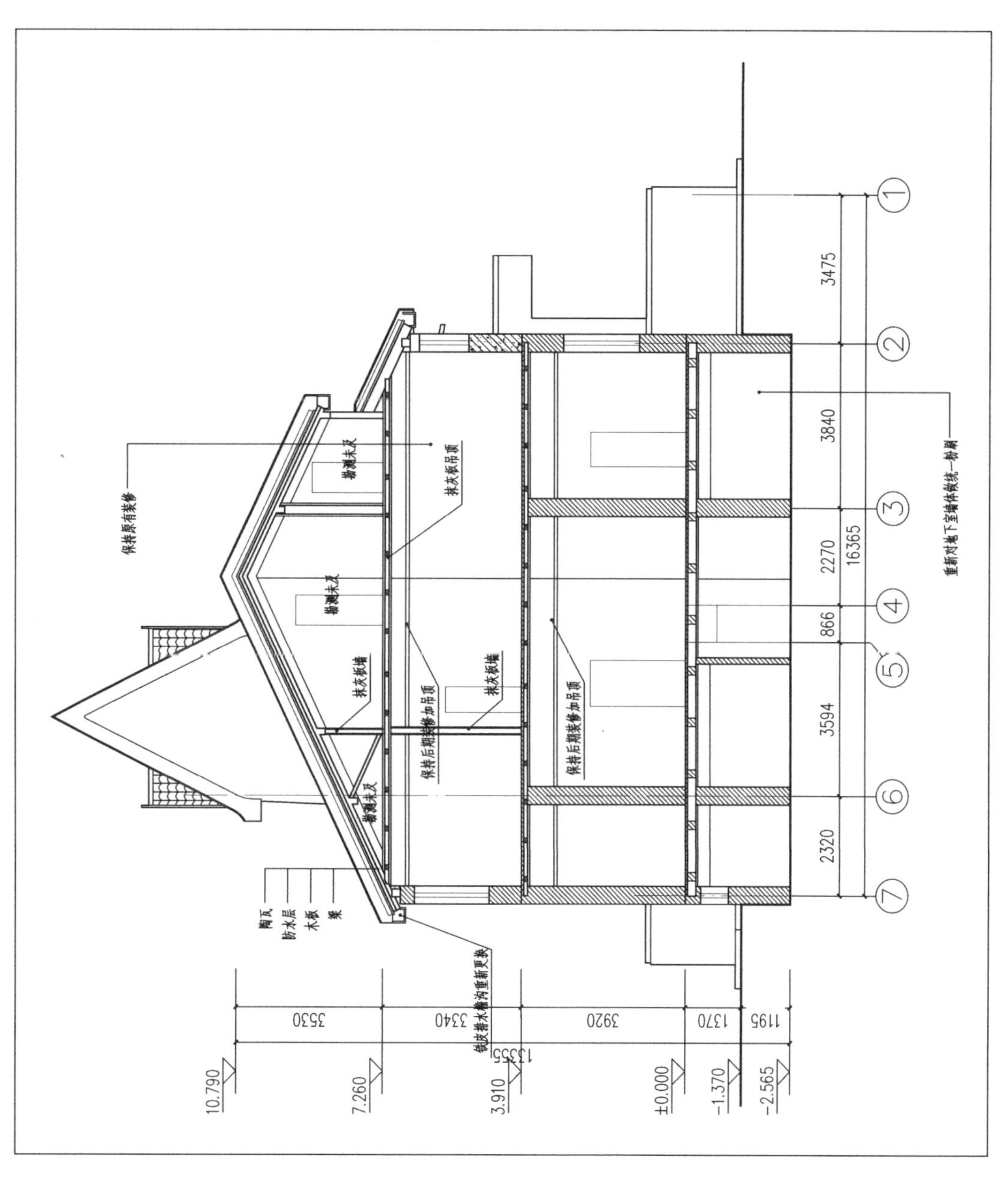

居庸关路 10 号建筑 1-1 剖面图

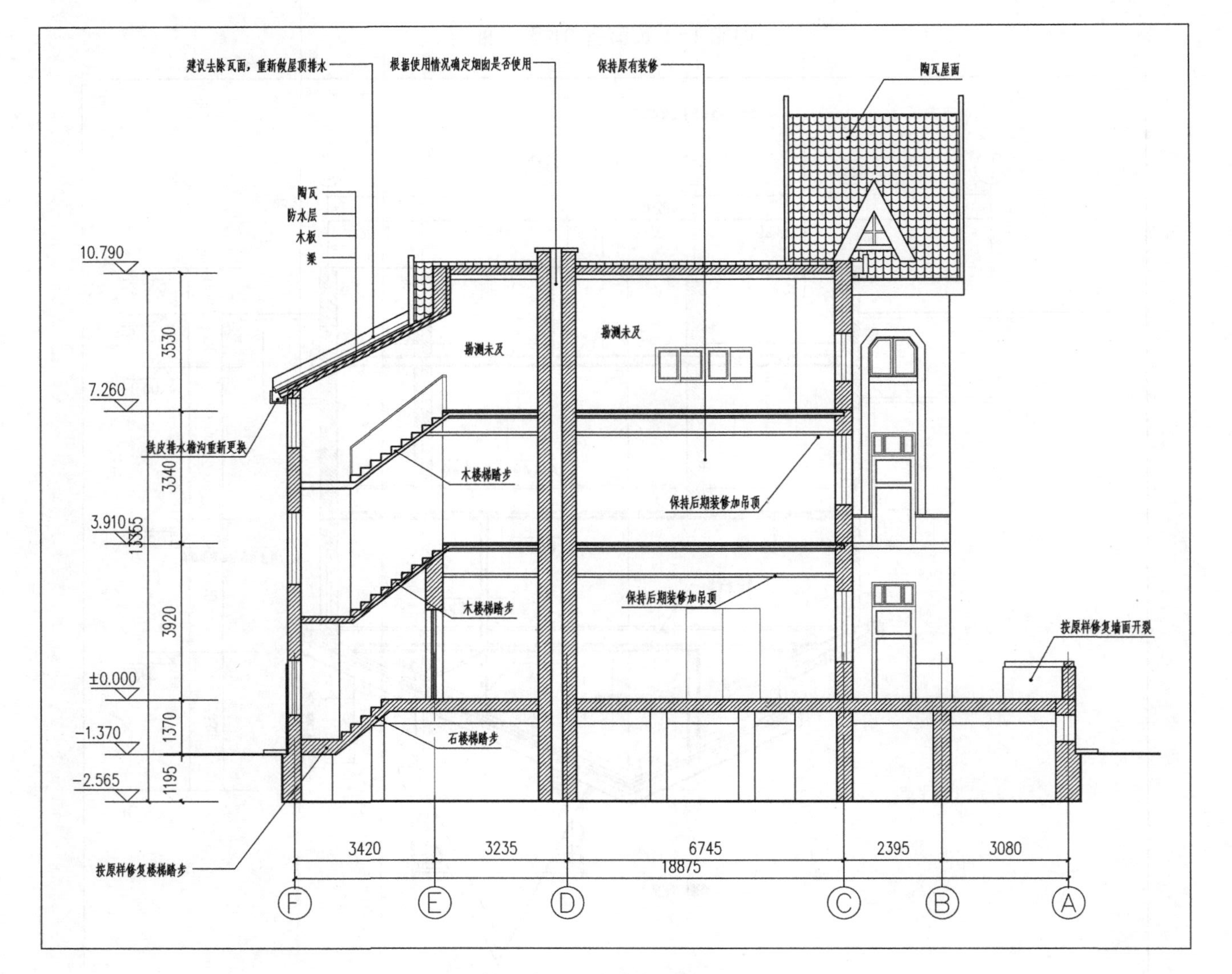

居庸关路 10 号建筑 2-2 剖面图

二、香港西路 10 号建筑

（一）建筑院落

残损类型：不当搭建。

修缮方法：拆除建筑两侧院落的搭建用房，整理地面杂物，重新铺装与建筑协调的地面面砖形式。

（二）台基及入口台阶

1. 台基

残损状况：局部台基有裂缝损坏。

残损类型：磨损、侵蚀、污染、裂缝。

修缮方法：根据结构质量检测报告及毛石墙台基结构加固措施对毛石墙加固后，统一对毛石墙基进行白灰砂浆勾缝，要求勾缝整洁、平整统一，白灰砂浆尽量为灰白色。

2. 入口台阶

残损状况：台阶条石普遍磨损、污染严重；背面入口处台阶为后期水泥砌筑。

残损类型：磨损、侵蚀、加建改建。

修缮方法：清理台阶条石污染物，使台阶表面整洁统一。剔除仿灰砖涂料墙帽，参考备注照片材料做法新作花岗岩条石墙帽。新作的墙帽与台阶统一协调，牢固完整。

（三）地面（室内地面）

残损状况：室内地面因施工原因，在勘测时已被拆除，首层地坪下挖 0.9 米。

残损类型：人为破坏。

修缮方法：室内向下挖陷约 0.9 米，应按照原貌，结合现有工程，对木地板进行重新铺装。施工过程需确保文物本体不受损坏。遵循文物建筑修复原则，基本做到无损、无害施工，保护原有的体貌和肌理感。

（四）外立面（建筑墙体及装饰）

残损状况：经勘察，未见明显的墙体裂缝，墙体白灰抹面层普遍干裂，污染变暗。墙体整体完好，无明显歪闪、裂缝。花岗岩、墙体有个别处污渍变暗，产生污斑。装饰风格具有新古典主义风格，立柱和线脚花饰保存相对较完整。

残损类型：污染、变暗。

修缮方法：根据结构加固要求对墙体加固后，按原墙面材质、工艺，统一新作墙体抹灰层。材料的配合比应试配，面层抹灰应试样，达到设计效果后再全面施工。有特殊效果的饰面，材料的粒径、质感、色泽应与原墙面基本一致，接缝紧密，表面层的工艺及纹样应与原墙面一致。去除水泥勾缝，统一使用白灰砂浆勾缝。灰缝的修补，应剔除损坏的灰缝，出清浮灰，宜按原材料和嵌缝形式修补，修复后，灰缝应平直、密实、无松动、断裂、漏嵌。修补后墙面应色泽协调表面平整、头角方正、无空鼓。

备注：墙面涂料层应为白色，颜色具体色泽应对照现有墙面叠加中的白色涂料一致。

（五）梁架

残损状况：内部木梁架残损情况严重。

残损类型：人为破坏。

修缮方法：根据木梁架结构残损程度采取相应的加固措施，具体加固措施详见图纸。

（六）门窗

残损状况：木格玻璃窗损坏严重，局部门窗因施工原因缺失。木饰油漆普遍干裂褪色，部分门窗铁连接件、玻璃、把手缺失，残损严重。

残损类型：损坏、残损。

修缮方法：对移位受损的所有门窗进行归位和维修，对榫卯松脱、框边变形、扭闪的隔扇门窗，采取整扇拆卸，重新归安；边梃和抹头劈裂糟朽时应钉补牢固，严重者应予更换；糟朽、蛀蚀严重的门窗按原式样、材质重新复原，作防腐、防虫处理后归安。

（七）装修装饰

1. 室内装修

残损状况：勘测时无装修。

修缮方法：按原材料、原工艺复原。

2. 室内吊顶

残损状况：室内局部吊顶受潮发霉。

残损类型：受潮。

修缮方法：屋面增设防水层，去除吊顶抹灰层，重新作吊顶面层。

（八）屋面（铁瓦坡顶屋面）

残损状况：铁瓦坡顶屋面。

残损类型：铁瓦屋面外观基本完好、局部有锈蚀。

修缮方法：由于屋面铁瓦年久失修，因此，需要统一进行瓦顶揭瓦维修。拆卸瓦件前，应详细记录拆卸构件的规格、位置、有无防水处理。拆卸后对铁瓦进行清理，更换锈蚀渗漏严重的铁瓦片，统一刷防锈蚀及防水油漆两至三道。维修屋面结合现有施工工程同时进行，施工中遵循文物建筑修复原则，基本做到无损、无害施工。

（九）修缮设计图纸

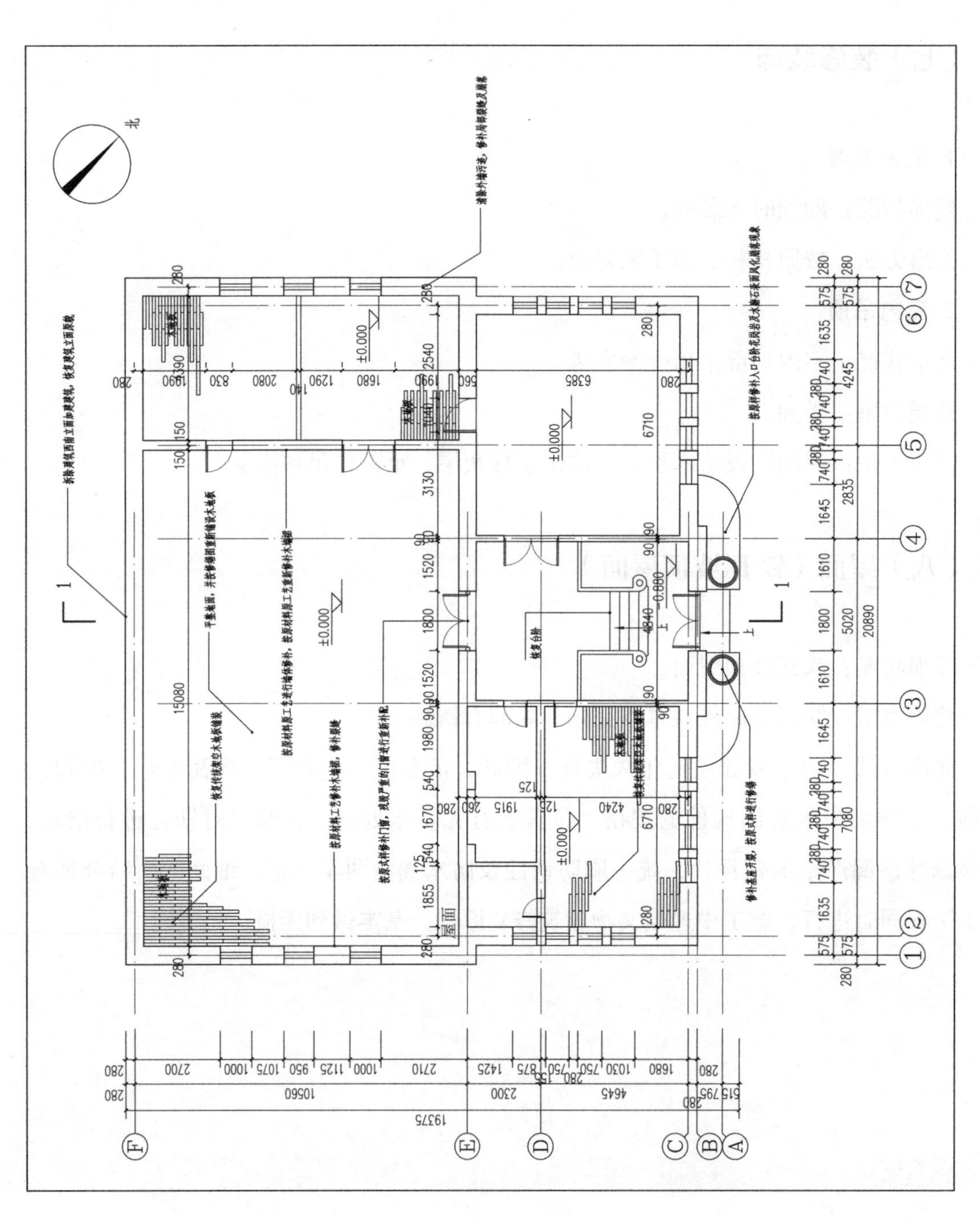

香港西路10号建筑首层平面图

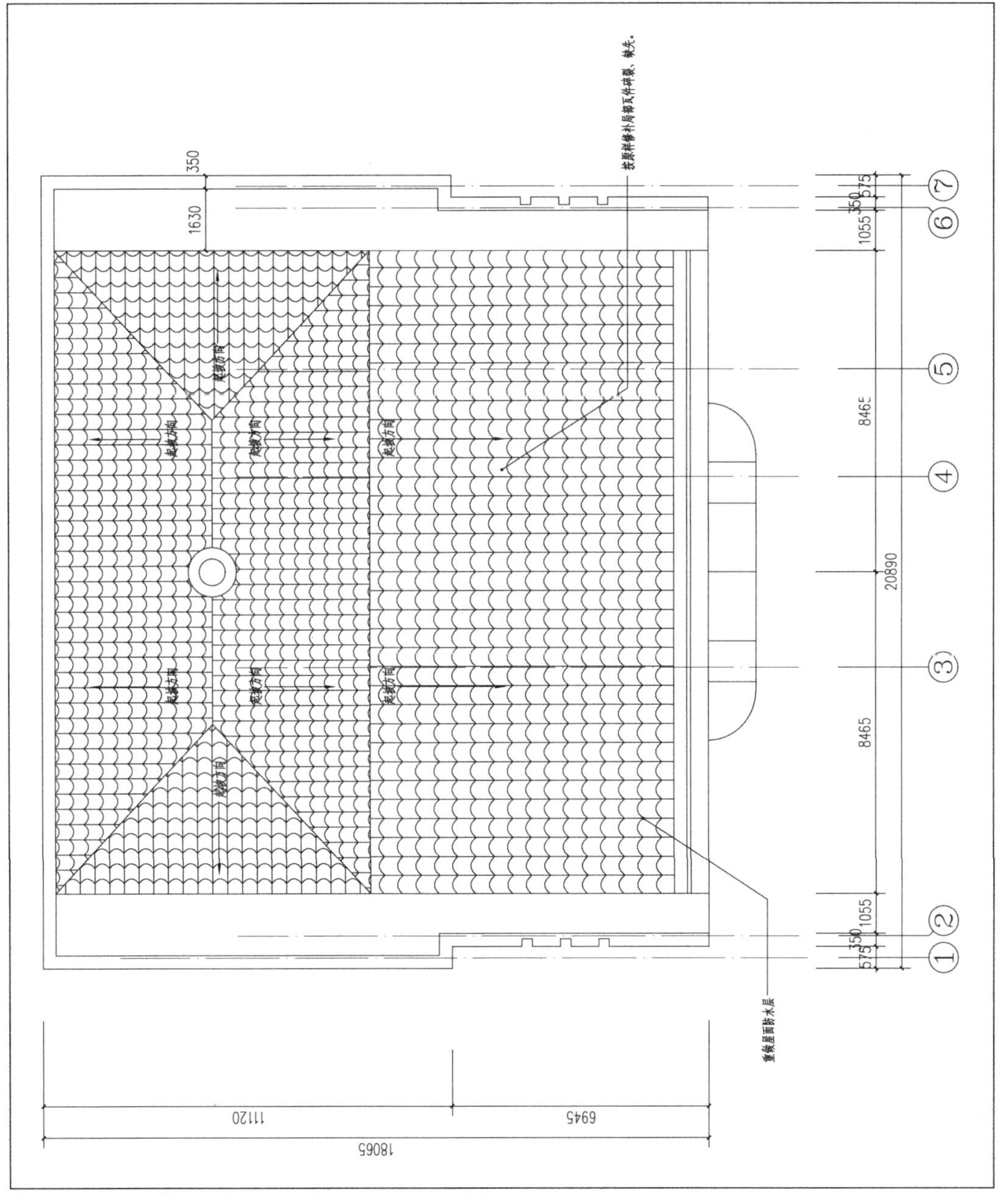

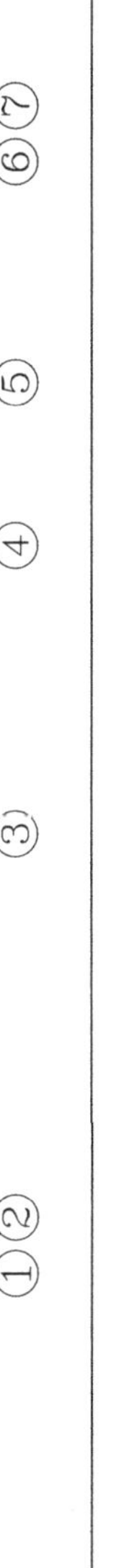
香港西路10号建筑屋顶平面图

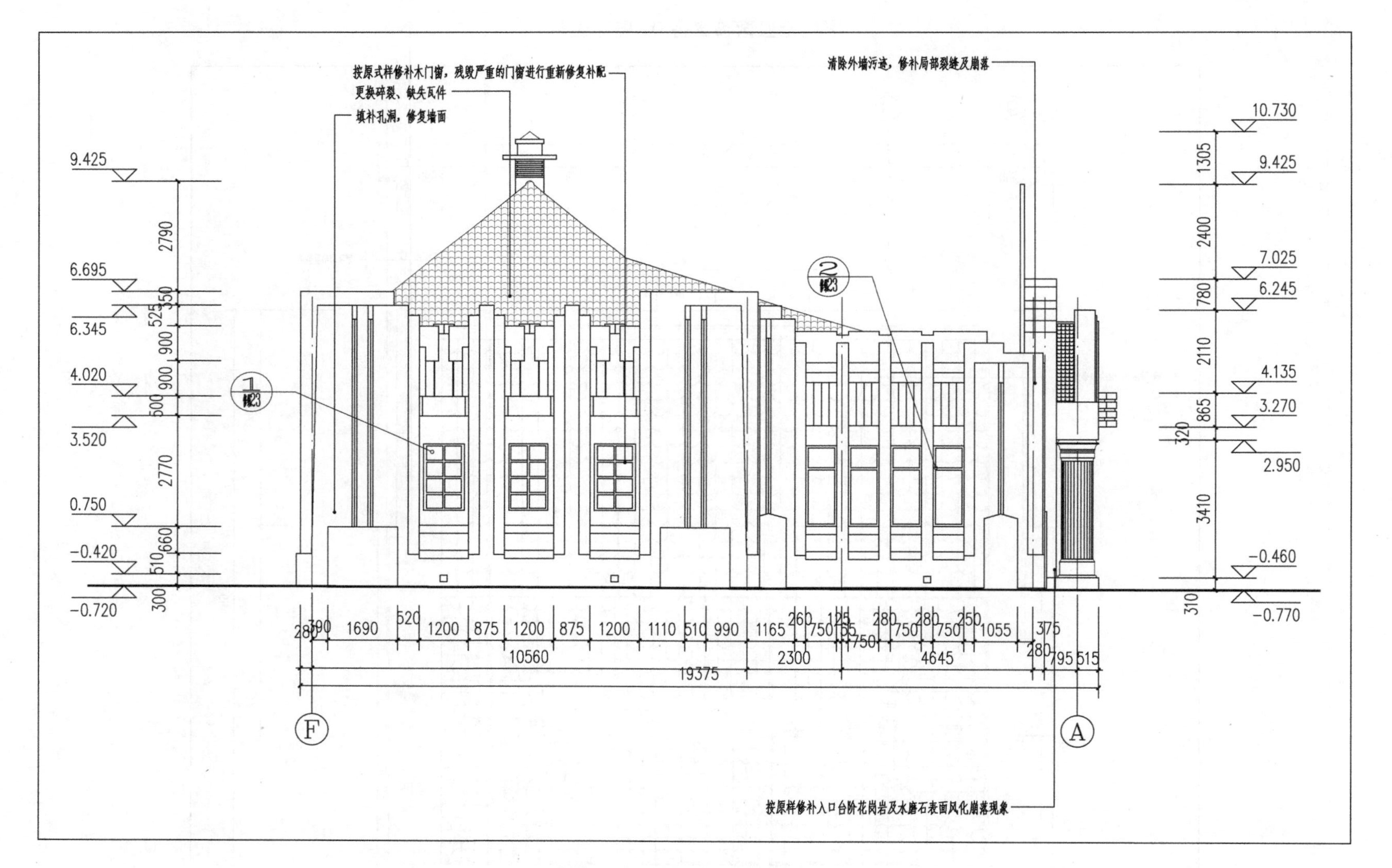

香港西路10号建筑东南立面图

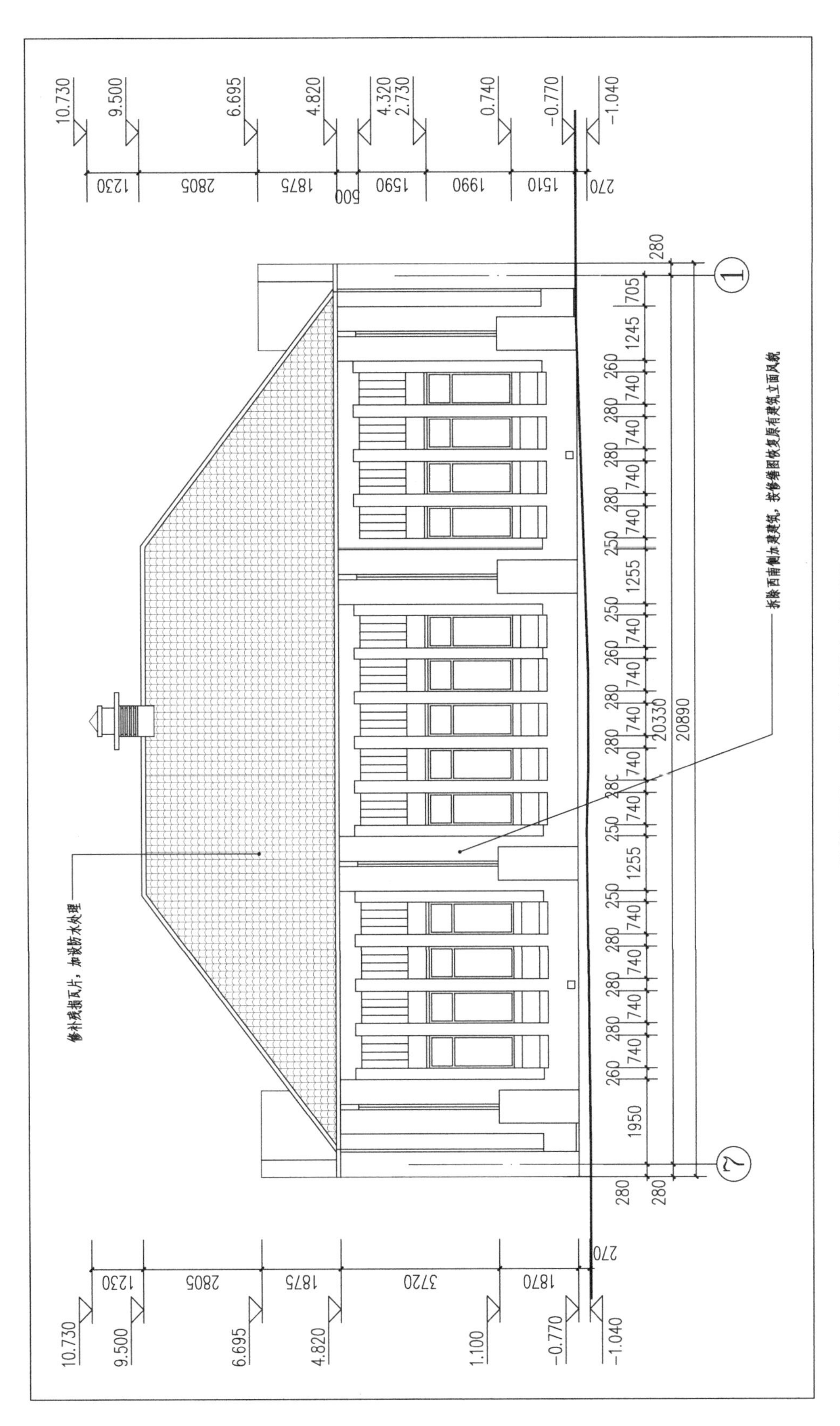

香港西路 10 号建筑西南立面图

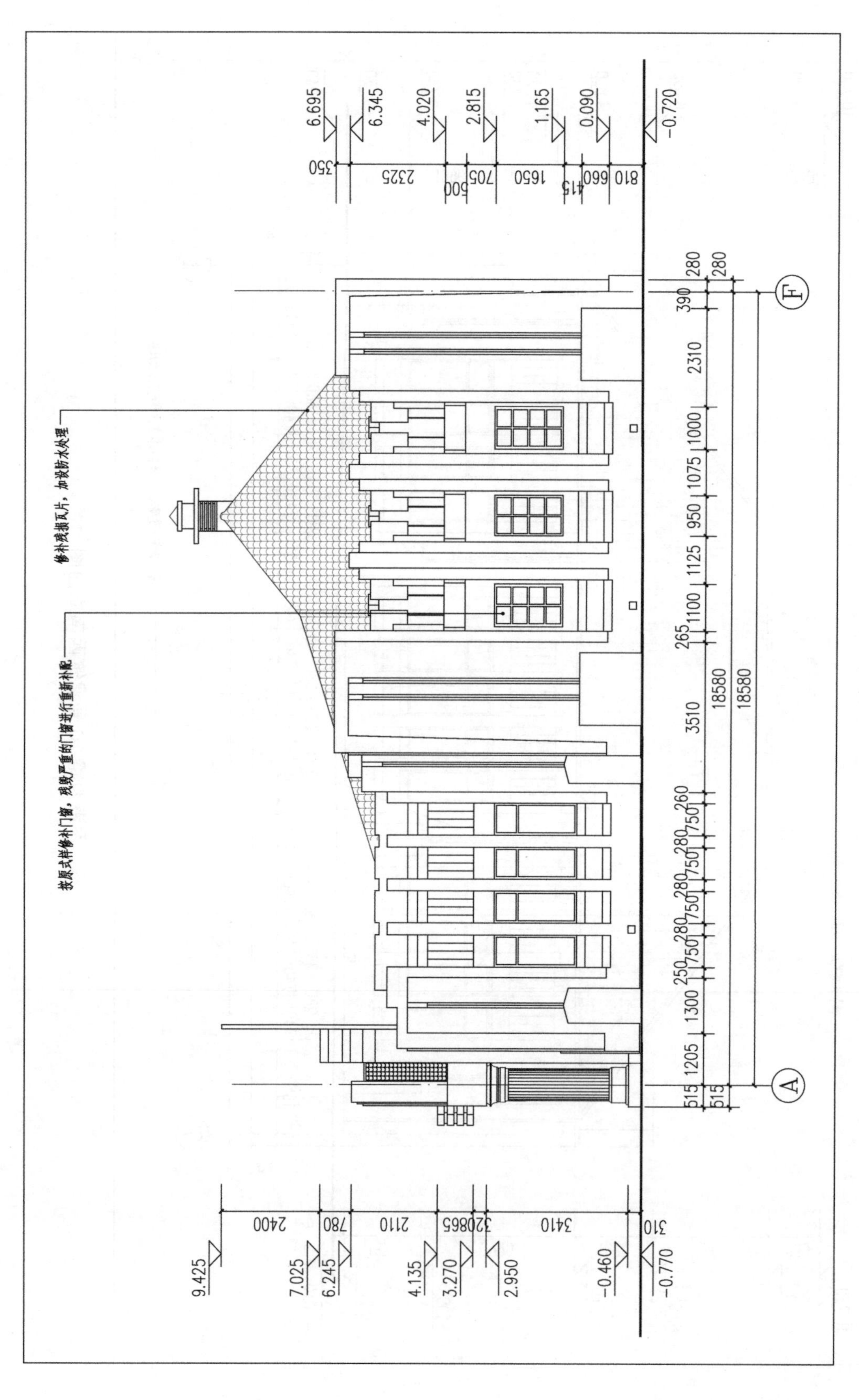
修补残损瓦片，加设防水处理
按原式样修补门窗，残败严重的门窗进行重新补配

香港西路10号建筑西北立面图

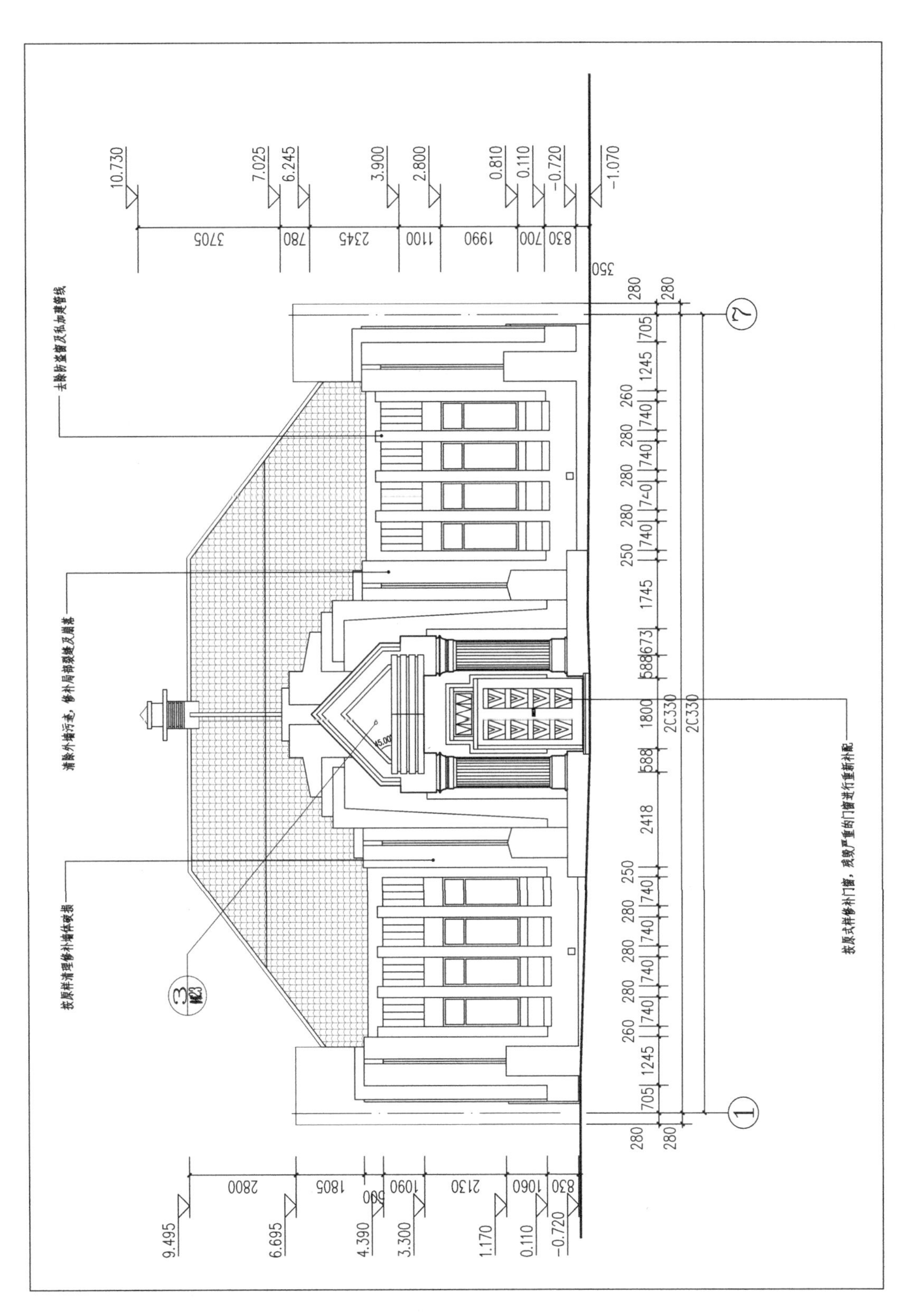

香港西路10号建筑东北立面图

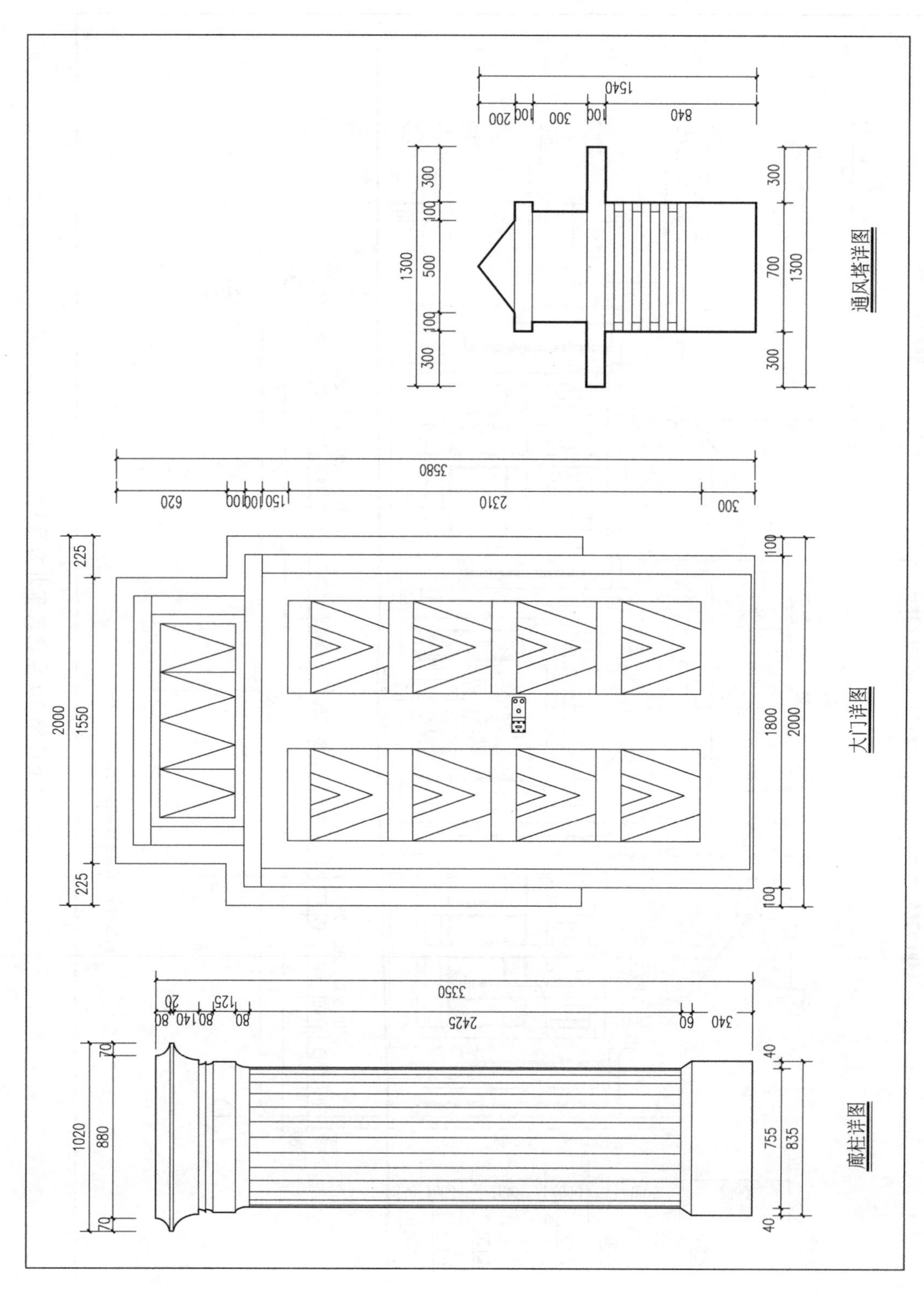

香港西路 10 号建筑详图（一）

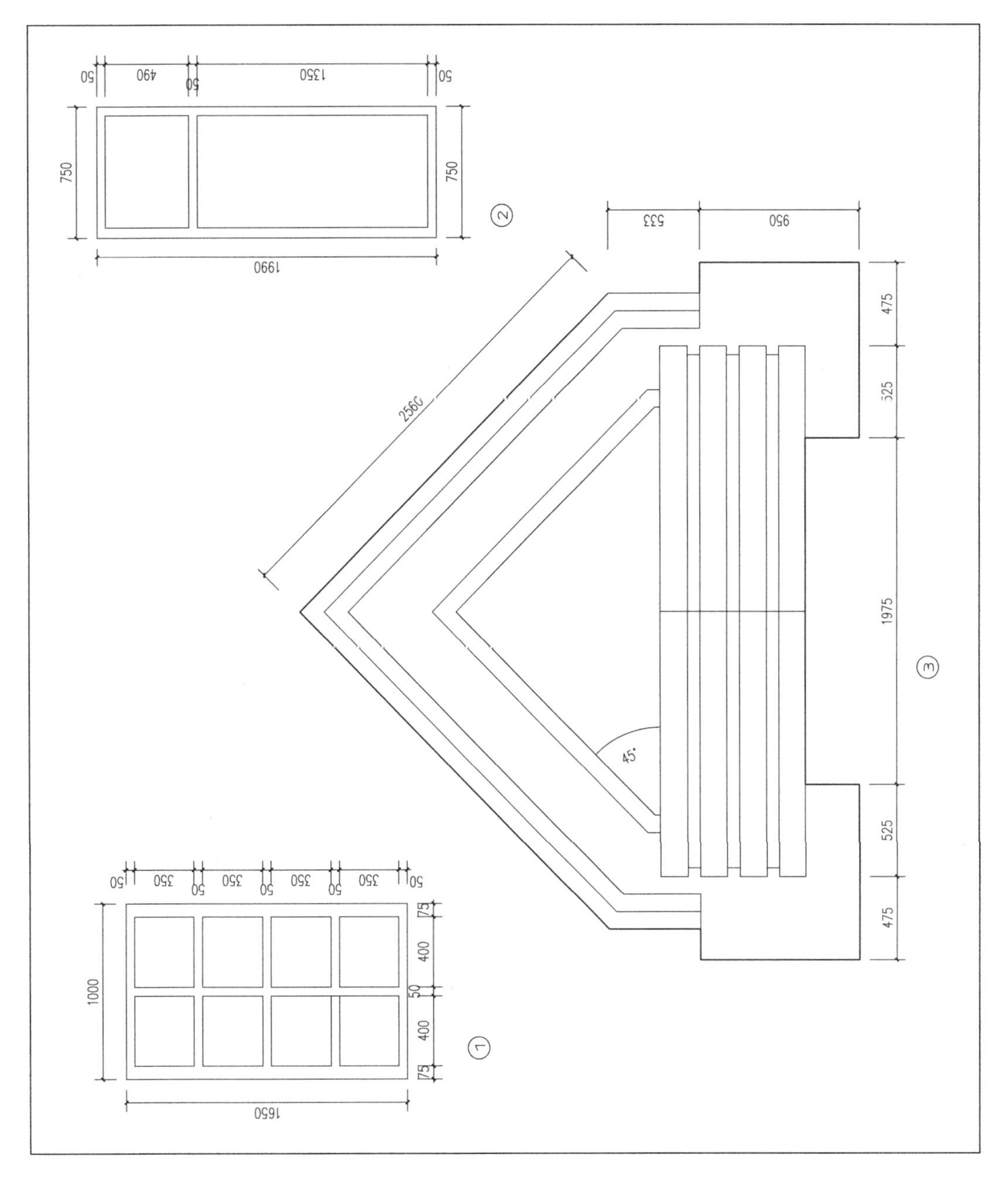

香港西路10号建筑详图（二）

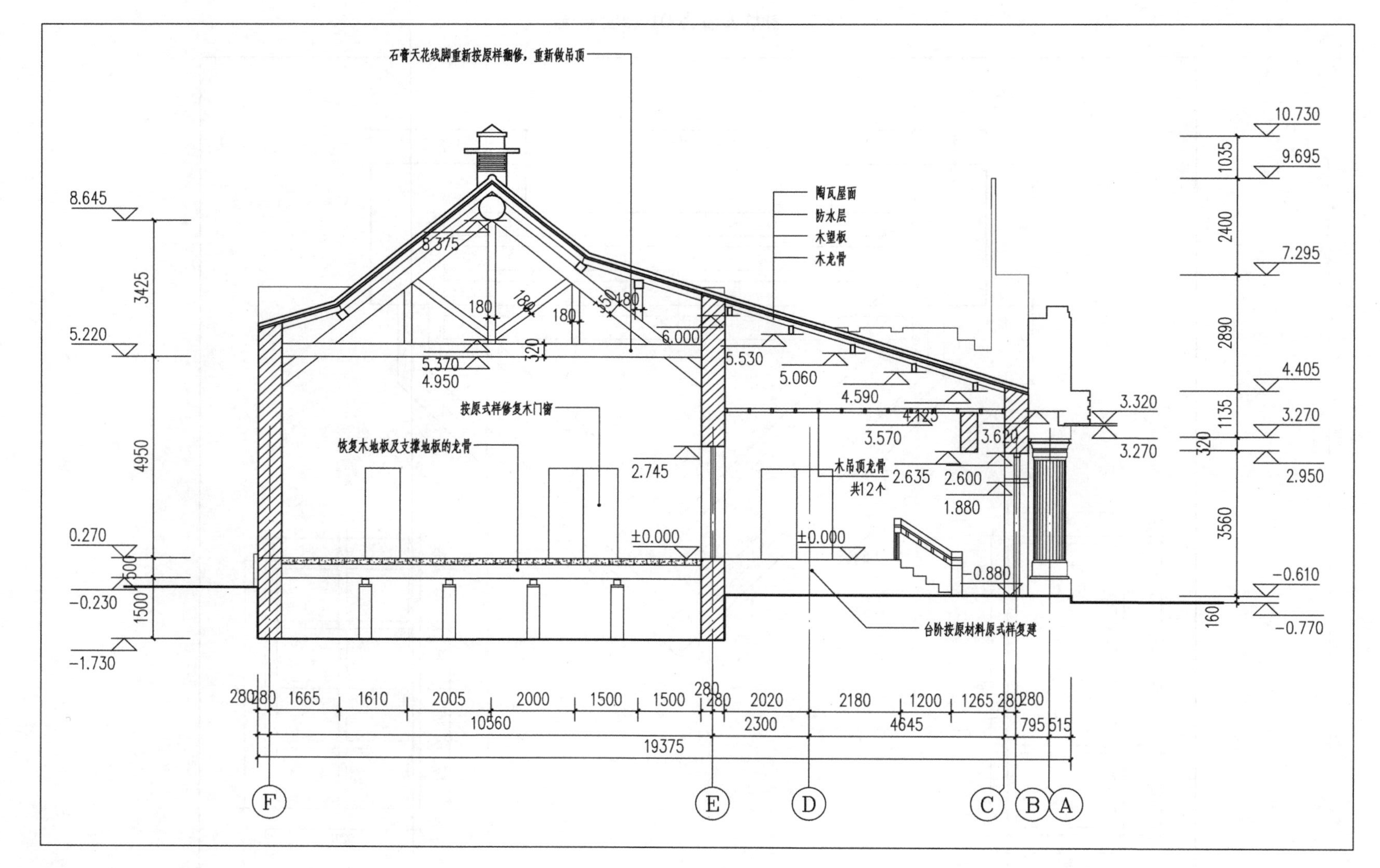

香港西路10号建筑 1-1 剖面图

三、黄海路 16 号建筑

（一）建筑院落

残损类型：不当搭建。

修缮方法：拆除建筑两侧院落的搭建用房，清理地面杂物，重新铺装与建筑协调的地面面砖形式。

（二）台基及入口台阶

1. 台基

残损状况：台基内部破损严重；出现花岗岩缺棱掉角、铺砖位移、碎裂缺失等不同情况；内部墙皮出现不同程度侵蚀掉落；马赛克装修出现破损。

残损类型：磨损、侵蚀、污染、裂缝。

修缮方法：加固台基，更换碎裂花岗石石条和铺砖，清理并归安。

2. 入口台阶

残损状况：入口台阶无明显松动歪闪，棱角出现部分剥落。

残损类型：磨损、污染、花岗石砌筑台阶。

修缮方法：逐一清除台阶花岗岩条石污染侵害，更换磨损严重的条石，清理并归安。

（三）地面

1. 水泥、瓷砖地面

残损状况：围廊水泥地面普遍污染严重，局部地面出现裂缝；瓷砖地面表面灰尘杂物污染严重。

残损类型：污染、裂缝。

修缮方法：水泥地面进行全面清洗，对于楼内堆放的杂物予以一次性清除。剔除围廊水泥面层，统一使用干硬性水泥砂浆抹面，其重量配合比为 1∶2 ～ 1∶3（水泥：

粗砂），砂子应为均匀粗砂，擀压密实、平整、光滑。地面的打毛，需用无尘打磨机来完成，并用吸尘器彻底清洁。

备注：水泥砂浆抹面的整体效果应近似三合土地面。

2. 木地板

残损状况：室内地面木地板残损明显，按原样修补部分木地板缺角，裂缝，松垮现象。对室内硬质地面、楼面进行清扫，去除木地板上后加地板革、地毯等。木地板出现木地板普遍灰尘杂物污染、褪色磨损严重。

残损类型：缺角、裂缝、松垮。

修缮方法：室内木地板的修缮设计技术要求，木地板基层损坏，有地垄的木地板，如面层完好或损坏不是很严重的应尽量不拆或少拆面层，可以在地垄内加固搁栅和沿椽木。修缮前必须把房间内的荷载卸去，并在地垄墙上铺好防潮层，如沿椽木腐烂应更换。木地板面层损坏，面层小条地板局部松动或磨损，可采用挖补法修缮。新地板板材宽度、纹理等应与原有地板一致，厚度一般上要比原有地板厚1毫米～1.5毫米，把新地板磨平至原有地板平。针对木地板腐烂的情况，应拆除面层地板。有几何图案应事先做好记录。检查搁栅，如有损坏必须修复后再铺面层。铺设完成后就可以打磨、刨平，把相邻的板缝高差刨平即可。

备注：尽量使用原地板材料进行维修。

（四）外立面

1. 加建处理

残损状况：加建落水管影响建筑外观并侵蚀周围墙体，墙体有孔洞及空调支管。

残损类型：空调支架、管线孔洞、饰面缺失。

修缮方法：去除空调支架、管线、管道等后添加物。对于管线管道毁损、破损严重及缺失的花岗岩石饰面，按其相邻的花岗岩石饰面进行补配，新增的饰面应在规格、彩色、纹理相一致。

2. 锈蚀斑处理

残损状况：墙面落水管及周边有锈蚀现象。

残损类型：锈蚀斑。

修缮方法：锈蚀斑清洗采用局部泥敷剂敷贴于锈斑处，敷贴时间为 2 小时 ~ 8 小时，视污染程度决定，再用清水冲洗即可。

3. 裂缝处理

残损状况：墙面出现裂缝。

残损类型：裂缝。

修缮方法：石材断裂修复，用云石锯片将断裂缝加宽至 5 毫米，加深至 15 毫米（增加胶合面积来提高牢度）。裂缝上端打一个 5 毫米钻孔，作为化学锚固的灌注孔。用 ASA 石材专用黏结树脂，通过灌注孔利用液体自重对裂缝进行深层灌注，对全部裂缝面进行化学锚固，胶合断裂缝，恢复石材原有的抗力系数，也使原有的裂隙不再有新的变化。用修复体对断裂缝隙进行全部填充，并进行塑型仿真修复。

（五）梁架

残损状况：内部木梁架残损情况不详。

修缮方法：根据木梁架结构残损程度采取相应的加固措施，具体加固措施详见图纸。

（六）墙体

残损状况：经勘察，未见明显的墙体裂缝，墙体黄色抹面层较新，经重新粉刷。

修缮方法：根据结构加固要求对墙体加固后，按原墙面材质、工艺，统一新作墙体抹灰层。材料的配合比应试配，面层抹灰应试样，达到设计效果后再全面施工。有特殊效果的饰面，材料的粒径、质感、色泽应与原墙面基本一致。

备注：墙面涂料层应为蓝绿色，颜色具体色泽应对照现有墙面叠加中的蓝绿涂料一致。

（七）门窗

残损状况：木格玻璃窗基本完好，局部门窗扇存在位移、歪闪现象。木饰油漆普遍干裂褪色，部分门窗铁连接件、玻璃、把手缺失等。部分门窗经后来改建，拆除原有木框双层窗，改为塑钢窗。室内门出现严重损坏、腐蚀、干裂现象。

残损类型：油漆褪色剥落、构件破损、窗口封堵。

修缮方法：对移位受损的所有门窗进行归位和维修，对榫卯松脱、框边变形、扭闪的隔扇门窗，采取整扇拆卸，重新归安；边梃和抹头劈裂糟朽时应钉补牢固，严重者应予更换；糟朽、蛀蚀严重的门窗按原式样、材质重新复原，作防腐、防虫处理后归安。对于已被改造的窗户，按原式样重新修缮。木门窗及五金件的修缮以按原样的修复原则进行修缮，施工单位必须事先对历史建筑的木门窗进行统计及调查，取得现场的相关历史图纸的实样，进行厂方的深化设计图、仿制的木门窗实样。设计要求实样木门窗材质应与保留木门窗材质一致，木材基层应先刷底子油漆，再刷新油漆：木门窗必须进行门窗开启的核正，使窗框与框梃关闭严密，开启灵活，方可安装五金零件；所安装的五金零件位置应正确，使用应灵活，松紧适宜，安装螺钉不应有松动现象：应检查原有执手、撑杆、合页等五金件，尽量去锈，并尽量恢复原有五金件。

（八）装修装饰

1. 内壁、天花吊顶及木墙裙

残损状况：内壁几乎无装修，天花残损，木墙裙和楼梯扶手出现磨损。墙面脱皮，污染严重。

残损类型：人为破坏、老化。

修缮方法：对室内按原样进行重新装修修复。对漏雨造成的内墙面破坏进行屋面的防水处理和重新粉刷。

2. 室内家具、壁炉等装饰

残损状况：现存壁炉，家具遭破坏，情况不详。

修缮方法：按民国早期风格补配家具及壁柜缺失构件。维修现存壁炉，清理修补欧式木壁炉构件，统一油饰。

（九）屋面

1. 铁瓦坡顶屋面

残损状况：铁瓦屋面基本完好，无剥落褪色，局部坡顶有瓦面破损现象。

修缮方法：由于屋面陶瓦年久失修，因此，需要统一进行瓦顶揭瓦维修。拆卸瓦件前，应详细记录拆卸构件的规格、位置、有无防水处理。拆卸后对陶瓦进行清理，更换锈蚀渗漏严重的陶瓦片。安装时严格按拆卸记录予以修复及复原，安装时应注意与基座的连接应安全、牢固、可靠。配件要根据构件部位的材质、规格及尺寸进行选择，既要保证质量又要尽量考虑构件统一。

2. 雨水管

残损状况：铁质排水管件基本完好，局部管件生锈松动；侵蚀周围墙体；前檐北侧排水槽锈蚀漏雨严重。

修缮方法：更换锈蚀严重的排水管件，加固管件连接。统一刷防锈蚀及防水油漆两至三道。

（十）修缮设计图纸

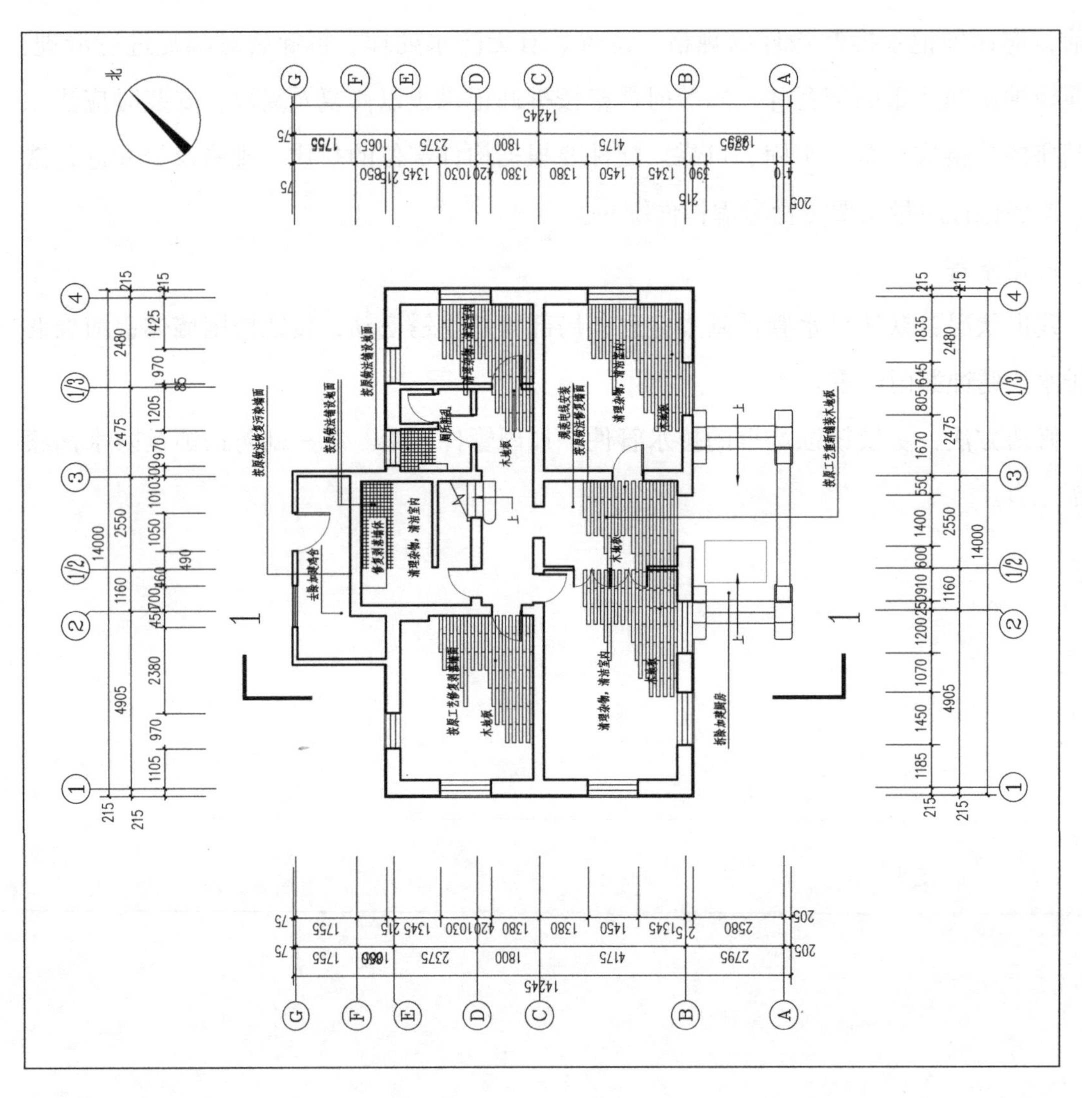

黄海路16号建筑首层平面图

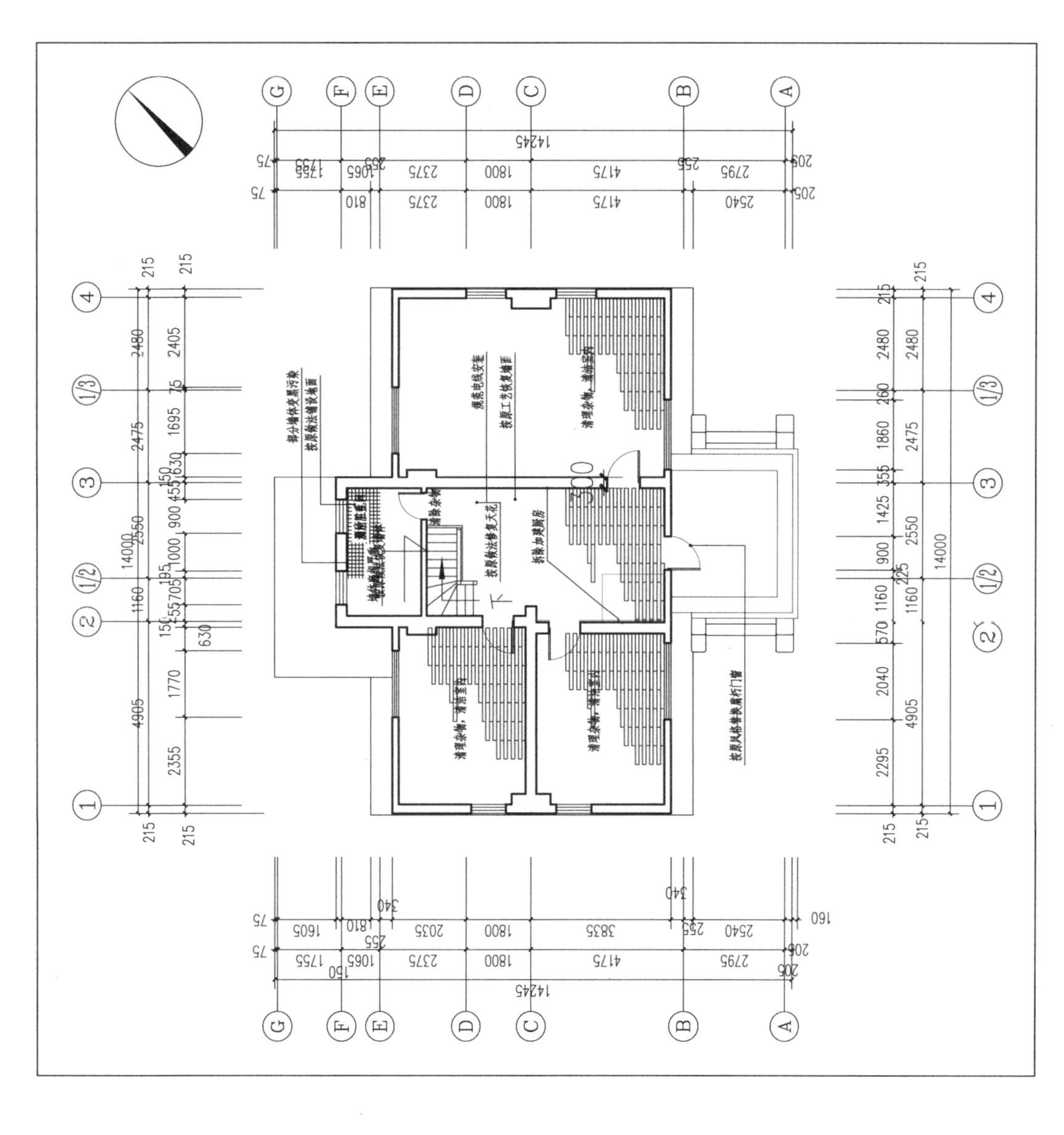

黄海路15号建筑二层平面图

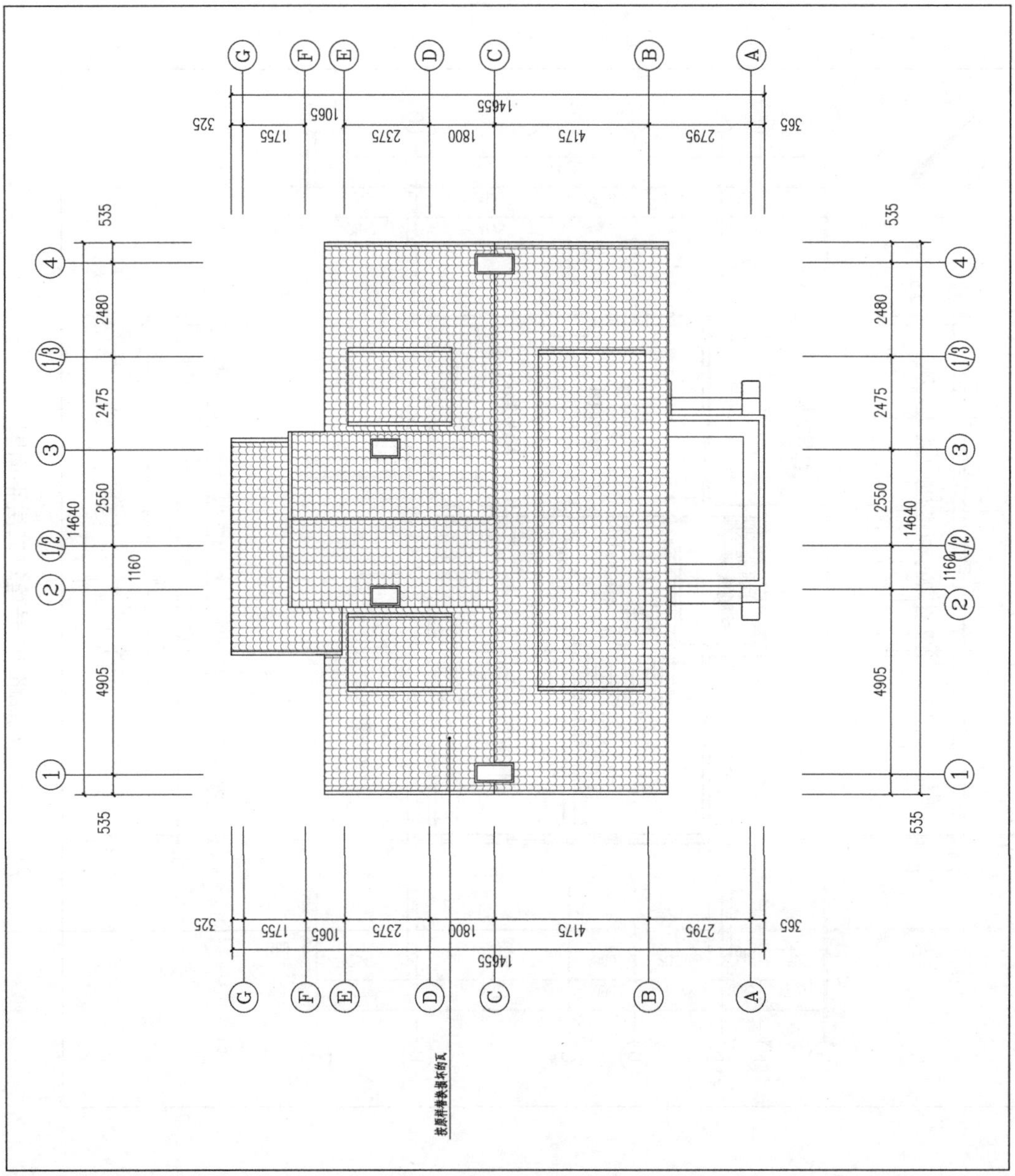

黄海路16号建筑屋顶平面图

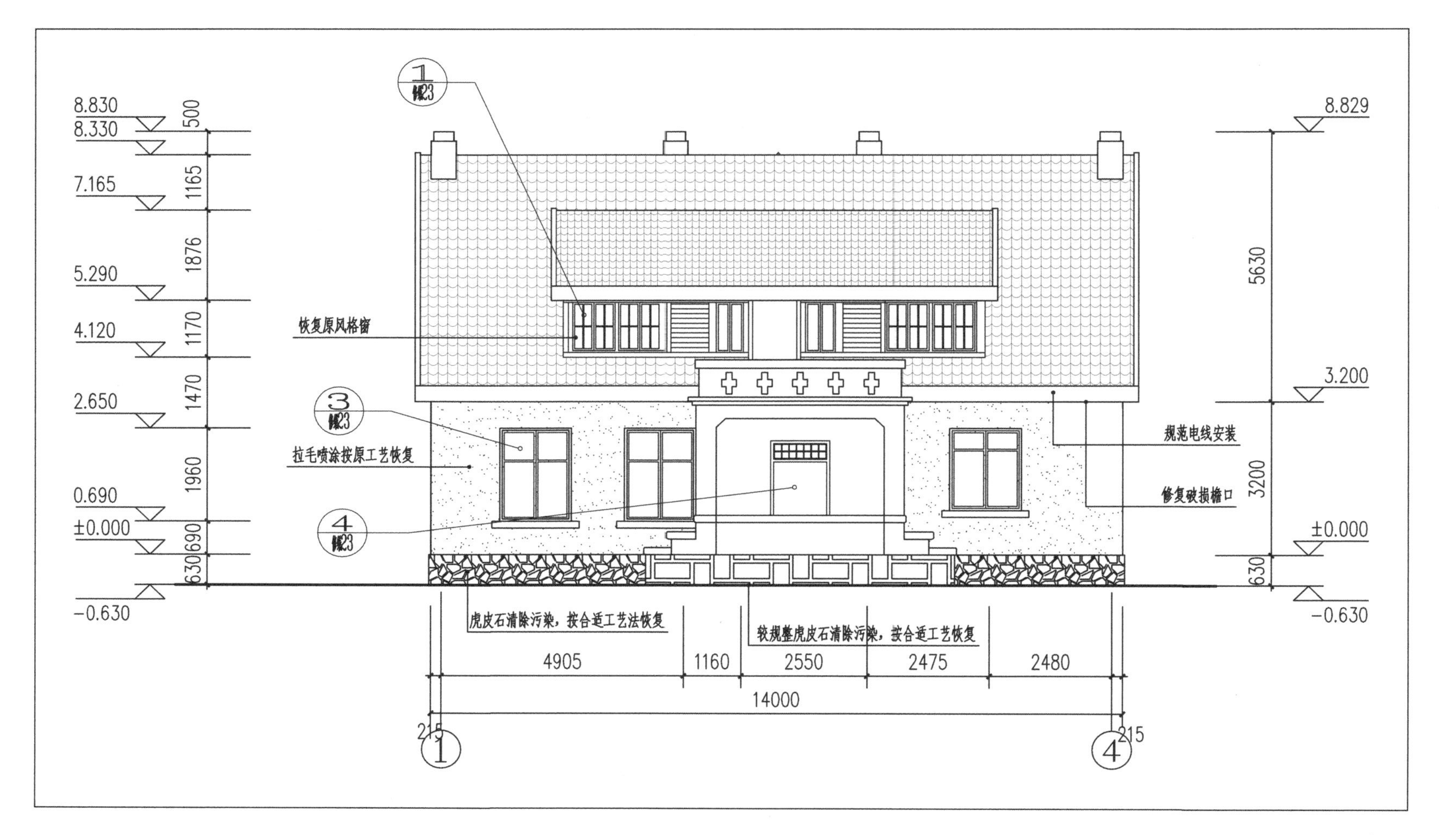

黄海路16号建筑东南立面图

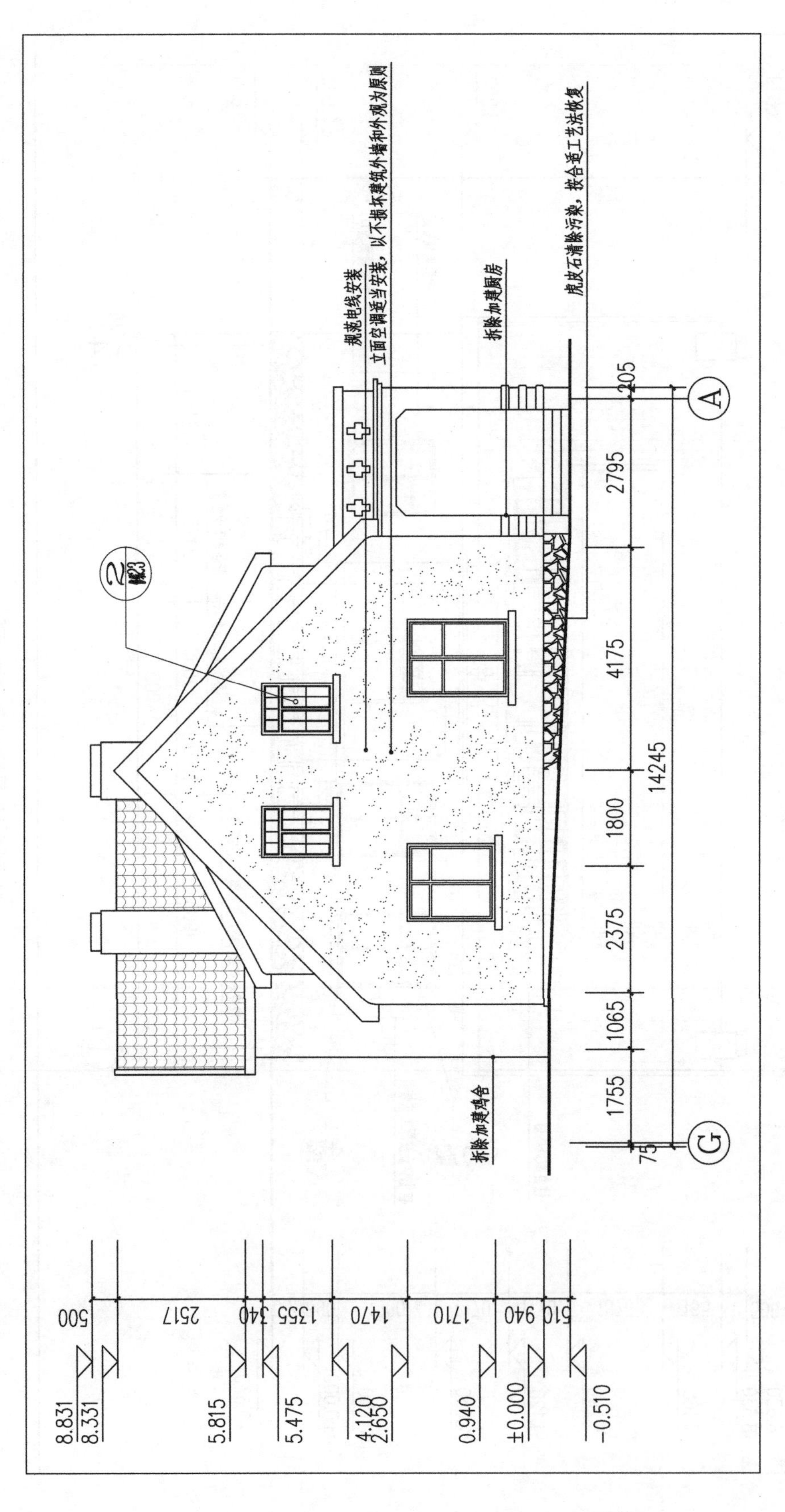

黄海路 16 号建筑西南立面图

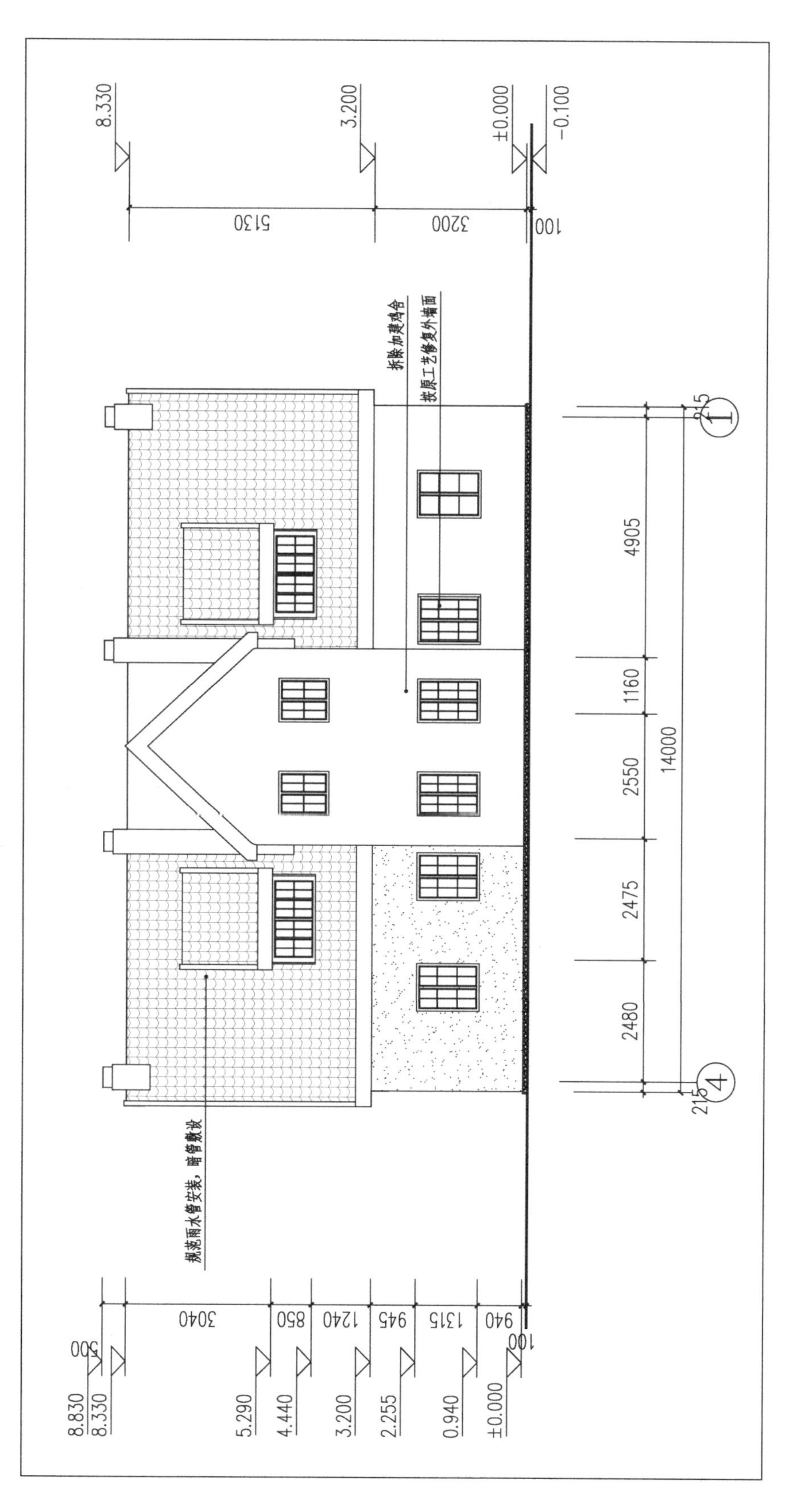

黄海路16号建筑西北立面图

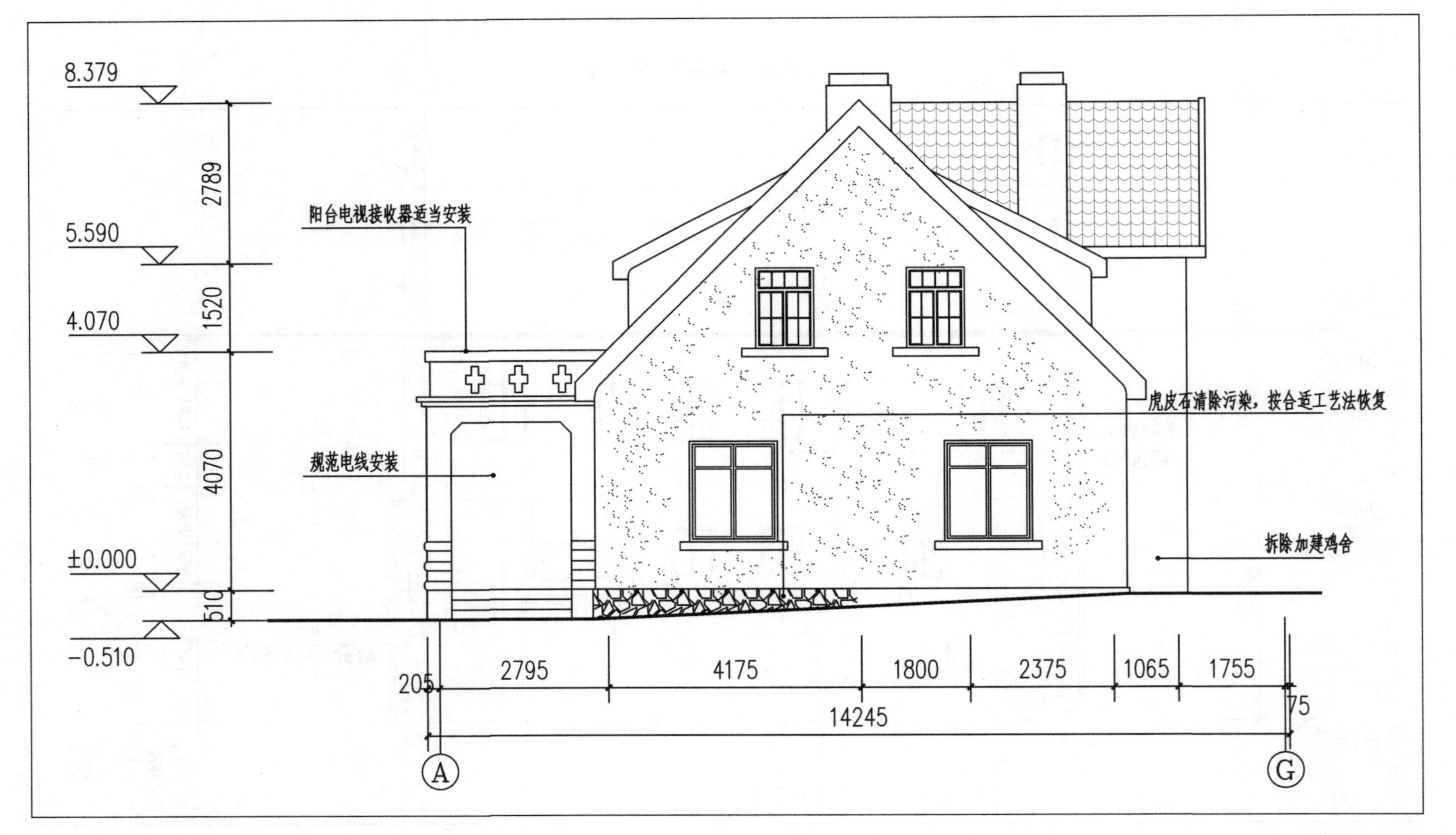

黄海路 16 号建筑东北立面图

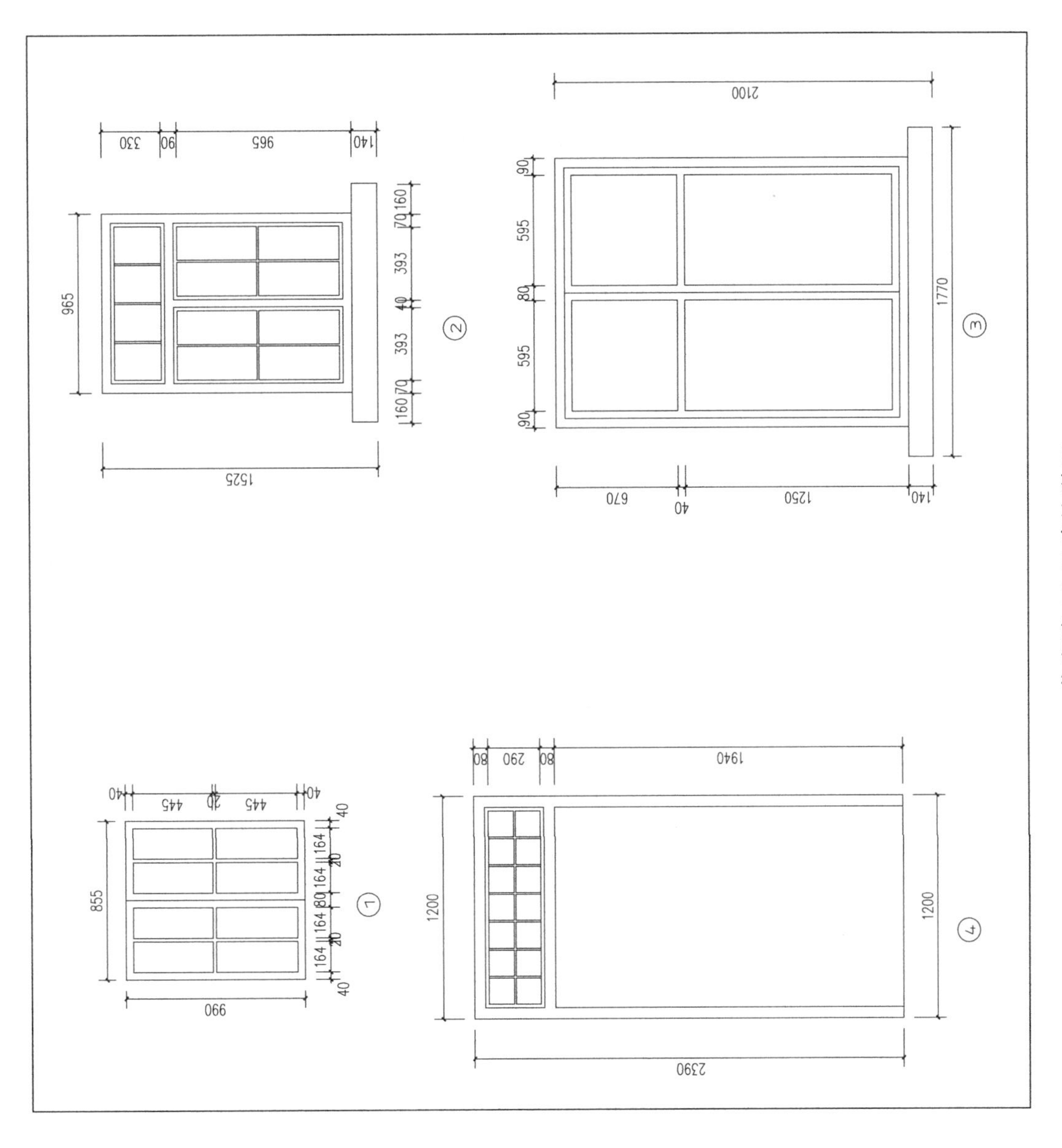

黄海路 16 号建筑详图

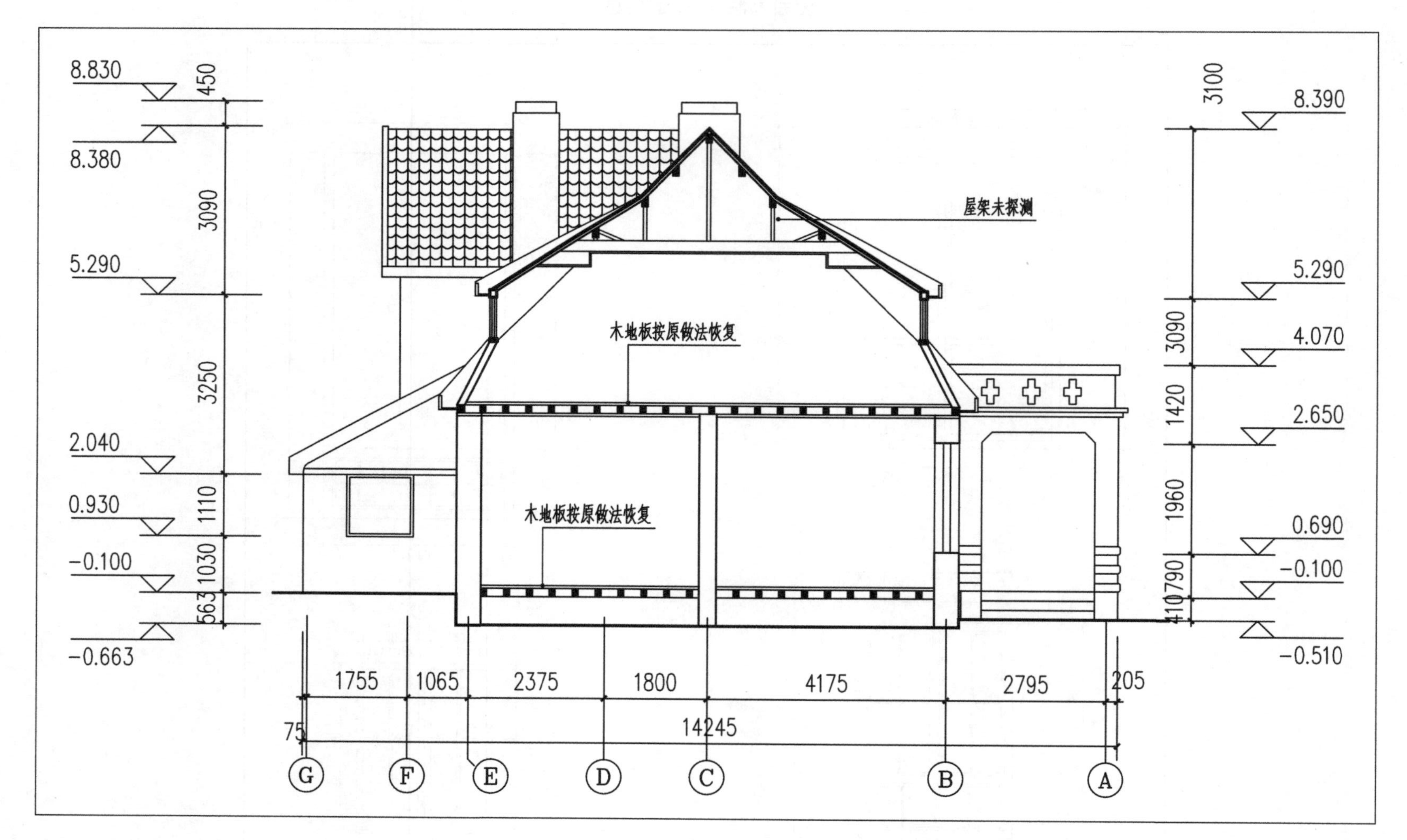

黄海路16号建筑1-1剖面图

四、黄海路18号建筑（花石楼）

（一）建筑院落

残损类型：不当搭建。

修缮方法：拆除建筑两侧院落的搭建用房，清理地面杂物，重新铺装与建筑协调的地面面砖形式。

（二）台基及入口台阶

1. 台基

残损状况：台基基本无破损，基本未出现花岗岩缺棱掉角、铺砖位移、碎裂缺失等不同情况。

残损类型：磨损、侵蚀、污染、裂缝。

修缮方法：加固台基，更换碎裂花岗石石条和铺砖，清理并归安。

2. 入口台阶

残损状况：入口台阶无明显松动歪闪。棱角出现部分剥落。

残损类型：磨损、污染、花岗石砌筑台阶。

修缮方法：逐一清除台阶花岗岩条石污染侵害，更换磨损严重的条石，清理并归安。

（三）地面

1. 水泥地面（阳台等）

残损状况：水泥地面普遍污染严重，局部地面出现裂缝。

残损类型：磨损、侵蚀、裂缝。

修缮方法：平整水泥面层，统一使用干硬性水泥砂浆抹面，其重量配合比为1∶2～1∶3（水泥∶粗砂），砂子应为均匀粗砂，擀压密实、平整、光滑。

备注：水泥砂浆抹面的整体效果应近似三合土地面。

2. 木地板

残损状况：地板普遍灰尘污渍污染、油漆褪色、磨损严重，局部地板裂缝；踢脚线板普遍与墙体连接松动，变形脱节严重。楼梯踏步局部棱角破损，超负荷超使用年限使用。

残损类型：污染、磨损、褪色。

修缮方法：室内木地板的修缮设计技术要求，木地板基层损坏：有地垄的木地板，如面层完好或损坏不是很严重的应尽量不拆或少拆面层，可以在地垄内加固搁栅和沿椽木。修缮前必须把房间内的荷载卸去，并在地垄墙上铺好防潮层，如沿椽木腐烂应更换。木地板面层损坏：面层小条地板局部松动或磨损，可采用挖补法修缮。新地板板材宽度、纹理等应与原有地板一致，厚度一般上要比原有地板厚1毫米～1.5毫米，把新地板磨平至原有地板平。楼梯间处木楼梯磨损和使用过于频繁，可采取加固措施进一步修缮，增强其承载力。楼面木地板外铺设的后加地板革、地毯根据使用情况和原样进行翻新。

备注：尽量使用原地板材料进行维修。

（四）外立面

1. 加建处理

残损状况：加建落水管影响建筑外观并侵蚀周围墙体，墙体有孔洞及空调支管。

残损类型：空调支架、管线孔洞、饰面缺失。

修缮方法：去除空调支架、管线、管道等后添加物。对于管线管道毁损、破损严重及缺失的花岗岩石饰面，按其相邻的花岗岩石饰面进行补配，新增的饰面应在规格、彩色、纹理相一致。

2. 污渍处理

残损状况：墙体整体完好，无明显歪闪、裂缝。花岗岩、墙体有个别处污渍变暗，产生污斑。

残损类型：污斑。

修缮方法：墙面污染、泛黄、白华泛碱的清洗，外立面清洗过程中对石材必须进行全面的保护，不得有任何形式的损坏，因此设计了窗洞拉结的方式进行脚手架搭设。

窗洞拉结采用钢管在窗的内外两侧设置横向钢管箍住窗口，纵向设两根钢管斜拉与脚手架连接。与外墙接触的钢管在端部采用木质套管，避免与外墙直接接触破坏外墙石材。对于无黏性沉积物，使用15%的碳化铵浓缩液在其上作用时间6小时左右即可，待沉积物呈现分裂状后用刷子刷洗表面清除溶剂残余物，并用清水冲洗干净即可，注意点：由于15%浓缩液有较浓的挥发性因此须用铝纸或塑料膜盖住浓缩液器皿，同一黏稠液可使用三次。对于普通污染、普通泛黄、白华泛碱的表面污染主要采用物理法（高压水喷洗机）和生物法（生物降解法）清洗为主。较清洁及中度污染面用高压水清洗机清洗。污染严重部位用高压水清洗机加粒子喷射清洗。外墙清洗措施在对外墙面石材采用高压水清洗过程中，考虑到环保，采用特殊配比的喷射粒子，遇水即溶，做到无粉尘污染，并在脚手架上加设了隔离防护，除采用绿网全封闭以外，还设置挤塑隔音板，既可降低噪声也可以避免清洗外墙的高压水枪向路面飞溅，对建筑周边设明排水沟，及时排放墙面清洗用水。

3. 锈蚀斑处理

残损状况：墙面落水管及周边有锈蚀现象。

残损类型：锈蚀斑。

修缮方法：锈蚀斑清洗采用局部泥敷剂敷贴于锈斑处，敷贴时间为2小时～8小时，视污染程度决定，再用清水冲洗即可。

4. 裂缝、空洞处理

残损状况：墙面出现裂缝、孔洞。

残损类型：裂缝、小孔洞。

修缮方法：石材断裂修复，用云石锯片将断裂缝加宽至5毫米，加深至15毫米（增加胶合面积来提高牢度）。裂缝上端打一个5毫米钻孔，作为化学锚固的灌注孔。用ASA石材专用黏结树脂，通过灌注孔利用液体自重对裂缝进行深层灌注，对全部裂缝面进行化学锚固，胶合断裂缝，恢复石材原有的抗力系数，也使原有的裂隙不再有新的变化。用修复体对断裂缝隙进行全部填充，并进行塑型仿真修复。

5. 灰缝处理

残损状况：墙面石材之间灰缝老化，防水性下降。

残损类型：灰缝。

修缮方法：石材灰缝修复，清除原有的缝隙中垃圾，用水泥搅拌ASA专用防水胶对缝隙深部进行第一道填充防水。用ASA防污型勾缝剂加拌ASA防水胶对缝隙进行第二道防水和装饰勾缝，确保其密实和持久的防水。勾缝剂根据与原缝隙相近的颜色来确定（其主要成分略），尽可能与原勾缝浆相容且表面机理感相同。

（五）梁架

残损状况：内部木梁架残损情况不详。

修缮方法：根据木梁架结构残损程度采取相应的加固措施，具体加固措施详见图纸。

（六）墙体

残损状况：经勘察，未见明显的墙体裂缝，墙体白灰抹面层普遍干裂，污染变暗。

残损类型：污染、变暗。

修缮方法：根据结构加固要求对墙体加固后，按原墙面材质、工艺，统一新作墙体抹灰层。材料的配合比应试配，面层抹灰应试样，达到设计效果后再全面施工。有特殊效果的饰面，材料的粒径、质感、色泽应与原墙面基本一致，接缝紧密，表面层的工艺及纹样应与原墙面一致。

（七）门窗

残损状况：木格玻璃窗基本完好，局部门窗扇位移、歪闪磨损严重。木饰油漆普遍干裂褪色，部分门窗铁连接件、玻璃、把手缺失等。

残损类型：油漆褪色剥落、构件破损、窗口封堵。

修缮方法：对移位受损的所有门窗进行归位和维修，对榫卯松脱、框边变形、扭闪的隔扇门窗，采取整扇拆卸，重新归安；边梃和抹头劈裂糟朽时应钉补牢固，严重者应予更换；糟朽、蛀蚀严重的门窗按原式样、材质重新复原，作防腐、防虫处理后归安。木门窗及五金件的修缮以按原样的修复原则进行修缮，施工单位必须事先对历史建筑的木门窗进行统计及调查，取得现场的相关历史图纸的实样，进行厂方的深化设计图、仿制的木门窗实样。设计要求实样木门窗材质应与保留木门窗材质一致，木材基层应先刷底子油漆，再刷新油漆：木门窗必须进行门窗开启崩的核正，使窗框与框梃关闭严密，开启灵活，方可安装五金零件；所安装的五金零件位置应正确，使用应灵活，松紧适宜，安装螺钉不应有松动现象：应检查原有执手、撑杆、合页等五金件，尽量去锈，并尽量恢复原有五金件。

（八）装修装饰

1. 内壁、天花吊顶及木墙裙

残损状况：现新装修的内部基本完好。

修缮方法：维持原有装修，并根据残损状况进行对应的修缮。

2. 室内家具、壁炉等装饰

残损状况：现存家具及壁炉存在缺失状况。

修缮方法：按民国早期风格补配家具及壁柜缺失构件。维修现存壁炉，清理修补欧式木壁炉构件，统一油饰。

（九）屋面

1. 平顶屋面

残损状况：平顶屋面基本保存完好，圆形塔楼上方有部分残损。

修缮方法：对平屋顶外露阳台进行清理平整，增添或改善隔热层、防水层。

2. 陶瓦坡顶屋面

残损状况：陶瓦屋面基本完好，无剥落褪色，局部坡顶有瓦面破损现象。

修缮方法：由于屋面陶瓦年久失修，因此，需要统一进行瓦顶揭瓦维修。拆卸瓦件前，应详细记录拆卸的构件的规格、位置、有无防水处理。拆卸后对陶瓦进行清理，更换锈蚀渗漏严重的陶瓦片。安装时严格按拆卸记录予以修复及复原，安装时应注意与基座的连接应安全、牢固、可靠。配件要根据构件部位的材质、规格及尺寸进行选择，既要保证质量又要尽量考虑构件统一。

3. 雨水管

残损状况：铁质排水管件基本完好，局部管件生锈松动；并侵蚀周围墙体。前檐北侧排水槽锈蚀漏雨严重。

残损类型：锈蚀。

修缮方法：更换锈蚀严重的排水管件，加固管件连接。统一刷防锈蚀及防水油漆两至三道。

4. 烟囱

残损状况：烟囱有部分条石缺失，破损。

残损类型：年久失修。

修缮方法：对残损部位按原样进行修补。

（十）修缮设计图纸

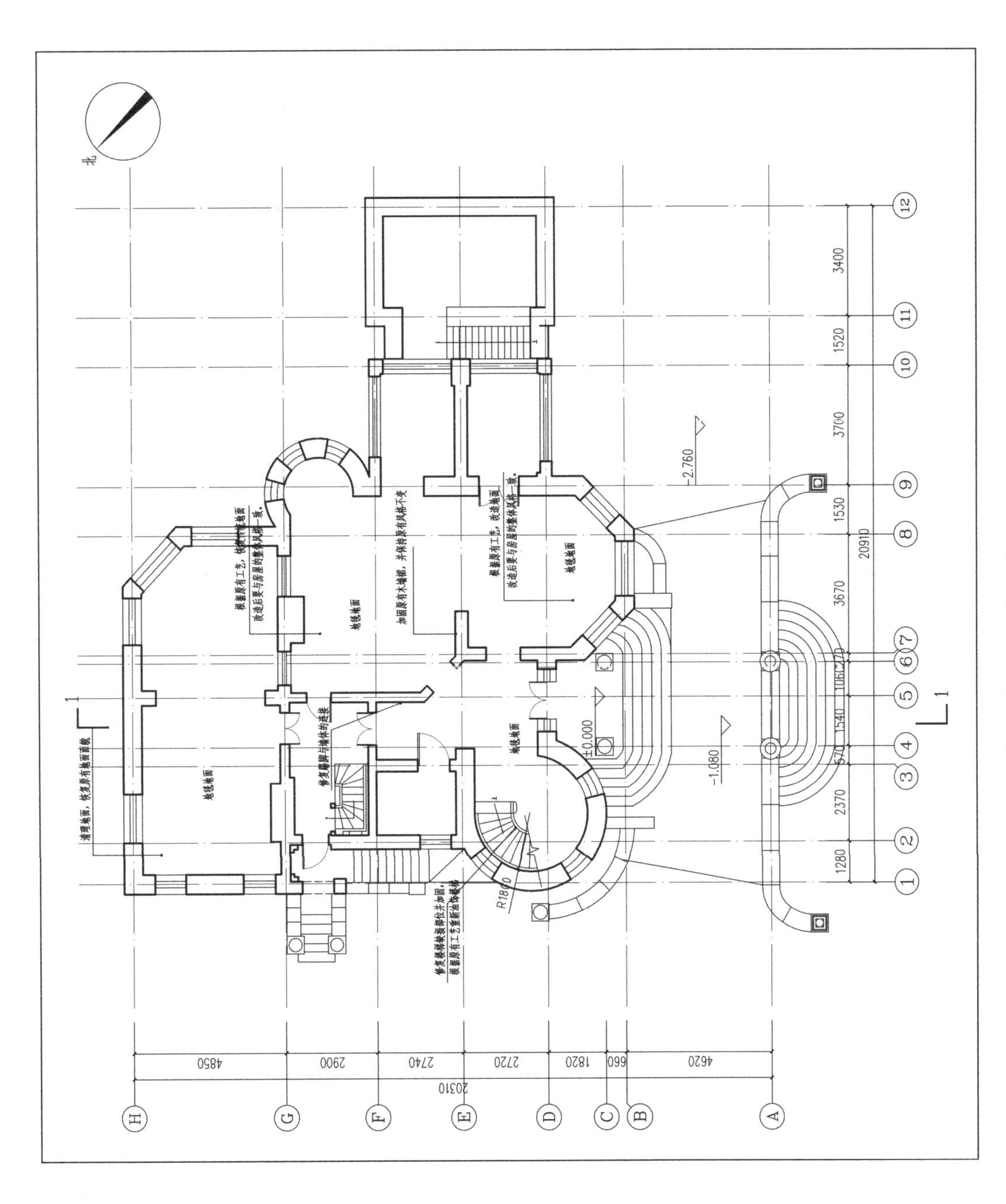

黄海路18号建筑首层平面图

黄海路18号建筑地下一层平面图

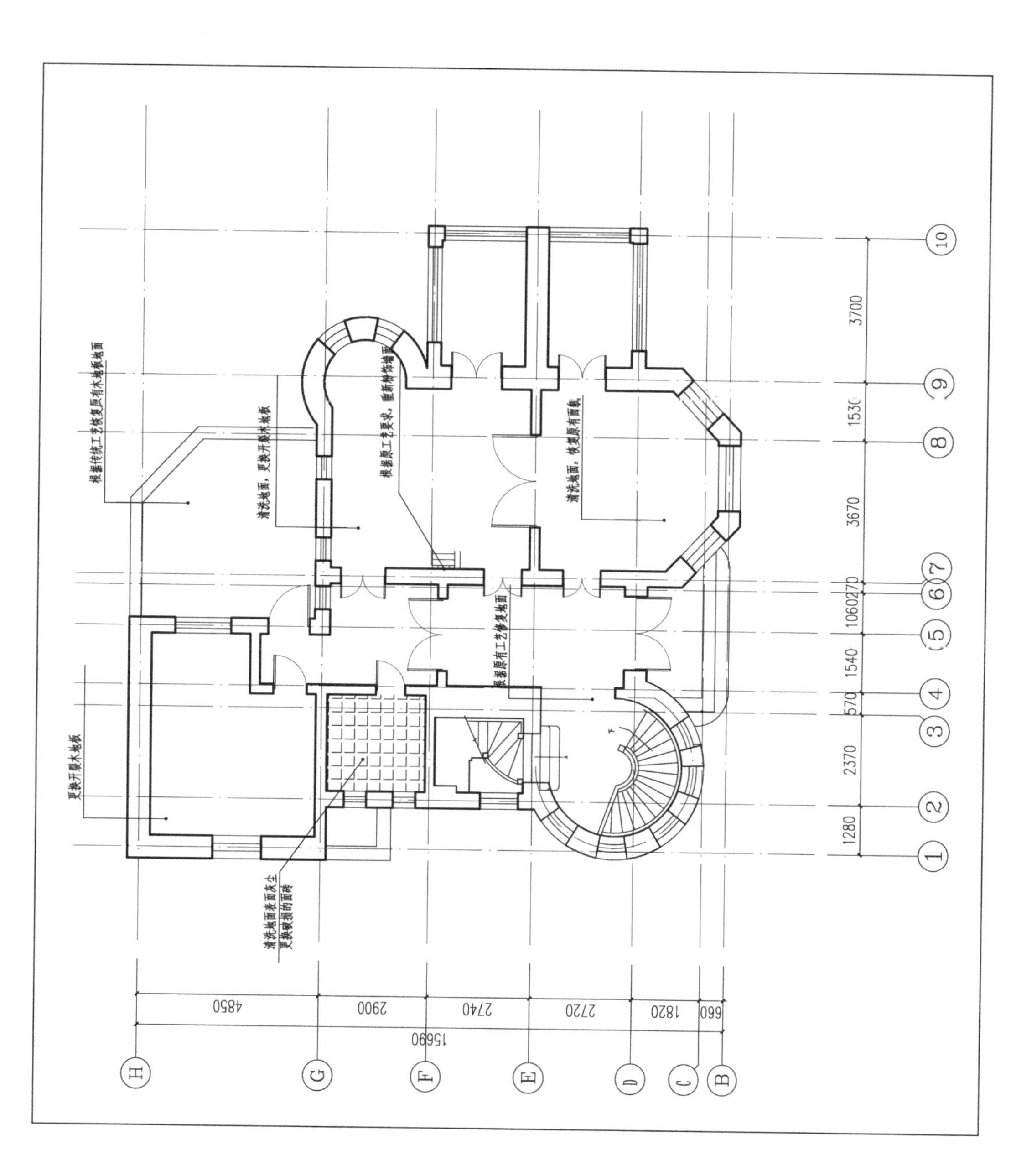

黄海路18号建筑二层平面图

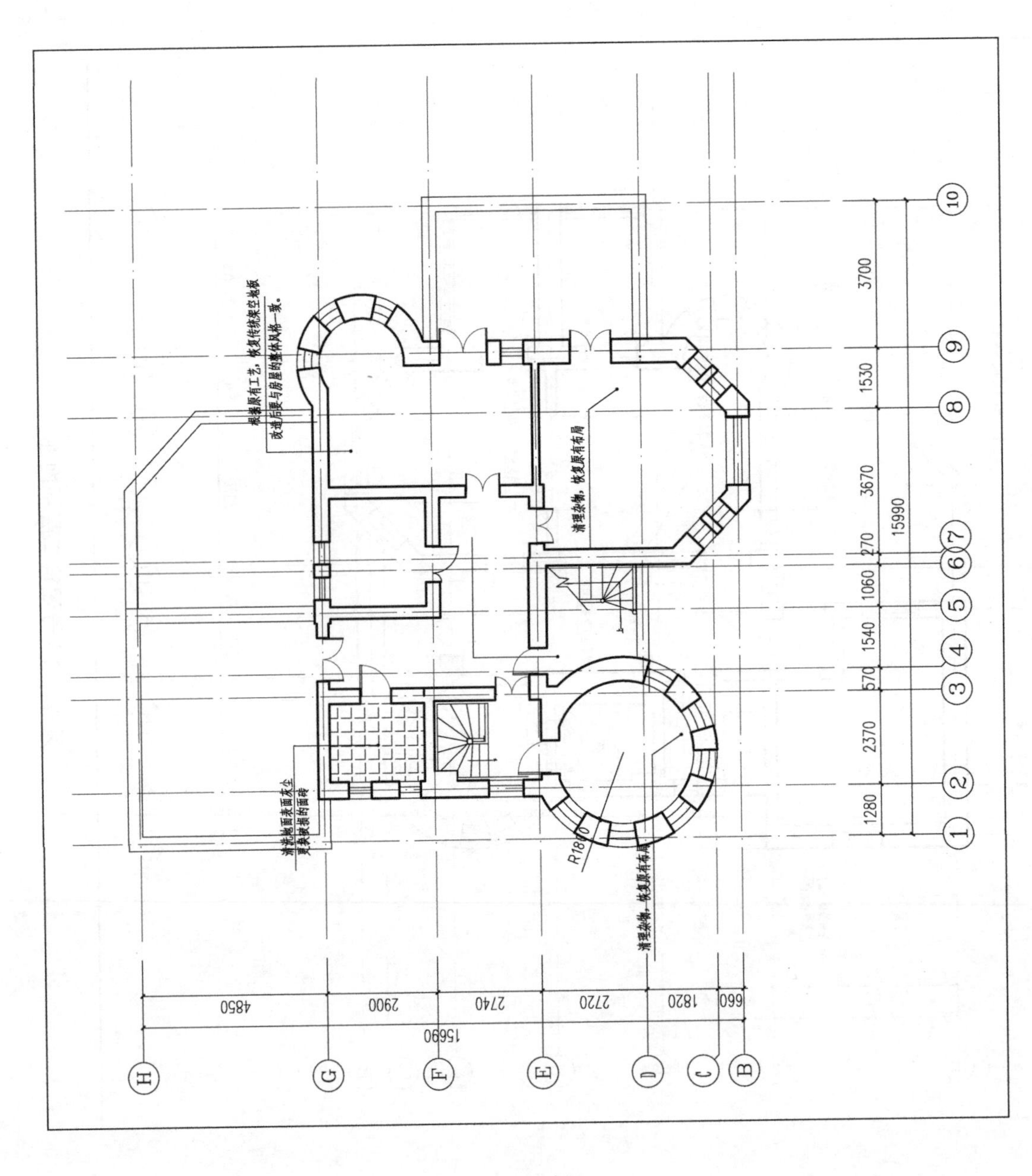

黄海路18号建筑三层平面图

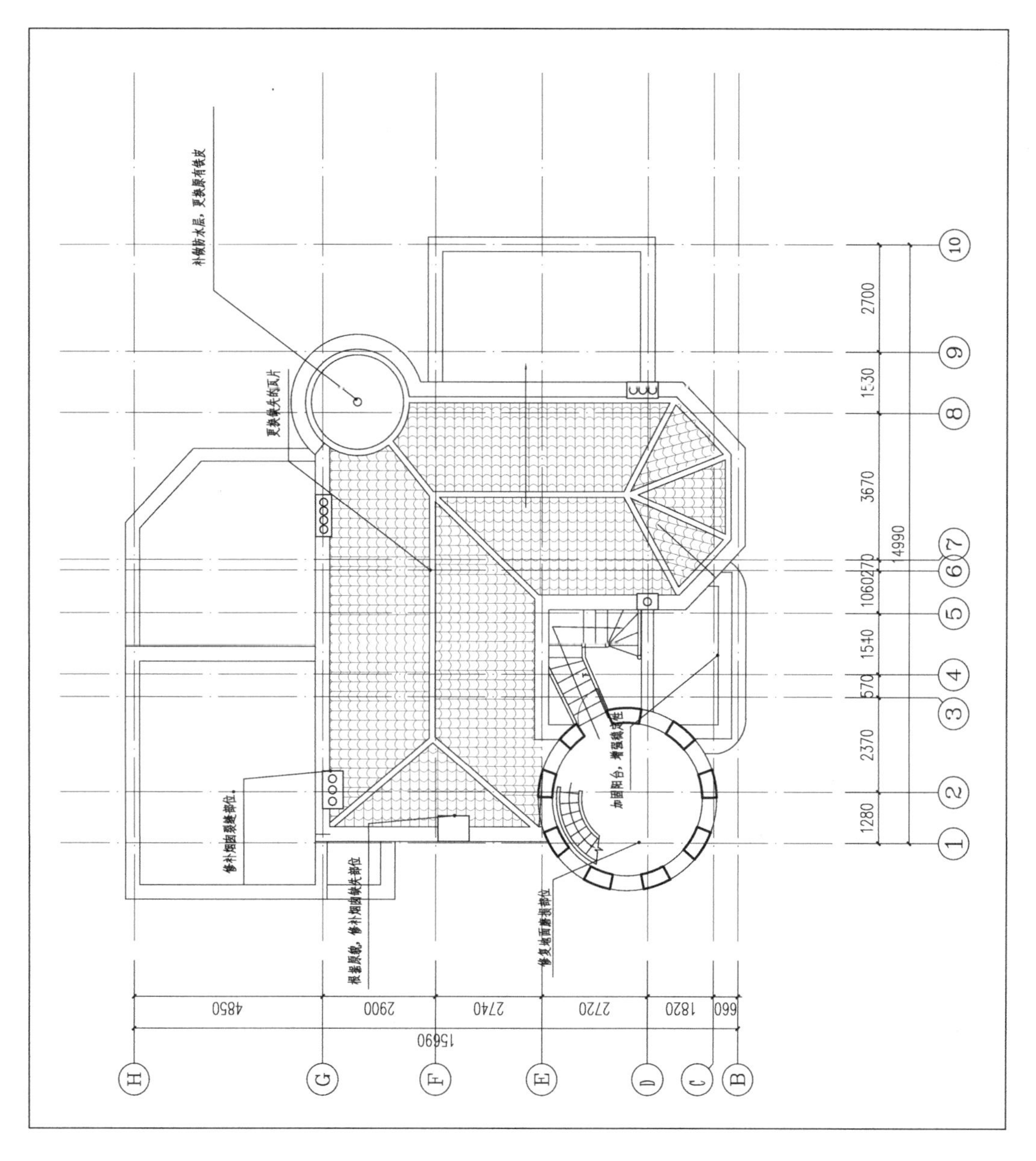

黄海路18号建筑四层平面图

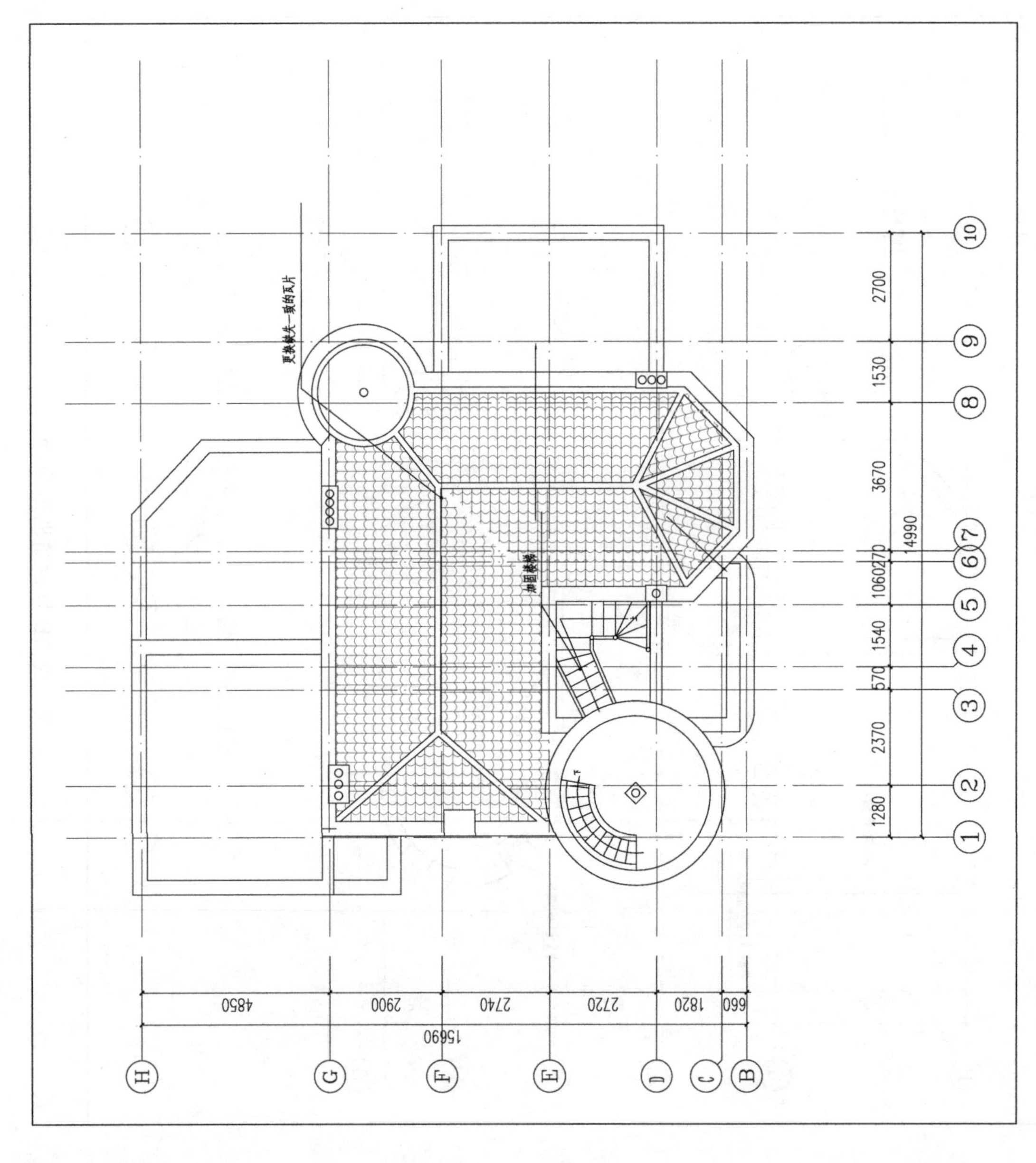

黄海路18号建筑屋顶平面图

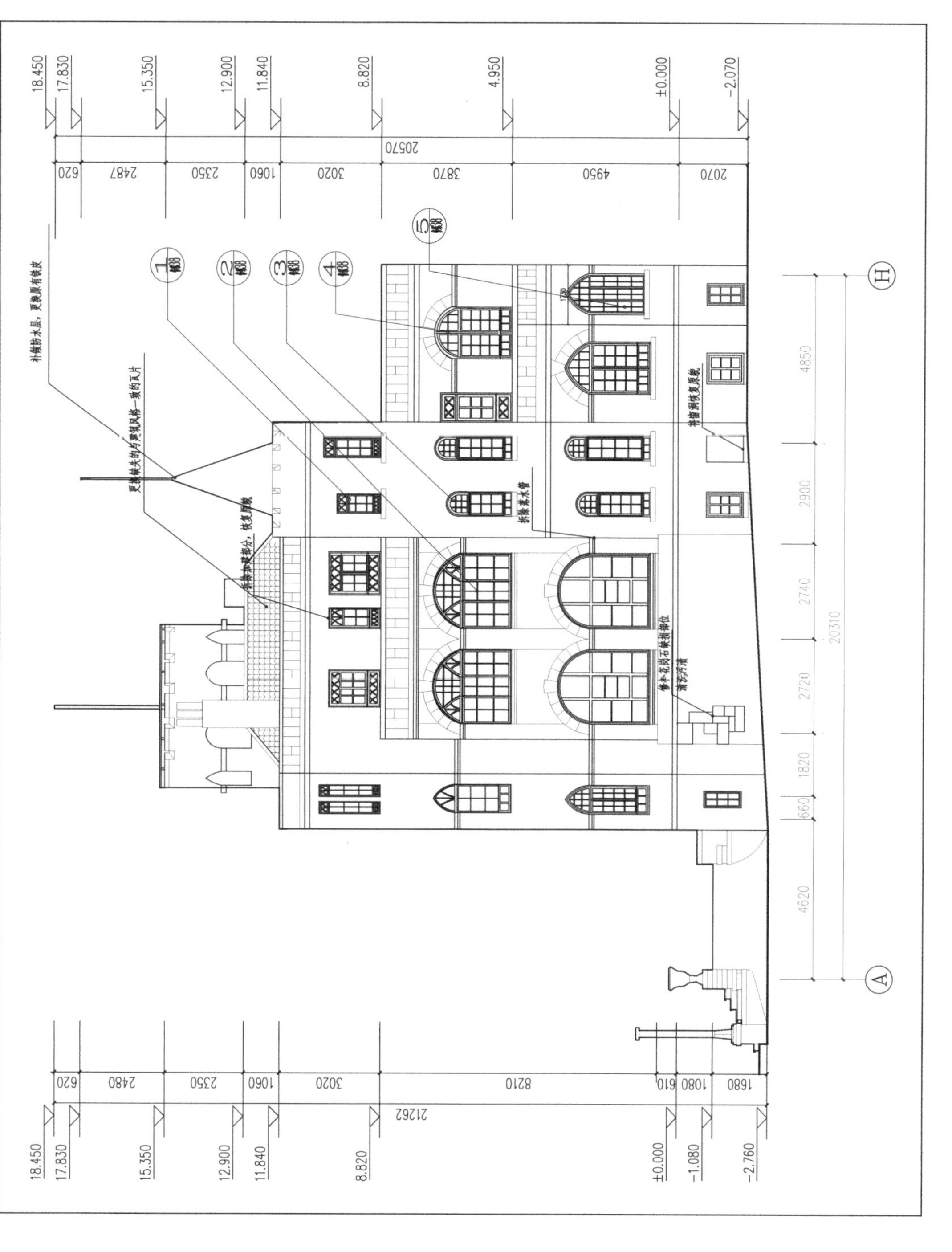

黄海路18号建筑东南立面图

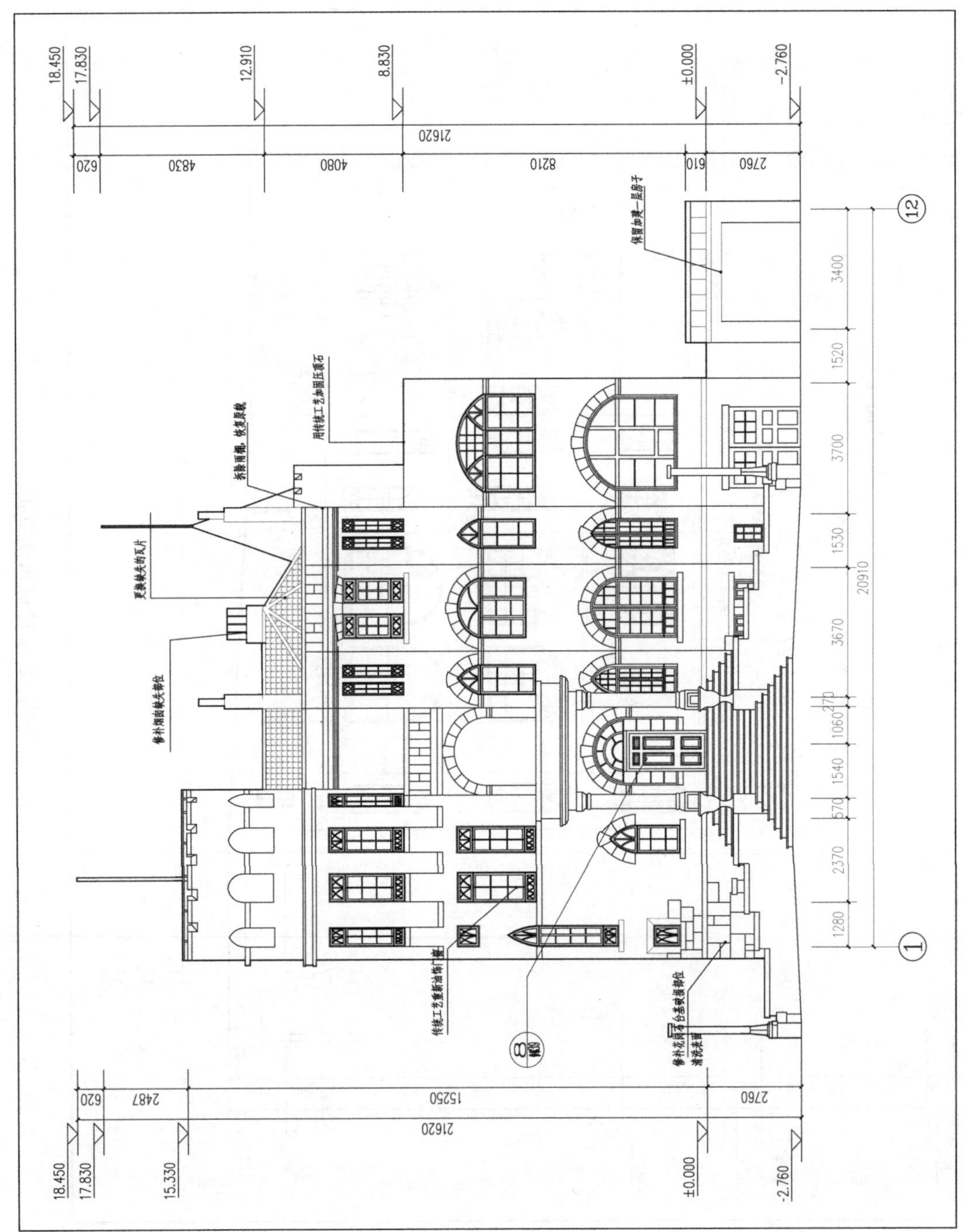

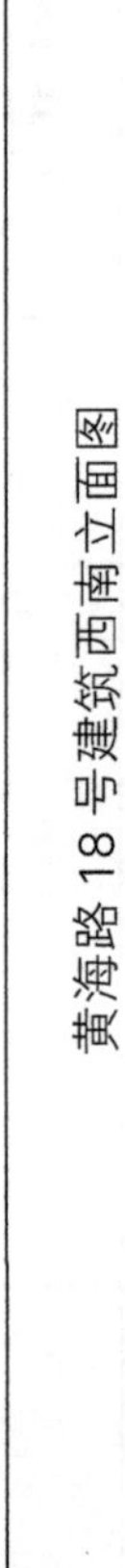

黄海路 18 号建筑西南立面图

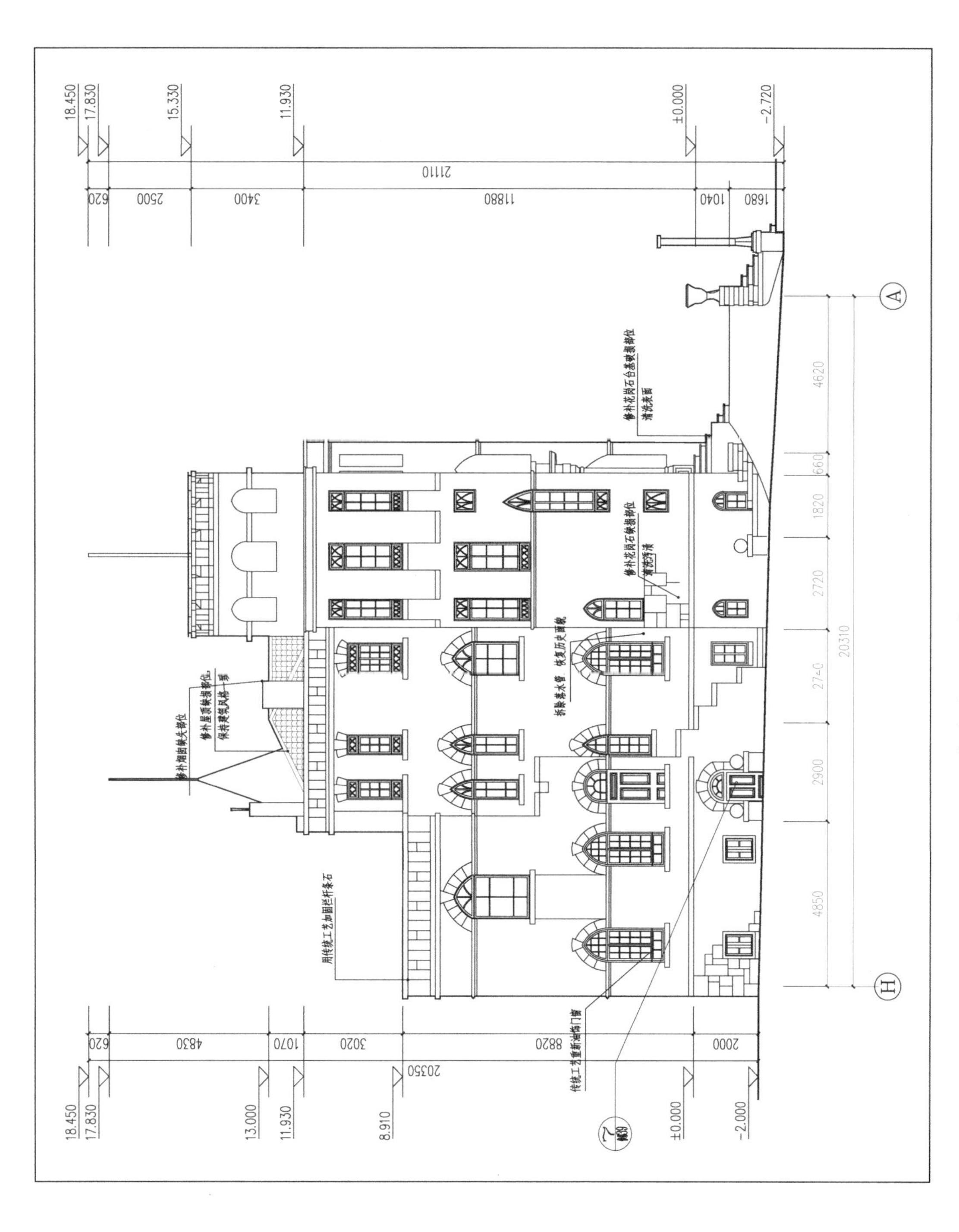

黄海路13号建筑西北立面图

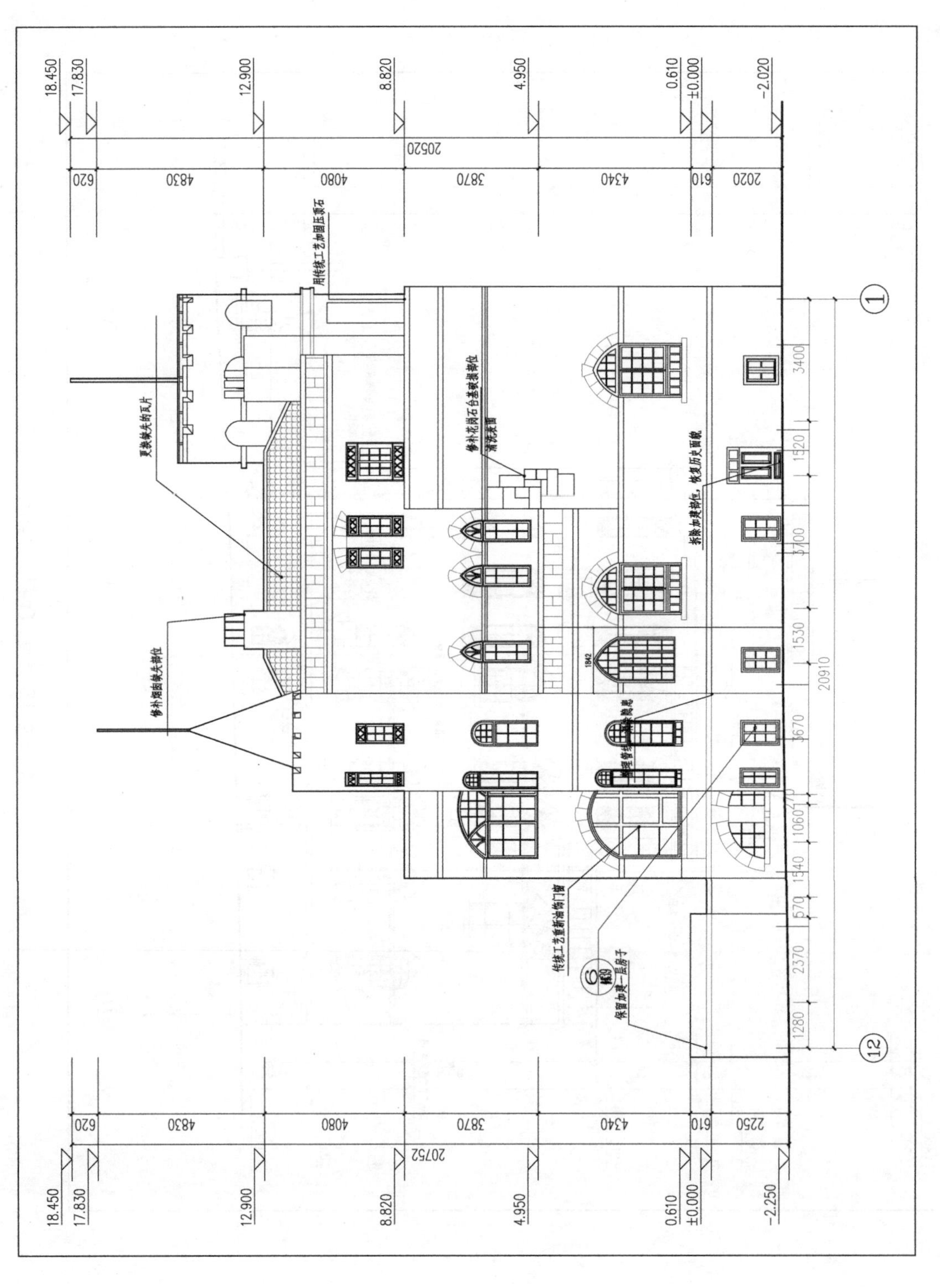

黄海路 18 号建筑东北立面图

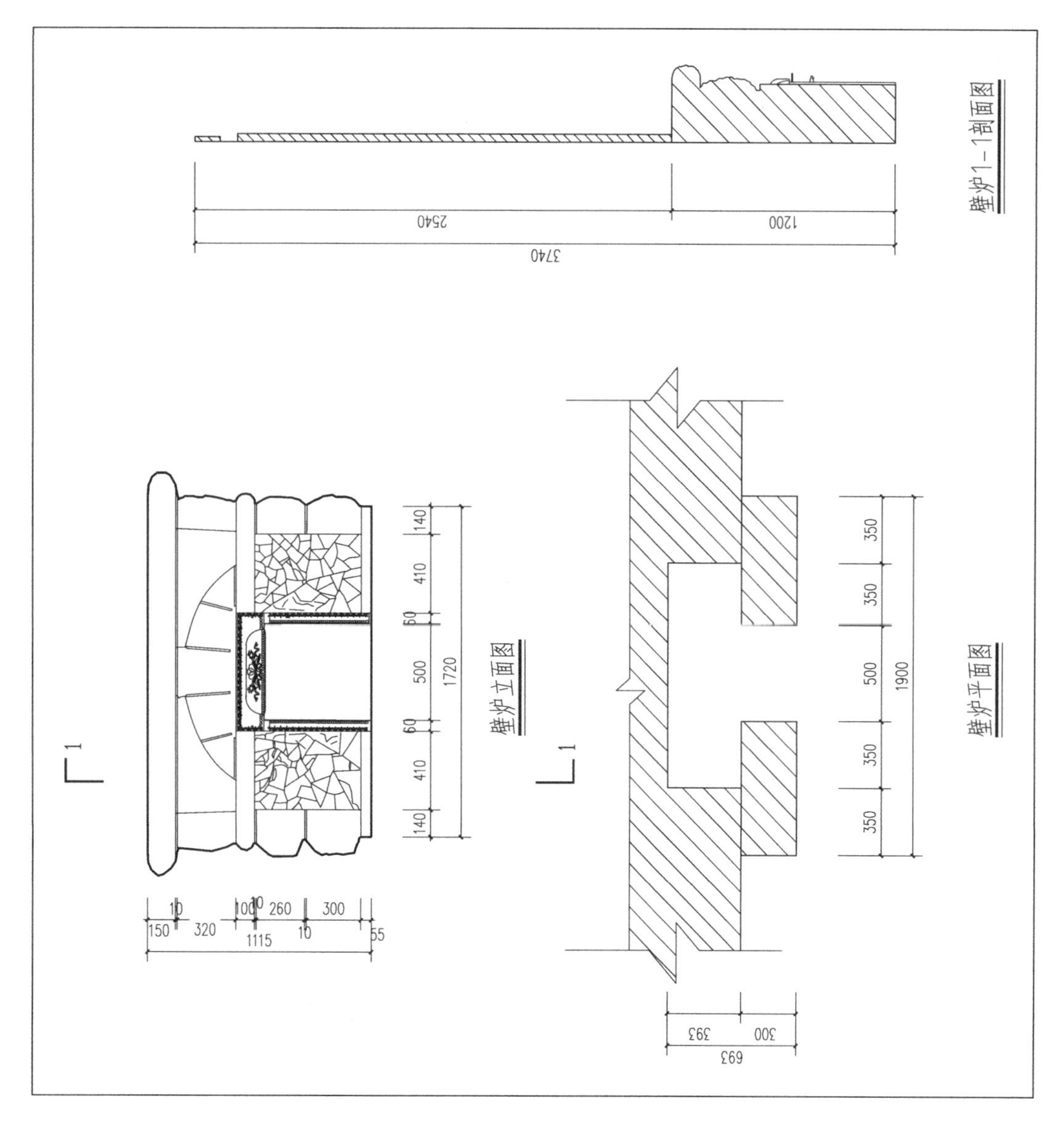

黄海路18号建筑壁炉详图

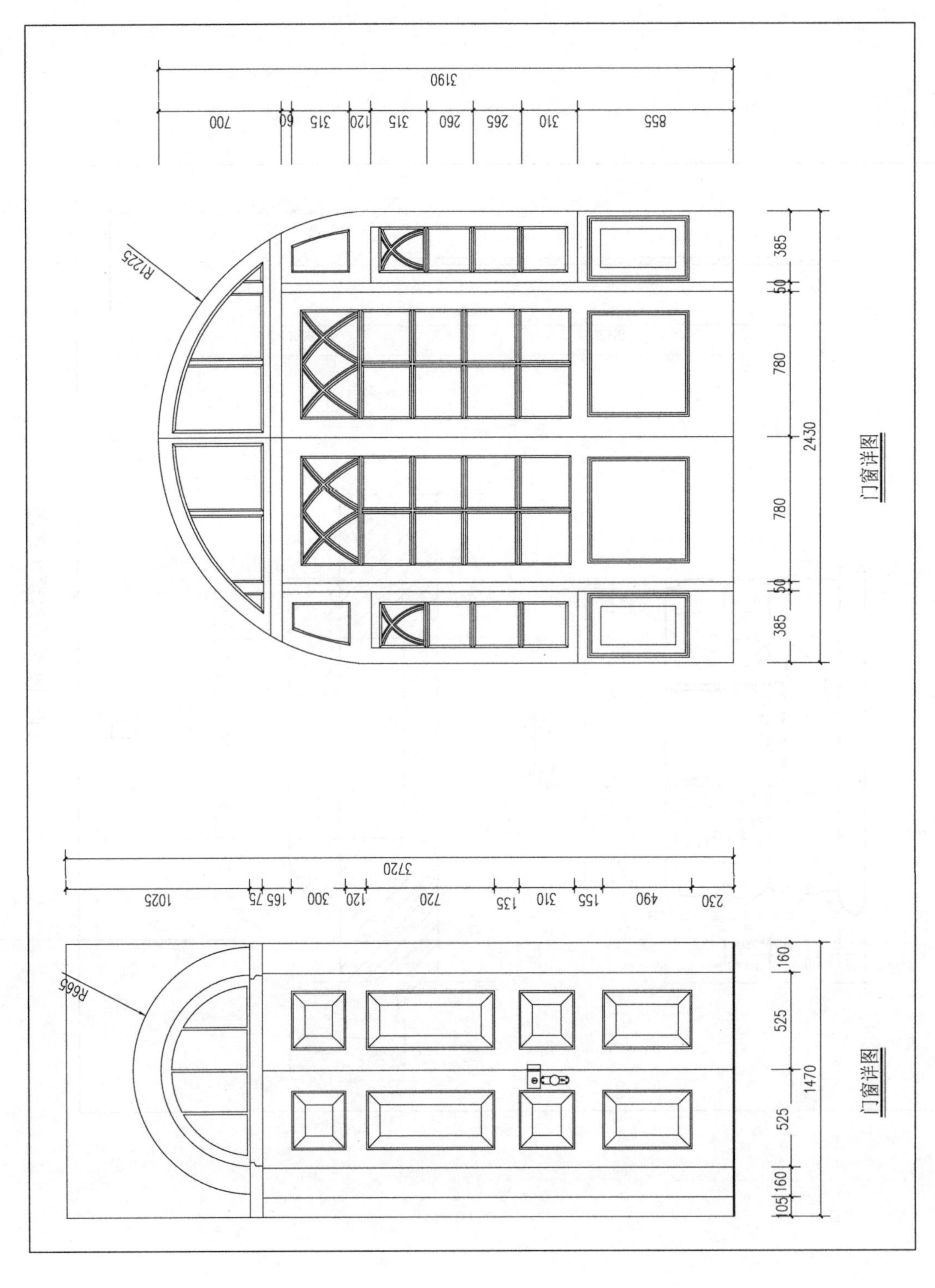

黄海路18号建筑门窗详图（一）

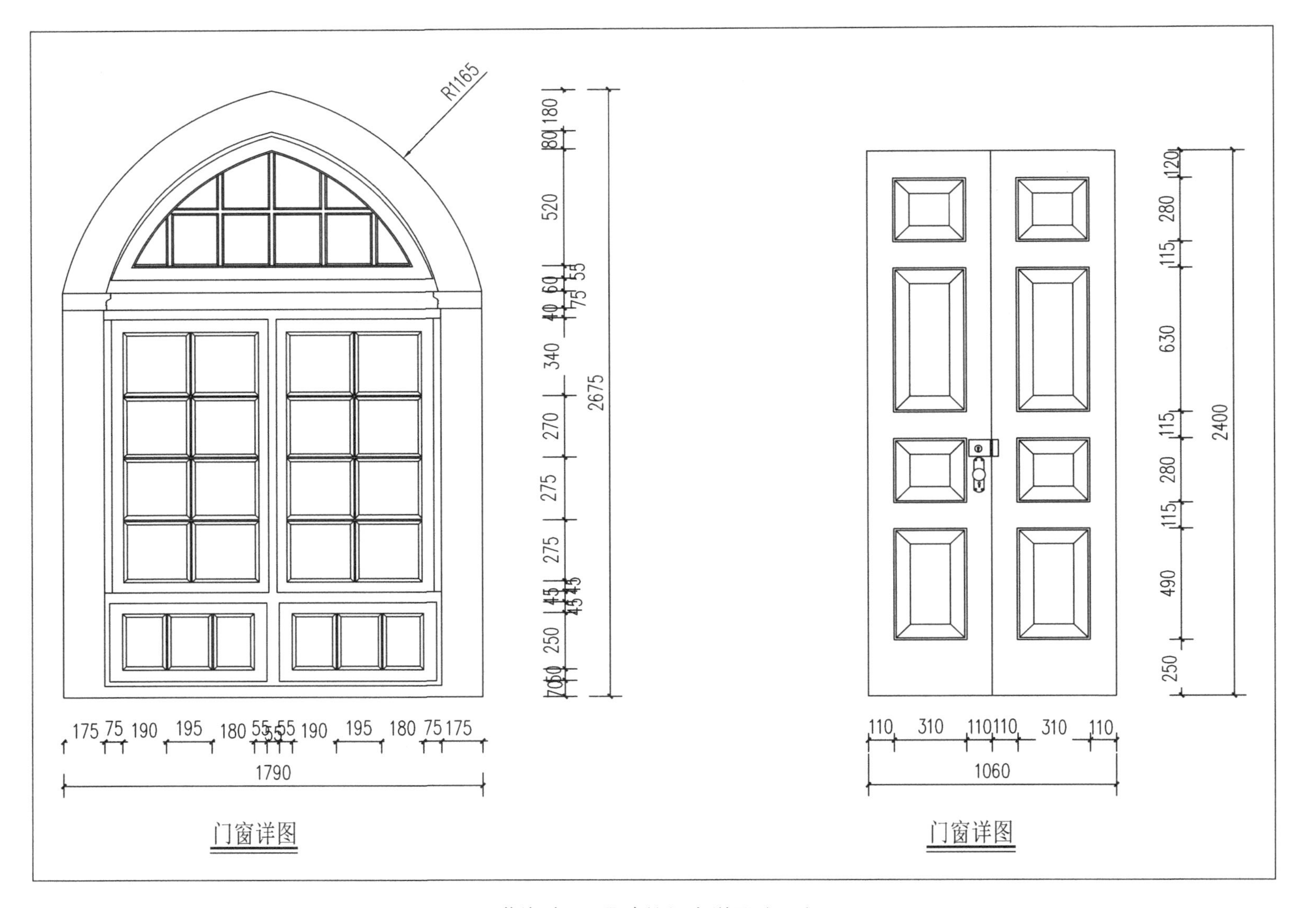

黄海路 18 号建筑门窗详图（二）

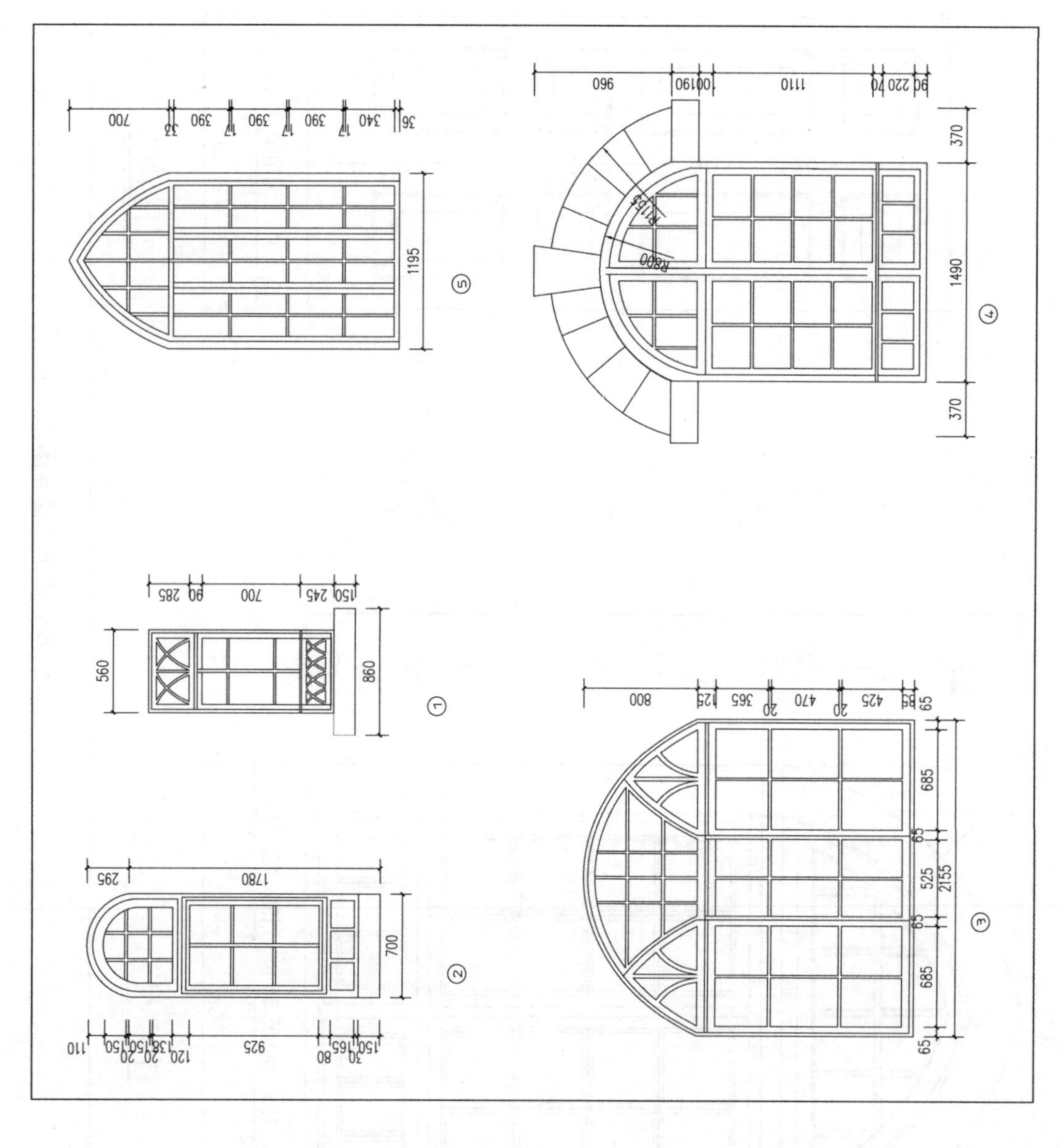

黄海路 18 号建筑门窗详图（三）

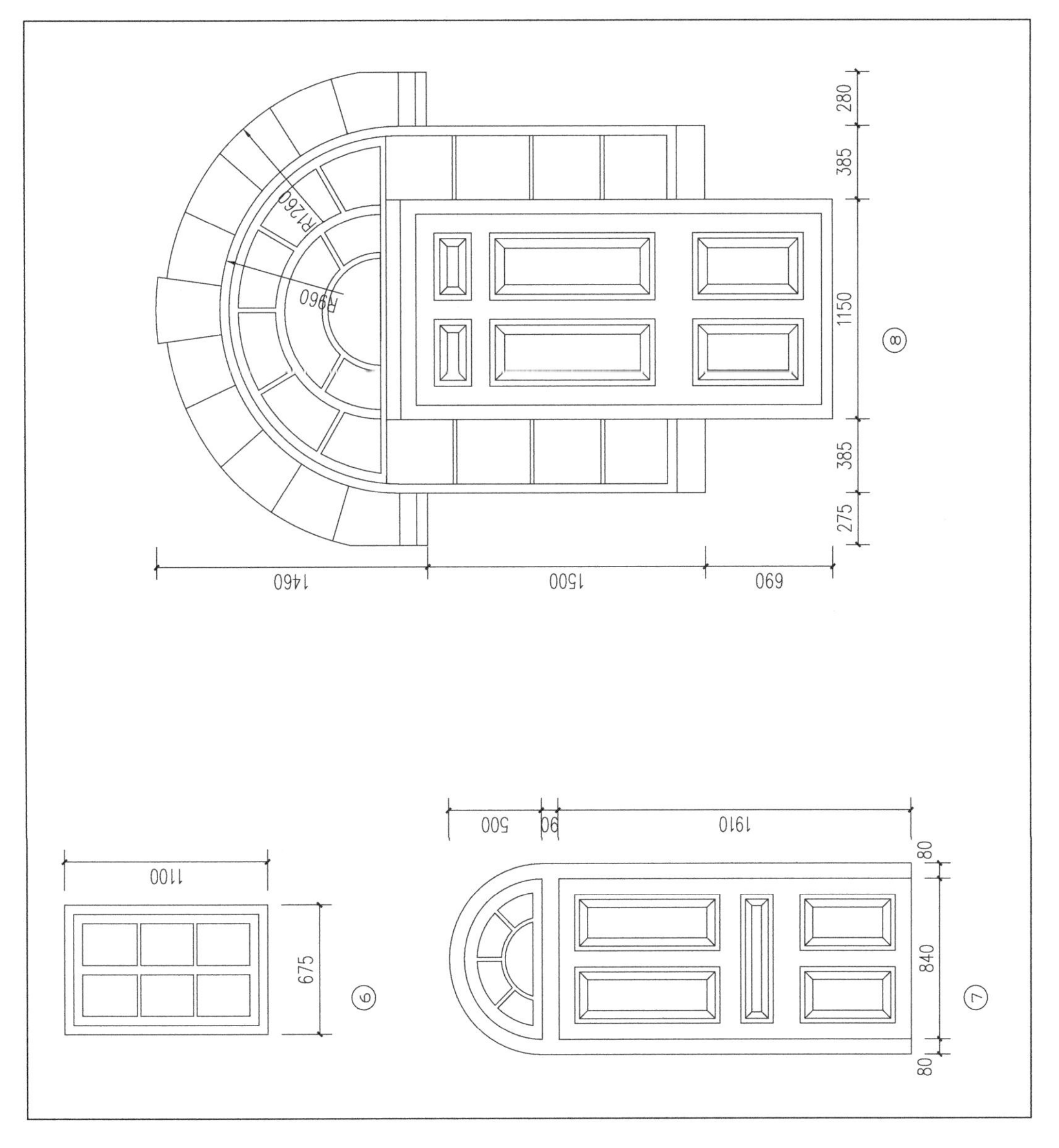

黄海路 18 号建筑门窗详图（四）

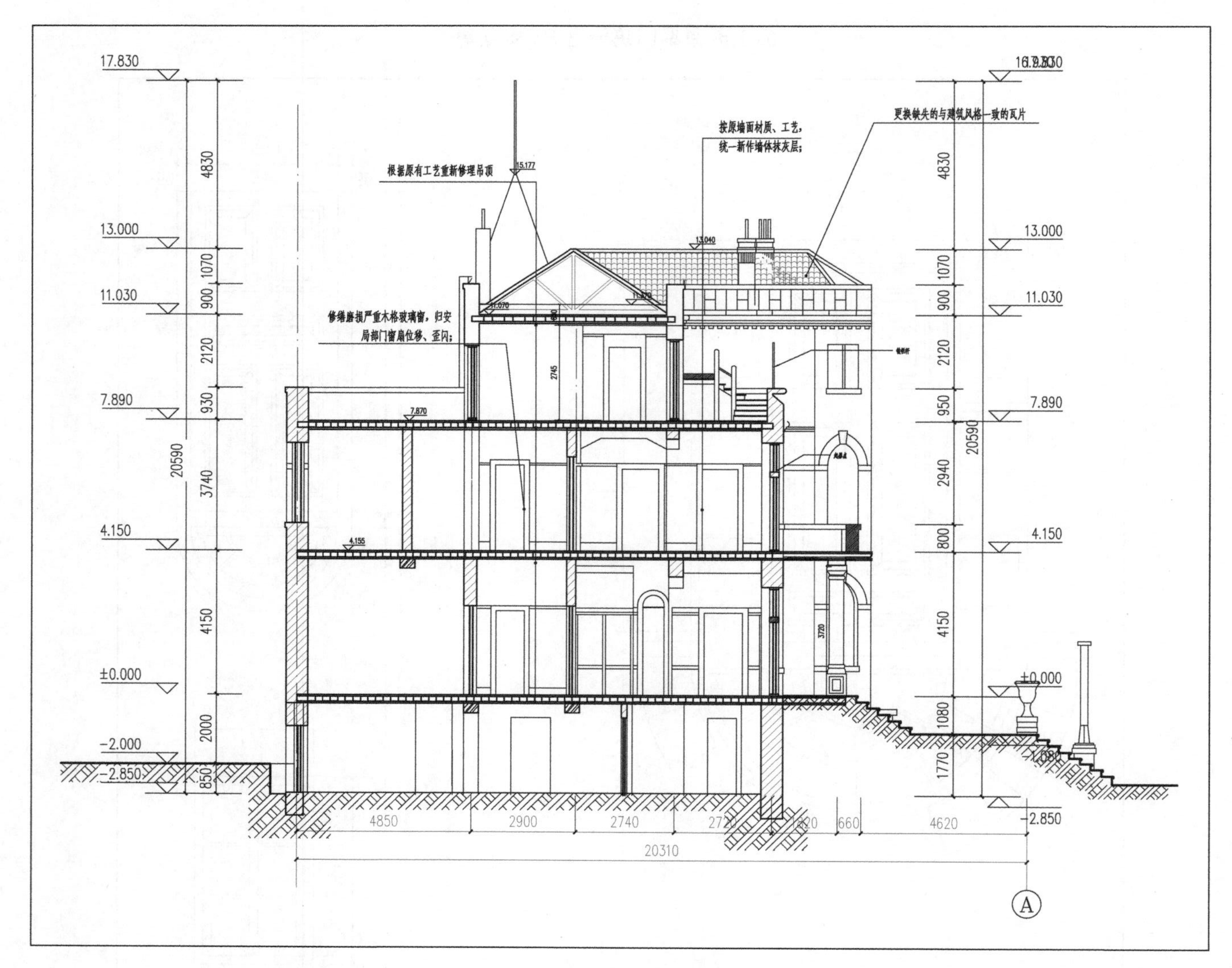

黄海路18号建筑 1-1 剖面图

五、山海关路 13 号建筑

（一）建筑院落

残损状况：建筑北侧加建有山海关路 15 号，现为宾馆，与韩复榘别墅通过连廊连接。

残损类型：不当搭建。

修缮方法：保留，整理地面杂物。重新铺装与建筑协调的地面面砖形式。

（二）台基及入口台阶

1. 台基

残损状况：台基基本无破损；基本未出现花岗岩缺棱掉角、铺砖位移、碎裂缺失等不同情况。

残损类型：磨损、侵蚀、污染、裂缝。

修缮方法：加固台基，更换碎裂花岗岩石条和铺砖，清理并归安。

2. 入口台阶

残损状况：入口台阶无明显松动歪闪，棱角出现部分剥落。

残损类型：磨损、污染、花岗石砌筑台阶。

修缮方法：逐一清除台阶花岗岩条石污染侵害，更换磨损严重的条石，清理并归安。

（三）地面

1. 水泥地面

残损状况：地下室地面普遍灰尘污渍污染、磨损严重，出现漏洞、裂缝、杂物堆放等现象。楼梯踏步普遍棱角破损。

残损类型：磨损、侵蚀、裂缝。

修缮方法：平整水泥面层，统一使用干硬性水泥砂浆抹面，其重量配合比为

1∶2 ~ 1∶3（水泥∶粗砂），砂子应为均匀粗砂，擀压密实、平整、光滑。

备注：水泥砂浆抹面的整体效果应近似三合土地面。

2. 木地板

残损状况：室内首层和二层装修基本完好。

修缮方法：室内木地板的修缮设计技术要求，木地板基层损坏：有地垄的木地板，如面层完好或损坏不是很严重的应尽量不拆或少拆面层，可以在地垄内加固搁栅和沿椽木。修缮前必须把房间内的荷载卸去，并在地垄墙上铺好防潮层，如沿椽木腐烂应更换。木地板面层损坏：面层小条地板局部松动或磨损，可采用挖补法修缮。新地板板材宽度、纹理等应与原有地板一致，厚度上一般要比原有地板厚1毫米 ~ 1.5毫米，把新地板磨平至原有地板平。楼梯间处木楼梯磨损和使用过于频繁，可采取加固措施进一步修缮，增强其承载力。楼面木地板外铺设的后加地板革、地毯根据使用情况和原样进行翻新。

备注：尽量使用原地板材料进行维修。

（四）外立面

1. 加建处理

残损状况：加建落水管影响建筑外观并侵蚀周围墙体，墙体有孔洞及空调支管。

残损类型：管线孔洞、饰面缺失。

修缮方法：去除空调支架、管线、管道等后添加物。对于管线管道毁损、破损严重及缺失的花岗岩石饰面，按其相邻的花岗岩石饰面进行补配，新增的饰面应在规格、彩色、纹理上相一致。

2. 污渍处理

残损状况：墙体整体完好，无明显歪闪、裂缝。

修缮方法：外墙面面砖按原有样式，对破损或者脱落缺失的面砖进行复原。

3. 锈蚀斑处理

残损状况：墙面落水管及周边有锈蚀现象。

残损类型：锈蚀斑。

修缮方法：锈蚀斑清洗采用局部泥敷剂敷贴于锈斑处，敷贴时间为2小时 ~ 8小时，视污染程度决定，再用清水冲洗即可。

（五）梁架

残损状况：内部木梁架残损情况严重。

修缮方法：根据木梁架结构残损程度采取相应的加固措施，具体加固措施详见图纸。

（六）墙体

残损状况：经勘察，未见明显的墙体裂缝，墙体白灰抹面层普遍干裂，污染变暗。

残损类型：污染、变暗。

修缮方法：根据结构加固要求对墙体加固后，按原墙面材质、工艺，统一新作墙体抹灰层。材料的配合比应试配，面层抹灰应试样，达到设计效果后再全面施工。有特殊效果的饰面，材料的粒径、质感、色泽应与原墙面基本一致，接缝紧密，表面层的工艺及纹样应与原墙面一致。

（七）门窗

残损状况：窗户为新改建现代铝合金玻璃窗。

残损类型：人为改建。

修缮方法：对门窗进行复原，参考当时的设计图纸，按木分隔重新改造门窗。

（八）装修装饰（内壁、天花吊顶及木墙裙）

残损状况：现新装修的内部基本完好。

修缮方法：维持原有装修，并根据残损状况进行对应的修缮。

（九）屋面

1. 平顶屋面

残损状况：平顶屋面基本保存完好，圆形塔楼上方有部分残损。

修缮方法：对平屋顶外露阳台进行清理平整，增添或改善隔热层、防水层。

2. 陶瓦坡顶屋面

残损状况：陶瓦屋面基本完好，无剥落褪色，局部坡顶有瓦面破损现象。

修缮方法：由于屋面陶瓦年久失修，因此，需要统一进行瓦顶揭瓦维修。拆卸瓦件前，应详细记录拆卸构件的规格、位置、有无防水处理。拆卸后对陶瓦进行清理，更换锈蚀渗漏严重的陶瓦片。安装时严格按拆卸记录予以修复及复原，安装时应注意与基座的连接应安全、牢固、可靠。配件要根据构件部位的材质、规格及尺寸进行选择，既要保证质量又要尽量考虑构件统一。

3. 雨水管

残损状况：铁质排水管件基本完好，局部管件生锈松动；侵蚀周围墙体；前檐北侧排水槽锈蚀漏雨严重。

修缮方法：更换锈蚀严重的排水管件，加固管件连接；统一刷防锈蚀及防水油漆两至三道。

4. 烟囱

残损状况：烟囱有部分条石缺失，破损。

修缮方法：对残损部位按原样进行修补。

（十）修缮设计图纸

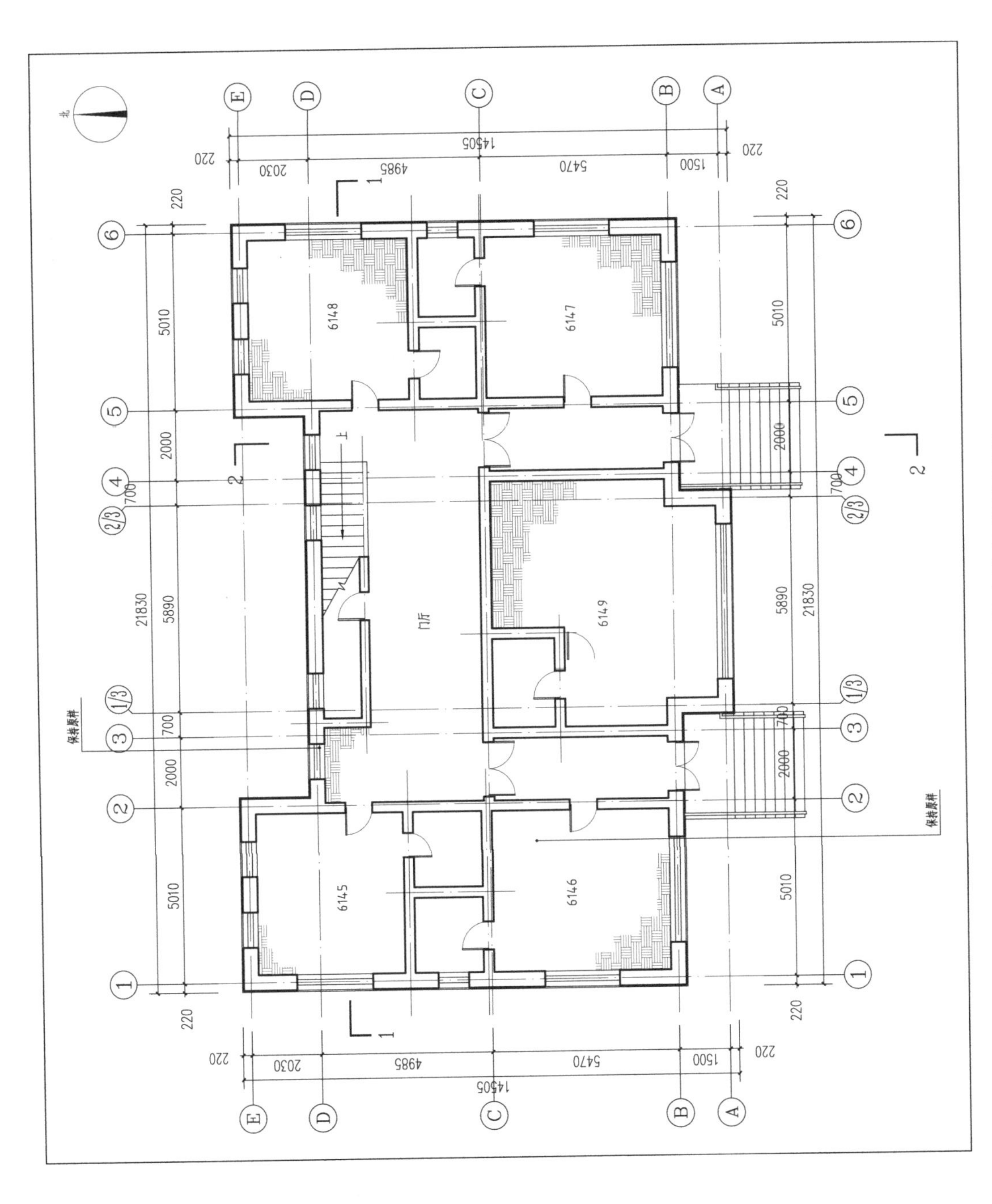

山海关路13号建筑首层平面图

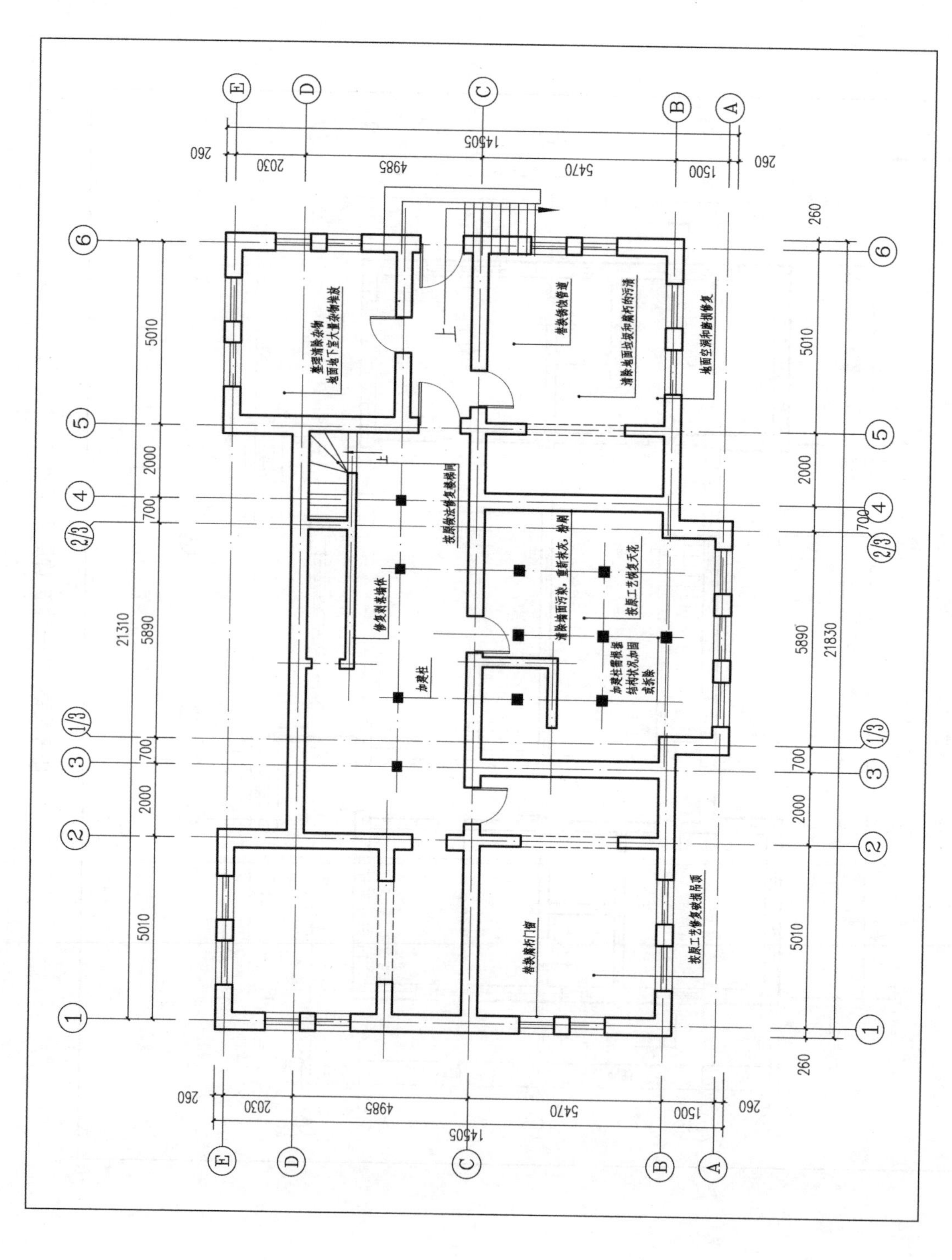

山海关路 13 号建筑地下一层平面图

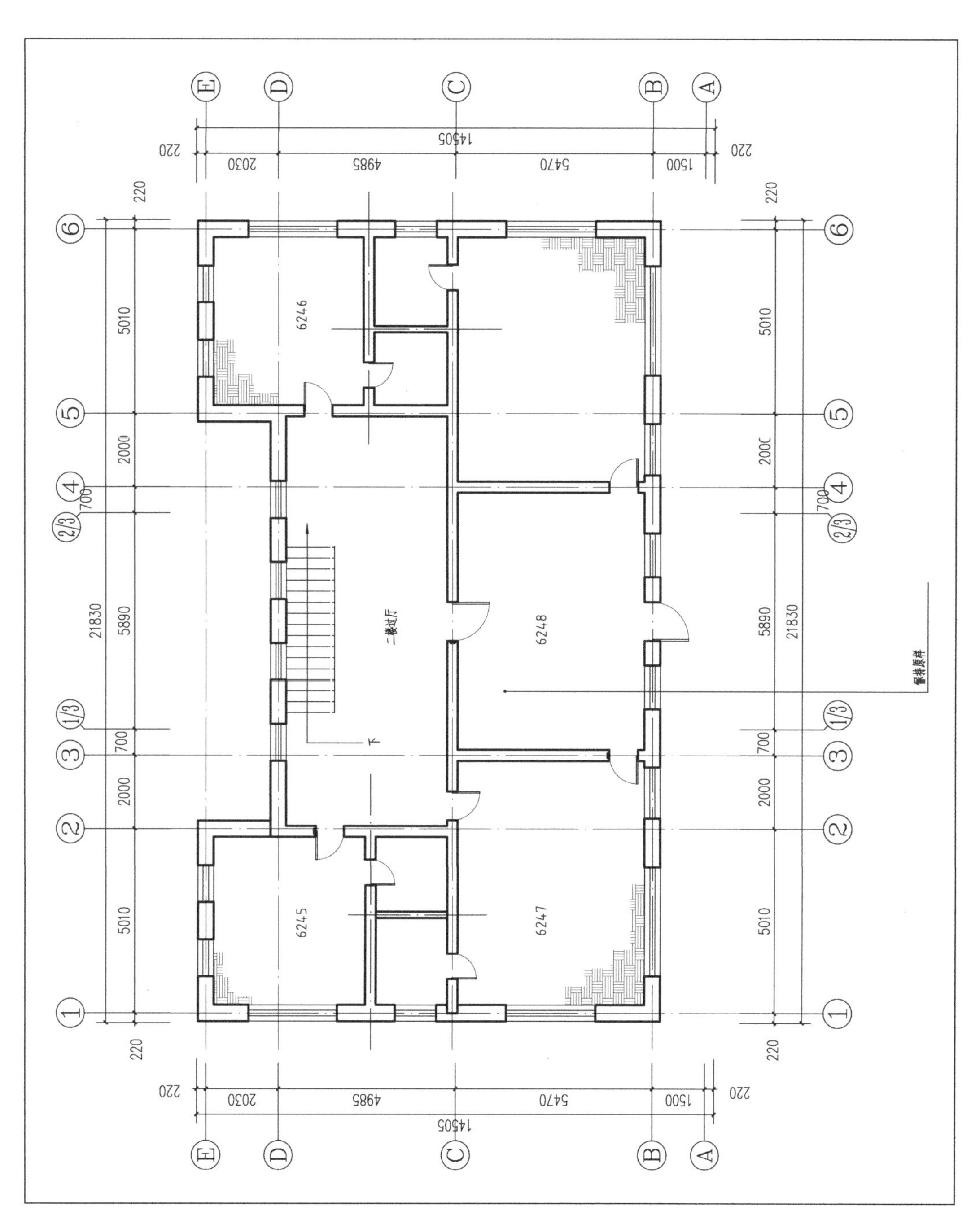

山海关路 13 号建筑二层平面图

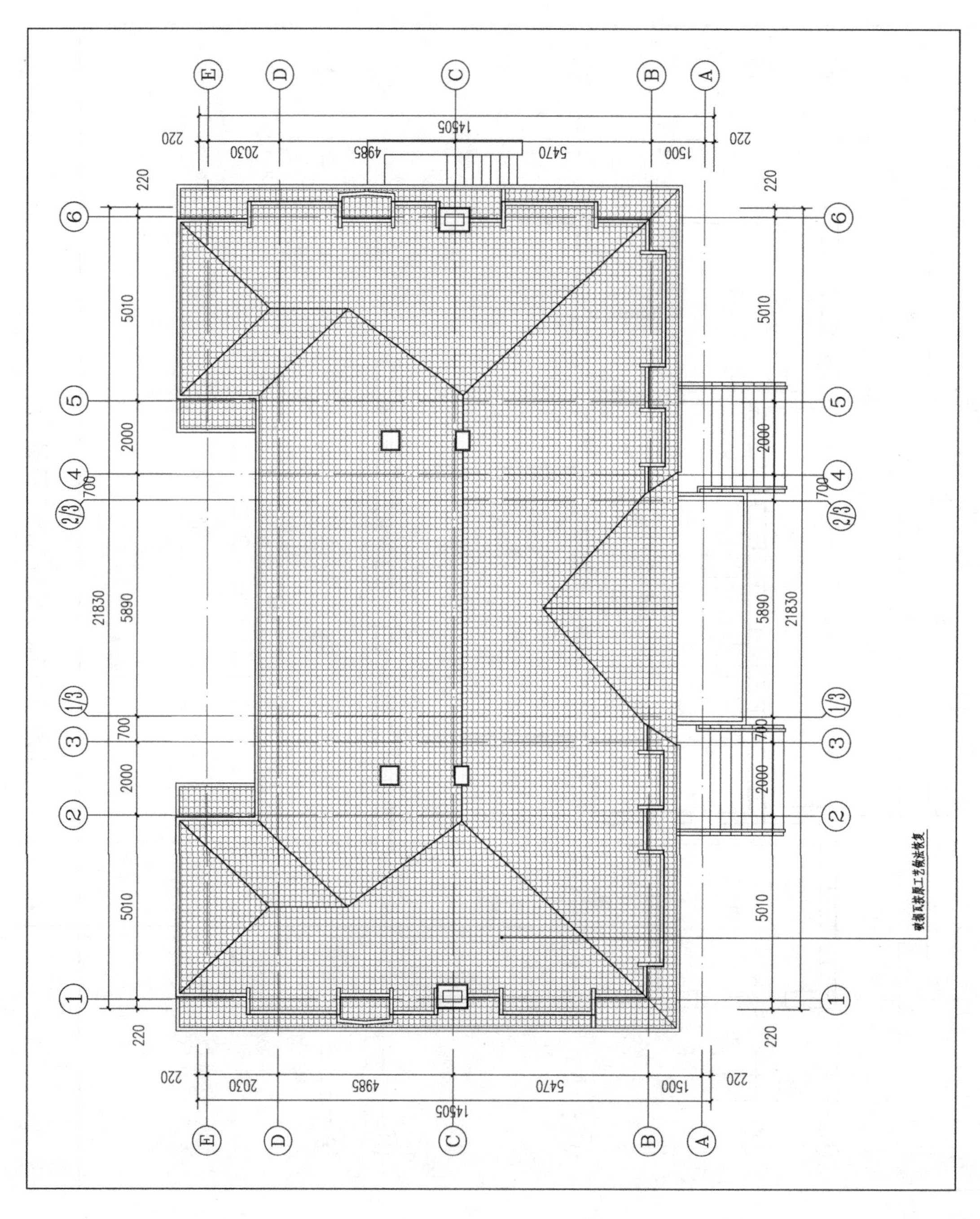

山海关路13号建筑屋顶平面图

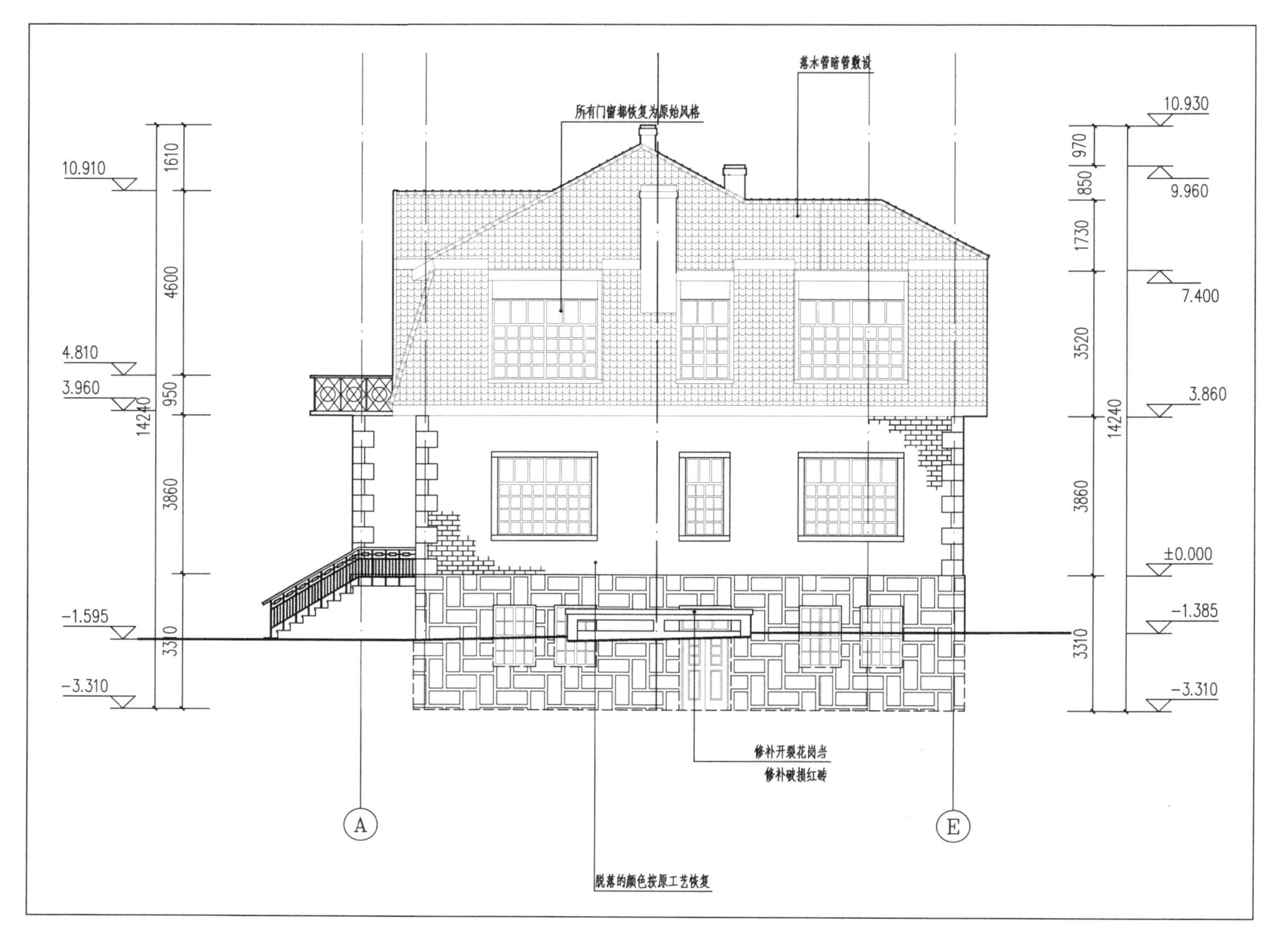

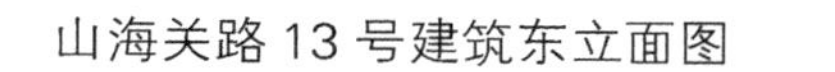
山海关路 13 号建筑东立面图

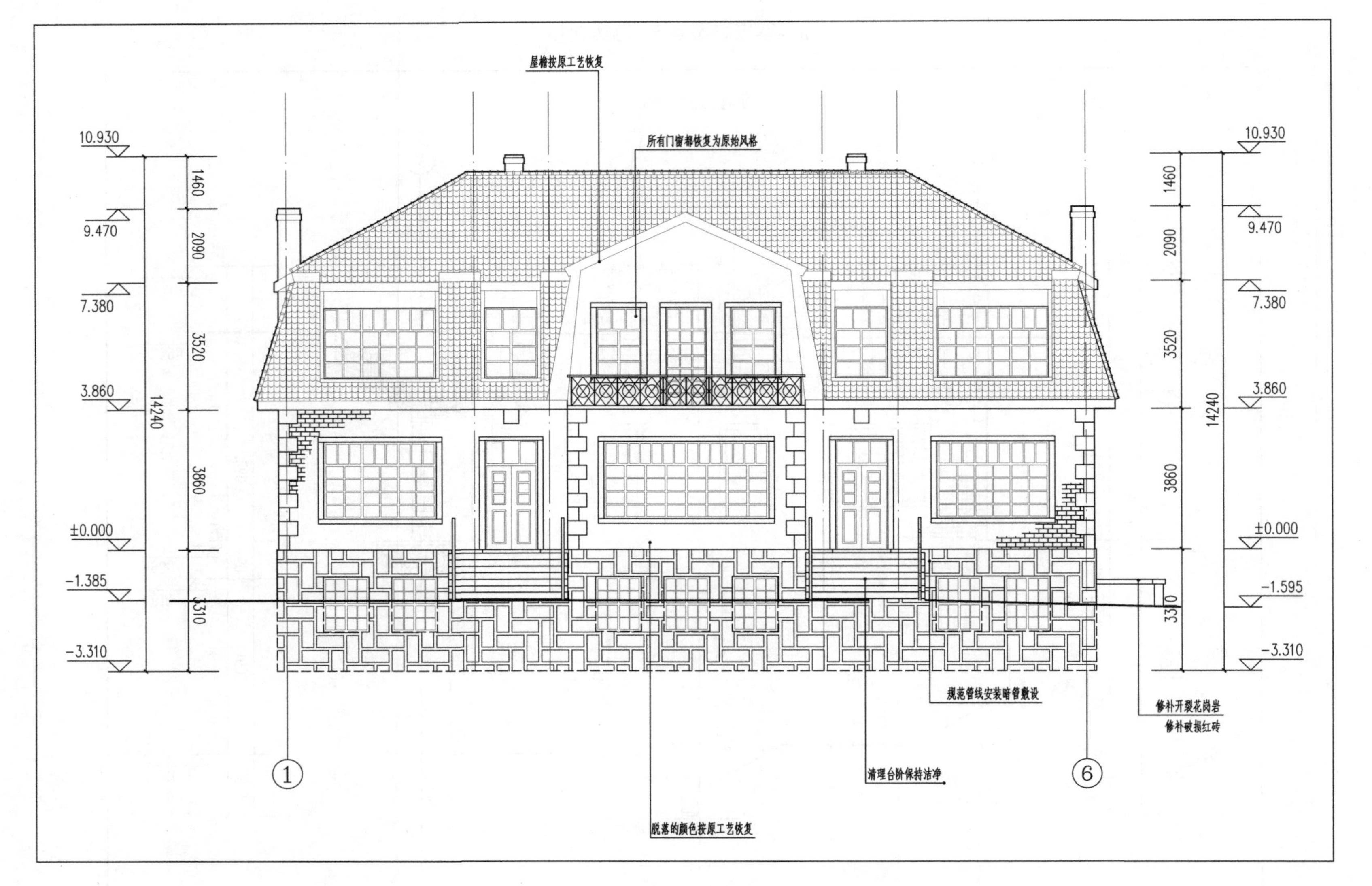

山海关路13号建筑南立面图

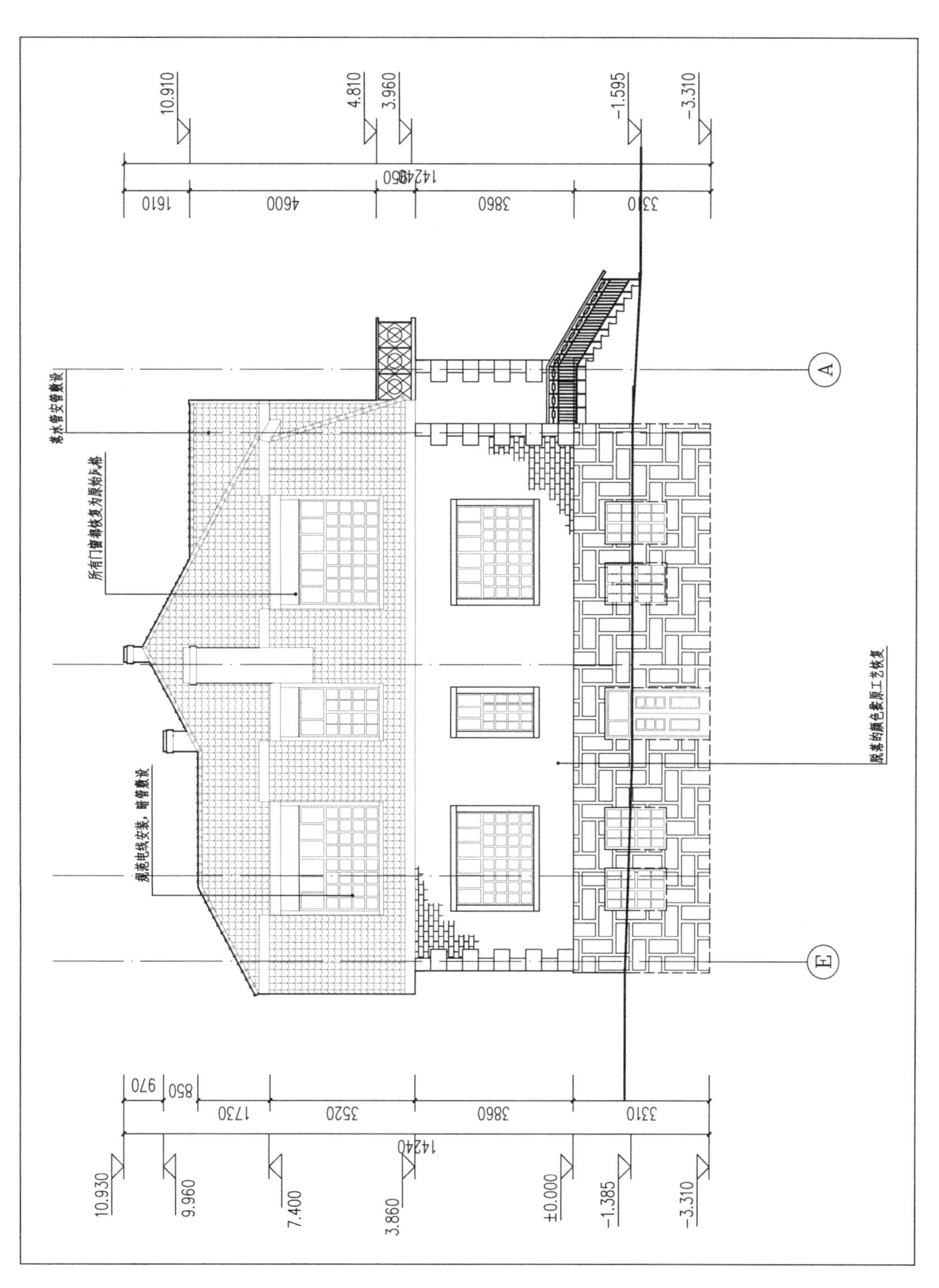

山海关路13号建筑西立面图

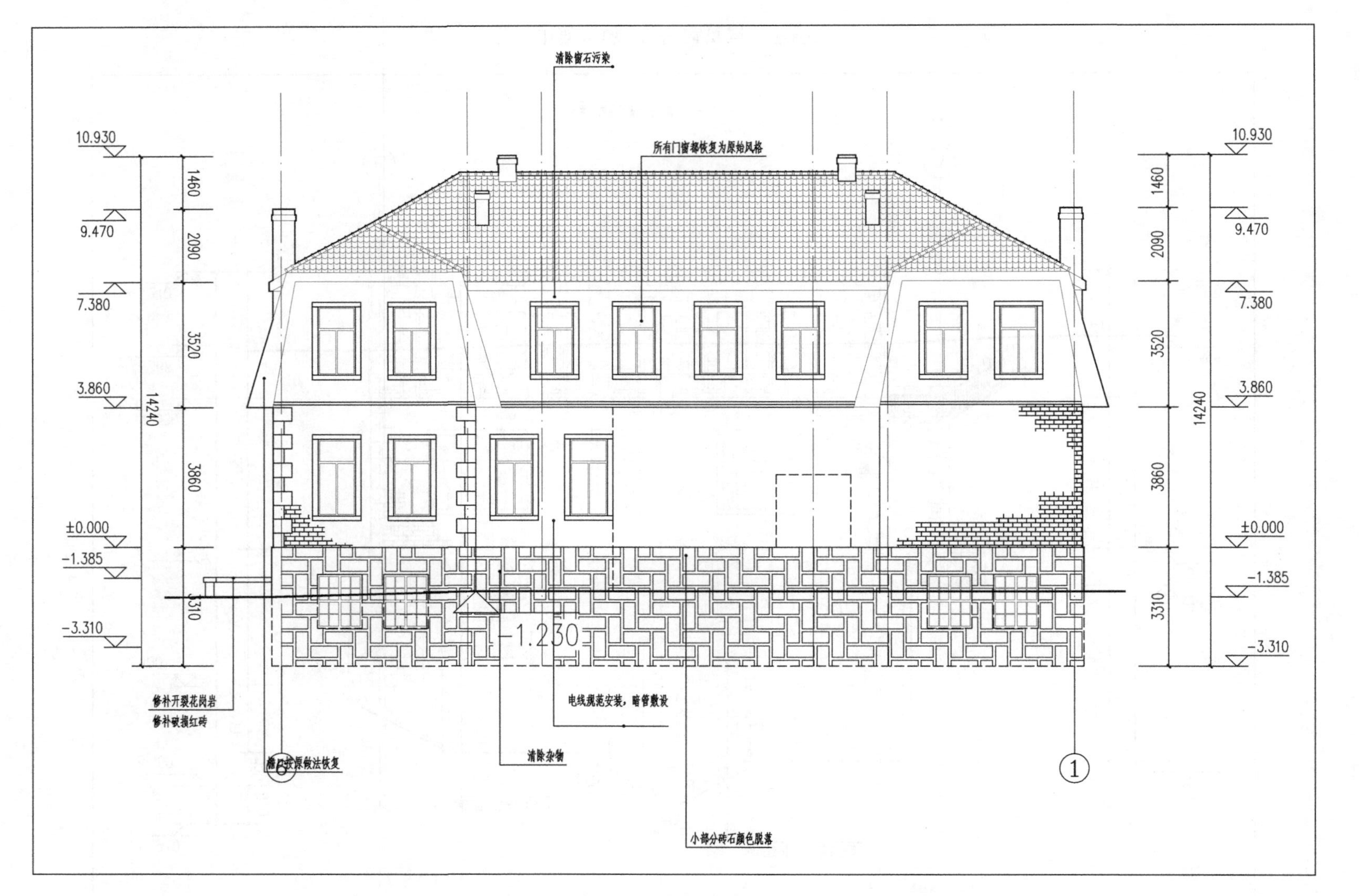

山海关路13号建筑北立面图

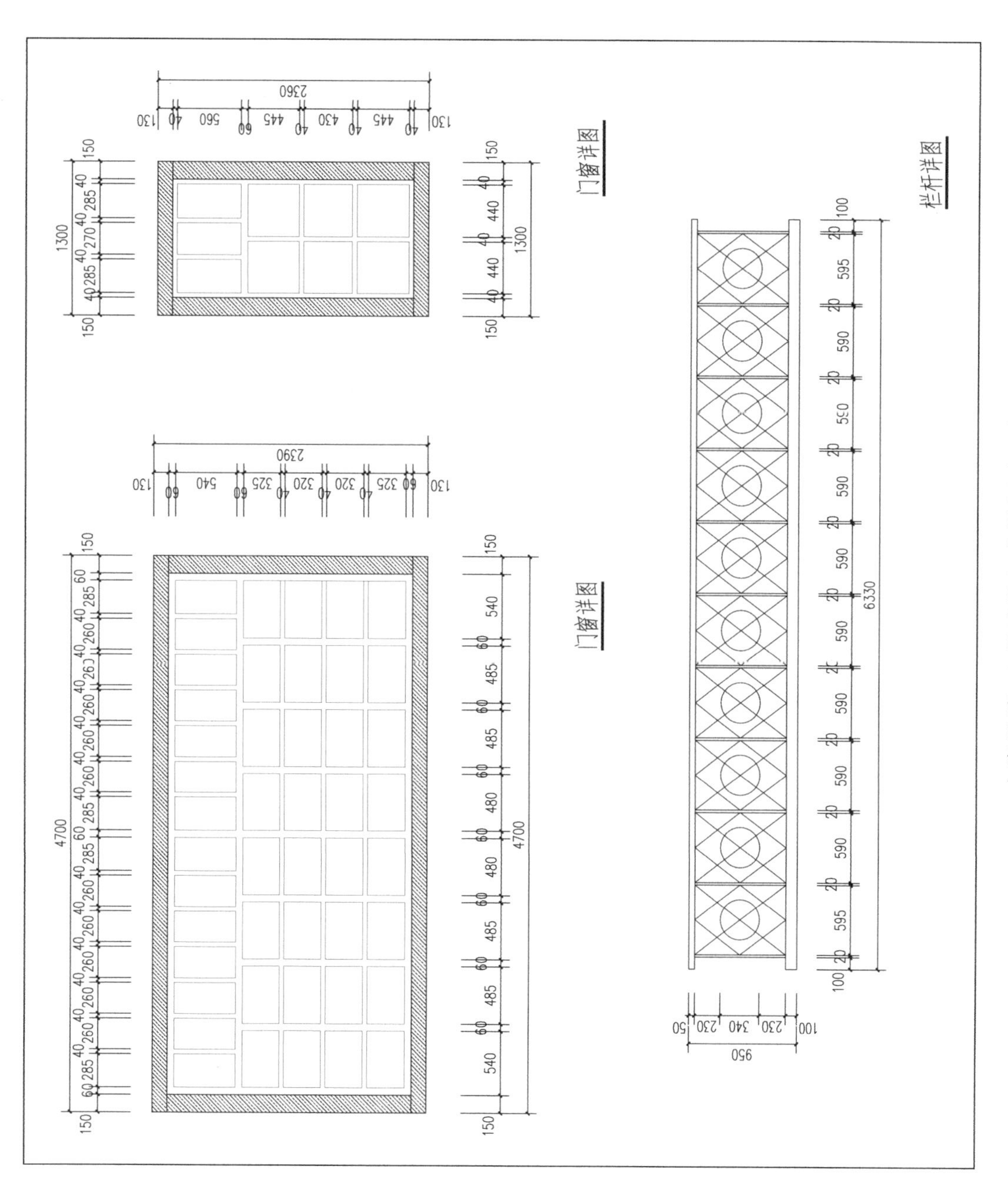

山海关路 13 号建筑门窗详图（一）

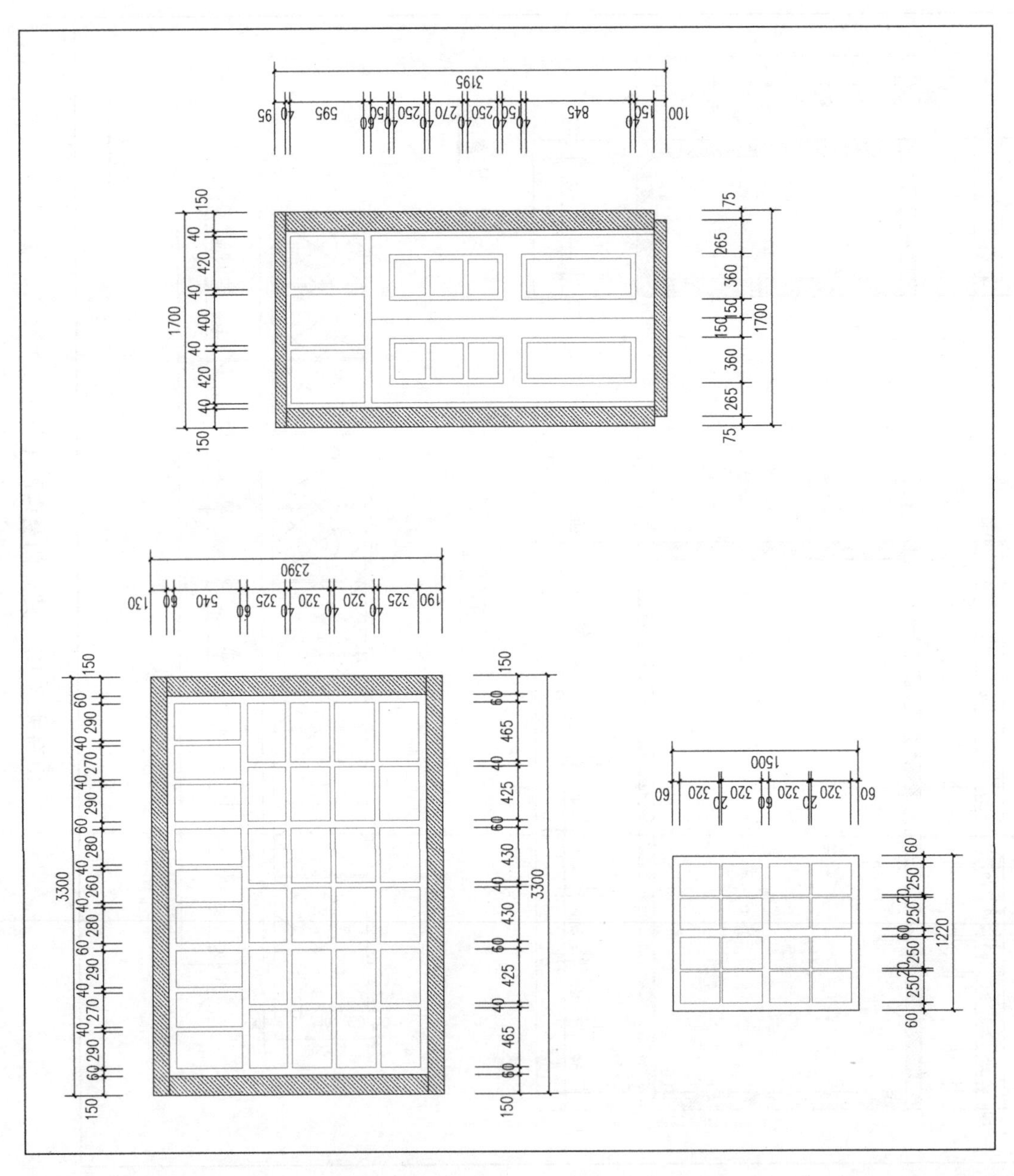

山海关路 13 号建筑门窗详图（二）

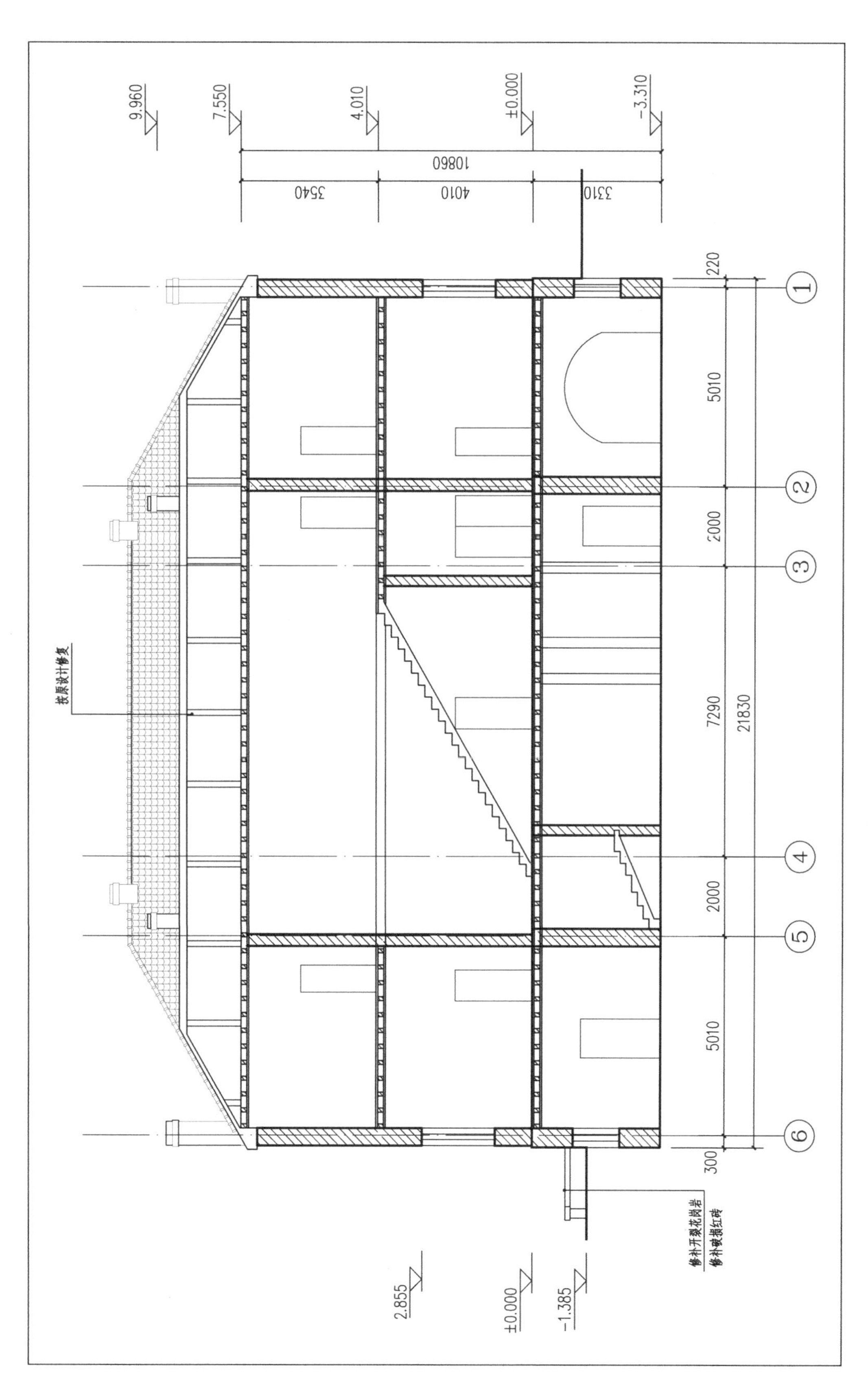

山海关路'3号建筑 1-1 剖面图

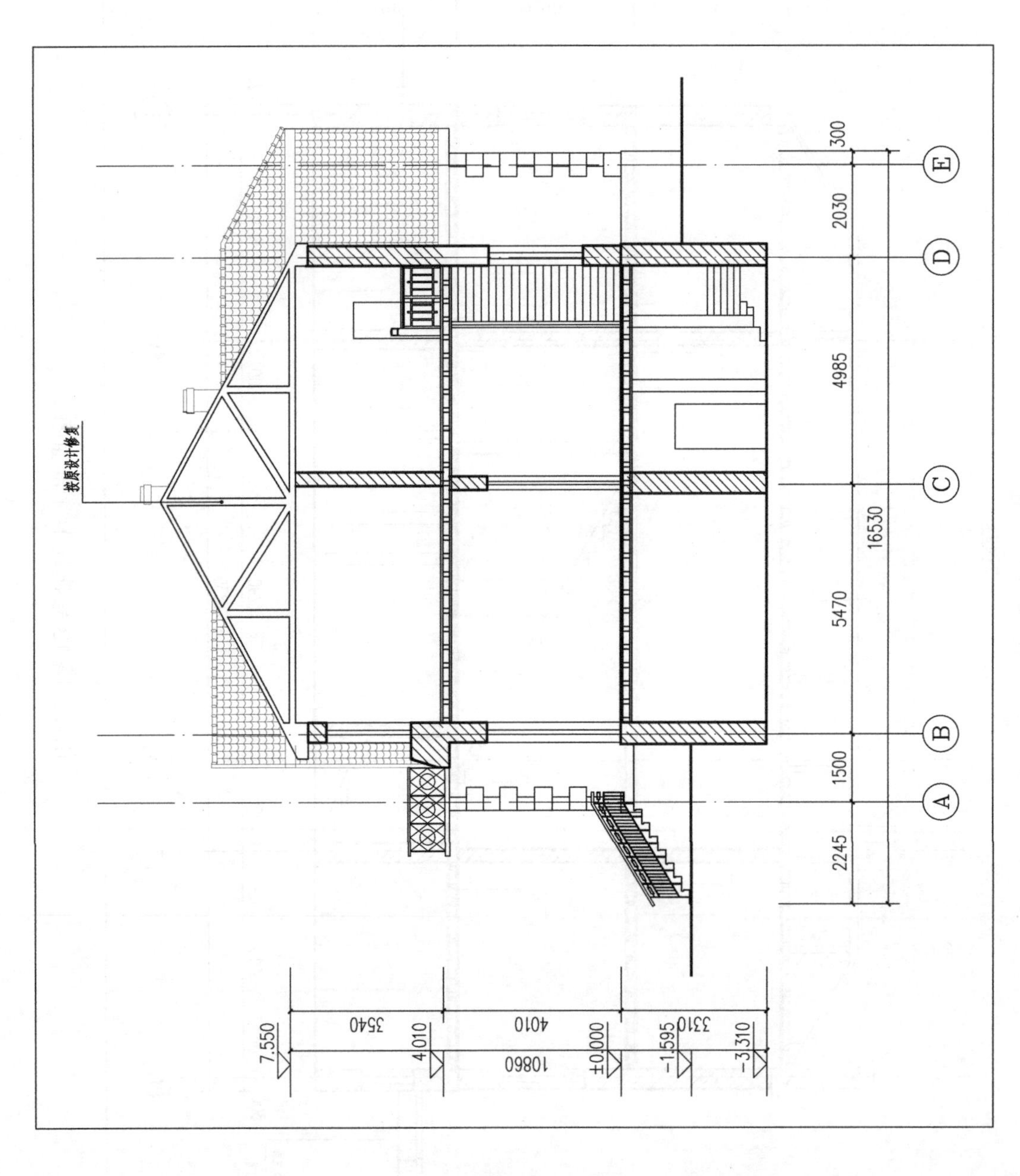

山海关路 13 号建筑 2-2 剖面图

六、正阳关路 21 号建筑

（一）建筑修缮方案

1. 建筑院落

残损状况：西北侧加建鸡棚。

残损类型：不当搭建。

修缮方法：拆除建筑两侧院落的搭建用房，整理地面杂物，重新铺装与建筑协调的地面面砖形式。

2. 台基及入口台阶

（1）台基

残损状况：台基内部破损严重；出现花岗岩缺棱掉角、铺砖位移、崩裂、碎裂缺失等不同情况。内部墙皮出现不同程度侵蚀掉落。马赛克装修出现破损。

残损类型：磨损、侵蚀、污染、裂缝。

修缮方法：加固台基，更换碎裂花岗石石条和铺砖，清理并归安。

（2）入口台阶

残损状况：入口台阶无明显松动移位；台阶棱角出现部分崩落；表面污渍比较严重。

残损类型：磨损、污染、花岗石砌筑台阶。

修缮方法：逐一清除台阶花岗岩条石污染侵害，更换磨损严重的条石，清理并归安。

3. 地面

（1）水泥、瓷砖地面

残损状况：围廊水泥地面普遍污染严重，局部地面出现裂缝；瓷砖地面表面灰尘杂物污染严重。

残损类型：污染、裂缝。

修缮方法：剔除围廊水泥面层，统一使用干硬性水泥砂浆抹面，其重量配合比为1:2～1:3（水泥：粗砂），砂子应为均匀粗砂，擀压密实、平整、光滑；地面的打毛，需用无尘打磨机来完成，并用吸尘器彻底清洁。瓷砖地面为后期改造产物，不属于保护对象，根据以后使用要求另作修整，要求应体现民国风格，与整个别墅风格相近。

备注：水泥砂浆抹面的整体效果应近似三合土地面。

（2）木地板

残损状况：木地板基本完整，无明显沉降迹象；房间长期闲置，室内堆积大量生活杂物，木地板普遍灰尘杂物污染、褪色磨损严重。

残损类型：褪色、杂物堆放。

修缮方法：木地板基层损坏，有地垄的木地板，如面层完好或损坏不是很严重的应尽量不拆或少拆面层，可以在地垄内加固搁栅和沿椽木。修缮前必须把房间内的荷载卸去，并在地垄墙上铺好防潮层，如沿椽木腐烂应更换。木地板面层损坏，面层小条地板局部松动或磨损，可采用挖补法修缮。新地板板材宽度、纹理等应与原有地板一致，厚度上一般要比原有地板厚1毫米～1.5毫米，把新地板磨平至原有地板平。针对木地板腐烂的情况，应拆除面层地板。有几何图案应事先做好记录。检查搁栅，如有损坏必须修复后再铺面层。铺设完成后就可以打磨、刨平，把相邻的板缝高差刨平即可。

备注：尽量使用原地板材料进行维修。

4. 外立面

（1）加建处理

残损状况：加建落水管影响建筑外观并侵蚀周围墙体，墙体有孔洞及空调支管。

残损类型：空调支架、管线孔洞、饰面缺失。

修缮方法：去除空调支架、管线、管道等后添加物；对于管线管道毁损、破损严重及缺失的花岗岩石饰面，按其相邻的花岗岩石饰面进行补配，新增的饰面应在规格、彩色、纹理相一致。

（2）污渍处理

残损状况：墙体整体完好，无明显歪闪、裂缝；花岗岩、墙体有个别处污渍变暗，产生污斑。

残损类型：污斑。

修缮方法：墙面污染、泛黄、白华泛碱的清洗，首先外立面清洗过程中对石材必须进行全面的保护，不得有任何形式的损坏，因此设计了窗洞拉结的方式进行脚手架搭设。窗洞拉结采用钢管在窗的内外两侧设置横向钢管箍住窗口，纵向设两根钢管斜拉与脚手架连接。与外墙接触的钢管在端部采用木质套管，避免与外墙直接接触破坏外墙石材。对于无黏性沉积物，使用15%的碳化铵浓缩液在其上作用时间6小时左右即可，待沉积物呈现分裂状后用刷子刷洗表面清除溶剂残余物，并用清水冲洗干净即可。注意：由于15%浓缩液有较浓的挥发性，因此须用铝纸或塑料膜盖住浓缩液器皿，同一黏稠液可使用三次。对于普通污染、普通泛黄、白华泛碱的表面污染主要采用物理法（高压水喷洗机）和生物法（生物降解法）清洗为主。较清洁及中度污染面用高压水清洗机清洗。污染严重部位用高压水清洗机加粒子喷射清洗外墙，清洗措施在对外墙面石材采用高压水清洗过程中，考虑到环保，采用特殊配比的喷射粒子，遇水即溶，做到无粉尘污染，并在脚手架上加设了隔离防护，除采用绿网全封闭以外，还设置挤塑隔音板，既可降低噪声也可以避免清洗外墙的高压水枪向路面飞溅，对建筑周边设明排水沟，及时排放墙面清洗用水。

（3）锈蚀斑处理

残损状况：墙面落水管及周边有锈蚀现象。

残损类型：锈蚀斑。

修缮方法：锈蚀斑的清洗采用局部泥敷剂敷贴于锈斑处，敷贴时间为2小时～8小时，视污染程度决定，再用清水冲洗即可。

（4）裂缝孔洞处理

残损状况：墙面出现裂缝、孔洞。

残损类型：裂缝、小孔洞。

修缮方法：石材断裂修复用云石锯片将断裂缝加宽至5毫米，加深至15毫米（增加胶合面积来提高牢度）。裂缝上端打一个5毫米钻孔，作为化学锚固的灌注孔。用ASA石材专用黏结树脂，通过灌注孔利用液体自重对裂缝进行深层灌注，对全部裂缝面进行化学锚固，胶合断裂缝，恢复石材原有的抗力系数，也使原有的裂隙不再有新的变化。用修复体对断裂缝隙进行全部填充，并进行塑型仿真修复。

5. 梁架

残损状况：内部木梁架残损情况不详。

修缮方法：根据木梁架结构残损程度采取相应的加固措施，具体加固措施详见结构加固措施。

6. 墙体

残损状况：经勘察，未见明显的墙体裂缝，墙体白灰抹面层普遍干裂，污染变暗。

残损类型：污染、变暗。

修缮方法：根据结构加固要求对墙体加固后，按原墙面材质、工艺，统一新作墙体抹灰层；材料的配合比应试配，面层抹灰应试样，达到设计效果后再全面施工有特殊效果的饰面，材料的粒径、质感、色泽应与原墙面基本一致，接缝紧密，表面层的工艺及纹样应与原墙面一致。

备注：墙面涂料层应为蓝绿色，颜色具体色泽应对照现有墙面叠加中的蓝绿涂料一致。

7. 门窗

残损状况：木格玻璃窗基本完好，局部门窗扇位移、歪闪磨损严重；木饰油漆普遍干裂褪色，部分门窗铁连接件、玻璃、把手缺失等。

残损类型：油漆褪色剥落、构件破损、窗口封堵。

修缮方法：对移位受损的所有门窗进行归位和维修，对榫卯松脱、框边变形、扭闪的隔扇门窗，采取整扇拆卸，重新归安；边梃和抹头劈裂糟朽时应钉补牢固，严重者应予更换；糟朽、蛀蚀严重的门窗按原式样、材质重新复原，作防腐、防虫处理后归安。木门窗及五金件的修缮以按原样的修复原则进行修缮，施工单位必须事先对历史建筑的木门窗进行统计及调查，取得现场的相关历史图纸的实样，仿制的木门窗实样。设计要求实样木门窗材质应与保留木门窗材质一致，木材基层应先刷底子油漆，再刷新油漆；木门窗必须进行门窗开启的核正，使窗框与框梃关闭严密，开启灵活，方可安装五金零件；所安装的五金零件位置应正确，使用应灵活，松紧适宜，安装螺钉不应有松动现象：应检查原有执手、撑杆、合页等五金件，尽量去锈，并尽量恢复原有五金件。

8. 装修装饰

（1）内壁、天花吊顶及木墙裙

残损状况：现新装修的内部基本完好，局部二层有漏雨侵蚀造成的污染泛黄。

残损类型：雨水侵蚀。

修缮方法：维持原有装修，在不进一步破坏建筑的条件下保持其使用功能（肾病医院），对漏雨造成的内墙面破坏进行屋面的防水处理和重新粉刷。

（2）室内家具、壁炉等装饰

残损状况：现存壁炉遭新装修封堵，情况不详。

修缮方法：按民国早期风格补配家具及壁柜缺失构件；复原壁炉，清理修补原壁炉构件。

9. 屋面

（1）阁楼平顶屋面

残损状况：经现场勘察，阁楼室内局部吊顶受潮发霉，应为楼顶渗雨所致。

残损类型：受潮、渗雨。

修缮方法：阁楼屋面增设防水层后，去除吊顶抹灰层，重新作吊顶面层。

（2）陶瓦坡顶屋面

残损状况：陶瓦屋面基本完好，无剥落褪色，局部坡顶有瓦面破损现象。

残损类型：受潮、渗雨。

修缮方法：由于屋面陶瓦年久失修，因此，需要统一进行瓦顶揭瓦维修；拆卸瓦件前，应详细记录拆卸的构件的规格、位置、有无防水处理；拆卸后对陶瓦进行清理，更换锈蚀渗漏严重的陶瓦片；安装时严格按拆卸记录予以修复及复原，安装时注意与基座的连接应安全、牢固、可靠。配件要根据构件部位的材质、规格及尺寸进行选择，既要保证质量又要尽量考虑构件统一。

（3）雨水管

残损状况：铁质排水管件基本完好，局部管件生锈松动；侵蚀周围墙体；前檐北侧排水槽锈蚀漏雨严重。

残损类型：锈蚀。

修缮方法：更换锈蚀严重的排水管件，加固管件连接；统一刷防锈蚀及防水油漆两至三道。

（二）修缮设计图纸

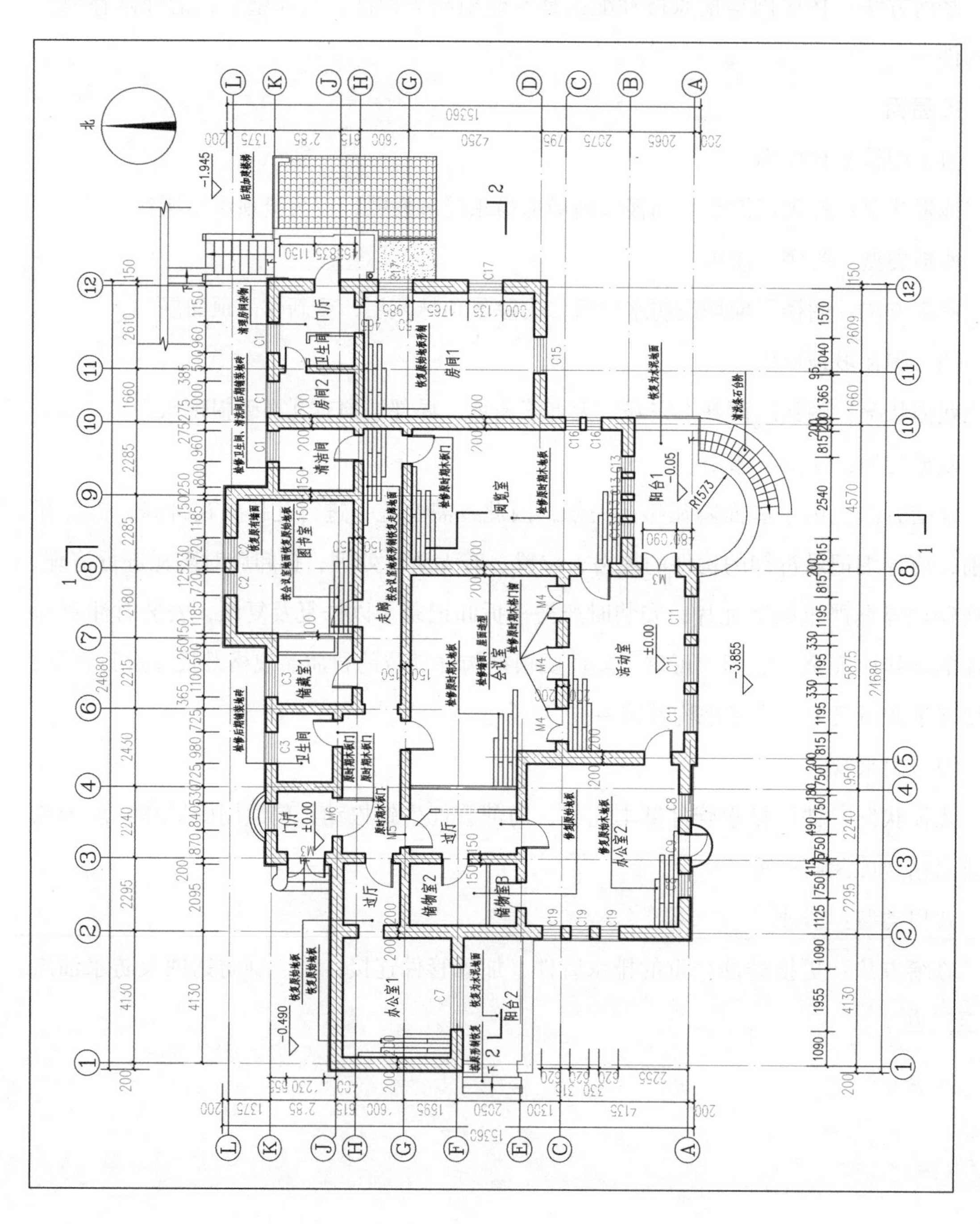

正阳关路 21 号建筑首层平面图

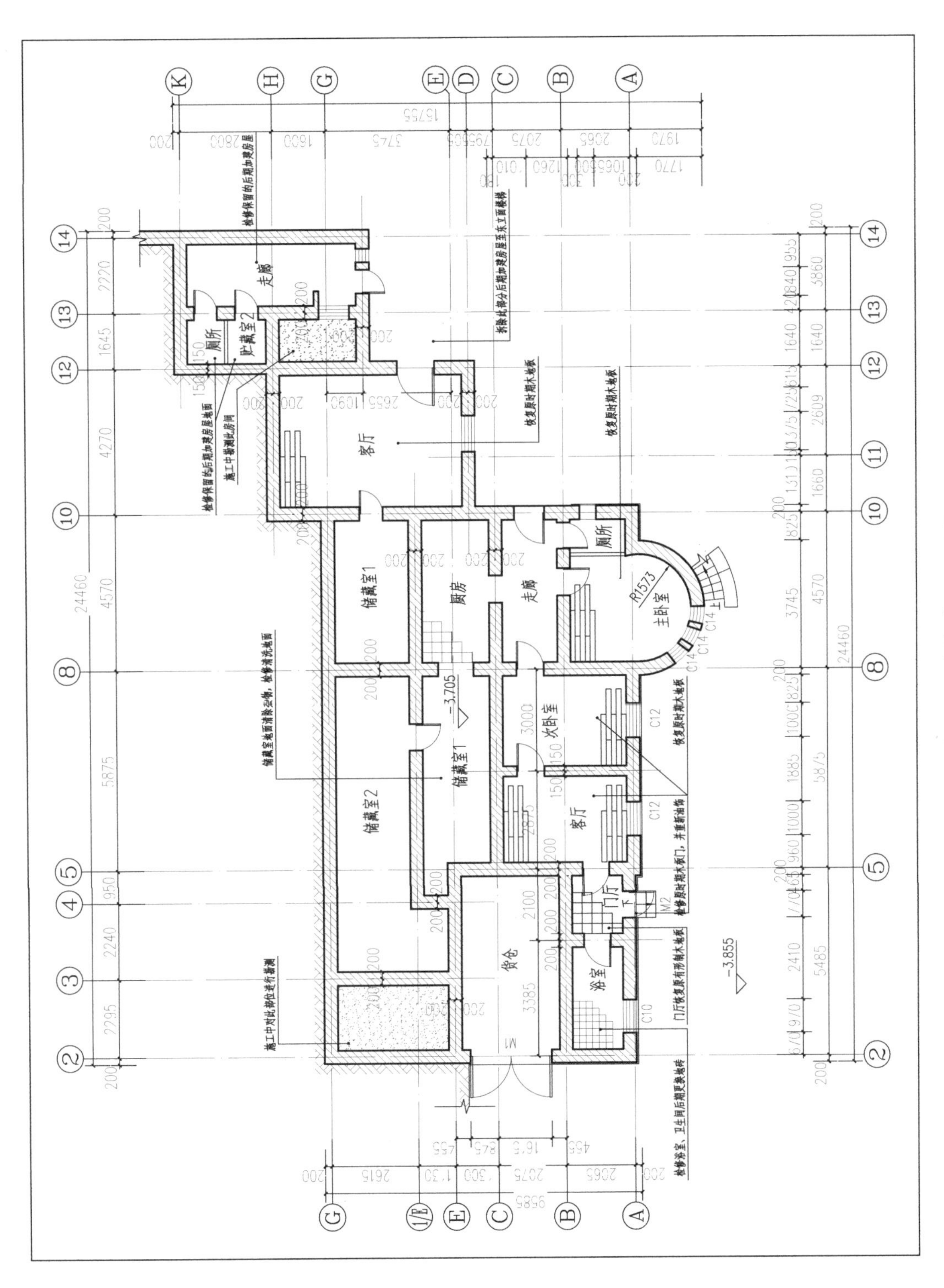

正阳关路 21 号建筑地下一层平面图

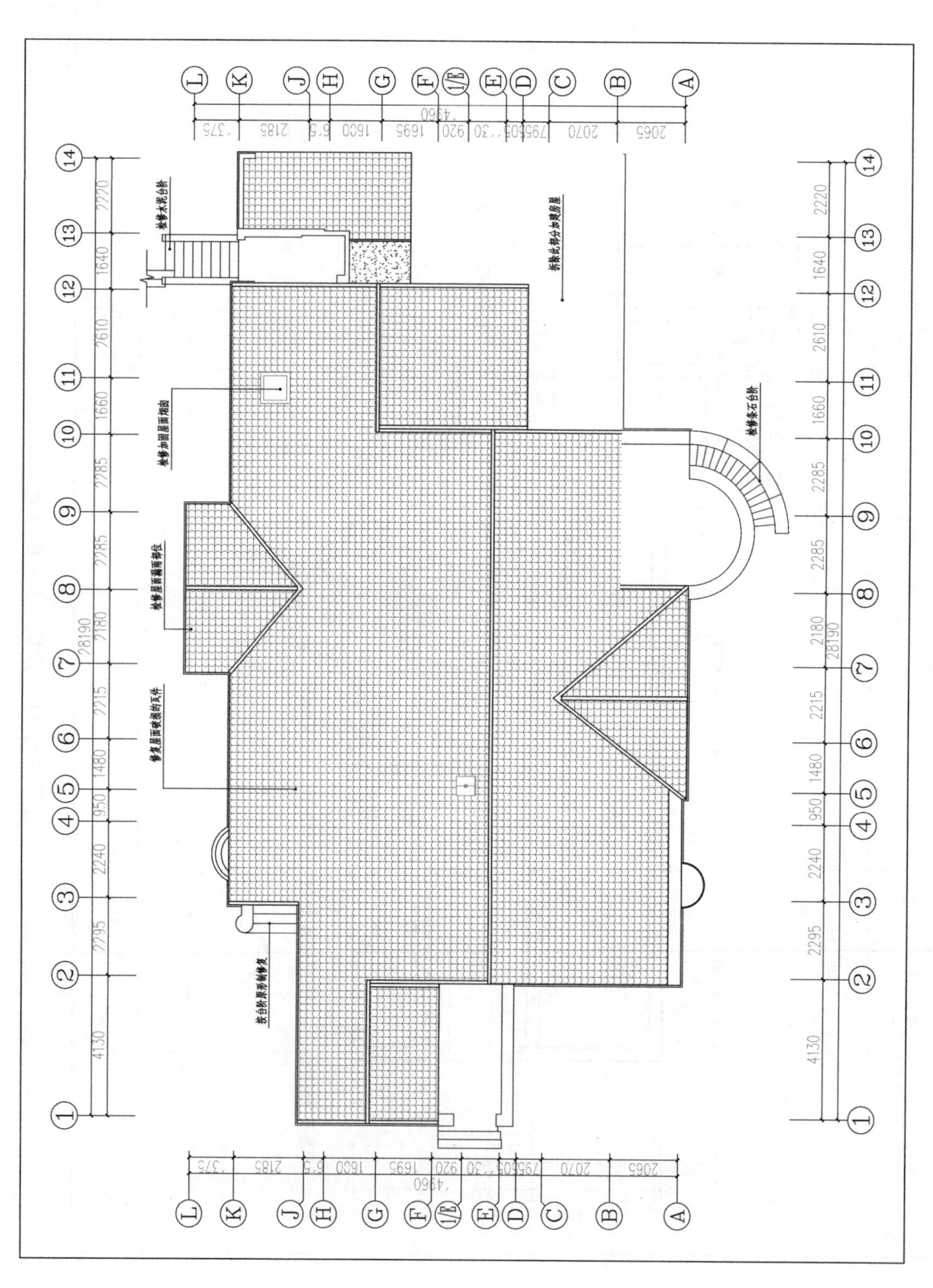

正阳关路 21 号建筑屋顶平面图

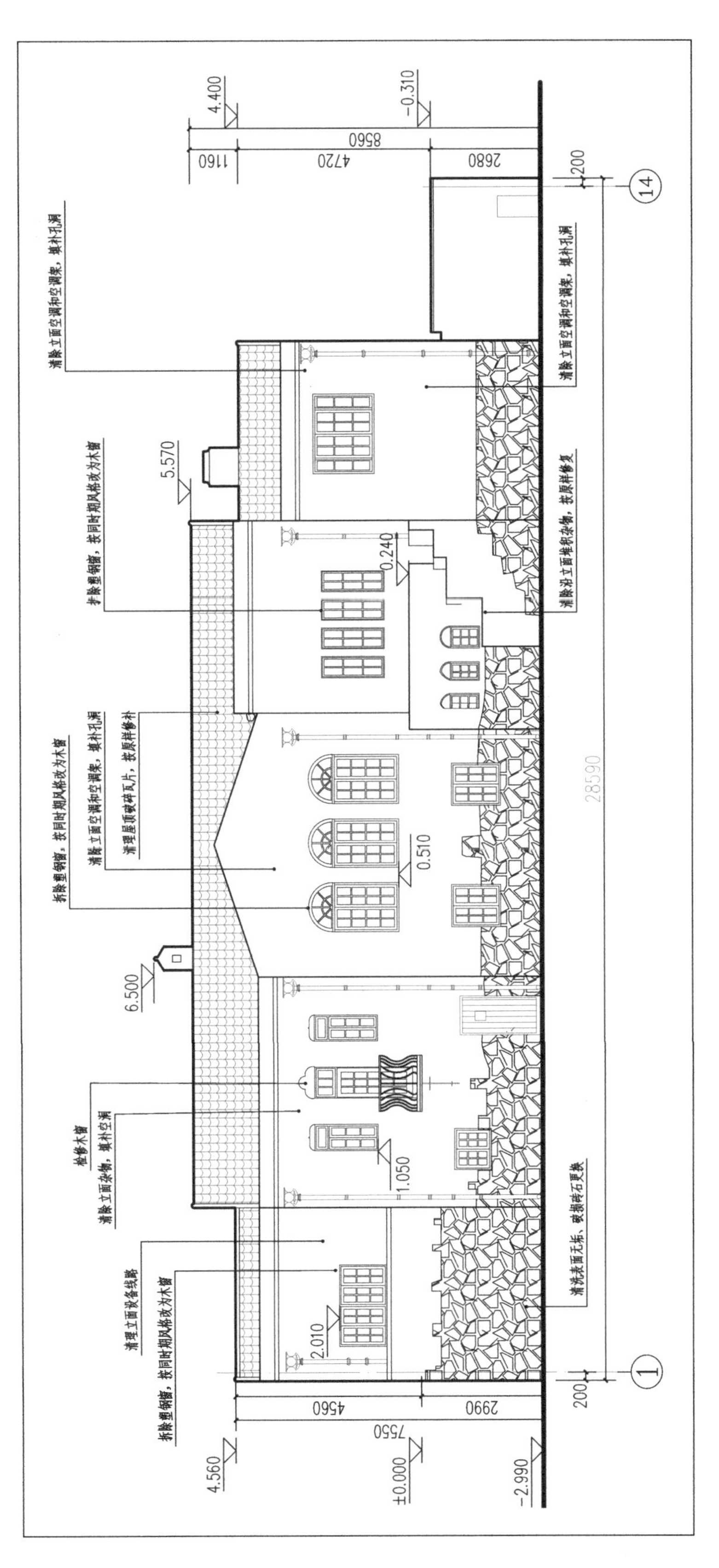

正阳关路 21 号建筑南立面图

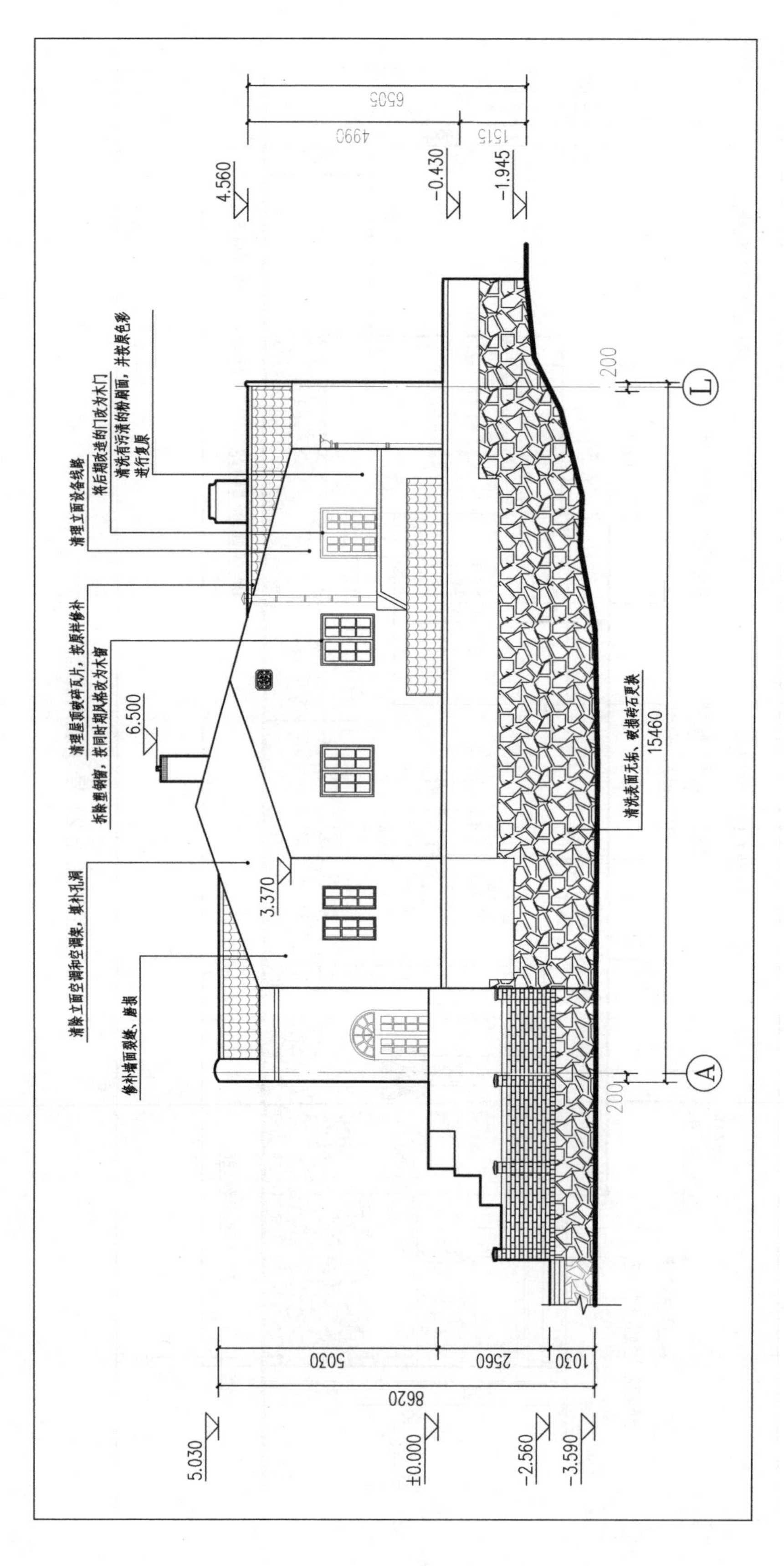

正阳关路 21 号建筑东立面图

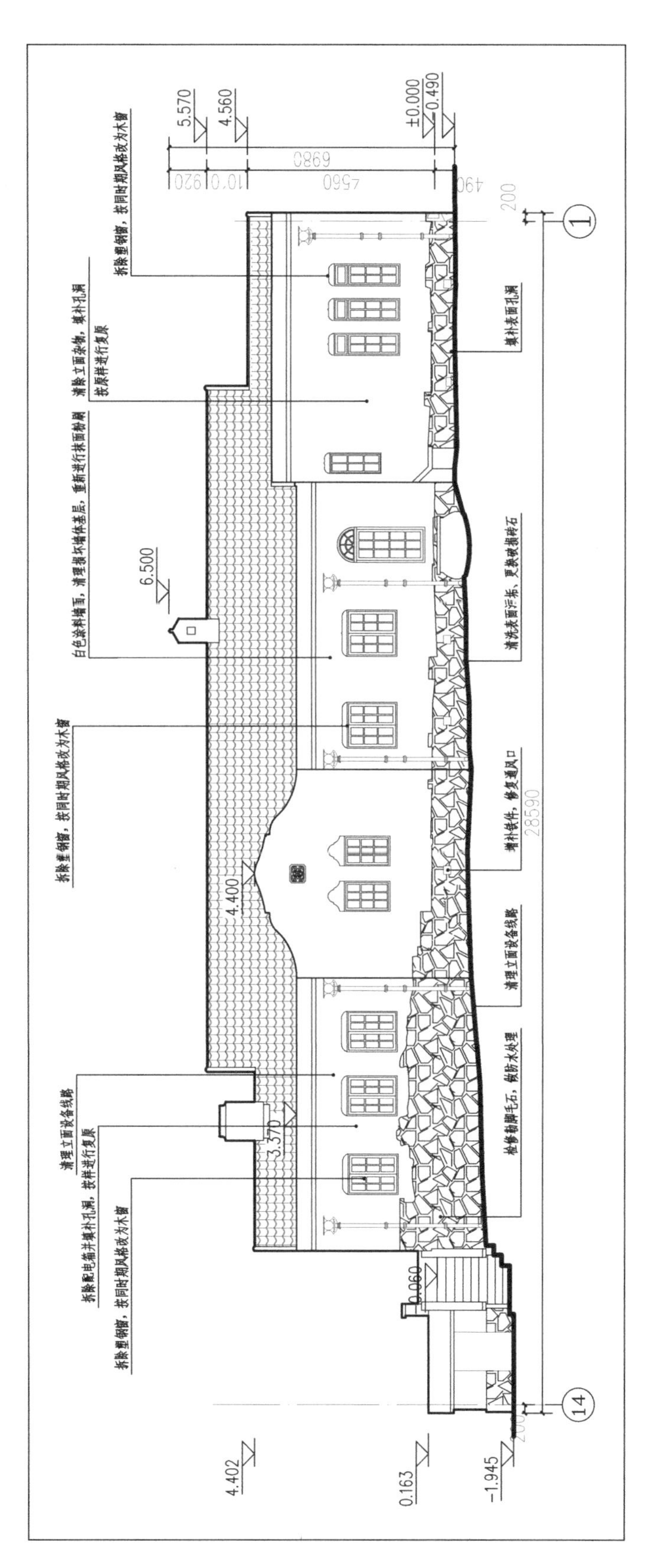

正阳关路21号建筑北立面图

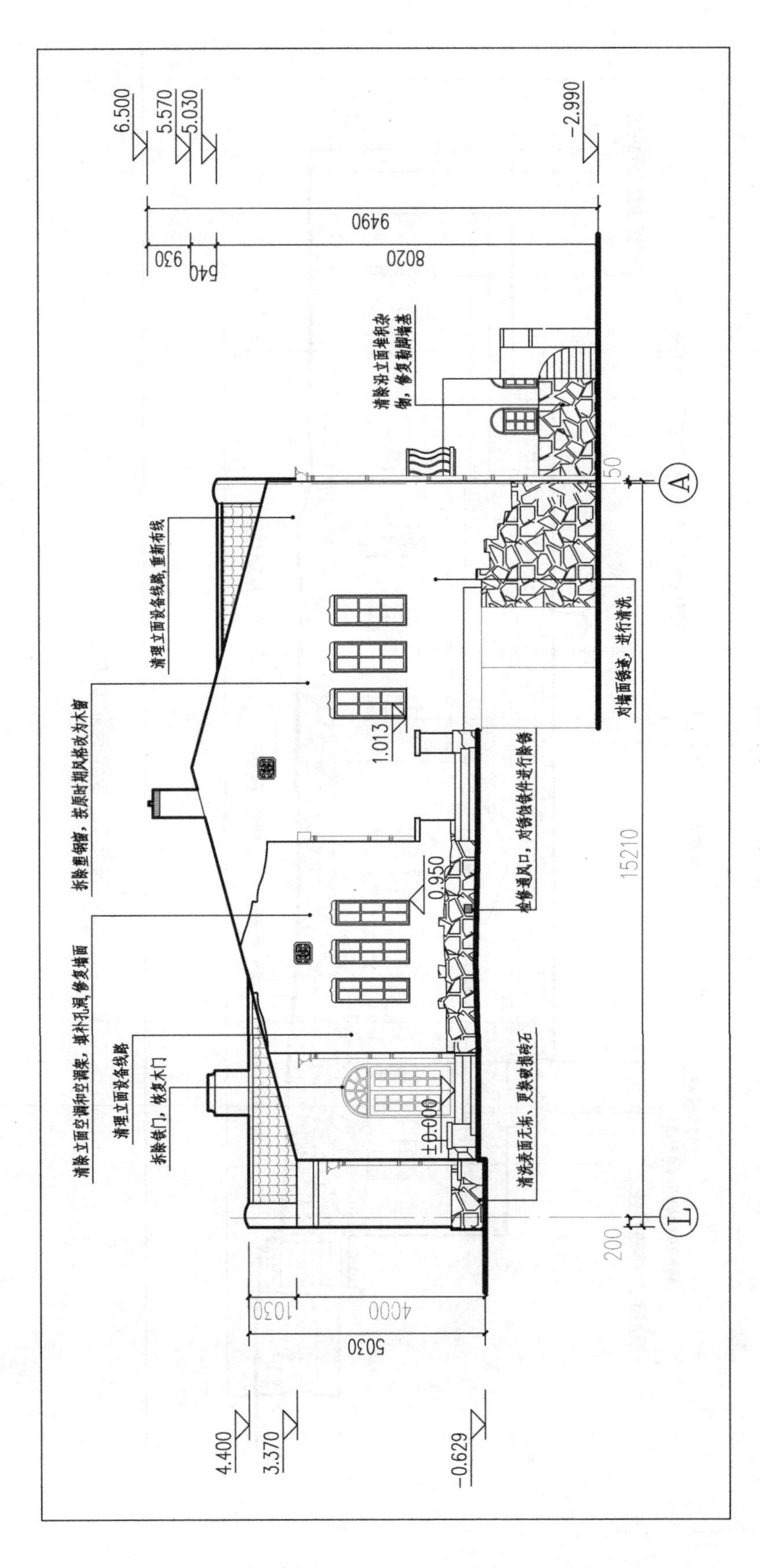

正阳关路 21 号建筑西立面图

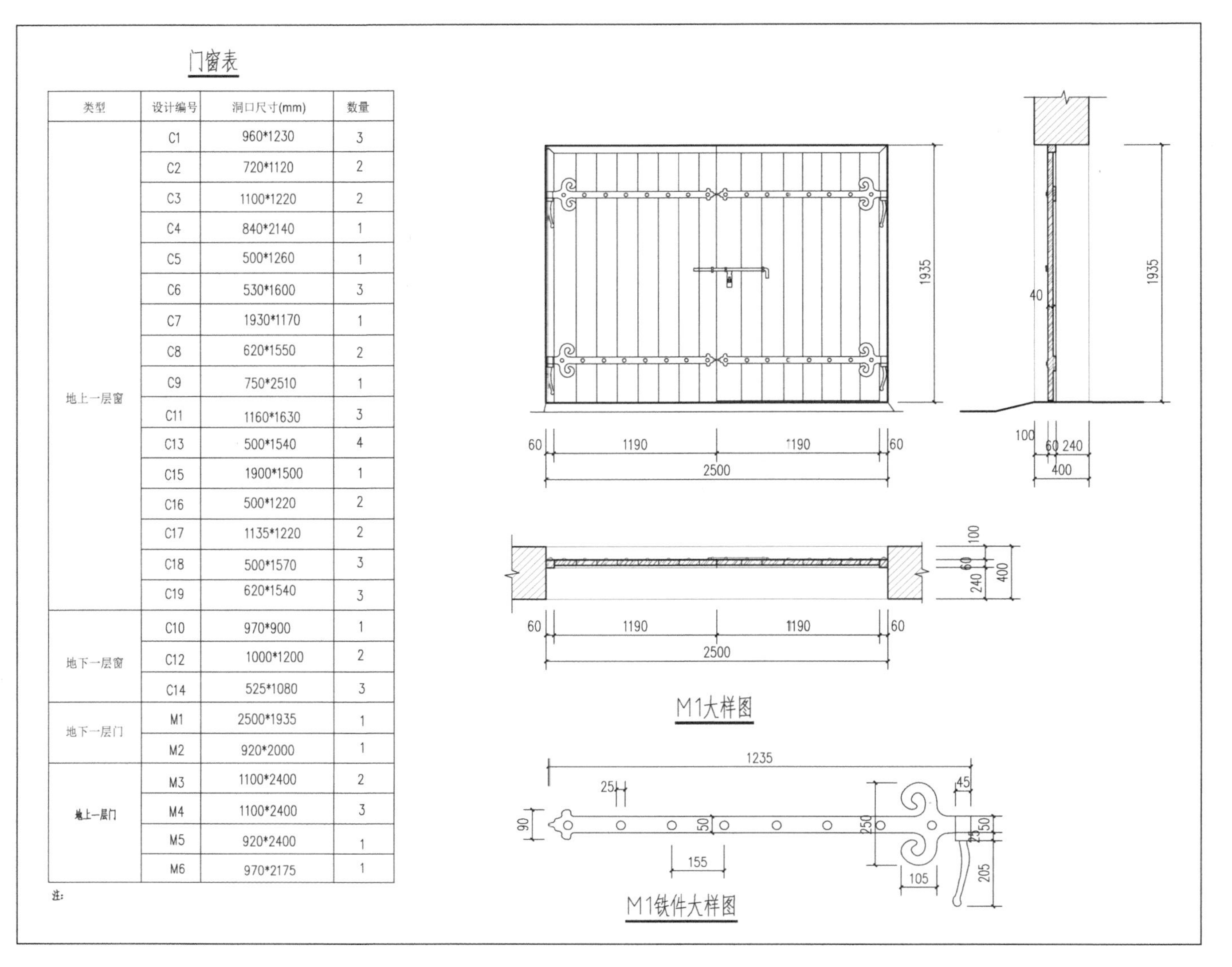

门窗表

类型	设计编号	洞口尺寸(mm)	数量
地上一层窗	C1	960*1230	3
	C2	720*1120	2
	C3	1100*1220	2
	C4	840*2140	1
	C5	500*1260	1
	C6	530*1600	3
	C7	1930*1170	1
	C8	620*1550	2
	C9	750*2510	1
	C11	1160*1630	3
	C13	500*1540	4
	C15	1900*1500	1
	C16	500*1220	2
	C17	1135*1220	2
	C18	500*1570	3
	C19	620*1540	3
地下一层窗	C10	970*900	1
	C12	1000*1200	2
	C14	525*1080	3
地下一层门	M1	2500*1935	1
	M2	920*2000	1
地上一层门	M3	1100*2400	2
	M4	1100*2400	3
	M5	920*2400	1
	M6	970*2175	1

注：

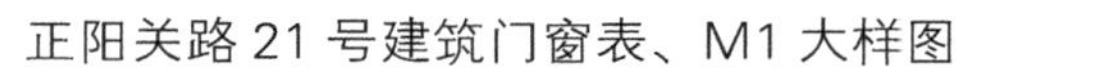
正阳关路 21 号建筑门窗表、M1 大样图

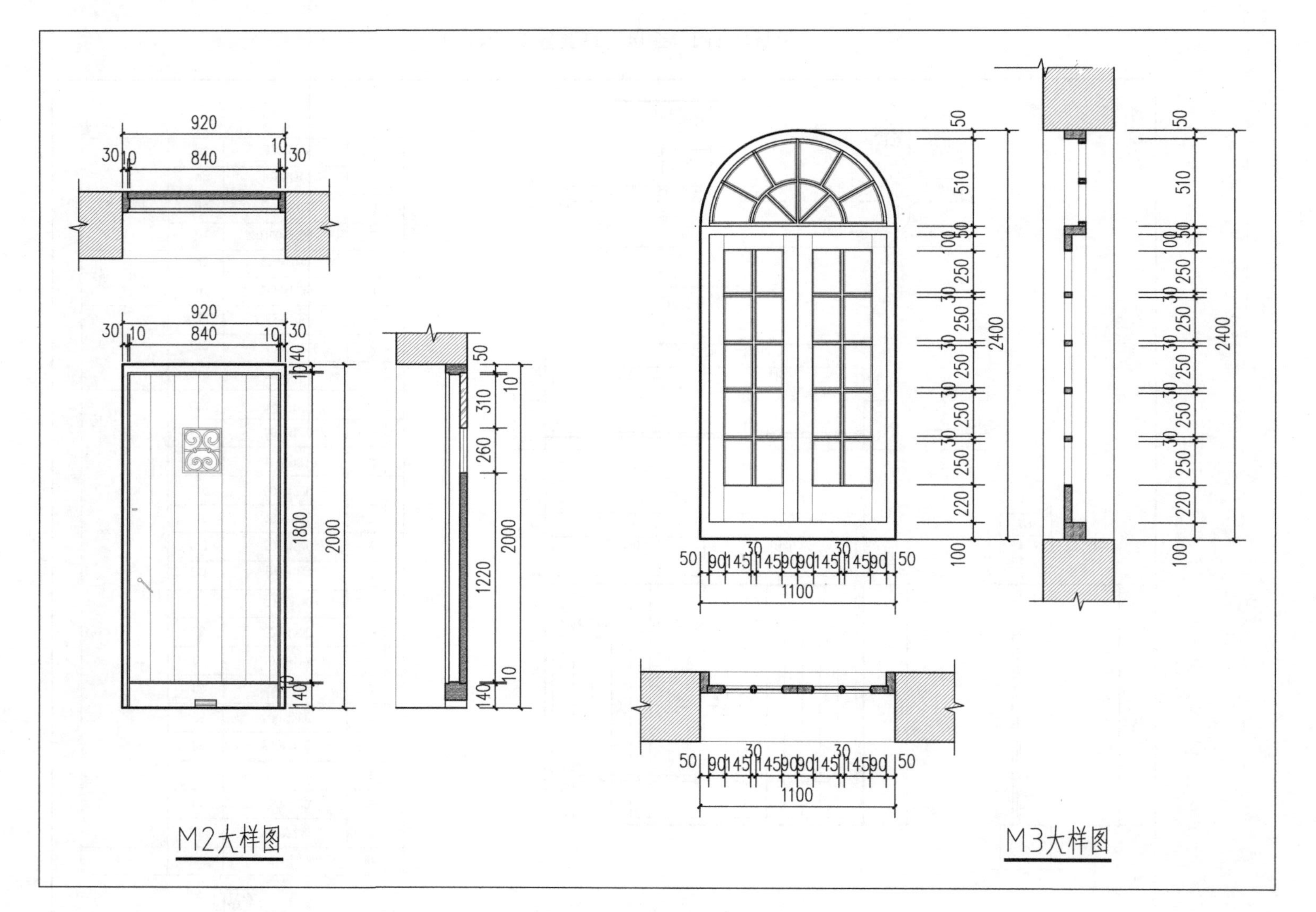

正阳关路 21 号建筑 M2 大样图 M3 大样图

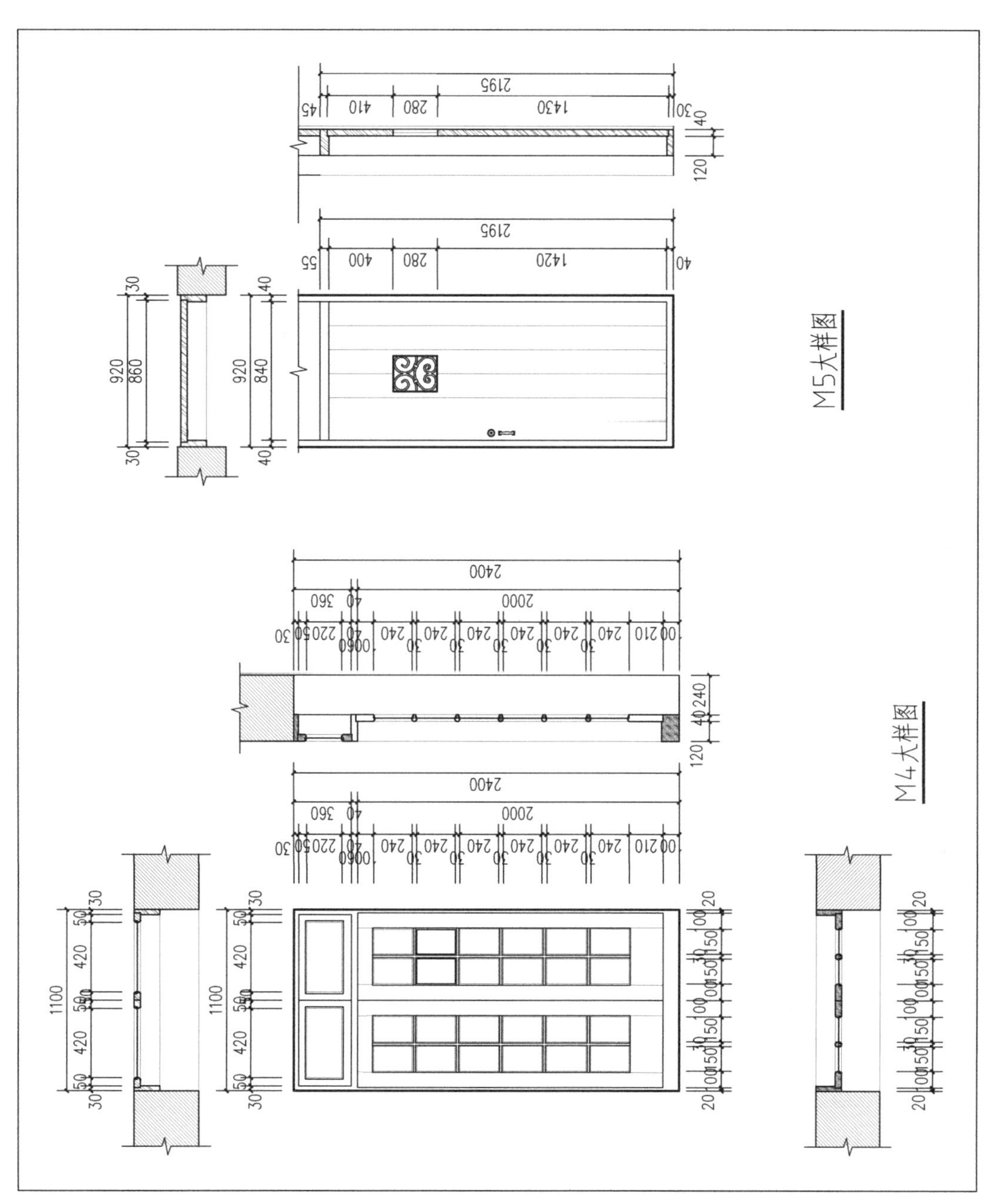
M4大样图
M5大样图

正阳关路 21 号建筑 M4 大样图 M5 大样图

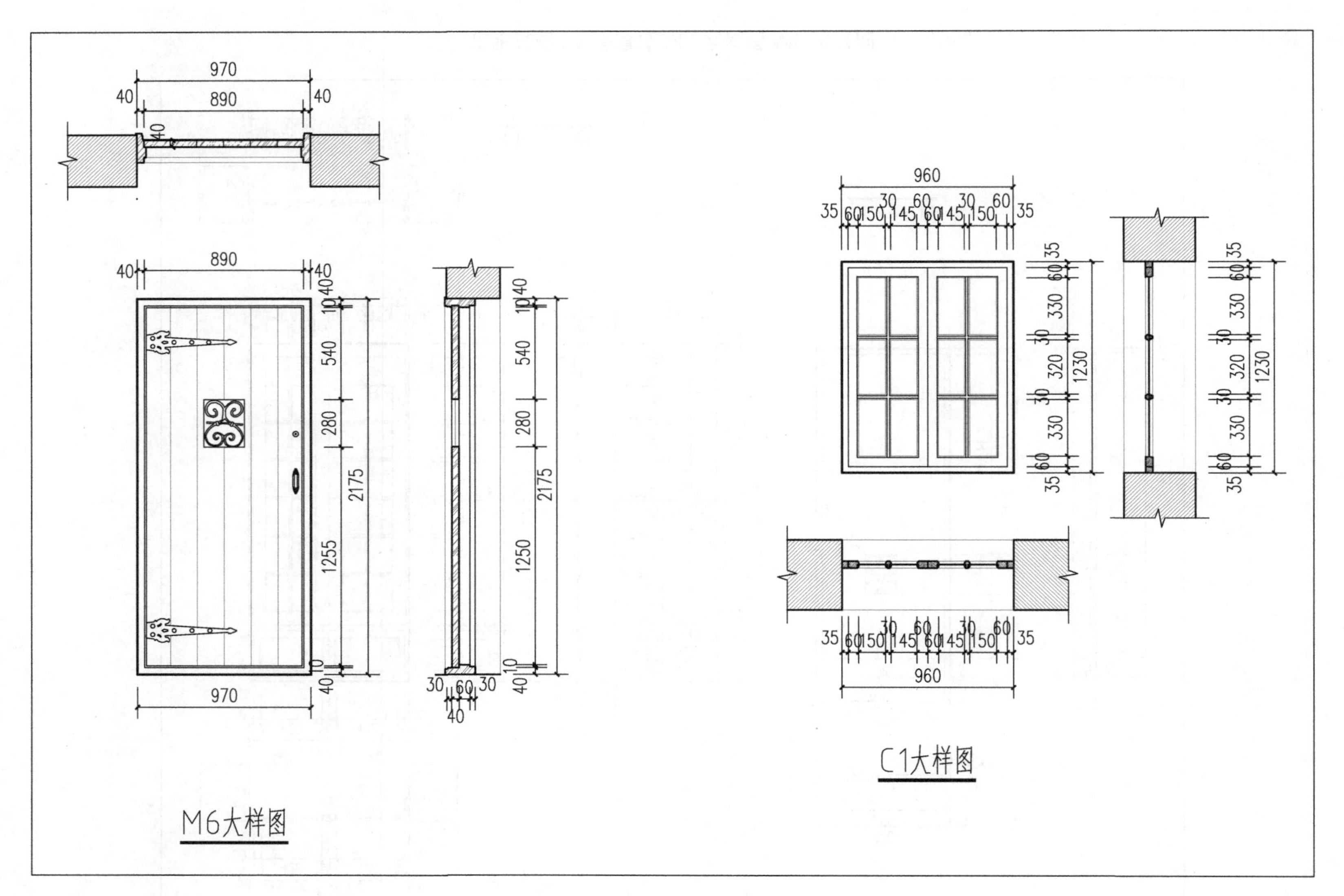

正阳关路 21 号建筑 M6 大样图　C1 大样图

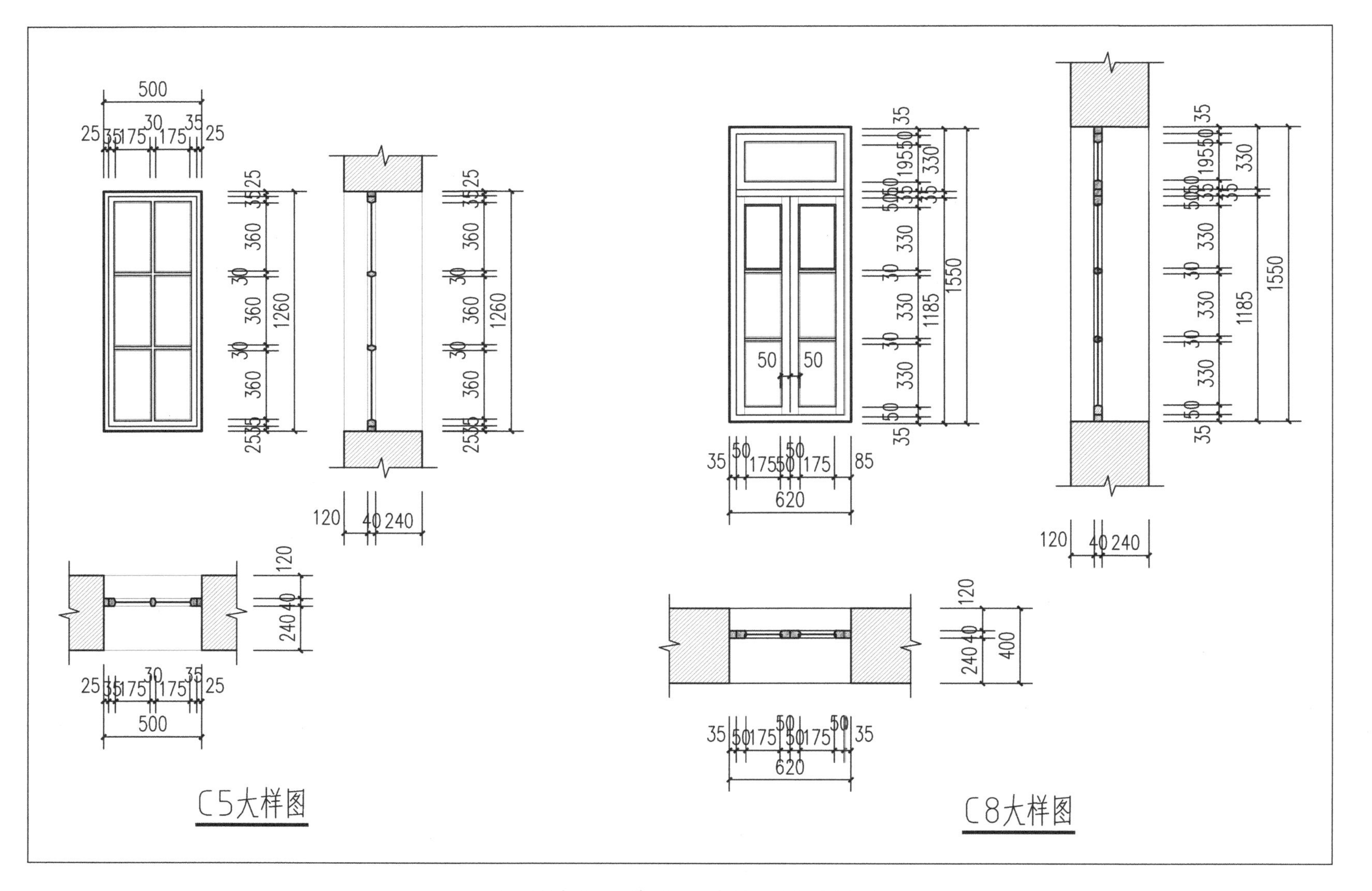

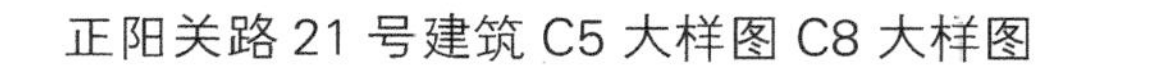
正阳关路 21 号建筑 C5 大样图 C8 大样图

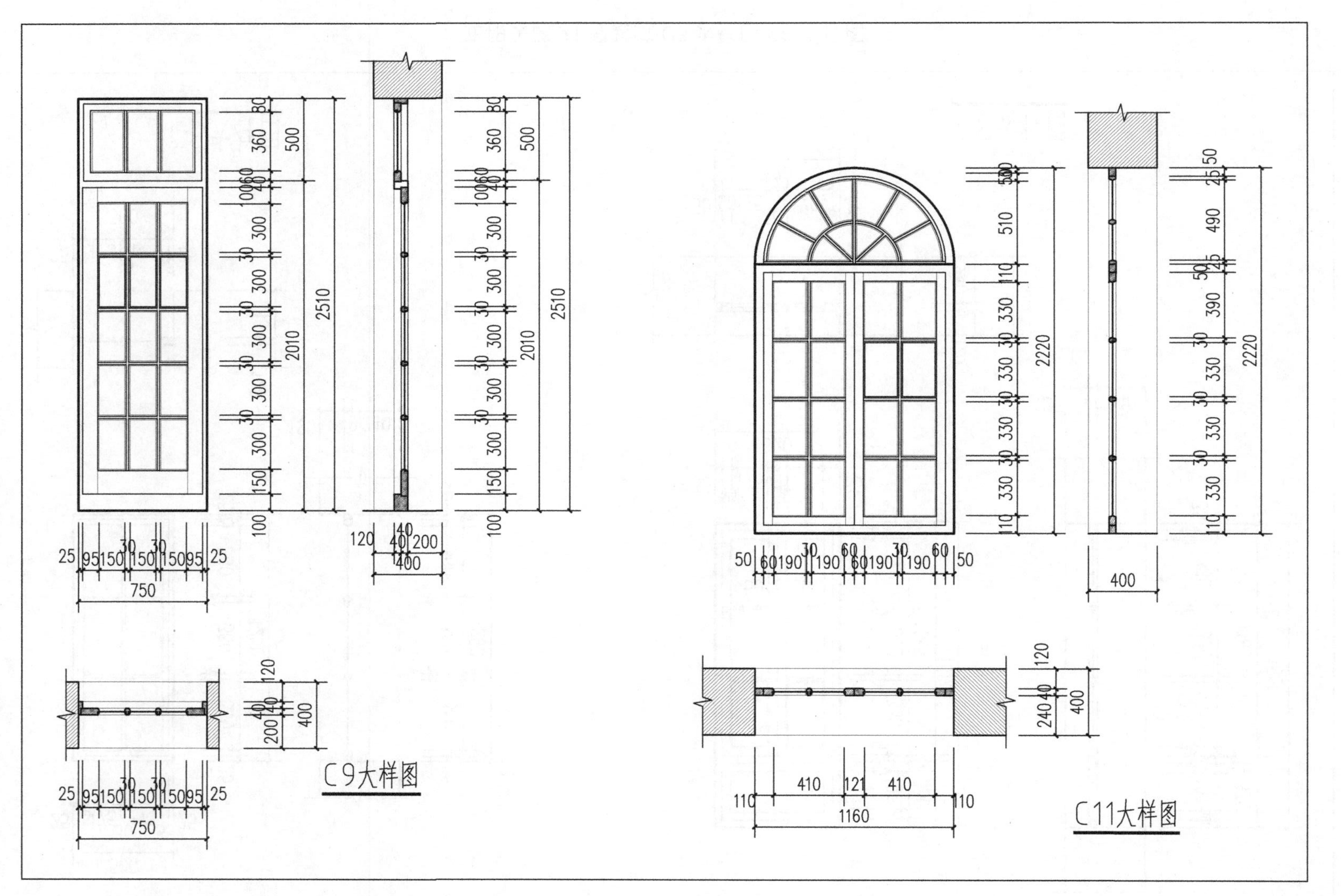

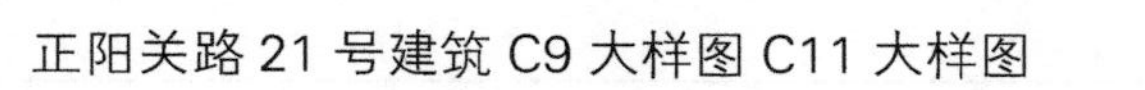
正阳关路 21 号建筑 C9 大样图 C11 大样图

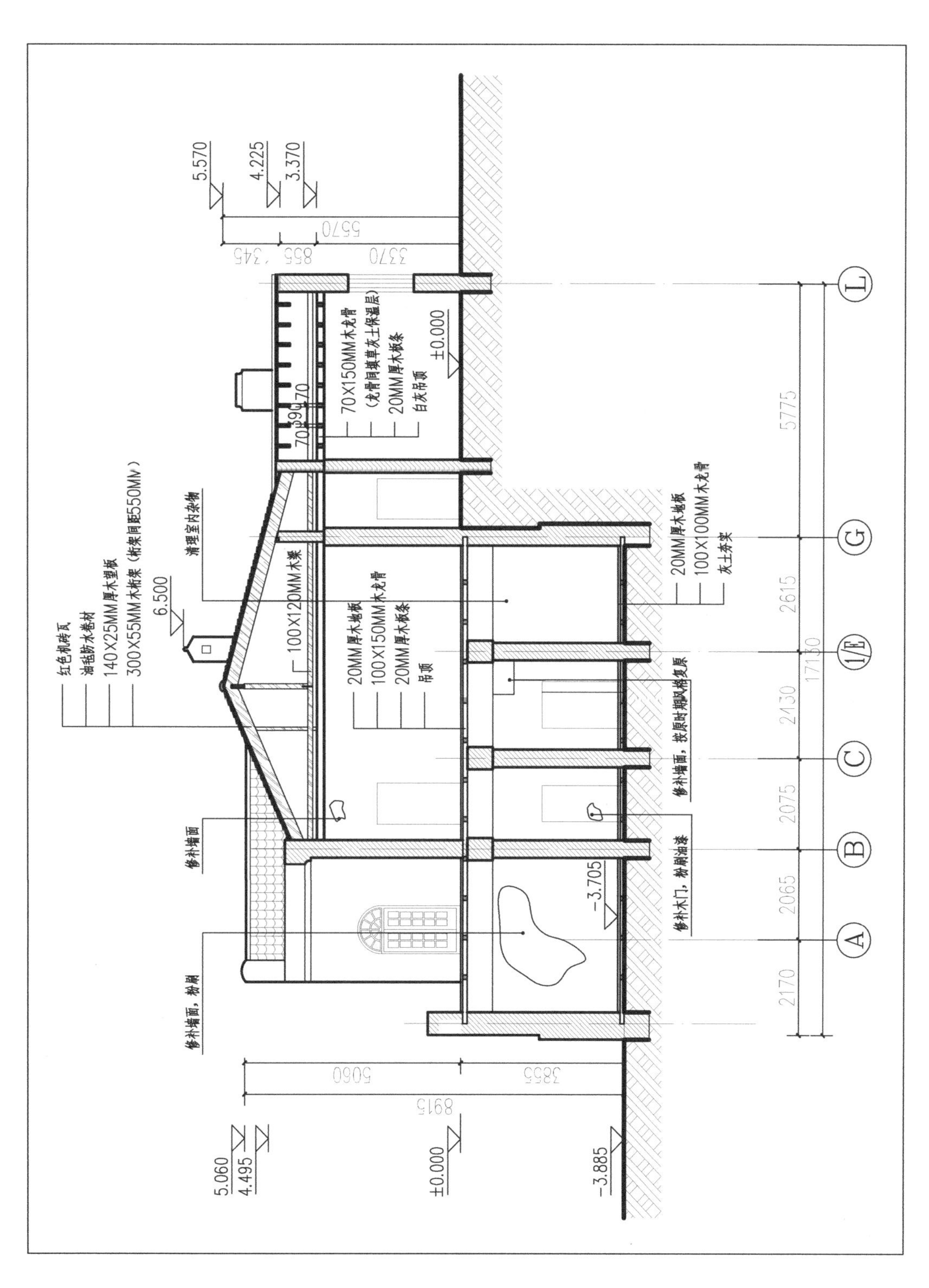

正阳关路21号建筑 1-1 剖面图

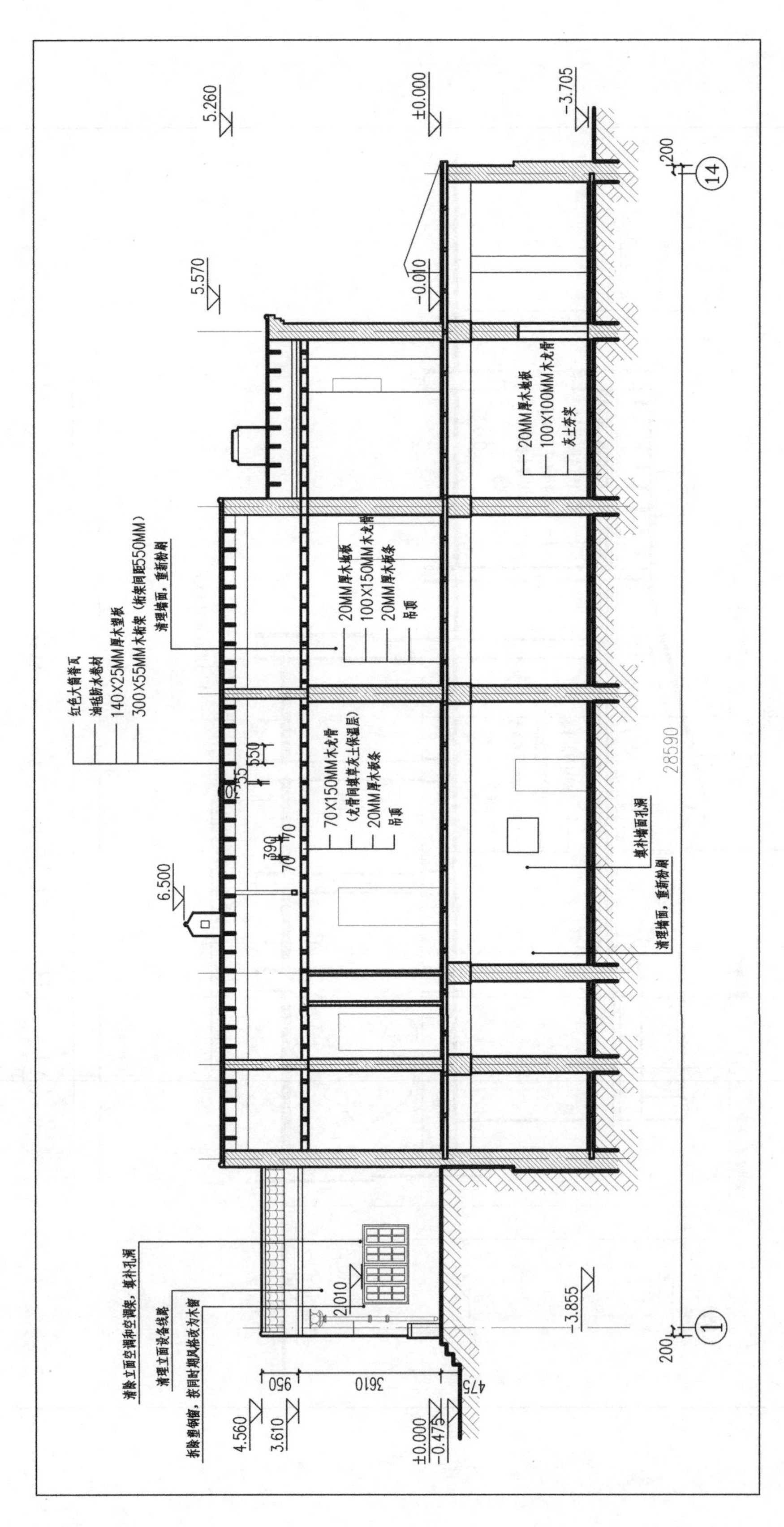

正阳关路21号建筑2-2剖面图

七、韶关路 24 号建筑

（一）建筑修缮方案

1. 建筑院落

残损状况：不当搭建。

残损类型：加建。

修缮方法：拆除建筑两侧院落的搭建用房，整理地面杂物，重新铺装与建筑协调的地面面砖形式。

2. 台基及入口台阶

（1）台基

残损状况：局部台基有裂缝损坏。

残损类型：磨损、侵蚀、污染、裂缝。

修缮方法：根据结构质量检测报告及毛石墙台基结构加固措施对毛石墙加固后，统一对毛石墙基进行白灰砂浆勾缝，要求勾缝整洁、平整统一，白灰砂浆尽量为灰白色。

（2）入口台阶

残损状况：台阶条石普遍磨损、污染严重；背面入口处台阶为后期水泥砌筑。

残损类型：磨损、侵蚀、加建改建。

修缮方法：清理台阶条石污染物，使台阶表面整洁统一。剔除仿灰砖涂料墙帽，参考备注照片材料做法新作花岗岩条石墙帽；新作的墙帽与台阶统一协调，牢固完整。

3. 地面

残损状况：室内地面因施工原因，在勘测时已被拆除，首层地坪下挖 0.9 米。

残损类型：人为破坏。

修缮方法：室内向下挖陷约 0.9 米，应按照原貌，结合现有工程，对木地板进行重新铺装。施工过程需确保文物本体不受损坏。遵循文物建筑修复原则，基本做到无损、无害施工，保护原有的体貌和肌理感。

4. 外立面

残损状况：经勘察，未见明显的墙体裂缝，墙体白灰抹面层普遍干裂，污染变暗。

墙体整体完好，无明显歪闪、裂缝；花岗岩、墙体有个别处污渍变暗，产生污斑。装饰风格具有新古典主义风格，立柱和线脚花饰保存相对较完整。

残损类型：污染、变暗。

修缮方法：根据结构加固要求对墙体加固后，按原墙面材质、工艺，统一新作墙体抹灰层；材料的配合比应试配，面层抹灰应试样，达到设计效果后再全面施工，有特殊效果的饰面，材料的粒径、质感、色泽应与原墙面基本一致，接缝紧密，表面层的工艺及纹样应与原墙面一致。去除水泥勾缝，统一使用白灰砂浆勾缝。灰缝的修补，应剔除损坏的灰缝，出清浮灰，宜按原材料和嵌缝形式修补，修复后，灰缝应平直、密实、无松动、断裂、漏嵌。修补后墙面应色泽协调表面平整、头角方正、无空鼓。

备注：墙面涂料层应为白色，颜色具体色泽应对照现有墙面叠加中的白色涂料一致。

5. 梁架

残损状况：内部木梁架残损情况严重。

残损类型：人为破坏。

修缮方法：根据木梁架结构残损程度采取相应的加固措施，具体加固措施详见结构加固措施。

6. 门窗

残损状况：木格玻璃窗损坏严重，局部门窗因施工原因缺失。木饰油漆普遍干裂褪色，部分门窗铁连接件、玻璃、把手缺失，残损严重。

残损类型：损坏、残损。

修缮方法：对移位受损的所有门窗进行归位和维修，对榫卯松脱、框边变形、扭闪的隔扇门窗，采取整扇拆卸，重新归安；边梃和抹头劈裂糟朽时应钉补牢固，严重者应予更换；糟朽、蛀蚀严重的门窗按原式样、材质重新复原，作防腐、防虫处理后归安。

7. 装修装饰

残损状况：勘测时无装修。

修缮方法：按原材料、原工艺复原。

8. 室内吊顶

残损状况：室内局部吊顶受潮发霉。

残损类型：受潮。

修缮方法：屋面增设防水层，去除吊顶抹灰层，重新作吊顶面层。

9. 屋面

残损状况：铁瓦屋面外观基本完好，局部有锈蚀。

残损类型：锈蚀。

修缮方法：由于屋面铁瓦年久失修，因此，需要统一进行瓦顶揭瓦维修；拆卸瓦件前，应详细记录拆卸的构件的规格、位置、有无防水处理；拆卸后对铁瓦进行清理，更换锈蚀渗漏严重的铁瓦片，统一刷防锈蚀及防水油漆两至三道；维修屋面结合现有施工工程同时进行，施工中遵循文物建筑修复原则，基本做到无损、无害施工。

（二）修缮设计图纸

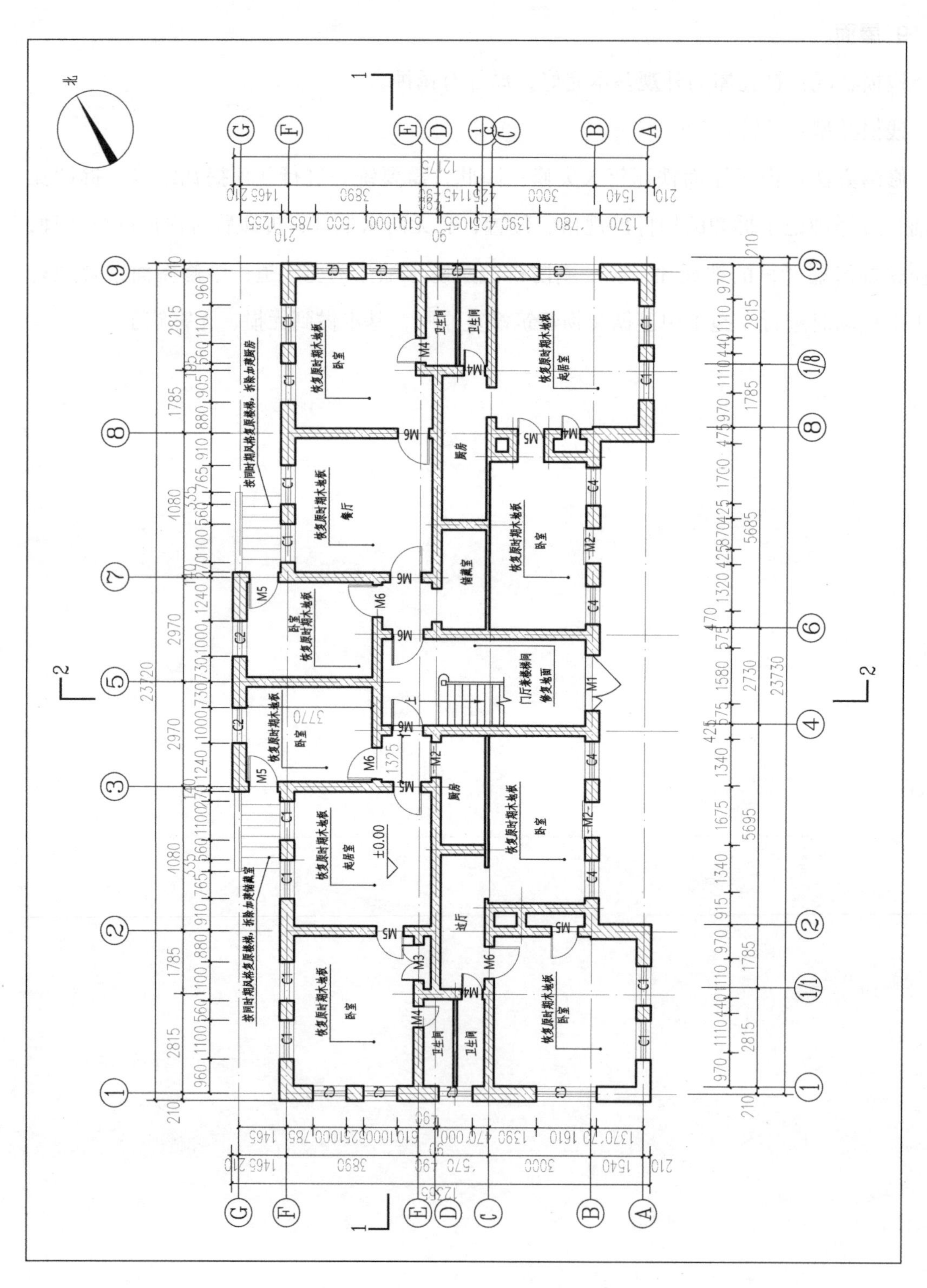

韶关路 24 建筑号一层平面图

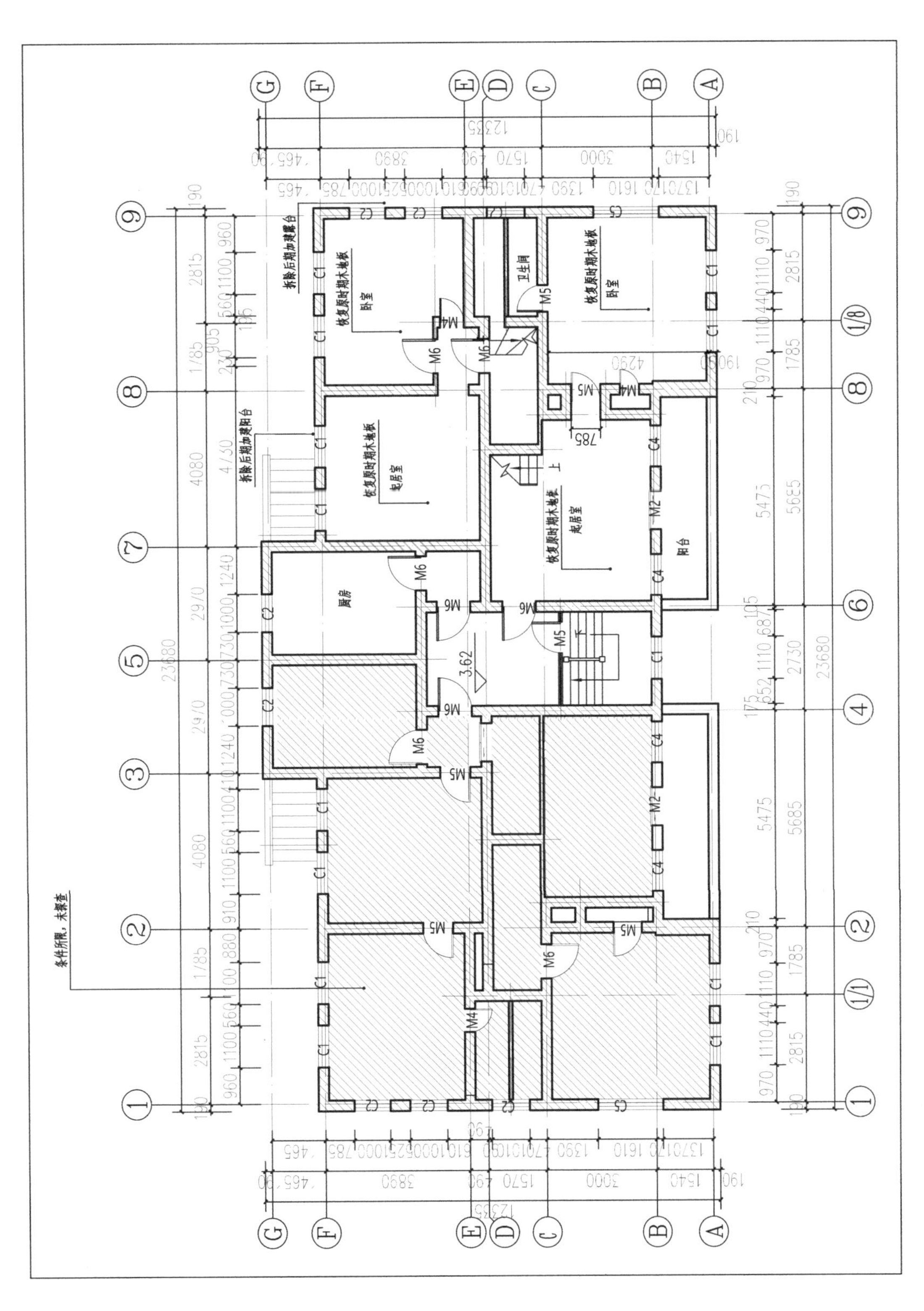

韶关路24号建筑二层平面图

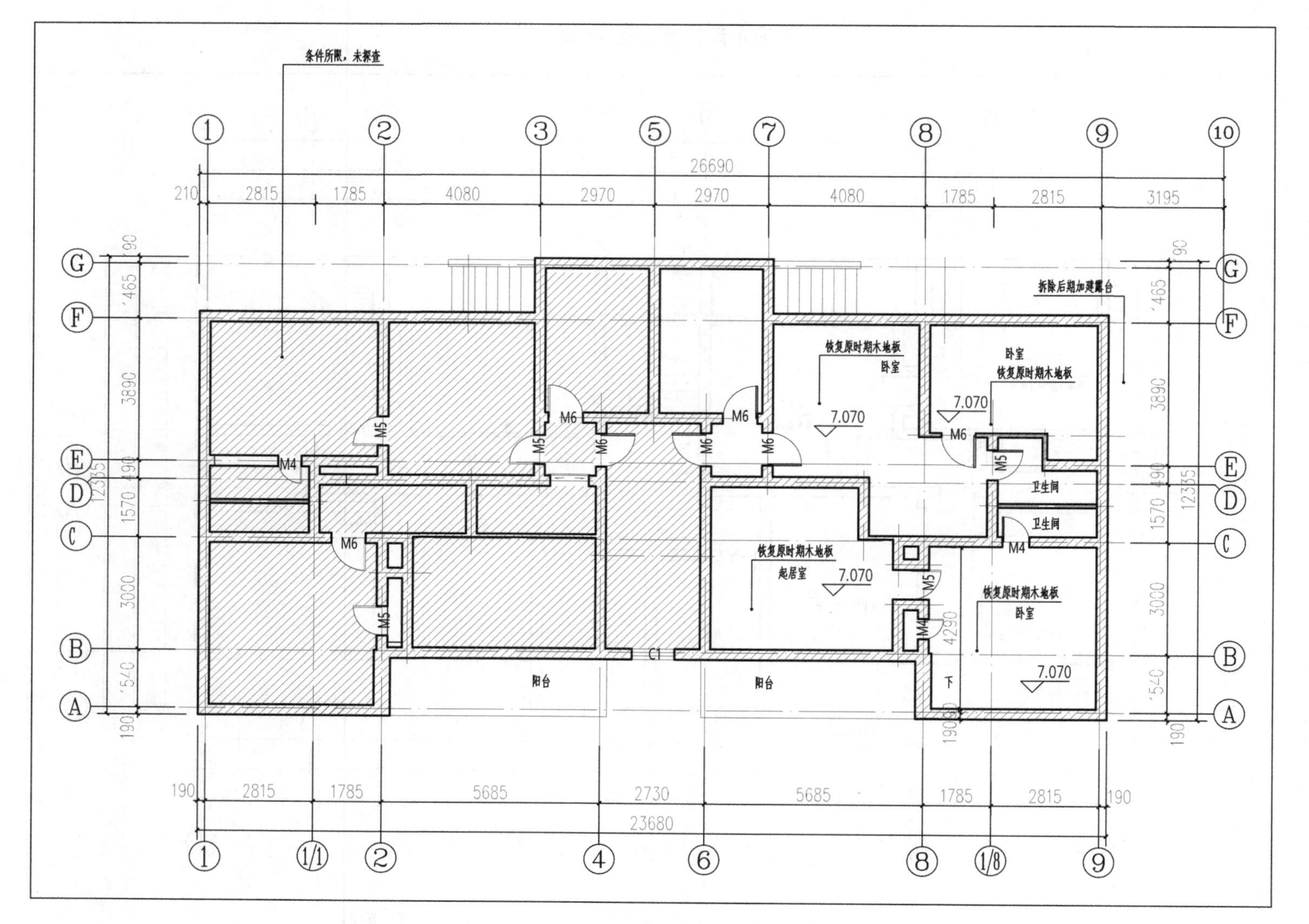

韶关路 24 号建筑阁楼平面图

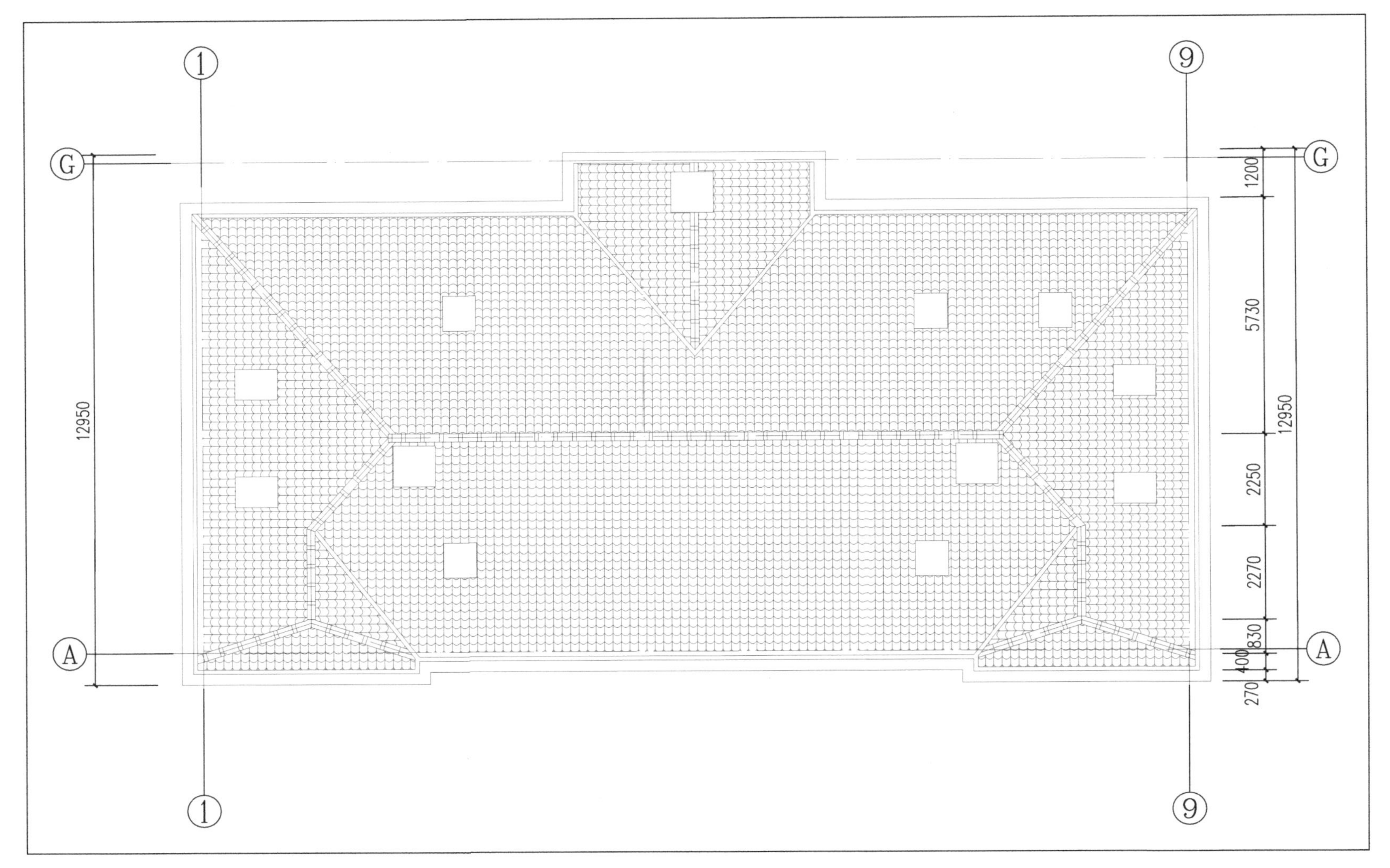

韶关路 24 号建筑屋顶平面图

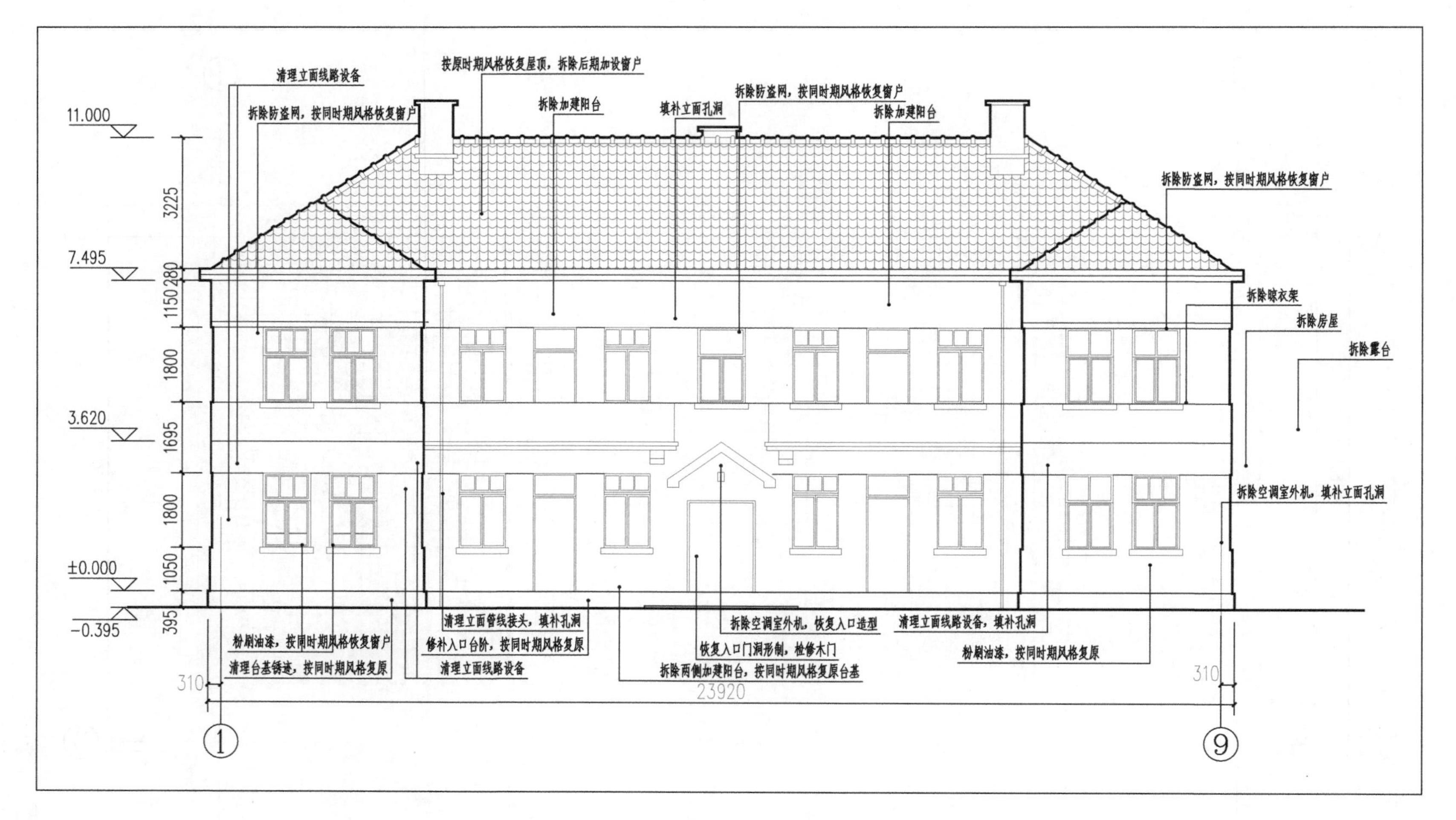

韶关路 24 号建筑 1-10 立面图

韶关路 24 号建筑 10-1 立面图

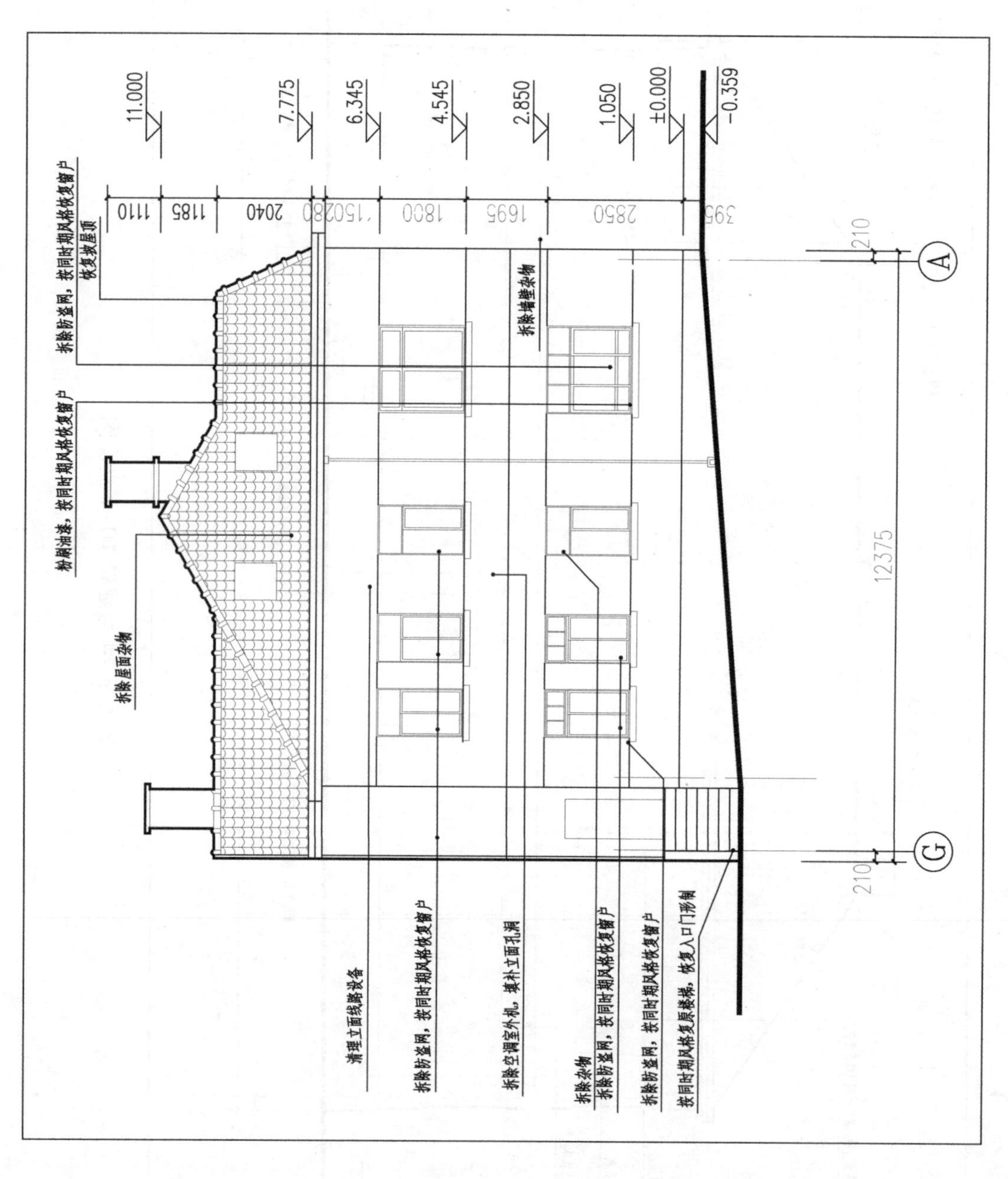

韶关路 24 号建筑 G-A 立面图

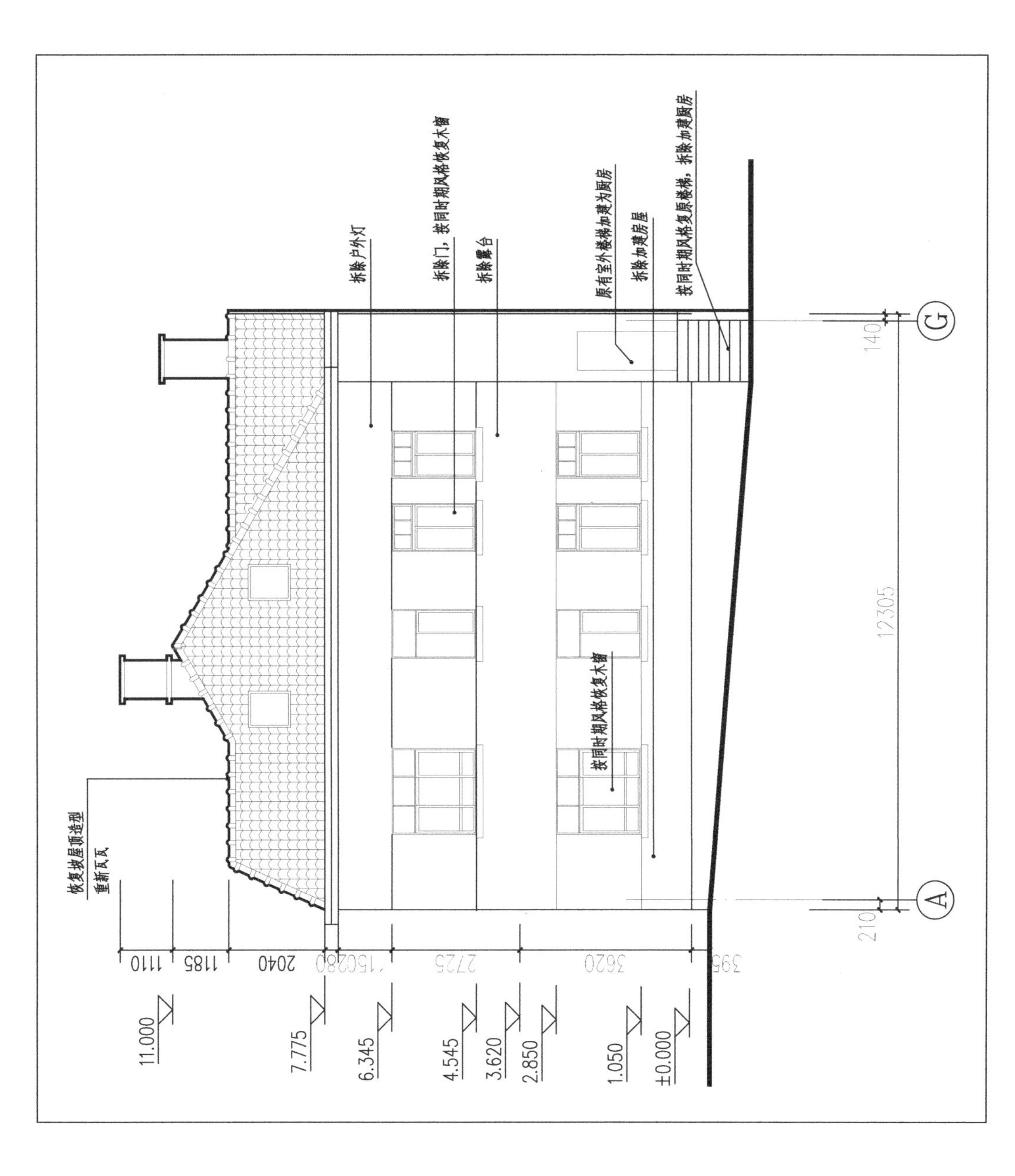

韶关路 24 号建筑 A–G 立面图

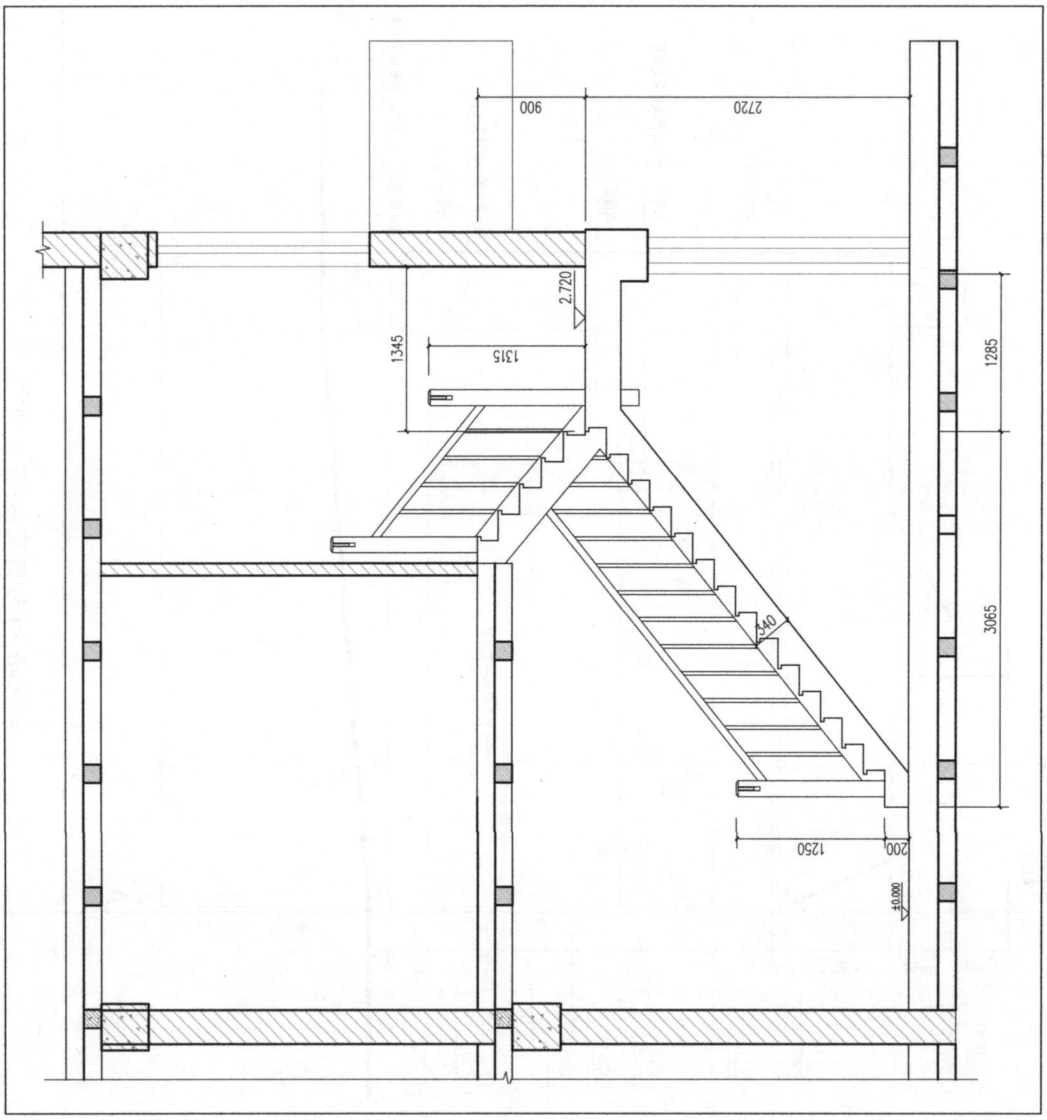

韶关路 24 号建筑楼梯详图

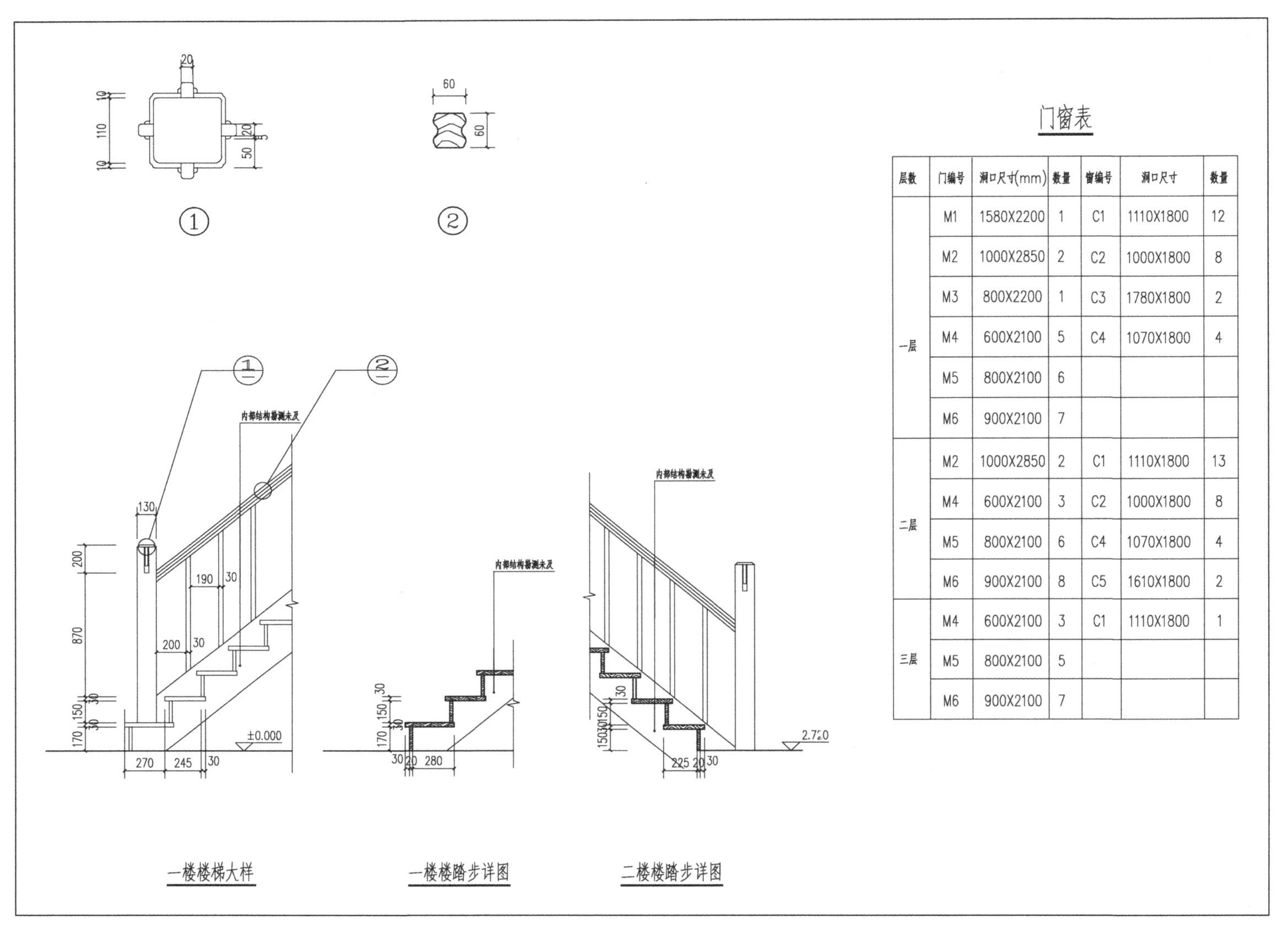

门窗表

层数	门编号	洞口尺寸(mm)	数量	窗编号	洞口尺寸	数量
一层	M1	1580X2200	1	C1	1110X1800	12
	M2	1000X2850	2	C2	1000X1800	8
	M3	800X2200	1	C3	1780X1800	2
	M4	600X2100	5	C4	1070X1800	4
	M5	800X2100	6			
	M6	900X2100	7			
二层	M2	1000X2850	2	C1	1110X1800	13
	M4	600X2100	3	C2	1000X1800	8
	M5	800X2100	6	C4	1070X1800	4
	M6	900X2100	8	C5	1610X1800	2
三层	M4	600X2100	3	C1	1110X1800	1
	M5	800X2100	5			
	M6	900X2100	7			

韶关路24号建筑楼梯详图、门窗表

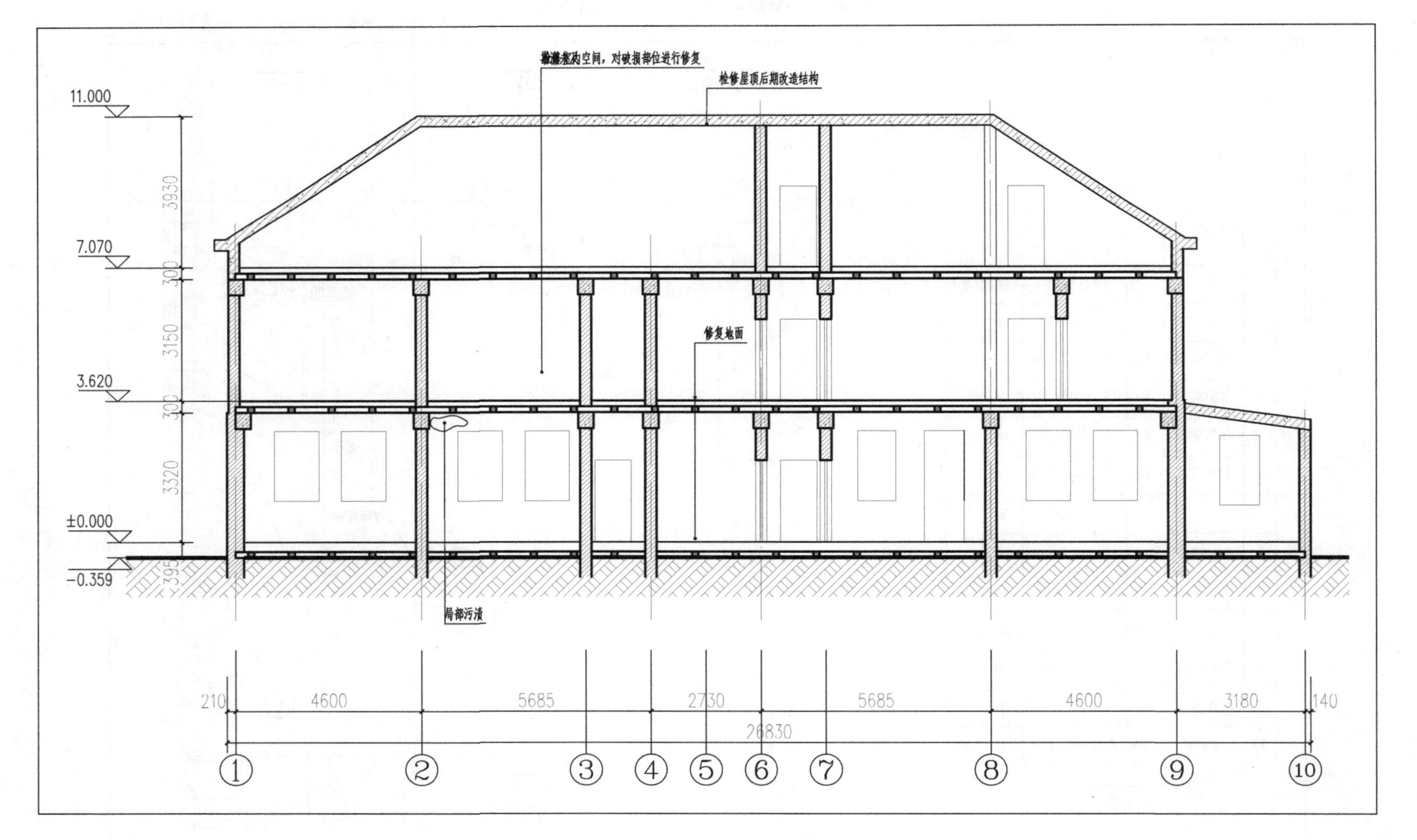

韶关路 24 号建筑 1−1 剖面图

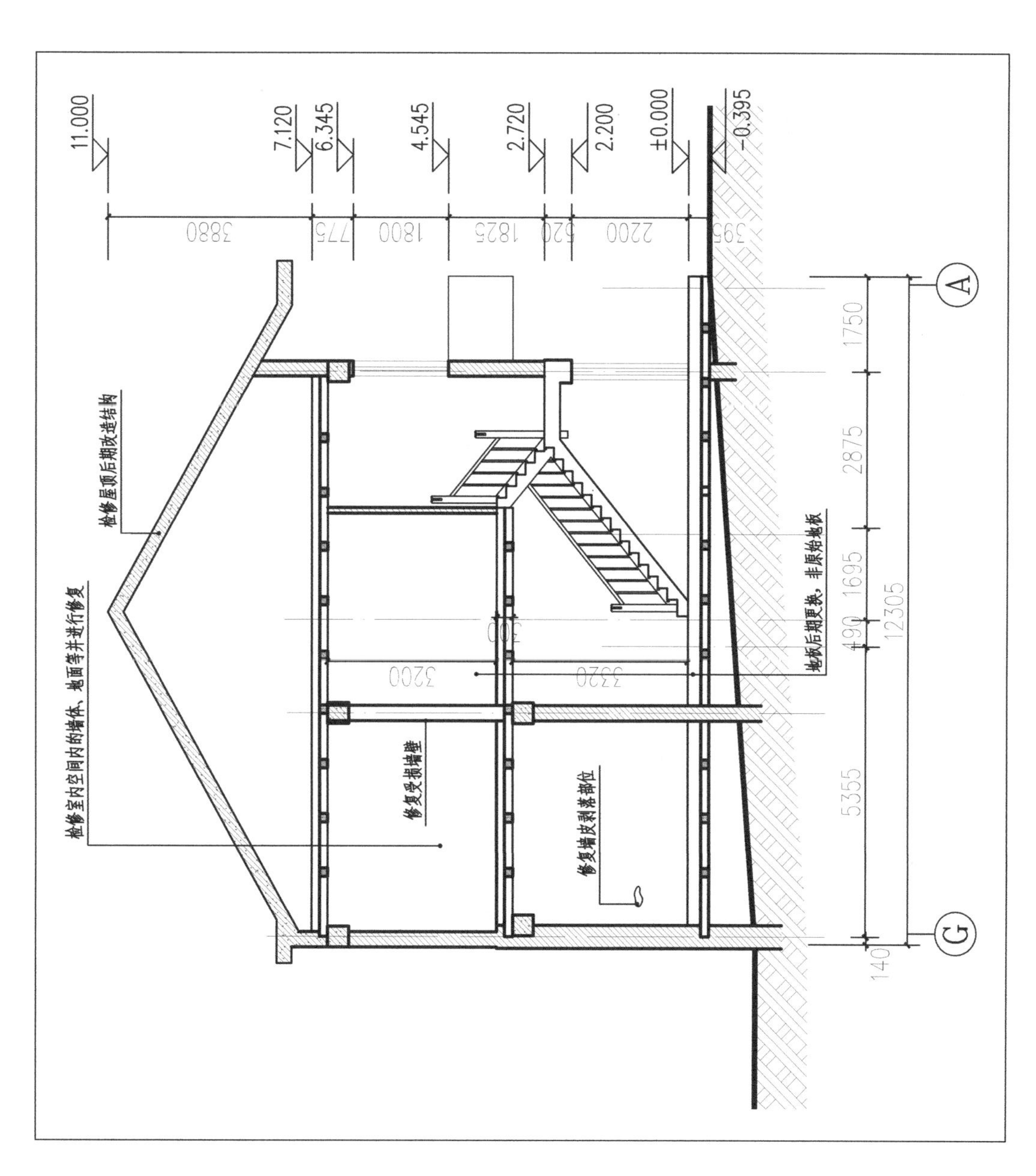

韶关路24号建筑2-2剖面图

八、荣成路23号建筑

（一）建筑修缮方案

1. 建筑院落

残损状况：院落整体环境良好，院落排水较差。西侧院落水泥地面老化，表层脱落。杂物堆积。北侧院落地面坑洼不平，杂物堆放、地面杂乱，散水、排水槽损坏缺失。东侧院落杂物堆积，树木不当种植，房屋不当加建。

残损类型：不当搭建。

修缮方法：恢复原有院落地面铺装；重做地面散水及排水槽；清理院落内杂物；拆除院落内搭建的房屋。

2. 台基及入口台阶

（1）台基

残损状况：台基基本无破损；基本未出现花岗岩缺棱掉角、铺砖位移、碎裂缺失等不同情况。

残损类型：磨损、侵蚀、污染、裂缝。

修缮方法：加固台基，更换碎裂花岗石石条和铺砖，清理并归安。

（2）入口台阶

残损状况：入口台阶无明显松动歪闪。棱角出现部分剥落。

残损类型：磨损、污染、花岗石砌筑台阶。

修缮方法：逐一清除台阶花岗岩条石污染侵害，更换磨损严重的条石，清理并归安。

3. 地面

（1）水泥地面（阳台等）

残损状况：水泥地面普遍污染严重，局部地面出现裂缝。

残损类型：磨损、侵蚀、裂缝。

修缮方法：水泥地面进行全面清洗，对于楼内堆放的杂物予以一次性清除。剔除水泥面层，统一使用干硬性水泥砂浆抹面，其重量配合比为1∶2 ~ 1∶3（水泥∶粗砂），砂子应为均匀粗砂，擀压密实、平整、光滑；地面的打毛，需用无尘打磨机来完成，并用吸尘器彻底清洁。

（2）木地板

残损状况：地板普遍灰尘污渍污染、油漆褪色、磨损严重，局部地板裂缝；踢脚线板普遍与墙体连接松动，变形脱节严重。楼梯踏步局部棱角破损，超负荷超使用年限使用。

残损类型：污染、磨损、褪色。

修缮方法：木地板基层损坏，有地垄的木地板，如面层完好或损坏不是很严重的应尽量不拆或少拆面层，可以在地垄内加固搁栅和沿椽木。修缮前必须把房间内的荷载卸去，并在地垄墙上铺好防潮层，如沿椽木腐烂应更换。木地板面层损坏，面层小条地板局部松动或磨损，可采用挖补法修缮。新地板板材宽度、纹理等应与原有地板一致，厚度一般上要比原有地板厚1毫米～1.5毫米，把新地板磨平至原有地板平。楼梯间处木楼梯磨损和使用过于频繁，可采取加固措施进一步修缮，增强其承载力。楼面木地板外铺设的后加地板革、地毯根据使用情况和原样进行翻新。

备注：尽量使用原地板材料进行维修。

4. 外立面

（1）加建处理

残损状况：加建落水管影响建筑外观并侵蚀周围墙体，墙体有孔洞及空调支管。

残损类型：空调支架、管线孔洞、饰面缺失。

修缮方法：去除空调支架、管线、管道等后添加物；对于管线管道毁损、破损严重及缺失的花岗岩石饰面，按其相邻的花岗岩石饰面进行补配，新增的饰面应在规格、彩色、纹理上相一致。

（2）污渍处理

残损状况：墙体整体完好，无明显歪闪、裂缝；花岗岩、墙体有个别处污渍变暗，产生污斑。

残损类型：污斑。

修缮方法：墙面污染、泛黄、白华泛碱的清洗，首先外立面清洗过程中对石材必须进行全面的保护，不得有任何形式的损坏，因此设计了窗洞拉结的方式进行脚手架搭设。窗洞拉结采用钢管在窗的内外两侧设置横向钢管箍住窗口，纵向设两根钢管斜拉与脚手架连接。与外墙接触的钢管在端部采用木质套管，避免与外墙直接接触破坏外墙石材。对于无黏性沉积物，使用 15% 的碳化铵浓缩液在其上作用时间 6 小时左右即可，待沉积物呈现分裂状后用刷子刷洗表面清除溶剂残余物，并用清水冲洗干净即可。注意：由于 15% 浓缩液有较浓的挥发性，因此须用铝纸或塑料膜盖住浓缩液器皿，同一黏稠液可使用三次。对于普通污染、普通泛黄、白华泛碱的表面污染主要采用物理法（高压水喷洗机）和生物法（生物降解法）清洗为主。较清洁及中度污染面用高压水清洗机清洗。污染严重部位用高压水清洗机加粒子喷射清洗外墙清洗措施，在对外墙面石材采用高压水清洗过程中，考虑到环保，采用特殊配比的喷射粒子，遇水即溶，做到无粉尘污染，并在脚手架上加设隔离防护，除采用绿网全封闭以外，还设置挤塑隔音板，既可降低噪声也可以避免清洗外墙的高压水枪向路面飞溅，对建筑周边设明排水沟，及时排放墙面清洗用水。

（3）锈蚀斑处理

残损状况：墙面落水管及周边有锈蚀现象。

残损类型：锈蚀斑。

修缮方法：锈蚀斑的清洗采用局部泥敷剂敷贴于锈斑处，敷贴时间为 2 小时 ~ 8 小时，视污染程度决定，再用清水冲洗即可。

（4）裂缝孔洞处理

残损状况：墙面出现裂缝、孔洞。

残损类型：裂缝、小孔洞。

修缮方法：石材断裂修复用云石锯片将断裂缝加宽至 5 毫米，加深至 15 毫米（增加胶合面积来提高牢度）。裂缝上端打一个 5 毫米钻孔，作为化学锚固的灌注孔。用 ASA 石材专用黏结树脂，通过灌注孔利用液体自重对裂缝进行深层灌注，对全部裂缝面进行化学锚固，胶合断裂缝，恢复石材原有的抗力系数，也使原有的裂隙不再有新的变化。用修复体对断裂缝隙进行全部填充，并进行塑型仿真修复。

（5）灰缝处理

残损状况：墙面石材之间灰缝老化，防水性下降。

残损类型：灰缝剥落。

修缮方法：石材灰缝修复，先清除原有的缝隙中垃圾，用水泥搅拌 ASA 专用防水胶对缝隙深部进行第一道填充防水。用 ASA 防污型勾缝剂加拌 ASA 防水胶对缝隙进行第二道防水和装饰勾缝，确保其密实和持久的防水。勾缝剂根据与原缝隙相近的颜色来确定（其主要成分略），尽可能与原勾缝浆相容且表面机理感相同。

5. 梁架

残损状况：屋面局部漏雨致使木板椽轻微雨渍糟朽。屋架内部管线杂乱，不符合文保单位建筑防火规范，存在火灾安全隐患。局部木桁架因年久失修，存在轻微歪闪，木构件、顺缝开裂现象。

残损类型：糟朽、顺缝开裂、管线孔洞、改造。

修缮方法：根据加固要求检修，屋架排除隐患。

6. 墙体

残损状况：经勘察，未见明显的墙体裂缝，墙体白灰抹面层普遍干裂，污染变暗。

残损类型：污染、变暗。

修缮方法：根据结构加固要求对墙体加固后，按原墙面材质、工艺，统一新作墙体抹灰层；材料的配合比应试配，面层抹灰应试样，达到设计效果后再全面施工有特殊效果的饰面，材料的粒径、质感、色泽应与原墙面基本一致，接缝紧密，表面层的工艺及纹样应与原墙面一致。

7. 门窗

残损状况：木格玻璃窗基本完好，局部门窗扇位移、歪闪磨损严重；木饰油漆普遍干裂褪色，部分门窗铁连接件、玻璃、把手缺失等。

残损类型：油漆褪色剥落、构件破损、窗口封堵。

修缮方法：对移位受损的所有门窗进行归位和维修，对榫卯松脱、框边变形、扭闪的隔扇门窗，采取整扇拆卸，重新归安；边梃和抹头劈裂糟朽时应钉补牢固，严重者应予更换；糟朽、蛀蚀严重的门窗按原式样、材质重新复原，作防腐、防虫处理后归安。木门窗及五金件的修缮以按原样的修复原则进行修缮，施工单位必须事先对历史建筑的木门窗进行统计及调查，取得现场的相关历史图纸的实样，仿制的木门窗实样。设计要求实样木门窗材质应与保留木门窗材质一致，木材基层应先刷底子油漆，再刷新油漆：木门窗必须进行门窗开启的核正，使窗框与框梃关闭严密，开启灵活，方可安装五金零件；所安装的五金零件位置应正确，使用应灵活，松紧适宜，安装螺钉不应有松动现象：应检查原有执手、撑杆、合页等五金件，尽量去锈，并尽量恢复原有五金件。

8. 装修装饰

残损状况：现新装修的内部基本完好。

修缮方法：维持原有装修，并根据残损状况进行对应的修缮。

9. 屋面

（1）陶瓦坡顶屋面

残损状况：陶瓦屋面基本完好，无剥落褪色，局部坡顶有瓦面破损现象。

修缮方法：屋面较好、漏雨部位明确的，由植物存在的原因引起的，雨水得以沿植物根须下渗，应去除植物；屋面较好、漏雨部位明确的，由局部低洼或堵塞引起的，因而形成局部积水，应疏通排水线路；屋顶瓦面残损面积占所在平面屋面面积约 10% 以内的，采取局部挖补的修缮方式，按原有做法抽换局部瓦面，并做好接槎；屋顶瓦面残损面积占所在平面屋面面积约 10%—50%，漏雨轻微并且屋架残损轻微的，采取局部挑顶的修缮方式，更换半坡的屋面，修缮做法与原有屋面做法一致。按原有做法抽换局部瓦面，并做好接槎；屋顶瓦面残损面积占所在平面屋面面积约 50% 以上的，或漏雨严重并且屋架残损严重的，采取屋面挑顶的修缮方式，更换全部的瓦面，修缮做法与原有屋面做法一致。拆卸瓦件前，应详细记录拆卸构件的规格、位置、有无防水处理；安装时严格按拆卸记录予以修复及复原，安装时注意与基座的连接应安全、牢固、可靠。配件要根据构件部位的材质、规格及尺寸进行选择，既要保证质量又要尽量考虑构件统一。

（2）雨水管

残损状况：铁质排水管件基本完好，局部管件，生锈松动；侵蚀周围墙体；前檐北侧排水槽锈蚀漏雨严重。

残损类型：锈蚀。

修缮方法：更换锈蚀严重的排水管件，加固管件连接；统一刷防锈蚀及防水油漆两至三道。

（3）烟囱

残损状况：烟囱有部分灰皮脱落。

残损类型：年久失修。

修缮方法：对残损部位按原样进行修补。

（二）修缮设计图纸

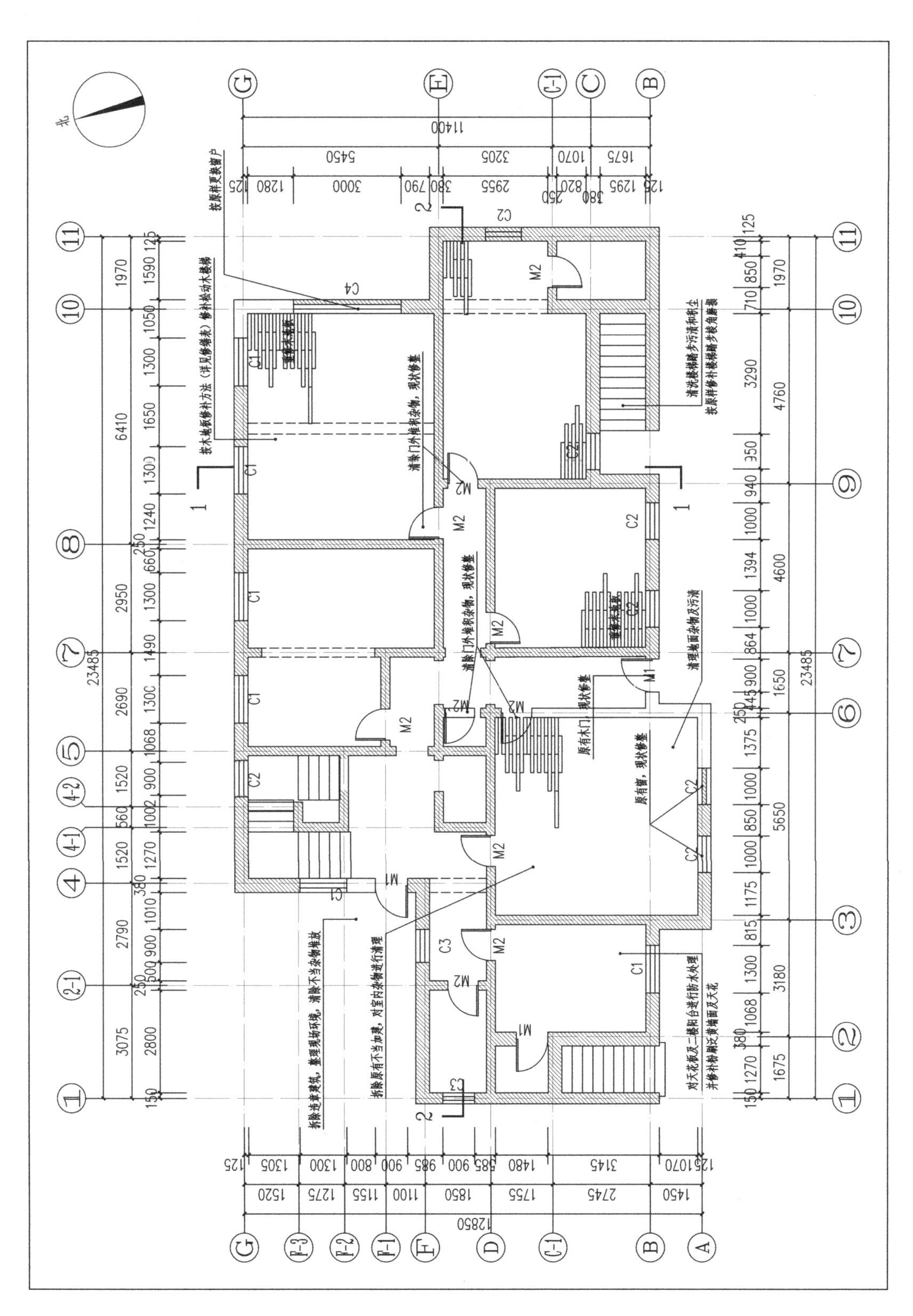

荣成路 23 号建筑一层平面图

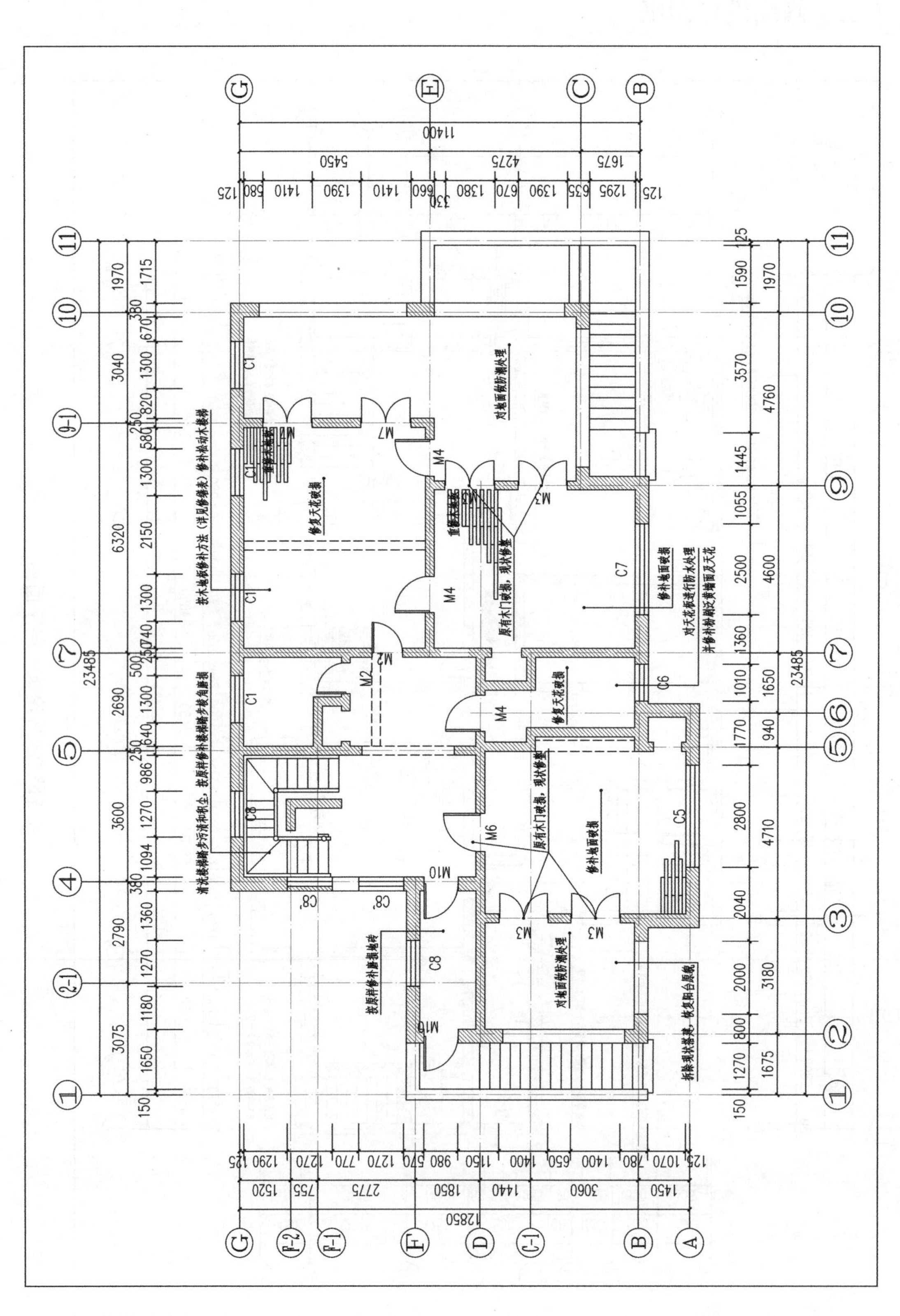

荣成路 23 号建筑二层平面图

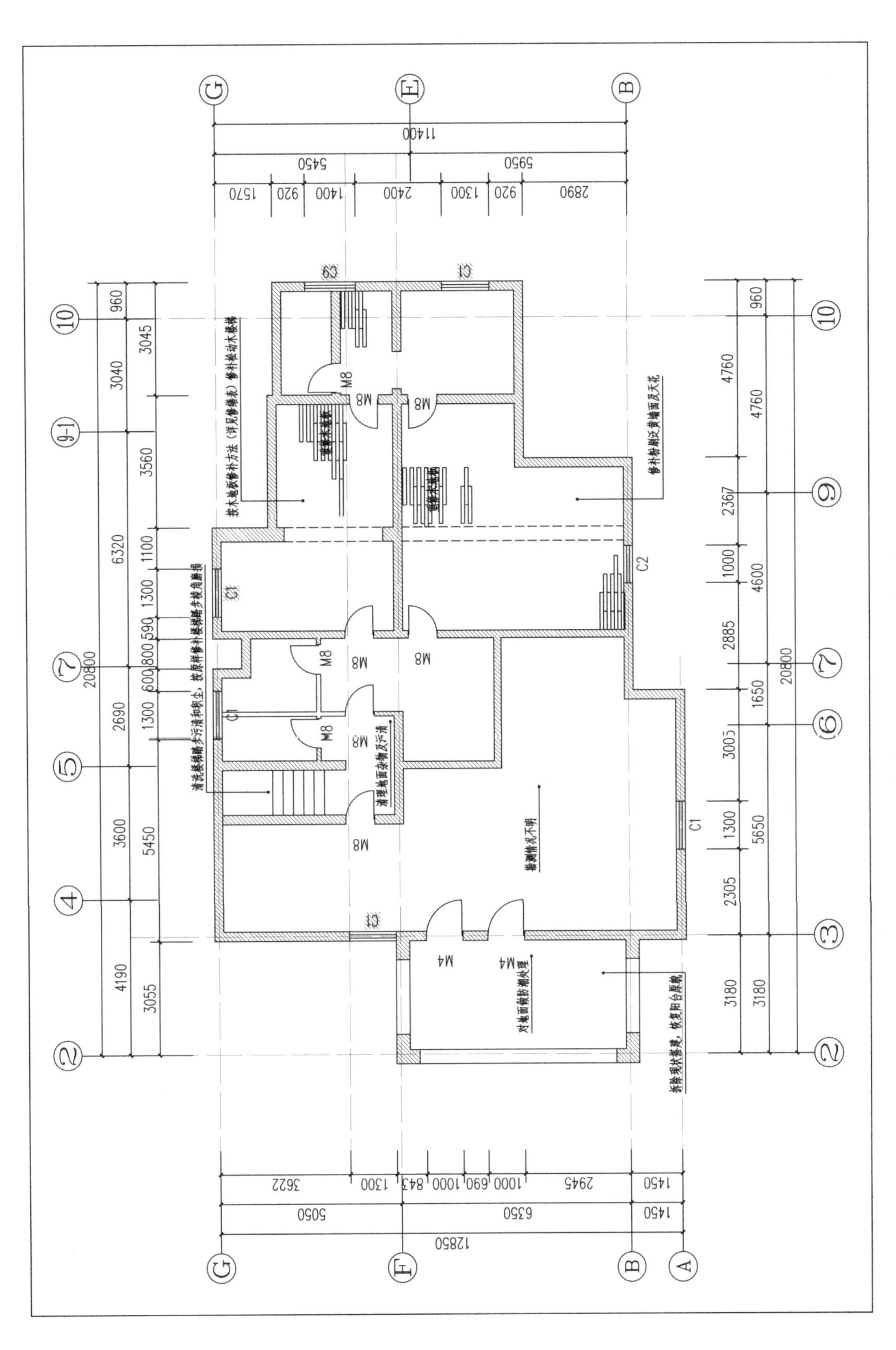

荣成路23号建筑三层平面图

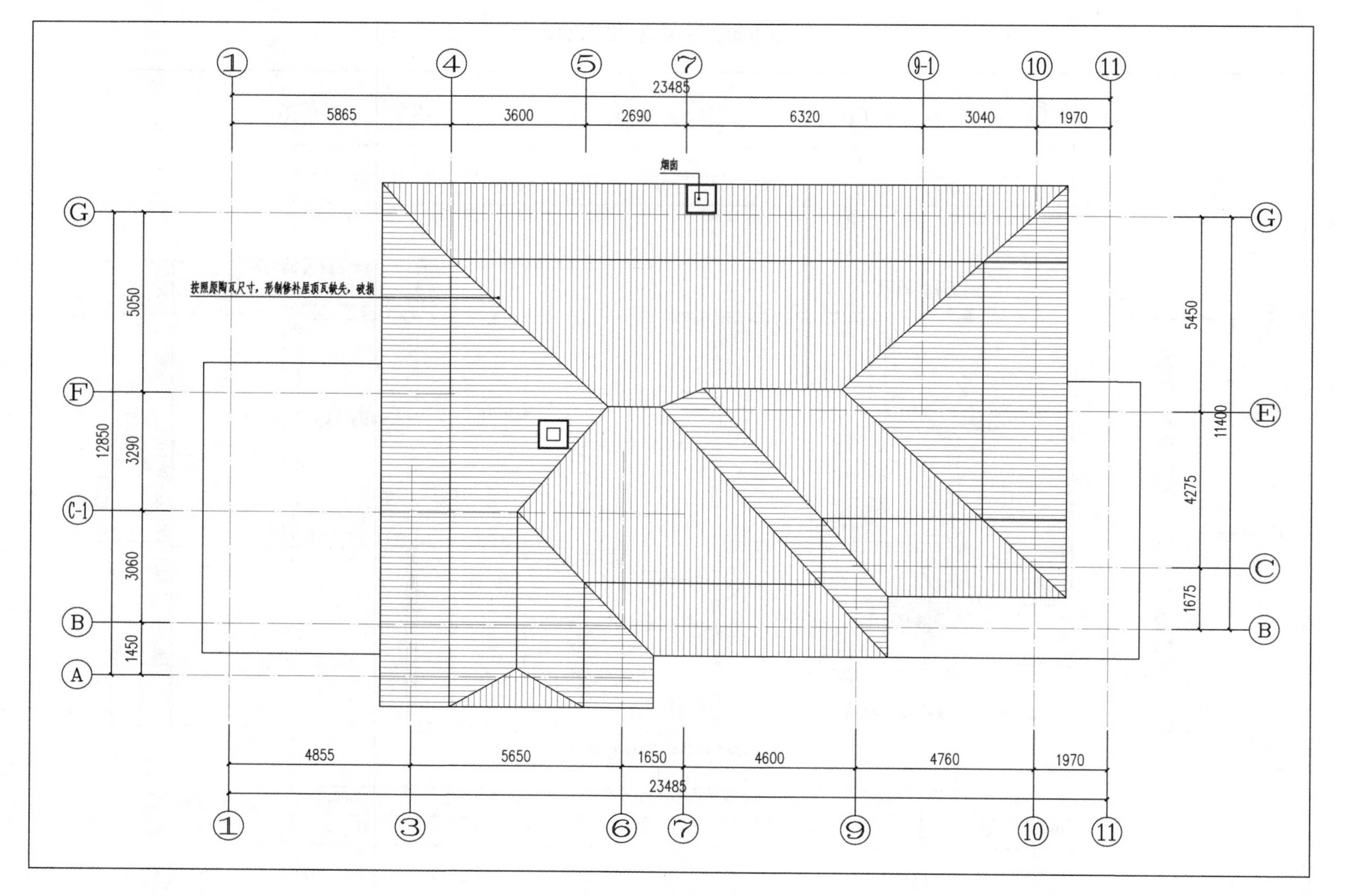

荣成路 23 号建筑屋顶平面图

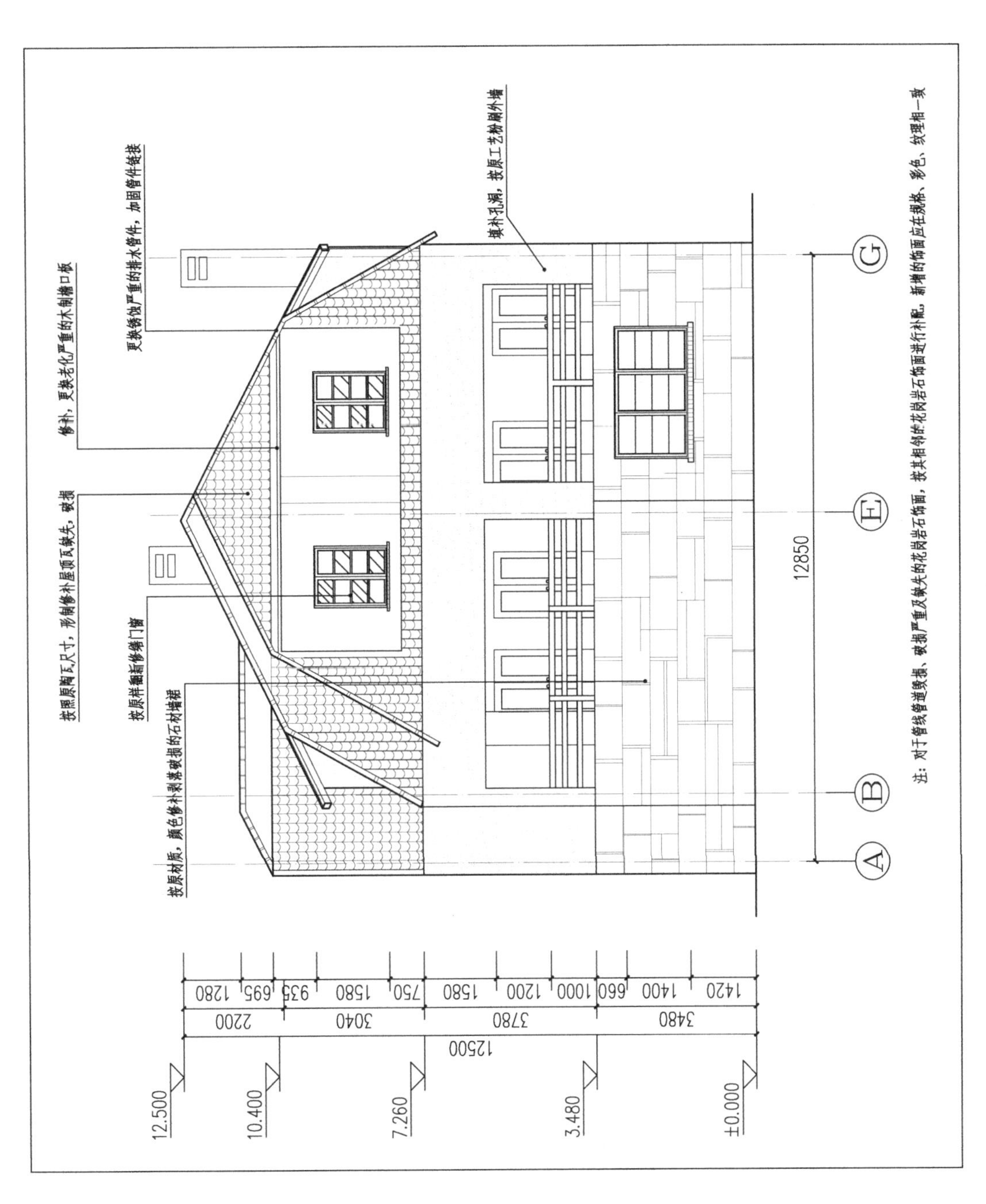

荣成路23号建筑东立面

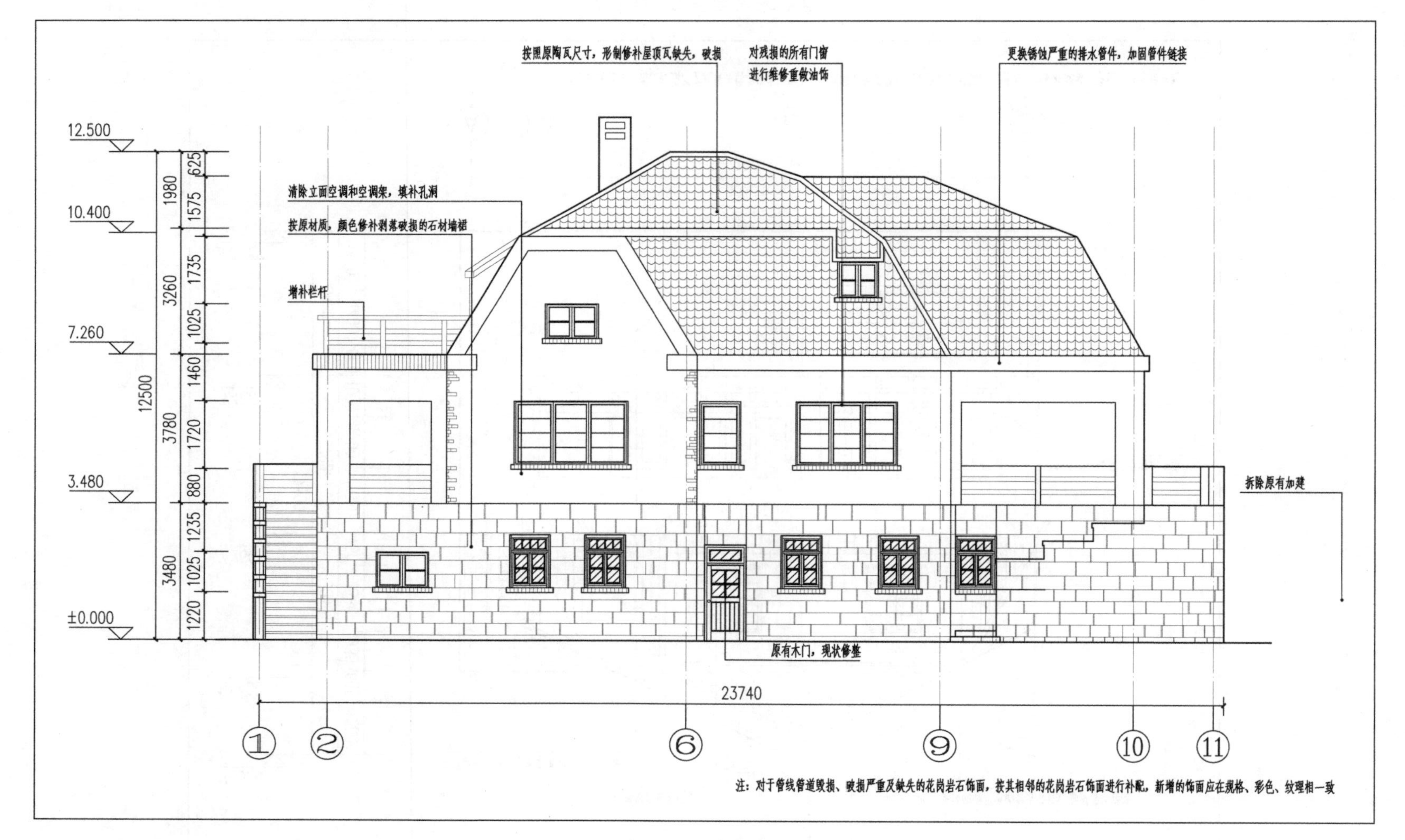

荣成路 23 号建筑南立面

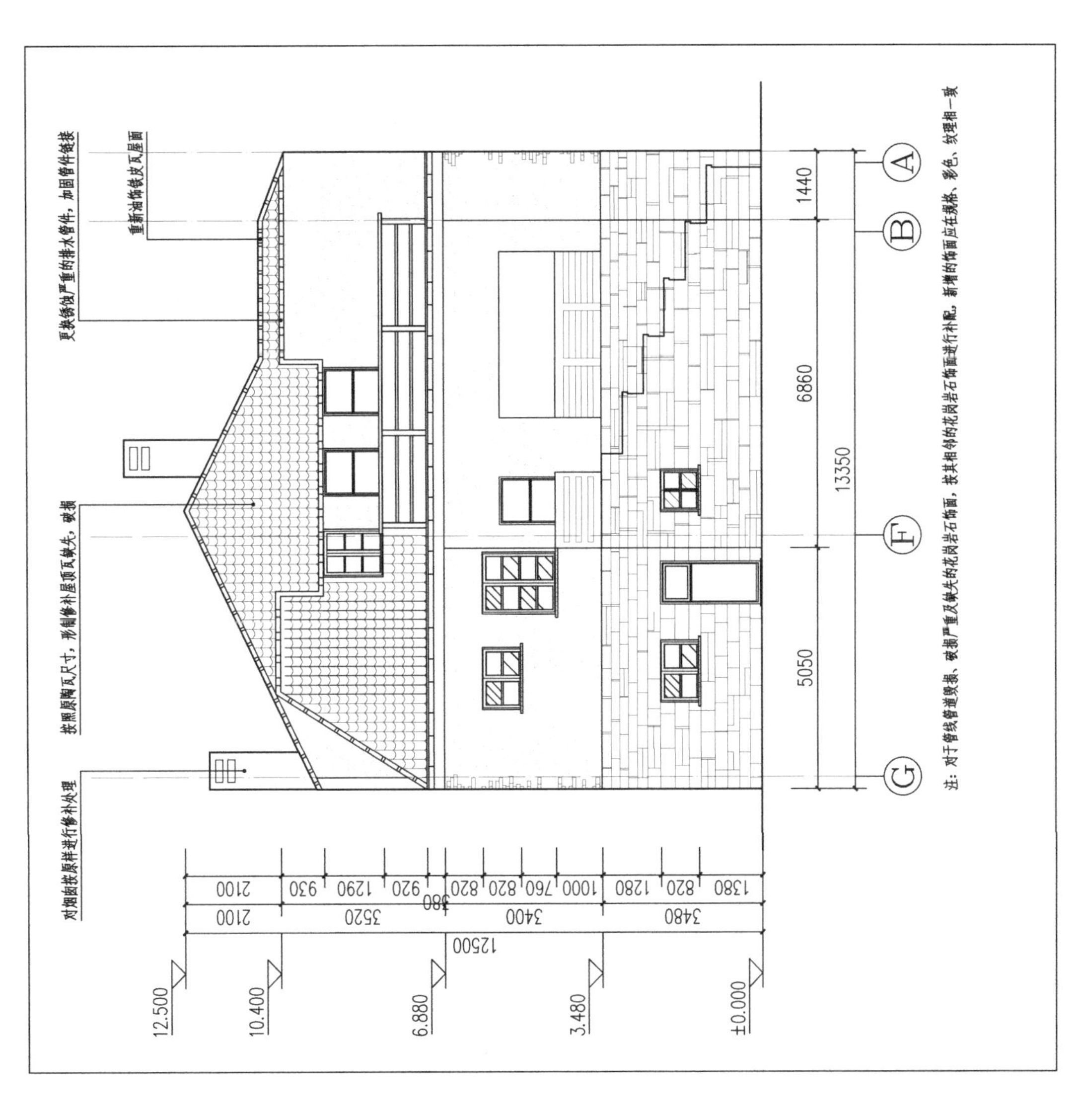

荣成路23号建筑西立面

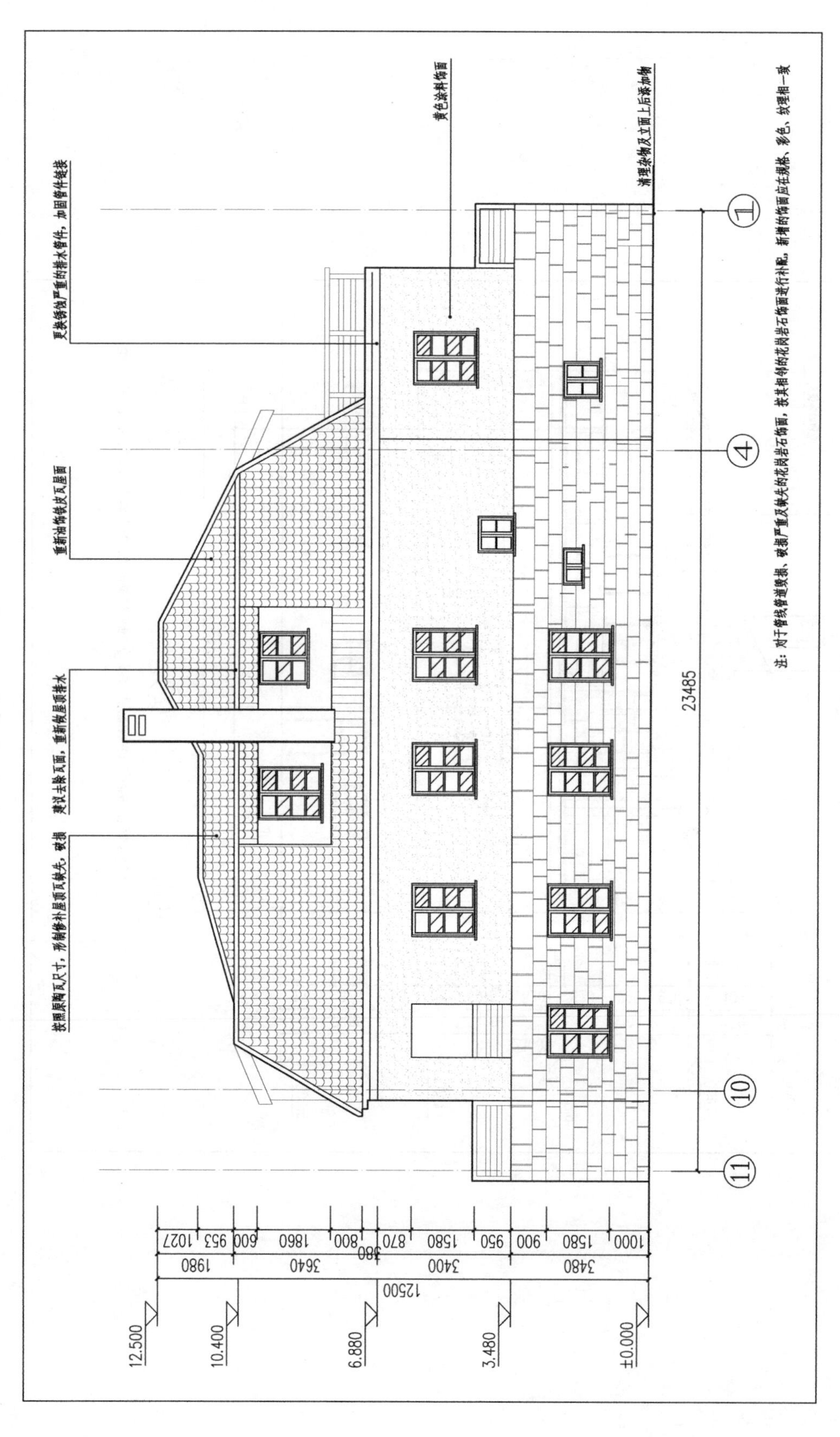

荣成路 23 号建筑北立面

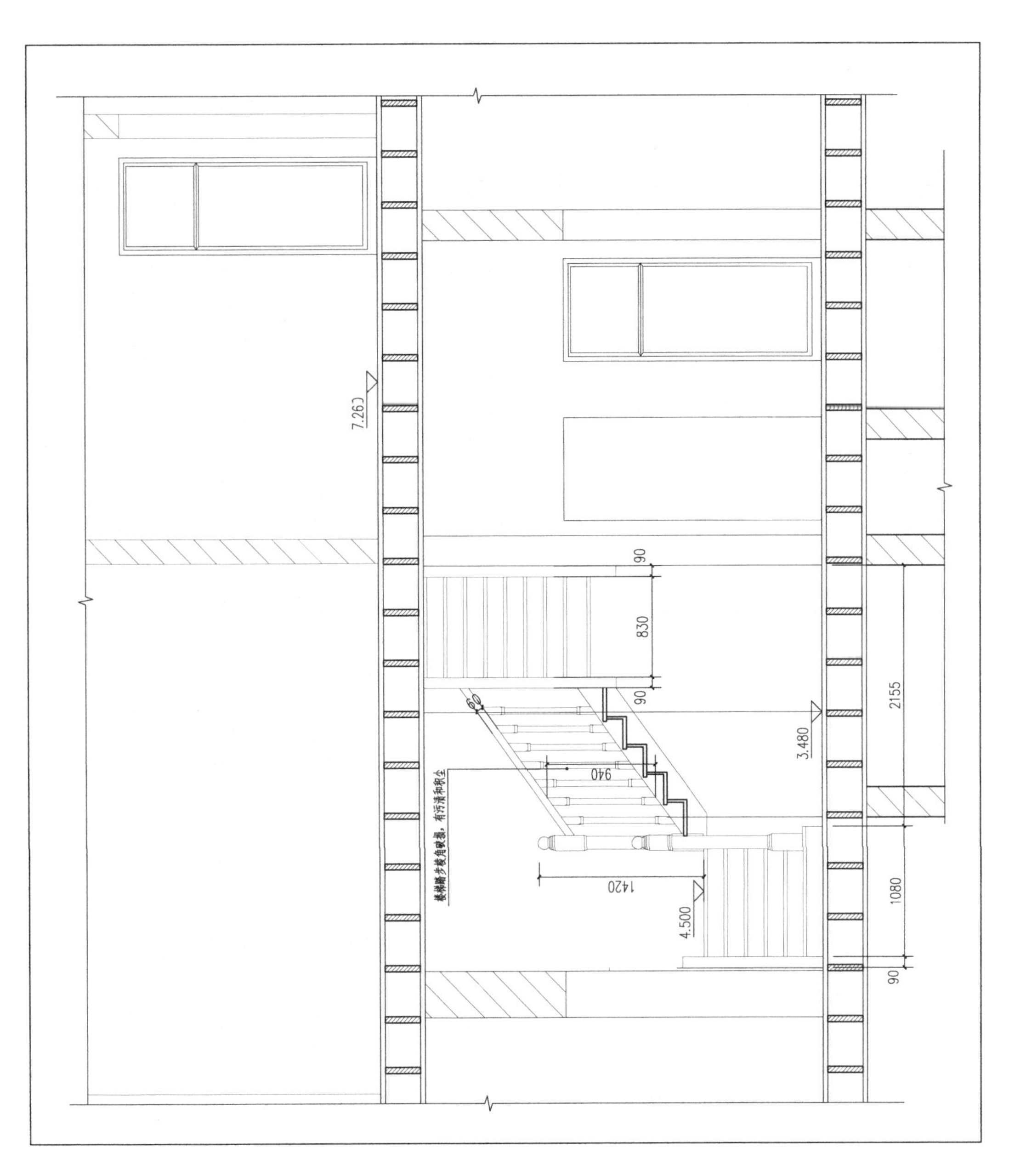

荣成路 23 号建筑二层室内楼梯大样图

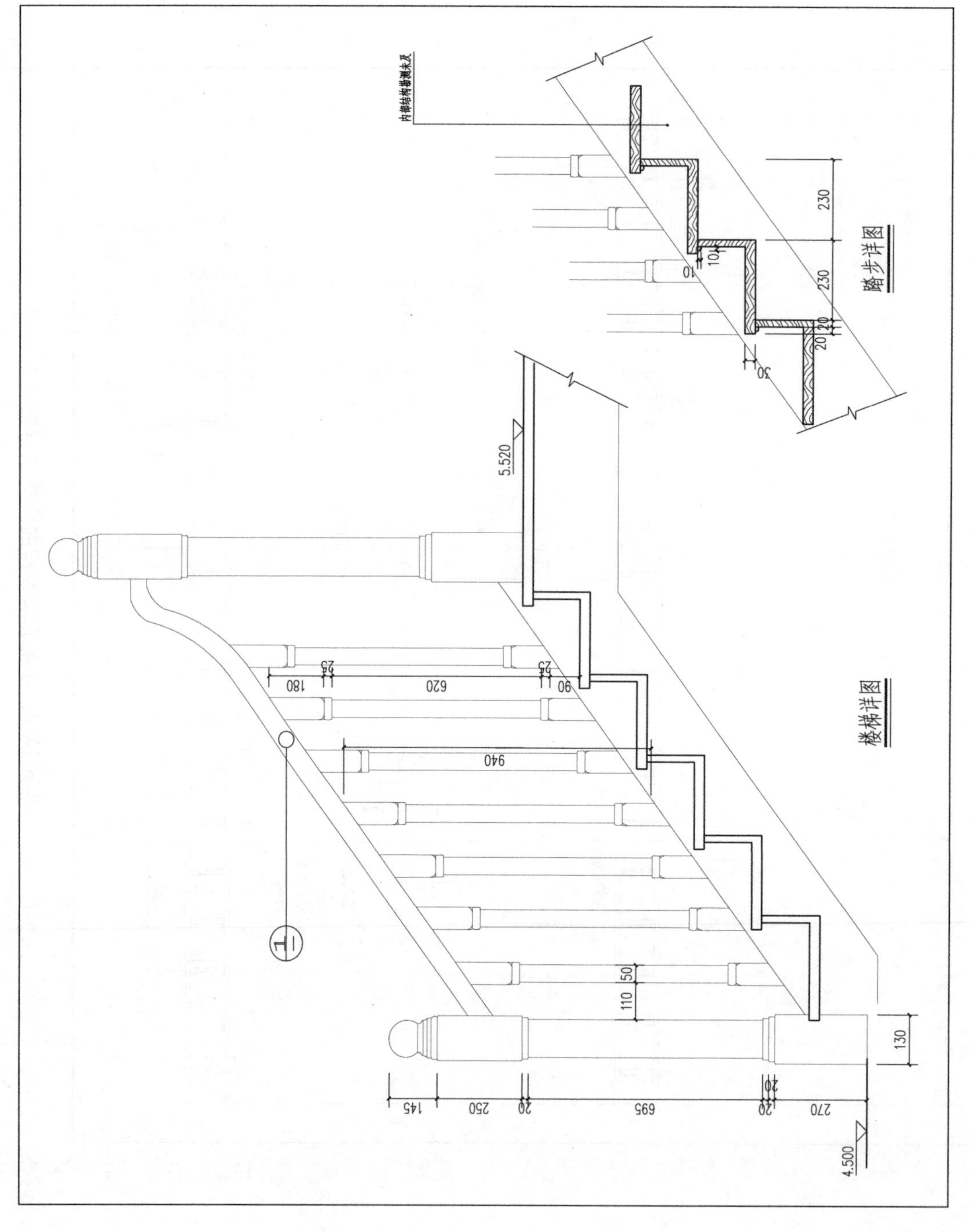

荣成路 23 号建筑楼梯详图

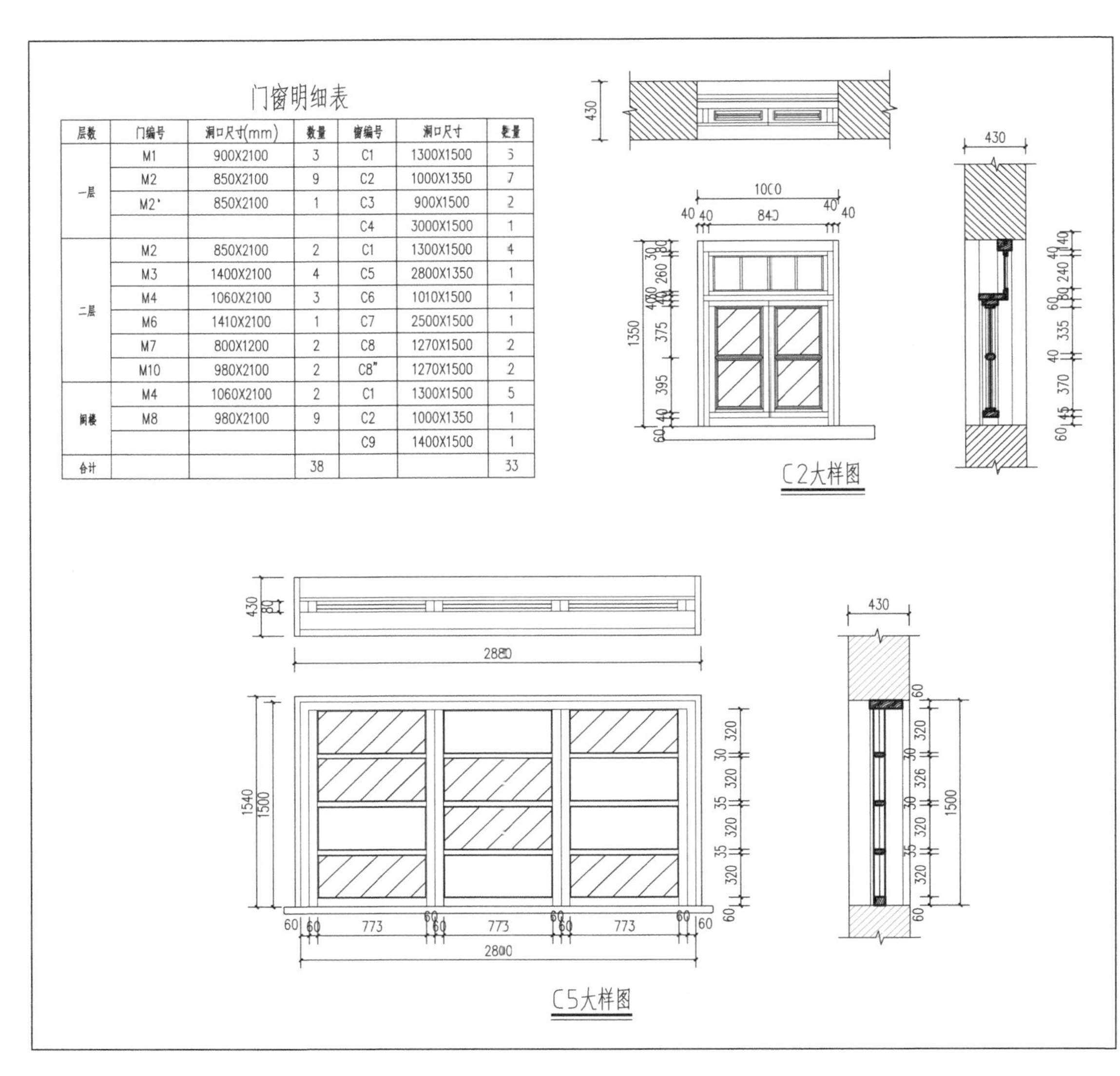

门窗明细表

层数	门编号	洞口尺寸(mm)	数量	窗编号	洞口尺寸	数量
一层	M1	900X2100	3	C1	1300X1500	3
	M2	850X2100	9	C2	1000X1350	7
	M2'	850X2100	1	C3	900X1500	2
				C4	3000X1500	1
二层	M2	850X2100	2	C1	1300X1500	4
	M3	1400X2100	4	C5	2800X1350	1
	M4	1060X2100	3	C6	1010X1500	1
	M6	1410X2100	1	C7	2500X1500	1
	M7	800X1200	2	C8	1270X1500	2
	M10	980X2100	2	C8"	1270X1500	2
阁楼	M4	1060X2100	2	C1	1300X1500	5
	M8	980X2100	9	C2	1000X1350	1
				C9	1400X1500	1
合计			38			33

荣成路 23 号建筑门窗大样图（一）

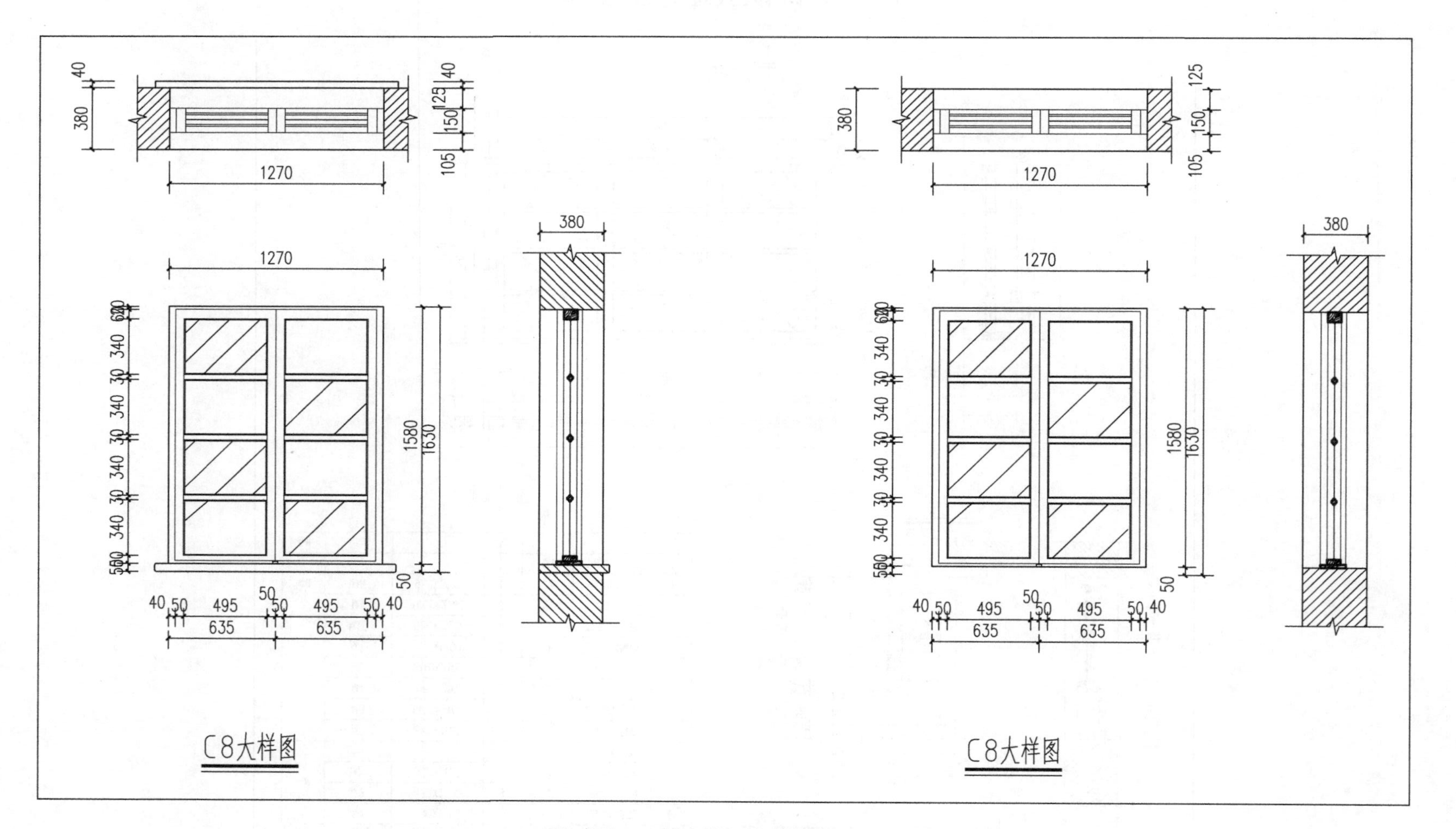

荣成路 23 号建筑门窗大样图（二）

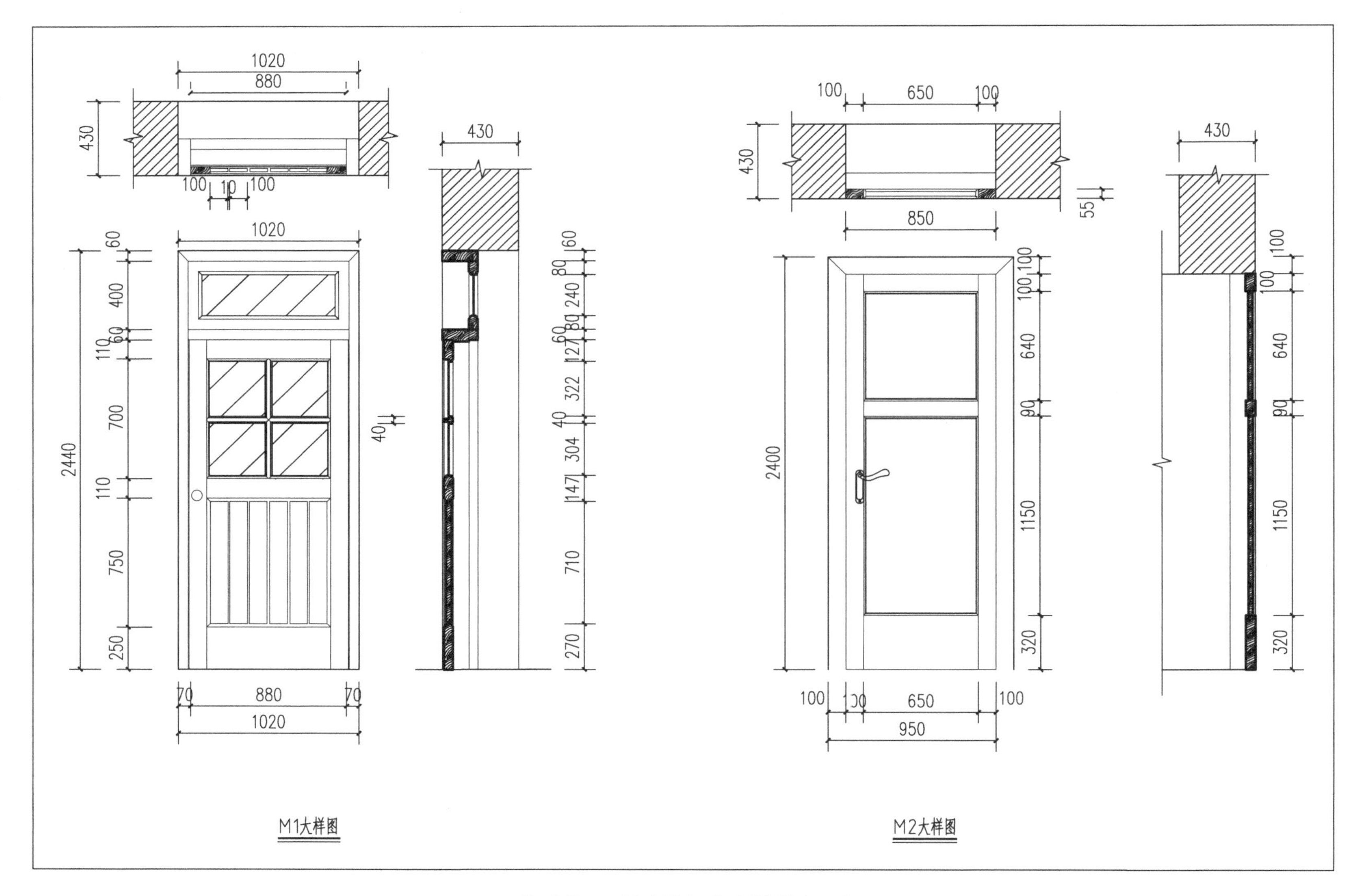

荣成路 23 号建筑门窗大样图（三）

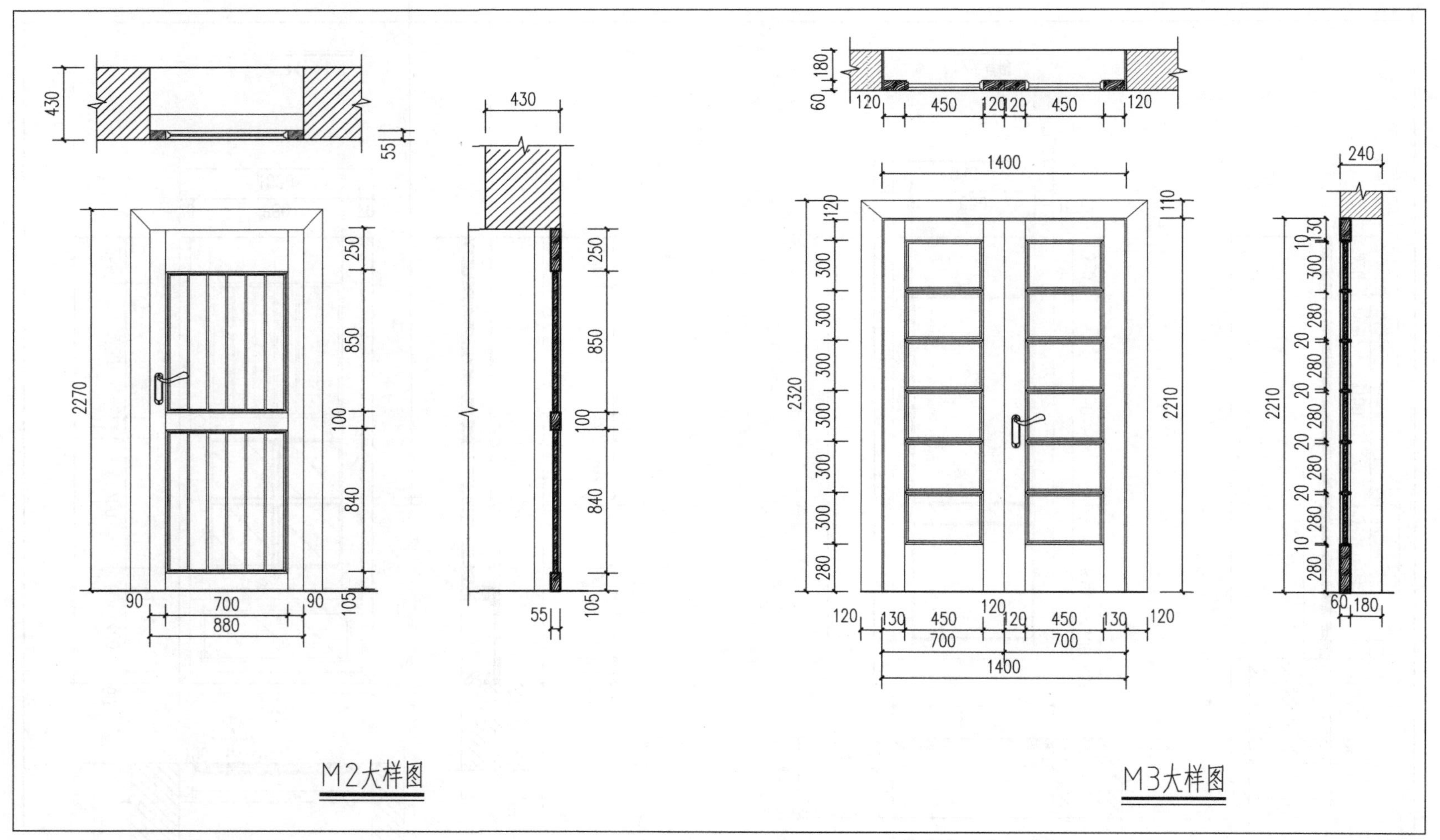

荣成路 23 号建筑门窗大样图（四）

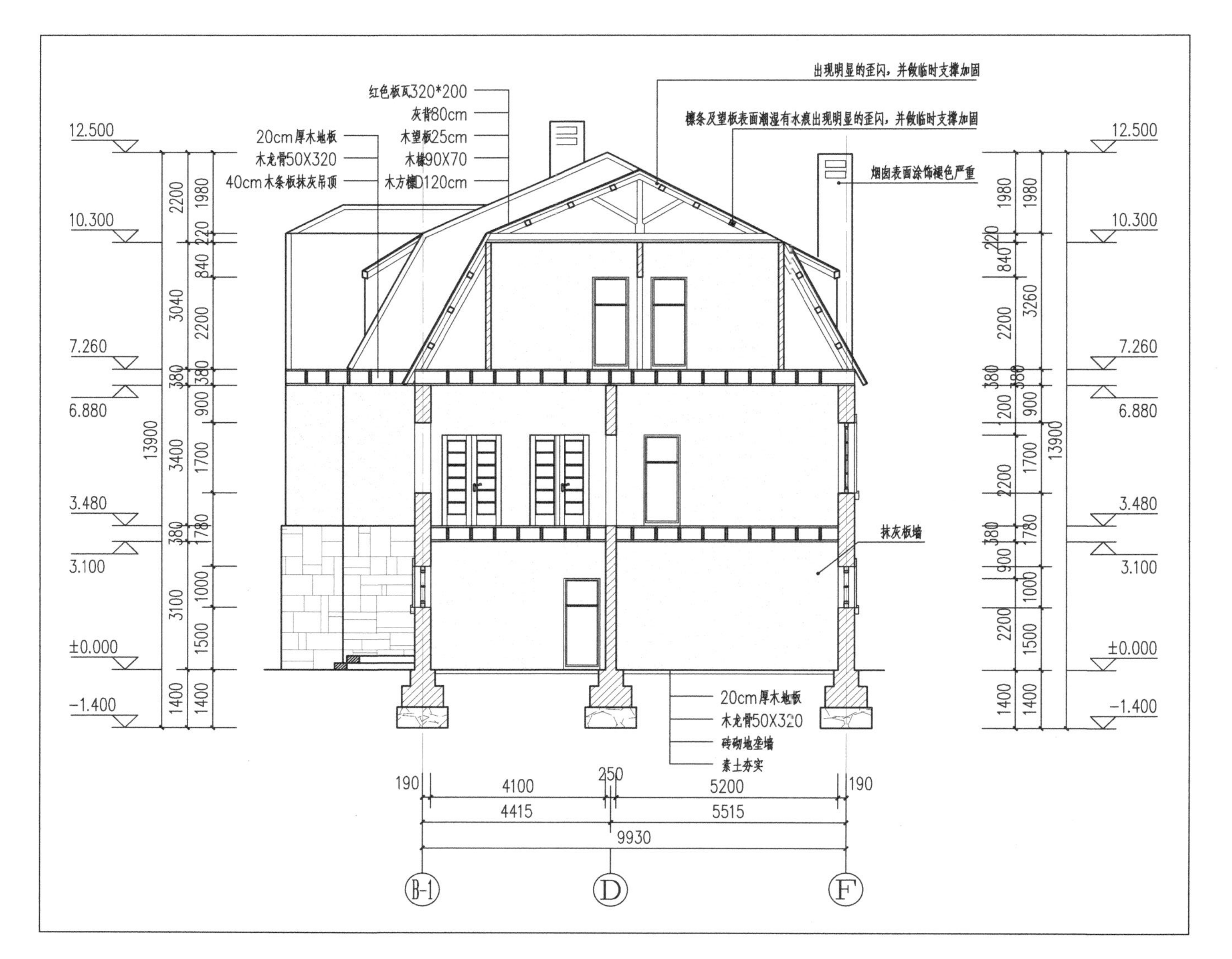

荣成路 23 号建筑 1-1 剖面图

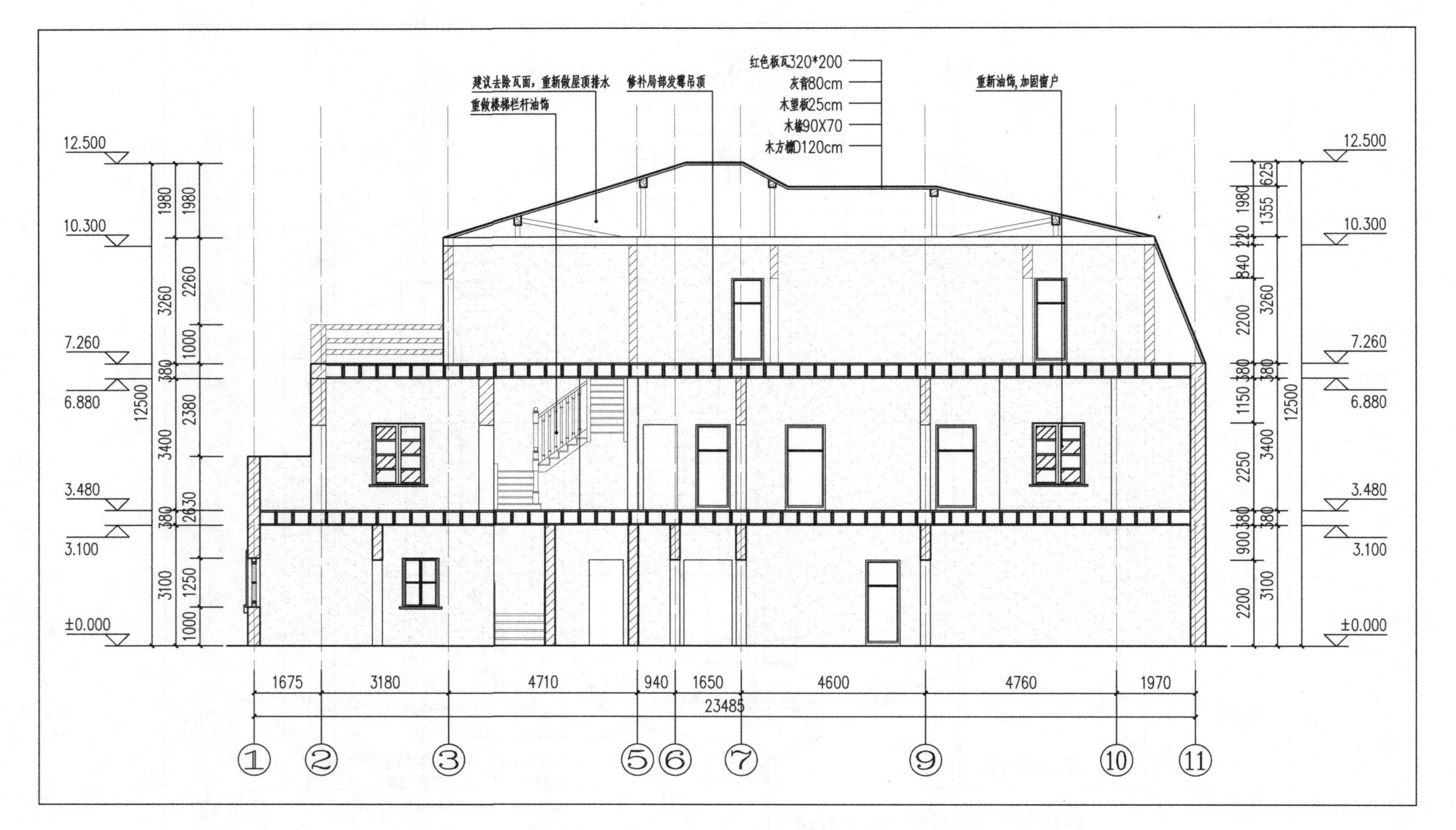

荣成路 23 号建筑 2-2 剖面图

九、荣成路 36 号建筑

（一）建筑修缮方案

1. 建筑院落

残损状况：水泥地面、水泥砖地面保存完好，局部破损。院内东侧及北侧有杂物堆积。院落存在加建改建现象。

残损类型：不当搭建。

修缮方法：拆除建筑两侧院落的搭建用房，整理地面杂物，重新铺装与建筑协调的地面面砖形式。

2. 台基及入口台阶

（1）台基

残损状况：台基基本无破损；基本未出现花岗岩缺棱掉角、铺砖位移、碎裂缺失等不同情况。

残损类型：磨损、侵蚀、污染、裂缝。

修缮方法：加固台基，更换碎裂花岗石石条和铺砖，清理并归安。

（2）入口台阶

残损状况：入口台阶无明显松动歪闪。棱角出现部分剥落。

残损类型：磨损、污染、花岗石砌筑台阶。

修缮方法：逐一清除台阶花岗岩条石污染侵害，更换磨损严重的条石，清理并归安。

3. 地面

（1）水泥地面（阳台等）

残损状况：水泥地面普遍污染严重，局部地面出现裂缝。

残损类型：磨损、侵蚀、裂缝。

修缮方法：平整水泥面层，统一使用干硬性水泥砂浆抹面，其重量配合比为 1:2 ~ 1:3（水泥：粗砂），砂子应为均匀粗砂，擀压密实、平整、光滑。

备注：水泥砂浆抹面的整体效果应近似三合土地面。

（2）木地板

残损状况：地板普遍灰尘污渍污染、油漆褪色、磨损严重，局部地板裂缝；踢脚线板普遍与墙体连接松动，变形脱节严重。楼梯踏步局部棱角破损，超负荷超使用年限使用。

残损类型：污染、磨损、褪色。

修缮方法：木地板基层损坏，有地垄的木地板，如面层完好或损坏不是很严重的应尽量不拆或少拆面层，可以在地垄内加固搁栅和沿椽木。修缮前必须把房间内的荷载卸去，并在地垄墙上铺好防潮层，如沿椽木腐烂应更换。木地板面层损坏，面层小条地板局部松动或磨损，可采用挖补法修缮。新地板板材宽度、纹理等应与原有地板一致，厚度一般上要比原有地板厚1毫米～1.5毫米，把新地板磨平至原有地板平。楼梯间处木楼梯磨损和使用过于频繁，可采取加固措施进一步修缮，增强其承载力。楼面木地板外铺设的后加地板革、地毯根据使用情况和原样进行翻新。

备注：尽量使用原地板材料进行维修。

4. 外立面

（1）加建处理

残损状况：加建落水管影响建筑外观并侵蚀周围墙体，墙体有孔洞及空调支管。

残损类型：空调支架、管线孔洞、饰面缺失。

修缮方法：去除空调支架、管线、管道等后添加物；对于管线管道毁损、破损严重及缺失的花岗岩石饰面，按其相邻的花岗岩石饰面进行补配，新增的饰面应在规格、彩色、纹理上相一致。

（2）污渍处理

残损状况：墙体整体完好，无明显歪闪、裂缝；花岗岩、墙体有个别处污渍变暗，产生污斑。

残损类型：污斑。

修缮方法：墙面污染、泛黄、白华泛碱的清洗，首先外立面清洗过程中对石材必须进行全面的保护，不得有任何形式的损坏，因此设计了窗洞拉结的方式进行脚手架搭设。窗洞拉结采用钢管在窗的内外两侧设置横向钢管箍住窗口，纵向设两根钢管斜拉与脚手架连接。与外墙接触的钢管在端部采用木质套管，避免与外墙直接接触破坏外墙石材。对于无黏性沉积物，使用15%的碳化铵浓缩液在其上作用时间6小时左右即可，待沉积物呈现分裂状后用刷子刷洗表面清除溶剂残余物，并用清水冲洗干净即可。注意：由于15%浓缩液有较浓的挥发性因此须用铝纸或塑料膜盖住浓缩液器皿，同一黏稠液可使用三次。对于普通污染、普通泛黄、白华泛碱的表面污染主要采用物理法（高压水喷洗机）和生物法（生物降解法）清洗为主。较清洁及中度污染面用高压水清洗机清洗。污染严重部位用高压水清洗机加粒子喷射清洗外墙，清洗措施在对外墙面石材采用高压水清洗过程中，考虑到环保，采用特殊配比的喷射粒子，遇水即溶，做到无粉尘污染，并在脚手架上加设了隔离防护，除采用绿网全封闭以外，还设置挤塑隔音板，既可降低噪声也可以避免清洗外墙的高压水枪向路面飞溅，对建筑周边设明排水沟，及时排放墙面清洗用水。

（3）锈蚀斑处理

残损状况：墙面落水管及周边有锈蚀现象。

残损类型：锈蚀斑。

修缮方法：锈蚀斑的清洗采用局部泥敷剂敷贴于锈斑处，敷贴时间为2小时～8小时，视污染程度决定，再用清水冲洗即可。

（4）裂缝孔洞处理

残损状况：墙面出现裂缝、孔洞。

残损类型：裂缝、小孔洞。

修缮方法：石材断裂修复用云石锯片将断裂缝加宽至5毫米，加深至15毫米（增加胶合面积来提高牢度）。裂缝上端打一个5毫米钻孔，作为化学锚固的灌注孔。用ASA石材专用黏结树脂，通过灌注孔利用液体自重对裂缝进行深层灌注，对全部裂缝面进行化学锚固，胶合断裂缝，恢复石材原有的抗力系数，也使原有的裂隙不再有新的变化。用修复体对断裂缝隙进行全部填充，并进行塑型仿真修复。

（5）灰缝处理

残损状况：墙面石材之间灰缝老化，防水性下降。

残损类型：灰缝剥落。

修缮方法：石材灰缝修复，先清除原有的缝隙中垃圾，用水泥搅拌ASA专用防水胶对缝隙深部进行第一道填充防水。用ASA防污型勾缝剂加拌ASA防水胶对缝隙进行第二道防水和装饰勾缝，确保其密实和持久的防水。勾缝剂根据与原缝隙相近的颜色来确定（其主要成分略），尽可能与原勾缝浆相容且表面机理感相同。

5. 梁架

残损状况：内部木梁架残损情况不详。

修缮方法：根据木梁架结构残损程度采取相应的加固措施，具体加固措施详见结构加固措施。

6. 墙体

残损状况：经勘察，未见明显的墙体裂缝，墙体白灰抹面层普遍干裂，污染变暗。

残损类型：污染、变暗。

修缮方法：根据结构加固要求对墙体加固后，按原墙面材质、工艺，统一新作墙体抹灰层；材料的配合比应试配，面层抹灰应试样，达到设计效果后再全面施工有特殊效果的饰面，材料的粒径、质感、色泽应与原墙面基本一致，接缝紧密，表面层的工艺及纹样应与原墙面一致。

7. 门窗

残损状况：木格玻璃窗基本完好，局部门窗扇位移、歪闪磨损严重；木饰油漆普遍干裂褪色，部分门窗铁连接件、玻璃、把手缺失等。

残损类型：油漆褪色剥落、构件破损、窗口封堵。

修缮方法：对移位受损的所有门窗进行归位和维修，对榫卯松脱、框边变形、扭闪的隔扇门窗，采取整扇拆卸，重新归安；边梃和抹头劈裂糟朽时应钉补牢固，严重者应予更换；糟朽、蛀蚀严重的门窗按原式样、材质重新复原，作防腐、防虫处理后归安。木门窗及五金件的修缮以按原样的修复原则进行修缮，施工单位必须事先对历史建筑的木门窗进行统计及调查，取得现场的相关历史图纸的实样，仿制的木门窗实样。设计要求实样木门窗材质应与保留木门窗材质一致，木材基层应先刷底子油漆，再刷新油漆：木门窗必须进行门窗开启的核正，使窗框与框梃关闭严密，开启灵活，方可安装五金零件；所安装的五金零件位置应正确，使用应灵活，松紧适宜，安装螺钉不应有松动现象：应检查原有执手、撑杆、合页等五金件，尽量去锈，并尽量恢复原有五金件。

8. 装修装饰

（1）内壁、天花吊顶及木墙裙

残损状况：现新装修的内部基本完好。

修缮方法：维持原有装修，并根据残损状况进行对应的修缮。

（2）室内家具、壁炉等装饰

残损状况：现存家具及壁炉存在缺失状况。

修缮方法：按民国早期风格补配家具及壁柜缺失构件；维修现存壁炉，清理修补欧式木壁炉构件，统一油饰。

9. 屋面

（1）平顶屋面

残损状况：平顶屋面基本保存完好，圆形塔楼上方有部分残损。

修缮方法：对平屋顶外露阳台进行清理平整，增添或改善隔热层、防水层。

（2）陶瓦坡顶屋面

残损状况：陶瓦屋面基本完好，无剥落褪色，局部坡顶有瓦面破损现象。

修缮方法：由于屋面陶瓦年久失修，因此，需要统一进行瓦顶揭瓦维修；拆卸瓦件前，应详细记录拆卸构件的规格、位置、有无防水处理；拆卸后对陶瓦进行清理，更换锈蚀渗漏严重的陶瓦片；安装时严格按拆卸记录予以修复及复原，安装时注意与基座的连接应安全、牢固、可靠。配件要根据构件部位的材质、规格及尺寸进行选择，既要保证质量又要尽量考虑构件统一。

（3）雨水管

残损状况：铁质排水管件基本完好，局部管件生锈松动；侵蚀周围墙体；前檐北侧排水槽锈蚀漏雨严重。

残损类型：锈蚀。

修缮方法：更换锈蚀严重的排水管件，加固管件连接；统一刷防锈蚀及防水油漆两至三道。

（4）烟囱

残损状况：烟囱有部分条石缺失，破损。

残损类型：年久失修。

修缮方法：对残损部位按原样进行修补。

（二）修缮设计图纸

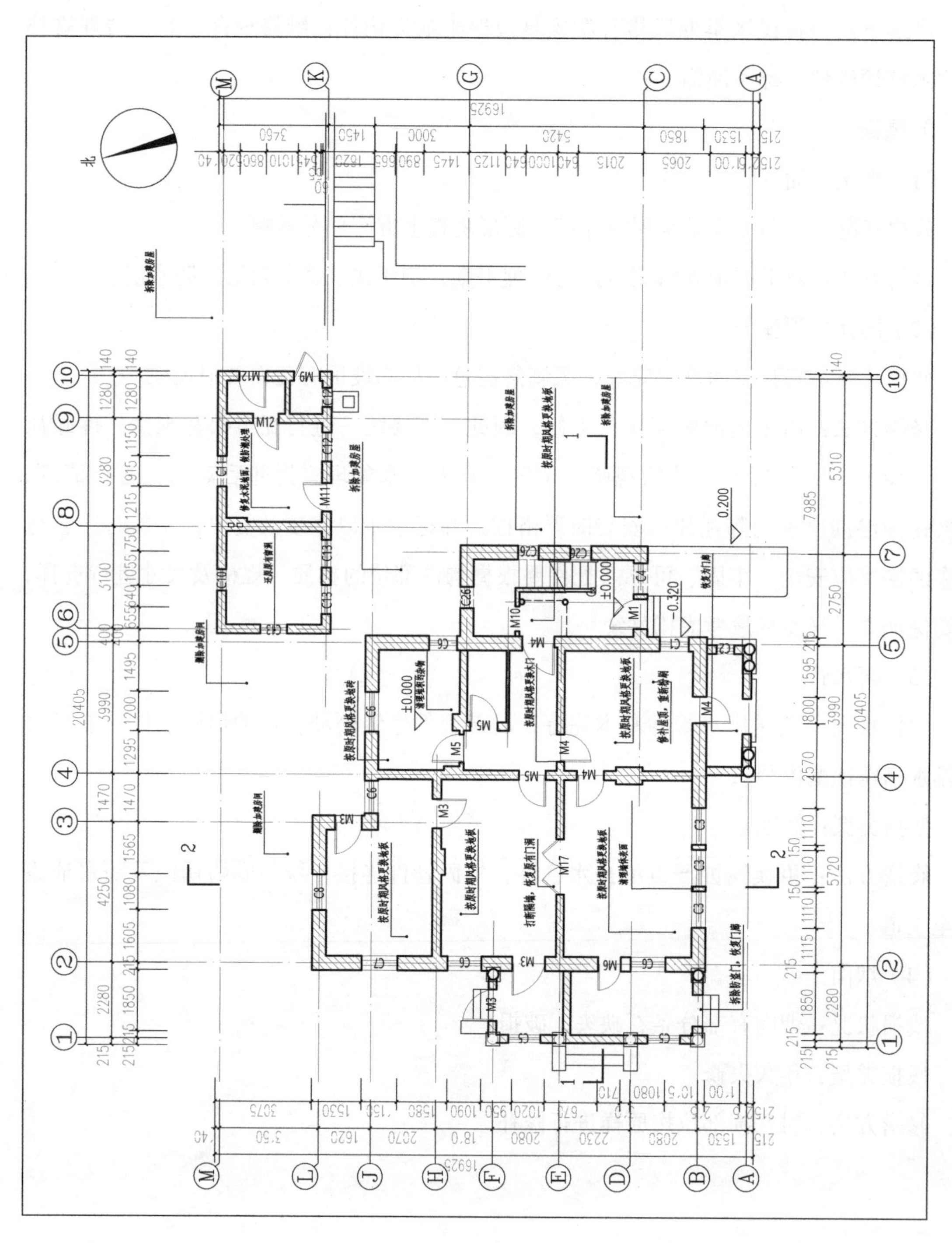

荣成路36号建筑首层平面图

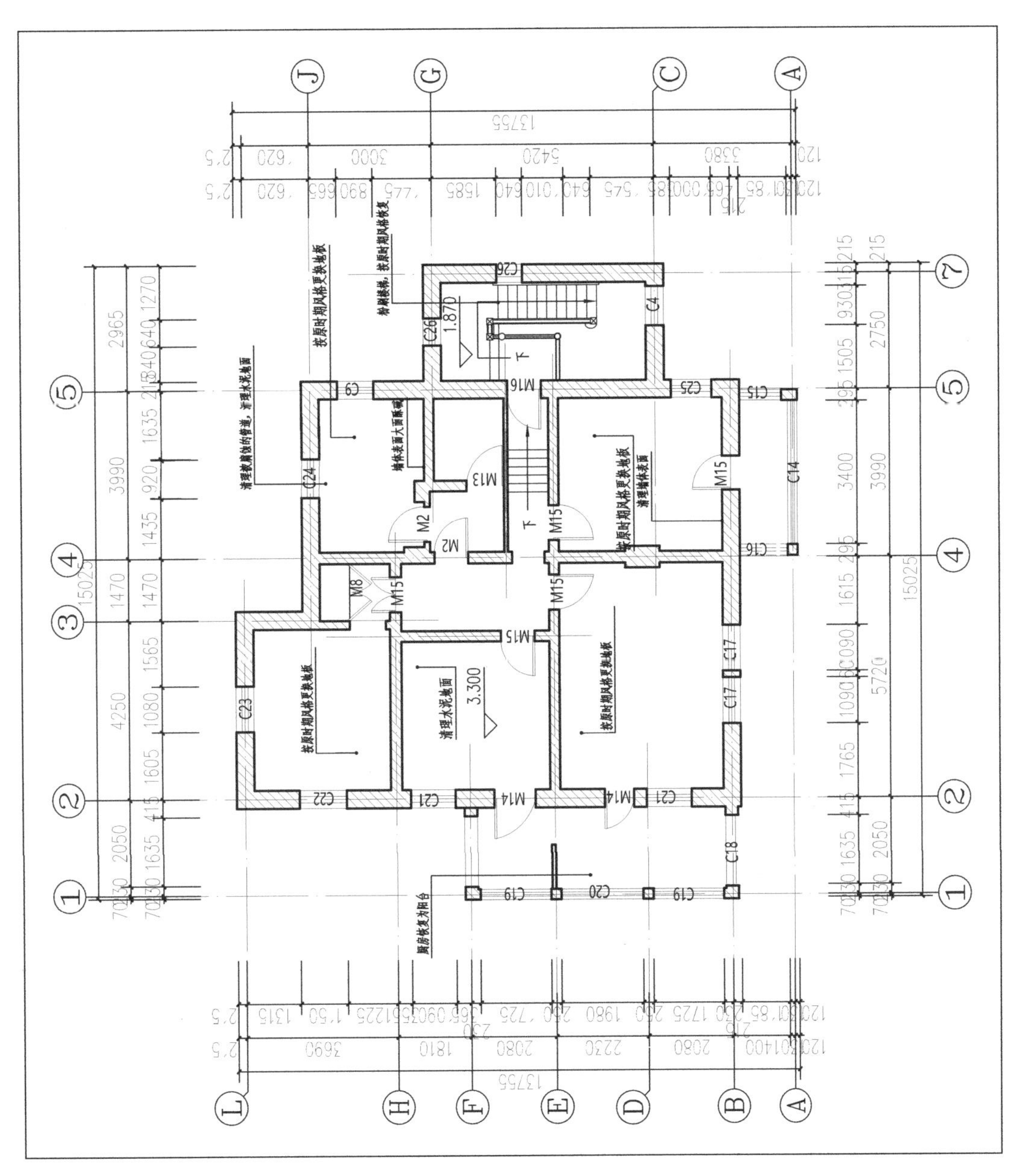

荣成路 36 号建筑二层平面图

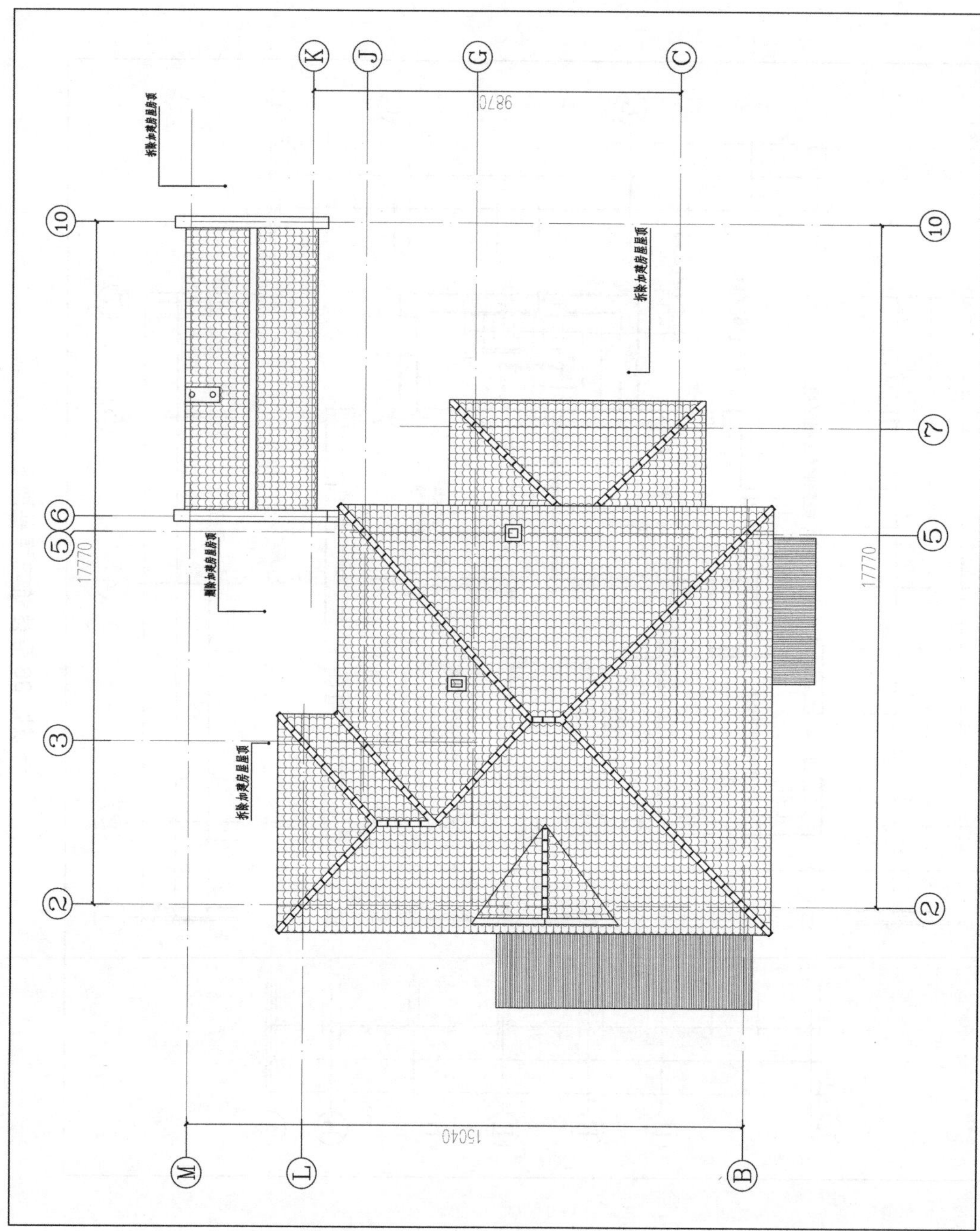

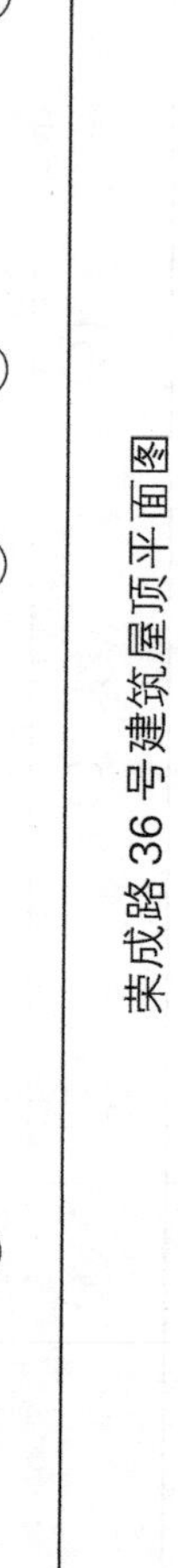
荣成路 36 号建筑屋顶平面图

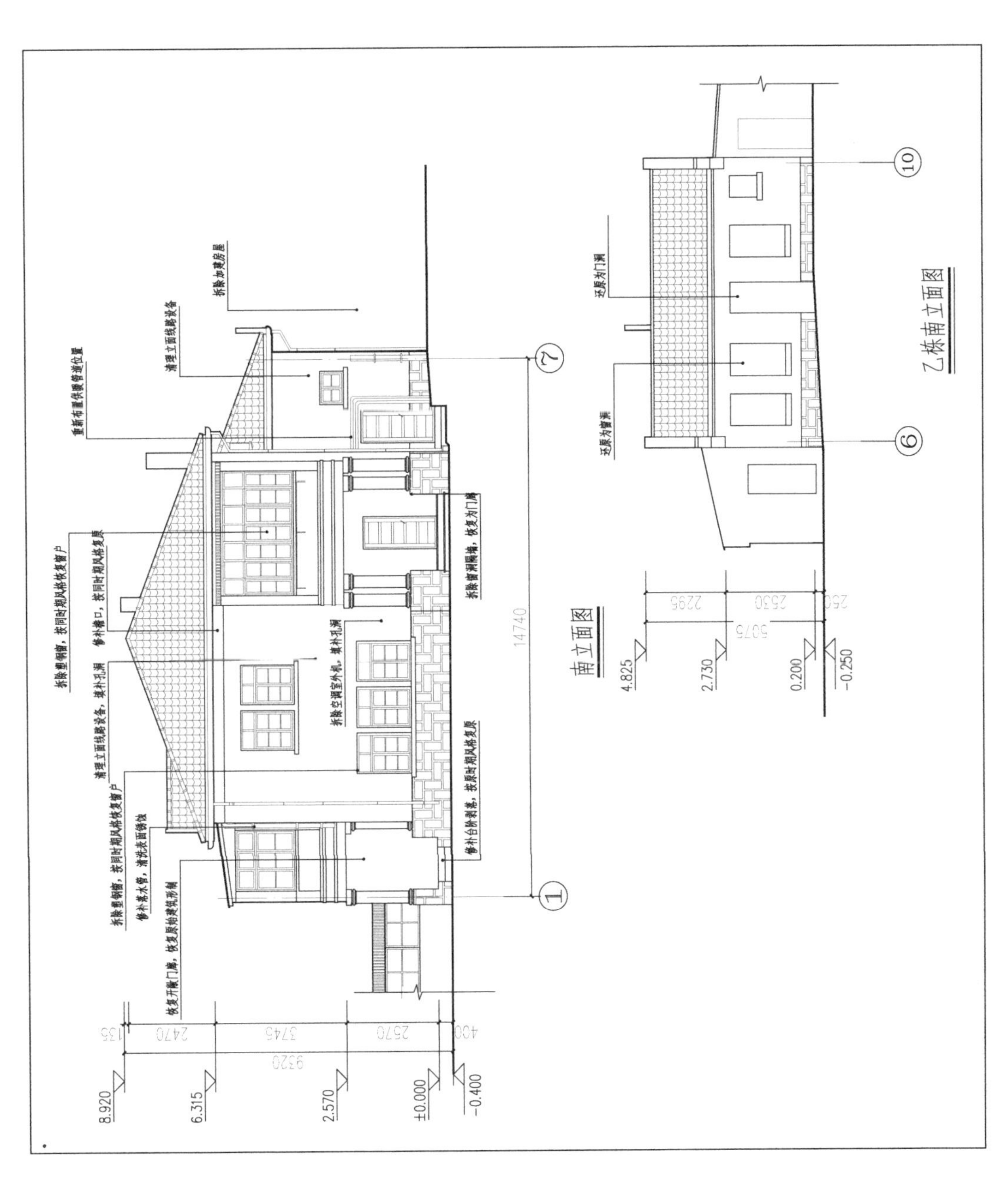

荣成路36号建筑南立面图

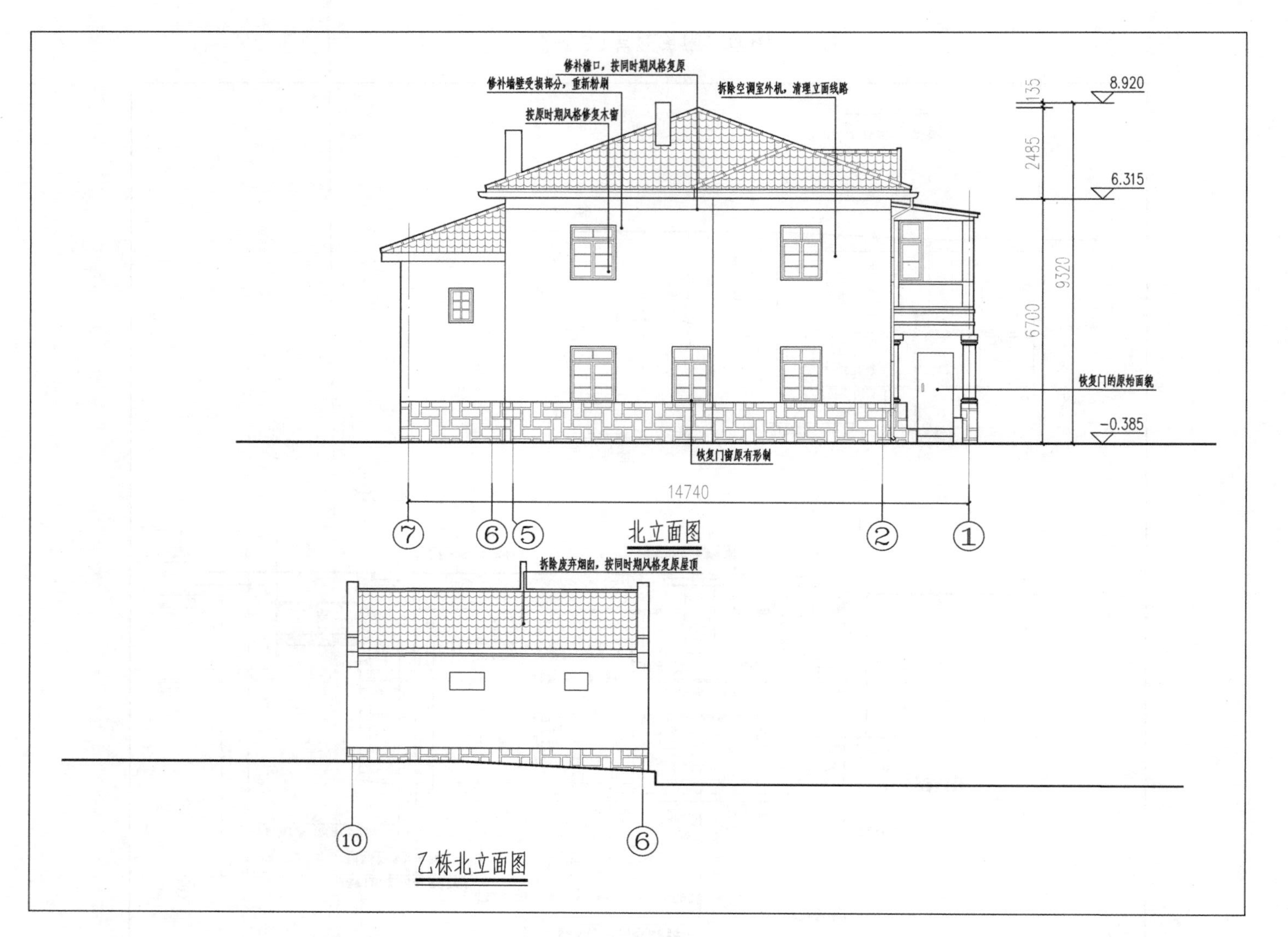

荣成路 36 号建筑北立面图

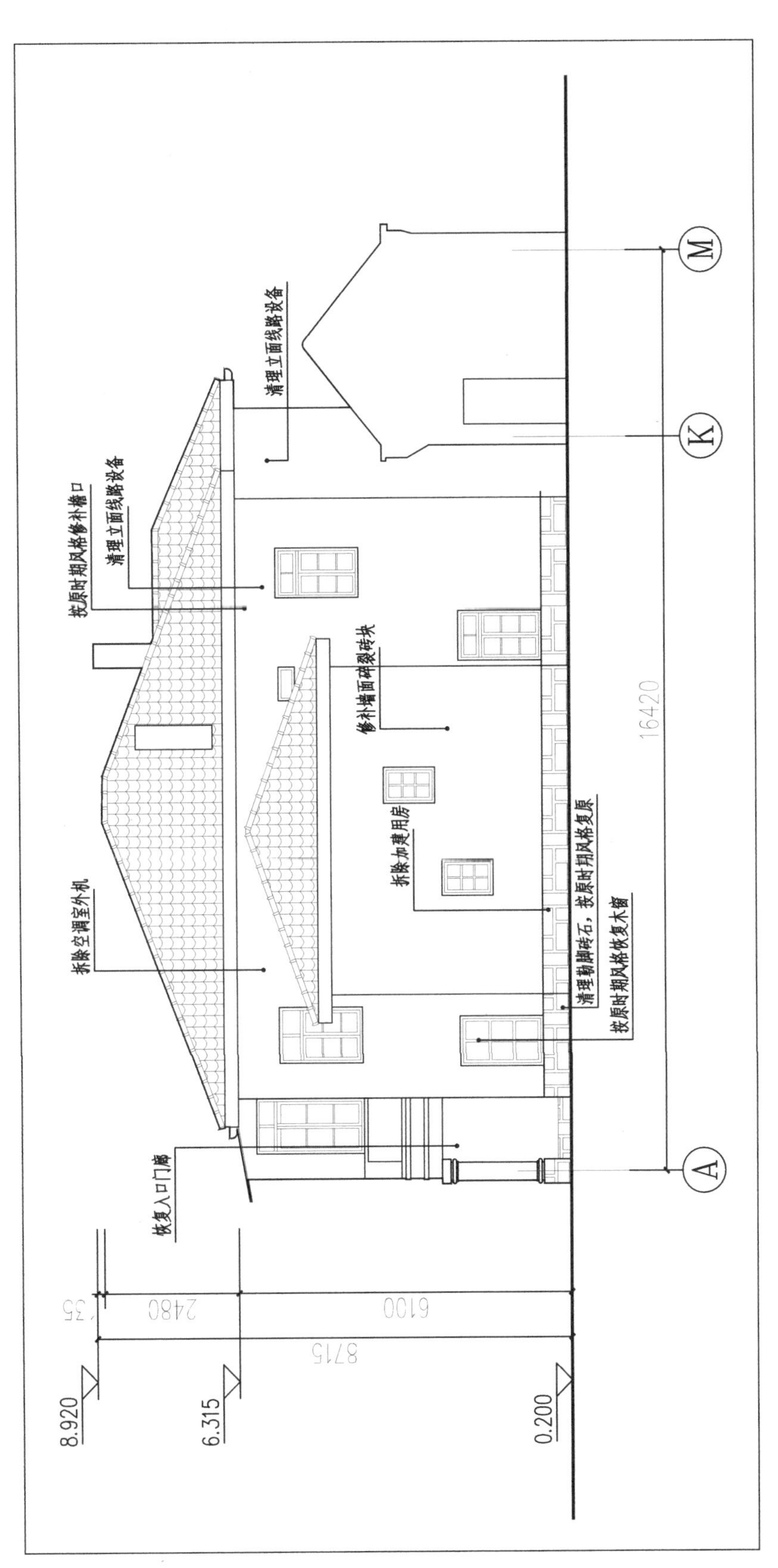

荣成路 36 号建筑东立面图

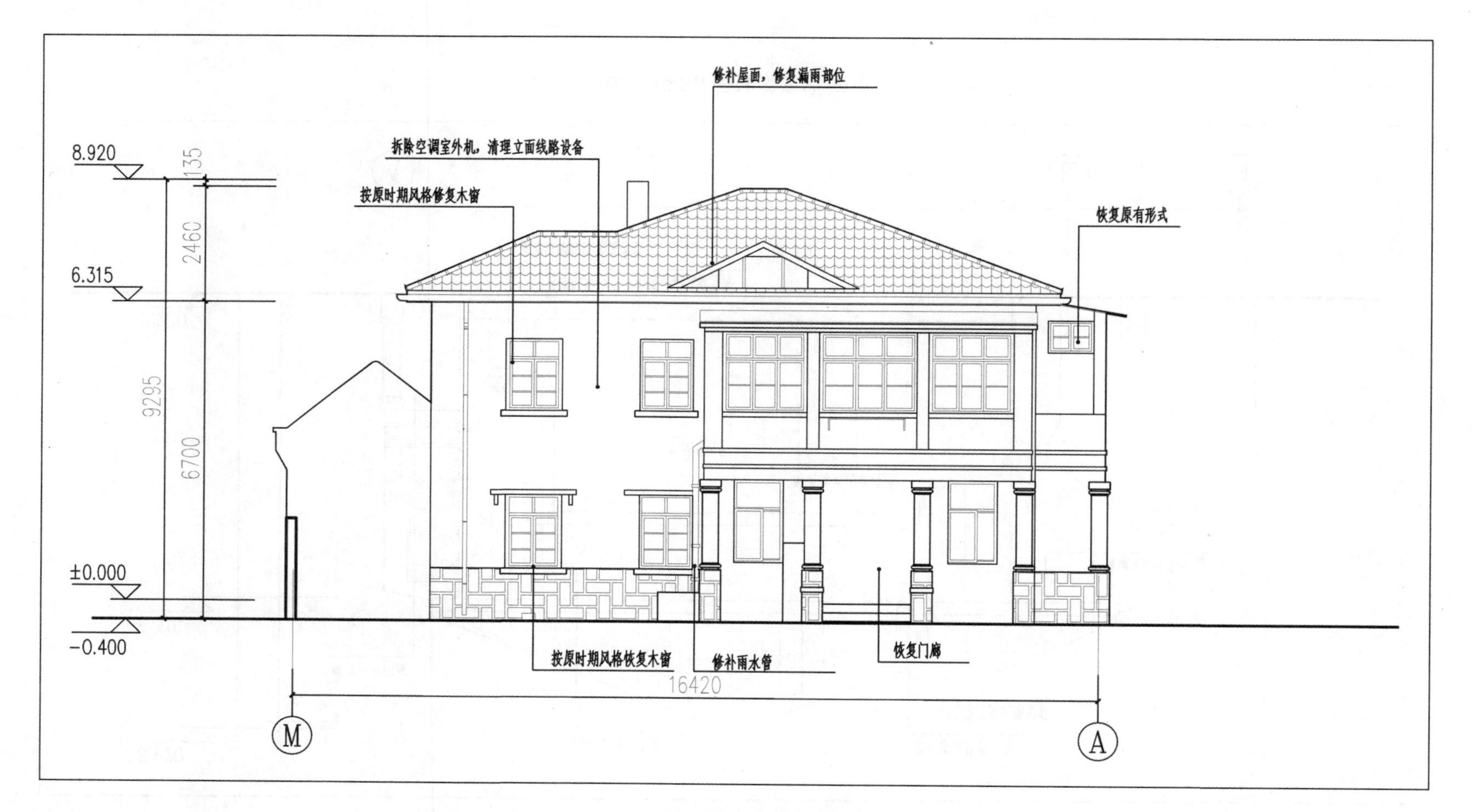

荣成路 36 号建筑西立面图

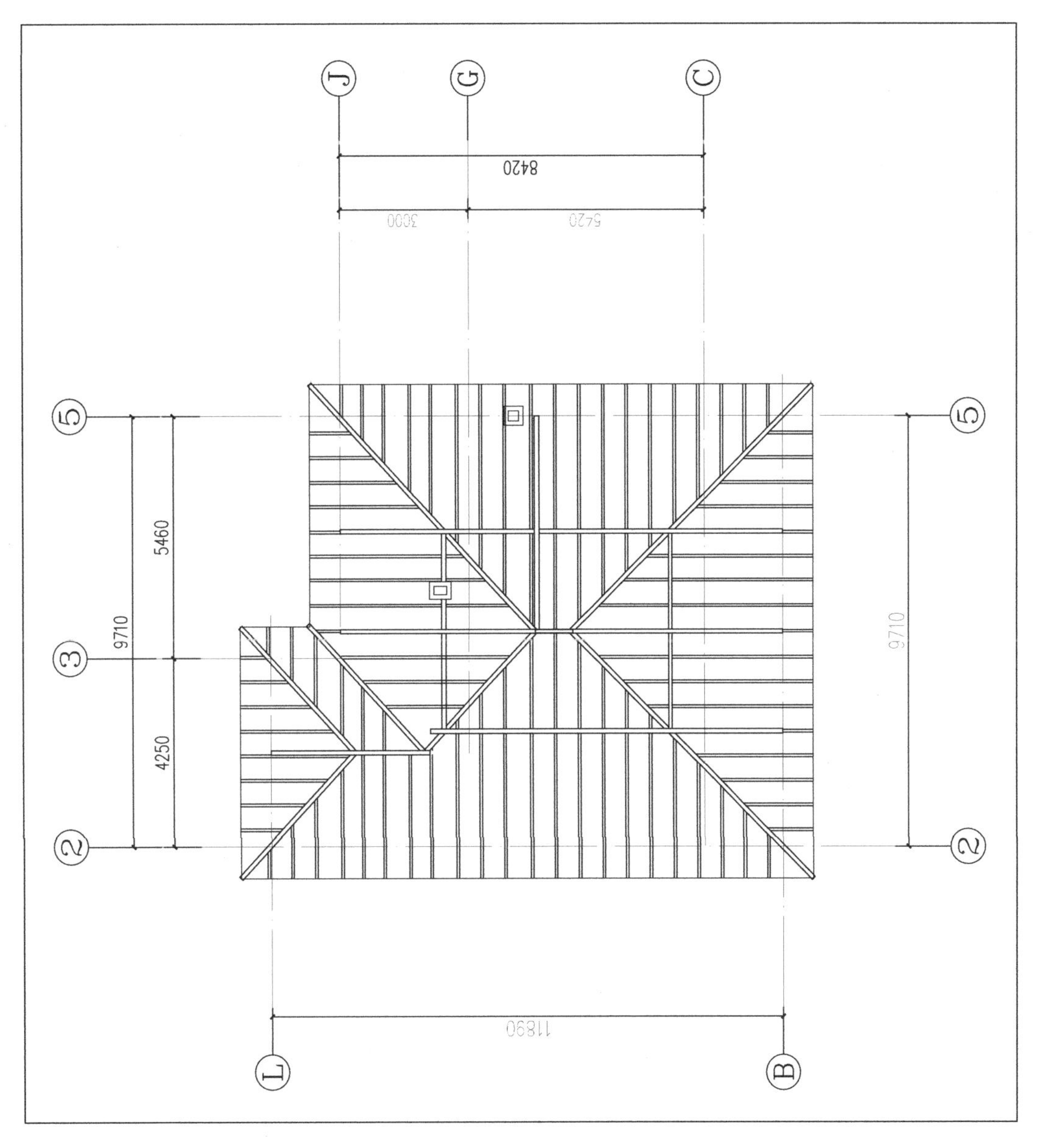

荣成路 36 号建筑梁架仰视图

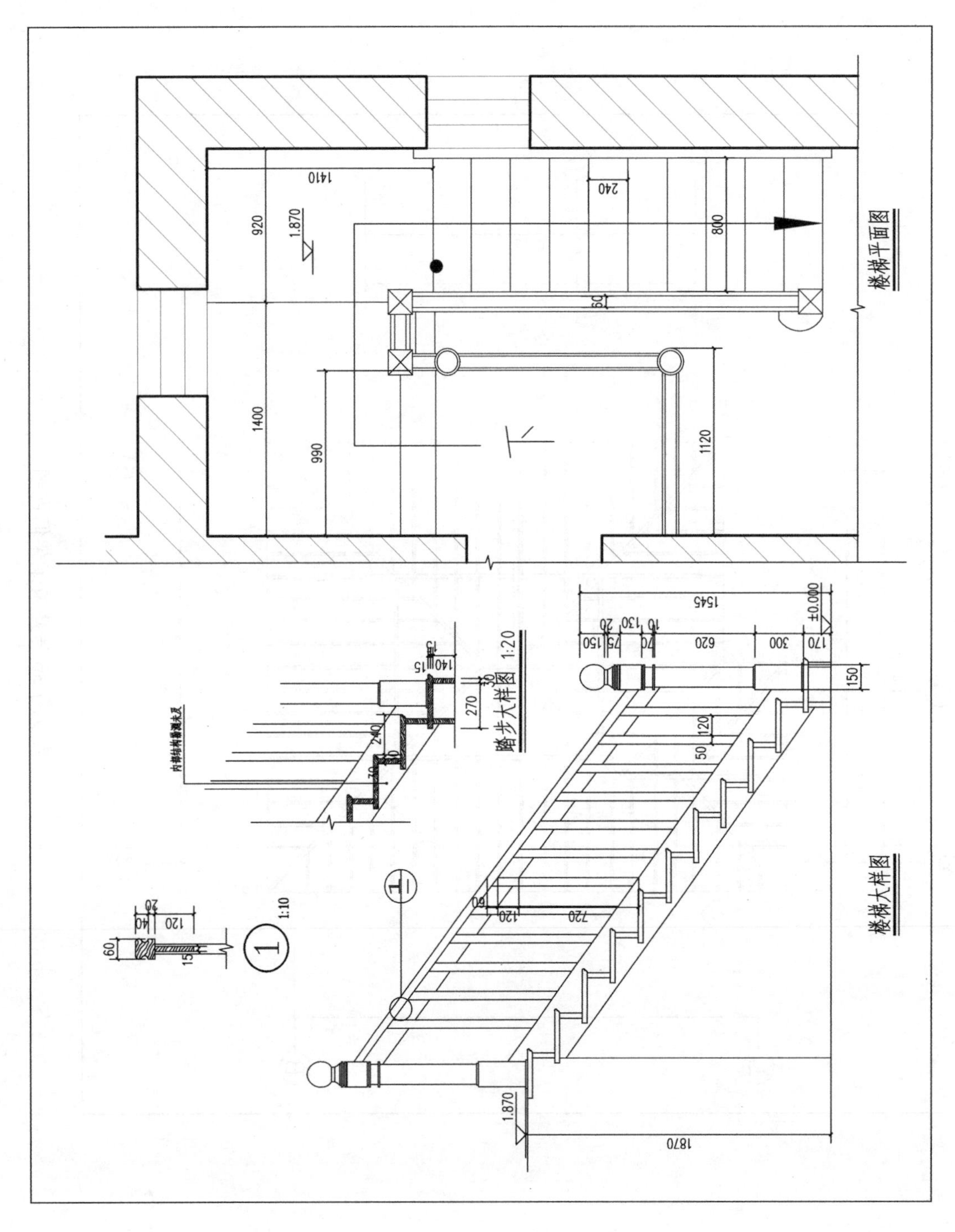

荣成路 36 号建筑楼梯大样图

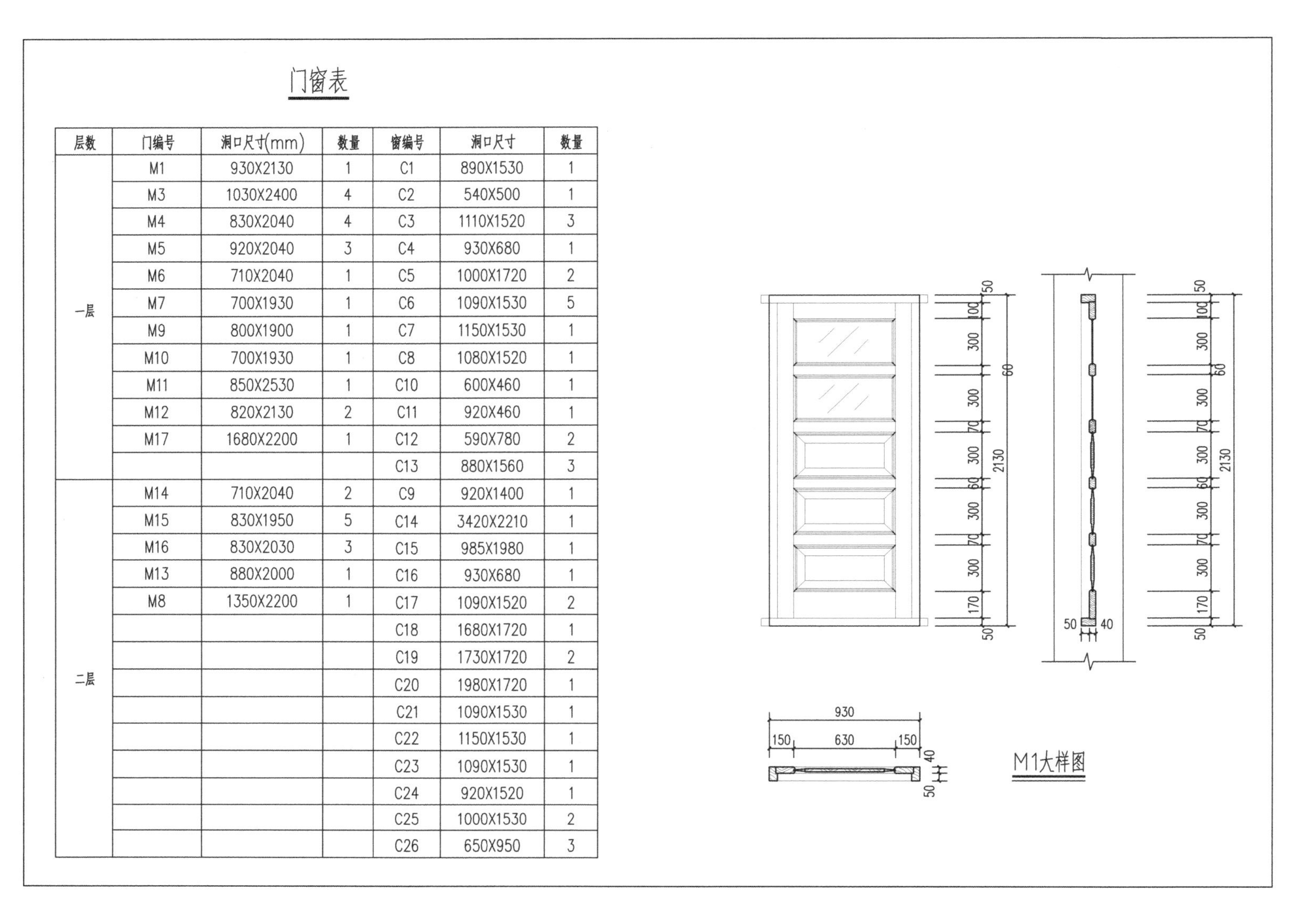

门窗表

层数	门编号	洞口尺寸(mm)	数量	窗编号	洞口尺寸	数量
一层	M1	930X2130	1	C1	890X1530	1
	M3	1030X2400	4	C2	540X500	1
	M4	830X2040	4	C3	1110X1520	3
	M5	920X2040	3	C4	930X680	1
	M6	710X2040	1	C5	1000X1720	2
	M7	700X1930	1	C6	1090X1530	5
	M9	800X1900	1	C7	1150X1530	1
	M10	700X1930	1	C8	1080X1520	1
	M11	850X2530	1	C10	600X460	1
	M12	820X2130	2	C11	920X460	1
	M17	1680X2200	1	C12	590X780	2
				C13	880X1560	3
二层	M14	710X2040	2	C9	920X1400	1
	M15	830X1950	5	C14	3420X2210	1
	M16	830X2030	3	C15	985X1980	1
	M13	880X2000	1	C16	930X680	1
	M8	1350X2200	1	C17	1090X1520	2
				C18	1680X1720	1
				C19	1730X1720	2
				C20	1980X1720	1
				C21	1090X1530	1
				C22	1150X1530	1
				C23	1090X1530	1
				C24	920X1520	1
				C25	1000X1530	2
				C26	650X950	3

荣成路 36 号建筑门窗表、M1 大样图

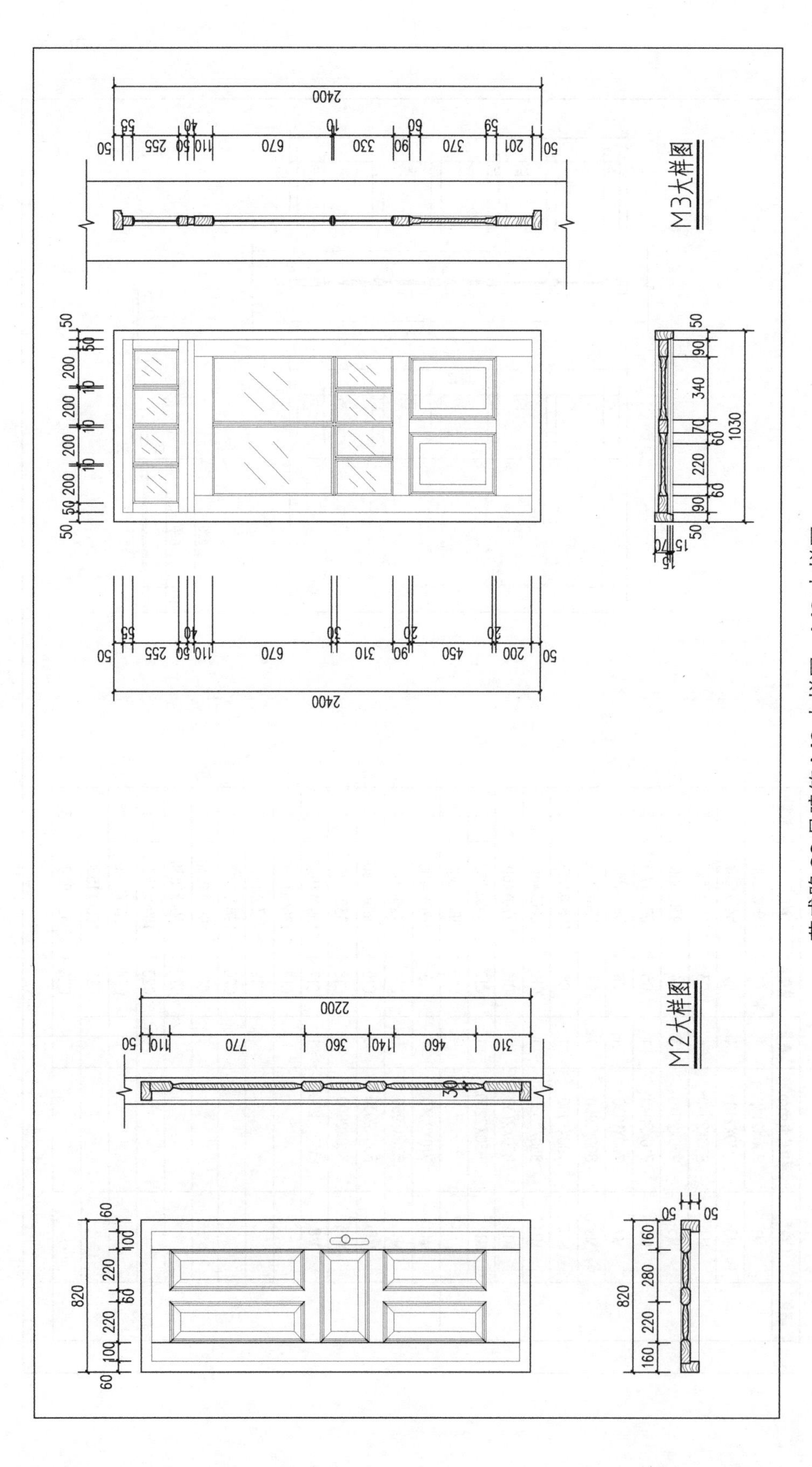

荣成路 36 号建筑 M2 大样图、M3 大样图

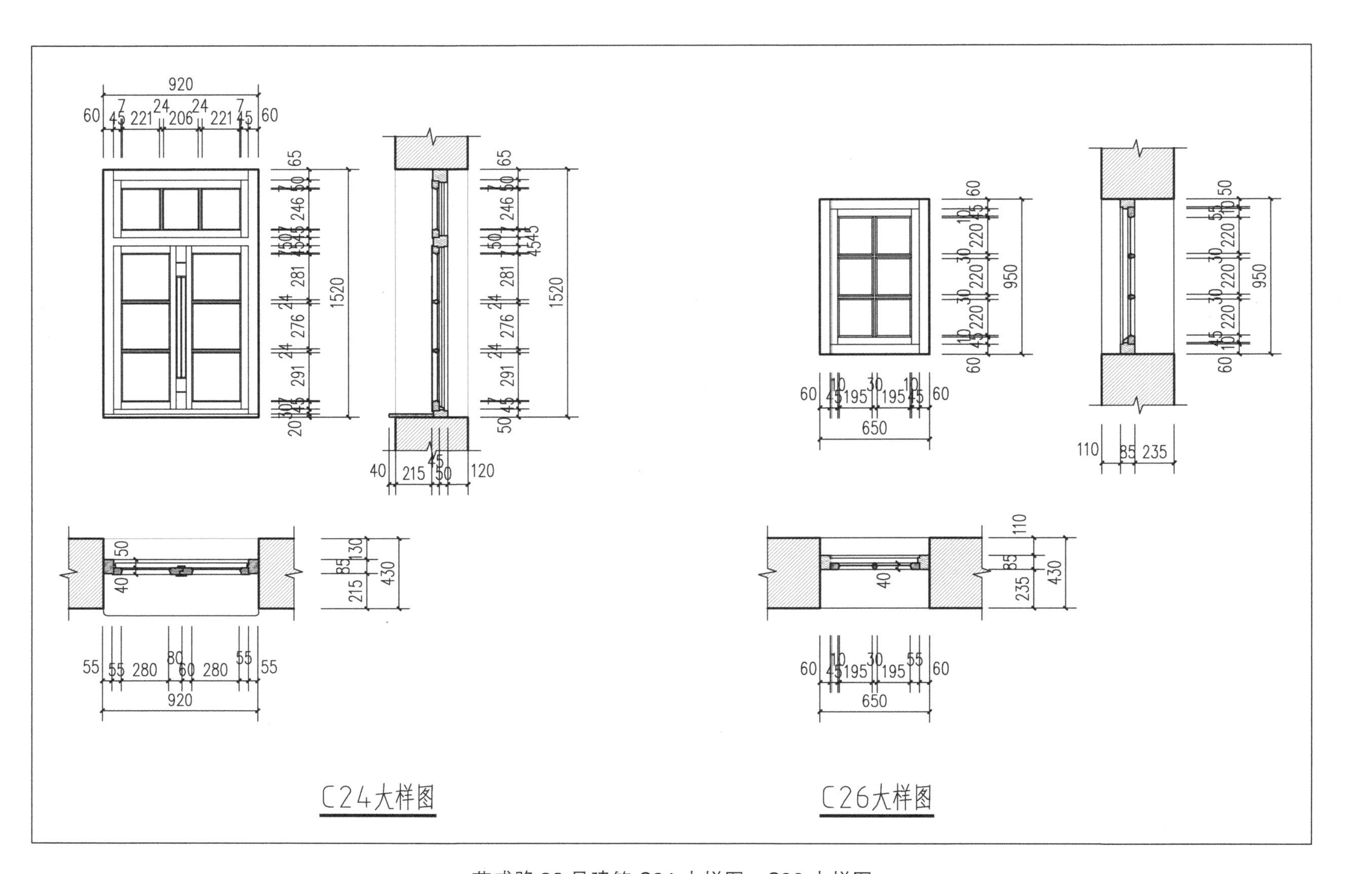

荣成路 36 号建筑 C24 大样图、C26 大样图

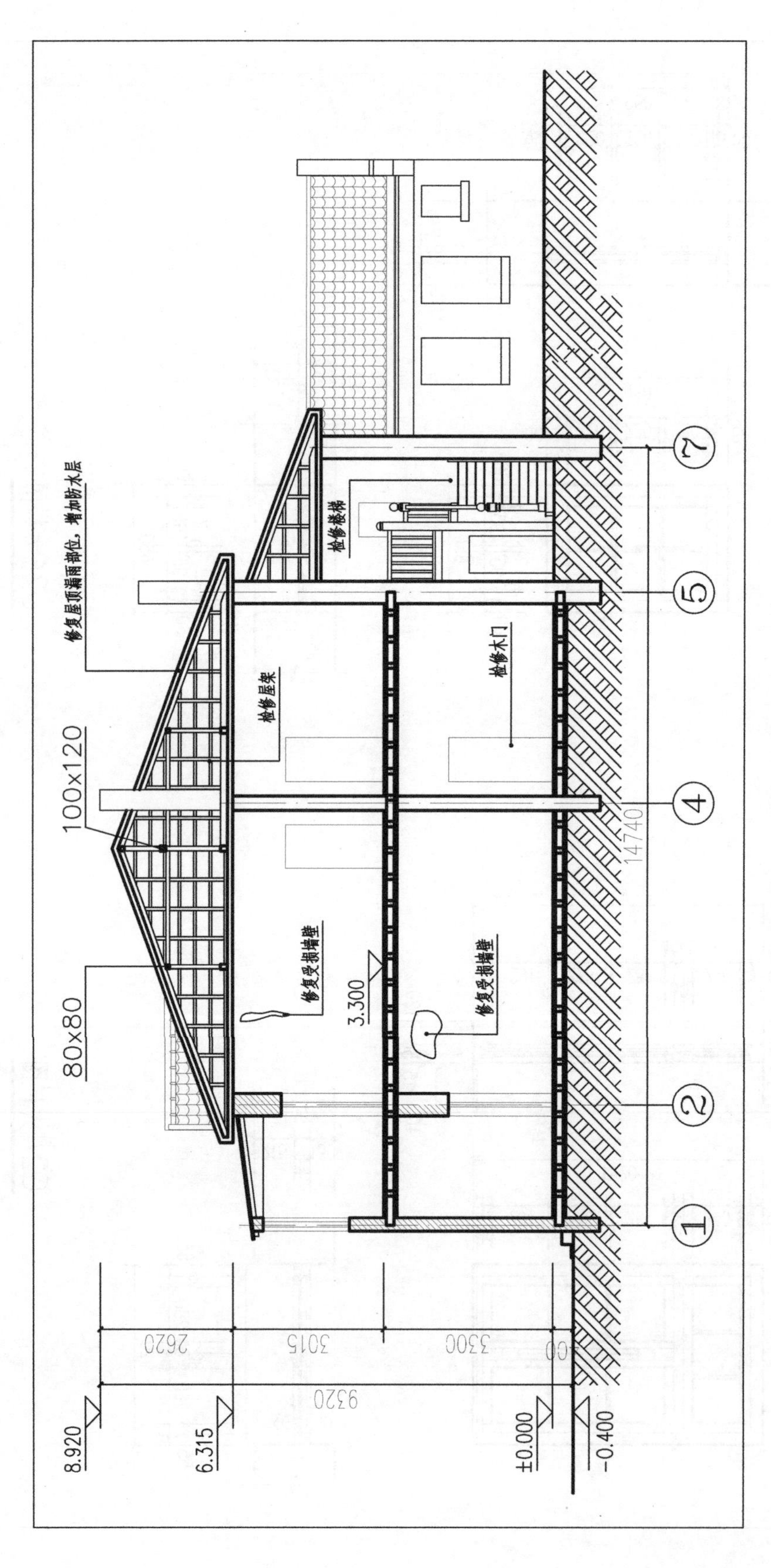

荣成路 36 号建筑 1—1 剖面图

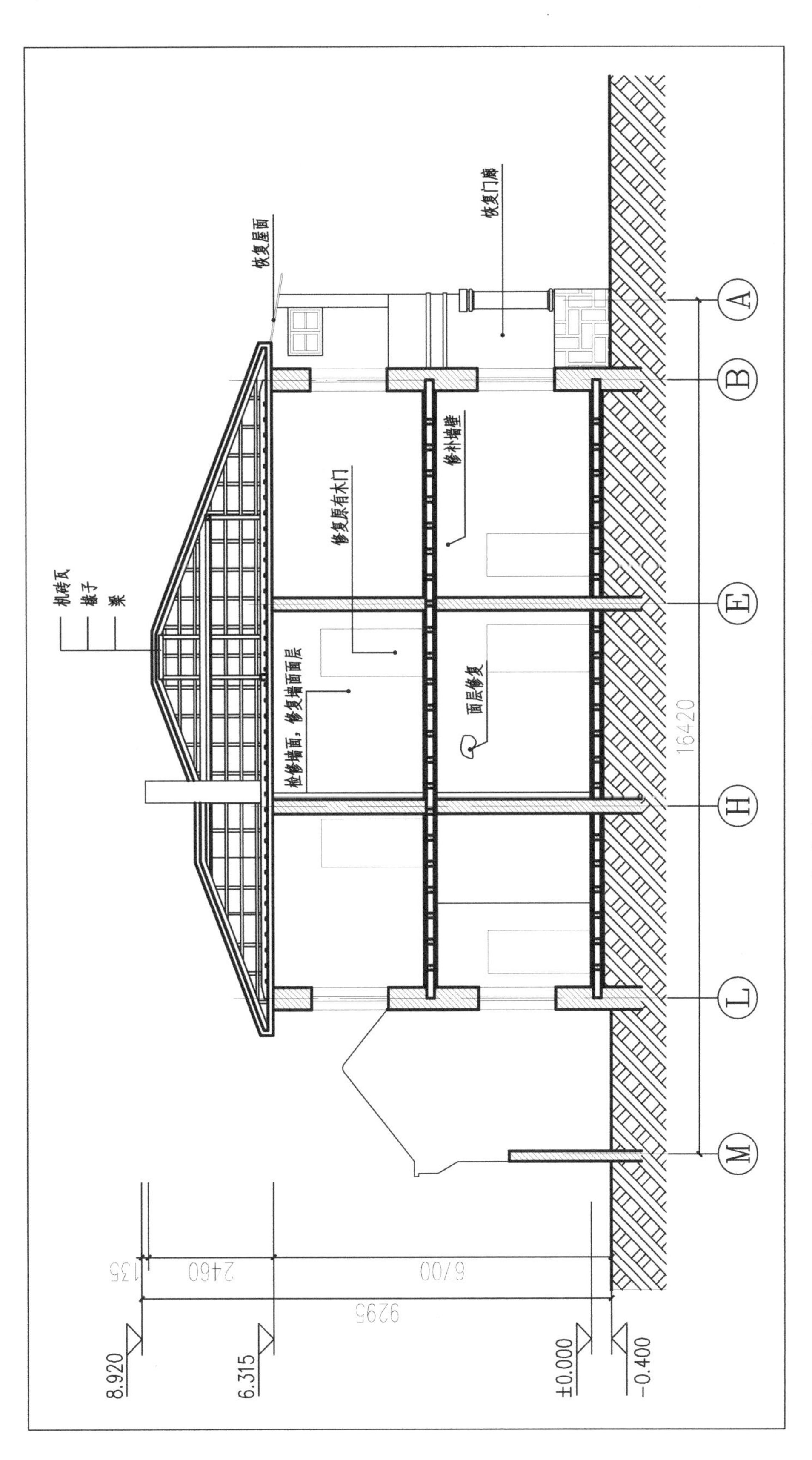

荣成路 36 号建筑 2-2 剖面图

参考文献

[1]《融合万方——八大关》编委会．融合万方——八大关．北京：文物出版社，2007

[2] 汪坦、藤森照信．中国近代建筑总览——青岛篇．北京：中国建筑工业出版社，1992

[3] 宋连威．青岛城市老建筑．青岛：青岛出版社，2005

[4] 卢晶．青岛八大关风景度假区景观建筑研究．西安建筑科技大学硕士学位论文，2006

[5] 李彩．青岛近代城市规划历史研究．武汉理工大学硕士学位论文，2005

[6] 青岛市档案馆藏．青岛特别市暂行建筑规则，1932

[7] 青岛市文物局藏．八大关地区建筑报批图纸复印版

附录：结构检测报告

一、居庸关路 10 号建筑（公主楼）结构检测报告

（一）工程概况

公主楼位于青岛市居庸关路 10 号，该工程为地下一层、地上二层、局部三层的砖木结构，方形花岗岩砌基，墨绿色沾灰墙，多折坡屋面。正门南向，九级石阶至南挑台，上为露天凉台。右翼为高 15 米尖瓦顶翼楼，自下而上收分明显，使建筑显得挺拔、高耸。窗套为小方块釉瓷镶边，东南、西南角从主建筑红线后退 2 米，有耳门，一、二层为弧形露天阳台。建筑设计多用折角，线条流畅，造型挺拔，亭亭玉立。

（二）检验鉴定项目

1. 检查结构体系，测绘工程平面布置图。

2. 采用回弹法检验墙体砖和砌筑砂浆强度。

3. 在混凝土构件上钻取混凝土圆柱体芯样，作抗压试验，并对回弹法测试结果进行修正。

4. 用回弹法检验构件的混凝土强度。

5. 采用磁感仪检验混凝土构件配筋数量。

6. 抽检结构构件的尺寸。

7. 采用经纬仪测量工程的倾斜。

8. 检查工程使用现状，检查工程抗震加固情况和措施，检查结构的外观缺陷情况。

9. 结合工程检验结果，对结构进行承载力验算，对结构的安全性做出鉴定，并提出相应的处理建议。

（三）检验鉴定依据

1.《建筑结构检测技术标准》（GB/T 50344-2004）

2.《砌体结构现场检测技术标准》（GB/T 50315-2000）

3.《回弹法检测砌体中普通黏土砖抗压强度检验细则》（BETC-JC-307A）

4.《钻芯法检测混凝土强度技术规程》（JGJ/T 384-2016）

5.《回弹法检测混凝土抗压强度技术规程》（JGJ/T 23-2001）

6.《磁感应测定仪检测构件配筋检验细则》（BETC-JC-305A）

7.《建筑结构荷载规范》（GB 50009-2001）

8.《建筑抗震鉴定标准》（GB-50023-95）

9.《砌体结构设计规范》（GB 50003-2001）

10.《混凝土结构设计规范》（GB 50010-2002）

11. 该工程现场检测结果。

12. 工程检验委托书。

（四）检验结果

1. 结构体系的检查

该楼为砖木结构，地下室顶板及一层悬挑平台为混凝土楼板，其余楼面均为木质木梁结构，屋顶为木质屋架，干挂瓦屋面。

该楼地下室墙体外墙以600毫米厚砖墙为主（以块石砌筑为主），辅以420毫米厚外墙（砖砌为主），地下室内墙墙体厚度为420毫米；一层墙体为砖砌墙体，一层外墙墙体厚度为420毫米，内墙墙体厚度300毫米～420毫米；二层墙体为砖砌墙体，二层外墙墙体厚度为420毫米，内墙墙体厚度150毫米～420毫米；局部三层，墙体为砖砌墙体，塔楼及楼梯间墙体厚度420毫米，其余以150毫米厚为主。

2. 基础状况

基础未发现沉降现象，基础未发现明显严重风化现象。

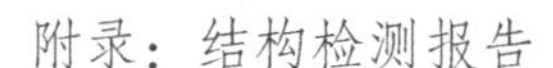

3. 房屋整体倾斜状况

通过测量计算得，该建筑物高度为 15.232 米，南立面观测偏移量△南 =-0.009，东立面观测偏移量△东 =0.012，整体偏移量 0.015，倾斜度为 0.98‰。

4. 砖与砂浆强度检验结果

采用非统计方法随机抽取居庸关路 10 号一层墙体进行回弹检测砖砌体抗压强度，并局部取样试压修正，检测结果见下表。

庸关路 10 号一层墙体砖强度检测结果表

构件类型	楼层	构件位置	强度检测结果
砖	一层	4-6/D	MU7.5
		2-4/D	MU7.5
		C-D/6	MU7.5
		D-C/4	MU7.5
		2-4/C	MU7.5
		D-E/7	MU7.5
		D-F/2	MU7.5

采用非统计方法随机抽取庸关路 10 号一层墙体进行贯入法检测，砌筑砂浆抗压强度检测结果见下表。

庸关路 10 号一层墙体砂浆强度检测结果表

构件类型	楼层	构件位置	强度检测结果（MPa）
砂浆	一层	4-6/D	1.89
		2-4/D	1.68
		C-D/6	1.55
		D-C/4	1.08
		2-4/C	1.03
		D-E/7	1.41
		D-F/2	1.57

根据现场检测经验，结合表中计算强度分析，建议庸关路10号一层抗震鉴定加固设计中材料强度按以下等级取甩：砂浆1.46MPa，MU7.5。

采用非统计方法随机抽取居庸关路10号二层墙体进行回弹检测砖砌体抗压强度，并局部取样试压修正，检测结果见下表。

居庸关路10号二层墙体砖强度检测结果表

构件类型	楼层	构件位置	强度检测结果
砖	二层	4-6/D	MU7.5
		2-4/D	MU7.5
		C-D/6	MU7.5
		D-C/4	MU7.5
		2-4/C	MU7.5
		D-E/7	MU7.5
		D-F/2	MU7.5

采用非统计方法随机抽取居庸关路10号墙体进行贯入法检测，砌筑砂浆抗压强度检测结果见下表。

居庸关路10号二层墙体砂浆强度检测结果表

构件类型	楼层	构件位置	强度检测结果（MPa）
砂浆	二层	4-6/D	1.32
		2-4/D	1.28
		C-D/6	1.11
		D-C/4	1.78
		2-4/C	1.56
		D-E/7	1.68
		D-F/2	1.54

根据现场检测经验，结合表中计算强度分析，建议居庸关路10号二层抗震鉴定加固设计中材料强度按以下等级取用：砂浆1.47MPa，MU7.5。

采用非统计方法随机抽取居庸关路10号三层墙体进行回弹检测砖砌体抗压强度，并局部取样试压修正，检测结果见下表。

居庸关路10号三层墙体砖强度检测结果表

构件类型	楼层	构件位置	强度检测结果
砖	三层	C-B/6	MU7.5
		5-6/B	MU7.5
		E-F/5	MU7.5
		E-F/3	MU7.5
		3-5/F	MU7.5

采用非统计方法随机抽取居庸关路10号三层工程墙体进行贯入法检测，砌筑砂浆抗压强度检测结果见下表。

居庸关路10号三层墙体砂浆强度检测结果表

构件类型	楼层	构件位置	强度检测结果（MPa）
砂浆	三层	C-B/6	1.08
		5-6/B	1.55
		E-F/5	1.62
		E-F/3	1.71
		3-5/F	1.46

根据现场检测经验，结合表中计算强度分析，建议居庸关路10号三层抗震鉴定加固设计中材料强度按以下等级取用：砂浆1.48MPa，MU7.5。

采用非统计方法随机抽取居庸关路10号负一层墙体进行回弹检测砖砌体抗压强度，并局部取样试压修正，检测结果见下表。

居庸关路 10 号负一层墙体砖强度检测结果表

构件类型	楼层	构件位置	强度检测结果
砖	负一层	4-6/D	MU7.5
		2-4/D	MU7.5
		C-D/6	MU7.5
		D-C/4	MU7.5
		2-4/C	MU7.5
		D-E/7	MU7.5
		D-F/2	MU7.5

采用非统计方法随机抽取居庸关路 10 号墙体进行贯入法检测，砌筑砂浆抗压强度检测结果见下表。

居庸关路 10 号负一层墙体砂浆强度检测结果表

构件类型	楼层	构件位置	强度检测结果（MPa）
砂浆	负一层	4-6/D	1.01
		2-4/D	1.95
		C-D/6	1.45
		D-C/4	1.32
		2-4/C	1.41
		D-E/7	1.87
		D-F/2	1.55

根据现场检测经验，结合表中计算强度分析，建议居庸关路 10 号负一层抗震鉴定加固设计中材料强度按以下等级取用：砂浆 1.51MPa，MU7.5。

5. 配筋及楼板状况

该楼一层室外平台地下室顶板混凝土推定强度实测值 15.1MPa ~ 18.2MPa；其楼板钢筋布置基本为 Φ8@150；地下室顶板、顶梁局部存在钢筋保护层脱落现象，钢筋锈蚀严重。

6. 抗震设施

经检查，该楼没有抗震所需的圈梁及构造柱等设施。

7. 外观状况

该建筑外观风化严重，局部外墙抹灰脱落，局部存在墙体裂缝。

（五）鉴定结论

1. 经检查，该工程为地下一层、地上二层（局部三层）的砖木结构。墙体为砖砌筑；除一层室外地下室顶板为混凝土楼板外，其余均为木质楼板结构。

2. 该房屋整体倾斜度东偏南 0.98‰，基础坐落在岩石上，基础未出现不均匀沉降现象及墙体裂缝。从整体来看其倾斜为原施工所致。

3. 该楼砌体砂浆强度实测值 1.01MPa ~ 1.87MPa，部分砖缝砂浆缺失；该楼砖强度评定强度等级 MU7.5；其强度满足结构承载力要求，但达不到现行规范 M5.0 的构造要求及结构抗震要求，需要加固处理。

4. 该楼一层室外平台地下室顶板混凝土推定强度实测值 15.1MPa ~ 18.2MPa；其楼板钢筋布置基本为 Φ8@150；地下室顶板、顶梁局部存在钢筋保护层脱落现象，钢筋锈蚀严重，其强度不满足结构承载力要求，需要加固修缮及防潮处理。

5. 部分木质楼板、木梁已经腐烂霉变，应进行修缮处理。

6. 该楼外墙采用砖块进行砌筑，外墙风化较严重现象，需要修缮处理。

7. 该楼由于建设年代等原因，没有设置圈梁、构造柱等抗震设施，不满足现行结构抗震要求，需要增加抗震设施。

8. 屋面瓦局部移位和脱落，屋面局部存在渗漏，需要修缮处理。

（六）处理建议

1. 对地下室进行加固并作防潮处理。

2. 对存在腐烂霉变的楼面木梁进行更换或加固处理。

3. 对房屋进行整体结构抗震加固。

4. 将屋面重新检修并做防水处理。

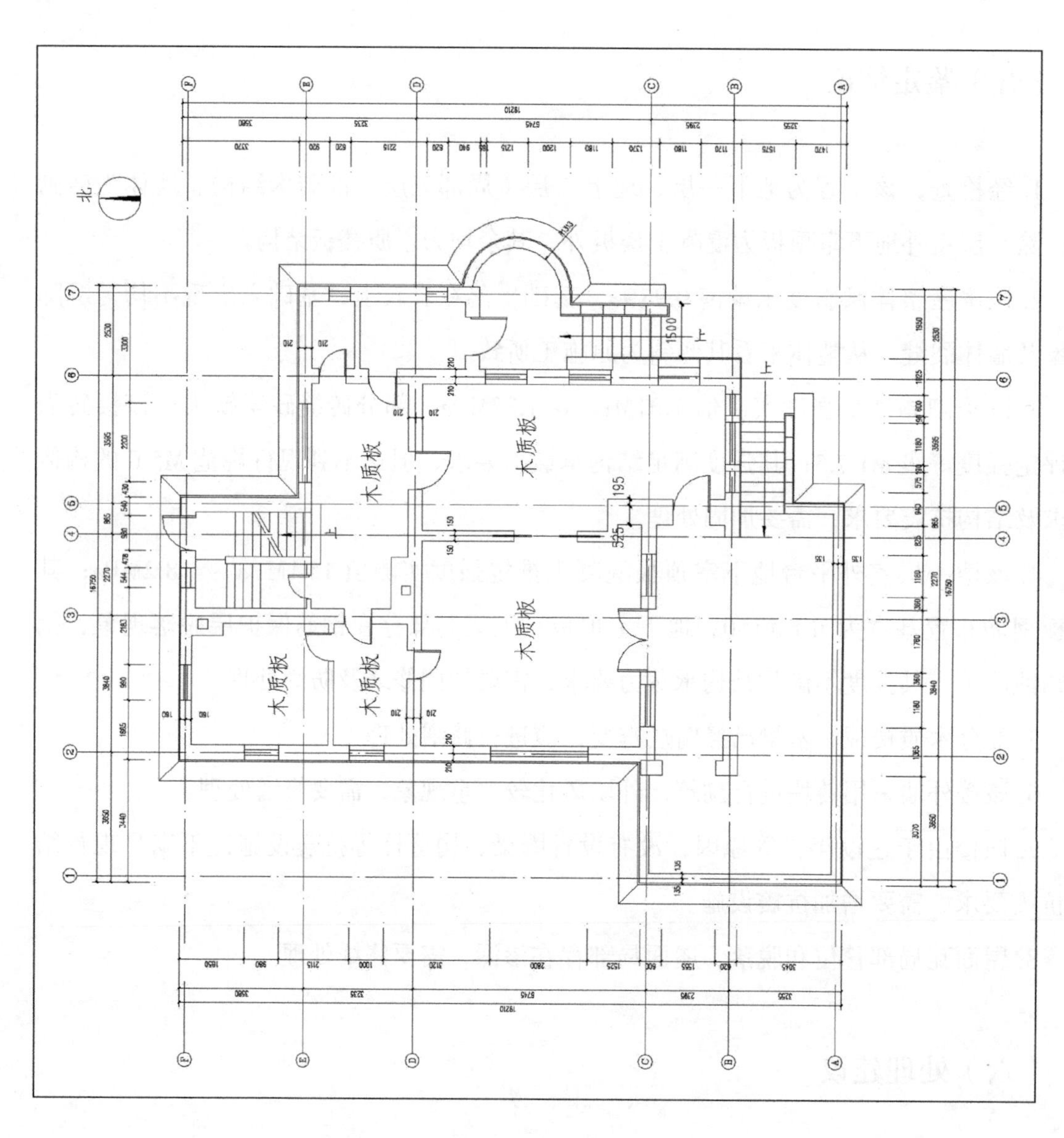

居庸关路10号建筑（公主楼）一层平面图

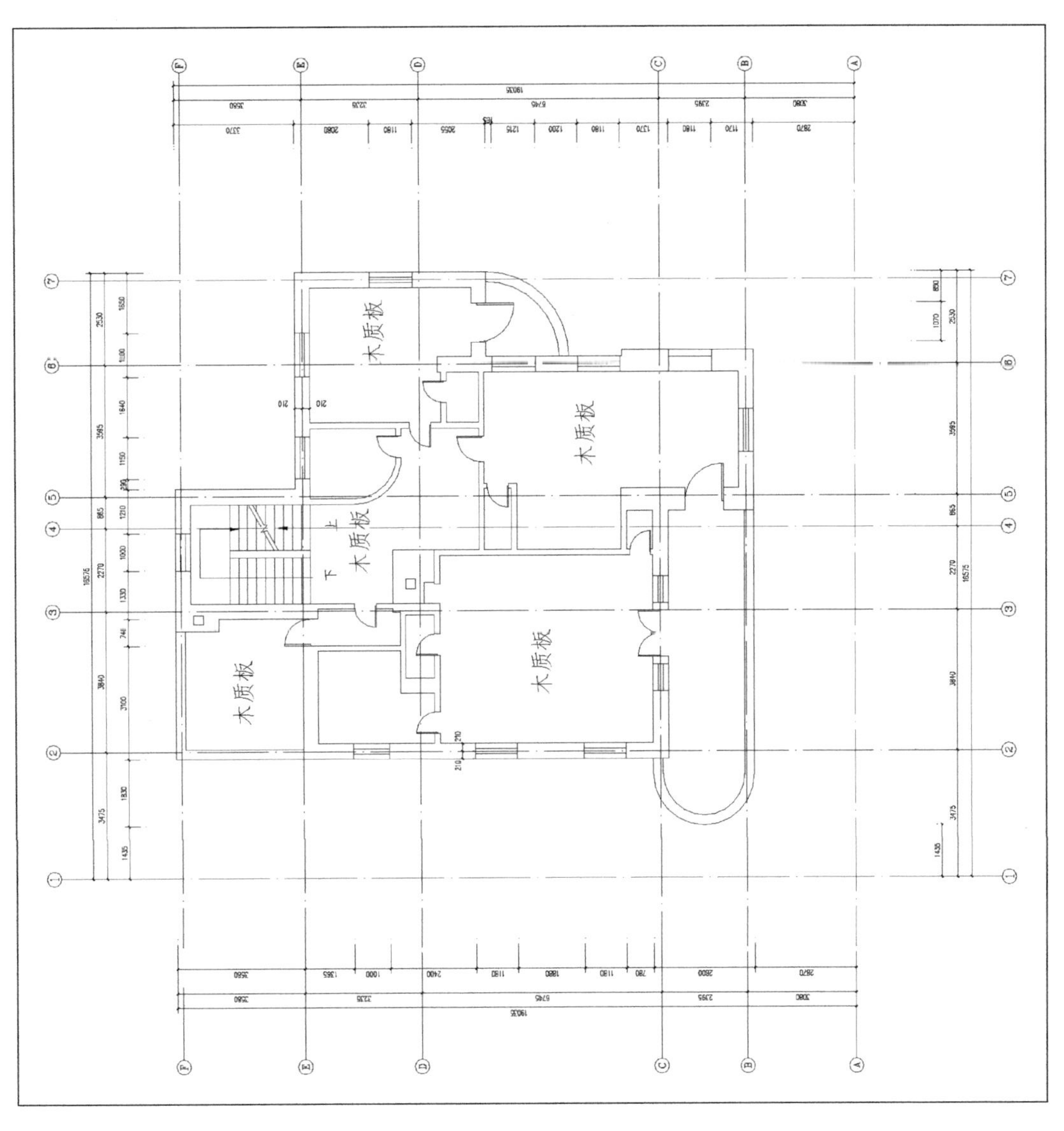

居庸关路10号建筑（公主楼）二层平面图

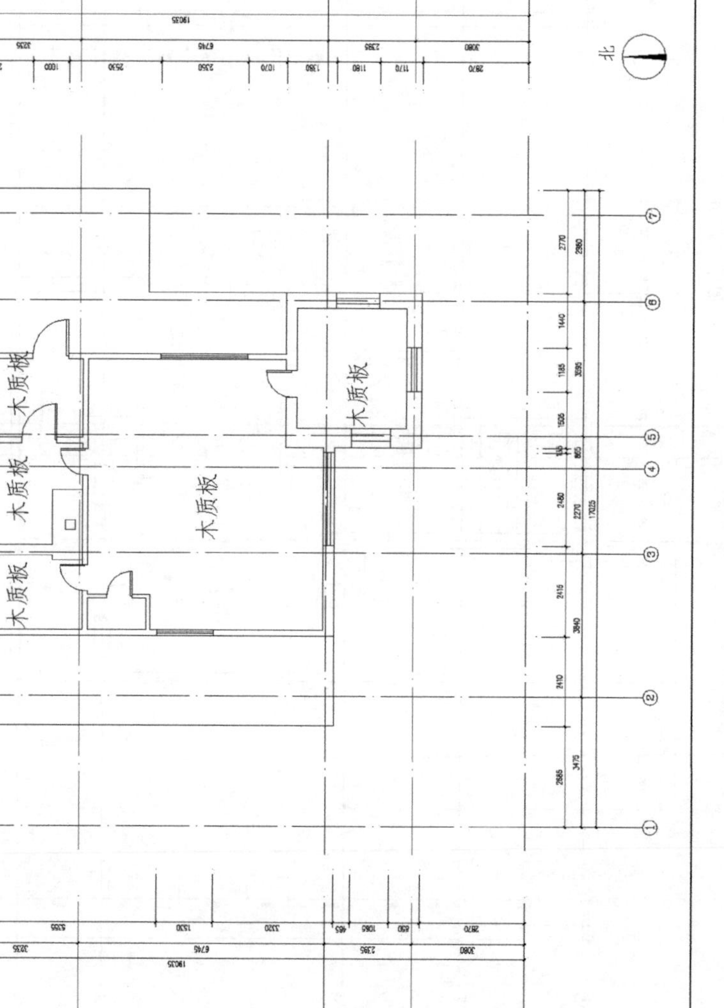

居庸关路10号建筑（公主楼）三层平面图

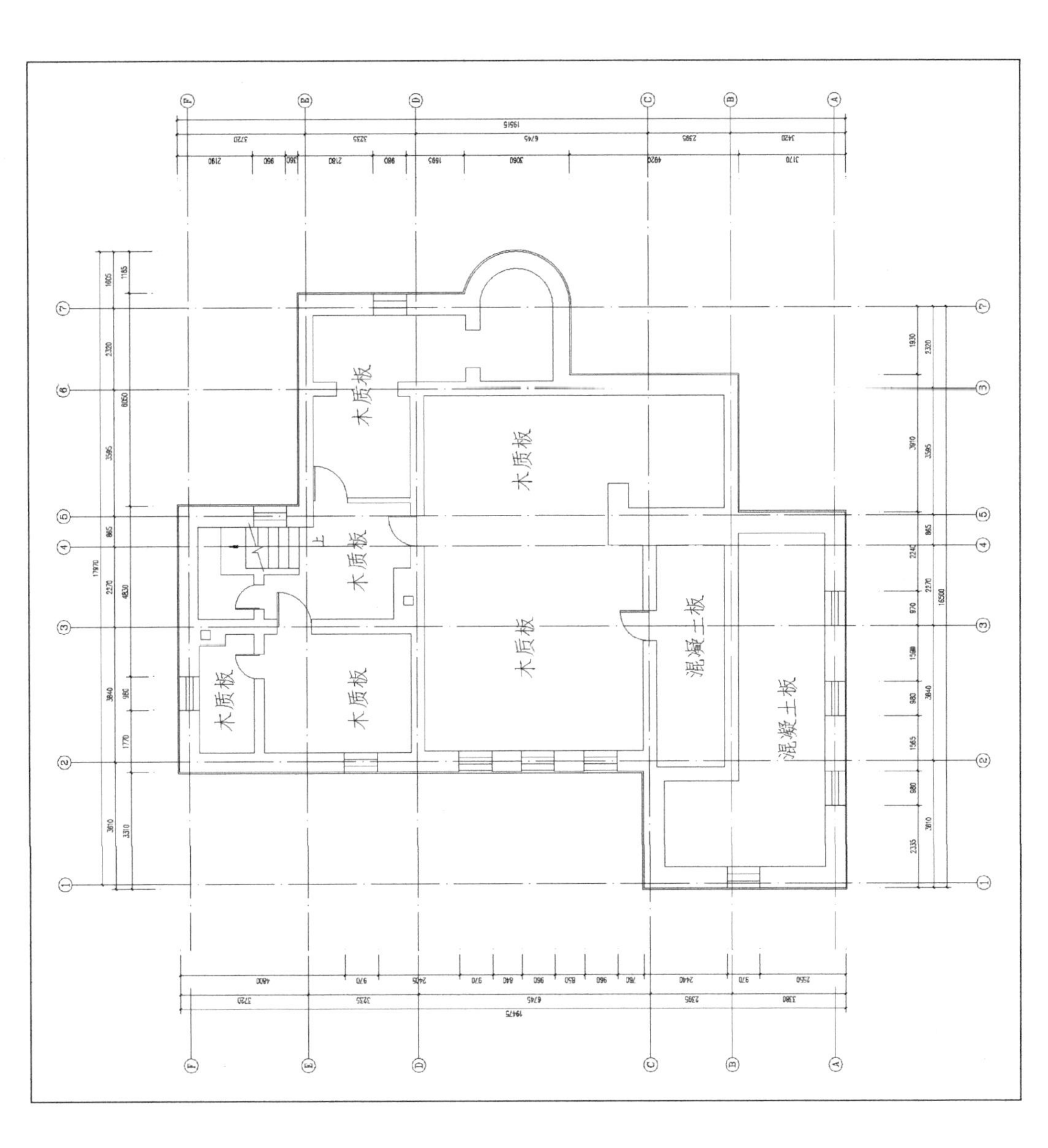

居庸关路10号建筑（公主楼）地下室平面图

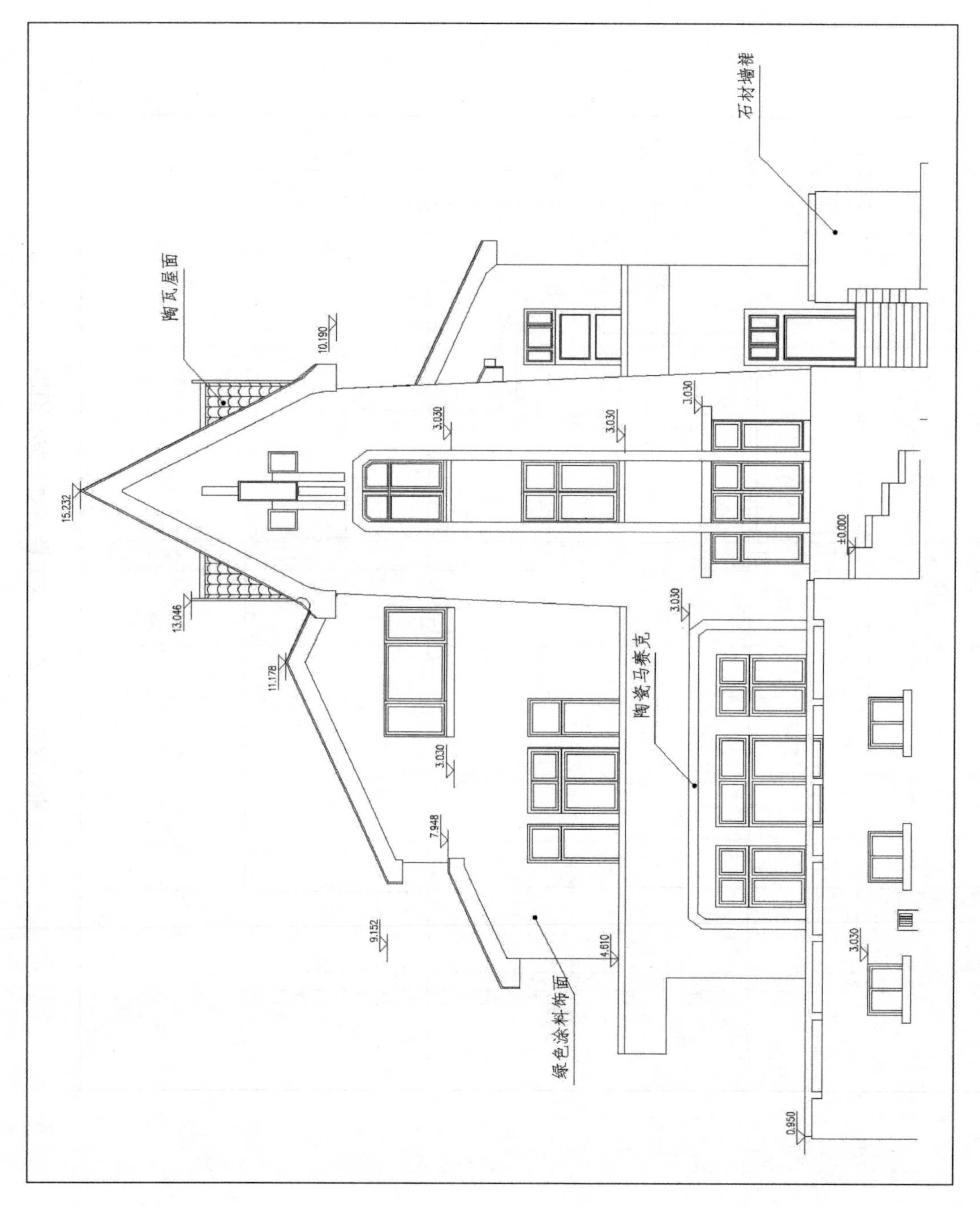

居庸关路10号建筑（公主楼）南立面图

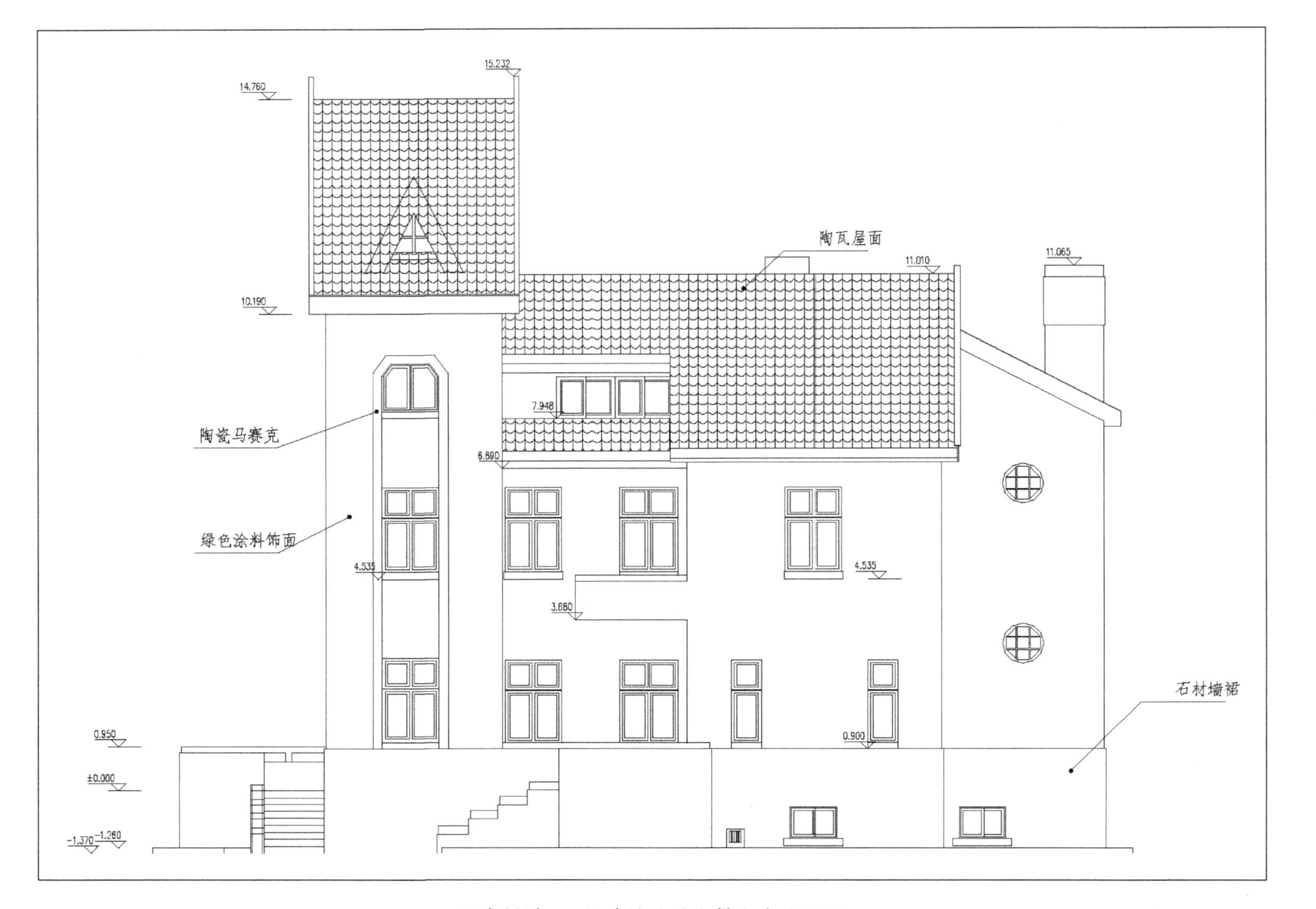

居庸关路10号建筑（公主楼）东立面图

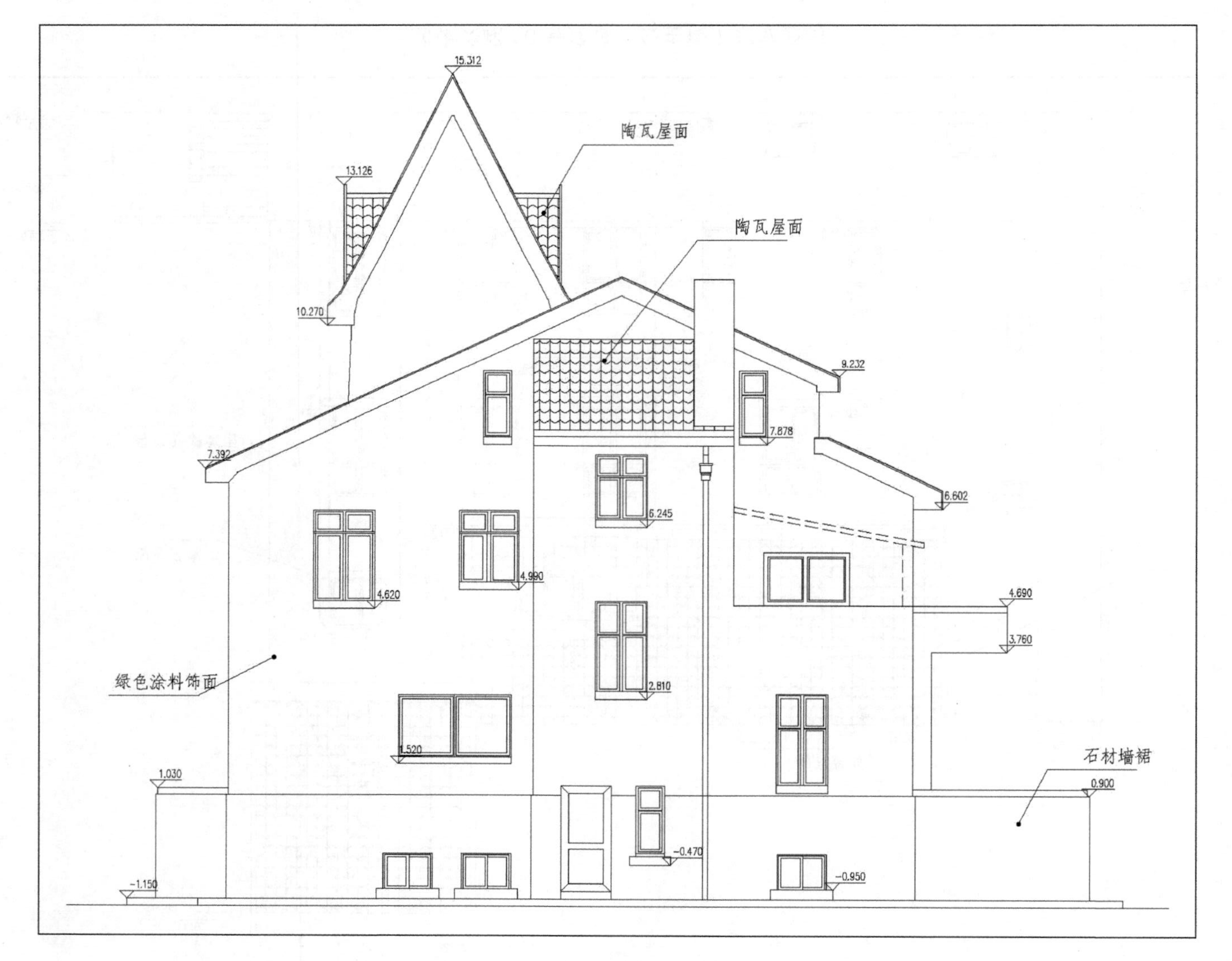

居庸关路10号建筑（公主楼）北立面图

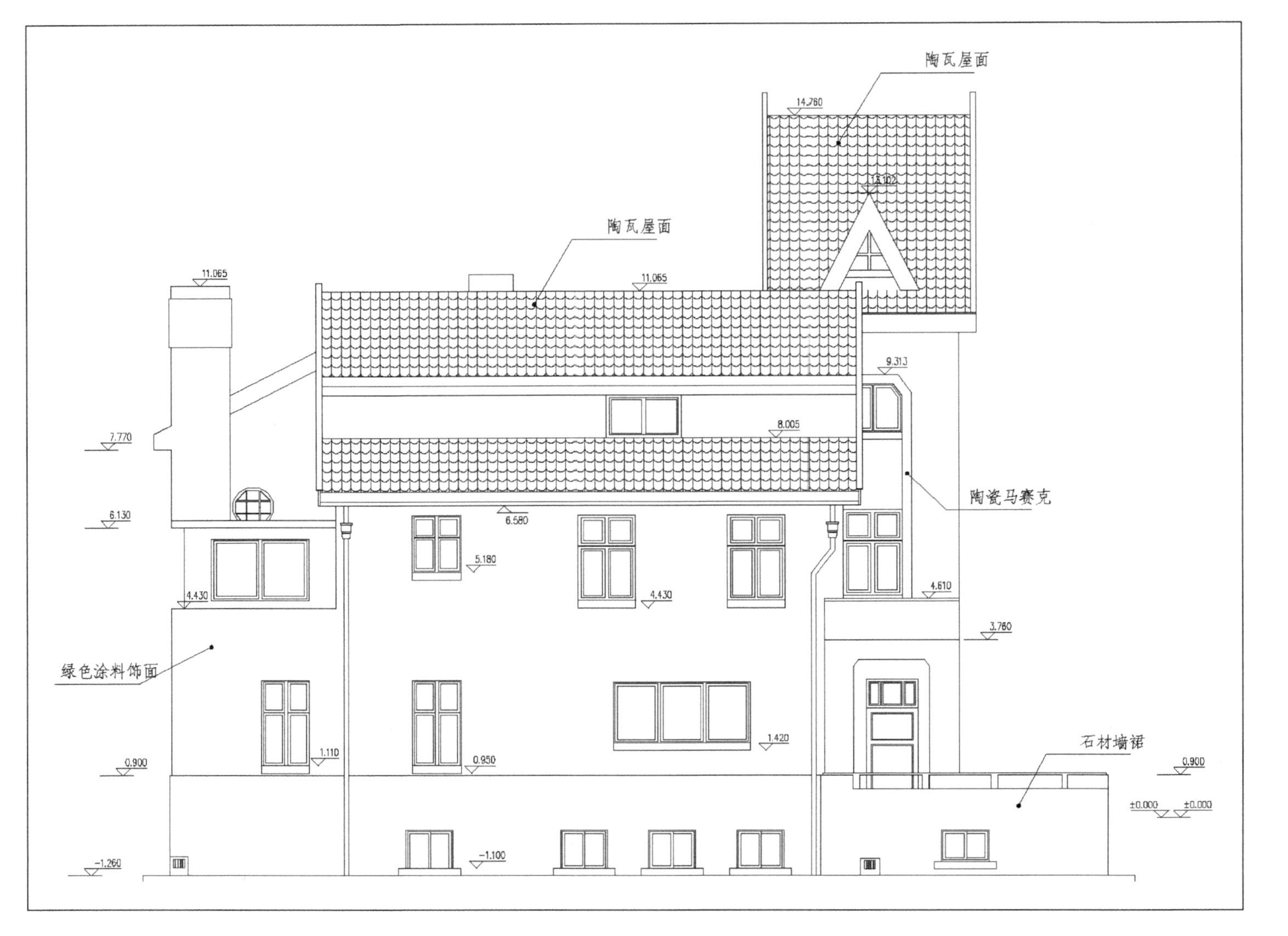

居庸关路10号建筑（公主楼）西立面图

二、香港西路10号建筑结构检测报告

（一）工程概况

齐鲁瑞丰拍卖有限公司位于青岛香港西路10号，该工程建于1935年，为地上一层的砖木结构，水刷墙面，富于凹凸变化，顶部仿女儿墙。正门北向，两面坡小屋结构，加建仿希腊建筑结构，仿希腊石柱两根。折坡屋面，南立面有四根烟囱状柱体做装饰。

（二）检验鉴定项目

1. 检查结构体系，测绘工程平面布置图。

2. 采用回弹法检验墙体砖和砌筑砂浆强度。

3. 抽检结构构件的尺寸。

4. 采用经纬仪测量工程的倾斜。

5. 检查工程使用现状，检查工程抗震加固情况和措施，检查结构的外观缺陷情况。

6. 结合工程检验结果，对结构进行承载力验算，对结构的安全性做出鉴定，并提出相应的处理建议。

（三）检验鉴定依据

1.《建筑结构检测技术标准》（GB/T 50344-2004）

2.《砌体结构现场检测技术标准》（GB/T 50315-2000）

3.《回弹法检测砌体中普通黏土砖抗压强度检验细则》（BETC-JC-307A）

4.《钻芯法检测混凝土强度技术规程》（CECS 03: 88）

5.《回弹法检测混凝土抗压强度技术规程》（JGJ/T 23-2001）

6.《磁感应测定仪检测构件配筋检验细则》（BETC-JC-305A）

7.《建筑结构荷载规范》（GB 50009-2001）

8.《建筑抗震鉴定标准》（GB-50023-95）

9.《砌体结构设计规范》(GB 50003-2001)

10.《混凝土结构设计规范》(GB 50010-2002)

11. 该工程现场检测结果。

12. 工程检验委托书。

(四)检验结果

1. 结构体系的检查

经检查，该工程为地上一层的砖木结构；一层设置架空层，采用木梁架设，木梁腐烂严重；屋架为木质屋架，存在霉变腐烂现象；墙体为490毫米砖砌墙体。

2. 基础状况

基础未发现沉降现象，基础未发现明显严重风化现象。

3. 房屋整体倾斜状况

通过测量计算得，该建筑物高度为6.695米，北立面观测偏移量△北=-0.015，西立面观测偏移量△西=0.007，整体偏移量为0.017，倾斜度为2.47‰。

4. 砖与砂浆强度检测结果

采用非统计方法随机抽取香港西路10号墙体进行回弹检测砖砌体抗压强度，并局部取样试压修正，检测结果见下表。

香港西路10号一层砖强度检测结果表

构件类型	楼层	构件位置	强度检测结果
砖	一层	2-3/E	MU10
		E-F/1	MU10
		1-5/F	MU10
		E-F/5	MU10
		6-5/E	MU10
		C-E/3	MU10
		E-F/7	MU10

采用非统计方法随机抽取香港西路10号墙体进行贯入法检测，砌筑砂浆抗压强度检测结果见下表。

香港西路10号一层砂浆强度检测结果表

构件类型	楼层	构件位置	强度检测结果（MPa）
砂浆	一层	2–3/E	1.51
		E–F/1	1.81
		1–5/F	1.81
		E–F/5	1.69
		6–5/E	1.96
		C–E/3	1.19
		E–F/7	1.73

根据现场检测经验，结合表中计算强度分析，建议香港西路10号一层抗震鉴定 加固设计中材料强度按以下等级取用：砂浆1.67MPa，MU10。

5. 抗震设施

经检查，该楼没有抗震所需的圈梁及构造柱等设施。

6. 外观状况

该建筑外观保持完好，局部存在风化现象。

（五）鉴定结论

1. 经检查，该工程为地上一层的砖木结构。上部墙体为砖砌筑，架空层以下为毛石基础，屋顶为木质屋架干挂瓦。

2. 该房屋整体倾斜度西偏北2.47‰，基础坐落在岩石上，基础未出现不均匀沉降现象及墙体裂缝。从整体来看其倾斜为原施工所致，不影响结构安全。

3. 该楼砌体砂浆强度实测值1.19MPa ~ 1.96MPa；该楼砖强度评定强度等级MU10；其强度满足结构承载力要求，但不能满足结构抗震要求。

4. 该楼架空层地面木梁，霉变腐烂严重；木质屋架存在霉变现象，应修缮处理。

5. 该楼外墙采用砖体进行砌筑，未发现严重风化现象，需要修缮处理。

6. 该楼由于建设年代等原因，没有设置圈梁、构造柱等抗震设施，不满足现行结构抗震要求。

（六）处理建议

1. 对房屋进行抗震加固处理。

2. 对一层架空层地面木梁进行修缮处理。

3. 对屋面进行检修处理。

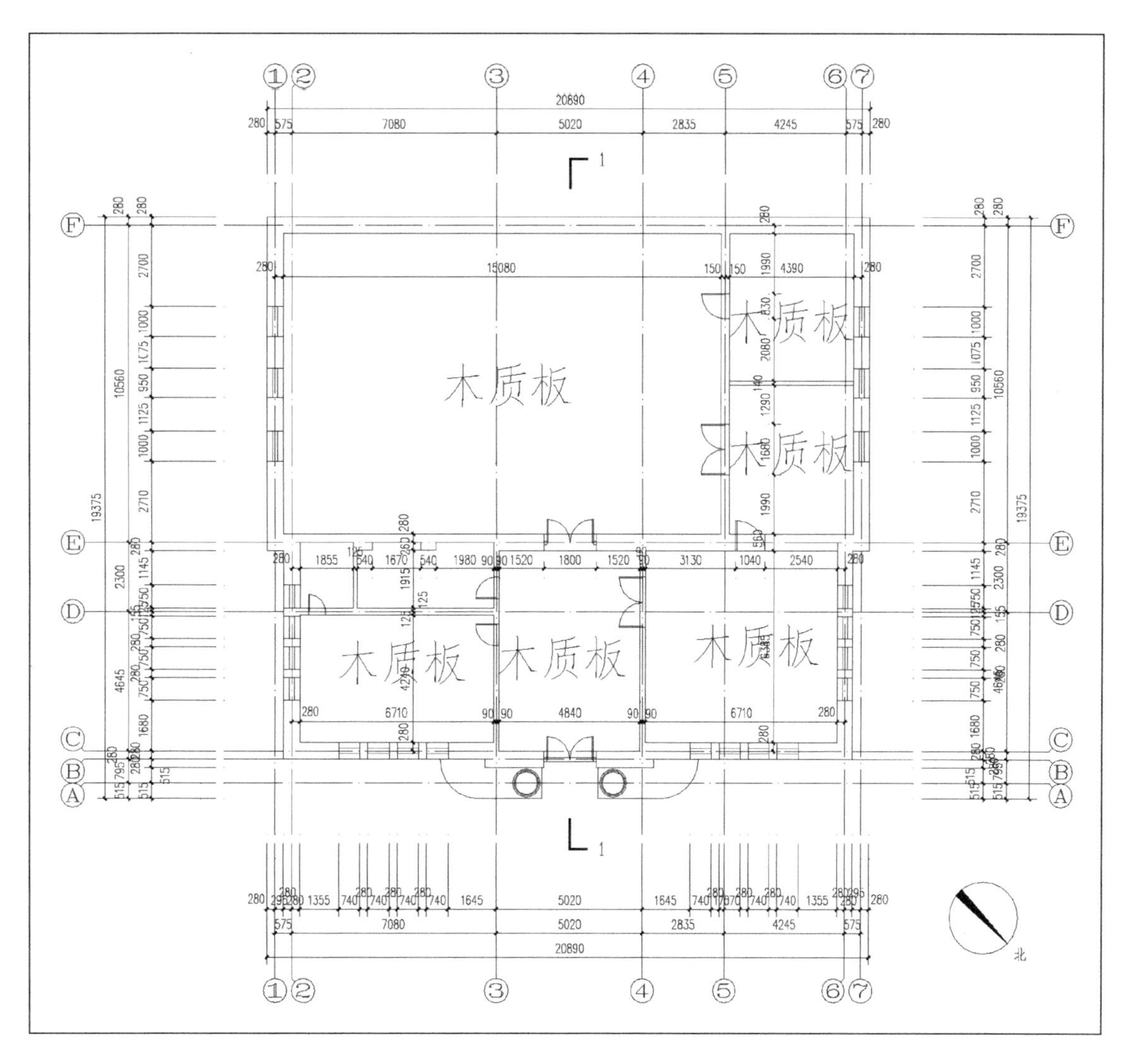

香港西路 10 号建筑平面图

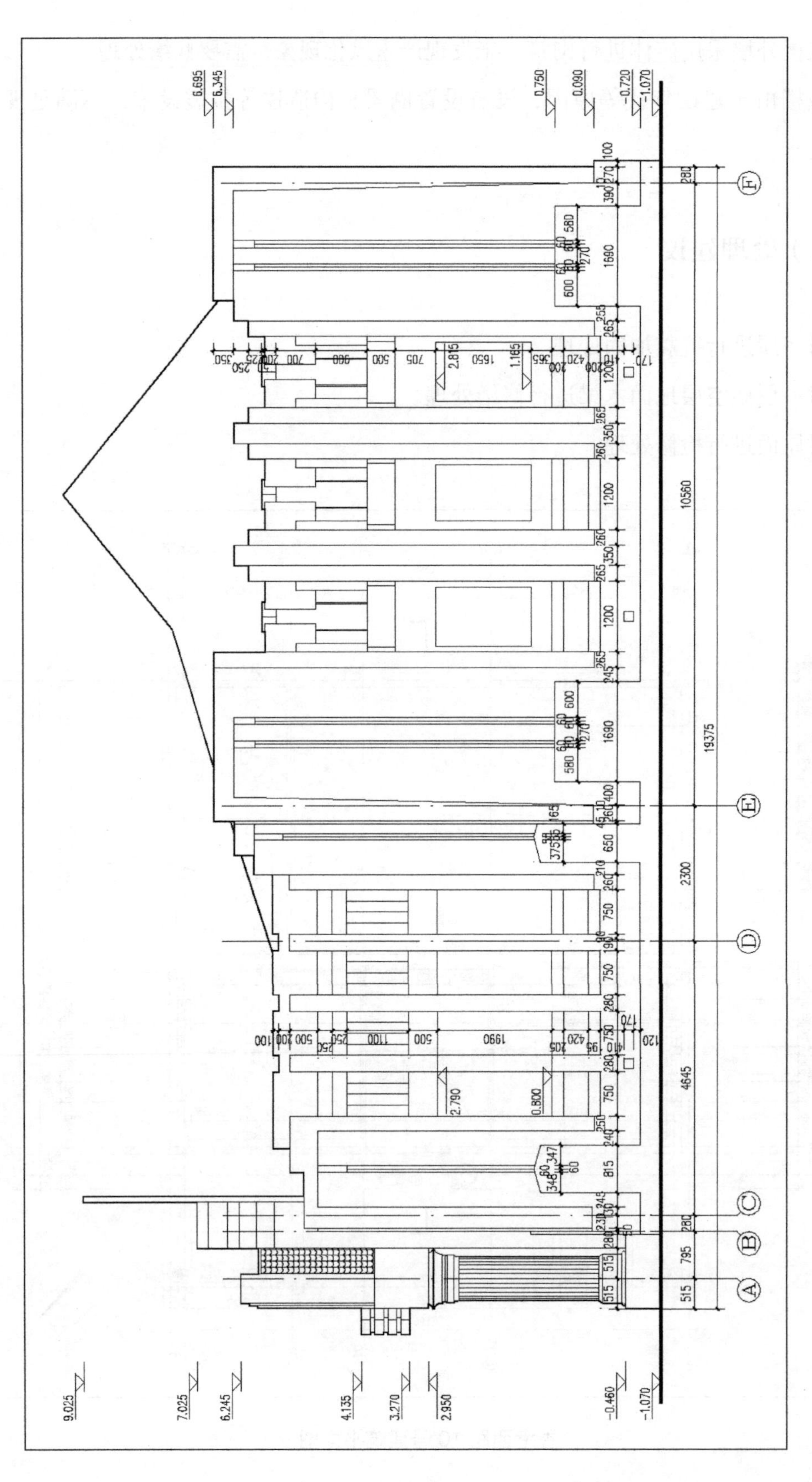

香港西路10号建筑西北立面图

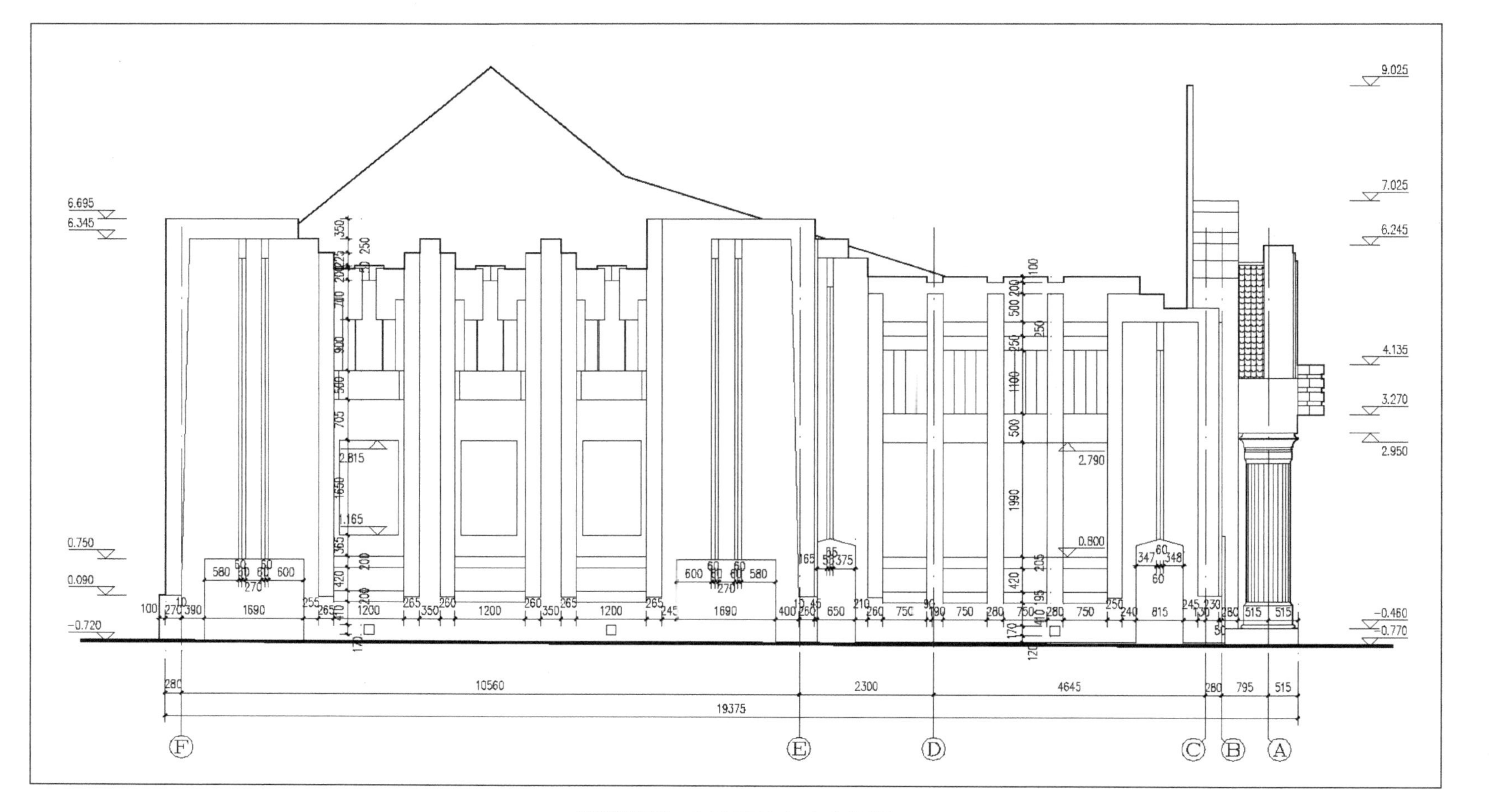

香港西路10号建筑东南立面图

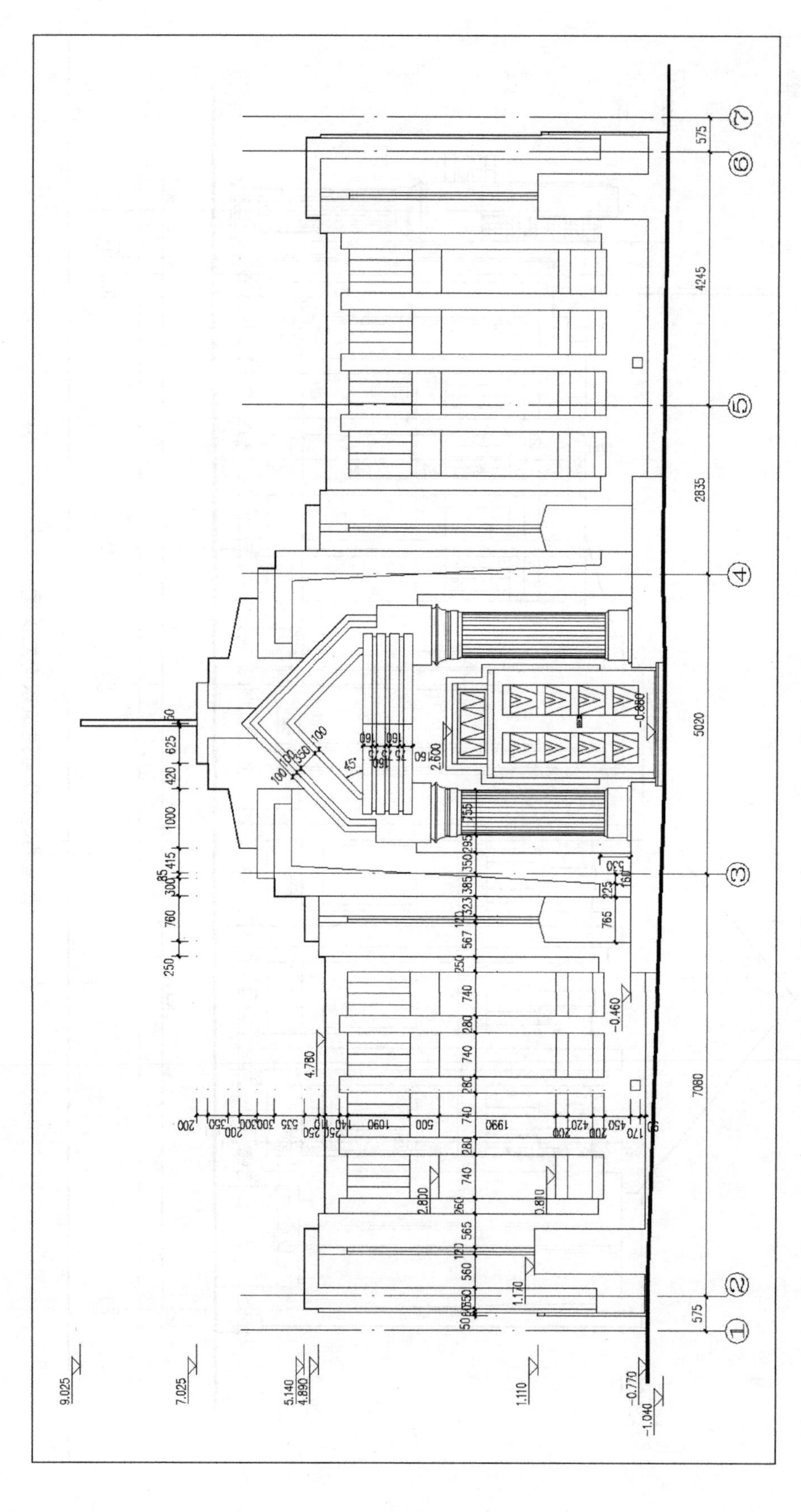

香港西路10号建筑东北（沿街）立面图

三、黄海路 16 号建筑结构检测报告

（一）工程概况

黄海路 16 号为地上二层的砖木结构。

（二）检验鉴定项目

1. 检查结构体系，测绘工程平面布置图。

2. 采用回弹法检验墙体砖和砌筑砂浆强度。

3. 抽检结构构件的尺寸。

4. 采用经纬仪测量工程的倾斜。

5. 检查工程使用现状，检查工程抗震加固情况和措施，检查结构的外观缺陷情况

6. 结合工程检验结果，对结构进行承载力验算，对结构的安全性做出鉴定，并提出相应的处理建议。

（三）检验鉴定依据

1.《建筑结构检测技术标准》（GB/T 50344-2004）

2.《砌体结构现场检测技术标准》（GB/T 50315-2000）

3.《回弹法检测砌体中普通黏土砖抗压强度检验细则》（BETC-JC-307A）

4.《建筑结构荷载规范》（GB 50009-2001）

5.《建筑抗震鉴定标准》（GB-50023-95）

6.《砌体结构设计规范》（GB 50003-2001）

7.《混凝土结构设计规范》（GB 50010-2002）

8. 该工程现场检测结果。

9. 工程检验委托书。

（四）检验结果

1. 结构体系的检查

该楼为二层砖木结构，木质屋架，干挂瓦屋面；该楼所有楼板均采用木质楼板结构，部分楼板存在霉变现象。

2. 基础状况

基础未发现沉降现象，基础未发现明显严重风化现象。

3. 房屋整体倾斜状况

通过测量计算得，该建筑物高度为 9.007 米，北立面观测偏移量△北 =-0.012，西立面观测偏移量△西 =0.005，整体偏移量为 0.013，倾斜度为 1.44‰。

4. 砖与砂浆强度检验结果

采用非统计方法随机抽取黄海路 16 号一层墙体进行回弹检测砖砌体抗压强度，并局部取样试压修正，检测结果见下表。

黄海路 16 号一层墙体砖强度检测结果表

构件类型	楼层	构件位置	强度检测结果
砖	一层	2-1/B	MU7.5
		E-B/1	MU7.5
		F-D/2	MU7.5
		D-F/4	MU7.5
		B-A/4	MU7.5
		A-B/6	MU7.5
		E-B/6	MU7.5

采用非统计方法随机抽取黄海路 16 号墙体进行贯入法检测，砌筑砂浆抗压强度检测结果见下表。

黄海路 16 号工程一层墙体砂浆强度检测结果表

构件类型	楼层	构件位置	强度检测结果（MPa）
砂浆	一层	2-1/B	1.33
		E-B/1	1.58
		F-D/2	1.81
		D-F/4	1.51
		B-A/4	1.96
		A-B/6	1.38
		E-B/6	2.2

根据现场检测经验，结合表中计算强度分析，建议黄海路 16 号工程一层抗震鉴定加固设计中材料强度按以下等级取用：砂浆 1.68MPa，MU7.5。

采用非统计方法随机抽取黄海路 16 号二层墙体进行回弹检测砖砌体抗压强度，并局部取样试压修正，检测结果见下表。

黄海路 16 号二层墙体砖强度检测结果表

构件类型	楼层	构件位置	强度检测结果
砖	二层	2-1/B	MU7.5
		E-B/1	MU7.5
		F-D/2	MU7.5
		D-F/4	MU7.5
		B-A/4	MU7.5
		A-B/6	MU7.5
		E-B/6	MU7.5

采用非统计方法随机抽取香黄海路 16 号墙体进行贯入法检测，砌筑砂浆抗压强度检测结果见下表。

黄海路 16 号二层墙体砂浆强度检测结果表

构件类型	楼层	构件位置	强度检测结果（MPa）
砂浆	二层	2-1/B	1.65
		E-B/1	1.72
		F-D/2	1.28
		D-F/4	1.41
		B-A/4	1.76
		A-B/6	1.22
		E-B/6	1.99

根据现场检测经验，结合表中计算强度分析，建议黄海路 16 号二层抗震鉴定加固设计中材料强度按以下等级取用：砂浆 1.58MPa，MU7.5。

5. 抗震设施

经检查，该楼没有抗震所需的圈梁及构造柱等设施。

6. 外观状况

该建筑外观保持完好，局部存在风化现象。

（五）检测结论

1. 经检查，该工程为地上二层的砖木结构。墙体为砖砌筑，木质屋架，干挂瓦屋面。

2. 该房屋整体倾斜度西偏北 1.44‰，基础坐落在岩石上，基础未出现不均匀沉降现象及墙体裂缝现象。从整体来看其倾斜为原施工所致。

3. 该楼砌体砂浆强度实测值 1.38MPa ~ 2.2MPa；该楼砖强度评定强度等级 MU7.5；其强度基本满足结构承载力要求，但达不到现行规范结构抗震强度最低要求。

4. 该楼由于建设年代等原因，没有设置圈梁、构造柱等抗震设施，不满足现行结构抗震要求，需要增加抗震设施。

5. 部分木质楼面木梁存在腐烂霉变现象，需修缮处理。

6. 该楼外墙采用砖体进行砌筑，房屋外观完好部分墙体存在严重风化现象。

（六）处理建议

1. 对房屋进行整体结构抗震加固。

2. 对存在腐烂霉变的楼面木梁进行更换或加固处理。

3. 将屋面重新检修并做防水处理。

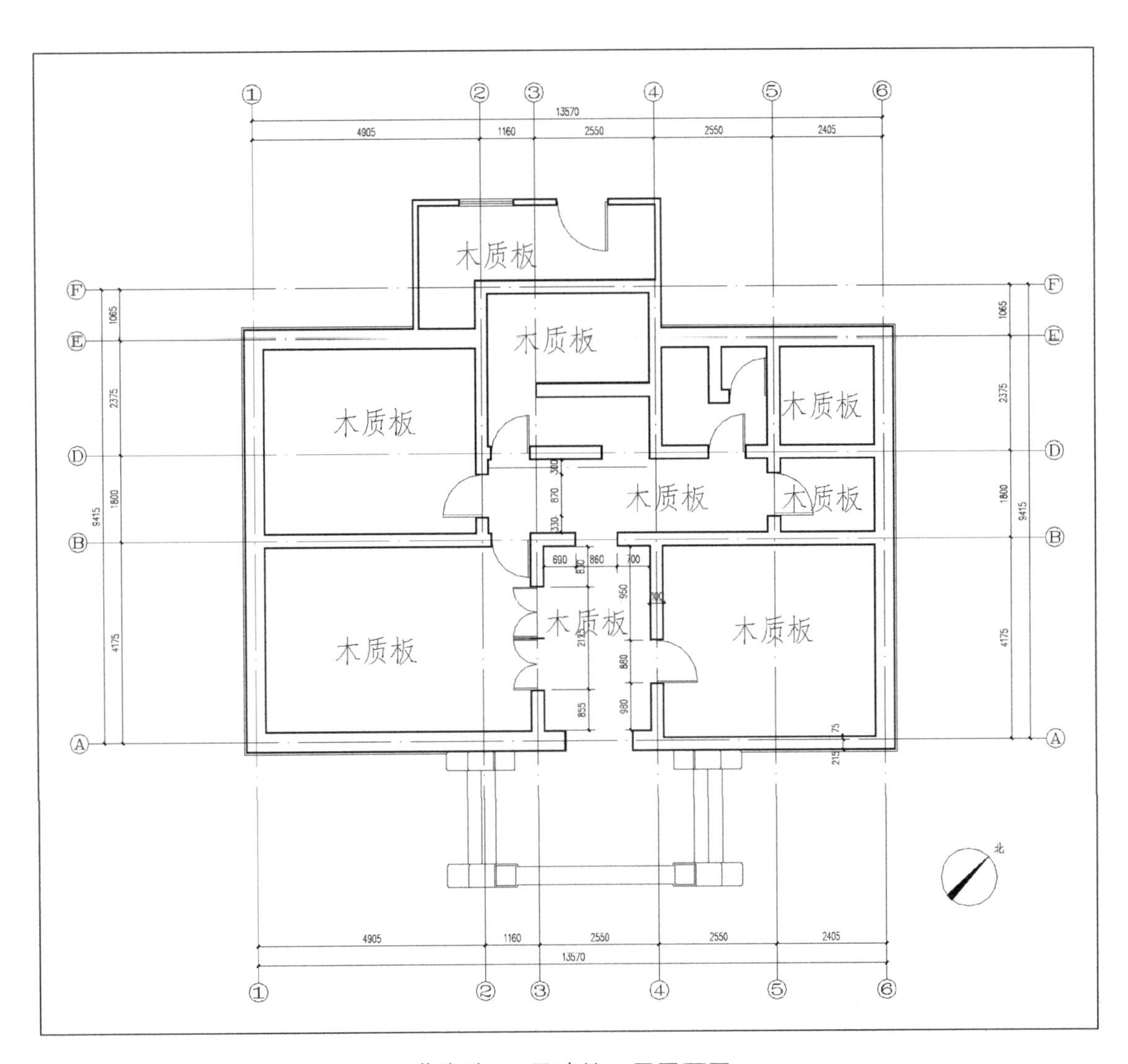

黄海路 16 号建筑一层平面图

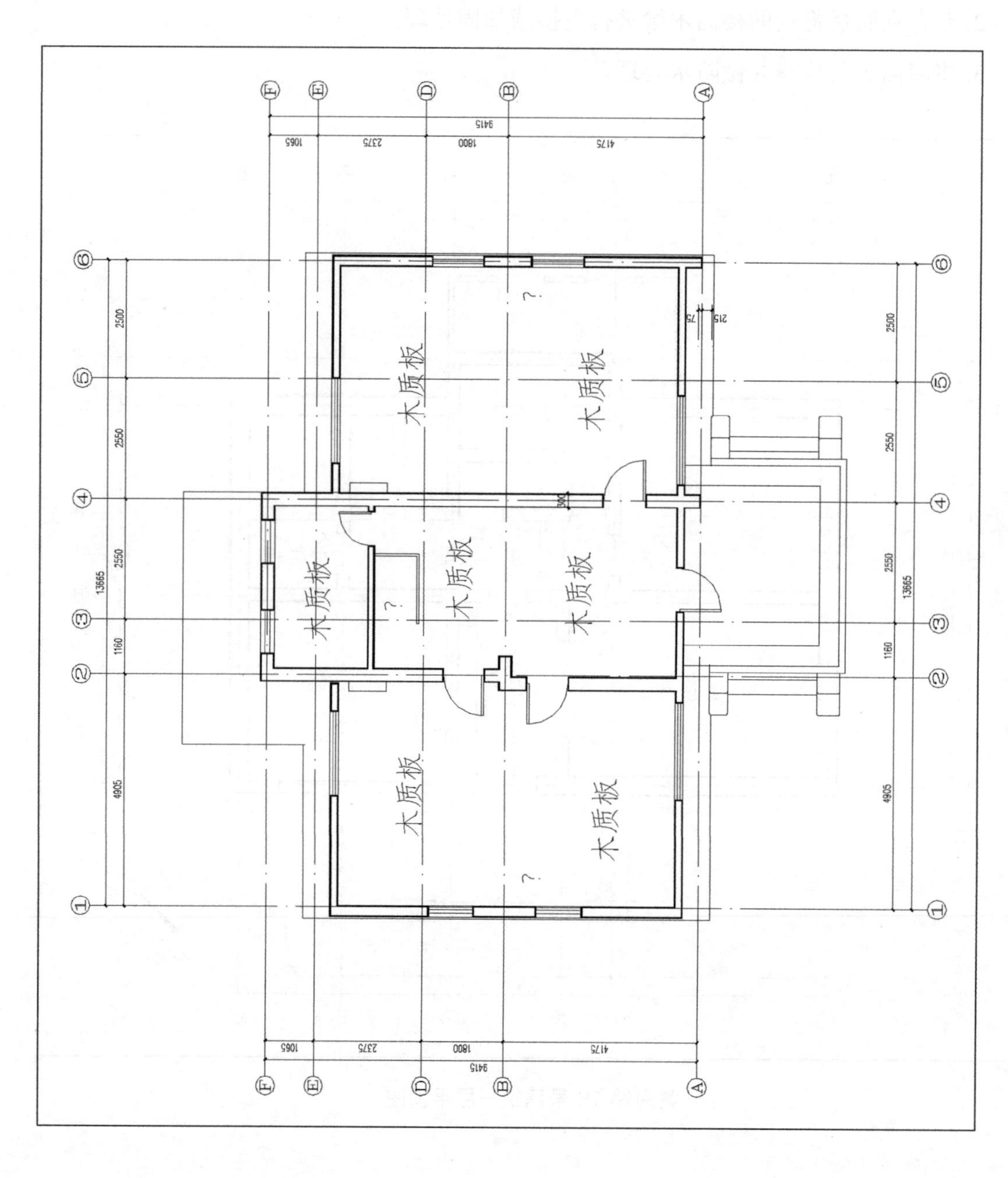

黄海路 16 号建筑二层平面图

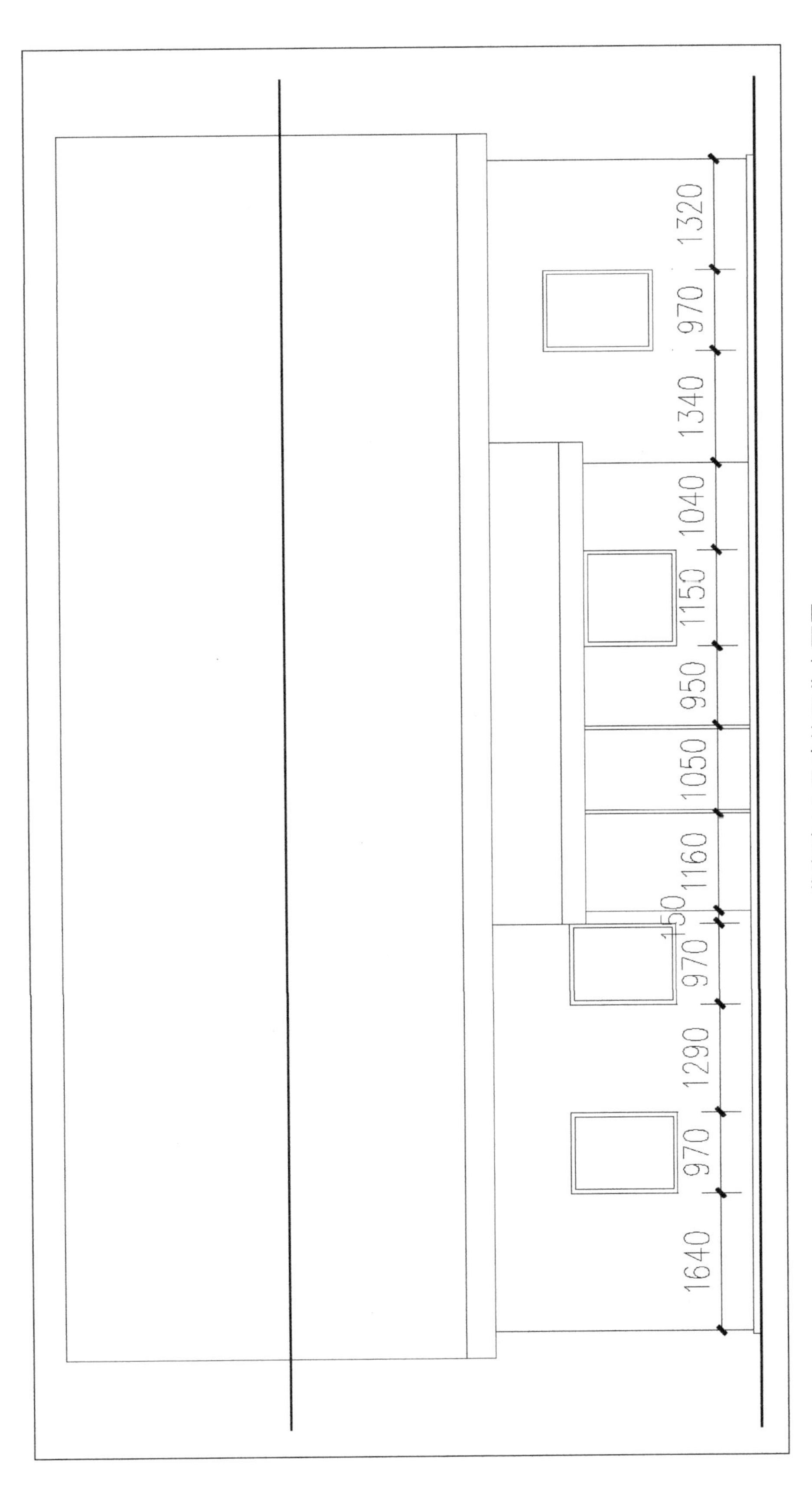

黄海路 16 号建筑西北立面图

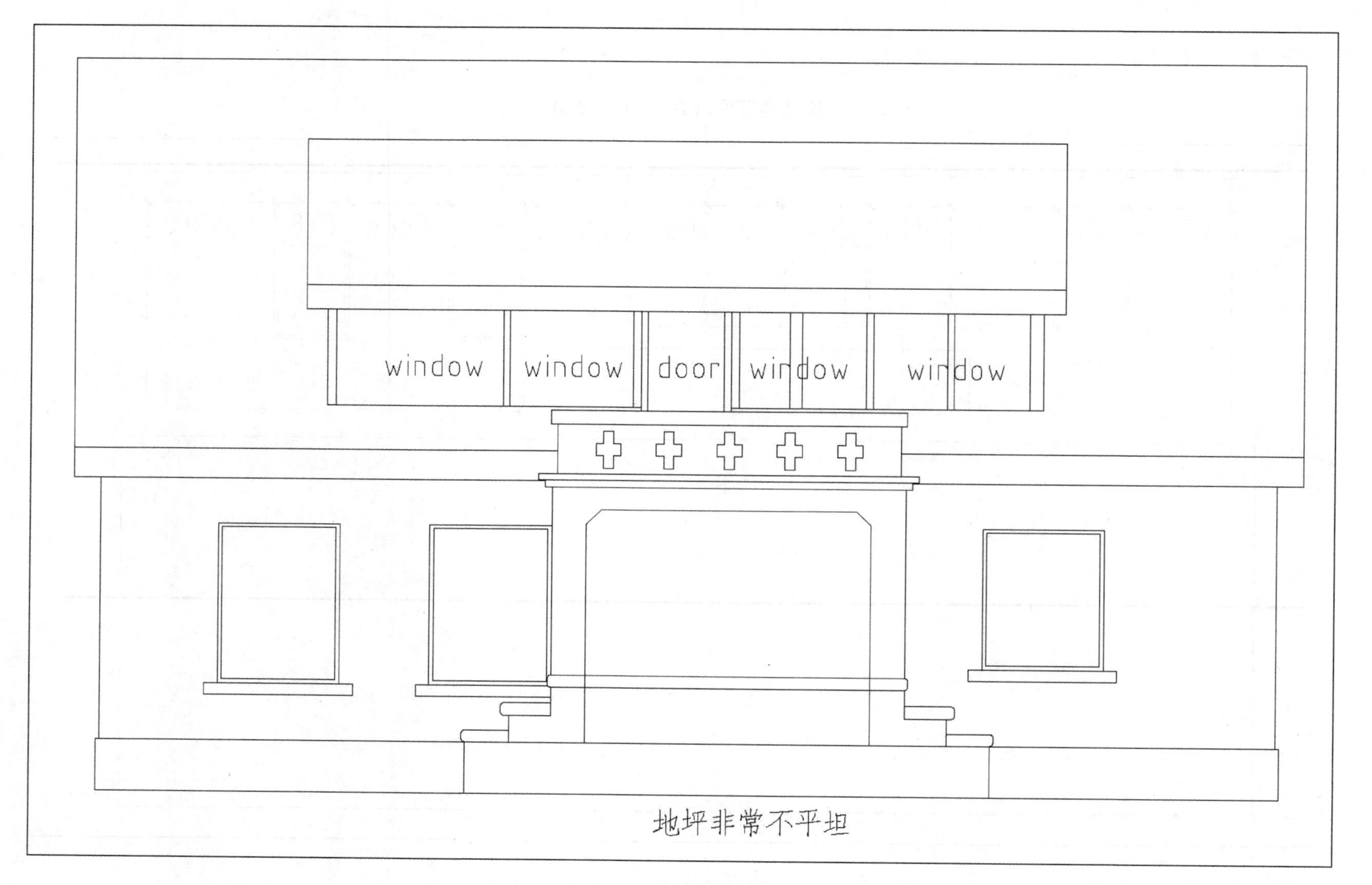

黄海路16号建筑东南立面图

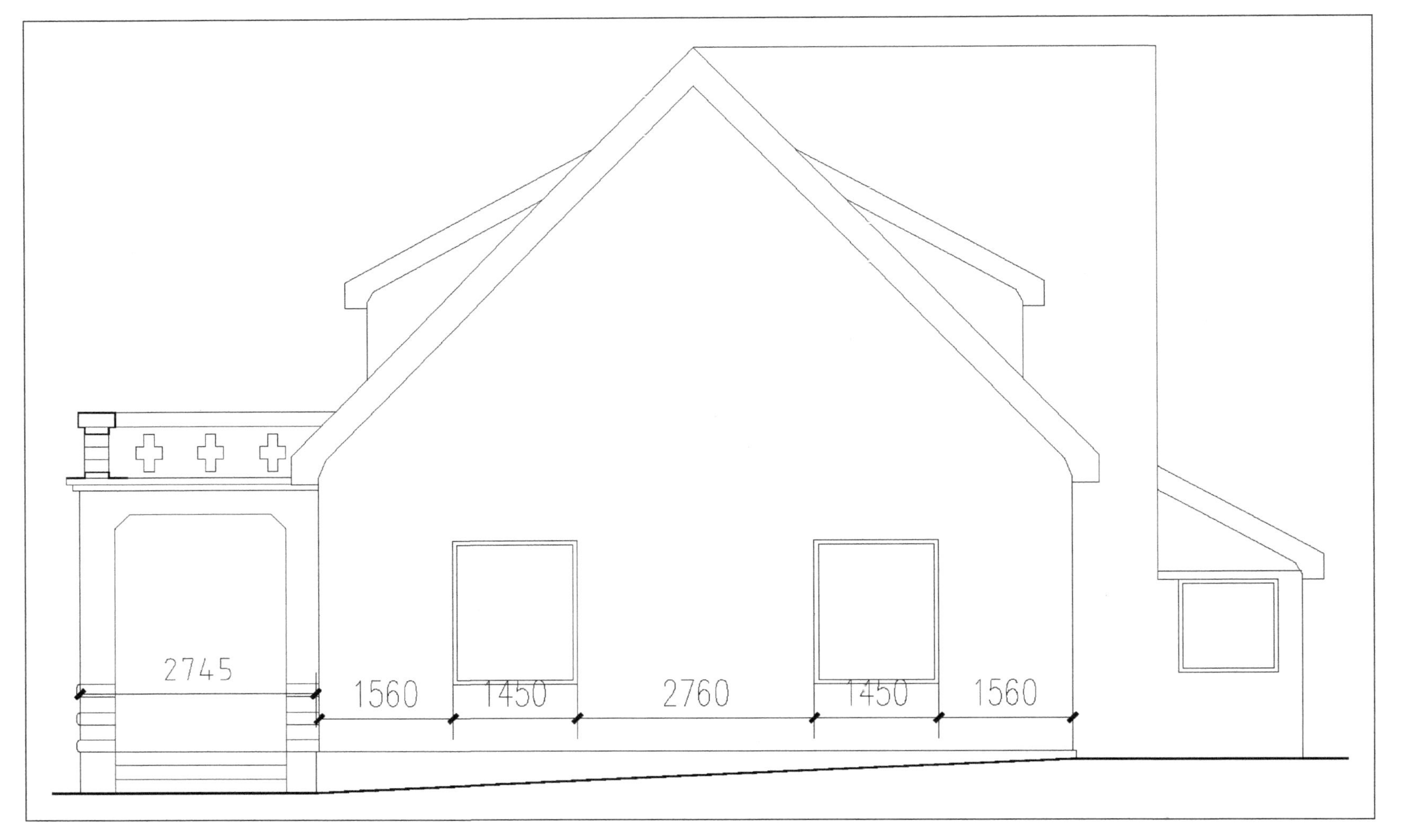

黄海路 16 号建筑东北立面图

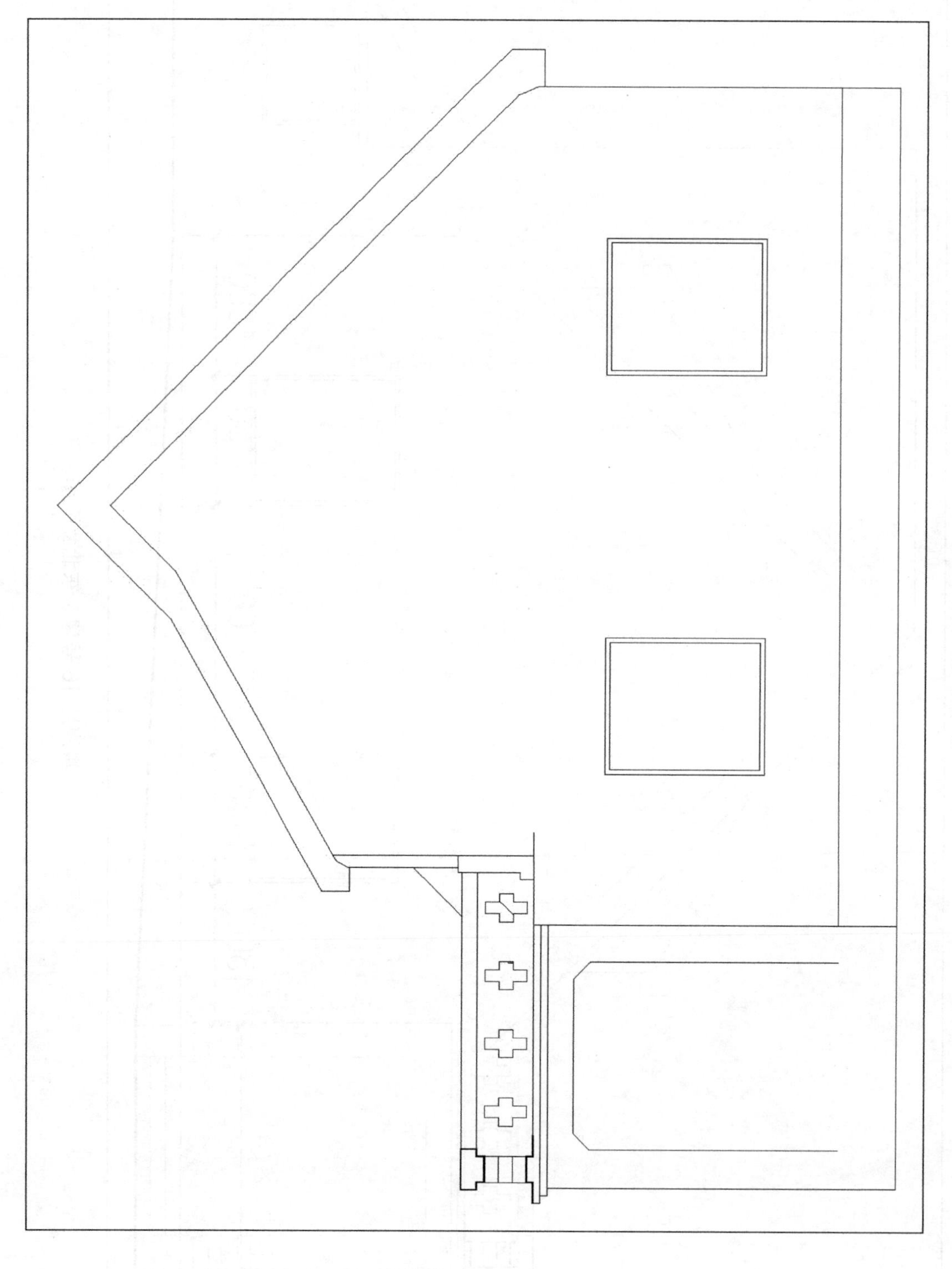

黄海路16号建筑剖面图

四、黄海路18号建筑（花石楼）结构检测报告

（一）工程概况

花石楼位于青岛市黄海路18号，该工程建于1931年，为地下一层，地上二层局部三层的砖木结构，整栋建筑为花岗石砌筑而成，建筑外形富于变化，白色木质门窗，窗户极具特色、形态各异。该建筑入口南向，面向大海，入口前的台阶分为两段，有弧形车道。建筑内部，有几个保存完好的壁炉，木质旋转楼梯。

（二）检验鉴定项目

1. 检查结构体系，测绘工程平面布置图。
2. 采用回弹法检验墙体砖和砌筑砂浆强度。
3. 在混凝土构件上钻取混凝土圆柱体芯样，作抗压试验，并对回弹法测试结果进行修正。
4. 用回弹法检验构件的混凝土强度。
5. 采用磁感仪检验混凝土构件配筋数量。
6. 抽检结构构件的尺寸。
7. 采用经纬仪测量工程的倾斜。
8. 检查工程使用现状，检查工程抗震加固情况和措施，检查结构的外观缺陷情况。
9. 结合工程检验结果，对结构进行承载力验算，对结构的安全性做出鉴定，并提出相应的处理建议。

（三）检验鉴定依据

1.《建筑结构检测技术标准》（GB/T 50344-2004）
2.《砌体结构现场检测技术标准》（GB/T 50315-2000）
3.《回弹法检测砌体中普通黏土砖抗压强度检验细则》（BETC-JC-307A）
4.《钻芯法检测混凝土强度技术规程》（CECS 03: 88）

5.《回弹法检测混凝土抗压强度技术规程》(JGJ/T 23-2001)

6.《磁感应测定仪检测构件配筋检验细则》(BETC-JC-305A)

7.《建筑结构荷载规范》(GB 50009-2001)

8.《建筑抗震鉴定标准》(GB-50023-95)

9.《砌体结构设计规范》(GB 50003-2001)

10.《混凝土结构设计规范》(GB 50010-2002)

11. 该工程现场检测结果。

12. 工程检验委托书。

(四)检验结果

1. 结构体系的检查

墙体为砖、石砌筑;除地下室顶板、部分走廊、圆形瞭望台及对应部分为混凝土楼板外,其余均为木质楼板结构。部分木梁存在霉变现象。

地下室墙体厚度多为600毫米,部分内墙墙体厚度为370毫米;一至二层外墙墙体厚度为600毫米及370毫米,内墙墙体厚度为240毫米~400毫米;三层外墙墙体厚度为400毫米~600毫米,内墙墙体厚度为180毫米~370毫米。

2. 基础状况

基础未发现沉降现象,基础未发现明显严重风化现象。

3. 房屋整体倾斜状况

通过测量计算得,该建筑物高度为13.04米,北立面观测偏移量△北=-0.011,西立面观测偏移量△西=0.005,整体偏移量0.012,倾斜度为0.93‰。

4. 砖与砂浆强度检验结果

采用非统计方法随机抽取黄海路18号一层墙体进行回弹检测砖砌体抗压强度,并局部取样试压修正,检测结果见下表。

黄海路 18 号一层墙体砖强度检测结果表

构件类型	楼层	构件位置	强度检测结果
砖	一层	7-9/E	MU10
		1-5/H	MU10
		H-G/1	MU10
		1-4/G	MU10
		F-D/9	MU10
		5-8/G	MU10
		9-10/D	MU10

采用非统计方法随机抽取黄海路 18 号墙体进行贯入法检测砌筑砂浆抗压强度，检测结果见下表。

黄海路 18 号一层墙体砂浆强度检测结果表

构件类型	楼层	构件位置	强度检测结果（MPa）
砂浆	一层	7-9/E	5.24
		1-5/H	6.18
		H-G/1	6.58
		1-4/G	6.88
		F-D/9	7.28
		5-8/G	5.22
		9-10/D	5.55

根据现场检测经验，结合表中计算强度分析，建议黄海路 18 号一层抗震鉴定加固设计中材料强度按以下等级取用：砂浆 6.13MPa，MU10。

采用非统计方法随机抽取黄海路 18 号二层墙体进行回弹检测砖砌体抗压强度，并局部取样试压修正，检测结果见下表。

黄海路 18 号二层墙体砖强度检测结果表

构件类型	楼层	构件位置	强度检测结果
砖	二层	7-9/E	MU10
		1-5/H	MU10
		H-G/1	MU10
		1-4/G	MU10
		F-D/9	MU10
		5-8/G	MU10
		9-10/D	MU10

采用非统计方法随机抽取黄海路 18 号墙体进行贯入法检测砌筑砂浆抗压强度，检测结果见下表。

黄海路 18 号二层墙体砂浆强度检测结果表

构件类型	楼层	构件位置	强度检测结果（MPa）
砂浆	二层	7-9/E	7.25
		1-5/H	7.01
		H-G/1	5.87
		1-4/G	5.11
		F-D/9	5.29
		5-8/G	6.54
		9-10/D	6.32

根据现场检测经验，结合表中计算强度分析，建议黄海路 18 号二层抗震鉴定加固设计中材料强度按以下等级取用：砂浆 6.20MPa，MU10。

采用非统计方法随机抽取黄海路 18 号三层墙体进行回弹检测砖砌体抗压强度，并局部取样试压修正，检测结果见下表。

黄海路 18 号三层墙体砖强度检测结果表

构件类型	楼层	构件位置	强度检测结果
砖	三层	7-9/E	MU10
		1-5/H	MU10
		H-G/1	MU10
		1-4/G	MU10
		F-D/9	MU10
		5-8/G	MU10
		9-10/D	MU10

采用非统计方法随机抽取黄海路 18 号墙体进行贯入法检测砌筑砂浆抗压强度，检测结果见下表。

黄海路 18 号三层墙体砂浆强度检测结果表

构件类型	楼层	构件位置	强度检测结果（MPa）
砂浆	三层	7-9/E	5.58
		1-5/H	7.19
		H-G/1	5.88
		1-4/G	6.75
		F-D/9	6.22
		5-8/G	5.28
		9-10/D	5.92

根据现场检测经验，结合表中计算强度分析，建议黄海路 18 号三层抗震鉴定加固设计中材料强度按以下等级取用：砂浆 6.12MPa，MU10。

采用非统计方法随机抽取黄海路 18 号负一层墙体进行回弹检测砖砌体抗压强度，并局部取样试压修正，检测结果见下表。

黄海路 18 号负一层墙体砖强度检测结果表

构件类型	楼层	构件位置	强度检测结果
砖	负一层	7-9/E	MU10
		1-5/H	MU10
		H-G/1	MU10
		1-4/G	MU10
		F-D/9	MU10
		5-8/G	MU10
		9-10/D	MU10

采用非统计方法随机抽取黄海路 18 号墙体进行贯入法检测砌筑砂浆抗压强度，检测结果见下表。

黄海路 18 号负一层墙体砂浆强度检测结果表

构件类型	楼层	构件位置	强度检测结果（MPa）
砂浆	负一层	7-9/E	7.25
		1-5/H	6.88
		H-G/1	5.58
		1-4/G	6.05
		F-D/9	6.41
		5-8/G	5.22
		9-10/D	6.08

根据现场检测经验，结合表中计算强度分析，建议黄海路 18 号负一层抗震鉴定加固设计中材料强度按以下等级取用：砂浆 6.21MPa，MU10。

5. 配筋及楼板状况

该楼仅局部为混凝土楼板，混凝土推定强度实测值 18.2MPa ~ 23.2MPa；其钢筋布置基本为 Φ8@150；地下室顶板局部存在钢筋保护层脱落现象。

6. 抗震设施

经检查，该楼没有抗震所需的圈梁及构造柱等设施。

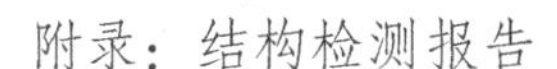

7. 外观状况

该建筑外观保持完好，局部存在风化现象；室外瞭望台外墙及烟囱存在墙体裂缝。

（五）鉴定结论

1. 经检查，该工程为地下一层、地上二层、局部三层的砖木结构。墙体为砖、石砌筑；除地下室顶板、部分走廊、圆形瞭望台及对应部分为混凝土楼板外，其余均为木质楼板结构；木梁存在霉变现象，应修缮处理。

2. 该房屋整体倾斜度西偏北 0.93‰，基础坐落在岩石上，基础未出现不均匀沉降现象及墙体裂缝。从整体来看其倾斜为原施工所致，不影响结构安全。

3. 该楼砌体砂浆强度实测值 4.9MPa ~ 7.4MPa；该楼砖强度评定强度等级 MU10；该楼砌体块石强度评定强度等级 MU30 以上，其强度满足结构承载力要求。

4. 该楼混凝土推定强度实测值 18.2MPa ~ 23.2MPa；其钢筋布置基本为 Φ8@150；地下室顶板局部存在钢筋保护层脱落现象，其强度基本满足结构承载力要求，但存在结构缺陷部位需要加固修缮处理。

5. 该楼地下室由于潮湿等原因造成墙面、顶棚等部位饰面脱落，局部钢筋外露，需要结构加固及防潮处理。

6. 该楼室外瞭望台、烟囱及基础部位墙体局部开裂；钢质楼梯锈蚀严重且局部仅采用钢筋焊接支撑，需要结构加固处理。

7. 该楼外墙采用块石结合砖体进行砌筑，砖砌部分外墙采用大水刷石罩面，局部存在风化较严重现象，需要修缮处理。

8. 该楼由于建设年代等原因，没有设置圈梁、构造柱等抗震设施，不满足现行结构抗震要求，需要增加抗震设施。

9. 屋面瓦局部移位和脱落，屋面局部存在渗漏，需要修缮处理。

（六）处理建议

1. 对地下室进行加固并作防潮处理

2. 对存在裂缝的砌体及室外钢结构楼梯进行加固处理。

3. 对外墙风化部位进行修补。

4. 将屋面重新检修并做防水处理。

5. 在不破坏原有建筑的基础上，适当加设抗震设施。

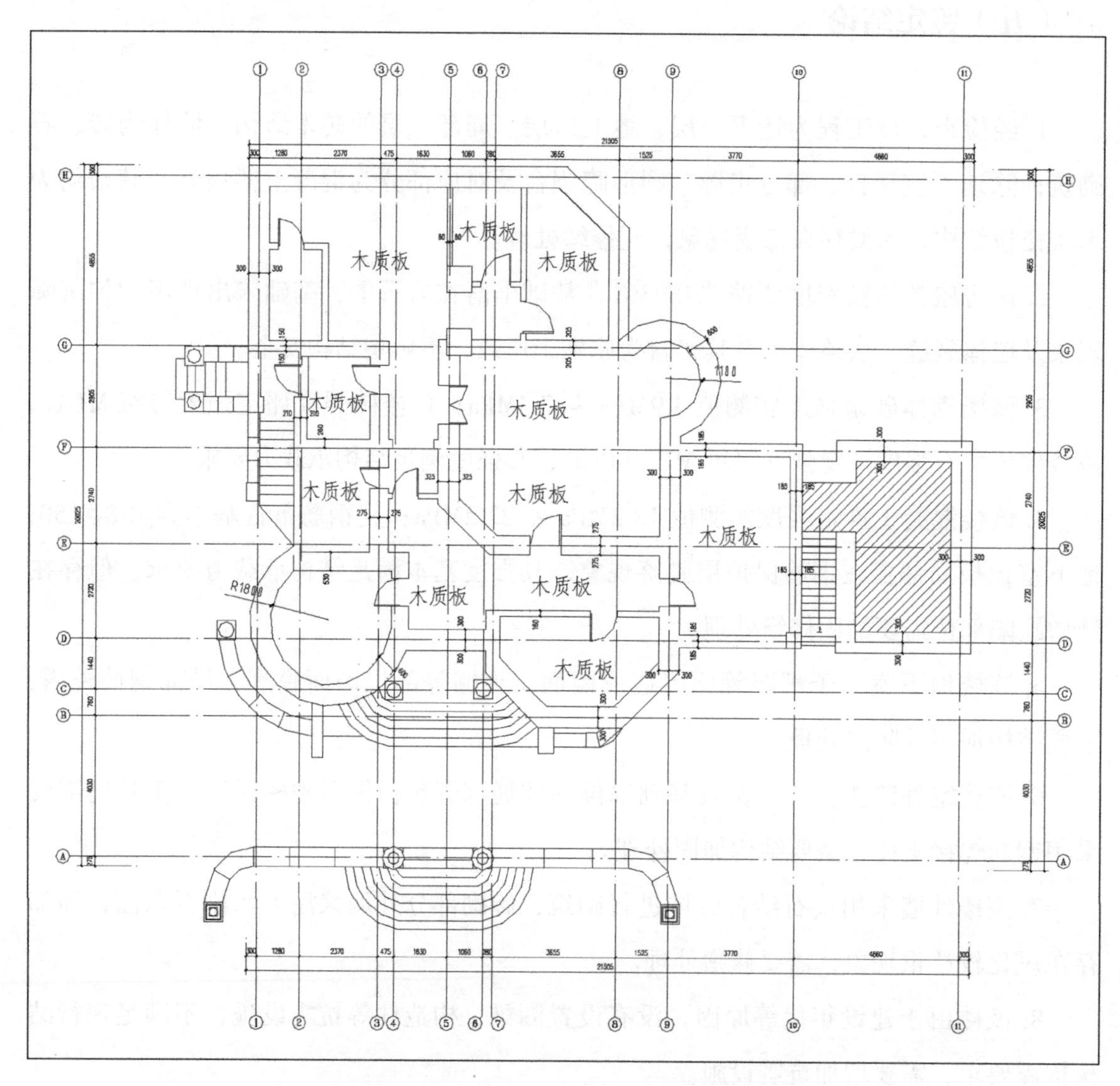

黄海路 18 号建筑（花石楼）地下一层平面图

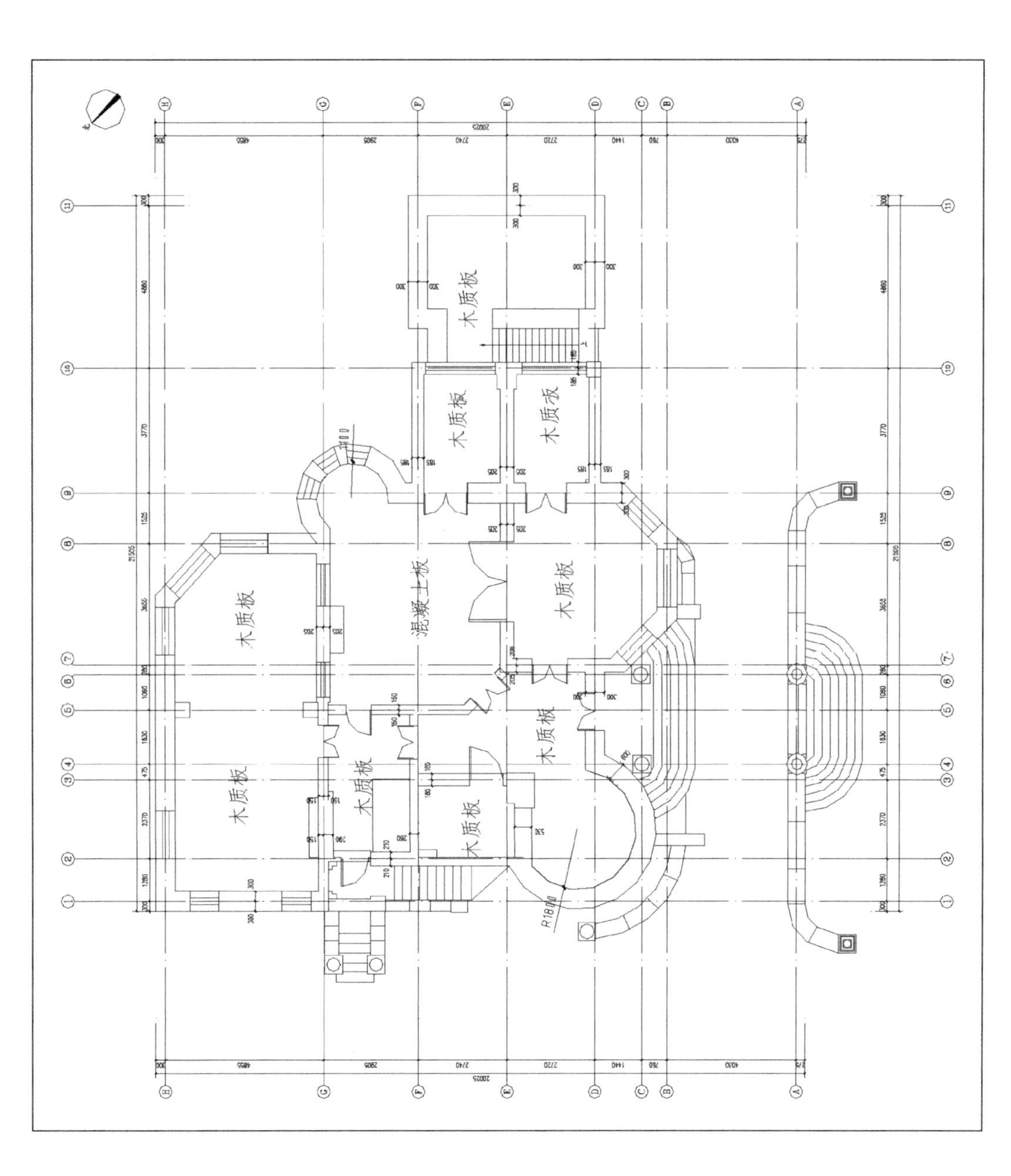

黄海路18号建筑（花石楼）一层平面图

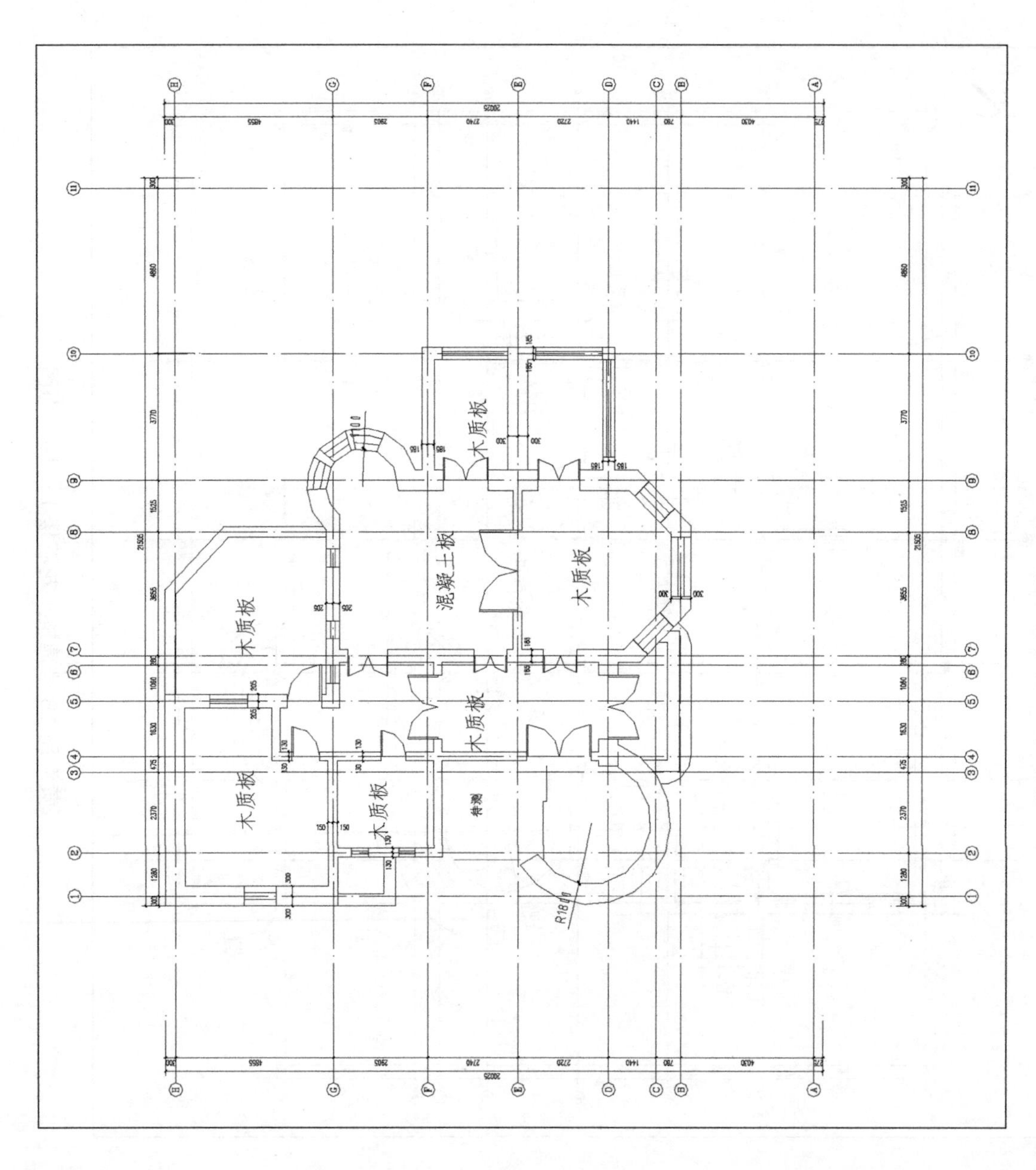

黄海路18号建筑（花石楼）二层平面图

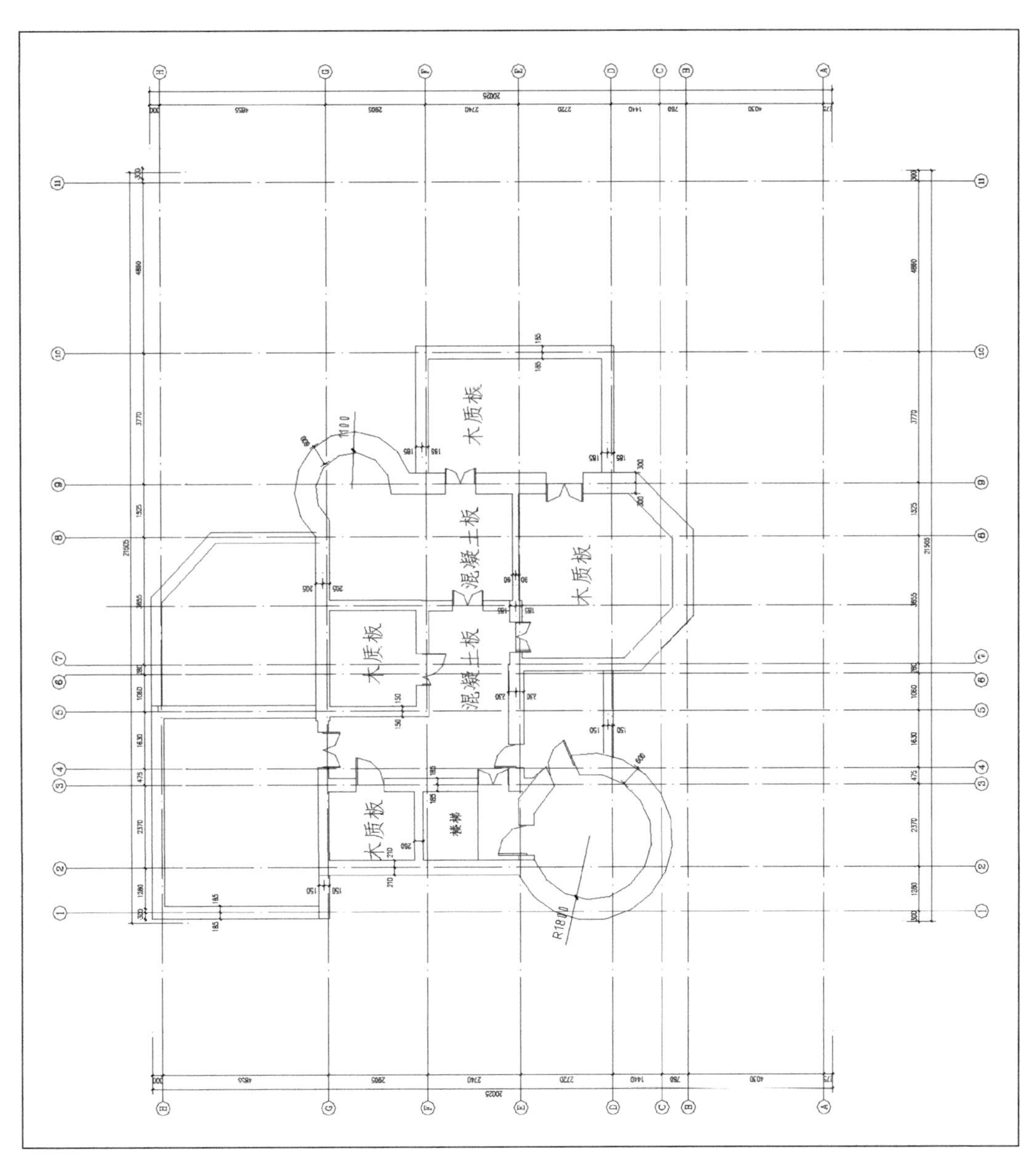

黄海路18号建筑（花石楼）三层平面图

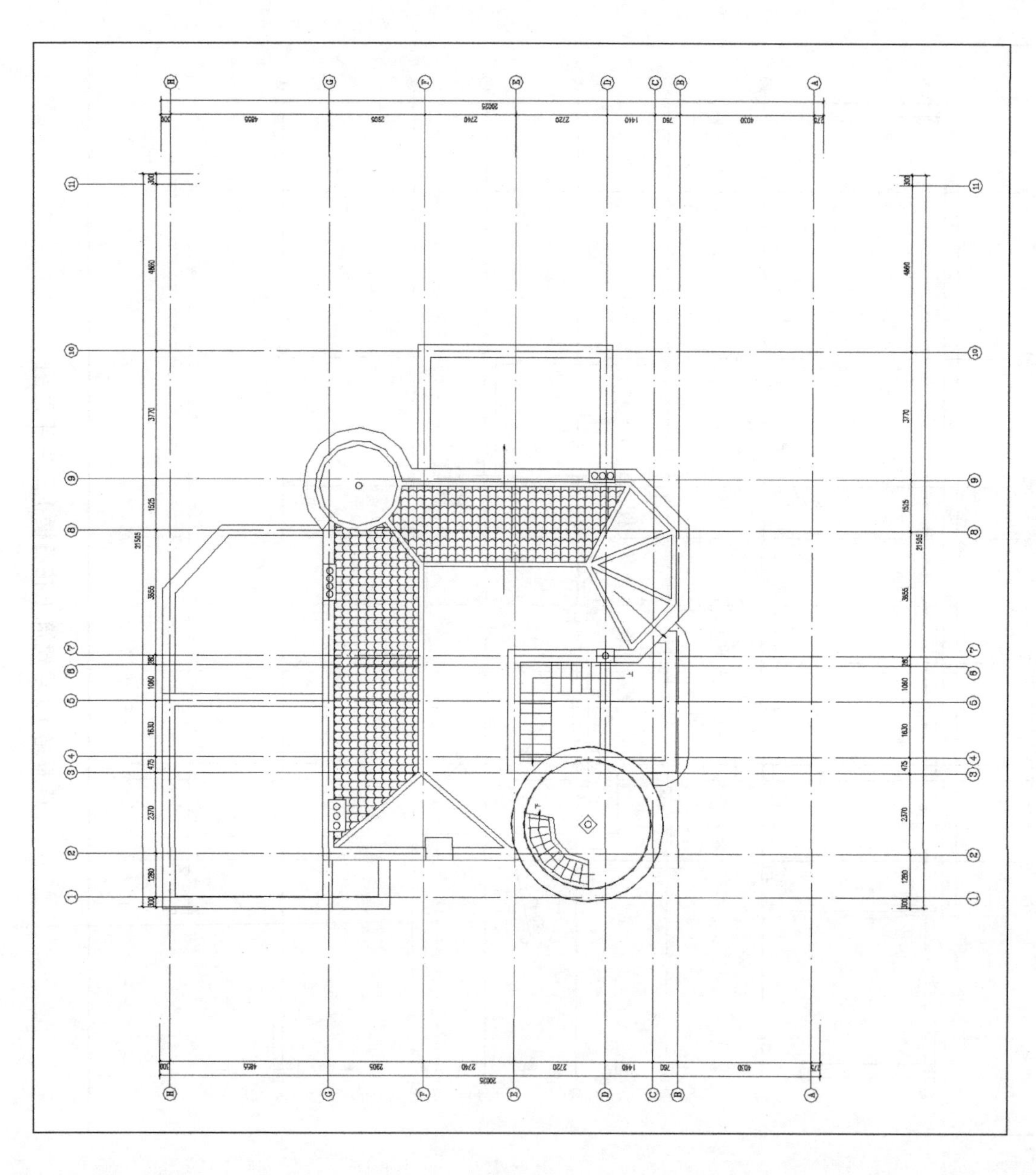

黄海路18号建筑（花石楼）屋顶平面图

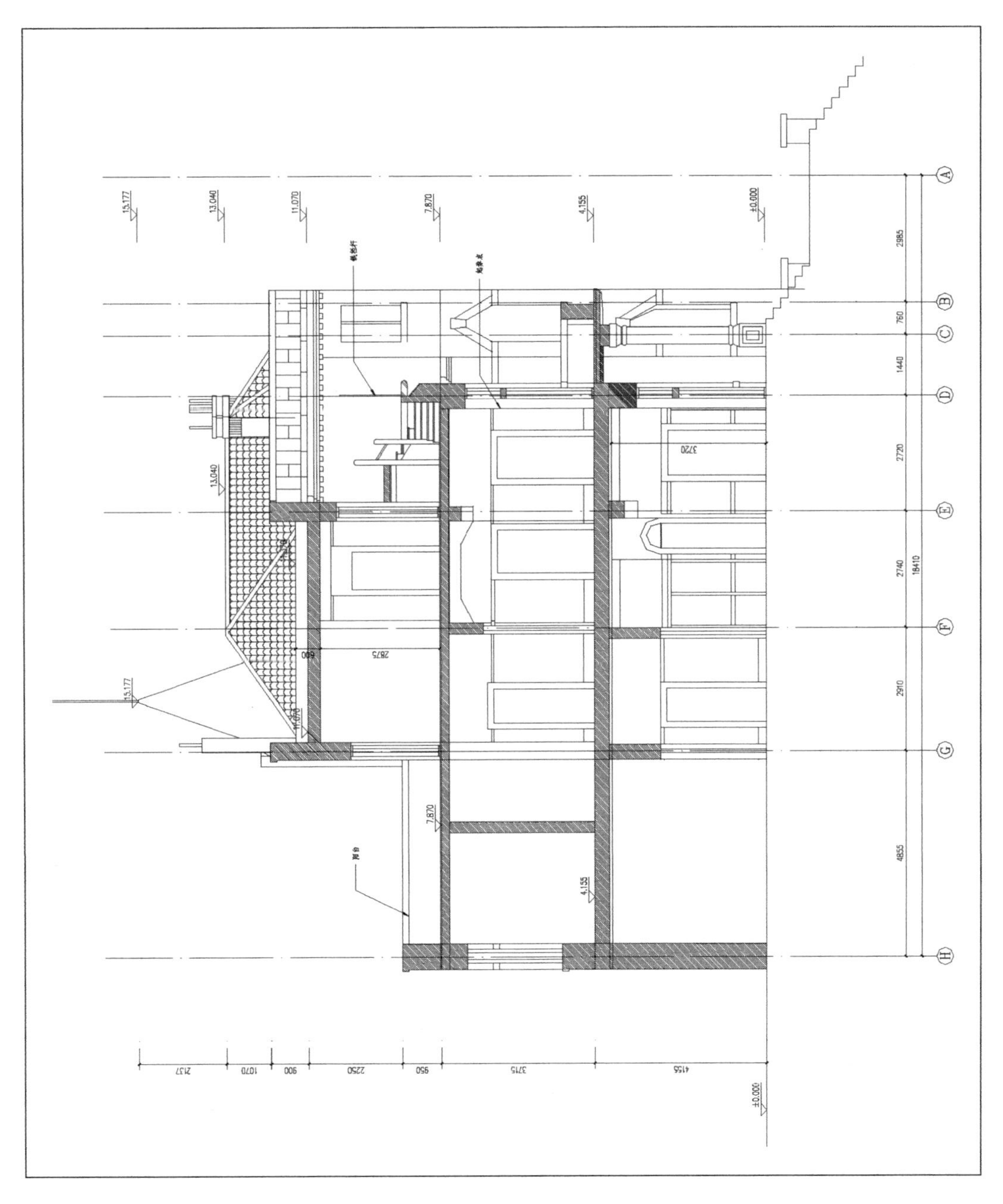

黄海路18号建筑（花石楼）外立面平面图

五、山海关路 13 号建筑结构检测报告

（一）工程概况

八大关宾馆位于青岛市山海关路 13 号，该工程建于 1935 年，为地下一层、地上二层的砖木结构，花岗岩砌基。红砖清水立面，花岗岩方块隅石。开窗较大，一层各门窗多以花岗岩长条石镶框。正门南向，整体建筑精致、典雅。——原为军阀韩复榘其妻建造。

（二）检验鉴定项目

1. 检查结构体系，测绘工程平面布置图。

2. 采用回弹法检验墙体砖和砌筑砂浆强度。

3. 在混凝土构件上钻取混凝土圆柱体芯样，作抗压试验，并对回弹法测试结果进行修正。

4. 用回弹法检验构件的混凝土强度。

5. 采用磁感仪检验混凝土构件配筋数量。

6. 抽检结构构件的尺寸。

7. 采用经纬仪测量工程的倾斜。

8. 检查工程使用现状，检查工程抗震加固情况和措施，检查结构的外观缺陷情况。

9. 结合工程检验结果，对结构进行承载力验算，对结构的安全性做出鉴定，并提出相应的处理建议。

（三）检验鉴定依据

1.《建筑结构检测技术标准》（GB/T 50344–2004）

2.《砌体结构现场检测技术标准》（GB/T 50315–2000）

3.《回弹法检测砌体中普通黏土砖抗压强度检验细则》（BETC–JC–307A）

4.《钻芯法检测混凝土强度技术规程》（CECS 03: 88）

5.《回弹法检测混凝土抗压强度技术规程》（JGJ/T 23-2001）

6.《磁感应测定仪检测构件配筋检验细则》（BETC-JC-305A）

7.《建筑结构荷载规范》（GB 50009-2001）

8.《建筑抗震鉴定标准》（GB-50023-95）

9.《砌体结构设计规范》（GB 50003-2001）

10.《混凝土结构设计规范》（GB 50010-2002）

11. 该工程现场检测结果。

12. 工程检验委托书。

（四）检验结果

1. 结构体系的检查

该楼为砖木结构，地下室顶板及一层悬挑平台为混凝土楼板，其余楼面均为木质木梁结构，屋顶为木质屋架，干挂瓦屋面。

2. 基础状况

基础未发现沉降现象，地下室墙体内侧存在明显严重风化现象。

3. 房屋整体倾斜状况

通过测量计算得，该建筑物高度为 10.470 米，北立面观测偏移量△北 =-0.017，西立面观测偏移量△西 =0.007，整体偏移量为 0.018，倾斜度为 1.76‰。

4. 砖与砂浆强度检验结果

采用非统计方法随机抽取山海关路 13 号一层工程墙体进行回弹检测砖砌体抗压强度，并局部取样试压修正，检测结果见下表。

山海关路 13 号一层砖强度检测结果表

构件类型	楼层	构件位置	强度检测结果
砖	一层	1-2/E	MU10
		1-2/B	MU10
		C-B/2	MU10
		3-4/C	MU10
		3-4/B	MU10
		C-B/5	MU10
		C-E/6	MU10

采用非统计方法随机抽取山海关路 13 号一层墙体进行贯入法检测砌筑砂浆抗压强度，检测结果见下表。

山海关路 13 号一层砂浆强度检测结果表

构件类型	楼层	构件位置	强度检测结果（MPa）
砂浆	一层	1-2/E	0.63
		1-2/B	0.72
		C-B/2	0.77
		3-4/C	0.81
		3-4/B	0.71
		C-B/5	0.68
		C-E/6	0.67

根据现场检测经验，结合表中计算强度分析，建议山海关路 13 号一层抗震鉴定加固设计中材料强度按以下等级取用：砂浆 0.71MPa，MU10。

采用非统计方法随机抽取山海关路 13 号二层工程墙体进行回弹检测砖砌体抗压强度，并局部取样试压修正，检测结果见下表。

山海关路 13 号二层砖强度检测结果表

构件类型	楼层	构件位置	强度检测结果
砖	二层	1–2/E	MU10
		1–2/B	MU10
		C–B/2	MU10
		3–4/C	MU10
		3–4/B	MU10
		C–B/5	MU10
		C–E/6	MU10

采用非统计方法随机抽取山海关路 13 号二层墙体进行贯入法检测砌筑砂浆抗压强度，检测结果见下表。

山海关路 13 号二层砂浆强度检测结果表

构件类型	楼层	构件位置	强度检测结果（MPa）
砂浆	二层	1–2/E	0.66
		1–2/B	0.68
		C–B/2	0.82
		3–4/C	0.87
		3–4/B	0.75
		C–B/5	0.88
		C–E/6	0.61

根据现场检测经验，结合表中计算强度分析，建议山海关路 13 号二层抗震鉴定加固设计中材料强度按以下等级取用：砂浆 0.75MPa，MU10。

采用非统计方法随机抽取山海关路 13 号负一层工程墙体进行回弹检测砖砌体抗压强度，并局部取样试压修正，检测结果见下表。

山海关路 13 号负一层砖强度检测结果表

构件类型	楼层	构件位置	强度检测结果
砖	负一层	1-2/E	MU10
		1-2/B	MU10
		C-B/2	MU10
		3-4/C	MU10
		3-4/B	MU10
		C-B/5	MU10
		C-E/6	MU10

采用非统计方法随机抽取山海关路 13 号负一层墙体进行贯入法检测砌筑砂浆抗压强度，检测结果见下表。

山海关路 13 号负一层砂浆强度检测结果表

构件类型	楼层	构件位置	强度检测结果（MPa）
砂浆	负一层	1-2/E	0.55
		1-2/B	0.75
		C-B/2	0.63
		3-4/C	0.58
		3-4/B	0.59
		C-B/5	0.64
		C-E/6	0.77

根据现场检测经验，结合表中计算强度分析，建议山海关路 13 号负一层抗震鉴定加固设计中材料强度按以下等级取用：砂浆 0.64MPa，MU10。

5. 配筋及楼板状况

该楼仅局部为混凝土楼板，混凝土推定强度实测值 14.1MPa ~ 16.1MPa；其楼板钢筋布置基本为 Φ8-Φ10@150-200；地下室顶板局部存在钢筋保护层脱落现象。

6. 抗震设施

经检查，该楼没有抗震所需的圈梁及构造柱等设施。

7. 外观状况

该建筑外观保持完好，整体外墙及地下室内侧局部存在风化现象。

（五）鉴定结论

1. 经检查，该工程为地下一层，地上二层的砖木结构。墙体为砖砌筑；除地下室顶板为混凝土楼板外，其余均为木质楼板结构。

2. 该房屋整体倾斜度西偏北 1.76‰；基础坐落在岩石上，基础未出现不均匀沉降现象及墙体裂缝。从整体来看其倾斜为原施工所致，不影响结构安全。

3. 该楼砌体砂浆强度实测值 0.55MPa ~ 0.88MPa，部分砖缝砂浆缺失；该楼砖强度评定强度等级 MU10；其强度基本满足结构承载力要求，但严重不满足现行规范 M5.0 的构造要求及结构抗震要求，需要加固处理。

4. 该楼一层顶平台及地下室顶板混凝土推定强度实测值 14.1MPa ~ 16.1MPa；其楼板钢筋布置基本为 Φ8–Φ10@150–200；地下室顶板、顶梁局部存在钢筋保护层脱落现象，钢筋锈蚀严重，其强度不满足结构承载力要求，需要加固修缮及防潮处理。

5. 部分木质楼板、木梁已经腐烂霉变，应进行更换处理。

6. 该楼外墙采用砖块进行砌筑，外墙存在风化较严重现象，其风化深度约 20 毫米 ~ 35 毫米，需要修缮处理。

7. 该楼由于建设年代等原因，没有设置圈梁、构造柱等抗震设施，不满足现行结构抗震要求，需要增加抗震设施。

8. 部分墙体存在温度裂缝，需要加固处理。

9. 屋面瓦局部移位和脱落，屋面局部存在渗漏，需要修缮处理。

（六）处理建议

1. 对地下室进行加固并作防潮处理。

2. 对存在腐烂霉变的楼面木梁进行更换或加固处理。

3. 对房屋进行整体结构抗震加固。

4. 将屋面重新检修并做防水处理。

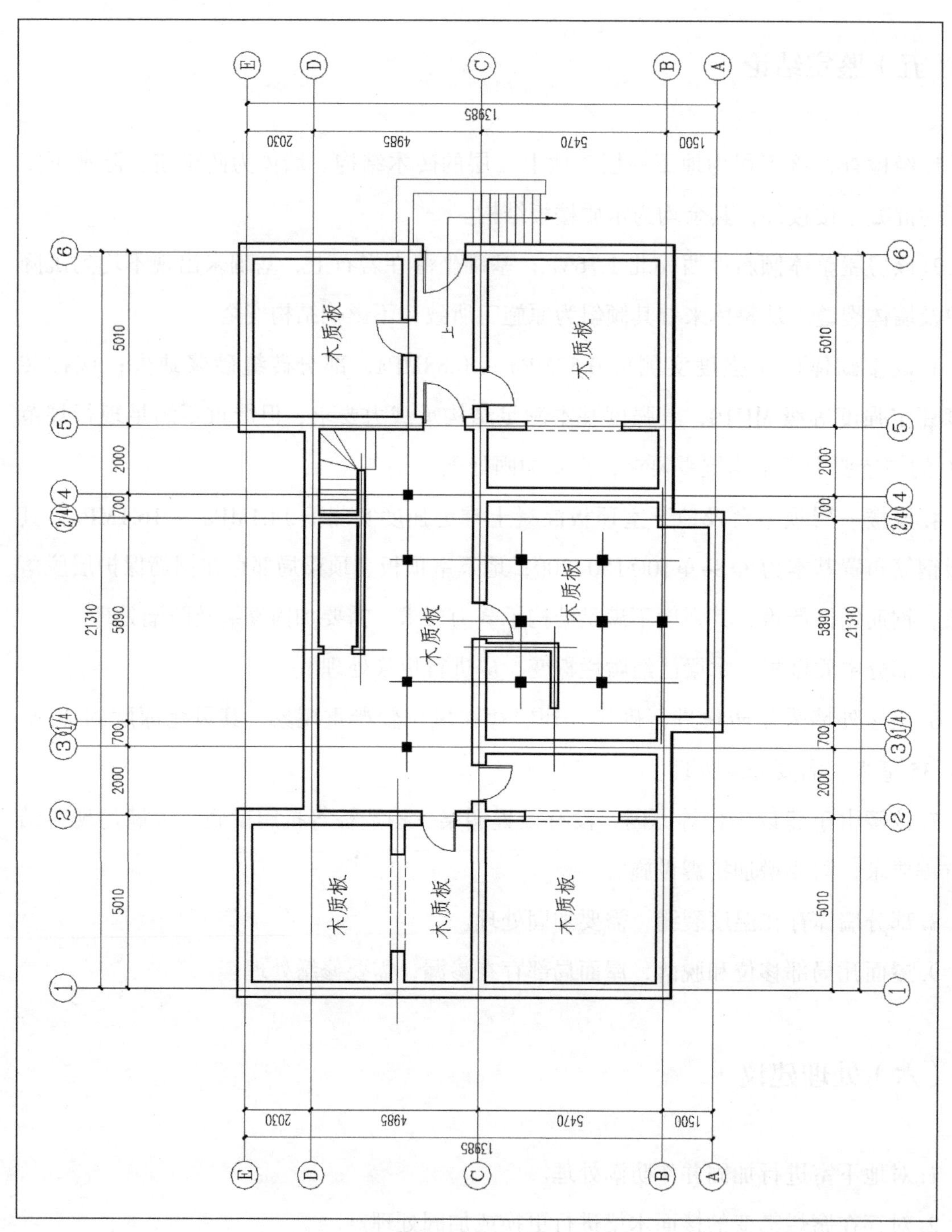

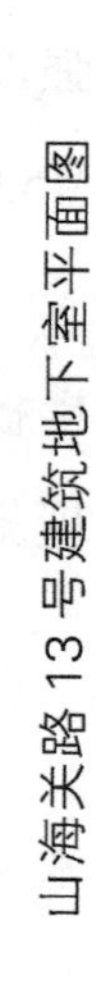
山海关路 13 号建筑地下室平面图

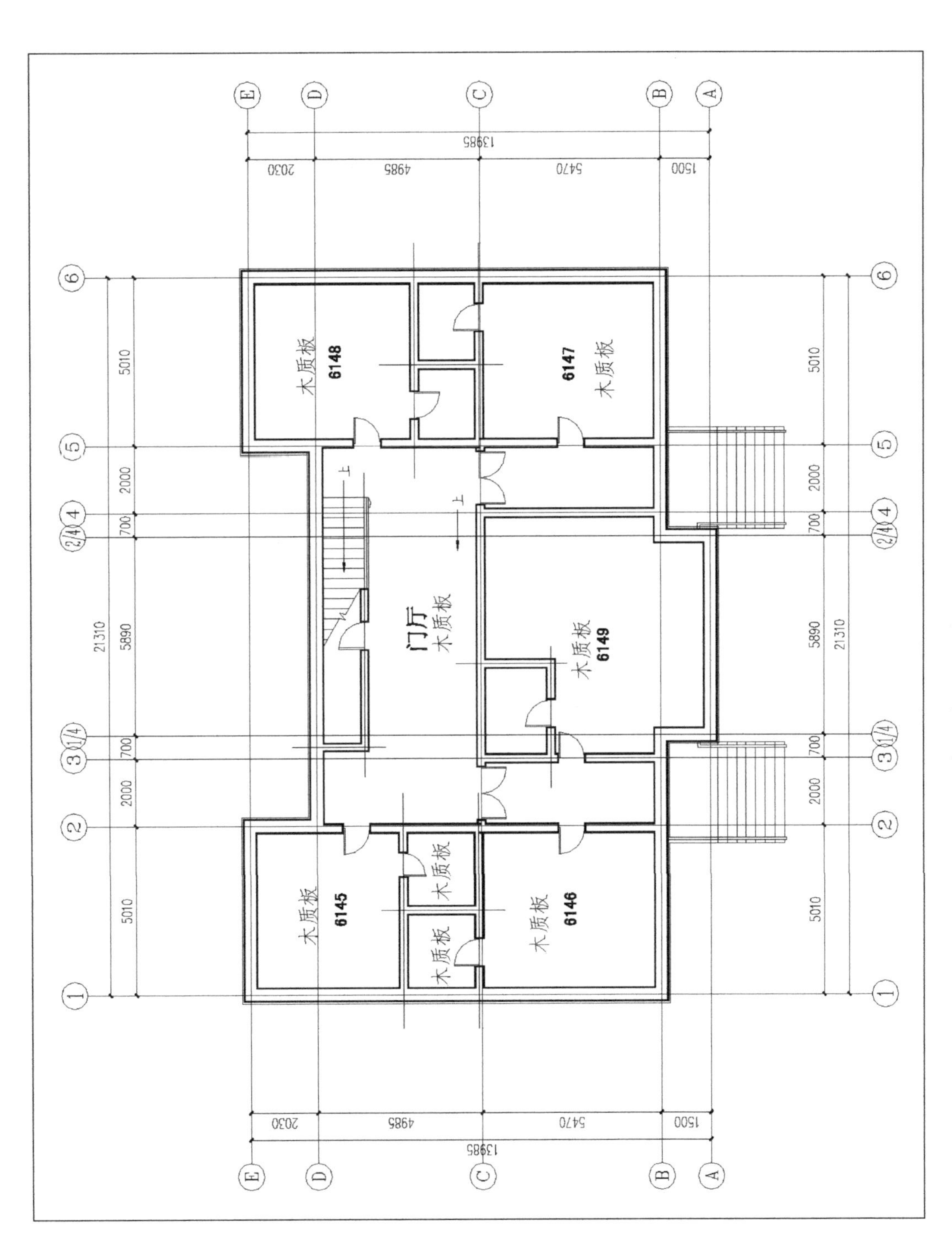

山海关路13号建筑一层平面图

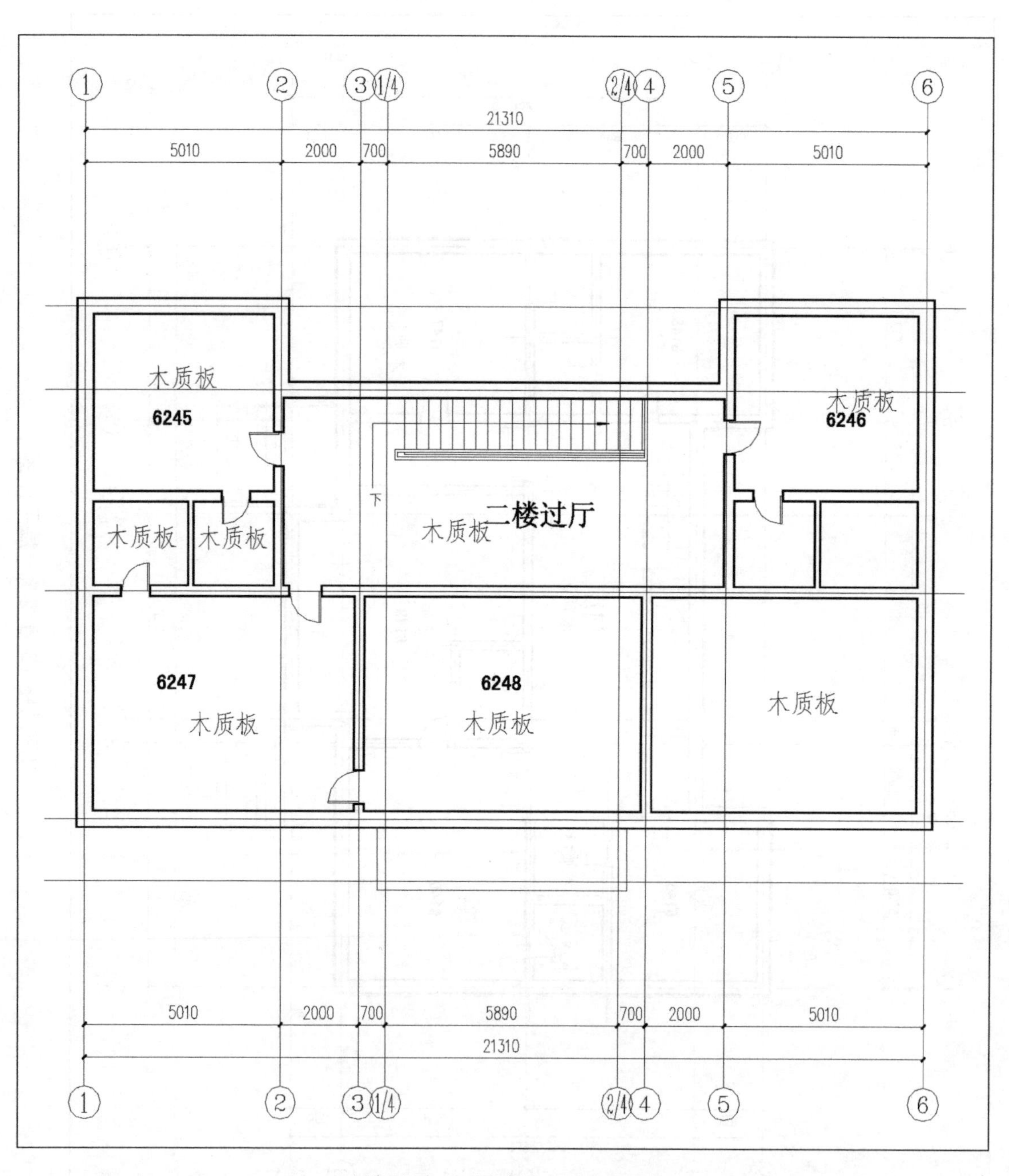

山海关路 13 号建筑二层平面图

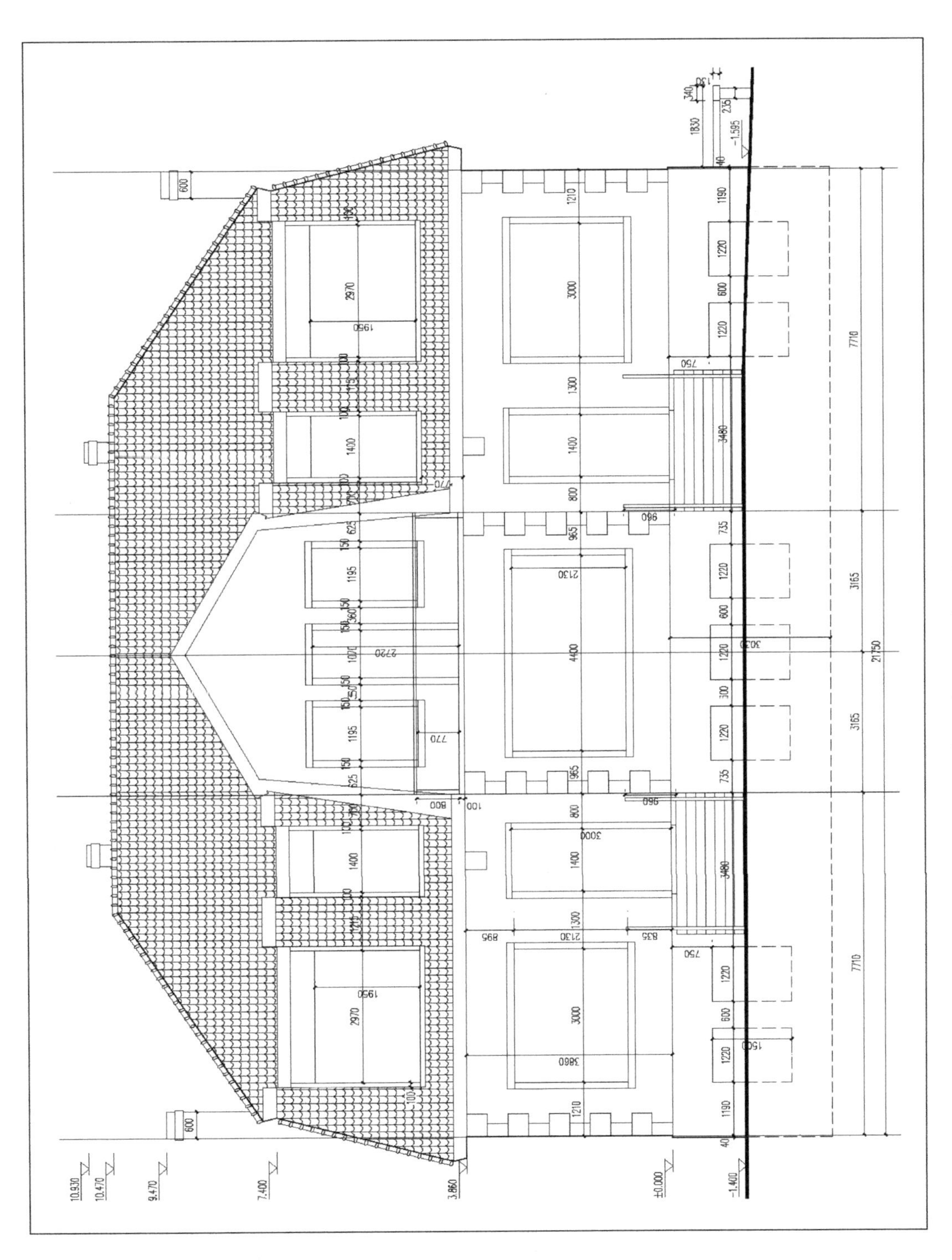

山海关路 13 号建筑南立面图

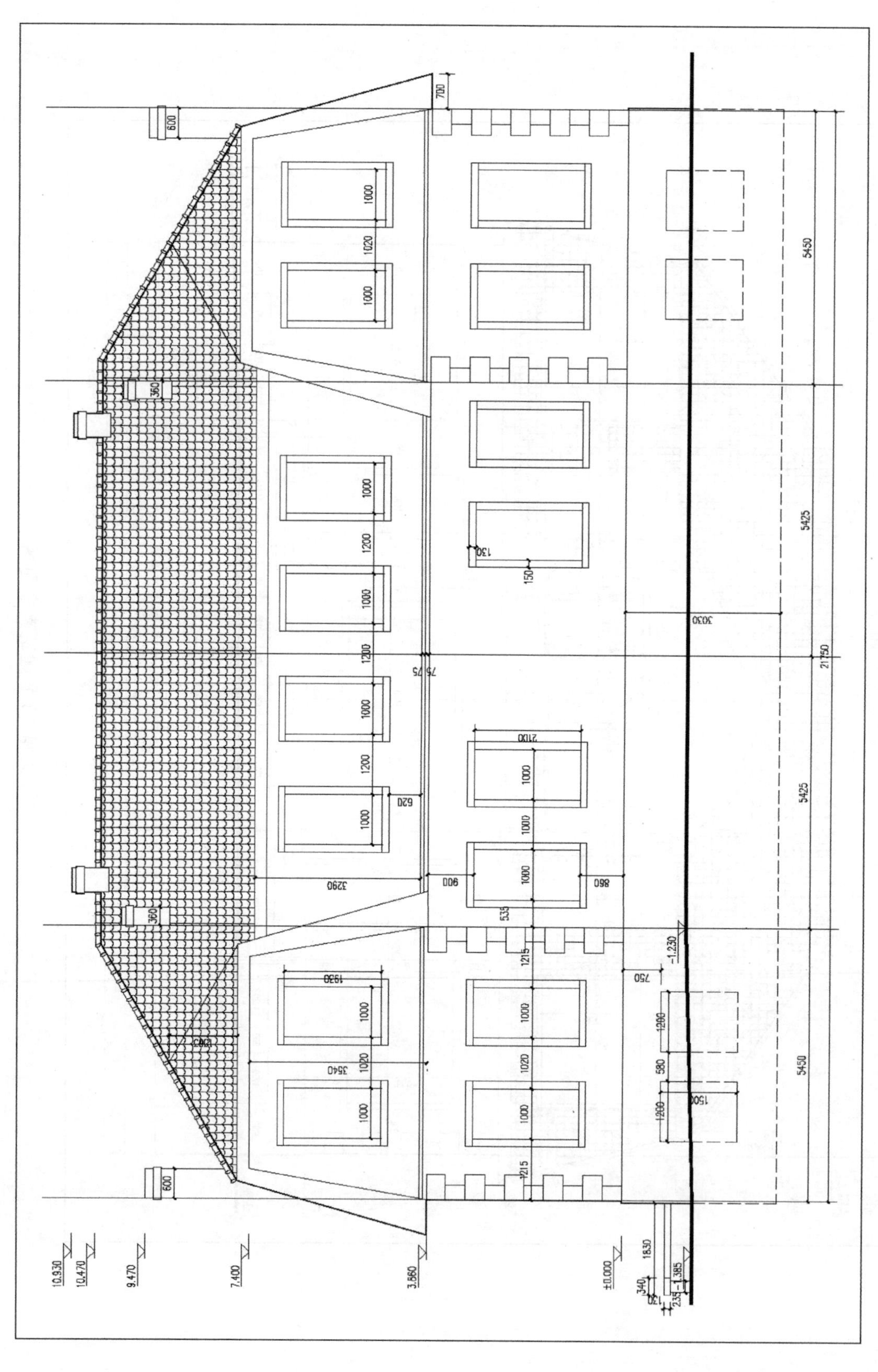

山海关路 13 号建筑北立面图

六、正阳关路 21 号、韶关路 24 号、荣成路 23 号、荣成路 36 号结构检测报告

正阳关路 21 号建筑建于 1934 年，由俄国建筑师尤力甫设计。地上一层，局部建地下一层，建筑面积约为 530 平方米。原为丹麦坡濮住宅，现为山东省青岛市离退休干部疗养活动中心及两户居民。

韶关路 24 号建筑建于 1949 年，由建筑师魏庆萱设计。地上两层，建筑面积约为 760 平方米。原业主为王明纪，现归青岛疗养院所有。

荣成路 23 号建筑建于 1931 年，欧式别墅，由俄国建筑师拉夫林且夫设计，地上两层及阁楼，建筑面积约为 582 平方米，原为俄国商人姚啡珂所有，现为居民住宅。

荣成路 36 号建筑建于 1930 年，欧式别墅，地上两层，建筑面积约为 330 平方米，现为居民住宅。

该四处建筑均属于全国重点文物保护单位，使用年限较长，均已超过建筑物使用年限。为保证结构的安全对该四处建筑结构进行检测鉴定。

（一）工程概况

正阳关路 21 号建筑建于 1934 年。地上一层，局部建地下一层，建筑面积约为 530 平方米。结构形式为砖木结构，建筑物外墙下部砌体为花岗岩底座，其他砌体均为砖砌体，楼板为木结构，基础资料缺失，根据上部结构和现场勘查，推断其基础形式为毛石条形基础。

韶关路 24 号建筑建于 1949 年。地上两层，建筑面积约为 760 平方米。结构形式为砖木结构，建筑物外墙下部砌体为花岗岩底座，其他砌体均为砖砌体，楼板为木结构，基础资料缺失，根据上部结构和现场勘查，推断其基础形式为毛石条形基础。

荣成路 23 号建筑建于 1931 年，地上两层及阁楼，建筑面积约为 582 平方米。结构形式为砖木结构，建筑物外墙下部砌体为花岗岩底座，其他砌体均为砖砌体，楼板为木结构，基础资料缺失，根据上部结构和现场勘查，推断其基础形式为毛石条形基础。

荣成路 36 号建筑建于 1930 年，地上两层，建筑面积约为 330 平方米。结构形式为砖木结构，建筑物外墙下部砌体为花岗岩底座，其他砌体均为砖砌体，楼板为木结构，基础资料缺失，根据上部结构和现场勘查，推断其基础形式为毛石条形基础。

（二）检测鉴定的目的、范围、内容

1. 鉴定目的

正阳关路 21 号建筑、韶关路 24 号建筑、荣成路 23 号建筑、荣成路 36 号建筑四处建筑使用年限均已超过设计使用年限，年久失修，为保证建筑结构的安全和正常使用，需检测材料强度，评定建筑物现状，为重点文物保护和使用提供依据。

2. 范围与内容

按照《建筑结构检测技术标准》（GB/T50344-2004）中结构质量和结构性能的检测技术要求，对四处建筑物承重结构进行抽样检测，评定材料的强度等级，评定建筑物的现状，对建筑物的修缮提出合理化建议。

（三）主要鉴定依据

1. 委托方提供的建筑物的设计图纸。
2.《建筑抗震设计规范》（GB50011-2010）
3.《混凝土结构设计规范》（GB50010-2010）
4.《混凝土结构加固设计规范》（GB50367-2006）
5.《建筑结构荷载规范》（GB50009-2012）
6.《民用建筑可靠性鉴定标准》（GB50292-1999）
7.《建筑抗震鉴定标准》（GB500023-2009）
8.《砌体结构设计规范》（GB50003-2011）
9.《回弹法检测混凝土抗压强度技术规程》（JGJ/T23-2011）
10.《钻芯法检测混凝土抗压强度技术规程》（CECS03-2007）
11.《砌体工程现场检测技术标准》（GB/T 50315-2011）
12.《建筑结构检测技术标准》（GB/T 50344-2004）
13.《混凝土结构工程施工质量验收规范》（GB50204-2002/2011 版）

14.《贯入法检测砌筑砂浆抗压强度技术规程》（JGJ/T136-2001）

（四）勘查检测结果

1. 工程现状

正阳关路 21 号建筑

地处沿海，环境潮湿。已建成八十年，现为山东省青岛市离退休干部疗养活动中心及两户居民。现场对鉴定范围内建筑物的外观质量进行详细勘察，结果如下：

（1）基础：未见明显的不均匀沉降和变形。

（2）墙体：部分外墙墙体起皮脱落，部分外墙渗水导致内墙起皮脱落，造成室内潮湿，花岗岩底座出现风化现象，结构无明显变形；大部分墙体外观检查工作基本正常。

（3）木结构楼板：部分楼板木梁产生较大弯曲变形，局部楼板弯曲变形，木地板大部分受潮糟朽、磨损严重，天棚部分出现塌陷。

韶关路 24 号建筑

地处沿海，环境潮湿。已建成六十五年，现归青岛疗养院所有。现场对鉴定范围内建筑物的外观质量进行详细勘察，结果如下：

（1）基础：未见明显的不均匀沉降和变形。

（2）墙体：部分外墙渗水导致内墙起皮脱落，墙面出现霉变，花岗岩底座出现风化现象，结构无明显变形；大部分墙体外观检查工作基本正常。

（3）木结构楼板：部分楼板弯曲变形，木地板大部分受潮糟朽、磨损严重。

（4）屋面：屋顶局部瓦件损坏，屋面檐口部位漏雨，造成室内天棚产生霉变。

荣成路 23 号建筑

地处沿海，环境潮湿。已建成八十三年，现为居民住宅。现场对鉴定范围内建筑物的外观质量进行详细勘察，结果如下：

（1）基础：未见明显的不均匀沉降和变形。

（2）墙体：部分外墙渗水导致内墙起皮脱落，墙面出现霉变，外墙贴面花岗岩脱落，花岗岩底座出现风化现象，结构无明显变形；大部分墙体外观检查工作基本正常。

（3）木结构楼板：部分楼板弯曲变形，木地板大部分受潮糟朽、磨损严重，天棚多处开裂脱落。

（4）屋面：屋面瓦件破碎、缺失，导致屋面漏雨。

荣成路36号建筑

地处沿海，环境潮湿。已建成八十四年，现为居民住宅。现场对鉴定范围内建筑物的外观质量进行详细勘察，结果如下：

（1）基础：未见明显的不均匀沉降和变形。

（2）墙体：部分外墙渗水导致内墙起皮脱落，花岗岩底座出现风化现象，结构无明显变形；大部分墙体外观检查工作基本正常。

（3）木结构楼板：部分楼板弯曲变形，木地板大部分受潮糟朽、磨损严重。

2. 材料强度检测

该四处建筑均为砖木结构，主要承力构件为砖砌体和木楼板，按照《建筑结构检测技术标准》（GB/T50344-2004）和《砌体工程现场检测技术标准》（GB/T50315-2011）中的要求，根据回弹法和贯入法对砖和砂浆进行强度检测。

对砖进行回弹法强度检测，该四处建筑中的砖推定强度等级均为MU7.5。依据《贯入法检测砌筑砂浆抗压强度技术规程》（JGJ/T136-2001），对墙体砌筑砂浆进行贯入法强度检测，测定墙体砌筑砂浆抗压强度结果如下：

正阳关路21号建筑砌体：0.6Mpa。

韶关路24号建筑砌体：0.8Mpa。

荣成路23号建筑砌体：1.1Mpa。

荣成路36号建筑砌体：0.9Mpa。

3. 结构验算和构造审查

根据检测的结构材料强度等级，依据《建筑结构荷载规范》（GB50009-2012）、《砌体结构设计规范》（GB50003-2011）对该四处结构进行承载力验算，满足规范极限承载力设计要求。材料强度满足抗震构造最低要求。

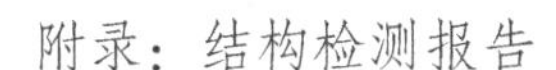

（五）鉴定结论及建议

该四处建筑按实测材料强度验算，结构承载力满足规范极限承载力设计要求，材料强度满足抗震构造最低要求。

正阳关路 21 号建筑，墙皮脱落、墙体受潮，影响结构的适用性和耐久性，建议对墙体进行防潮处理。对受损严重的木结构进行更换。

韶关路 24 号建筑，墙皮脱落、墙体受潮，影响结构的适用性和耐久性，建议对墙体进行防潮处理。对受损严重的木结构进行更换。对屋面漏雨部位进行防水处理，更换受损的屋面瓦件。

荣成路 23 号建筑，墙皮脱落、墙体受潮，影响结构的适用性和耐久性，建议对墙体进行防潮处理。对受损严重的木结构进行更换。对屋面漏雨部位进行防水处理，更换受损的屋面瓦件。

荣成路 36 号建筑，墙皮脱落、墙体受潮，影响结构的适用性和耐久性，建议对墙体进行防潮处理。对受损严重的木结构进行更换。

后记

感谢青岛疗养院、青岛市文物管理部门和工程相关参与单位提供的大力支持。

本次工程源自第一期青岛八大关近代建筑维修工程，经过业主单位现场勘查，先后选取了九处近代建筑，按照国家文物局文物保护工程的管理要求，实施了完整的立项、勘察设计和工程施工和竣工验收全流程。工程突出了以保存现状风貌为主，保障结构安全为实施目标，从前期勘察研究到结构加固施工都贯彻了这个目标，取得了良好的文物修缮效果。感谢清华大学建筑设计研究院项目团队给予的帮助，感谢青岛疗养院的大力支持，同时也感谢工程施工单位、监理单位在项目实施中付出了辛苦劳动，在青岛市文物管理部门的指导下，有条不紊地圆满完成此次修缮工程。

本书虽已付梓，但仍感有诸多不足之处。对于青岛八大关近代建筑的后续研究仍然需要长期细致的工作，我们将继续努力研究探索。感谢为本书出版给予帮助和支持的每一位同事、朋友，感谢每一位读者，并期待大家的批评和建议。